普通高等教育"十一五"系列教材（高职高专教育）
PUTONG GAODENG JIAOYU SHIYIWU XILIE JIAOCAI

DIANJI YU TUODONG

电机与拖动

（第二版）

主　编　王广惠　王铁光　李树元
编　写　刘国昌　郭　健
主　审　张爱玲

中国电力出版社
CHINA ELECTRIC POWER PRESS

内 容 提 要

本书为普通高等教育“十一五”系列教材（高职高专教育）。

全书分为五篇共十八章，主要内容包括直流电机的基本工作原理和结构、基本理论、运行特性、电力拖动基础、电力拖动；变压器的基本原理和构造、运行原理及特性，三相变压器，其他类型的变压器；交流电机理论的共同问题，三相异步电动机的基本原理和结构，异步电动机的运行原理、电力拖动；同步电机，控制电机；电机的发热及冷却，电动机的选择，变压器和电动机的经济运行与维护。每章末附有小结和习题。本书在编写时注意从高职高专的教学实际出发，贯彻少而精、论述准确、利于教学和自学的原则。

本书主要作为高职高专供用电技术、电气技术、工业电气自动化、楼宇自动化等电气类专业的教材，也可作为函授、自考辅导教材和电力行业技术人员参考用书。

图书在版编目(CIP)数据

电机与拖动/王广惠等主编. —2版. —北京：中国电力出版社，2007.8（2022.1重印）

普通高等教育“十一五”规划教材. 高职高专教育

ISBN 978-7-5083-5950-2

Ⅰ. 电… Ⅱ. 王… Ⅲ. ①电机-高等学校：技术学校-教材 ②电力传动-高等学校：技术学校-教材 Ⅳ. TM3

中国版本图书馆CIP数据核字(2007)第112394号

中国电力出版社出版、发行

（北京市东城区北京站西街19号 100005 http://www.cepp.sgcc.com.cn）

北京天泽润科贸有限公司印刷

各地新华书店经售

*

2004年8月第一版

2007年8月第二版 2022年1月北京第十二次印刷

787毫米×1092毫米 16开本 23.25印张 563千字

定价 **36.00** 元

前 言

为贯彻落实教育部《关于进一步加强高等学校本科教学工作的若干意见》和《教育部关于以就业为导向深化高等职业教育改革的若干意见》的精神，加强教材建设，确保教材质量，中国电力教育协会组织制订了普通高等教育“十一五”教材规划。该规划强调适应不同层次、不同类型院校，满足学科发展和人才培养的需求，坚持专业基础课教材与教学急需的专业教材并重、新编与修订相结合。本书为修订教材。

《电机与拖动》第一版于2004年8月出版，作为高职高专“十五”规划教材，2006年2月第二次印刷。根据教材建设的需要和教学实践中的体会，为了提高教材质量，应及时对教材的内容进行修改和完善。本书修订后亦可作为工科电气工程及其自动化专业、自动化专业的教学参考书。

本次修订力求遵循精选内容、论述更为准确、利于教学和自学的原则，保留了原教材的内容体系，对部分章节的文字叙述、公式推导作了必要的调整，增加了一些例题和习题；并在部分章节前标注了“*”号，以便讲课和自学时选择。

本书第一篇（第1～5章）由北华大学王铁光编写；第二篇（第6～9章）由太原电力高等专科学校刘国昌编写；第三篇（第10～13章）由邢台职业技术学院李树元、郭健编写，绪论以及第四篇（第14～15章）、第五篇（第16～18章）由太原电力高等专科学校王广惠编写。全书由王广惠统稿。

本书由太原理工大学张爱玲教授主审，由王广惠、王铁光、李树元主编。在编写过程中，参考了部分相关教材及技术文献，在此对相关作者表示衷心的感谢。

对于书中的不足之处，恳请广大读者给与批评指正。

编 者

2007年6月

主要物理量单位符号

主要物理量单位符号

T——特斯拉
Wb——韦伯
Mx——麦克斯韦
Gs——高斯
℃——摄氏度
Ω——欧姆
H——亨利
Hz——赫兹
A——安培
V——伏特
kV——千伏
W——瓦特
kW——千瓦
kVA——千伏·安
kvar——千乏
rad/s——弧度/秒
r/s——转/秒
r/min——转/分
kg——公斤
N——牛顿
N·m——牛顿·米
m——米

主 要 符 号 表

α——角度
β——角度；负荷系数
γ——角度；电导率
δ——气隙长度
η——效率
θ——功率角；温度
λ_m——磁导
μ——磁导率
ν——谐波次数
τ——极距
Φ——磁通
Φ_0——同步机、直流机励磁磁通
Φ_a——电枢反应磁通
Φ_m——变压器磁通最大值
Φ_σ——漏磁通
ϕ——功率因数角
Ψ——磁链、内功率因数角
Ω——机械角速度
ω——角频率
A——面积；电负荷
a——交流绕组并联支路数；直流绕组并联支路对数；120°复量算子
B——磁通密度
B_{av}——平均磁通密度
B_δ——气隙磁通密度
B_r——剩磁磁通密度
b——电纳
C_e——电动势常数
C_M——转矩常数
D——直径
E——电动势有效值
e——电动势瞬时值
$E_{\sigma1}$、$E_{\sigma2}$——变压器一、二次漏磁电动势；异步机定、转子漏磁电动势
F——磁动势
F_0——空载磁动势
F_m——变压器、异步机励磁磁动势
F_a——电枢反应磁动势

F_f——直流机、同步机励磁磁动势
F_δ——气隙磁动势；
f——磁动势瞬时值；频率；力
f_ν——高次谐波频率
GD^2——飞轮矩
G——重力
g——重力加速度
H_c——矫顽力
H——磁场强度
h——高度
I——电流有效值
I_0——空载电流
I_m——变压器、异步机励磁电流
I_a——电枢电流
I_K——短路电流
I_N——额定电流
I_{st}——起动电流
I_f——直流机、同步机励磁电流
i——电流瞬时值
J——转动惯量
K——转向片数
k——变比
k_A——自耦变压器变比
k_μ——磁路饱和系数
k_{q1}——绕组基波分布系数
k_{y1}——绕组基波短距系数
k_1——基波绕组系数
k_m——过载能力
L——铁心长度；自感系数
M——互感系数
m——相数；质量
N——电枢总导体数
n——转子转速
n_1——同步转速
n_N——额定转速
P——有功功率
P_M——电磁功率
P_Ω——机械功率
P_N——额定功率
p_{Fe}——铁损耗
p_{Cu}——铜损耗
p_{ad}——附加损耗
p_m——机械损耗
p_f——励磁损耗
p_0——空载损耗
p——极对数
Q——无功功率；流量；热量
q——每极每相槽数
R_f——励磁回路电阻
R_L——负载电阻
R_a——直流机电枢回路电阻
R_m——磁阻
r_m——变压器、异步机励磁回路电阻
r_1、r_2——变压器一、二次电阻；异步机定、转子电阻
r_k——短路电阻
R_{st}——起动电阻
r_a——同步机电枢绕组电阻
S——视在功率；元件数
S_N——额定容量
s——转差率
s_N——额定转差率
s_m——临界转差率
T——时间常数；周期
T_M——电磁转矩
T_N——额定转矩
T_L——负载转矩
T_0——空载转矩
T_{max}——最大转矩
T_{st}——起动转矩
t——时间；温度
U——电压有效值
U_N——额定电压
ΔU——电压调整率
u——电压瞬时值
u_k——短路电压
u_{ka}、u_{kr}——短路电压有功分量、无功分量
V——体积
v——线速度
W——能量

W_1、W_2——相绕组串联匝数

W_y——线圈匝数

x_1、x_2——变压器、异步机漏电抗

x_m——励磁电抗

x_a——电枢反应电抗

x_t——同步电抗

x_d——直轴同步电抗

x_q——交轴同步电抗

y_k——换向器节距

y——线圈节距

Z——阻抗；电机槽数

Z_u——虚槽数

Z_m——励磁阻抗

Z_L——负载阻抗

Z_k——短路阻抗

目　录

第二篇　变　压　器

第三篇　异　步　电　机

第四篇　同步电机和控制电机

第五篇　电动机的选择及经济运行

绪　论

第一节　电机及电力拖动的作用

电能是世界上应用最为广泛的二次能源，它具有便于生产、传输、变换、控制以及对环境无污染等优点。利用电机实现电力拖动是工业企业完成加工工艺和生产过程的关键手段。

一、电机的主要用途及分类

电机是根据电磁感应原理实现机电能量转换的电力机械设备。在发电厂，由原动机带动发电机旋转，发电机可以输出交流电功率；在输配电系统中，为了节省材料并减少输电线路损耗，必须采用变压器，使交流发电机出口端的电压等级升高，将电能进行远距离传输后，再降低电压等级，供用户使用；在用户端，电动机将电能转换成机械能，为生产机械提供动力。在电气传动控制系统中，广泛采用各种控制电机实现指示、随动、反馈等控制。根据电机的用途及结构特点，电机可分成以下各类：

(1) 变压器（静止的电机）。

(2) 交流电机：包括同步电机、异步电机。

(3) 直流电机：包括直流发电机、直流电动机。

(4) 控制电机：包括测速发电机、伺服电动机、自整角机、步进电机等。

二、电力拖动的主要作用

随着工业现代化的发展和自动化水平的提高，工业生产过程中，主要采用电动机拖动生产机械。与其他形式的原动机相比较，电动机有许多优点。例如：①不同类型的电动机可提供各种不同的机械特性，满足各类生产机械的需要；②电动机操作简单，便于进行起动、调速、反转、制动等控制；③异步电动机结构简单、规格齐全、价格低、效率高、便于维护。此外，由电动机拖动的生产机械可以采用集中传动、单独传动、多电动机传动等方式。

利用电动机把从电网吸取的电功率转换为轴上输出的机械功率，从而带动生产机械工作的这一过程，称为电力拖动或电气传动。采用电气传动，是合理利用能源，促进生产过程向机械化、自动化迈进的有效手段；采用电气传动，改善了劳动条件，有助于批量化生产，提高产品质量、降低成本；此外，电气传动还广泛渗入社会生活的各个方面，包括社会的信息化和家庭的电气化，有助于改善人们的生活质量。

完成电气传动功能的一整套设备总称电力拖动装置，大体由以下三部分组成：

(1) 电动机　包括异步电动机、直流电动机、同步电动机。

(2) 生产机械　包括传动机构和工作机构。

(3) 控制系统　包括电气控制设备、控制电机。

电力拖动装置中的生产机械作为电动机的负载，靠传动机构将电动机轴上输出的机械功率传递给工作机构。常见的传动机构有齿轮传动、皮带传动、联轴器传动、卷筒—钢绳传动等，不同的传动方式，其使用场合不同、传动效率不同、工作原理不同。工作机构是实现电气传动的主体，例如泵与风机的叶轮、机床的主轴、轧钢机的轧辊、卷扬机、电力机车等。

控制系统的主要作用是，应用电力电子技术和计算机控制技术，从对电动机的控制入手，实现对生产机械运行特性的控制。控制系统的设计直接关系到电力拖动装置运行的可靠性和生产过程的自动化水平。

第二节　电机中铁磁材料的特性

电机是依据电磁感应原理实现能量转换的，其内部要构成完整的磁路，独立的电路，带电导体之间要相互绝缘，还要有构成电机整体的结构部分。因此，制造电机要用到以下四种材料：①电阻率低的导电材料；②导磁性能高的铁磁材料；③介电强度高、耐热性好的绝缘材料；④机械强度高的结构材料。本节仅讨论铁磁材料的特性。

一、磁导率及磁场强度

将一个通电线圈置于不同的介质中，可以发现其磁感应强度不同，说明不同的介质其导磁性能不同。表征物质导磁性能的物理量用符号 μ 表示，称为磁导率。磁导率的单位是 H/m。物质按导磁性能强弱可分为三类：顺磁性物质，如空气、铝、铬等，其磁导率略大于真空磁导率 μ_0，$\mu_0=4\pi\times10^{-7}$ H/m；逆磁性物质，如铜、氢、铅等，其磁导率略小于真空磁导率 μ_0；铁磁性物质，如铁、钴、镍、钢等，其磁导率 μ_{Fe} 比真空磁导率 μ_0 大得多，并且不为常数。

磁场强度用符号 H 表示，其定义为 $$H=\frac{B}{\mu} \tag{0-1}$$

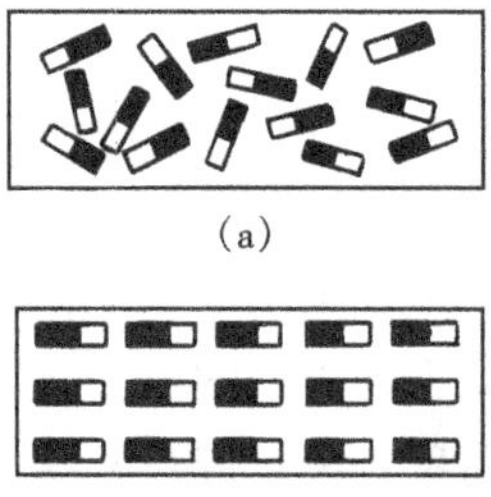

(a)

(b)

图 0-1　铁磁物质的磁畴
(a) 未被磁化；(b) 完全磁化

其中，磁通密度 B 的单位是 T，$1T=10^4$Gs；磁场强度 H 表示单位长度磁路上作用的磁动势，磁动势的单位是 A，磁场强度的单位是 A/m。当磁通密度一定时，磁导率越大，所需的磁动势越小。为此，电机中采用了导磁性能好的铁磁材料构成主磁路，如硅钢片、钢板、铸钢，其磁导率 $\mu_{Fe}\approx(2000\sim6000)\mu_0$。

二、磁化曲线

铁磁物质的磁导率之所以很大，是由于铁磁物质内部存在着许多天然磁畴，未被磁化时，各磁畴杂乱无章地排列着，对外不显磁性，如图 0-1（a）所示。当铁磁物质放入磁场后，在外界磁场的作用下，各磁畴逐渐转向，形成附加磁场，与外磁场方向一致，使外磁场增强，如图 0-1（b）所示。这种现象称为磁化。

在磁化过程中，磁通密度 B 随磁场强度 H 变化的关系曲线称为磁化曲线。铁磁材料的磁化曲线 $B=f(H)$ 为非线性关系，如图 0-2 所示。曲线大致分为两段：第一段 oa 为线性段，磁通密度较低，当外磁场由零开始增加时，能引起相应数量的磁畴开始转向与外磁场方向一致，使磁场增强，因此磁通密度随磁场强度几乎成正比上升，即：$B=\mu H$，$\mu=$常数；第二段 ab 为饱和段，磁通密度较高，由于大部分磁畴已与外磁场方向渐趋一致，当外磁场继续增加时，可转向的磁畴越来越少，因此磁通密度已不再随磁场强度成正比增加，这种现象称为磁饱和。此时，磁化曲线的斜率逐渐变得平缓，磁导率 μ 逐渐减小。b 点称为饱和点。b

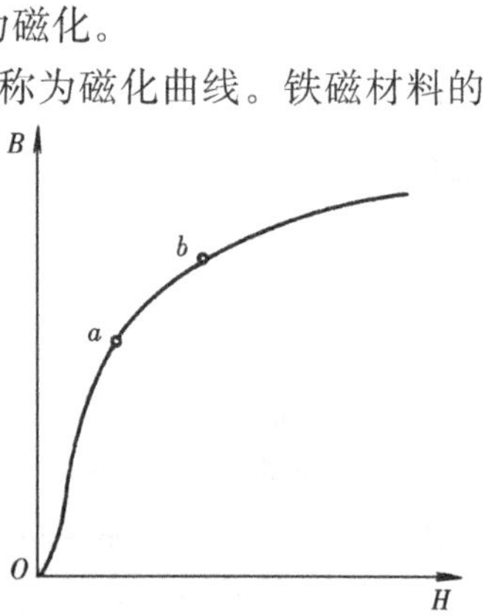

图 0-2　铁磁材料的磁化曲线

点以后，所有的磁畴几乎都已与外磁场方向一致，B 随 H 的增加变得非常缓慢，铁磁材料的磁导率 μ 进一步减小。

在设计电机时，为了充分利用铁磁材料，磁通密度不能选得太低，而为了减小励磁安匝数，应使磁导率较高，磁通密度又不能选得太高，综合考虑，通常把磁通密度 B 值选择在 a 点（称为膝点）附近。

三、磁滞回线

由试验可以证明，对铁磁材料进行交变磁化时，其内部的磁畴在随外磁场转向、排列的过程中，相互之间要产生摩擦，因此，磁通密度 B 的变化总是滞后于磁场强度 H 的变化，称之为磁滞现象。如图 0-3 所示。由图可见：

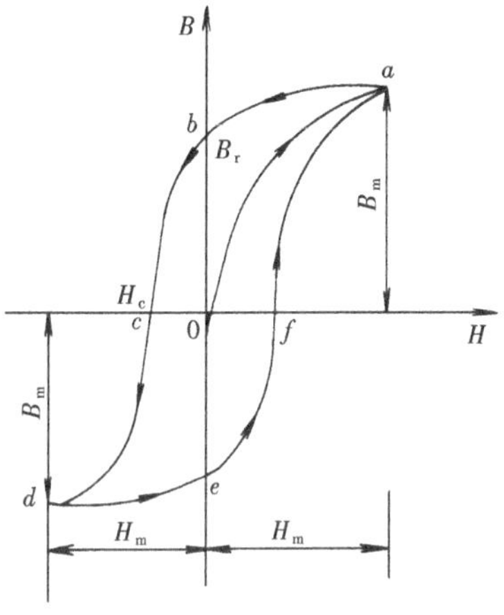

图 0-3　铁磁材料的磁滞回线

（1）当增加励磁电流，使磁场强度 H 由零上升到最大值 $+H_m$ 时，磁通密度 B 沿 oa 曲线变化，a 点为（H_m，B_m）。

（2）当励磁电流逐渐减小到零并反方向增加时，磁场强度由 $+H_m$ 向 $-H_m$ 变化，磁化曲线的轨迹为 $\overline{abcd}$。b 点为（0，B_r），磁场强度已减小到零，但磁通密度 $B_r>0$，B_r 称为剩磁。虽然外磁场消失，但磁畴未能全部恢复原状，顺外磁场排列的部分磁畴被保留下来，使 $B_r=\overline{ob}$。c 点为（$-H_c$，0），磁场强变变化到 $-H_c$ 时，磁通密度才减小到零，显然 H_c 是消除剩磁所需的反向磁场强度，称为矫顽力。$H_c=\overline{oc}$。

（3）当磁场强度由 $-H_m$ 向 H_m 变化时，磁化曲线的轨迹为 $\overline{defa}$。分析方法同（2），且 $\overline{oe}=\overline{ob}$；$\overline{oc}=\overline{of}$。

由于磁滞现象，磁化曲线的上升支和下降支不重合，二者围成对称于原点的闭合曲线 $\overline{abcdefa}$，称为磁滞回线。对同一种材料取不同的 H_m 值可测得若干磁滞回线，过原点将所有磁滞回线的顶点连接起来，就可得到一条工程上采用的基本磁化曲线。不同的铁磁材料，其磁滞回线形状各不相同，可大致分为两类。软磁材料，如铸铁、铸钢、硅钢片等，其磁滞回线的面积较窄，B_r 及 H_c 均较小，μ_{Fe} 较大，用来制造普通电机和变压器的铁心；硬磁材料，如铝、镍、钴、铁的合金和稀土和金等，其磁滞回线的面积较宽，B_r 及 H_c 均较大，可用来制造永久磁铁、磁滞电机等。

四、磁滞损耗与涡流损耗

铁磁材料在交变磁化过程中，其内部磁畴在不停地转动、相互摩擦的同时，消耗一定的能量，这种能量损失称为磁滞损耗。可以证明，单位体积内的磁滞损耗正比于磁场交变的频率 f 和磁滞回线的面积。不同的铁磁材料，磁滞损耗不同。例如，软磁材料的磁滞回线面积较窄，磁滞损耗小。

当通过铁心的磁通交变时，根据电磁感应定律，铁心中将产生感应电动势并呈现涡流，如图 0-4 所示。

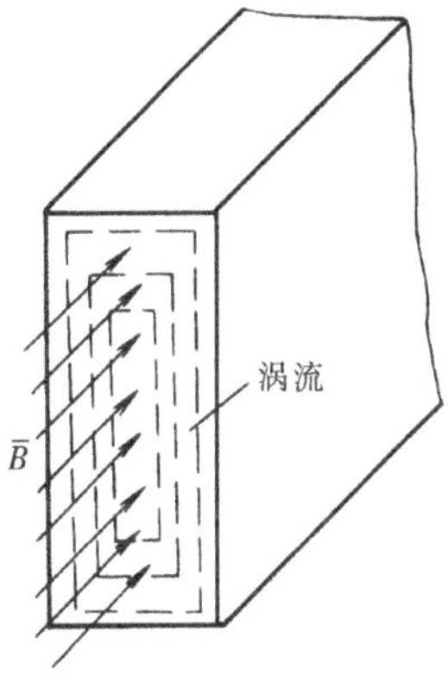

图 0-4　铁心中的涡流

涡流在铁心中引起的损耗称为涡流损耗。为了减小涡流损耗，在钢中加入 4%左右的硅以增大铁心的电阻率，将整块铁心分割成相互绝缘的钢片以加长涡流的路径，因此，电机和变压器的铁心都用0.35mm或0.5mm厚的硅钢片叠制。

通常把磁滞损耗和涡流损耗合在一起，统称为铁耗，用p_{Fe}表示。对于某一种材料，铁耗的大小与铁心中磁通交变频率f及磁通密度B_m有关，即

$$p_{Fe} \propto f^{\alpha} B_m^2 \tag{0-2}$$

式中，$1<\alpha<2$，对于硅钢片，$\alpha=1.2\sim1.6$。

第三节 研究电机时常用的基本电磁定律

电机是通过电磁感应实现能量转换的机械设备。研究电机时，为简便计，用磁路和电路分别代替磁场和电场，常用的基本电磁定律如下。

一、电路定律

1. 基尔霍夫第一定律

在电路的节点上，电流瞬时值的代数和等于零，即

$$\Sigma i=0 \tag{0-3}$$

列电流方程时，先确定电流的正方向，对于正弦交流电路，电流用复数$\dot{I}$表示。

2. 基尔霍夫第二定律

在闭合电路中，沿着回路的巡行方向，电压降的代数和等于电动势的代数和，即

$$\Sigma u=\Sigma e \tag{0-4}$$

如果把电压看成负的电动势，则回路中的电动势的总和等于零。列回路方程时，先规定电流、电压降、电动势的正方向，再选定回路的巡行方向。凡电动势和电压降与巡行方向一致时取正号；反之取负号。对于正弦交流电路，其电流、电压降、电动势分别用复数$\dot{I}$、$\dot{U}$、$\dot{E}$表示。

二、磁路定律

1. 磁路欧姆定律

磁路的磁通Φ等于磁动势F与磁导λ_m的乘积，磁导λ_m与磁阻R_m互为倒数，即

$$\Phi=F\lambda_m=\frac{F}{R_m} \tag{0-5}$$

电机的主磁路为分段磁路，由于各部分的材料、磁路长度不同，因而磁导不同，用λ_{mk}表示第k段磁路的磁导，单位为H，磁导与磁导率成正比，与磁路长度成反比，式（0-5）还可以写成

$$\Phi=F\sum_{1}^{n}\lambda_{mk} \tag{0-6}$$

2. 磁路基尔霍夫第一定律

在磁路节点上，磁通的代数和等于零，即

$$\Sigma\Phi=0 \tag{0-7}$$

式（0-7）表明，进入闭合面的磁通等于离开闭合面的磁通。如果磁通均按正弦规律变化，可用复数$\dot{\Phi}$表示。

3. 安培环路定律

闭合磁路中，磁场强度矢量的线积分等于该闭合回路所包围的各电流的代数和，即

$$\oint \vec{H} \cdot d\vec{l} = \Sigma i \tag{0-8}$$

式中，电流的方向与磁场强度的方向符合右手螺旋规律，如图0-5所示，i_1、i_3 取正值，i_2 取负值。安培环路定律表明，载流导体周围必然存在着磁场。

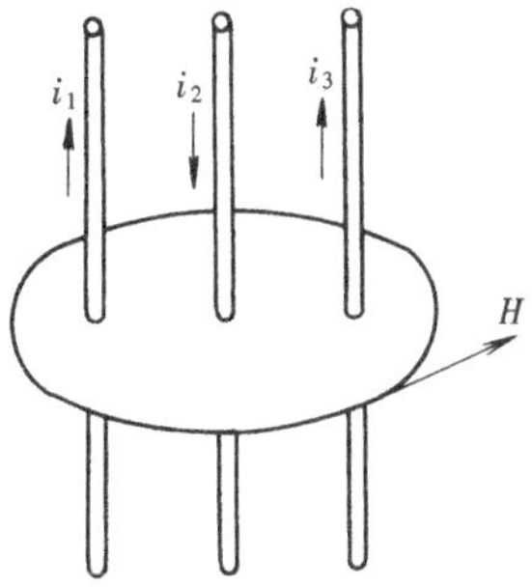

图 0-5　安培环路定律

三、电磁感应定律

当线圈的磁链发生变化时，会在线圈中感生电动势，单位为V。线圈磁链的变化又分为两种情况。

（1）线圈和磁场相对静止，而线圈中的磁通本身随时间交变，此时，在线圈中感生变压器电动势 e，e 的大小正比于磁链随时间的变化率，即

$$e = -\frac{d\psi}{dt} = -W\frac{d\phi}{dt} \tag{0-9}$$

式中，W 为线圈的匝数；ψ 为线圈的磁链，$\psi = W\phi$；负号表明感应电动势的方向总是企图产生一个阻止磁链变化的电流，当磁链增加时，$\frac{d\psi}{dt}>0$，$e<0$，与指定正方向相反，产生去磁电流；当磁链减少时，$\frac{d\psi}{dt}<0$，$e>0$ 与指定正方向相同，产生助磁电流，如图 0-6 所示。

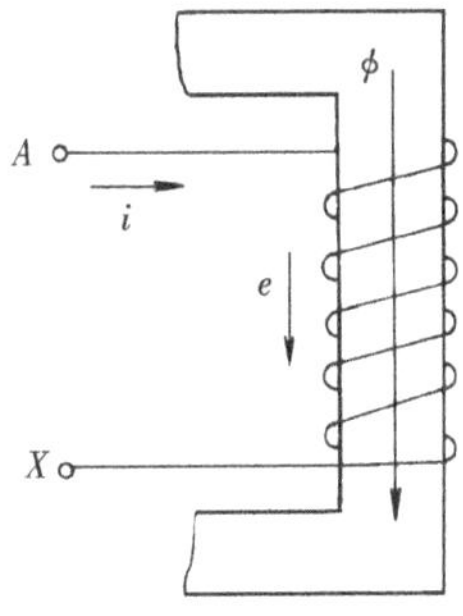

图 0-6　电磁感应定律的规定正方向

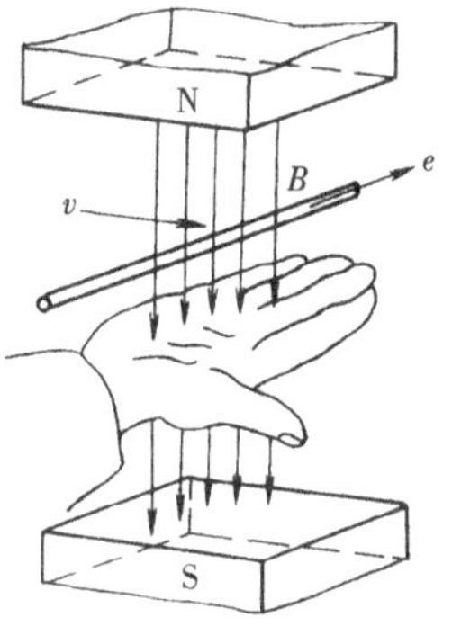

图 0-7　右手发电机定则

（2）恒定的磁场在空间按一定规律分布，导体以匀速运动切割磁力线时，在导体中感生速率电动势 e，e 的大小正比于磁通密度和导体的切割速度，即

$$e = Blv \tag{0-10}$$

式中，B 为导体所在处的磁通密度；l 为导体的有效长度；v 为导体相对磁场运动的线速度。

速率电动势的方向符合右手发电机定则，如图（0-7）所示。伸开右手掌，拇指与其余四指相互垂直，掌心迎着磁力线，拇指为导体运动方向，四指所指的方向为速率电动势的方向。

四、安培力定律

当磁场与电流相互作用时，必然产生电磁力 f，单位为 N，即

$$f=Bli \tag{0-11}$$

式中，B 为导体所在处的磁通密度；l 为导体的有效长度；i 为导体中的电流。

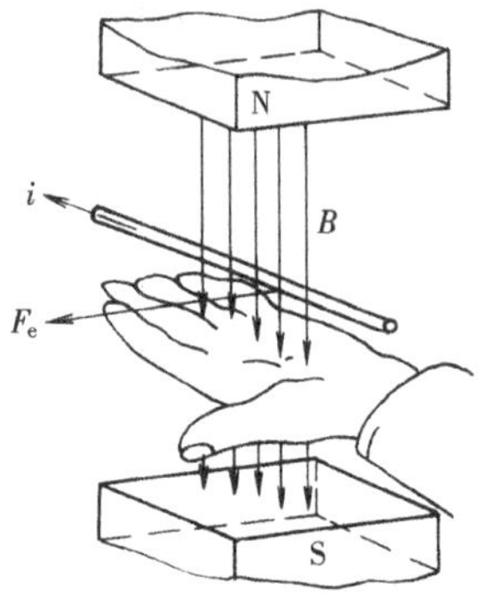

图 0-8 左手电动机定则

电磁力的方向符合左手电动机定则，如图 0-8 所示。伸开左手掌，拇指与其余四指相互垂直，掌心迎着磁力线，四指指向电流方向，拇指所指的方向为电磁力的方向。

五、能量转换规律

电磁感应定律和安培力定律合在一起，是电机实现机电能量转换的理论基础。旋转电机中，导体的感应电动势 $e=Blv$，其电功率瞬时值 $p=ei=Blvi$，机械功率 $p=fv=Bliv$，显然，由速率电动势所产生的电功率恰好等于电磁力所产生的机械功率。电功率和机械功率同时存在，电机的运行状态不同，则功率方向不同。发电机中，e 和 i 同方向，输出电功率；f 和 v 反方向，吸取机械功率。电动机中，f 和 v 同方向，输出机械功率；e 和 i 反方向，吸取电功率。

六、电机发展史简介

自从 1831 年英国物理学家法拉第的电磁感应定律问世以来，电机的发展经历了近 170 年的时间，可分为两个阶段。

1. 电机的初期发展

从 1831 年至 20 世纪初为电机的初期发展阶段。在 1867 年首次用电磁铁代替永久磁铁制成了自励直流发电机，1882 年建成第一条直流输电线，并相继出现了各种电机的雏形。到 1884 年研制成原始的同步发电机、制成了闭合磁路的单相变压器，并将单相交流电用于照明。1888 年至 20 世纪初，俄国科学家多利沃-多勃罗沃尔斯基提出了三相制，建立了第一个三相交流输电系统。

2. 电机的近代发展

从 20 世纪初至今为电机的近代发展阶段。电机的理论趋于完善，电机的制造水平和应用技术不断提高。

随着工业自动化程度的提高，对于电动机而言，主要是开发新品种，扩大电动机的应用范围，完善电机的自动控制技术，提高运行效率。对于发电机和变压器而言，其发展趋势是采用新材料、新技术、新工艺，提高单机容量和电压等级，降低发电成本。

电力工业的发展与电机制造业、电气设备制造业的发展相互促进。目前我国发电设备单机容量的数据：汽轮发电机组 600MW，水轮发电机组 550MW，核发电机组 650MW；变压器为 400MVA、500kV。与国际先进水平相比，我国的电力工业和电机制造业仍有很大的发展潜力。

第一篇 直 流 电 机

直流电机包括直流发电机和直流电动机，是最早发展起来的一种直流电能和机械能相互转换的旋转电机。直流电机是可逆的，当用作发电机时，将机械能转换为电能；当用作电动机时，将电能转换为机械能。它们的工作原理都是建立在电磁感应定律和电磁力定律基础上。

直流电动机具有良好的起动性能和调速性能。它的特点是：起动、制动、过载转矩大；调速范围宽广，调速的经济性和平滑性好；易于控制，可靠性高。因此广泛应用在对调速性能要求高的机械上，如矿井卷扬机、挖掘机、大型机床、电力机车、船舶推进器、纺织及造纸机械等。

直流发电机主要用作各种直流电源，如直流电动机电源，交流同步发电机励磁电源，蓄电池充电电源以及电解、电镀、冶炼用直流电源等。

与交流电机比较，直流电机的结构和制造工艺较复杂、生产成本较高、维护较困难，使它的应用受到一定限制，尤其是随着电力电子技术的发展，特别是大功率晶闸管的出现，直流发电机有逐步被晶闸管整流电源取代的趋势。在直流电动机方面，采用晶闸管调速系统的交流电动机也有替代直流电动机的趋势。但从使用方便可靠、供电质量高等方面来说，直流电动机和直流发电机都占有一定的地位。

本篇主要分析直流电机的基本原理、运行特性，在此基础上进一步分析直流电动机的电力拖动。

第一章 直流电机基本工作原理和结构

第一节 直流电机的工作原理

一、直流发电机的工作原理

图 1-1 所示为一台两极直流发电机工作原理简图。图中 N、S 是两个在空间固定的主磁极，它一般采用电磁铁，也可用永久磁铁。在两个主磁极之间，有一个可以转动的铁质圆柱体，上面固定一个线圈 a、b、c、d。线圈的两个出线端分别接到两个彼此绝缘的半圆形铜质换向片上，两个换向片构成的圆柱体就是一个最简单的机械换向器。它固定在转轴上，随轴一起转动，并与轴绝缘。整个转动部分称为转子或电枢。为了使线圈与外电路接通，换向器与空间固定的电刷 A 和 B 相接触。

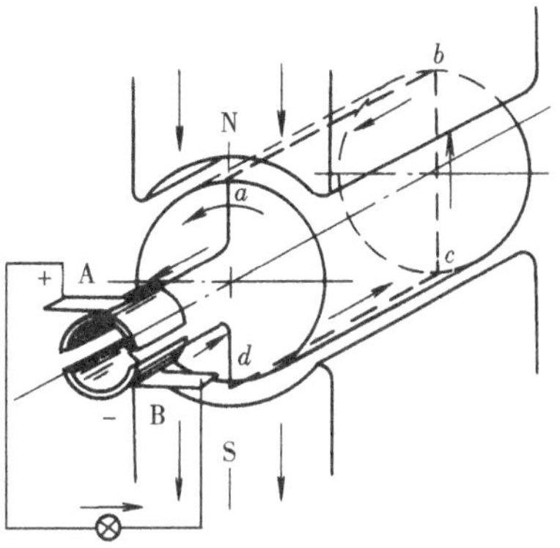

图 1-1 直流发电机工作原理图

当发电机的电枢由原动机拖动逆时针恒速旋转时，根据电磁感应定律，线圈的 a、b 边和 c、d 边将分别切割 N 极和 S 极下的磁力线而感应电动势，感应电动势的方向可用右手定则确定。如图 1-1 所示瞬时，线圈 a、b

边处于N极下，其电动势方向为由 b 到 a，并通过换向片引到电刷A，因此A刷的极性为正，线圈 c、d 边处于S极下，电动势的方向为由 d 到 c，所以刷B的极性为负。当电枢逆时针转过180°后，线圈 c、d 边电动势的方向变为由 c 到 d，a、b 边电动势的方向变为由 a 到 b。虽然两个线圈边电动势的方向都发生改变，但由于 c、d 边通过换向片变为与电刷A接触，电刷A仍为正极性。同理可分析出刷B仍为负极性。进一步分析可看出，随着电枢连续旋转，线圈的每个边要交替的切割N极和S极磁力线而感应出交变电动势，但由于进入到N极下的线圈边总是和电刷A相接触，进入到S极下的线圈边总是和电刷B相接触，因此刷A始终是正极性，刷B始终是负极性，所以在电刷A、B之间引出的是方向不变的直流电动势。

需要指出，刷间电动势方向虽然不变，但由于电枢只有一个线圈，因此电动势的数值要在最大值和零之间变动，是一个单方向的脉动电动势，其波形如图1-2所示。为了降低电动势的脉动程度和提高电动势的幅值，在实际电机中，电枢应有多个线圈，并按一定规律连接起来（线圈间的连接规律详见第二章第一节）。图1-3所示是一台电枢上装有在空间互差90°的两个线圈并且连接四个换向片的两极电机的刷间电动势波形图。从图中可以看出，电动势的脉动程度明显降低了，而幅值却增加了。

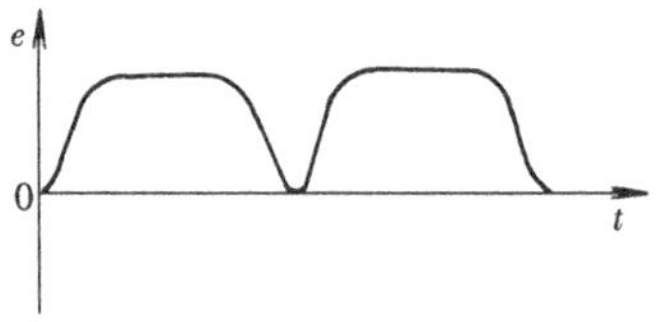

图1-2 一个线圈的刷间电动势波形

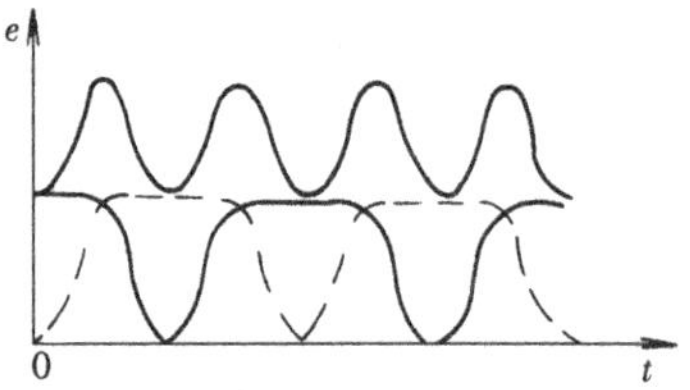

图1-3 两个线圈的刷间电动势波形

二、直流电动机工作原理

如果把图1-1所示直流发电机的原动机撤掉，并使电刷A、B两端接于直流电源，如图1-4所示。该直流电机就会运行在电动机工作状态，并且把输入的直流电能转换为机械能输出。

由图1-4可以看出，当电刷A接到电源E的正极，电刷B接到电源E的负极时，电流将从电刷A通过换向片流入线圈 a、b、c、d，并从电刷B流出。在图示瞬时，N极下线圈边的电流方向是由 a 到 b；S极下线圈边电流方向是由 c 到 d。根据电磁力定律，线圈的 a、b 边和 c、d 边将分别受到电磁力的作用，电磁力的方向可按左手定则确定。在图示瞬时，线圈 a、b 边的受力方向为自右向左，c、d 边的受力方向为自左向右，两个电磁力对转轴形成逆时针方向作用的力矩，即电磁转矩。在电磁转矩的作用下，电枢将沿逆时针方向转动。当电枢转过180°时，线圈的 a、b 边转到S极下，c、d 边转到N极下，此时线圈两个边的电流方向将变为由 d 到 c 和由 b 到 a。按左手定则可确定，此时进入N极下的 c、d 边所受电磁力的方向为自右向左，进入S极下的 a、b 边所受电磁

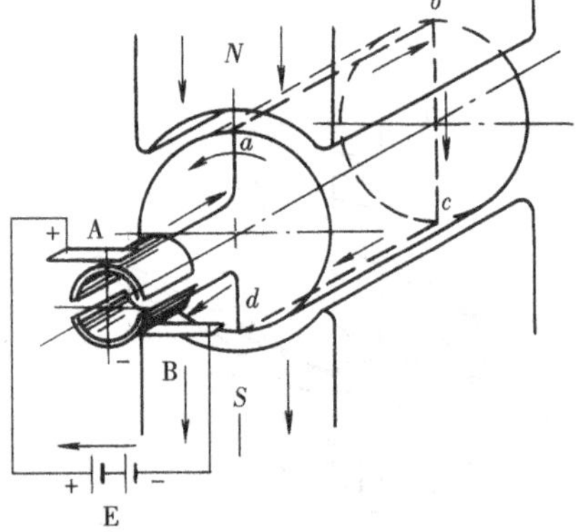

图1-4 直流电动机工作原理图

力的方向为自左向右，因此电磁转矩的作用方向仍为逆时针。由此可看出，由于电刷 A 总是通过换向片和进入 N 极下的线圈边相连接；电刷 B 总是通过换向片和进入 S 极下的线圈边相连接，在电刷两端所接电源极性不变时，电流总是通过电刷 A 流入到 N 极下的线圈边，再沿 S 极下的线圈边经电刷 B 流向电源。因此电磁力和电磁转矩的方向能始终保持不变，从而使电机沿逆时针方向连续旋转。

通过上述对直流发电机和直流发动机工作原理的分析可看出，直流电机原则上既可作发电机运行，也可作电动机运行。当用原动机拖动电枢旋转即输入机械功率时，在电刷两端就会输出直流电能，此时电机作发电机运行；当在电刷两端接直流电源即输入直流电能时，电机将通过电枢拖动生产机械旋转从而输出机械能，电机又作电动机运行。

第二节　直流电机的基本结构

和所有旋转电机一样，直流电机主要是由静止部分即定子和旋转部分即转子（电枢）两大部分构成。定子和电枢之间的间隙称为气隙。定子的主要作用是产生磁场并作为机械支撑，它主要由主磁极、换向磁极、机座和电刷装置组成。电枢的作用是产生电磁转矩和感应电动势，它主要由电枢铁心、电枢绕组、换向器、转轴和风扇组成。直流电机的径向和轴向剖面示意图分别如图 1-5 和图1-6所示。下面分别介绍各主要部件的构造和作用。

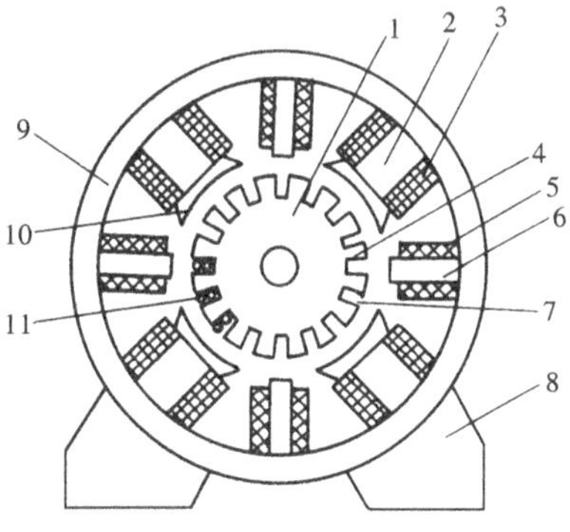

图 1-5　直流电机径向剖面图

1—电枢铁心；2—主磁极；3—励磁绕组；4—电枢齿；5—换向绕组；6—换向极；7—电枢槽；8—底脚；9—磁轭（机座）；10—极靴（极掌）；11—电枢绕组

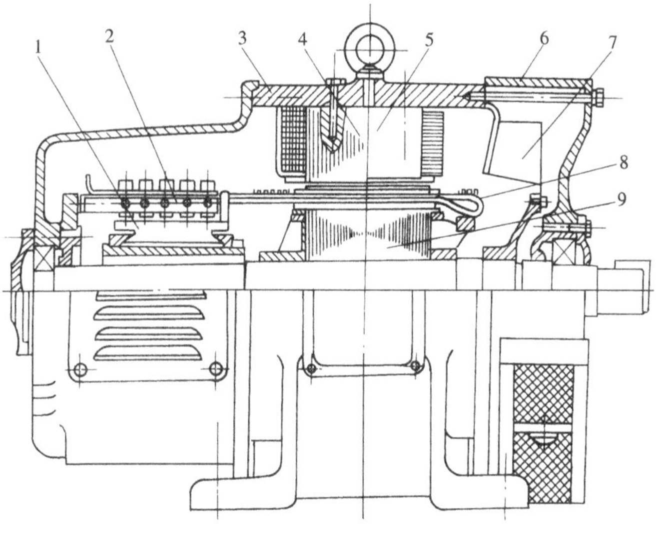

图 1-6　直流电机轴向剖面图

1—换向器；2—电刷装置；3—机座；4—主磁极；5—换向极；6—端盖；7—风扇；8—电枢绕组；9—电枢铁心

一、定子

1. 主磁极

主磁极的作用是产生主磁场，它由主磁极铁心和励磁绕组构成。

主磁极铁心包括极身和极靴，如图 1-7（a）所示。极靴要比极身宽，以减小极面下气隙的磁阻并改善气隙磁通沿空间的分布。当电枢转动时为了降低因槽与齿相对于主磁极移动在极靴表面造成磁密的变化而引起的铁心涡流损耗，主磁极铁心一般采用1～1.5mm厚的低碳铁板冲片叠压紧固而成。

励磁绕组是集中绕组，是用带绝缘的铜导线绕在框架上，再套在主磁极铁心的极身上。绕组和铁心之间用云母绝缘纸和环氧玻璃纤维层压板绝缘，最后经过浸漆处理。整个主磁极用螺杆固定在机座上，如图1-7（b）所示。各极励磁绕组之间一般采用串联连接，而且连接时要保证相邻主磁极的极性按N、S极交替排列。

2. 换向磁极

换向磁极的作用是用以改善换向。它由换向极铁心和换向极绕组两部分构成。由于换向极与转子之间有较大的气隙，在换向极铁心中产生的涡流损耗较小，因此铁心一般用整块钢加工而成。绕在铁心上的换向极绕组也是集中绕组，它通常和电枢绕组相串联。换向极装在两主磁极之间的几何中性线上，其极数一般和主磁极的极数相等。在小功率的直流电机中，也可以不装或只装仅为主磁极数一半的换向极。

3. 机座

机座是直流电机的外壳，其作用一是用来固定主磁极、换向极和端盖等，有的也是电机磁路的一部分，这部分磁路称为定子磁轭。此外，在机座下部还有起支撑作用的底脚，用以将电机固定在基础上。为了保证良好的机械强度和导磁性能，机座一般采用铸钢制造或用钢板卷制焊接而成。

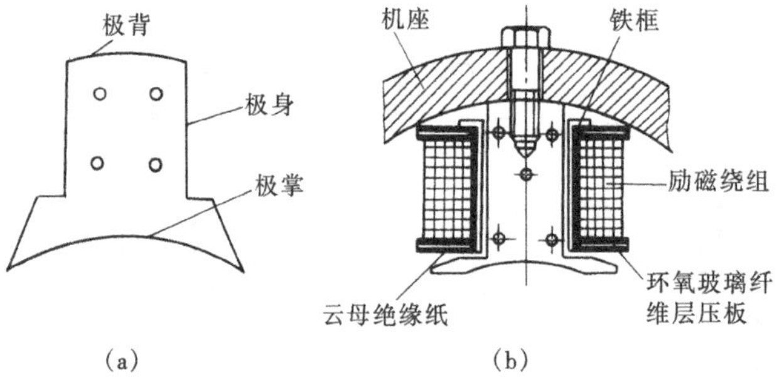

图1-7 主磁极
（a）主磁极铁心；（b）固定方法

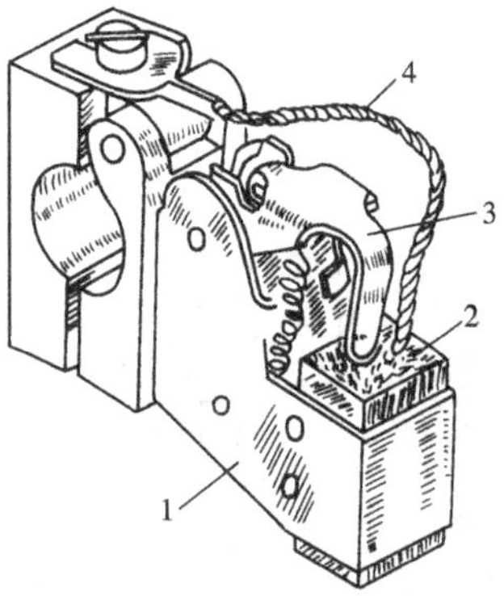

图1-8 刷握和电刷
1—刷盒；2—电刷；3—压紧弹簧；4—铜丝辫

4. 电刷装置

电刷装置的作用是用来固定电刷，并使电刷与旋转的换向器保持滑动接触，将电枢绕组与外电路接通，使电流经电刷输入电枢或从电枢输出。电刷装置由电刷、刷握、刷杆、刷杆座以及汇流条等构成，图1-8所示是刷握和电刷的一种结构型式。电刷一般由导电耐磨的碳石墨材料制成，放在刷握的刷盒中，由压紧弹簧把它压在换向器表面，同时将电刷上的铜丝辫固定在刷棒上。刷握则不经绝缘固定在刷杆上（刷杆数一般等于磁极数）。而全部的刷杆都固定在刷杆座上。小型电机的刷杆座装在端盖或轴承内盖上，大型电机的刷杆座则装在机座上。刷杆座应能偏转，以便调整电刷在换向器表面上的位置。由于各电刷经铜丝辫、刷握和刷杆连接，为了使电刷与外电路接通，可将同极性的各刷杆用汇流条连在一起，再与换向极绕组串联后，引到接线盒的接线柱上。

二、转子（电枢）

1. 电枢铁心

电枢铁心的作用一是作为电机主磁路的一部分，二是将电枢绕组嵌放在电枢铁心的槽内。当电枢在磁场中旋转时，电枢铁心将产生涡流和磁滞损耗。为此电枢铁心用 0.5mm 厚并涂有绝缘漆的硅钢片冲片叠压而成。冲片上冲有嵌放绕组的矩形槽或梨形槽和一些轴向通风孔，如图 1-9 所示。容量较大的电机，为了加强散热冷却，除了有轴向通风孔外，还将电枢铁心沿轴向分成数段，每段长 4～10cm，两段之间留有 8～10mm 的径向通风沟。

2. 电枢绕组

电枢绕组是电机结构的重要部分，其作用是产生感应电动势，通过电流并产生电磁转矩，使电机实现机电能量转换。电枢绕组由许多个单元线圈按一定规律连接构成。线圈用圆形或矩形截面的绝缘导线绕成，分上下两层嵌入电枢铁心槽内。线圈与槽之间要有槽绝缘，线圈上下层之间也有层间绝缘。为了防止电枢旋转时因离心力作用将线圈甩出槽外，应采用非磁性的槽楔将线圈边压紧在槽内，伸出槽外的线圈端部也要用无纬玻璃丝或非磁性钢丝绑扎在绕组支架上。

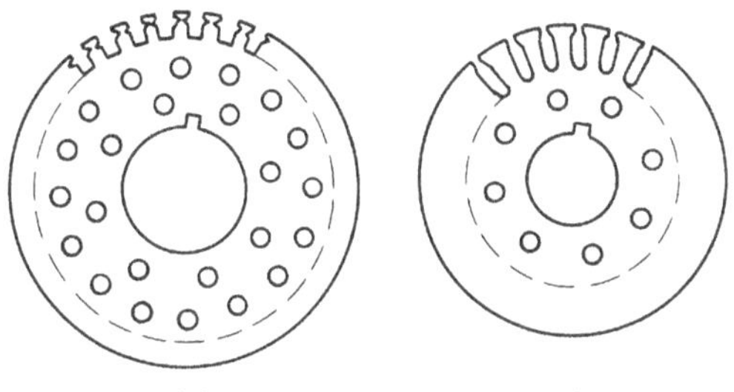

(a)　(b)

图 1-9　电枢铁心冲片

(a) 矩形槽；(b) 梨形槽

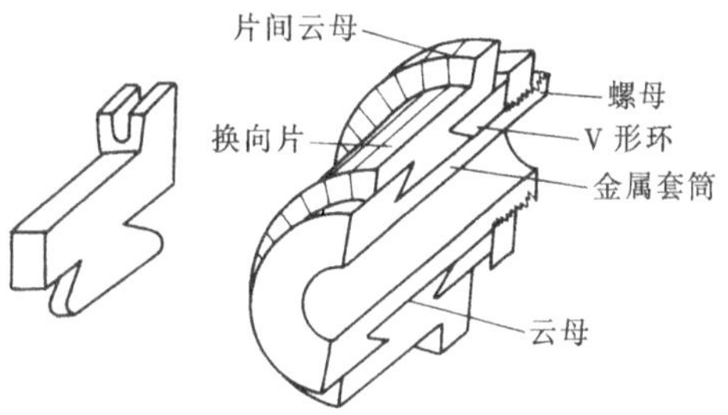

(a)　(b)

图 1-10　换向片和换向器

(a) 换向片；(b) 金属套筒换向器

3. 换向器

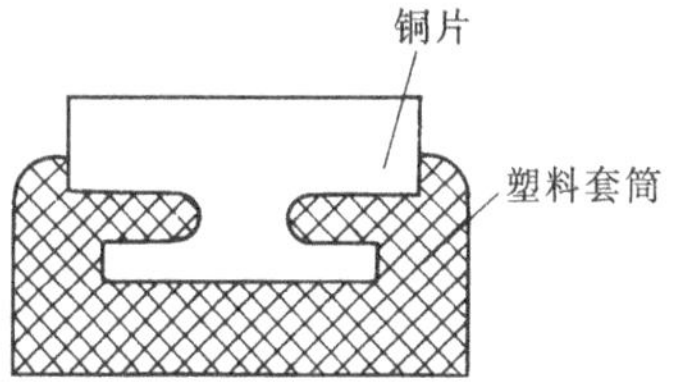

图 1-11　塑料换向器

换向器由许多铜片（即换向片）组成。换向器有多种结构型式，图 1-10 所示为常见的金属套筒式。它是用许多带有鸽尾形的换向片先围成一个圆筒，再借助 V 形钢制套筒和 V 形环将套筒固定成一个整体并套装在转轴上。换向器的片间要用云母片绝缘，在 V 形环和套筒与换向片组成的圆筒间，也要用 V 形云母环和云母套筒绝缘。由于换向器外圆周直径小于电枢外直径，因此换向片靠近绕组的一端有一升高部分，绕组线圈的出线端即接至升高部分的开口凹槽内。上述的换向器结构和制造工艺较复杂，目前小容量电机广泛采用塑料换向器，这种换向器是用酚醛玻璃塑料通过热压成型来代替 V 形套筒和 V 形环的，如图 1-11 所示，它简化了制造工艺并节省材料。

第三节　直流电机的铭牌和主要系列

一、铭牌及额定值

直流电机的机壳上钉有铭牌，上面标出电机的额定数据、型号以及其它必要事项。额定数据也称额定值，它是电机制造厂依照国家标准对产品在指定工作条件下（即额定工作条件下）所规定的技术数据。铭牌上标明的主要额定值有：

1. 额定电压 U_N

额定运行时电机出线端的电压，单位为伏（V）。

2. 额定电流 I_N

额定运行时电机出线端的电流，单位为安（A）。

3. 额定容量 P_N

额定运行时电机的输出功率，单位为瓦（W）或千瓦（kW）。

对于发电机，额定容量是指出线端输出的电功率，即 $P_N=U_N I_N$；对于电动机，额定容量是指轴上输出的机械功率，即 $P_N=\eta_N U_N I_N$，其中 η_N 为电动机的额定效率。

4. 额定转速 n_N

指电压、电流和输出功率为额定值时电机的转速，单位为转/分（r/min）。

5. 额定励磁电流 I_{fN}

电机在额定工况下运行时励磁绕组流过的电流。

除了上述的额定值之外，还有一些额定值，如额定效率 η_N、额定转矩 T_N、额定温升 τ_N 等，这些额定值不一定都标在铭牌上，需要时可在产品说明书上查到。

【例 1-1】 一台直流电动机的额定数据为：额定容量 $P_N=30$kW，额定电压 $U_N=440$V，额定转速 $n_N=1500$r/min，额定效率 $\eta_N=86.6\%$，求额定工况下的输入功率和额定电流。

解 （1）额定工况下的输入功率为

$$P_{1N}=\frac{P_N}{\eta_N}=\frac{30}{0.866}=34.64\text{kW}$$

（2）额定电流为

$$I_N=\frac{P_{1N}}{U_N}=\frac{34.64\times10^3}{440}=78.73\text{A}$$

二、国产直流电机的型号及主要产品系列简介

1. 型号

铭牌上的型号可表明每一种产品的性能、用途和结构特点。国产直流电机的型号采用汉语拼音大写字母和阿拉伯数字的组合来表示。其中汉语拼音大写字母表示电机的结构特点和用途等，阿拉伯数字则表示电机的尺寸及规格。

如：

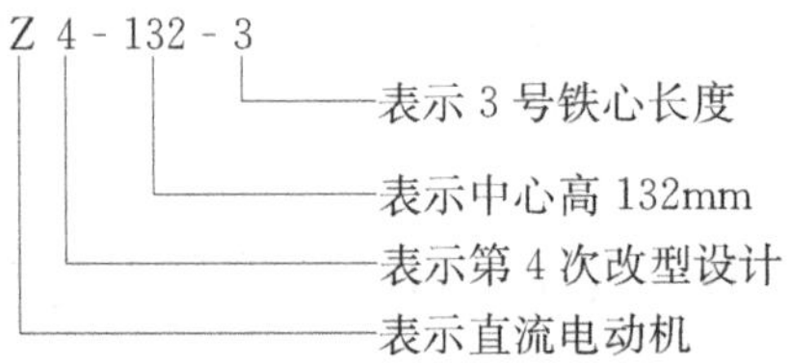

2. 国产直流电机主要系列简介

为了使产品标准化和通用化，电机制造厂生产的产品有很多是系列电机。国产直流电机的系列很多，现介绍几种主要系列。

（1）Z4 系列：Z4 系列为 1986 年设计定型的一般用途小型直流电动机，用以逐步取代 Z2、Z3 老系列小型直流电动机。其最大功率可达 480kW，电压等级有 160V 和 440V 两种，转速范围为 400～3000r/min。该系列电机适用于静止整流装置供电，广泛用于轻工、纺织、造纸、冶金、金属切削机床等作直流传动用。

（2）ZF 和 ZD 系列：一般用途的中型直流发电机和电动机系列。

（3）ZJF 和 ZJD 系列：大型直流发电机和电动机系列。

（4）ZT 系列：广调速直流电动机，适用于转速调节范围在 1∶3 及 1∶4 的电力拖动系统。

（5）ZZJ-800 系列：轧钢机辅助传动用直流电动机。

（6）ZKJ 系列：冶金、矿山挖掘机用直流电动机。

（7）ZQ 系列：电力机车、工矿电机车和蓄电池供电车等用直流牵引电动机。

（8）ZA 系列：防爆安全型直流电动机，适用于矿井和有易爆气体的场所。

第四节　直流电机的电枢绕组

电枢绕组是直流电机的重要部件，机电能量的转换就发生在这里，电枢绕组的结构和制造工艺复杂，电机中绝大部分有色金属和绝缘材料都用在电枢绕组上，运行中电枢绕组也容易出现故障。因此，设计合理的电枢绕组应满足：在保证感应足够的电动势和允许通过规定的电流的前提下，要尽可能节省有色金属和绝缘材料，并要求结构简单、运行可靠。

根据线圈形状和连接方式的不同，电枢绕组可分为五种型式，即单叠绕组、单波绕组、复叠绕组、复波绕组、混合绕组，其中单叠绕组和单波绕组是最基本的两种型式。本节仅介绍这两种绕组。

一、电枢绕组的基本知识

1. 绕组元件

直流电机电枢绕组是由多个完全相同的线圈连接组成的，线圈是构成绕组的基本单元，因此又称绕组元件。绕组元件有单匝，也有多匝，如图 1-12 所示。每个元件嵌放到电枢铁心槽内的两个边称为有效边，槽外连接两个有效边的连接线称为端接线（也称端部）。

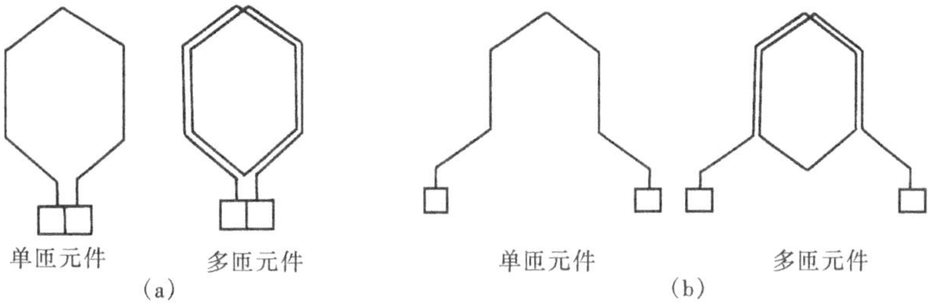

图 1-12　绕组元件

(a) 单叠绕组元件；(b) 单波绕组元件

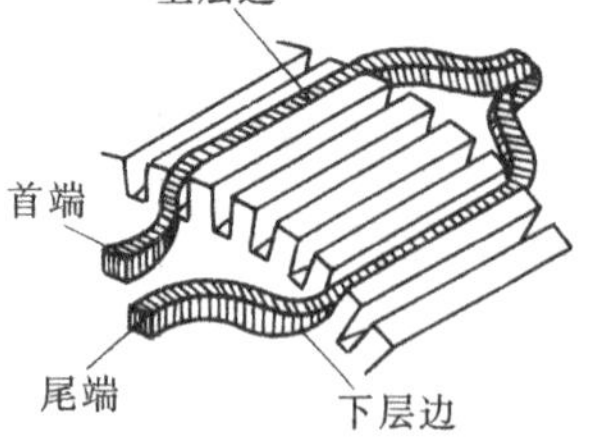

图 1-13 元件边在槽内的放置情况

2. 双层绕组

电枢绕组都采用双层绕组，就是元件的一个有效边放到一个槽的上层（称为上层边），另一个有效边则放到另外一个槽的下层（称为下层边），如图 1-13 所示。

3. 虚槽 Z_x

若每个槽的上、下层各放一个有效边，则槽数应和元件数相等。但由于工艺等原因，电枢铁心有时不能开太多的槽，因此会出现元件数多于槽数，这时只能在每个槽的上、下层各放若干个有效边。把一个实际槽内的上、下两个有效边虚设为一个单元槽，即虚槽。因此，若每个实槽内每层有 u 个有效边，则每个实槽就对应有 u 个虚槽。在图 1-14 中分别示出了一个实槽内上、下两层共有 2、4、6 个有效边的情形，则该实槽对应的虚槽数为 $u=1$、$u=2$、$u=3$。设 Z_x 为虚槽数，Z 为实槽数，S 为元件数，则有

$$Z_x=uZ=S \tag{1-1}$$

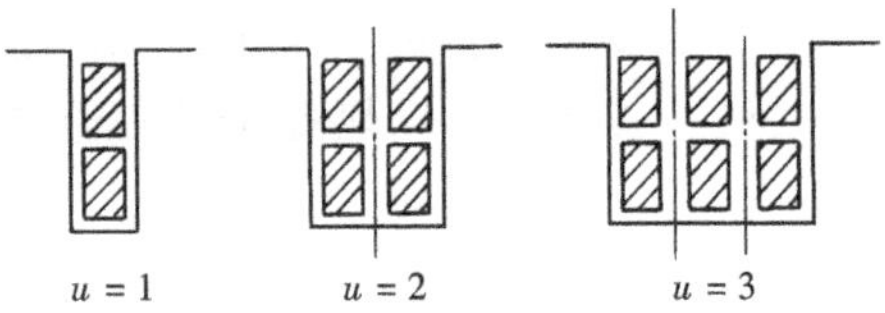

图 1-14 实槽与虚槽

4. 极距 τ

极距是指相邻两个主磁极轴线在电枢表面的跨距，τ 可用下述两个方法表示：用相邻两个主磁极轴线所跨的虚槽数来表示，有

$$\tau=\frac{Z_x}{2p} \tag{1-2}$$

用相邻两个主磁极轴线所跨的电枢圆周弧长来表示，有

$$\tau=\frac{\pi D}{2p} \tag{1-3}$$

式中，D 为电枢直径；$2p$ 为主磁极数。

5. 绕组节距

直流电枢绕组元件的绕制以及元件在电枢和换向器上的连接规律是由绕组节距决定的。下面利用图 1-15 来说明绕组各节距的含义。

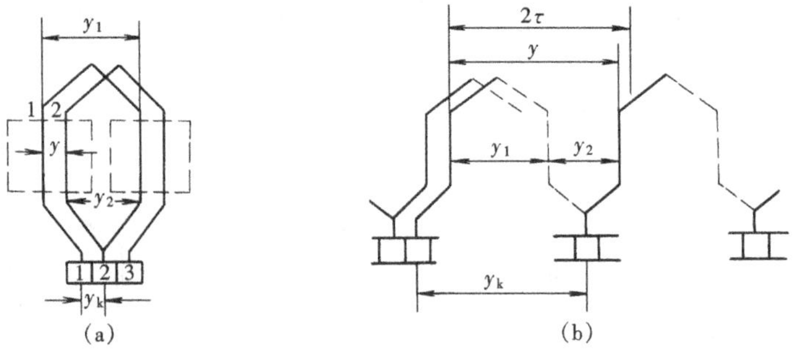

图 1-15 绕组节距

(a) 单叠绕组；(b) 单波绕组

(1) 第一节距 y_1。同一元件两个有效边在电枢表面的跨距称为第一节距，其大小通常用跨过的虚槽数表示。因为元件两个边都要放在槽内，所以 y_1 必须为整数。为使绕组元件

感应电动势最大，y_1 应等于或接近一个极距 τ 即

$$y_1=\frac{Z_x}{2p}\mp\varepsilon=\text{整数} \tag{1-4}$$

式中，$\frac{Z_x}{2p}$为用虚槽数表示的极距 τ；ε 为用以将 y_1 凑成整数的分数。

式（1-4）中，当 y_1 刚好等于 τ 时（$\varepsilon=0$），称为整距绕组；当 $y_1<\tau$ 时（ε 取负号），称短距绕组。当 $y_1>\tau$ 时（ε 取正号），称长距绕组。长距绕组端接线较长，浪费材料，故不采用。

（2）第二节距 y_2。彼此相串联的两个元件中，第一个元件的下层边与第二个元件的上层边之间在电枢表面的跨距称为第二节距，其大小也用虚槽数来表示。

（3）合成节距 y。彼此相串联的两个元件中，第一个元件的上层边与第二个元件的上层边之间在电枢表面的跨距称为合成节距，其大小也用虚槽数表示。

对单叠绕组
$$y=y_1-y_2 \tag{1-5}$$

对单波绕组
$$y=y_1+y_2 \tag{1-6}$$

（4）换向器节距 y_k。元件的两个出线端在换向器表面的跨距称为换向器节距，其大小用跨过的换向片数表示。由图 1-15 可看出，不论是单叠绕组还是单波绕组，换向器节距 y_k 总是和合成节距 y 相等，即

$$y_k=y \tag{1-7}$$

由于每个元件有两个出线端，每个换向片又和不同元件的两个出线端相接，因此绕组元件数 S 和换向片数 K 相等。

二、单叠绕组

单叠绕组是指 $y_k=y=\pm1$ 的绕组。其连接特点是每个元件的两端分别接到两个相邻的换向片上，这种绕组在连接时，若取 $y_k=+1$，绕组每连一个元件，就要向右移动一个虚槽，称为右行绕组。

单叠绕组可采用绕组展开图来说明。所谓展开图就是假设把电枢从某齿中间沿轴向切开并展开，展开后的电枢平面图就是绕组展开图。

【例 1-2】　某台直流发电机的数据为：主磁极数 $2p=4$，虚槽数 Z_x、换向片数 K、元件数均为 16，要求作出右行单叠绕组展开图并说明其电路结构。

解

（一）绕组展开图

（1）计算绕组节距。其计算式为

$$y_1=\frac{Z_x}{2p}\mp\varepsilon=\frac{16}{4}=4$$

$$y=y_k=+1$$

$$y_2=y_1-y=4-1=3$$

由于$\frac{Z_x}{2p}$为整数，所以 $\varepsilon=0$，说明该绕组为整距绕组。$y_k=+1$，为右行绕组。

（2）均匀画出虚槽、换向片并编号。16 个虚槽和 16 个换向片如图 1-16 所示。每个虚槽用一实一虚两条线段表示，实线表示放在该槽的上层边，虚线表示放在该槽的下层边。

为了作图方便，可让换向片与槽宽相等，换向片的编号方法是以第 1 槽和第 $1+y_1=5$

槽的中心线左侧的换向片为 1 号换向片，然后自左向右顺序编号。

(3) 绕组连接。首先将 1 号元件的 1 个有效边放在 1 号槽的上层（实线），另 1 个有效边放在 $1+y_1=5$ 号槽的下层（上层边在 1 号槽的元件即为 1 号元件，余类推），1 号元件的首端和尾端分别接到 1 号和 2 号（$y_k=1$）两个换向片上。按此规律依次连接其余的元件，最后，16 号元件的尾端接到 1 号换向片上，绕组构成一个闭合回路。

(4) 放置主磁极和电刷。电机主磁极在圆周上是对称分布的，在展开图上也应该均匀放置，即任意两个相邻主磁极轴线间的距离都为一个极距 τ。主磁极应放在电枢绕组上面，因此 N 极下的磁力线方向为进入纸面，S 极下磁力线方向为穿出纸面。主磁极的宽度约为 0.7τ。

电刷在换向器上的位置应使电机在空载时，相邻电刷间（正、负电刷间）能获得最大电动势，并使被电刷短路的元件电动势最小，因此电刷应与电动势为零的元件所连接的换向片接触。对于端部对称的元件，当其中心线与主磁极轴线重合时，元件的电动势便为零。如本例中，左起第一个主磁极的轴线和 1 号元件的中心线重合在 3 号槽上，因此 1 号元件在图示位置时瞬时电动势为零。该瞬时电动势为零的元件还有 5、9、13 号。按上述分析，只要使电刷中心线对准主磁极轴线即可满足要求。

由于每个主磁极轴线下放一个（或一组）电刷，因此电刷数等于磁极数。为了分析问题方便，在展开图上，单叠绕组电刷宽度等于一个换向片宽，而实际的刷宽约为 1.5～3 片换向片宽。

(5) 设定电枢旋转方向，确定元件电动势方向和电刷极性。本例设定电枢旋转方向和主磁极极性如图 1-16 所示。根据右手定则可确定：N 极下各元件边感应电动势的方向为向下指向电刷 A1、A2；S 极下各元件边感应电动势的方向为向上背离电刷 B1、B2。由于本例电机为发电机，电枢电流将从电刷 A1、A2 流向外电路，从电刷 B1、B2 流回电枢绕组，因此电刷 A1、A2 的极性为正，电刷 B1、B2 的极性为负。极性相同的电刷应并联在一起，即 A1 和 A2 刷并联；B1 和 B2 刷并联。并联后向外引出出线端。

（二）并联支路图

电枢绕组的电路结构可通过绕组的并联支路图来说明。

由图 1-16 的绕组展开图可以看出，上层边在同一个磁极下的元件电动势方向是相同的，它们串联起来形成一个支路，各元件电动势相加为支路电动势。本例电机有四个主磁极，通过四个电刷将电枢绕组闭合回路分为四段，据此可画出图示瞬时具有四条支路并联的绕组并联支路图，如图 1-17 所示。图中 1、5、9、13 号元件在该瞬时电动势为零，且被电刷短路。

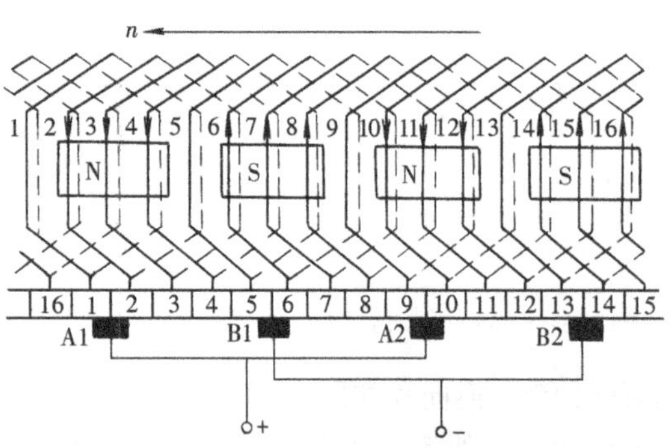

图 1-16　单叠绕组展开图

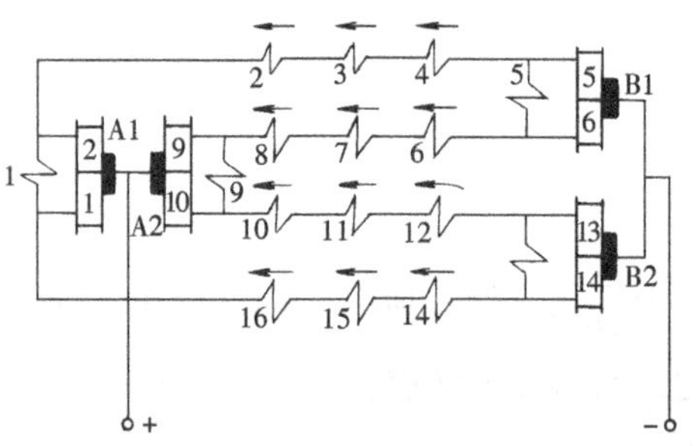

图 1-17　单叠绕组并联支路图

单叠绕组是把上层边在同一个主磁极的各元件依次串联组成一条支路，因此有几个主磁极就有几条支路并联。若设电枢绕组并联支路数为 $2a$，则有

$$2a=2p \tag{1-8}$$

从绕组并联支路图还可看到，电枢电动势即刷间电动势等于支路电动势，而电枢总电流 I_a 等于各支路电流 i_a 之和，即

$$I_a=2ai_a \tag{1-9}$$

三、单波绕组

单波绕组的连接特点是：元件从某一换向片出发，沿电枢圆周用 p 个元件绕行一周后，第 p 个元件的尾端接到与出发换向片相邻的换向片上，这样便可将第二周继续绕下去，如图 1-15（b）所示。根据连接特点，p 个元件沿电枢串联绕行一周在换向器上所跨过的换向片数 py_k 应比换向片总数 K 多一片或少一片，即

$$py_k=K\mp1 \tag{1-10}$$

由此可得换向器节跨和合成节距为

$$y_k=y=\frac{K\mp1}{p} \tag{1-11}$$

式中若取负号，表示绕完一周后回到起始换向片左邻的片上，称为左行绕组。

【例 1-3】 某台直流发电机的数据为：主磁极数 $2p=4$，虚槽数 Z_x、换向片数 K、元件数均为 15，要求作出左行单波绕组展开图和并联支路图。

解

（1）绕组展开图

1）计算绕组节距。其计算式为

$$y_1=\frac{Z_x}{2p}\mp\varepsilon=\frac{15}{4}-\frac{3}{4}=3 \quad \text{（短距绕组）}$$

$$y_k=y=\frac{k-1}{p}=\frac{15-1}{2}=7 \quad \text{（左行绕组）}$$

$$y_2=y-y_1=7-3=4$$

2）均匀画出虚槽、换向片并编号。槽的画法与单叠绕组相同。换向片编号与线圈上层边编号一致，如图 1-18 所示。

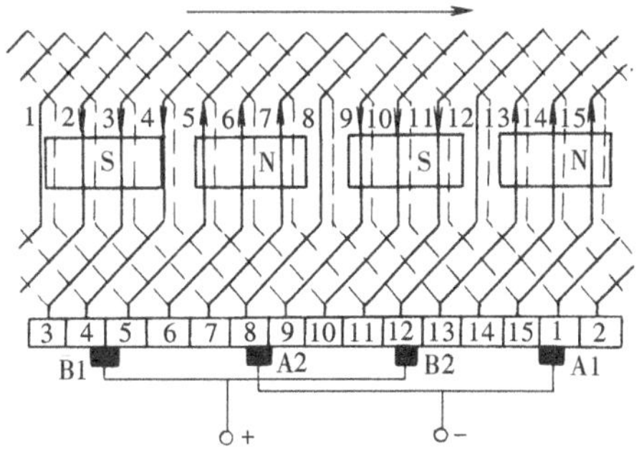

图 1-18　单波绕组展开图

3）绕组连接。首先将 1 号元件的上元件边放在 1 号槽的上层，其出线端（首端）接 1 号换向片。另一个边放在 4 号槽的下层，其出线端接 $1+y_k=8$ 号换向片。根据合成节距 y，与 1 号元件串联的下一个元件将是 $1+y=8$ 号。8 号元件的两个有效边一个放在 8 号槽的上层，另一个放在 $8+y_1=11$ 号槽的下层，其首、尾两出线端分别接 8 号换向片和 $8+y_k=15$ 号换向片。由于本例的极对数 $p=2$，因此 1 号和 8 号两个元件沿电枢绕行一周后，8 号元件的尾端接到了起始换向片（即 1 号片）左邻的 15 号片上。按此规律，直到连接完 15 个元件。最后的一个元件的下层边出线端将接到 1 号换向片上，使绕组构成闭合回

路，如图 1-18 所示。

4）放置主磁极和电刷。单波绕组磁极和电刷的放置方法与单叠绕组相同。由于所举例中元件数少，因此将电刷宽度缩至 1/2 换向片宽。

5）设定电枢旋转方向，确定元件电动势方向和电刷极性按图 1-18 设定的电枢旋转方向和主磁极极性，用右手定则可确定各元件边的电动势方向和电刷极性如图中的标示。

（2）并联支路图

从图 1-18 可看出，在图示瞬时，元件 1 被两个负电刷 A1、A2 短路；元件 5 和 12 被两个正电刷 B1、B2 短路，而所有上层边在 N 极下的元件 8、15、7、14、6、13 则串联起来组成一条支路；所有上层边在 S 极下的元件 9、2、10、3、11、4 串联起来组成另外一条支路，两条支路通过两对电刷并联后对外供电，其并联支路如图 1-19 所示。因为单波绕组是把所有上层边在 N 极下的元件串联组成一条支路，把上层边在所有 S 极下的元件串联起来组成另外一条支路，所以不论磁极数为多少，单波绕组的并联支路数 $2a=2$。其刷间电动势等于支路电动势，电枢总电流 I_a 等于两条支路电流 i_a 之和，即 $I_a=2i_a$。

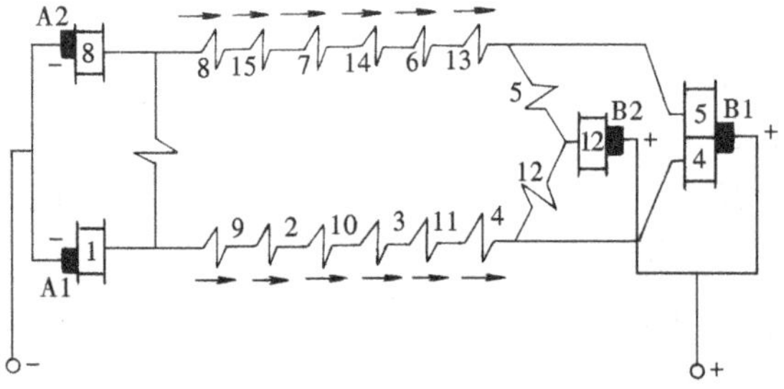

图 1-19 单波绕组并联支路图

由于单波绕组只有两条并联支路，因此理论上只需要两个（组）电刷，（例如在图 1-19 上仅保留 A1 和 B1）但这样会增加电刷的电流密度。所以除特殊情况外，单波绕组采用的电刷数仍等于磁极数，即采用全额电刷。

通常，凡是电流较大、电压较低的直流电机，可选用单叠绕组；电流较小，电压较高的直流电机则可选用单波绕组。一般在几十千瓦以下的小容量直流电机中多采用单波绕组，而单叠绕组则主要用于中等容量的直流电机。

四、直流电机的模型

直流电机的绕组展开图既能反映电枢绕组的连接规律，也能用于分析电机内部的电磁过程，但它的作图过程复杂。当只分析电机内部电磁过程时，可采用图 1-20 所示的直流电机模型图。图中，把主磁极轴线 *d-d* 称为直轴；把相邻主磁之间的平分线 *q-q* 称为交轴。由于平分线处的主磁通量等于零，因此这个平分线也称为几何中性线。

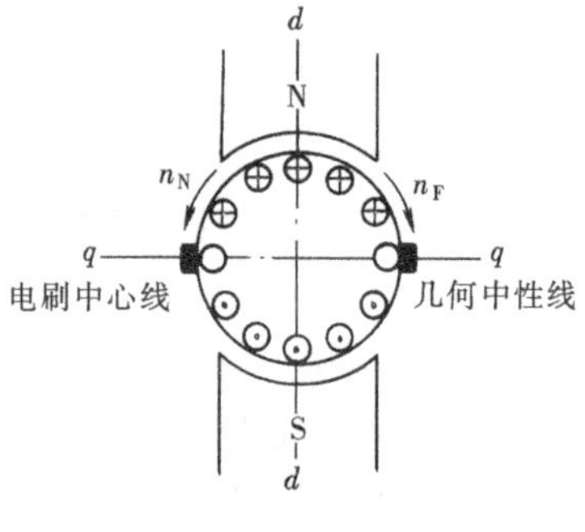

图 1-20 直流电机模型

和展开图相比，模型图中没有画出换向器和绕组端接线，这样电刷就直接移到了几何中性线上。这样简化是由于与电刷接触的元件（或被电刷短路的元件）的两个有效边一般位于几何中性线处，当不画换向器时，电刷就移到了几何中性线上，直接和几何中性线上的元件相接触。同理，在直流电机中，通常也把在主磁极轴线下放置的电刷称为电刷位于几何中性线上。另外，在模型中，每个极下在电枢表面均匀分布的导体表示绕组的一条支路，两个极下的两条支路通过电刷并联在一起，电枢电流通过电刷引入或引出，因此电刷的中心线也是电枢表面电流分布的分界线。

小　　结

了解直流电机工作原理的关键是理解电刷和换向器配合所起的“整流”作用。直流发电机通过这种“整流”，把绕组元件的交变电动势变为刷间的直流电动势，从而输出直流电能。直流电动机则通过“整流”，把外部直流电源提供的直流电流变为绕组元件内的交变电流，从而产生方向不变的电磁转矩，并从轴上输出机械能。需要指出的是，不论是直流发电机还是直流电动机，当它们带负载运行时，其内部都要产生感应电动势和电磁转矩。只是发电机产生的电磁转矩与电枢旋转方向相反，是制动转矩；电动机产生的感应电动势与电枢电流方向相反，为反电动势。它们的区别在于输入、输出功率的不同。所以直流电机是可逆的。

铭牌额定值是合理选择和正确使用直流电机的主要依据。要充分理解每个额定值的含义，同时要注意到直流发电机和直流电动机输出功率定义的不同。

直流电机结构分为静止的定子和旋转的电枢两大部分。从两部分各自的作用上看，定子主要是建立磁场和作为机械支撑。电枢则主要是嵌放电枢绕组以产生感应电动势和电磁转矩。直流电机的主电路主要由电枢绕组构成，主磁路则主要由定转子铁心构成。

电枢绕组是电机的重要部件。电枢绕组主要有单叠绕组和单波绕组两种最基本的型式。其共同特点是：①均为双层、闭合绕组，通过正负电刷将闭合绕组分为几条并联支路。②绕组第一节距 y_1 都接近或等于一个极距 τ，而且计算方法相同。③被电刷短路的元件位于几何中性线处，习惯称“电刷位于几何中性线上”。当元件端部对称时，电刷的实际位置应在主磁极的轴线上。这样确定电刷位置的目的，是为了使被电刷短路的元件感应电动势为零或接近于零，同时可使支路电动势最大。两种绕组的不同点是：①换向器节距 y_k 不同。②单叠绕组是把同一极下的元件串联构成一条支路，故支路数 $2a$ 等于磁极数 $2p$；而单波绕组则是把同性极下的元件串联构成一条支路。故单波绕组的并联支路数恒等于 2。

习　　题

1. 为什么直流发电机电枢绕组元件中的电动势是交变的，而电刷上的极性却是恒定的？

2. 在直流电动机中，加在电枢两端的电压已是直流电压，这时换向器有什么作用？

3. 直流电机由哪些主要部件组成？它们各自有什么作用？一般用什么材料制作？

4. 换向器和电刷在直流电机中起什么作用？为什么能起这样的作用？

5. 试判断在以下三种情况下直流发电机刷间电动势的性质：①磁极固定，电枢与电刷同时旋转；②电枢固定，电刷与磁极同时旋转；③电枢与电刷均固定，磁极旋转。

6. 直流电机各主磁极的励磁线圈为什么都相互串联成一条支路而不采用并联的方式？

7. 图 1-1 的直流发电机，当电刷两端接上负载，线圈流过电流时，导体 ab 与 cd 是否受到电磁力的作用？如果有，此电磁力的方向如何？

8. 图 1-4 的直流电动机，当电枢旋转时，导体 ab 和 cd 是否会产生感应电动势？如果产生，此电动势的方向如何？

9. 主磁通既链绕着电枢绕组又链绕着励磁绕组，为什么只在电枢绕组中感应电动势而在励磁绕组中却不感应？

10. 一台直流发电机的额定容量 $P_N=7.5kW$，额定电压 $U_N=230V$，求发电机的额定电枢电流 I_N。

[答案]：$I_N=32.6A$。

11. 一台直流电动机，额定电压为 $U_N=220V$，额定电流 $I_N=400A$，额定运行时效率 $\eta_N=88\%$，求该电动机的额定容量。

[答案]：$P_N=77.44kW$。

12. 一台直流发电机的额定数据为：$P_N=10kW$，$U_N=230V$，$n_N=2850r/min$，$\eta_N=0.85$。求该发电机的额定电流及额定输入功率。

[答案]：$I_N=43.48A$；$P_{IN}=11.76kW$。

13. 一台直流电动机额定数据为：$P_N=17kW$，$U_N=220V$，$n_N=1500r/min$，$\eta_N=0.83$。求该电动机的额定电流及额定输入功率。

[答案]：$I_N=93.1A$；$P_{IN}=20.48kW$。

14. 单叠绕组和单波绕组在绕法上各有什么不同的特点？为什么单叠绕组支路数等于磁极数，而单波绕组只有一对支路？

15. 一台四极直流发电机，采用单叠绕组，若取下一只刷杆，或取下相邻两只刷杆，此时电机两端电压是否改变？如保持支路电流不变，输出总电流是否改变？若采用单波绕组，情况又将如何？

16. 一台四极直流发电机，如有一个元件断线，电刷间电压有何变化？负载电阻一定，各支路电流有何变化？

17. 两台结构尺寸、总导线数、磁极数（大于 2）及转速相同的直流电机，一为单叠绕组，另一为单波绕组，试比较它们的电压、电流、额定功率和电枢绕组总电阻的大小。

18. 一台 $2p=6$ 的直流发电机，作单波绕组时，在额定转速下，测得电压为 420V，电枢总电流为 100A。今将绕组改为单叠，转速和磁通不变，支路的电流不变，电压和电枢总电流为多少？此时产生的功率变不变？

19. 某四极直流电机虚槽数 $Z_x=20$，绕成单叠全节距绕组，求绕组节距和作绕组展开图。

20. 某四极直流电机，$Z_x=17$，绕成单波左行绕组，求绕组节距并作绕组展开图。

21. 某一台六极直流电机，61 槽，每槽有 4 个元件有效边，采用单叠绕组，试求其绕组节距；如改作单波绕组，求其绕组节距。

第二章　直流电机的基本理论

本章将首先分析直流电机的磁场，阐述电枢反应的概念。在此基础上推导出直流电机感应电动势和电磁转矩两个重要的基本公式。最后分析直流电机的换向问题。

第一节　直流电机的磁场和电枢反应

直流电机的磁场是电枢绕组产生感应电动势和电磁转矩从而实现机电能量转换的“媒介”，电机的运行性能也与电机磁场的特性密切相关。

在直流电机中，运行时产生的磁场主要有两部分：一是由主磁极励磁绕组中通入的励磁电流产生的主磁场，二是由电枢绕组中电流产生的电枢磁场。本节将分别加以讨论。

在分析电机磁场之前，先介绍直流电机的几种励磁方式。

一、直流电机的励磁方式

直流电机的励磁方式有以下四种，如图 2-1 所示（按电动机标示的各电压、电流方向）。

（1）他励直流电机。励磁电流由其他直流电源单独供给，励磁绕组与电枢绕组不相连接，如图 2-1（a）所示。图中，U_f 为励磁电源电压；I_f 为励磁电流；U 为电枢电压；I_a 为电枢电流。永磁式直流电机也属于这一类。

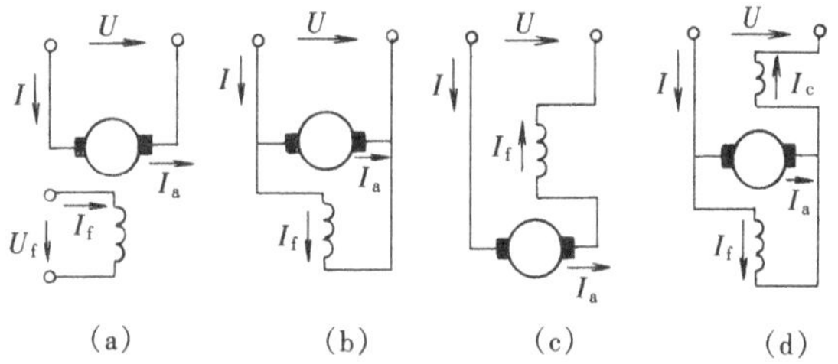

图 2-1　直流电机的励磁方式
（a）他励；（b）并励；（c）串励；（d）复励

（2）并励直流电机。励磁绕组与电枢绕组并联连接，励磁绕组两端的电压就是电枢绕组两端的电压。如图 2-1(b)所示。

（3）串励直流电机。励磁绕组与电枢绕组相串联，励磁电流就是电枢电流，如图 2-1（c）所示。

（4）复励直流电机。这种电机在主磁极上装有两套励磁绕组。一套与电枢绕组并联，称为并励绕组；另一套与电枢绕组串联，称为串励绕组，如图 2-1（d）所示。如果两套励磁绕组产生的磁通方向相同，则称为积复励；如果相反，则称为差复励，实际应用中常用积复励。

二、直流电机的空载磁场

直流电机的空载是指电机不带任何负载，对外无功率输出的一种运行状态。对发电机来说，此时电枢绕组输出端开路，电枢电流等于零；对电动机来说，此时电机不带机械负载而处于空转状态，电枢电流很小，可忽略不计。因此，空载磁场实际上就是主磁极励磁电流单独建立的主极磁场。图 2-2 所示就是一台四极直流电机空载时一对磁极的磁场分布情况。由于每对极的磁路结构是对称的，因此取一对极分析即可。

1. 空载时磁通的分布

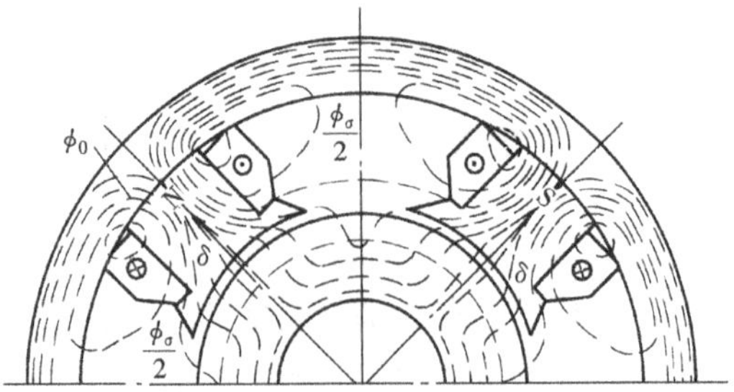

图 2-2 直流电机空载磁场的分布和磁路

空载时，主磁极励磁电流 I_f 将在每个励磁绕组中建立励磁磁动势 F_f。忽略铁心磁阻，作用于每段气隙上磁动势的大小为

$$F_f = W_f I_f \tag{2-1}$$

式中，W_f 为一个主磁极上励磁绕组匝数。

从图 2-2 中可以看出，由励磁磁动势 F_f 产生的主极磁通在磁路中的分布是对称的。

从主极磁通经过的路径上看，大部分磁通经过的路径是从 N 极出来，经气隙 δ 进入电枢齿、电枢铁心（也称电枢磁轭），再经相邻极下的电枢齿、气隙进入 S 极，最后通过定子磁轭回到 N 极而闭合。这部分磁通同时与励磁绕组和电枢绕组相交链，是电枢绕组产生感应电动势和电磁转矩的磁通，因此称为主磁通，用 ϕ_0 表示。主磁通经过的路径称为主磁路。而主极磁通中的另外一小部分则不进入电枢铁心，它是直接经过相邻两主磁极间的气隙和定子磁轭构成闭合回路。这部分磁通仅与励磁绕组交链，称为漏磁通，用 φ_σ 表示。其经过的路径称为漏磁路。主极漏磁通不会在电枢绕组中产生感应电动势和电磁转矩，但能增加主极铁心和定子磁轭的饱和程度。虽然主磁通和漏磁通都是励磁磁动势 F_f 产生的，但由于漏磁路的气隙较长，磁阻很大，所以漏磁通 ϕ_σ 较小，约占主磁通的 15%～20%。

2. 空载时气隙磁密的分布

空载气隙磁密是指主磁通在主磁极下沿电枢表面气隙空间对应的磁通密度。由于主磁极与电枢之间的气隙长短不均匀，因此在气隙中沿电枢表面的磁密的分布也不均匀。在极面中部，气隙最短而且均匀，因此磁密最大且分布均匀。靠近极尖处，气隙有所增加，磁密有所减小。在极面之外，气隙明显增大，磁密下降很快。在相邻两磁极之间的几何中性线上，磁密减小至零。若不考虑电枢表面齿槽的影响，在一个极距 τ 范围内，沿电枢表面气隙的磁密分布曲线为一平顶波，如图 2-3 所示。

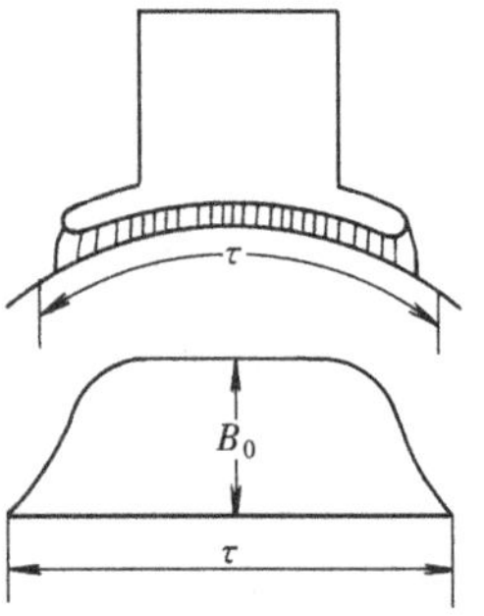

图 2-3 空载时气隙磁密分布曲线

3. 磁化曲线

直流电机运行时，主磁极需要产生一定量的主磁通 ϕ_0。则需要一定的励磁磁动势 F_f。改变 F_f 的大小，即可改变 ϕ_0 的大小。由式（2-1）可知，当励磁绕组匝数 W_f 一定时，励磁电流 I_f 与 F_f 成正比，因此改变励磁电流 I_f 时，主磁通 ϕ_0 也随之变化，这种反映 ϕ_0 与 F_f 或 ϕ_0 与 I_f 关系的曲线就称为直流电机的磁化曲线，如图 2-4 所示。

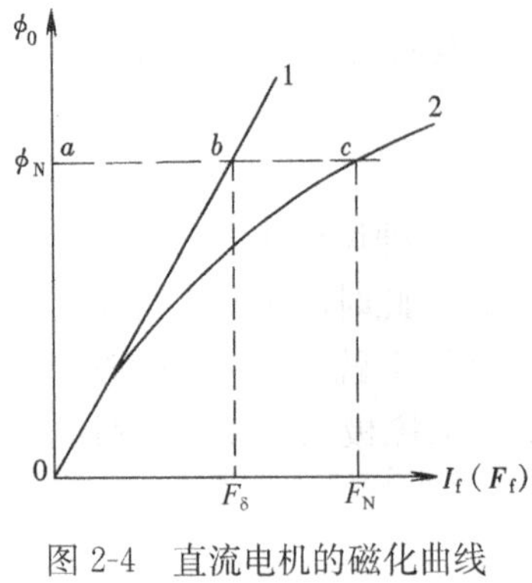

图 2-4 直流电机的磁化曲线

磁化曲线是直流电机的基本特性曲线之一，在电机的设计和运行分析中常用到。

从图 2-4 中可看到，磁化曲线的起始部分接近于一条直线。这是因为主磁通 ϕ_0 较小时，主磁路中铁磁部分没有饱和，磁阻很小，其磁压降也很小，可忽略不计。这时励磁磁动势 F_f 全部降落在主磁路的两段气隙上。由于气隙的磁阻为常数，则 ϕ_0 与 F_f 呈线性关系。当主磁通 ϕ_0 逐渐增大时，主磁路中的铁磁部分逐渐饱和，磁阻增加，降落在铁磁部分的磁压降也随之增大，磁化曲线开始向右偏离直线进入曲线段。ϕ_0 越大，铁磁部分的饱和程度越深，曲线弯曲的程度越大，因此形成了图 2-4 中磁化曲线 2 的形状。图中直线 1 称为气隙磁化曲线，简称气隙线。它表示的是主磁通 ϕ_0 与降落在气隙上的磁压降之间的关系。直流电机主磁路的饱和程度可由磁化曲线偏离气隙线的程度来表示，如图 2-4 中，线段$\overline{ab}$表示当主磁通 ϕ_0 等于额定值 ϕ_N 时降落在气隙上的磁压降 F_δ，线段$\overline{bc}$则表示 $\phi_0=\phi_N$ 时，降落在主磁路中铁磁部分的磁压降。二者之和就是当 $\phi_0=\phi_N$ 时电机主磁路所需的励磁磁动势 F_N。由线段$\overline{ac}$和线段$\overline{ab}$的比值即可反映磁化曲线偏离气隙线的程度，即饱和程度。其表达式为

$$k_\mu=\frac{\overline{ac}}{\overline{ab}}=\frac{F_N}{F_\delta} \tag{2-2}$$

式中，k_μ 为饱和系数，其大小对电机的运行性能有很大的影响。为了最经济地利用材料，设计电机时，额定磁通 ϕ_N 应取在磁化曲线开始弯曲的 c 点，此点的饱和系数 k_μ 一般为 1.1～1.35。

三、直流电机的电枢磁场

直流电机负载运行时，电枢绕组将流过电流并建立电枢磁动势，由电枢磁动势单独产生的磁场即为电枢磁场，其分布情况如图 2-5 所示。图中表示的是当忽略电枢齿、槽影响，并设电枢绕组为整距绕组时，两极直流电机电刷在几何中性线上时电枢磁场的分布。可以看出，这是一个以电刷中心线为轴对称分布的磁场，其方向可根据电枢表面导体电流的方向，按右手螺旋定则确定。由于电枢电流是通过电刷引入或引出，因此电刷的中心线既是电枢表面导体电流分布的分界线，也是电枢磁场的轴线。

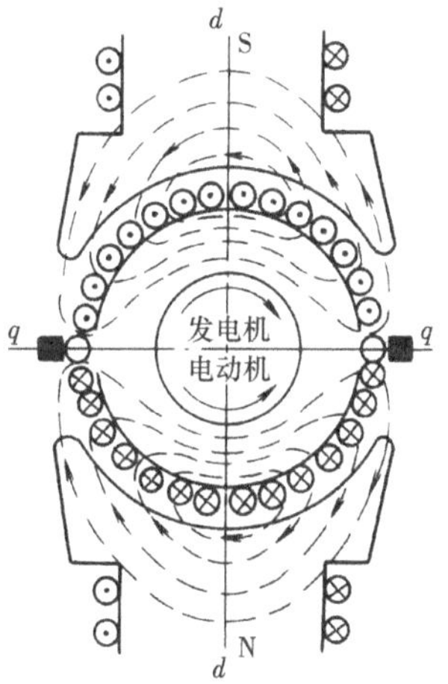

图 2-5　电刷位于几何中性线的电枢磁场

（一）电刷位于几何中性线上时电枢磁动势和电枢磁密

1. 电枢磁动势

为了分析方便，可将图 2-5 在几何中性线处展开为图 2-6(a)，并选取主磁极轴线与电枢表面的交点为坐标原点 O。当距坐标原点 $\pm x$ 处取一闭合磁力回线时，根据全电流定律，作用在该磁力线管闭合回路的磁动势等于回路所包围的全电流，即

$$\oint H\mathrm{d}L=i_aN_x=i_a2x\frac{N}{\pi D_a}=\frac{i_aN}{\pi D_a}\cdot 2x=A\cdot 2x \tag{2-3}$$

式中，N 为电枢总导体根数；i_a 为导体中的电流，即电枢绕组支路电流，A；D_a 为电枢外径，m；N_x 为回路所包含的导线数，$N_x=2x\frac{N}{\pi D_a}$；$A=\frac{Ni_a}{\pi D_a}$为电枢线负载，即单位电枢周长的安培导线数，当电枢电流一定时，A 是一个常数，A/m。

可以看出，该回路经过两个相等的气隙。若忽略回路中铁心部分的磁压降，则作用在回路上的磁动势应降落在两段气隙上。因此距坐标原点 $\pm x$ 处的每个气隙上作用的磁动势为

$$F_{ax}=\frac{2Ax}{2}=Ax \tag{2-4}$$

式（2-4）表明，当电枢电流一定时，线负载 A 为常数，因此在 $-\tau/2\leqslant x\leqslant\tau/2$ 的范围内，电枢磁动势的大小与 x 成正比。如果规定电枢磁动势的方向以出电枢的方向为正，进电枢的方向为负，则根据式（2-4）可画出电枢磁动势的大小沿电枢表面的分布波形为三角波。在 $x=0$ 处，磁动势等于零；在 $x=\pm\tau/2$ 处（电刷中心线处），磁动势最大，其波形如图 2-6（b）所示。

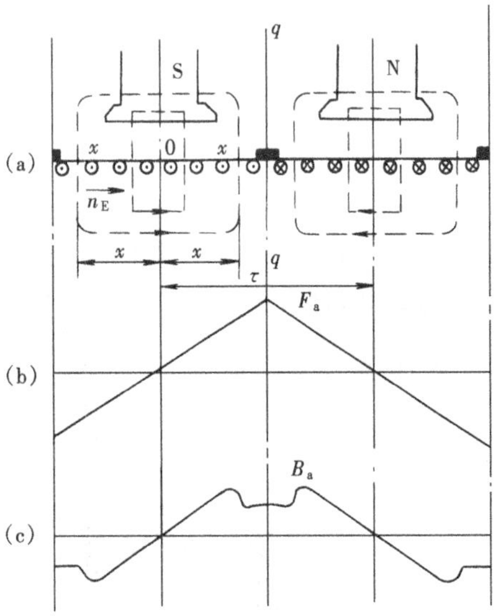

图 2-6　电刷位于几何中性线的电枢磁动势和电枢磁密的分布波形

2. 电枢磁密

已知电枢磁动势沿电枢表面的分布波形，即可求得电枢磁密沿电枢表面的分布波形。设距坐标原点 x 处的磁密和磁场强度分别为 B_{ax} 和 H_{ax}，则有

$$B_{ax}=\mu_0 H_{ax}=\mu_0\frac{F_{ax}}{\delta}=\mu_0\frac{Ax}{\delta} \tag{2-5}$$

式中，δ 为气隙长度。

式（2-5）表明，电枢磁密与电枢磁动势成正比，与气隙长度成反比。由于在极面下气隙基本上是均匀的，δ 可视为不变，所以电枢磁密与电枢磁动势成比例变化，其分布曲线为通过原点 O 的直线。而在极间区域，虽然电枢磁动势继续增加，但由于气隙很大，使磁阻的增加远超过电枢磁动势的增加，因此电枢磁密反而急剧下降，形成如图 2-6（c）所示的马鞍形曲线。

（二）电刷偏离几何中性线的电枢磁动势

以电动机为例，设电刷从几何中性线上逆电枢转向偏转 β 角度，则相对电刷在几何中性线上时，电枢表面导体电流的分布要发生变化，电枢磁动势 F_a 的轴线也随之逆电枢转向偏转同样的角度 β，如图 2-7（a）所示。这时电枢磁动势 F_a 可分解为轴线互相垂直的两个分量 F_{aq} 和 F_{ad}。其中 F_{aq} 是电枢圆周在（$\pi-2\beta$）角度范围内的导体电流建立的磁动势，其轴线与主磁极轴线正交，称为交轴磁动势，如图 2-7（b）所示；F_{ad} 则是电枢圆周在 2β 角度范围内的导体电流建立的磁动势，其轴线与主磁极轴线重合，称为直轴磁动势，如图 2-7（c）所示。

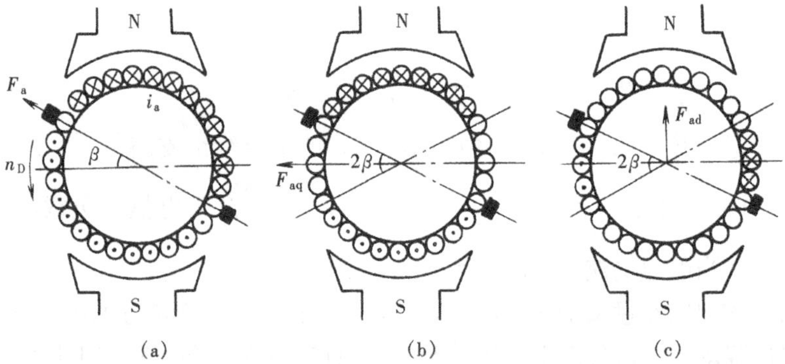

图 2-7　电刷偏离几何中性线的电枢磁动势（电动机）

（a）电刷逆电枢转向偏转 β 角；（b）F_a 的 F_{aq} 分量；（c）F_a 的 F_{ad} 分量

由上述分析可知，电刷位于几何中性线上时，只有交轴磁动势，电刷偏离几何中性线时，除了交轴磁动势外，还会产生直轴磁动势。

四、直流电机的负载磁场及电枢反应

直流电机负载运行时，气隙中除了有主磁极励磁磁动势产生的主极磁场（见图 2-8）外，还有电枢磁动势产生的电枢磁场。电枢磁动势对主极磁场的影响称为电枢反应，考虑到电枢反应的气隙磁场即为负载磁场（也称合成磁场），其分布情况如图 2-9 所示。与图 2-8 所示的空载主磁场相比较可以看出，负载时由于存在电枢反应，使主极磁场发生了明显的变化。

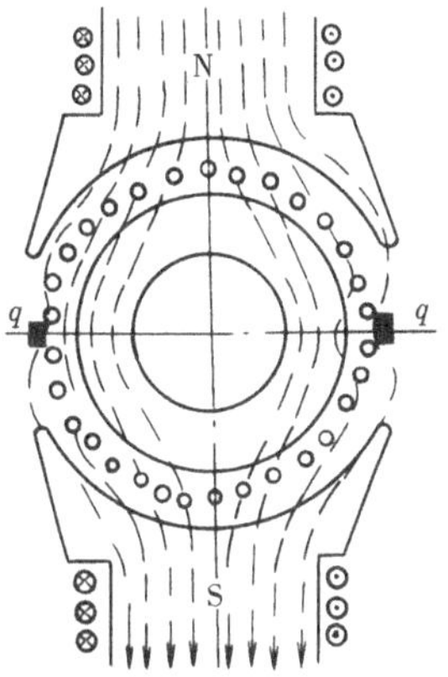

图 2-8　两极直流电机空载主磁场的分布

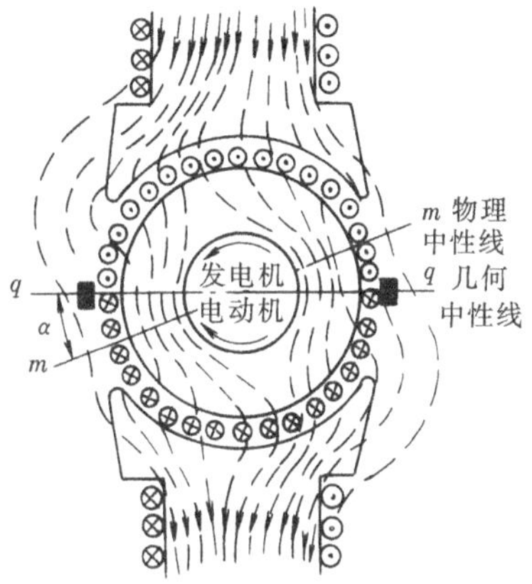

图 2-9　负载磁场的分布

1. 交轴电枢反应

电刷位于几何中性线上时，仅存在交轴磁动势，交轴磁动势对主极磁场的影响称为交轴电枢反应，交轴电枢反应的结果可用图 2-10 来说明。图中 B_{0x} 为主磁场气隙磁密的分布曲线（平顶波），B_{ax} 为电枢磁场气隙磁密的分布曲线在磁路不饱和的情况下，将 B_{0x} 与 B_{ax} 沿电枢表面逐点相加。便得到负载磁场气隙磁密 $B_{\delta x}$ 的分布曲线（图中实线）。将曲线 $B_{\delta x}$ 与 B_{ax} 相比较，可以看到交轴电枢反应的结果为：

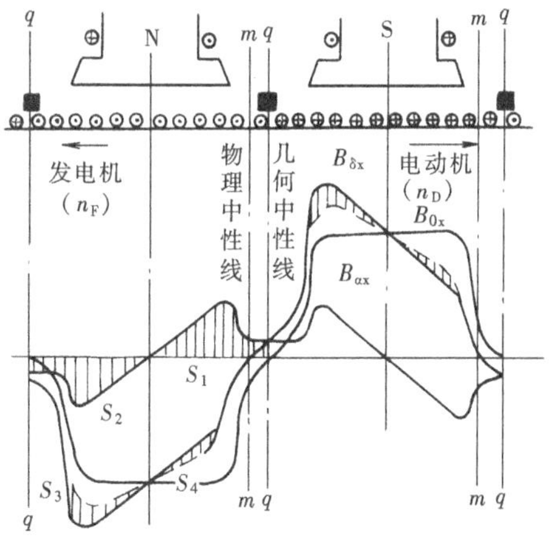

图 2-10　负载时气隙磁密的分布

（1）气隙磁场发生畸变。每个主磁极一半极面下的磁场被削弱，另一半极面下的磁场被加强。对发电机来说，前极尖（电枢转动时进入的极尖）的磁场被削弱，后极尖（电枢转动时离开的极尖）的磁场被加强；对电动机来说，则是前极尖磁场被加强，后极尖磁场被削弱。

（2）物理中性线偏离几何中性线 α 角。气隙磁场在电枢表面磁密为零点的直线称为物理中性线。直流电机空载时，气隙磁场为对称的主极磁场，其物理中性线与几何中性线重合。负载时，由于交轴电枢反应的作用，使物理中性线偏离几何中性线，如图 2-9 和图 2-10 所示的直线 m-m。对发电机来说，物理中性线将顺电枢转向偏移 α 角；对电动机来说，物理中性线

将逆电枢转向偏移 α 角。

物理中性线偏移后，几何中性线上的磁密不再为零，因此被电刷短路的换向元件中存在感应电动势和短路电流，使电刷与换向片的接触表面产生火花，影响电机的正常运行。

(3) 磁路饱和引起的附加去磁使每极磁通量有所减少。以发电机为例，在不考虑磁路饱和时，主极磁场磁通在后极尖的增加量和前极尖的减小量是相等的，如图 2-10 中增加的面积 S_2 和减小的面积 S_1 相等，因此每极总的磁通量仍与空载时相等。考虑到饱和因素时，由于磁路磁阻变化的非线性，使增磁边磁阻的增加量比减磁边磁阻的减小量大一些，因此增磁边实际磁通的增加量要比减磁边实际的磁通减少量小一些，如图 2-10 中面积 $S_3>S_4$。结果造成负载时，每极磁通量相对空载时有所减小。这种由于磁路饱和引起的去磁通常称为电枢反应的附加去磁。电枢电流越大，电枢磁场越强，附加去磁效应越显著。

2. 直轴电枢反应

电刷偏离几何中性线时，会同时存在交轴电枢反应和直轴电枢反应。其中交轴电枢反应的结果与上述相同，直轴电枢反应则与电机的运行状态和电刷的移动有关。以电动机为例，当电刷逆电枢转向偏移时，直轴电枢反应起去磁作用，如图 2-7 (c) 所示；当电刷顺电枢转向偏移时，起增磁作用。对于发电机，情况刚好相反。需要指出，发电机不允许逆电枢转向移动电刷；电动机不允许顺电枢转向移动电刷，因为这样将造成电机换向条件恶化。

第二节 直流电机的电枢电动势和电磁转矩

电枢绕组的感应电动势和电磁转矩是直流电机最基本的两个物理量。

一、电枢绕组的感应电动势

电枢绕组感应电动势是指直流电机正、负电刷之间的电动势，称为电枢电动势。电枢电动势就是绕组每条支路的电动势。每条支路的电动势等于支路内所有串联导体电动势之和，由图 2-11 所示可知，各导体感应电动势的大小是不同的，因此采用求和的方法会很复杂。简便的方法是先求出支路内所有导体的平均电动势 e_{av}，然后乘以每条支路串联的导体数，便可求得电枢电动势。

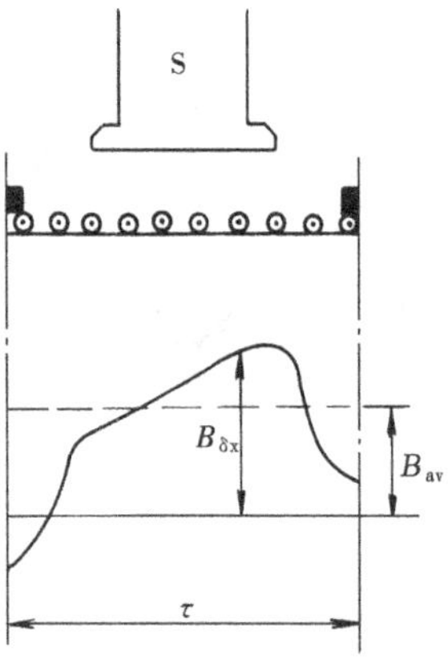

图 2-11 导体在气隙磁场中的位置

支路内每根导体平均电动势为

$$e_{av}=B_{av}lv \tag{2-6}$$

式中，B_{av} 为每极平均磁密，若每极磁通量为 ϕ，则 $B_{av}=\phi/(\tau l)$，T；l 为导体有效长度，m；v 为导体运动线速度，若主磁极数为 $2p$，则 $v=2p\tau n/60$，m/s。

将 B_{av} 和 v 的表达式代入式 (2-6) 可得

$$e_{av}=\frac{\phi}{\tau l}l\frac{2p\tau n}{60}=2p\phi\frac{n}{60} \quad (V) \tag{2-7}$$

为了简化分析，设电枢为整距绕组，电刷位于几何中性线上，若电枢绕组导体总根数为 N，并联支路数为 $2a$，则每条支路的导体数为 $N/2a$，因此电枢绕组感应电动势为

$$E_a=\frac{N}{2a}e_{av}=\frac{N}{2a}2p\phi\frac{n}{60}=\frac{pN}{60a}\phi n=C_e\phi n \quad (\text{V}) \tag{2-8}$$

式中，$C_e=\frac{pN}{60a}$称为电势常数。若每极磁通 ϕ 的单位为 Wb，转速的单位为 r/min，则 E_a 的单位为 V。

由式（2-8）可看出：

（1）电枢电动势 E_a 的大小与 ϕn 之积成正比。

（2）电枢电动势 E_a 的大小与每极磁通量 ϕ 的大小有关，而与气隙磁密曲线 $B_{\delta x}$ 的分布形状无关。

（3）电枢电动势 E_a 的方向与 ϕ 和 n 的方向有关。若单独改变 ϕ 或 n 的方向时，E_a 的方向也改变；但同时改变 ϕ 和 n 的方向时，E_a 的方向不变。

顺便指出：由于短距绕组对电枢绕组电动势影响不大，因此式（2-8）也适用于短距绕组。若电刷不在几何中性线上，电枢绕组电动势将要相应减小。

二、电磁转矩

电枢绕组通过电流时，载流导体在磁场中就要受到电磁力的作用，这个电磁力对转轴形成的力矩称为电磁转矩。

由于每根导体所在磁场位置的不同，产生的电磁转矩也不相等，因此也可采用先计算每根导体的平均电磁转矩，再乘以电枢总导体根数的方法来求得电枢总电磁转矩。

每根导体的平均电磁力为

$$f_{av}=B_{av}li_a \tag{2-9}$$

式中，导体中的电流 $i_a=\frac{I_a}{2a}$为支路电流，A。

每根导体的平均电磁转矩为

$$t_{av}=f_{av}\frac{D_a}{2}=B_{av}li_a\frac{D_a}{2} \tag{2-10}$$

将平均磁密 $B_{av}=\frac{\phi}{\tau l}=\frac{\phi}{\frac{\pi D_a}{2p}\cdot l}=\frac{2p\phi}{\pi D_a l}$，支路电流 $i_a=\frac{I_a}{2a}$，代入式（2-10）得

$$t_{av}=B_{av}li_a\frac{D_a}{2}=\frac{2p\phi}{\pi D_a l}l\frac{I_a}{2a}\frac{D_a}{2} \tag{2-11}$$

$$\frac{p}{2\pi a}\phi I_a \tag{2-12}$$

设电枢为整距绕组，电刷位于几何中性线上，则电枢总电磁转矩为

$$T_M=N\cdot t_{av}=\frac{pN}{2\pi a}\phi I_a=C_M\phi I_a \tag{2-13}$$

式中，$C_M=pN/(2\pi a)$，称为转矩常数。若每极磁通 ϕ 的单位为 Wb，电枢总电流 I_a 的单位为 A，则电磁转矩 T_M 的单位为 N·m。如以工程单位 kg·m 表达，则应在转矩常数 C_M 前乘以 1/9.81。

对于同一台电机，电动势常数 C_e 和转矩常数 C_M 之间的关系为

$$C_M=\frac{pN}{2\pi a}=\frac{60}{2\pi}\times\frac{pN}{60a}=9.55C_e \tag{2-14}$$

以上推导出的电枢电动势和电磁转矩两个基本公式，既适用于直流发电机，也适用于直流电动机。

【例 2-1】 一台 4 极 36 槽他励直流发电机，单叠绕组，每槽上、下层共有 6 个元件边，元件为单匝，每极磁通量为 2.2×10^{-2}Wb，额定转速为 1460r/min，求电枢电动势。

解 电枢总导线数

$$N=6\times Z=6\times36=216$$

根据题意已知，$p=a=2$，则电动势常数

$$C_e=\frac{pN}{60a}=\frac{2\times216}{60\times2}=3.6$$

电枢电动势

$$E_a=C_e\phi n=3.6\times2.2\times10^{-2}\times1460=116\ (\mathrm{V})$$

【例 2-2】 一台四极他励直流电动机，单波绕组，电枢绕组元件数 $S=96$，每个元件匝数 $W_y=2$，额定运行时电枢电流 $I_a=98$A，气隙每极磁通 $\phi=5.2\times10^{-3}$Wb，求额定电磁转矩。

解 电枢总导线数

$$N=2SW_y=2\times96\times2=384$$

已知 $p=2$，$a=1$，则转矩常数

$$C_M=\frac{pN}{2\pi a}=\frac{2\times384}{2\times3.142}=122.22$$

额定电磁转矩

$$T_M=C_M\phi I_a=122.22\times5.2\times10^{-3}\times98=62.28\ (\mathrm{N\cdot m})$$

*第三节 直流电机的换向

直流电机电枢旋转时电刷不断变换与换向片接触的位置，使电枢绕组的每一个元件在一定的时间内都要被电刷短路，从短路前后元件将由电枢绕组的一条支路转到另一条支路，元件中的电流也要随之改变方向，即称为换向。

换向是直流电机的一个专门问题，它对直流电机的安全运行有重大影响。

一、换向过程的分析及产生火花的原因

短路元件在换向过程中具有一定的电磁能量，这些电磁能量随电流的变化而变化。在一定的条件下，这些电磁能量的放出，就会发展成为有害的电弧火花。因此，首先要分析换向过程短路元件电流变化的规律，找出产生火花的电磁原因，在此基础上，再讨论改善换向的方法。

1. 理想的换向情况

为简单起见，将实际的电枢绕组图简化为元件符号图，而且只画出被电刷短路的元件，如图 2-12 所示。图中，假设电刷的宽度与换向片的宽度相等，换向片间绝缘层的厚度略去不计。

在图 2-12（a）所示的瞬间，电刷只与换向片 2 接触，相邻的两个并联支路来的电流 $2i_a$ 全部经过换向片 2 流入电刷。这时换向元件 H 在电刷的左侧，是左侧支路的元件之一，它流过的电流即支路电流 i_a，方向如图 2-12（a）箭头所示，为自左向右。

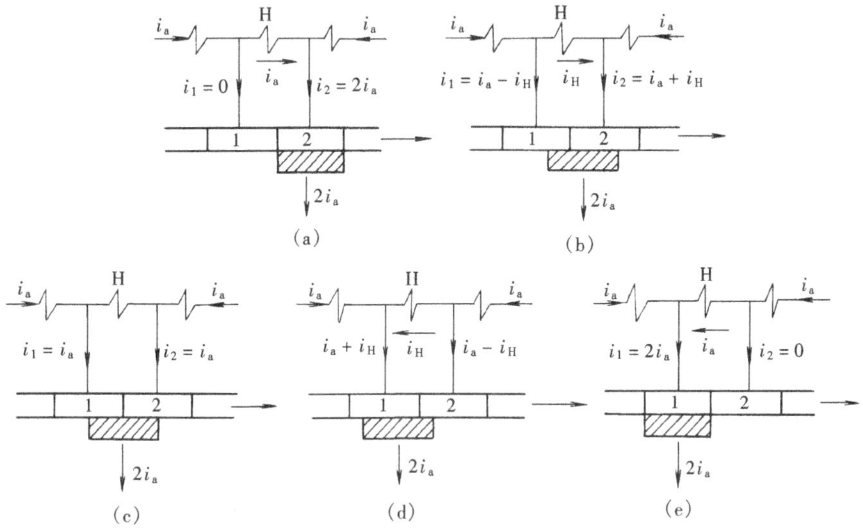

图 2-12　换向过程

(a) 换向开始；(b) 第二瞬间；(c) 第三瞬间；(d) 第四瞬间；(e) 换向终了

当电枢旋转到图 2-12（b）的瞬间，电刷的一小部分与换向片 1 接触，元件 H 被电刷短路，这时两并联支路来的电流 $2i_a$，要经过换向片 1 和 2 流到电刷。如果不考虑元件 H 在换向过程可能产生的任何电动势，并且忽略元件、引线及换向片电阻，在元件 H 被电刷所短路的回路中，根据基尔霍夫定律可得到

$$i_2r_2-i_1r_1=0$$

式中，i_1 和 i_2 分别是流过换向片 1 和 2 的电流；r_1 和 r_2 分别是换向片 1 和 2 与电刷间的接触电阻。

上式可转化为

$$\frac{i_1}{i_2}=\frac{r_2}{r_1}=\frac{S_1}{S_2}$$

也就是说，通过两个换向片的电流，仅和电刷与换向片间接触电阻成反比，和电刷与换向片间接触面积成正比。其中，S_1 和 S_2 为电刷与两个换向片间接触面积。

这时，从左侧支路来的电流 i_a 一部分经换向片 1，另一部分仍然经过元件 H 流经换向片 2。元件 H 中的电流方向不变，但数值已减小，由此得

$$\left.\begin{aligned}i_1&=i_a-i_H\\i_2&=i_a+i_H\end{aligned}\right\}\qquad(2\text{-}15)$$

当电枢绕组转到图 2-12（c）的瞬间，$S_1=S_2$，则 $i_1=i_2$，此时元件 H 的电流 $i_H=0$。

在图 2-12（d）所示的瞬间，$S_1>S_2$，则 $i_1>i_2$。由右侧支路来的电流 i_a，原来流经换向片 2，现在减小了。减小的这部分电流改道经过元件 H 与左侧支路来的电流汇合后经换向片 1 流进电刷。所以，换向元件 H 的电流方向与前相反了。

当电枢绕组转到如图 2-12（e）所示的瞬间，电刷仅与换向片 1 接触，换向元件 H 已经转到电刷的右侧，成为右侧支路的元件之一。这时，$i_H=-i_a$，其方向与原来方向相反，元件 H 的换向过程结束。

自换向开始到换向终了的这段时间，叫做换向周期 T_H。在此时间内，换向元件中的电流从 $+i_a$ 变为 $-i_a$。

将式（2-14）移项，并根据和比定理，得

$$\frac{i_1}{S_1}=\frac{i_2}{S_2}=\frac{i_1+i_2}{S_1+S_2}=\frac{2i_a}{S} \tag{2-16}$$

式中，S 为电刷全部的接触面积。

式（2-16）表明，理想换向过程中，电刷的电流密度是均匀的。在负载不变（即 i_a 不变）的条件下，电刷电流密度始终保持不变。

设从换向周期开始经过 t 秒后，和换向片 1 接触的电刷面积为 S_1；经过 T_H 后，面积变为 S，设电机的转速不变，显然

$$\frac{S_1}{S}=\frac{t}{T_H}$$

将上式代入式（2-16），得

$$i_1=2i_a\frac{S_1}{S}=2i_a\frac{t}{T_H}$$

再将此式代入式（2-15），经过整理，求得换向元件的电流为

$$i_H=i_a\left[1-\frac{2t}{T_H}\right] \tag{2-17}$$

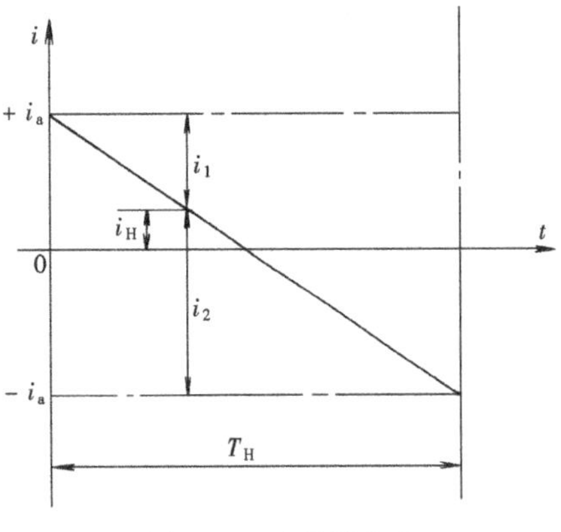

图 2-13　直线性换向

式（2-17）表明换向元件中的电流随时间 t 按直线规律均匀地变化。因此理想换向过程又称为直线性换向。$i_H=f(t)$ 曲线如图 2-13 所示。

2. 延迟性换向

在上述的理想换向过程中，是假设了元件 H 没有产生任何电动势。实际上，在换向过程中，元件 H 将产生的电动势有：

（1）电抗电动势 e_x。由于换向过程的周期是很短的（0.002～0.003s）。元件 H 中电流变化很快，因此在元件 H 中将产生自感电动势。此外，由于电刷通常覆盖的换向片数为 2～3 片，因此就有几个元件同时进行换向。当这几个元件中的电流变化时，将在元件 H 中产生互感电动势。这两种电动势合称为电抗电动势 e_x，它的平均值为

$$e_x=L_H\frac{\Delta i_H}{\Delta t}=L_H\frac{2i_a}{T_H}$$

根据楞次定律，电抗电动势的作用是阻碍换向电流变化的，因此 e_x 的方向应和元件 H 在换向前的电流方向相同。

（2）电枢反应电动势。换向元件的有效边一般处于几何中性线上，由于电枢反应，使气隙磁密不等于零。因此，换向元件必然切割电枢磁场的磁通，产生一种旋转电动势 e_a。其大小为

$$e_a=B_a l v$$

其方向可用图 2-10 来说明。图中表示了发电机电枢反应磁场的分布和电枢电流的方向。因为在几何中性线上，电枢磁场方向和换向前元件所在的主磁场方向是相同的，根据右手定

则，可确定换向元件的电枢反应电动势方向与换向前元件中的电流方向一致（这个结论对电动机也是合适的）。因而电枢反应电动势 e_a 也是阻碍换向元件电流变化的。

由于阻碍换向的电抗电动势 e_a 和电枢反应电动势 e_a 的存在，在换向元件 H 被电刷所短路的回路中，将产生一附加电流 i_f，其大小为

$$i_f=\frac{e_x+e_a}{r_1+r_2} \tag{2-18}$$

其方向与换向前的电流方向相同，因此使换向过程具有延迟性。电流 i_H 随时间 t 变化的曲线大致如图 2-14 所示。从图中可以看到，电流在换向开始的变化比直线性换向慢。例如 $t=\frac{T_H}{2}$时，电流 i_H 来不及变到零，而要延迟一定的时间后才达到零值。图 2-15 表示延迟性换向附加电流的影响，图中原有箭头表示直线性换向时的电流方向，每个电流加上“z”的下标，表示它们是按原来直线性规律变化的；闭合回线表示附加电流，在电抗电动势和电枢反应电动势作用下，i_f 的方向与换向元件在换向前的电流方向相同，具有阻碍电流变化的作用。从图中我们可以看到，在直线性电流上迭加 i_f，使得电刷后端电流增大，电刷前端电流减小，因而破坏了电刷下电流密度的均匀分布，使得电刷后端电流密度过大而导致过热。如果超过某一临界值，足以使电刷与换向片间的空气层发生游离。这时电刷后端与换向片 2 间的接触电阻 r_2 并不随其接触面 S_2 减小而增大，而是由于氧化铜层的破坏导致 r_2 显著地减小。这样就会使换向元件在换向末期仍然保持很大的附加电流 i_f。当电刷后端离开换向片 2 瞬间，换向元件 H 的短路回路由于脱离电刷而开断，元件所贮存的电磁能量$\frac{1}{2}L_H i_f^2$，将以电弧火花的形式在电刷后端释放出来。

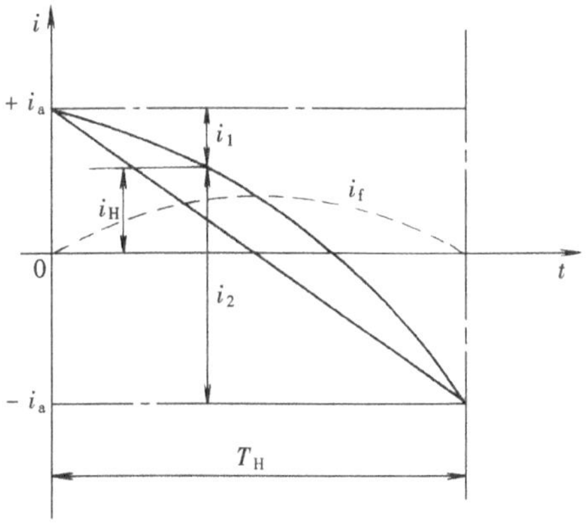

图 2-14　延迟性换向曲线

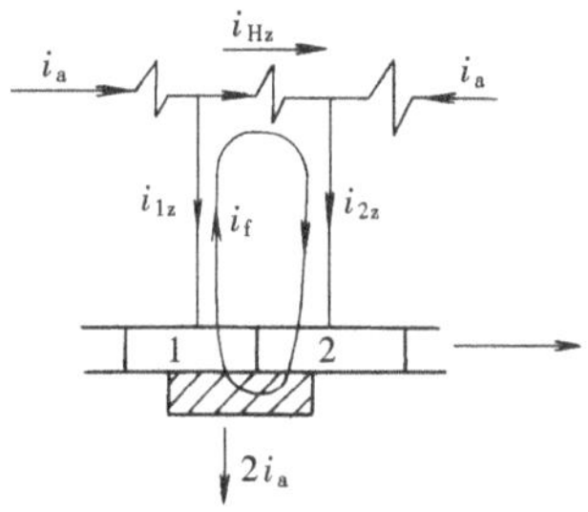

图 2-15　延迟性换向的附加电流

换向不良引起的火花，除了上述电磁原因以外，机械原因也是很重要的一个方面，例如换向器偏心、换向片长期磨损绝缘凸出、电刷接触面研磨的不光滑、换向器表面不清洁、电刷上弹簧压力大小不合适等原因，也会使得换向器与电刷接触不良，造成电刷下各部分电流密度不断的剧烈改变，从而引起火花。

二、改善换向的方法

换向不良的主要原因是由于 i_f 而引起的，所以改善换向的方法，应力求使 $i_f=0$，或使 i_f 尽可能地小。下面介绍几种改善换向的主要措施。

1. 装置换向磁极

近代生产的直流电机广泛采用换向磁极来改善换向。换向极装在相邻两主极之间的几何

中性线上，如图 2-16 所示。装设换向极的目的，是使换向元件切割换向极磁通，产生换向电动势，其大小为

$$e_H = B_H l v$$

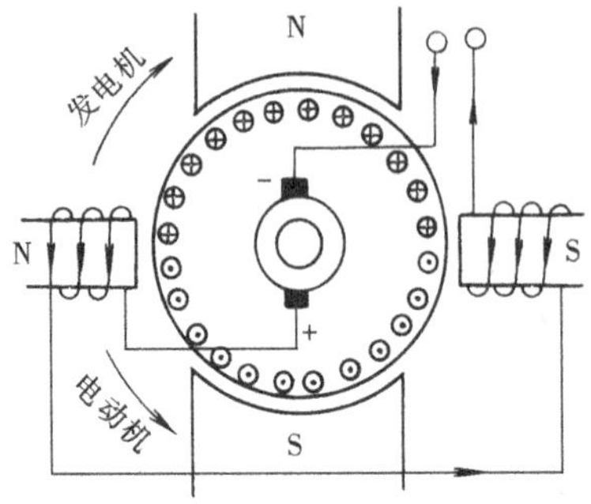

图 2-16 换向磁极的位置和极性

利用 e_H 去抵消 $e_x + e_a$，使 $i_f \approx 0$，从而获得直线换向。

换向极的极性怎样确定呢？为了抵消 i_f，要求产生与 e_a、e_x 方向相反的换向电动势，则应使换向极的磁势与交轴的电枢磁势方向相反。如图 2-16 所示的两极电机，若作发电机运行，在顺时针方向旋转条件下，换向极的极性应与顺旋转方向的下一个主极的极性相同；若作电动机运行，在同样主极和电枢电流方向下，电动机的旋转方向为逆时针，因此，电动机换向极的极性应与顺旋转方向的下一个主极的极性相反。

由于换向元件的电抗电动势 e_x、电枢反应电动势 e_a 均与电枢电流成正比，所以要使电机在任何负载下，换向电动势 e_H 都能抵消 e_x 和 e_a 的影响，换向极绕组必须与电枢绕组串联，以使换向极绕组中通过电枢电流后所产生的换向极磁场也与电枢电流成正比。

2. 正确地选用电刷

选用接触压降较大的电刷，即增加电刷与换向片间接触电阻，可以限制附加电流，这对改善换向能起到重要的作用。在直流电机中，对电刷的要求：①应有足够大的载流量，用额定电流密度来表示；②能承受最大的线速度；③应有足够大的接触电阻，用每对电刷的接触压降表示。所以一般都选用电化石墨电刷或石墨电刷。

3. 装置补偿绕组

换向区域以外的交轴电枢反应使电机气隙磁场发生畸变，在过负载时，磁场的畸变更为严重。处于磁通增强区域的绕组元件，感应电动势显著增加，因而使得与这些元件连接的换向片片间电压增大。如超过一定限度，会使片间的空气游离而击穿，进而产生持续性火花。这种火花叫电位差火花。

当电机承受冲击性负载时，由于电枢电流急剧上升，换向元件的电抗电动势也急剧增大。这时虽然换向极磁势相应增大，但是由于换向极铁心产生的涡流起了阻尼作用，使换向极磁通不能马上增大，因此换向电动势不能及时补偿电抗电动势，使电机短时处于严重的延迟性换向状态，从而在电刷后端产生强烈的电磁火花。电刷下的火花和换向片间电位差火花，促进了换向器表面的空气电离，使得这两种火花得以延伸而汇合在一起，发展成一种跨越正、负电刷间的电弧，这种布满整个换向器表面的环形电弧，叫做环火。它能使电机在很短的时间内损坏。

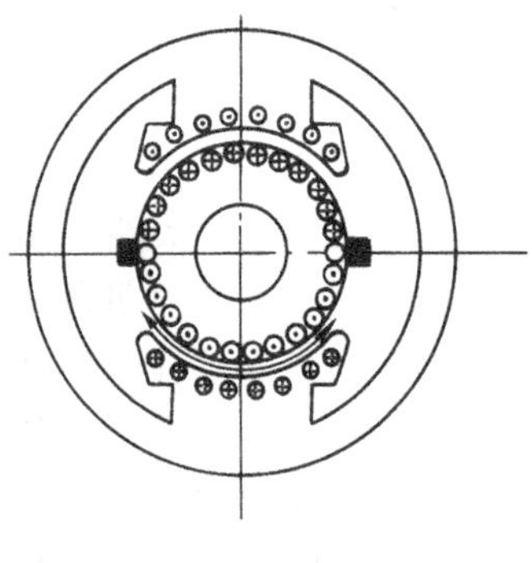
图 2-17 补偿绕组示意图

装置补偿绕组是防止环火最有效的方法。补偿绕组装在主极极靴的槽内，如图 2-17 所示。为了随时都能补偿电枢反应，应把它和电枢绕组串联，同时使补偿绕组产生的磁动势和电枢磁动势大小相等、方向相反。补偿绕组使电机的结构复杂，消耗有色金属较多，因此只有大型的电机才采用。

三、电刷位置的调整

装有换向磁极的直流电机，电刷一般都应放在换向器的中性线上。至于电刷是否准确地放在中性线上，要通过试验调整。最常用的方法是感应法。

感应法试验的线路如图 2-18 所示。在电机的励磁绕组两端加一很低的电压，大约为电机额定电压的 10%。在电枢绕组的两端接一个直流毫伏表。当励磁电路开关闭合时，电机的磁极将有磁通穿过电枢绕组，根据楞次定律，可以决定电枢绕组产生感应电动势的方向如图 2-18 中导体内的符号所示。如果电刷位置在换向器中性线上，则在每个支路中，右侧导线的电动势和左侧导线的电动势大小相等、方向相反，电刷间支路电动势为零，毫伏表指在零位上；如果电刷位置不在中性线上，例如顺时针偏移时，则在每个支路中，导线电动势不能全部抵消，因此毫伏表指针将向某一方向偏转；如果将电刷逆时针偏移，毫伏表指针将向另一方向偏转。电刷离中性线越远，毫伏表指针偏转越大。如果将开关打开，在打开瞬间同样会发生上述现象，所不同的是导线感应电动势方向与上述情况相反。因此在试验时，注意观察毫伏表指针在开关 K 合上或打开时偏转的情况，反复调整电刷的位置，直至毫伏表指示为零或偏转最小为止。

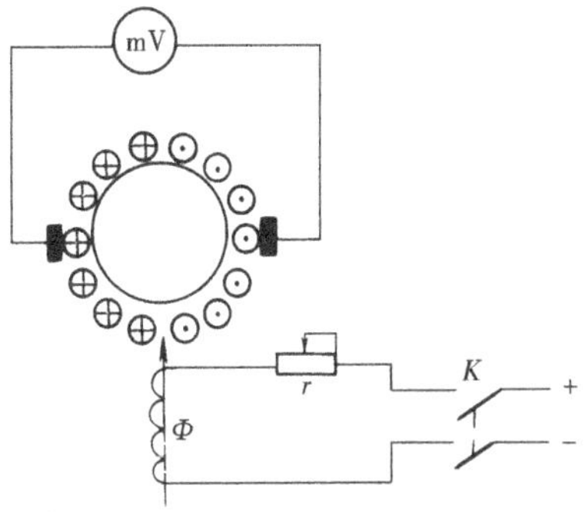

图 2-18　电刷位置确定试验接线

小　　结

学习本章内容应明确电枢反应的概念及其对电机性能的影响，熟练掌握感应电动势、电磁转矩的计算，并对直流电机的换向作一般了解。

（1）直流电机带负载运行时，气隙磁场由主极励磁电流和电枢电流共同建立。电枢磁动势对主极磁场的影响称为电枢反应。电刷位于几何中性线上时产生的电枢反应称为交轴电枢反应。对电机的影响为：①使气隙磁场发生畸变；②物理中性线偏移；③磁路饱和时，有附加去磁作用。电刷偏离几何中性线时，除产生交轴电枢反应外，还产生直轴电枢反应，对主极磁场起去磁或增磁作用。

（2）直流电机的电枢电动势是指电刷两端的电动势，是由电枢旋转时导体切割气隙磁场产生的。对于已制成的电机，感应电动势的大小正比于每极磁通量及转速的大小，即 $E_a = C_e \Phi n$。

（3）直流电机的电磁转矩是指电枢圆周所有导体对转轴中心产生的总转矩。是由载流导体在磁场中受力产生的。对于已制成的电机，电磁转矩的大小正比于每极磁通量及电枢电流的大小，即 $T_M = C_M \Phi I_a$。

（4）电枢绕组元件中电流改变方向的过程称为换向。按电流随时间的变化规律，换向过程分为直线性换向和延迟性换向。延迟换向的不良后果是在电刷与换向器接触表面产生危险的火花，甚至出现环火。改善换向的主要方法是装设换向极，防止环火的有效方法是装设补偿绕组。

习　　题

1. 电机的磁路由哪些部分组成？用磁路饱和的概念解释电机磁化曲线形状。

2. 什么叫做电枢反应？在什么情况下只产生交轴电枢反应？什么情况下产生直轴电枢反应？

3. 直轴电枢反应的去磁作用和交轴电枢反应附加去磁作用有何不同？

4. 直流电机的电枢是旋转的，电枢磁场在空间是否也旋转？为什么？电枢磁场和主磁场是否作相对运动？

5. 在直流发电机和电动机中，交轴电枢磁势各产生什么影响？

6. 为什么发电机不能逆电枢旋转方向移动电刷，电动机不能顺旋转方向移动电刷？

7. 直流电机负载时，当电刷顺转向和逆转向移动 α 角度时，电机气隙磁密将有何变化？

8. 一台他励直流电动机的电刷逆着旋转方向偏离了几何中性线，当电动机由于电枢电压或励磁电压反接而改变旋转方向时，两者的电枢反应有何区别？

9. 用什么方法可以改变直流发电机电枢电势的方向？

10. 公式 $E_a=C_e\Phi n$、$T_M=C_M\Phi I_a$ 中的 Φ 应是什么磁通？

11. 电磁转矩的大小与什么因素有关？如何确定电磁转矩的方向？

12. 保持转速和励磁电流不变，直流电机空载时的电枢电动势与负载时的电枢电动势是否相同？为什么？

13. 一台直流电机，6 极，1200r/min，74 槽，每槽 4 个元件边，单匝元件，单波绕组，磁通为 1.38×10^{-2}Wb，电枢电流为 120A，求电磁转矩及电枢电动势。

14. 题 13 中电机电枢绕组如改为单叠绕组，磁通及转速不变，支路电流保持不变，求电磁转矩、电枢电动势、电枢总电流是什么？

[答案] $T_M=234$N·m；$E_a=81.7$V；$I_a=360$A。

15. 某四极直流发电机为单叠绕组，每极磁通为 3.5×10^{-2}Wb，电枢总导线数为 152 根，转速为 1200r/min，求电机的空载电动势。若改为单波绕组，其它条件不变，问空载电动势为 210V 时，电机的转速应是多少？

[答案] $E_a=106.4$V；$n=1184$r/min。

16. 在换向元件中存在哪些电动势？它们对换向各产生什么影响？

17. 直流电机电刷产生火花的电磁原因主要是什么？在改善换向方面，维护人员须注意哪些问题？

18. 装置换向磁极为什么能改善换向？如何决定换向极的极性？为什么要把换向极绕组和电枢绕组串联？

19. 一台直流他励电机，当电机在下列情况下，要不要改变换向极绕组和电枢绕组的连接？

(1) 由电动机状态转变为发电机状态运行（设转向不变）；

(2) 发电机或电动机运行状态不变，只改变电机转向；

(3) 由电动机转变为发电机运行，同时旋转方向也改变。

20. 小容量两极直流电机只装一只换向极，是否会造成一个电刷换向良好，而另一电刷换向不好？为什么？

21. 一台装有换向极且换向良好的并励直流电动机，当改变电枢端电压极性来改变转向时，换向极绕组不改接仍能换向良好吗？为什么？

22. 如果换向极设计得当，在额定负载时可得到直线换向。若电机过载时，使换向极磁路十分饱和，换向情况将如何变化？

第三章　直流电机运行特性

本章将讨论直流电机电压、转矩以及功率的平衡关系，并以此为基础分析直流发电机和电动机在稳定运行时的工作特性。

第一节　直流电机的基本方程

直流电机在稳态运行时，从电路、力学和能量守恒定律出发建立的电压、转矩和功率三种平衡方程，称为直流电机的基本方程。下面以他励直流电机为例进行分析。

一、直流发电机的基本方程

1. 电压平衡方程

当原动机拖动直流发电机恒速旋转时，电枢绕组将感应电枢电动势 E_a，其值可用 $E_a=C_e\phi n$ 计算。当电枢两端接上负载后，电枢将流过与电枢电动势 E_a 方向相同的电流 I_a，如图 3-1 所示。若电枢端电压为 U，则根据电压定律，可列出电枢回路电压平衡方程式为

$$E_a=U+I_aR_a \tag{3-1}$$

式中，R_a 为电枢回路的总电阻。

由式（3-1）可以看出，直流发电机电枢电动势 E_a 要大于电枢端电压 U，其方向与电枢电流 I_a 的方向相同。

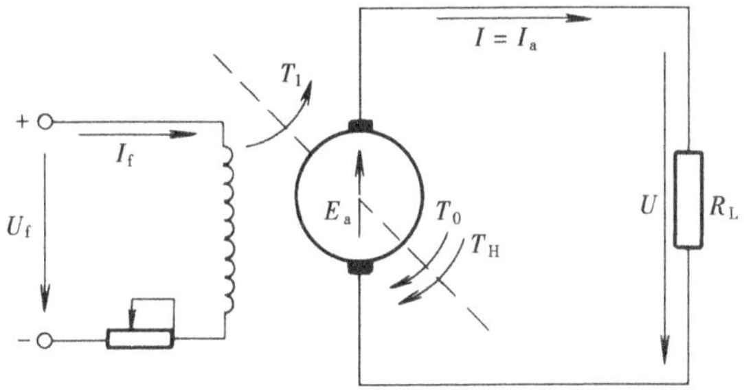

图 3-1　他励直流发电机运行原理图

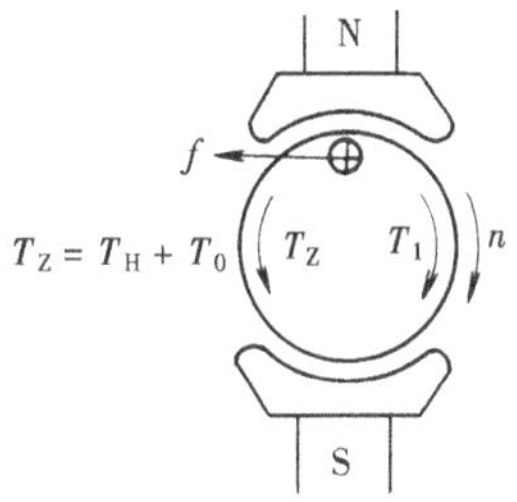

图 3-2　发电机转矩

2. 转矩平衡方程

根据力学中的牛顿定律，直流发电机带负载稳定运行时，作用在电枢转轴上合力矩应等于零，即驱动力矩 T_1 和总的阻力矩 T_Z 应大小相等、方向相反，如图 3-2 所示。在电枢转轴上作用着三个力矩，T_1 为原动机输入力矩即驱动转矩，其方向与电枢转向相同；T_M 为电磁制动力矩；T_0 为空载制动力矩，是由电机的各种机械摩擦以及铁损耗引起的力矩。两个制动性质的力矩之和就是电枢转轴上总的阻力矩 T_Z。根据上述分析可写出电机稳定运行时的转矩平衡方程式为

$$T_1=T_M+T_0=T_Z \tag{3-2}$$

3. 功率平衡方程

将转矩方程式（3-2）等式两边同乘以机械角速度 Ω，即有

$$T_1\Omega = T_M\Omega + T_0\Omega$$

从而得出发电机的机械功率平衡方程式为

$$P_1 = P_M + p_0 \tag{3-3}$$

式中，$P_1 = T_1\Omega$ 为原动机输入的机械功率；$p_0 = T_0\Omega$ 为克服空载力矩所需的功率，称为空载损耗功率，基本不随负载变化，包括机械摩擦损耗 p_m 和电枢铁心损耗 p_{Fe}

$$p_0 = p_m + p_{Fe} \tag{3-4}$$

$P_M = T_M\Omega$ 为克服制动的电磁转矩所需的功率，称为电磁功率。

由于 $\Omega = \frac{2\pi n}{60}$，则有

$$P_M = T_M\Omega = \frac{pN}{2\pi a}\phi I_a \frac{2\pi n}{60} = \frac{pN}{60a}\phi n I_a = E_a I_a \tag{3-5}$$

式（3-5）表明，发电机稳定运行时，原动机克服电磁转矩所用的功率全部转换为电功率。

将式（3-1）代入式（3-5），得出发电机的电功率平衡方程式为

$$P_M = E_a I_a = (U + I_a R_a) I_a = P_2 + p_{Cu} \tag{3-6}$$

式中，$P_2 = UI_a$ 为直流发电机输出的电功率，p_{Cu} 为电枢回路铜耗。

将式（3-6）、式（3-4）代入式（3-3），得

$$P_1 = P_M + p_0 = P_2 + p_{Cu} + p_m + p_{Fe} = P_2 + \Sigma p \tag{3-7}$$

式中，ΣP 是他励直流发电机的总损耗，可表达为

$$\Sigma P = p_{Cu} + p_m + p_{Fe} + p_{ad} \tag{3-8}$$

他励直流发电机的功率传递过程可用图 3-3 所示的功率流程图表示。由于他励发电机励磁损耗 p_f 由另外的电源提供，因此与上述能量的传递无关。附加损耗 p_{ad} 中的铁耗部分列入基本铁耗 p_{Fe} 中，铜耗部分列入基本铜耗 p_{Cu} 中，则在功率流程图中不单独列出。

二、电机可逆原理

图 3-4（a）所示为并联在电网上的并励发电机。在原动机驱动转矩 T_1 作用下，电机顺时针方向旋转。这时发电机电枢电动势 E_a 大于网络端电压 U，发电机输出的电枢电流为

$$I_a = \frac{E_a - U}{R_a}$$

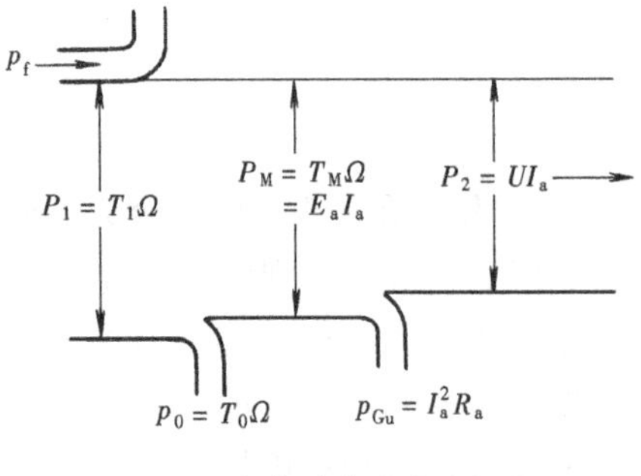

图 3-3 他励直流发电机功率流程图

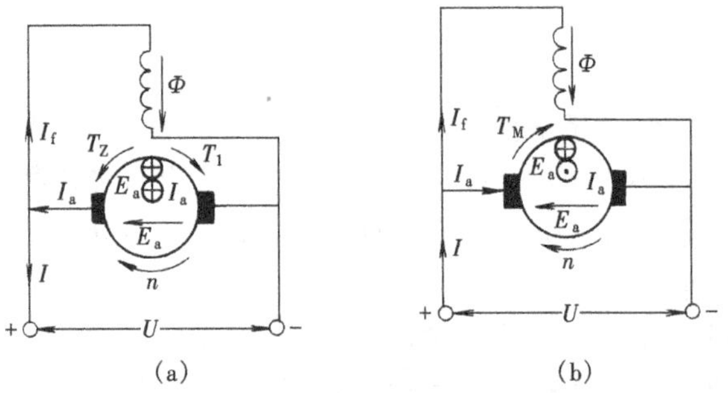

图 3-4 电机可逆原理

（a）发电机；（b）电动机

电枢电流方向和电动势方向相同。如图 3-4 所示，导体的电动势和电流都是指向书面，在

图中以⊕表示之。在发电机中产生的电磁力矩，用左手定则可判定它的方向和旋转方向相反，为制动力矩。为此，原动机必须产生足够的驱动转矩来平衡发电机的电磁力矩，以维持发电机的稳定运行。这时发电机自原动机输入机械功率，而向网络输出电功率。

如果将原动机和电机轴分离，而接上机械负载，那么电机的转速即将降低。设网络端电压U由并联在网络上的其它发电机维持不变，则随着转速降低至$E_a<U$时，上式所决定的电流I_a变为负值，这就是说它的方向和原来的相反了。这时电流由网络输入电机，如图2-4（b）所示。因为电机的励磁电流不变，电机的主磁极仍保持着原有极性，因此由I_a和磁通Φ作用产生的电磁力矩T_M的方向便和原来的相反，即和电机的旋转方向相同变为驱动力矩了。同时电枢电动势E_a由于和电枢电流I_a方向相反而变为反电动势。这时，电机已由发电机工作状态转变为电动机工作状态，从网络输入电功率，输出机械功率。

以上所述就是直流电机可逆运转的原理。发电状态和电动状态不是两种孤立的状态，而是电磁机械统一体矛盾着的两个方面。无论发电机还是电动机，都要产生电枢电动势和电磁转矩。但它们又有着不同的特性：在发电机状态下，电动势与电流方向相同，电磁力矩与旋转方向相反，为制动力矩；在电动机状态下，电动势与电流方向相反，为反电动势，电磁力矩与转向相同，为驱动力矩。

三、直流电动机的基本方程

1. 电压平衡方程

如图3-5所示，直流电动机运行时，电枢绕组两端所接电压为U，输入电枢的电流为I_a，电枢绕组感应电动势为E_a。E_a的大小可由$E_a=C_e\phi n$确定，其方向与电枢电流相反。根据图示各量的正方向，按电压定律可列出电压回路电压方程为

$$U=E_a+I_aR_a \tag{3-9}$$

2. 转矩平衡方程

直流电动机带负载稳定运行时，作用在电枢转轴上的合力矩应等于零。此时转轴上的驱动力矩为电磁力矩T_M，阻力矩包括负载阻力矩T_L和空载阻力矩T_0，因此转矩平衡方程式为

$$T_M=T_L+T_0 \tag{3-10}$$

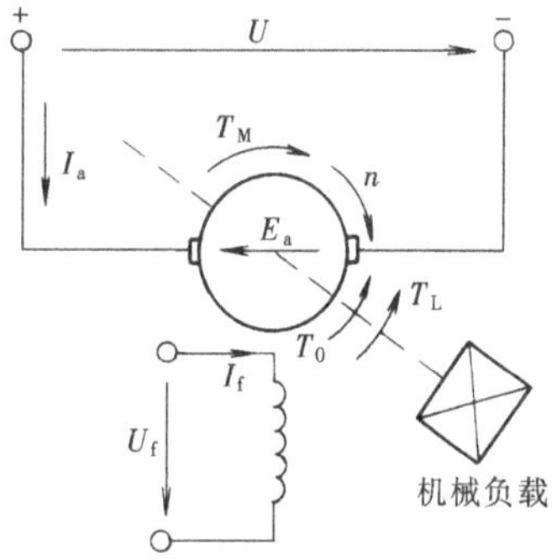

图3-5 他励电动机运行原理图

3. 功率平衡方程

如图3-5所示直流电动机稳定运行时，从电网输入的电功率即输入功率为

$$P_1=UI_a \tag{3-11}$$

将式（3-9）代入式（3-11）得

$$P_1=(E_a+I_aR_a)I_a=E_aI_a+I_a^2R_a=P_M+p_{Cu} \tag{3-12}$$

在式（3-12）中，p_{Cu}为电枢铜损耗，P_M为电磁功率。电磁功率是实现机电能量转换的功率，机电能量的转换可由下式看出，即

$$P_M=E_aI_a=T_M\Omega \tag{3-13}$$

考虑到式（3-10），电磁功率又可表示为

$$P_M=(T_0+T_L)\Omega=T_0\Omega+T_L\Omega=p_0+P_2 \tag{3-14}$$

在式(3-14)中，$p_0=p_m+p_{Fe}$为空载损耗，其含义与直流发电机相同；P_2 为输出的机械功率。

综合上述各种功率的关系，可得出直流电动机功率平衡方程式为

$$P_1=P_2+\Sigma p=P_2+p_{Cu}+p_m+p_{Fe}+p_{ad} \tag{3-15}$$

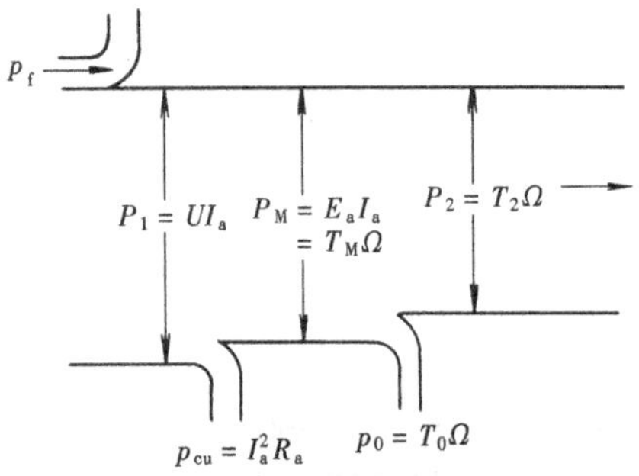

图 3-6 他励直流电动机功率流程图

和直流发电机一样，他励直流电动机的功率传递过程也可用图 3-6 所示的功率流程图表示。

根据式（3-13）和式（3-14）中功率和转矩的关系，电磁力矩 T_M 和负载力矩 T_L 也可按下两式确定

$$T_M=\frac{P_M}{\Omega}=\frac{P_M}{\frac{2\pi n}{60}}=9.55\frac{P_M}{n} \tag{3-16}$$

$$T_L=\frac{P_2}{\Omega}=9.55\frac{P_2}{n} \tag{3-17}$$

【例 3-1】 一台四极并励发电机，$P_N=82$kW，$U_N=230$V，$n_N=970$r/min，75℃时电枢回路电阻为 $R_a=0.0314\Omega$，额定负载时励磁回路电阻为 $R_f=26.3\Omega$，铁心损耗及机械损耗 $p_{Fe}+p_\Omega=2.3$kW，附加损耗 $p_{ad}=0.005P_N$，试求额定负载时电机的输入功率、电磁功率、电磁转矩和效率。

解 发电机额定电流

$$I_N=\frac{P_N\times10^3}{U_N}=\frac{82\times10^3}{230}=356.5(\text{A})$$

励磁电流

$$I_f=\frac{U_N}{R_f}=\frac{230}{26.3}=8.74(\text{A})$$

额定电枢电流

$$I_{aN}=I_N+I_f=365.2(\text{A})$$

发电机电枢电动势

$$E_a=U_N+I_{aN}R_a=230+365.2\times0.0314=241.4(\text{V})$$

电磁功率

$$P_M=E_aI_{aN}=241.4\times365.2=88.2(\text{kW})$$

电磁转矩

$$T_M=9.55\frac{P_M}{n}=9.55\times\frac{88200}{970}=868(\text{N}\cdot\text{m})$$

输入功率

$$\begin{aligned}P_1&=P_M+p_{Fe}+p_m+p_{ad}\\&=88.2+2.3+0.005\times82=90.91(\text{kW})\end{aligned}$$

发电机的效率

$$\eta_N=\frac{P_2}{P_1}\times100\%=\frac{82}{90.91}\times100\%=90\%$$

第二节　直流发电机特性

直流发电机通常工作在恒定的转速下，因此决定发电机运行特性的物理量为电枢电压U，负载电流I、励磁电流I_f。三者之中，电枢电压U最为重要。直流发电机的主要运行特性有：

(1) 空载特性：在$n=n_N$，$I=0$条件下，端电压U与励磁电流I_f的关系；

(2) 外特性：在$n=n_N$，励磁电路电阻R_f=常数条件下，端电压U与负载电流I的关系。

一、他励发电机特性

1. 空载特性

他励发电机空载特性是指$n=n_N, I=I_a=0$时，$U=U_0=f(I_f)$的关系曲线。

发电机空载时，端电压$U_0=E_{a0}=C_e\Phi_0 n$，正比于空载主磁通Φ_0；而励磁电流I_f正比于主磁动势F_0，所以发电机的空载特性曲线与该电机的磁化曲线形状是相同的。因此，用实验方法求取电机的磁化曲线，可以通过空载特性试验测得。

图3-7所示为他励发电机空载特性试验接线图。首先起动原动机，并调节其转速，使之等于发电机的额定转速并保持不变。将连接负载的开关K2断开，使发电机空载。然后将开关K1投向左侧，接通励磁电路的电源，通过移动可变电阻R的滑触点，逐渐增大励磁绕组两端电压，励磁电流和发电机电枢端电压也随之增大。

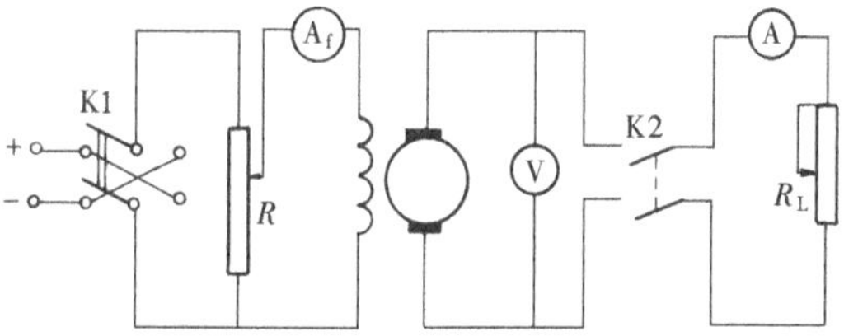

图3-7　他励发电机特性试验接线图

求取空载特性曲线时，通常可以从电压$U_0=1.2U_N$开始，设这时的$I_f=\overline{Oa}$，再调节可变电阻R的滑触点，逐渐减小励磁电流，使发电机端电压随之减小。在调节过程中，逐点读取I_f和U_0的数。当I_f减至零时，端电压$U_0\neq 0$，其值为剩磁电压U_{SC}，是由剩磁磁通产生的。然后将开关K1投向右侧，改变励磁电流方向（$-I_f$），再调节可变电阻R的滑触点，使反向励磁电流的数值逐渐增大，直到发电机的反向电压等于$1.2U_N$为止。通过调节I_f的大小和方向，再从$U_0=-1.2U_N$逐点测试至$U_0=+1.2U_N$，就可绘出空载特性曲线的下降支线和上升支线（图3-8所示的曲线1—1和2—2）。正反向调节的直流发电机空载特性曲线是一个回环曲线，实际应用时取它们的平均曲线3—3。它是和基本磁化曲线对应的。

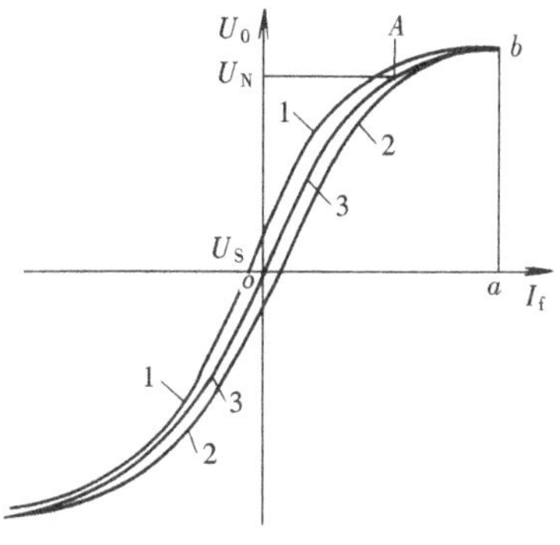

图3-8　他励发电机空载特性

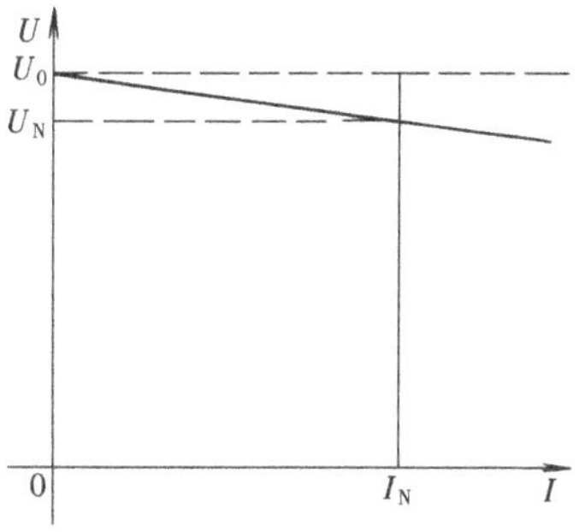

图3-9　他励发电机外特性

发电机的额定工作点一般选在空载特性曲线的弯曲部分，如图 3-8 曲线中 A 点。若选在直线部分，则电压不稳定，若选在过饱和部分，则正常运行需要较多的励磁安匝，将增加电机用铜量和电阻损耗，显然是不经济的。

2. 外特性

他励发电机的外特性是指 $n=n_N$，$I_f=$常数时，$U=f(I)$的关系曲线。

由实验方法测取外特性曲线时，先使电机在额定转速下运转并保持不变，合上图 3-7 的开关 K2 和 K1，然后逐渐增大励磁电流，发电机的电压和电枢电流随之增大。将负载电阻 R_L 从最大值逐渐减小，同时适当调节励磁电流，使发电机在额定负载（$I=I_N$）时的电压 $U=U_N$，这时的励磁电流称为额定励磁电流 I_{fN}。之后保持励磁电流和转速不变，减少发电机的负载（增大 R_L，减小 I），直到空载为止。根据逐点测得的负载电流 I 和相应的电压 U 值，即可绘出如图 3-9 所示的外特性曲线。

发电机的外特性曲线表明了发电机的端电压随负载变化的情况。端电压随着负载电流增大而逐渐降低，是略低下垂的特性。他励发电机在负载增大时，端电压下降的原因有：①电枢反应的去磁作用增强，使发电机的电动势比空载时有所降低；②电枢电阻压降增大，使端电压降低。

为了从数量上表示发电机有负载时电压变动的程度，可用电压变化率来衡量。按照技术标准规定：他励发电机的额定电压变化率是指 $n=n_N$，$I_f=I_{fN}$时，发电机从额定负载（$I=I_N$）过渡到空载时，端电压变化值对额定电压的百分比，即

$$\Delta U_N=\frac{U_0-U_N}{U_N}\times 100\% \tag{3-18}$$

一般的，他励发电机 $\Delta U_N=5\%\sim10\%$。

二、并励发电机特性

并励发电机的接线图如图 3-10 所示。并励发电机的励磁绕组和电枢绕组并联，由发电机自己供给励磁，而不需要外电源供电。因此，电枢电流 I_a 等于负载电流 I 与励磁电流 I_f 之和。既然并励发电机的励磁方式是自励的，那么发电机的端电压是如何建立的，便是一个需要解决的特殊问题。

并励发电机的空载特性 $U_0=f(I_f)$ 曲线与他励发电机基本相同。由于空载时负载电流为零，所以电枢电流就等于励磁电流，它的大小一般不超过额定电流的 2%～3%。因此，电枢反应和电枢电阻压降都可以忽略，空载电压 U_0 就等于电枢电动势 E_a，它和磁通 Φ_0 成正比。所以它的空载特性曲线也和磁化曲线形状一样。但因属自励方式只能在一个方向进行测试，故作空载特性曲线时，也只能取一个方向，如图 3-11 曲线 1 所示。

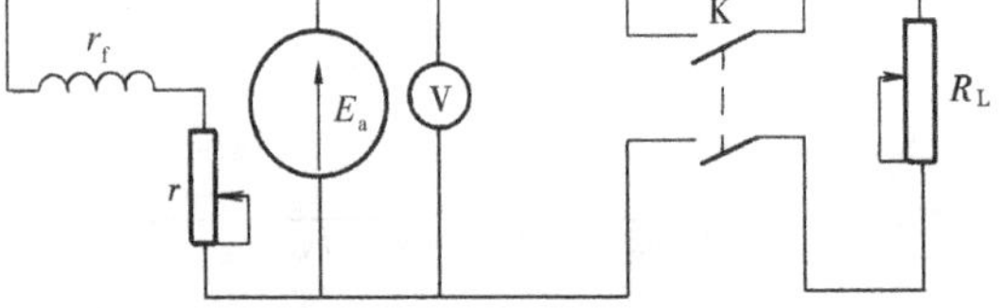

图 3-10 并励发电机接线图

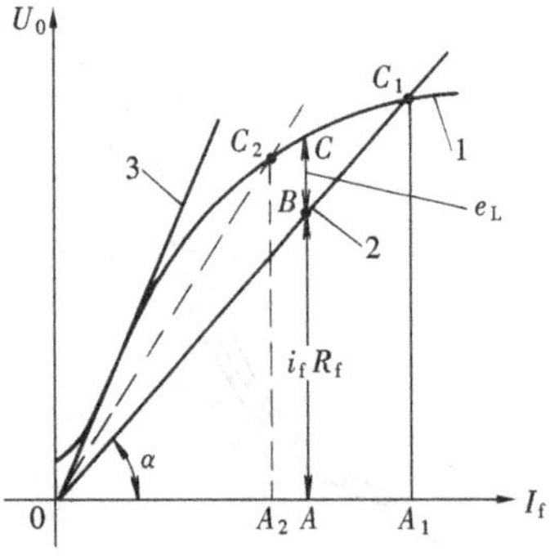

图 3-11 并励发电机自励过程

1. 并励发电机自励条件及电压建立过程

并励发电机电压的建立，首先要求发电机的主磁极必须有剩磁。一般经过充磁的发电机都保持一定的剩磁通，约为额定磁通的（2～5)%。当原动机拖动发电机以恒定转速旋转时，电枢绕组切割剩磁通而产生一个微小的剩磁电动势。在此电动势作用下，就有一个微小的电流流过励磁绕组，有了励磁电流是否就一定能建立起足够的电枢电动势呢？这还要看励磁电流产生的磁动势方向而定。所以，发电机电压建立的第二个条件是：励磁电流产生的磁通方向要与剩磁方向相同，即要求发电机励磁绕组的接法必须正确。如果接线错误，则励磁电流所产生的磁通与剩磁方向相反，就会把仅有的剩磁电压削减，正常的电枢电压就建立不起来。如果接法正确，就会使电机的磁场增强，电枢电动势增高。较高的电枢电动势又产生较大的励磁电流，进一步增强磁场和提高电枢电动势。这样反复下去，电枢电动势和励磁电流的增大能否终止呢？实际上由于铁心的磁饱和，它们最终是会稳定下来的。

为了研究并励发电机的自励过程和电压建立的稳定工作点，设发电机空载，并在图 3-11 中画出了发电机的空载特性曲线和励磁电路的伏安特性曲线。

并励发电机励磁电路伏安特性可用公式 $u_f = I_f R_f$ 表示。在励磁电路电阻 R_f（包括励磁绕组电阻 r_f 和励磁调节电阻 r）保持不变的条件下，励磁电路伏安特性曲线 $U_f = f(I_f)$ 是通过坐标原点的一条直线，如图 3-11 曲线 2 所示。此直线的斜率为

$$\mathrm{tg}\alpha = \frac{U_f}{I_f} = R_f \tag{3-19}$$

所以，励磁电路伏安特性曲线又称磁场电阻线。

在自励建压的过程中，励磁电路的电压方程为

$$U_0 = I_f R_f + \frac{\mathrm{d}(L_L I_f)}{\mathrm{d}t} \tag{3-20}$$

在自励过程中的任意瞬间，设 $I_f = \overline{OA}$，则发电机的端电压 $U_0 = \overline{AC}$（见图 3-11），$I_f R_f = \overline{AB}$。因此曲线 1 与曲线 2 纵坐标之差 $\overline{BC} = \frac{\mathrm{d}(L_L I_f)}{\mathrm{d}t}$ 代表自感电压。在端电压 $U_0 > I_f R_f$ 时，自感电压 $\frac{\mathrm{d}(L_L I_f)}{\mathrm{d}t} > 0$，励磁电流及发电机端电压处于上升状态。由于铁心的饱和，U_0 上升速度较 I_f 上升速度慢了下来，$\frac{\mathrm{d}(L_L I_f)}{\mathrm{d}t}$ 也就越来越小。最后，当空载特性曲线与磁场电阻线相交(如图 3-11 中的 C_1 点)，即发电机的端电压等于励磁电路电阻压降时，$\frac{\mathrm{d}(L_L I_f)}{\mathrm{d}t} = 0$，励磁电流不再增加，端电压便达到稳定值。因此，两曲线的交点 C_1 就是发电机电压的稳定点。

若改变发电机的转速 n 或励磁调节电阻 r，就可以改变 C_1 的位置。例如，当 n＝常数时，加大 r，则 α 角增大，交点沿曲线 1 向左下方移动。当 r 增加到某一数值时，直线 2 与曲线 1 相切（图 3-11 中直线 3），过此界限发电机便不能自励，发电机电压保持为与剩磁电压接近的数值。这时励磁电路的电阻 R_f 之值叫做临界电阻。

综上所述，并励发电机的自励条件可归纳如下：

(1) 电机必须有剩磁；

（2）励磁绕组的接法或电机的转向正确；

（3）励磁电路的总电阻小于临界值。

如果一台并励发电机不能建立电压时，检查方法是：首先观察电枢电压表有无指示，如果电压表有微小指示，当减小励磁调节电阻时，电压反而降低；或断开励磁电路，电枢电压稍有回升，则说明励磁绕组极性不对，可调换励磁绕组两端与电枢的连接。如果在改变励磁调节电阻，甚至断开励磁电路时，电压表指针仍然停留在剩磁电压值位置不动，则说明励磁电路有断路点，励磁回路电阻超过临界值。这时，可用欧姆计检查励磁电路断路点。如果电压表没有指示，则可能是电机没有剩磁，这时可用另外的直流电源给励磁绕组通一下电流进行充磁，使剩磁得到恢复。

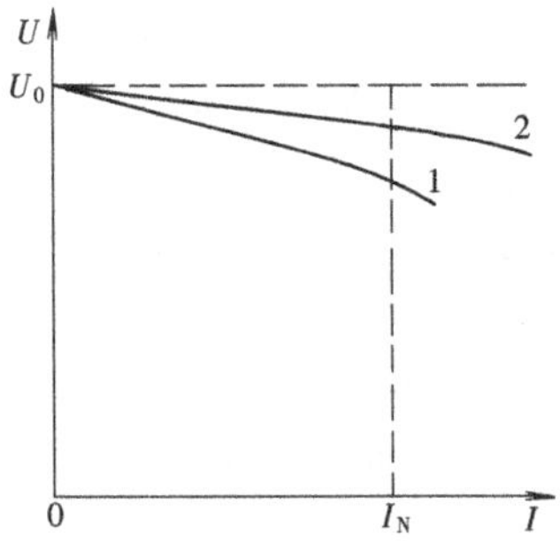

图 3-12 并励发电机外特性

2. 外特性

并励发电机的外特性曲线，就是当 $n=n_N$，$r=$常数时，$U=f(I)$ 的关系曲线，如图 3-12 曲线 1 所示。用实验方法求外特性曲线的步骤和他励发电机一样。

为了比较，在图 3-12 中还画出了他励发电机外特性，如图 3-12 中曲线 2 所示。可以看到，并励发电机的电压变化率比他励的大。因为在并励发电机中，除了电枢反应的去磁作用和电阻压降使电机端电压下降外，由于它的励磁电流将随端电压的降低而减小，进而使磁通减少，端电压也就下降得更多一些。并励发电机的 $\Delta U_N=30\%$左右。

第三节 直流电动机工作特性

直流电动机的工作特性是指端电压 $U=U_N$，电枢电路无外串电阻，励磁电流 $I_f=I_{fN}$时，电动机的转速 n、电磁转矩 T_M 和效率 η 三者与输出功率 P_2 之间的关系。在实际运行中，电枢电流 I_a 可直接测量，并且 I_a 基本上与 P_2 成正比。所以往往将工作特性表示为 n、T_M、$\eta=f(I_a)$关系曲线。

以下分别讨论他（并）励、串励和复励电动机的工作特性。

一、他（并）励电动机的工作特性

在 $U=U_N=$常数的条件下，他励电动机和并励电动机的工作特性没有本质的区别，可将两者合并讨论。

图 3-13 所示为并励电动机的接线图。并励电动机线路电流 I 等于电枢电流 I_a 与励磁电流 I_f 之和。

$$I=I_a+I_f \tag{3-21}$$

1. 转速特性

转速特性是指 U 及 I_f 不变，$n=f(I_a)$的关系曲线。

由式（3-9）得并励电动机电枢电路的电压方程为

$$E_a=U-I_aR_a$$

将 $E_a=C_e\Phi n$ 代入上式，得转速表达式为

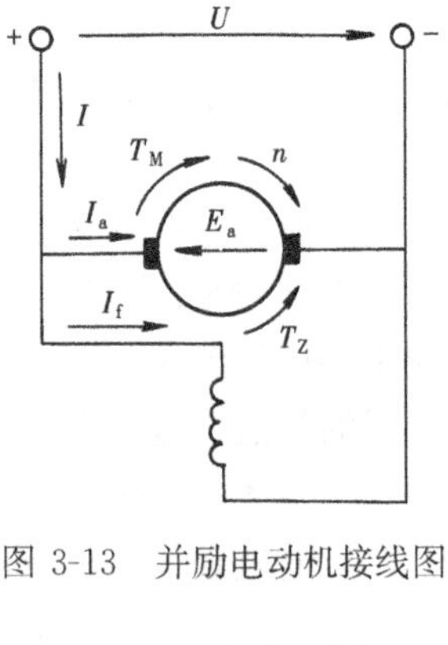

图 3-13 并励电动机接线图

$$n=\frac{U-I_aR_a}{C_e\Phi}=\frac{U}{C_e\Phi}-\frac{R_a}{C_e\Phi}I_a=n_0-\Delta n \tag{3-22}$$

式中

$$n_0=\frac{U}{C_e\Phi} \tag{3-23}$$

$$\Delta n=\frac{R_a}{C_e\Phi}I_a \tag{3-24}$$

式中，n_0 叫做电动机的理想空载转速；Δn 是由负载引起的转速降。

在 $U=U_N, I_f=I_{fN}$ 和电枢无外加电阻的条件下，电动机的转速特性称为固有转速特性。

若不计电枢反应的去磁作用，可以认为 Φ 是一个与 I_a 无关的常数。则转速特性曲线是一条下垂的直线（见图 3-14），其斜率为 $\frac{dn}{dI_a}=-\frac{R_a}{C_e\Phi}=-\beta$。实际上，若考虑直流电动机电枢反应去磁作用，当电动机负载增加时（指 T_L 和 T_M 增大），电枢电流 I_a 将相应增加，电枢反应的去磁作用会使磁通减小，从而使电动机转速趋向上升。如果这种影响超过电枢电阻压降使转速下降的作用，电动机的转速特性将变成上翘特性，这将使电动机不能稳定运行（详见第四章第五节）。所以，在电机结构上要采取一些措施补偿电枢反应去磁作用，使他（并）励电动机具有直线的下垂特性。通常，用负载变化引起转速变化的大小来说明电动机的静态稳定性和特性曲线的硬度。并励和他励电动机在固有特性运行时，大容量电机 $\Delta n_N \approx (3\sim8)\% n_N$；$Z_2$ 系列电机 $\Delta n_N=(10\sim18)\% n_N$。技术数据表明，实际电机产品在负载变化时引起的转速变化很小，他们的自然特性属硬特性，静态稳定性好。

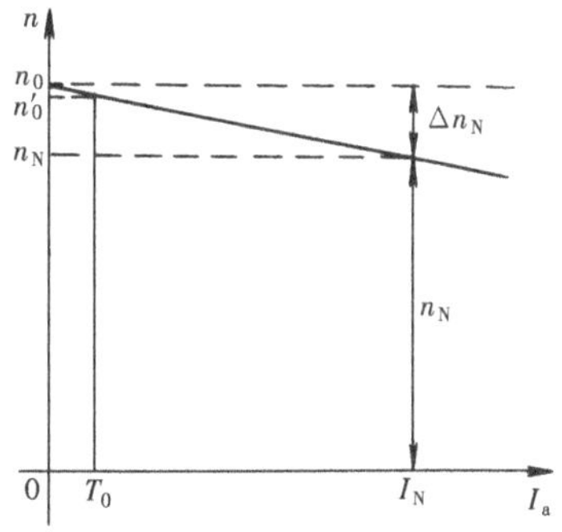

图 3-14 他(并)励电动机转速特性

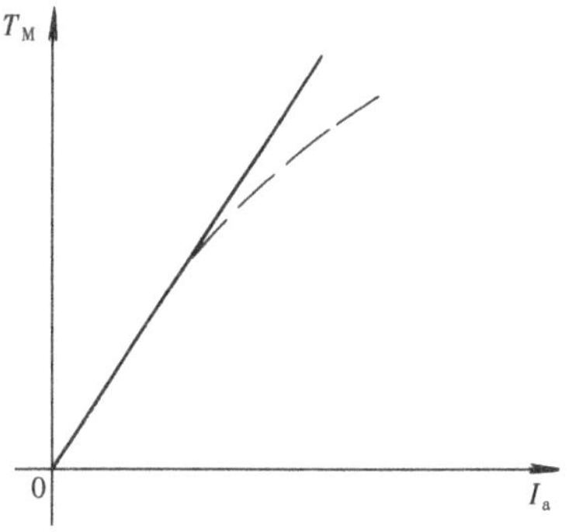

图 3-15 他(并)励电动机转矩特性

2. 转矩特性

当 $U=U_N, I_f=I_{fN}$ 时，$T_M=f(I_a)$ 关系曲线称为转矩特性。

由转矩公式 $T_M=C_M\Phi I_a$，如果不计电枢反应去磁作用，负载变化时 ϕ 不变，则 $T_M=C_M\Phi I_a=C_TI_a$，转矩特性是一根过原点的直线。考虑电枢反应时，由于负载增大时磁通 Φ 有所减小，使转矩减小，转矩特性偏离直线，如图 3-15 中虚线所示。一般情况下，他（并）励电动机转矩特性仍接近直线。

3. 效率特性

当 $U=U_N, I_f=I_{fN}$ 时，$\eta=f(P_2)$ 关系叫做电机的效率特性。

由于电机在运行中有各种损耗，所以它的输出功率一定比输入功率小。按规定，输出功率与输入功率的百分比，叫做电机的效率 η。

$$\eta=\frac{P_2}{P_1}\times 100\% \tag{3-25}$$

测定电动机效率时，通常采用间接的方法。先测出电动机的损耗，输出功率 P_2 是从输入功率减去总损耗 Σp 而得到的。所以电动机的效率也可写成

$$\eta=\left(\frac{P_1-\Sigma p}{P_1}\right)\times 100\%=\left(1-\frac{\Sigma p}{P_1}\right)\times 100\% \tag{3-26}$$

说明效率特性曲线形状现以他励电动机为例。

$$\eta=\left(1-\frac{I_a^2R_a+p_0}{UI_a}\right)\times 100\% \tag{3-27}$$

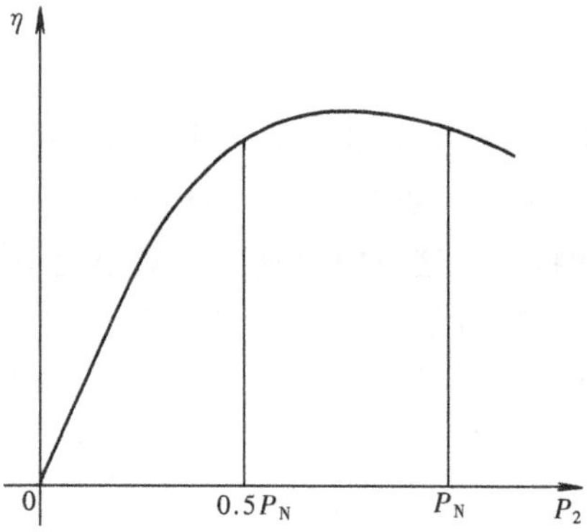

图 3-16 直流电动机效率曲线

电动机在空载或轻载（即 $P_2\approx 0$）时，输入功率很小，即 I_a 很小。负载损耗 $I_a^2R_a$ 与 p_0 比较可略去不计。总损耗中主要是不变的空载损耗。由式（3-27）可知，η 随 P_2 和 I_a 的增加而增加；随着负载的继续增加，I_a 增加，$I_a^2R_a$ 增加很快，因此 $\frac{I_a^2R_a+P_0}{UI_a}$ 中，分子的增长速度超过分母的增长，效率便经过最大值而下降。效率特性曲线形状如图 3-16 所示。各种类型电机的效率特性曲线的形状大致是相同的。一般来说，负载从空载到 $\frac{1}{4}$ 额定负载增加时，效率低但上升很快；从 $\frac{1}{2}$ 额定负载到满载时，效率几乎不变，且数值接近最大值；超过额定负载以后，效率反而下降。

为了求出效率曲线中发生最大效率的条件，可将式（3-27）对 I_a 求导，并令 $\frac{d\eta}{dI_a}=0$，则可得

$$I_a^2R_a=P_0 \tag{3-28}$$

上式说明，当电机不变损耗等于可变损耗时，电机的效率最高。

【例 3-2】 一台并励直流电动机，$P_N=7.5kW$，$U_N=110V$，$I_N=82.2A$，$n_N=1500r/min$。电枢电路电阻 $R_a=0.1014\Omega$，励磁电路电阻 $R_f=46.7\Omega$，忽略电枢反应的影响，试求：（1）额定输出转矩；（2）额定电磁转矩；（3）理想空载转速；（4）空载电流和实际空载转速。

解 （1）额定输出转矩，即额定负载转矩为

$$T_{LN}=9.55\frac{P_N}{n_N}=9.55\times\frac{7.5\times 10^3}{1500}=47.75(N\cdot m)$$

（2）额定电磁转矩

励磁电流

$$I_f=\frac{U_N}{R_f}=\frac{110}{46.7}=2.4(A)$$

额定电枢电流

$$I_{aN}=I_N-I_f=82.2-2.4=79.8(A)$$

电枢电动势

$$E_a = U_N - I_{aN}R_a = 110 - 79.8 \times 0.1014 = 101.9\ (V)$$

电磁功率

$$P_M = E_a I_a = 101.9 \times 79.8 = 8132 = 8.132\ (kW)$$

额定电磁转矩

$$T_{MN} = 9.55\frac{P_{MN}}{n_N} = 9.55\frac{8132}{1500} = 51.77\ (N \cdot m)$$

（3）理想空载转速

感应电动势系数

$$C_e\Phi = \frac{E_a}{n_N} = \frac{101.9}{1500} = 0.068$$

理想空载转速

$$n_0 = \frac{U_N}{C_e\Phi} = \frac{110}{0.068} = 1618r/min$$

（4）空载电流和实际空载转速

空载转矩

$$T_0 = T_M - T_N = 51.77 - 47.75 = 4.02\ (N \cdot m)$$

电磁转矩系数

$$C_M\Phi = 9.55C_e\Phi = 9.55 \times 0.068 = 0.649$$

空载电流

$$I_{a0} = \frac{T_0}{C_M\Phi} = \frac{4.02}{0.649} = 6.19\ (A)$$

实际空载转速

$$n_0' = n_0 - \frac{I_{a0}R_a}{C_e\Phi} = 1618 - \frac{6.19 \times 0.1014}{0.068} = 1618 - 9 = 1609\ (r/min)$$

二、串励电动机工作特性

串励电动机的接线图如图 3-17 所示。和并励电动机不同的是，串励绕组和电枢绕组串联，因此它的线路电流、电枢电流和励磁电流都是相等的，即

$$I = I_a = I_f \tag{3-29}$$

由于励磁电流比较大，所以串励电动机励磁绕组匝数比并励电动机励磁绕组的少，导线比较粗。

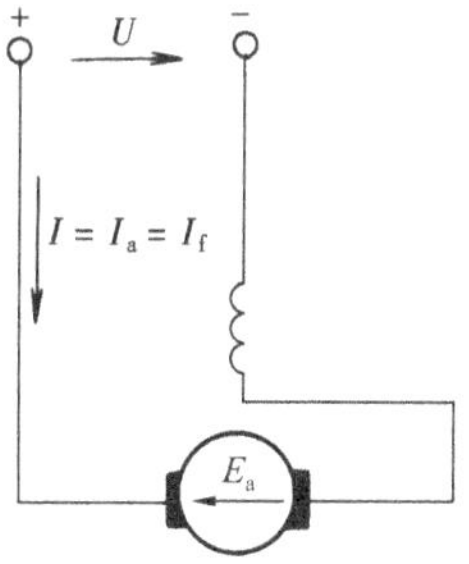

图 3-17 串励电动机接线

1. 转速特性

串励电动机的转速表达式为

$$n = \frac{U - I_aR_a}{C_e\Phi}$$

式中，R_a 是电动机内电阻，它包括电枢及其串联绕组（串励绕组在内）的电阻和电刷接触电阻。

串励电动机与并励电动机本质上的区别，在于励磁绕组接法不同，因而磁通与电枢电流关系不同。并励电动机的磁通决定于外加电压，不考虑电枢反应，它与电枢电流变化是无关的，可以看作常数；串励电动机的磁通是随电枢电流变化的，因为电枢电流也就是它的励磁

电流，因此它们的关系也就是电机的磁化曲线。

串励电动机的固有转速特性是指在 $U=U_N$，电枢电路不串联外加电阻条件下，$n=f(I_a)$关系曲线。

串励电动机固有转速特性方程是

$$n=\frac{U_N-I_aR_a}{C_e\Phi}=\frac{U_N}{C_e\Phi}-\frac{I_aR_a}{C_e\Phi} \tag{3-30}$$

当负载增加时，电磁转矩和电枢电流 I_a 增大，磁通 Φ 也同时增加。从公式（3-30）可以看到，转速公式中分子减小的同时，分母 $C_e\Phi$ 在增大，所以串励电动机的转速随负载增加而下降的幅度比并励电动机要大。也就是说，转速特性比并励电动机要软些。

当负载较小，即电枢电流较小时，电机的磁路未饱和，磁通与电枢电流（即励磁电流）成正比，因而 $\Phi=kI_a$，将此关系代入式（3-30），可得

$$n=\frac{U_N}{C_ekI_a}-\frac{R_a}{C_ek} \tag{3-31}$$

上式表明串励电动机的转速特性为一双曲线。

当负载增大时，电枢电流随之增大，铁心趋于饱和，磁通 Φ 已接近不变。这时和并励电动机一样，转速特性曲线趋近于一下垂直线。因此，串励电动机转速特性曲线是一条软特性曲线，如图 3-18 所示。随着负载的增大，由双曲线的形状逐渐趋向近似的下垂直线。

串励电动机的理想空载转速 $n_0=\frac{U_N}{C_e\Phi}$。当 $I_a=0$ 时，因电机剩磁磁通很小，要产生与电源电压平衡的反电势，所需电动机的转速很高，一般可达到$(5\sim6)n_N$。这样的高速将造成电机及传动机构的损坏，所以串励电动机不允许空载起动和空载运行。通常，负载转矩不得小于四分之一额定转矩。为了安全起见，串励电动机和生产机械之间不用皮带传动，以防止皮带断裂或打滑使电动机空载。

2. 转矩特性

串励电动机的转矩特性 $T_M=f(I_a)$曲线，也要分成两个区间讨论。

当电枢电流较小时，磁路未饱和，电磁转矩为

$$T_M=C_M\phi I_a=C_mkI_a^2 \tag{3-32}$$

当电枢电流较大，磁路饱和，磁通 $\Phi\approx$常数

$$T_M=C_M\phi I_a=C'I_a \tag{3-33}$$

所以，串励电动机的转矩特性如图 3-19 所示，在轻负载时是一条抛物线，当负载增大时趋近于直线。

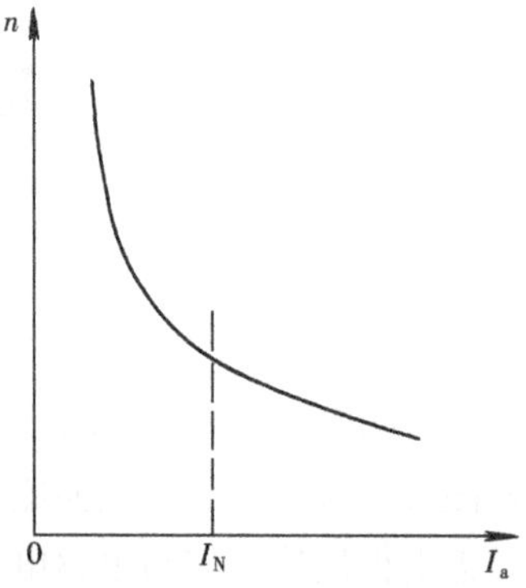

图 3-18　串励电动机转速特性曲线

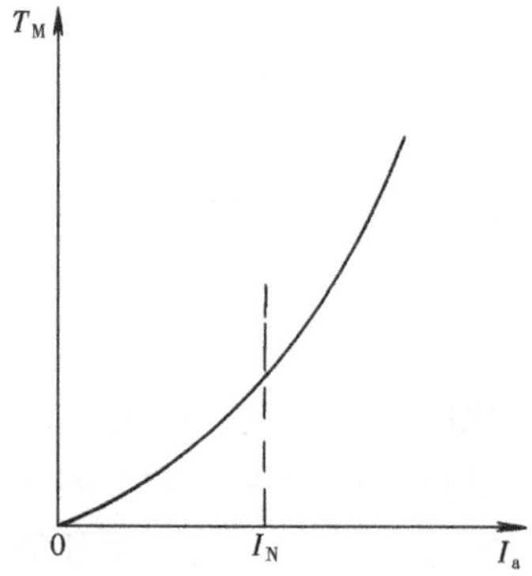

图 3-19　串励电动机转矩特性

三、复励电动机工作特性

复励电动机的接线如图 3-20 所示，主磁极有两个励磁绕组：一个是并励绕组，另一个是串励绕组，它和电枢绕组串联。两个绕组的磁势方向相同的叫积复励；方向相反的叫差复励。复励电动机一般都接成积复励。

积复励电动机的主磁势等于并励绕组及串励绕组磁势之和。如设电机铁心尚未饱和，电机的主磁通是由两个励磁绕组磁势分别产生磁通的迭加，即

$$\Phi = \Phi_{bL} + \Phi_{cL}$$

式中 Φ_{bL}——并励绕组所产生的磁通，可以认为它是一常数；

Φ_{cL}——串励绕组所产生的磁通，它随负载而变。

积复励电动机的转速为

$$n = \frac{U - I_a R_a}{C_e(\Phi_{bL} + \Phi_{cL})} \tag{3-34}$$

复励电动机的空载转速，由于 Φ_{bL} 的存在，n_0 不是非常大的，不像串励电动机在空载运行时会发生“飞车”危险。在理想空载情况下，$I_a=0$，$\Phi_{cL}=0$。复励电动机理想空载转速为

$$n_0 = \frac{U}{C_e \Phi_{bL}} \tag{3-35}$$

它比同样额定转速的并励电动机的空载转速高。

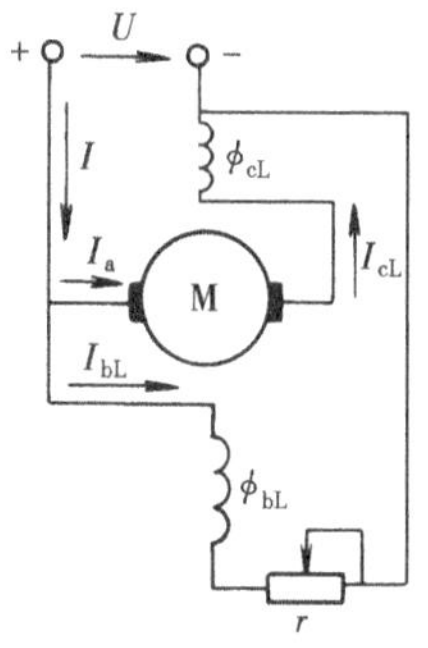

图 3-20 复励电动机

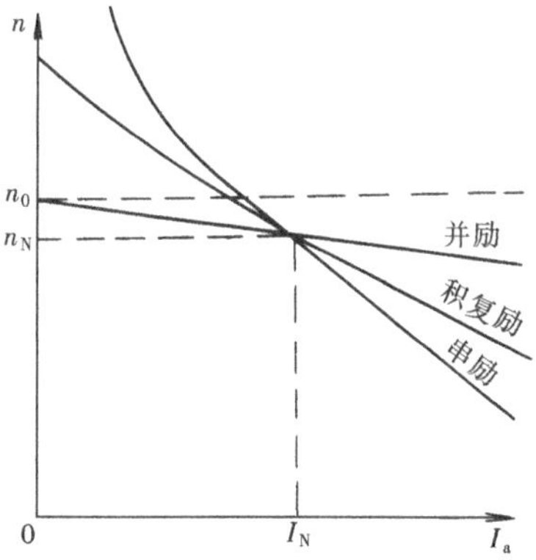

图 3-21 复励电动机转速特性

当负载增加时，由于串励绕组磁通增大，积复励电动机的转速比并励电动机有显著下降，它的转速特性不像并励电动机那么硬；又因为不是全部磁通随负载而增加，它的特性又不像串励电动机特性那么软。所以积复励电动机的特性介于并励和串励电动机特性之间。如图 3-21 所示。

如果串励绕组磁动势和并励绕组磁动势方向相反，即电动机接成差复励，这样当负载增加时，串励绕组磁势对并励绕组磁势起去磁作用，使主磁通减小。因而转速随负载增大而升高。这种上翘特性将使电动机不能稳定运行。

如果并励电动机电枢反应过强，就可能得到差复励的上翘特性。为使并励电动机可靠地得到直线性的下垂特性，在国产 Z 和 Z_2 系列并励电动机中常接入少量串励绕组（称为稳定绕组），其磁动势方向与并励绕组磁动势方向相同，以补偿电枢反应去磁作用。

四、各种直流电动机的比较及其应用

在正常运行中，并励和他励电动机的磁通基本上是恒定的，因此它的固有转速特性是一条稍为下垂的直线，特性比较硬，运行的稳定性好。当生产机械要求电机稳定性高、调速范围广、平滑性好的特性时，可用他（并）励电动机。例如拖动某些精密车床、刨床、铣床和磨床等。

串励电动机的特点是磁通随负载改变而变化。因此具有软的转速特性。在同样的电枢电流下，串励电动机的转矩较并励电动机大，所以串励电动机有较好的起动能力和过载能力。

串励电动机的软特性适合于电力牵引机车。当电力机车上坡时，所需负载转矩较大，这时电动机转速自动下降，因此输出功率 $P_2=T_L\Omega$ 增加不多，输入电流也就增加不多，不致使电机过电流或引起电网电压的波动。也就是说，它的过载能力较大。所以串励电动机的这种恒功率特性适合于带负载频繁起动及有冲击性负载的生产机械上。

复励电动机特性介于并励电动机与串励电动机之间，具备两种电动机的优点。当负载增加时，由于串励绕组作用，转速较并励电动机下降多些；当负载减轻时，由于并励绕组作用，不至于达到危险的高速；同时，它有较大的起动转矩，起动时加速较快。所以，复励电动机获得广泛的应用，例如起重装置、电力牵引机车、轧钢机及冶金辅助机械等。

小　　结

直流电机作为发电机运行时 $E_a>U$，I_a 与 E_a 同方向，T_M 与 n 反方向；而作为电动机运行时 $E_a<U$，I_a 与 E_a 反方向，T_M 与 n 同方向。学习本章内容主要掌握发电机和电动机的运行原理及特性。

（1）直流电机的基本方程式包括电动势平衡方程式、功率平衡方程式和转矩平衡方程式。

（2）直流发电机的运行特性主要包括空载特性和外特性。其中，外特性表征发电机的端电压随负载电流变化的情况。不同的励磁方式，直流发电机的外特性曲线形状不同。

（3）由并励发电机自励建压的过程可得出自励的三个条件是：①电机中必须有剩磁；②励磁绕组的接线正确，使励磁磁通和剩磁同方向；③励磁回路总电阻小于建压临界电阻值。

（4）直流电动机的工作特性主要包括转速特性、转矩特性和效率特性。其中，并励电动机在负载增大时转速基本不变，而串励电动机在负载增大时转速急剧下降。复励电动机的转速特性曲线介于二者之间。在使用中，并励电动机励磁回路不允许断路，串励电动机不允许空载起动和轻载运行。

习　　题

1. 分析直流发电机与电动机的功率平衡关系、电压平衡方程，转矩平衡方程与功率平衡方程有什么联系？

2. 试画出并励发电机和并励电动机的功率流程图。

3. 直流电机中有哪些损耗？各项损耗与什么有关？哪些属于可变损耗？哪些属于不变损耗？

4. 发电机空载特性曲线为什么和电机的磁化曲线形状是相同的？怎样用实验方法求取并励发电机的空载特性曲线？

5. 解释他励和并励发电机的外特性曲线形状为什么是下垂的？两种电机外特性有什么不同？

6. 在试验时，如果发现并励发电机不能建立起电压，应如何找原因？怎样处理？

7. 并励发电机正转时能够自励，反转后能否自励？如果不能自励，如何处理？

8. 把一台他励发电机转速提高20%，如果励磁电流不变，这时空载电压会升高多少？若是并励发电机，保持励磁电路电阻不变，升高同样的转速，它的电压比他励发电机电压升高得多还是少呢？

9. 一台直流发电机，在相同的转速和额定励磁电流下，分别把它作他励、并励、复励发电机运行时，其电压变化率是否相同？为什么？

10. 从吸收机械能转换为电能的观点来看怎样理解发电机的电磁转矩的方向必然是与拖动电枢旋转的转矩的方向相反？

11. 试判定下列两种情况中哪一种情况可以使连接在电网上的直流电动机逆变为发电机：①加大励磁电流使磁通增加，并使 $E_a>U$；②在电动机轴上外加一转矩使其转速上升，并使 $E_a>U$。

12. 在进行电机工作特性实验时，常用一台他励直流电动机拖动一台他励直流发电机在额定转速下运行，当发电机的电枢电流增加时，电动机的电枢电流为什么相应增加？试分析其原因。

13. 设正常运行时，并励电动机的电阻压降 I_aR_a 为外施电压的5%，现将励磁回路断路，试就下列两种情况判断电机将减速或加速：①剩磁为每极磁通的10%；②剩磁为每极磁通的1%。

14. 电动机带负载时发生转速下降的原因是什么？由恒压电源供电的他励电动机和由并励发电机供电的他励电动机，在负载运行时产生转速下降的原因是否相同？

15. 如果电动机没有电枢反电势是否可以实现电能转换为机械能？如果电枢被堵转不动，这时电枢中的反电势等于多少？是否作机械功？电源向电机输入的电能消耗在何处？

16. 为什么依靠电动机本身不能运行于理想空载转速下？在什么条件下，电动机才能运行在理想空载转速下？

17. 试分析交轴电枢反应的附加去磁作用对他（并）励电动机的转速特性和转矩特性的影响。

18. 串励电动机和并励电动机比较，转速和转矩特性有何不同？串励电动机为什么不能空载运行？

19. 如果要改变并励、串励和复励电动机的旋转方向，应该怎么办？改变复励电动机的转向时要注意什么问题？

20. 一台串励电动机和一台并励电动机，都在额定负载下工作，它们的额定容量、额定电压、额定转速和额定电流相同。如果它们的负载转矩同样增加50%，试问哪一台电动机转速下降得多？哪一台电动机电流增加得多？

21. 在电网上运行的积复励发电机，如改变为电动机运行，接到电网线端极性不变，问此时电动机仍为积复励吗？转向变了没有？换向有什么问题吗？（在额定工况运行时，串励

绕组磁势为并励绕组磁势的 20%）

22. 并励发电机的端电压为 115V，电枢绕组及换向极绕组电阻之和 $r_a=0.05\Omega$，电刷的接触压降为 $2\Delta U=2V$，励磁电路电阻 $R_f=25\Omega$，外电路负载电阻 $R_L=1.44\Omega$，试求电枢电流及发电机电动势。

[答案] $I_a=84.46A$；$E_a=121V$。

23. 已知一台他励直流电机并联于 $U=220V$ 的电网运行，并知它的电枢绕组为单波，极对数 $p=2$，$N=372$，$n=1500r/min$，$\Phi=0.011Wb$，电枢内电阻 $R_a=0.208\Omega$，$p_{Fe}=362W$，$p_{\Omega}=204W$，忽略附加损耗。试问：(1) 此电机运行在发电状态还是电动状态？(2) 求电磁转矩、输入功率和效率。

[答案] (1) $E_a=204.6V<U$，电动状态；(2) $T_M=96.4N\cdot m$，$P_1=16.28kW$，$P_2=14.6kW$，$\eta=89.7\%$。

24. 一台并励电动机数据如下：$U_N=220V$，$I_N=75A$，$n_N=1000r/min$，电枢绕组及换向极绕组电阻 $r_s=0.207\Omega$，电刷接触压降 $2\Delta U=2V$，励磁绕组电阻 $r_f=41\Omega$，铁心损耗 $p_{Fe}=200W$，机械损耗 $p_{\Omega}=198W$，附加损耗 132W。求：(1) 负载转矩；(2) 电动机效率。

[答案] (1) $P_2=13.64kW$，$T_L=130N\cdot m$；(2) $\eta=82.7\%$。

25. 一台并励电动机在某负载转矩时，转速为 1000r/min，电枢电流为 40A，电枢电路内阻 $R_a=0.045\Omega$，电网电压为 110V。当负载转矩增大到原来 4 倍时，电枢电流及转速各为多少？(忽略 T_0 和电枢反应)

[答案] $I_a=160A$；$n=950r/min$。

26. 一台并励电动机的额定数据如下：$P_N=17kW$，$U_N=220V$，$n_N=3000r/min$，$I_N=88.9A$，电枢回路内电阻 $R_a=0.114\Omega$，励磁回路总电阻 $R_f=181.5\Omega$，忽略电枢反应影响，求：(1) 电动机的额定输出转矩；(2) 在额定负载时的电磁转矩；(3) 理想空载转速；(4) 电动机在额定负载时的效率。(5) 电动机的空载电流和实际的空载转速。

[答案] (1) $T_N=54.1N\cdot m$；(2) $T_M=58.63N\cdot m$；(3) $n_0=3143r/min$；(4) $\eta_N=86.9\%$；(5) $I_{a0}=6.8A$；$n'_0=3132r/min$。

27. 某六极并励电动机，转速为 1000r/min，每极磁通为 $8\times10^{-3}Wb$，电枢绕组总导线数为 520 根，电枢绕组作单波连接，电枢内电阻为 0.2Ω，电枢串联外电阻调速，已知电网电压为 220V，电枢电流为 20A，励磁电流为 0.5A，此时空载功率为输入功率 2%，试求：(1) 电枢电动势；(2) 电磁功率；(3) 电磁转矩；(4) 电枢串联外电阻；(5) 空载转矩和负载转矩；(6) 电动机效率。

[答案] $E_a=208V$；(2) $P_N=4160W$；(3) $T_M=39.73N\cdot m$；(4) $R_{st}=0.4\Omega$；(5) $T_L=38.87N\cdot m$，$T_0=0.86N\cdot m$；(6) $\eta=90.24\%$。

第四章　直流电机电力拖动基础

电力拖动系统是指由电动机作为原动机拖动生产机械，用以完成一定生产任务的系统。电动机是电力拖动系统的主要元件。电动机、生产机械以及两者之间的机械传动机构，构成一个不可分割的机电运动整体。

本章以讨论拖动系统的运动方程为中心，进而阐明转矩与飞轮转矩的折算、电动机及生产机械的机械特性和系统的静态稳定问题。

第一节　拖动系统的运动方程

在图4-1所示的直线运动系统中，当外推力 F 大于物体运动过程中所受的阻力 F_z 时，由力学定律可知，物体作加速运动。这个合外力为

$$F - F_z = ma = m\frac{dv}{dt} \tag{4-1}$$

式中　F——驱动力，N；

F_z——阻力，N；

ma——使物体加速的惯性力，又称动态力，$ma = m\frac{dv}{dt}$，其中 m 为物体质量，千克(kg)，$a = \frac{dv}{dt}$ 为直线加速度，米/秒^2 (m/s^2)。

与直线运动相似，在图4-2所示的单轴拖动旋转系统中，运动方程式为

$$T_M - T_z = J\frac{d\Omega}{dt} = Ja \tag{4-2}$$

式中　T_M——电动机驱动转矩即电磁转矩，N·m；

T_z——系统的静态转矩，静态转矩为负载阻转矩 T_L 与电动机的空载转矩 T_0 之和，N·m；

T_j——系统的惯性转矩，$T_j = J\frac{d\Omega}{dt}$，其中 J 为系统的转动惯量，千克·米^2(kg·m^2)，$a = \frac{d\Omega}{dt}$ 为系统的角加速度，rad/s^2；Ω 为角速度，rad/s，N·m。

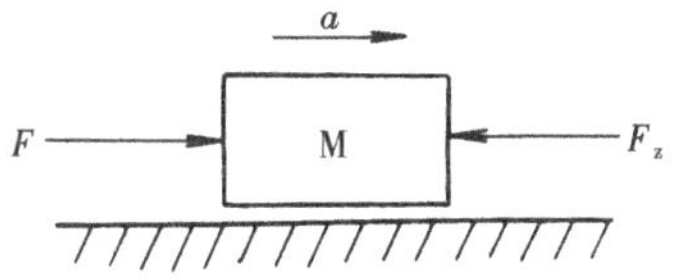

图4-1　直线运动系统

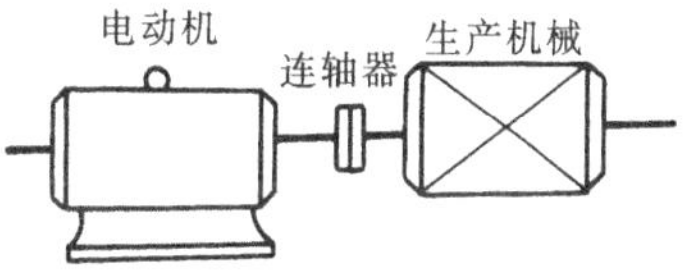

图4-2　单轴电力拖动系统

式(4-2)为单轴拖动系统以转矩表示的运动方程式，和式(4-1)一样，实质上是旋转运动系统的牛顿第二定律。

由工程力学中已知

$$J = m\rho^2 = \frac{G}{g}\left(\frac{D}{2}\right)^2 = \frac{GD^2}{4g} \tag{4-3}$$

式中　g——重力加速度，$g=9.81\text{m/s}^2$；

G——系统旋转部分的重量，N；

ρ——系统旋转部分的惯性半径，m；

D——系统旋转部分的惯性直径，m。

系统旋转角速度 Ω，与每分钟转数 n 的关系为

$$\Omega = \frac{2\pi n}{60}$$

将 J 及 Ω 之表达式代入公式（4-2），经整理得

$$T_M - T_z = \frac{GD^2}{375}\frac{\mathrm{d}n}{\mathrm{d}t} \tag{4-4}$$

式（4-4）是工程上实用的运动方程式。

需要指出的是，GD^2 是表示整个系统惯性的整体物理量，切不可把文字符号割裂开理解为系统的重量 G 与几何直径 D^2 的乘积。通常将 GD^2 称为飞轮惯量或飞轮转矩，单位为牛·米^2（$\text{N}\cdot\text{m}^2$）。电动机转子及其它机械传动部件的飞轮转矩 GD^2 的数值可以从相应的产品目录或有关手册查得。其单位目前还有用 $\text{kg}\cdot\text{m}^2$ 的。为转化为国际单位制，可将查得的数据乘以 9.81，即可换算成 $\text{N}\cdot\text{m}^2$ 的单位。

在一般情况下，由于电动机的空载转矩只是额定负载转矩的百分之几，在一般工程计算中可略去 T_0，则 $T_Z=T_L$。式（4-4）也可表示为

$$T_M - T_L = \frac{GD^2}{375}\frac{\mathrm{d}n}{\mathrm{d}t} \tag{4-5}$$

电力拖动系统的运行可分为三种状态：

(1) $T_M > T_z, \frac{\mathrm{d}n}{\mathrm{d}t} > 0$，系统作加速运动，电动机将从电网吸收电能变为旋转系统的动能，使系统的动能增加；

(2) $T_M < T_z, \frac{\mathrm{d}n}{\mathrm{d}t} < 0$，系统作减速运动，系统将释放动能，使系统的动能减少；

(3) $T_M = T_z, \frac{\mathrm{d}n}{\mathrm{d}t} = 0$，$n$=常数（包括 $n=0$），系统稳定运转（包括静止），系统的动能保持一定（包括动能为零），即不放出动能，也不吸收动能。

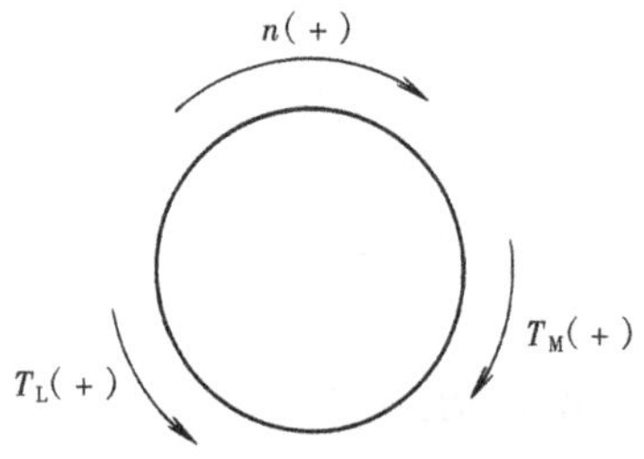

图 4-3　T_M 与 T_L 的正方向

由于电动机运转状态不同，以及生产机械类型不同，电动机的电磁转矩不都是驱动转矩，有时会转化为制动转矩（制动运行时）；同样，负载转矩也并不都是制动转矩，有时会转化为驱动转矩。也就是说它们不仅大小可能有变化，作用方向也会变化。所以公式（4-5）中 T_M 与 T_L 是包含着正负符号的。

T_M 与 T_L 的正方向一般可按如下规定选取：预先规定某一旋转方向（如图 4-3 所示顺时针方向）为正方向，则转矩

T_M 的正方向与旋转正方向相同，负载转矩 T_L 的正方向与旋转正方向相反。T_M 与 T_L 的实际方向与规定正方向相同时，以正值代入方程；反之，应以负值代入。

动态转矩$\frac{GD^2}{375}\cdot\frac{dn}{dt}$的大小及正负符号由转矩 T_M 及 T_L 的代数和来决定。

第二节　工作机构转矩和飞轮转矩的折算

在工业企业中，许多生产机械为满足其工艺过程的要求，需要较低的转速，而电动机大多具有较高的转速，可以证明，电动机的转矩与其内部结构有如下的关系

$$T_M = 9.55\frac{P_M}{n_N} = \frac{pN}{2\pi a}\phi I_a = \frac{1}{\pi}p\phi Ni_a \tag{4-6}$$

式（4-6）表明相同容量的电动机，转速越高，转矩越小，则电机的全磁通和电枢安培导线值越小，从而可减小金属材料的消耗量，更合理地使用材料。当电动机与生产机械的转速不能保持一致时，需要在两者之间装设减速机构，如减速齿轮箱或皮带等传动装置，从而构成了多轴电力拖动系统。

如图 4-4 所示系统由 4 根轴所构成，在不同的轴上各有其本身的转速、转矩和转动惯量。这种系统显然比单轴系统复杂。通常只需把电动机轴作为研究对象。为此，工程上需引用折算的概念，即把多轴系统转换成一个等效的单轴系统。所谓等效，是指折算原则是要保持折算前后两个系统传送的功率及储存的动能相同。

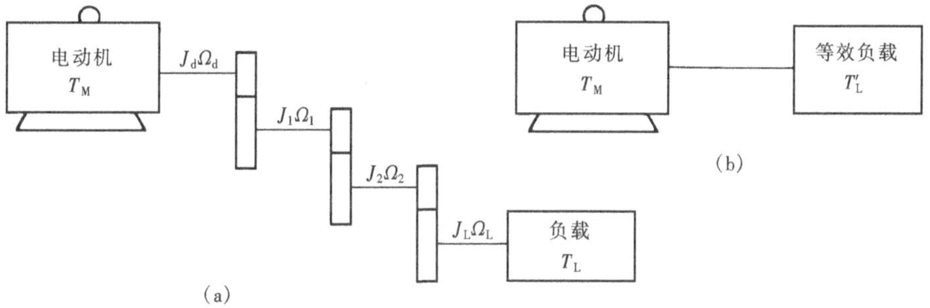

图 4-4　多轴电力拖动系统示意图

(a) 一多轴传动系统；(b) 等效的单轴系统

一、负载转矩的折算

在图 4-4 所示系统中，设作用在生产机械轴上的实际负载转矩为 T_L，若要用电动机轴上的等值负载转矩 T'_L来代替它，则需进行折算。

（1）电动机工作在电动状态。此时由电动机带动工作机构，功率由电动机向生产机械传送，电动机输出的机械功率为 $T'_L\Omega_d$；生产机械接收的功率为 $T_L\Omega_L$。考虑传动机械的损耗，电动机输出的功率应比生产机构的功率大，按传送功率不变的原则，应有如下的关系。

$$\eta_c = \frac{T_L\Omega_L}{T'_L\Omega_d}$$

由此得

$$T'_L = \frac{T_L\Omega_L}{\eta_c\Omega_d} = T_L\frac{1}{\eta_c(\Omega_d/\Omega_L)} = T_L\frac{1}{\eta_c j} \tag{4-7}$$

式中 $j=\frac{\Omega_d}{\Omega_L}=\frac{n_d}{n_L}$——电动机轴与生产机械轴间的转速比；

Ω_d——电动机轴的旋转角速度；

Ω_L——生产机械轴的旋转角速度；

η_c——整个系统的传送效率，且 $\eta_c=\eta_1\cdot\eta_2\cdot\eta_3\cdots\eta_n$（$\eta_1\cdot\eta_2\cdots$为各个传动部件的传动效率）。

（2）电动机工作在制动状态。此时由生产机械带动电动机转动，功率传送方向与电动状态时相反，即由生产机械向电动机传送功率。传送损耗功率也由生产机械承担。传送到电动机轴上的功率较生产机械轴上功率小。因此

$$T'_L\Omega_d=\eta_c T_L\Omega_L$$

$$T'_L=T_L\eta_c\frac{\Omega_L}{\Omega_d}=T_L\cdot\eta_c\frac{1}{j} \tag{4-8}$$

二、转动惯量与飞轮转矩的折算

转动惯量折算的原则，是折算前后系统的动能不变。设折算到电机轴上等值的转动惯量为 J；电动机到生产机构各转轴的角速度分别为 Ω_d、Ω_1、$\Omega_2\cdots\Omega_L$（见图 4-4），各转轴的旋转部件转动惯量分别为 J_d、J_1、$J_2\cdots J_L$。根据折算原则可得到

$$\frac{1}{2}J\Omega_d^2=\frac{1}{2}J_d\Omega_d^2+\frac{1}{2}J_1\Omega_1^2+\frac{1}{2}J_2\Omega_2^2+\cdots+\frac{1}{2}J_L\Omega_L^2$$

两边除以$\frac{1}{2}\Omega_d^2$，则有

$$\begin{aligned}J&=J_d+J_1\left(\frac{\Omega_1}{\Omega_d}\right)^2+J_2\left(\frac{\Omega_2}{\Omega_d}\right)^2+\cdots+J_L\left(\frac{\Omega_L}{\Omega_d}\right)^2\\&=J_d+J_1\frac{1}{j_1^2}+J_2\frac{1}{j_2^2}+\cdots+J_L\frac{1}{j_L^2}\end{aligned} \tag{4-9}$$

式中 $j_1=\frac{\Omega_d}{\Omega_1},j_2=\frac{\Omega_d}{\Omega_2}\cdots,j_L=\frac{\Omega_d}{\Omega_L}$。

把式（4-9）化为用飞轮转矩 GD^2 及每分钟转速 n 的形式。考虑到 $J=\frac{GD^2}{4g},\Omega=2\pi\frac{n}{60}$，可得折算到电动机轴上的系统总飞轮转矩为

$$\begin{aligned}GD^2&=GD_d^2+\frac{GD_1^2}{\left(\frac{n_d}{n_1}\right)^2}+\frac{GD_2^2}{\left(\frac{n_d}{n_2}\right)^2}+\cdots+\frac{GD_L^2}{\left(\frac{n_d}{n_L}\right)^2}\\&=GD_d^2+\frac{GD_1^2}{J_1^2}+\frac{GD_2^2}{J_2^2}+\cdots+\frac{GD_L^2}{J_L^2}\end{aligned} \tag{4-10}$$

三、工作机构直线力的折算

某些生产机械具有直线运动的工作机构。如图 4-5 所示起重机的提升机构，其钢绳以力 F_L 吊质量为 m_L 的重量 G_L，以速度 v_L 等速上升或下降。折算到电动机轴上的等值转矩 T_L 的计算，也分为两种情况。

1. 电动机工作在电动状态

$$T'_L\Omega_d=\frac{F_L v_L}{\eta_c} \tag{4-11}$$

以 $\Omega_d = \frac{2\pi n_d}{60}$ 代入式（4-11），整理得

$$T'_L = 9.55\frac{F_L v_L}{n_d \eta_c} \tag{4-12}$$

2. 电动机工作在制动状态

$$T'_L = 9.55\frac{F_L v_L}{n_d}\eta'_c \tag{4-13}$$

式中　η'_c——下放重物时的传动效率；

　　η_c——提升重物时的传动效率。

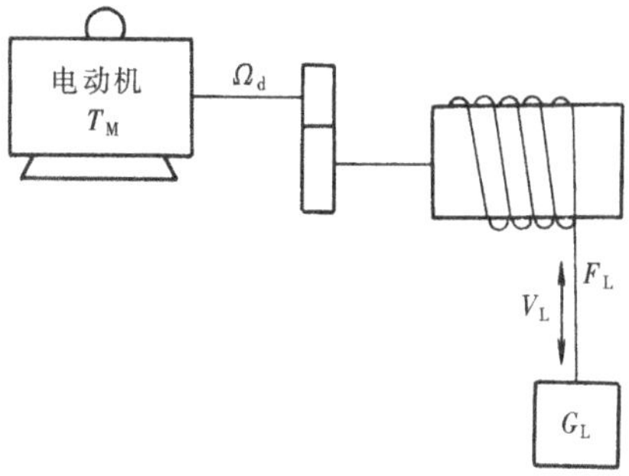

图 4-5　起重机工作机构示意图

四、直线运动工作机构质量的折算

以图 4-5 为例，由于重物的直线运动由电动机带动，是整个系统的一部分，因此必须把直线速度 v_L 运动的质量 m_L 折算到电动机轴上，用电动机轴上的一个转动惯量为 J'_L 的转动体与之等效。折算原则是转动惯量 J'_L 中与质量 m_L 中储存的动能相等，即

$$\frac{1}{2}J'_L\Omega_d^2 = \frac{1}{2}m_L v_L^2$$

把 $J'_L = \frac{(GD_L^2)'}{4g}$；$\Omega_d = \frac{2\pi n_d}{60}$ 及 $m_L = \frac{G_L}{g}$ 代入上式并化简，得

$$(GD_L^2)' = 365\frac{G_L v_L^2}{n_d^2} \tag{4-14}$$

整个系统的飞轮转矩为

$$GD^2 = GD_d^2 + GD_1^2/j_1^2 + GD_2^2/j_2^2 + \cdots + 365\frac{G_L v_L^2}{n_d^2} \tag{4-15}$$

一般情况下，传动机构的飞轮转矩 GD_1^2、GD_2^2…等，在折算后占整个系统的比重不大。所以实际工作中为了计算方便起见，多用适当加大电动机轴上的飞轮转矩的方法，来考虑传动机构的飞轮转矩，于是有近似公式

$$GD^2 = \delta GD_d^2 + GD_L^2 \times \frac{1}{j_L^2} \tag{4-16}$$

或

$$GD^2 = \delta GD_d^2 + 365\frac{G_L v_L^2}{n_d^2} \tag{4-17}$$

其中，一般 $\delta = 1.1 \sim 1.25$。

经过上面的折算，实际的多轴拖动系统的运动就可以用公式（4-5）式单轴系统运动方程式来表达。但方程式中 T_L 应理解为折算到电动机轴的等值负载转矩；GD^2 则是折算到电动机轴上整个系统的等值飞轮转矩。

【例 4-1】　有一三轴传动系统如图 4-6 所示。已知减速齿轮箱的齿轮比 $z_2/z_1 = 3$，$z_4/z_3 = 5$，传动系统效率 $\eta_c = 0.92$，各齿轮的飞轮转矩分别为 $GD_1^2 = 3\text{kg}\cdot\text{m}^2$，$GD_2^2 = 8\text{kg}\cdot\text{m}^2$，$GD_3^2 = 5\text{kg}\cdot\text{m}^2$，$GD_4^2 = 20\text{kg}\cdot\text{m}^2$，电动机的飞轮转矩 $GD_d^2 = 30\text{kg}\cdot\text{m}^2$。负载的飞轮转矩 $GD_L^2 = 46\text{kg}\cdot\text{m}^2$。静阻负载转矩 $T_L = 471\text{N}\cdot\text{m}$。试求：（1）折算到电动机

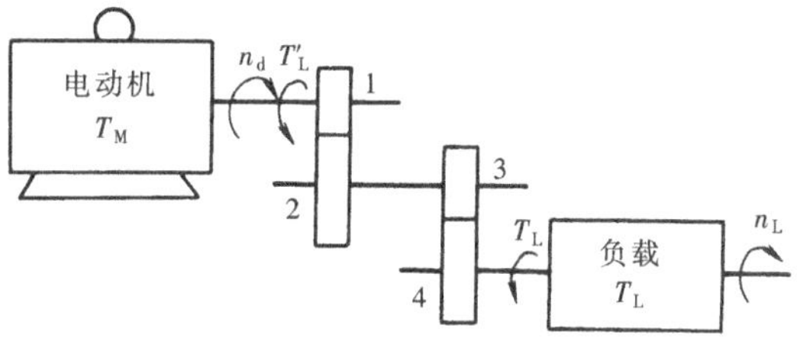

图 4-6　三轴传动系统

轴上的负载转矩；(2) 折算到电动机轴上系统的飞轮转矩。

解 (1) 电动机轴与生产机械轴的传动比

$$j=\frac{n_d}{n_L}=\frac{n_d}{n_2}\cdot\frac{n_2}{n_L}=\frac{n_1}{n_2}\cdot\frac{n_3}{n_4}$$

式中，n_2 为齿轮 2 的转速，n_3 为齿轮 3 的转速，它们都等于第 2 根轴的转速。

齿轮的转速与齿轮的齿数成反比，因此

$$j=\frac{n_1}{n_2}\cdot\frac{n_3}{n_4}=\frac{z_2}{z_1}\cdot\frac{z_4}{z_3}=3\times5=15$$

最后求得

$$T'_L=T_L\frac{1}{\eta_c j}=471\times\frac{1}{0.92\times15}=34.1(\mathrm{N\cdot m})$$

(2) 首先将各转动部件 GD^2 的单位化为 $\mathrm{N\cdot m^2}$，即原来以 $\mathrm{kg\cdot m^2}$ 为单位的 GD^2 值乘以 9.81，则得：$GD_1^2=29.43\mathrm{N\cdot m^2}$，$GD_2^2=78.48\mathrm{N\cdot m^2}$，$GD_3^2=49.05\mathrm{N\cdot m^2}$，$GD_4^2=196.2\mathrm{N\cdot m^2}$，$GD_d^2=294.3\mathrm{N\cdot m^2}$，$GD_L^2=451.3\mathrm{N\cdot m^2}$。

电动机与各传动部件的转速比：$j_1=\frac{n_d}{n_1}=1, j_2=\frac{n_d}{n_2}=\frac{n_1}{n_2}=\frac{z_2}{z_1}=3, j_3=\frac{n_d}{n_3}=\frac{n_d}{n_2}=3$，$j_4=\frac{n_d}{n_2}\cdot\frac{n_2}{n_4}=\frac{z_2}{z_1}\cdot\frac{z_4}{z_3}=3\times5=15, j_L=\frac{n_d}{n_L}=\frac{n_d}{n_4}=j_4=15$。所以

$$\begin{aligned}(GD^2)'&=GD_d^2+\frac{GD_1^2}{j_1^2}+\frac{GD_2^2}{j_2^2}+\frac{GD_3^2}{j_3^2}+\frac{GD_4^2}{j_4^2}+\frac{GD_L^2}{j_L^2}\\&=294.3+29.43+\frac{78.48}{3^2}+\frac{49.05}{3^2}+\frac{196.2}{15^2}+\frac{451.3}{15^2}\\&=341(\mathrm{N\cdot m^2})\end{aligned}$$

或用式 (4-16) 求 GD^2 的近似值，取 $\delta=1.15$，则

$$[GD^2]'=\delta GD_d^2+\frac{GD_L^2}{j_L^2}=1.15\times294.3+\frac{451.3}{15^2}=340(\mathrm{N\cdot m^2})$$

可见用近似式计算，误差并不大。

第三节 生产机械的负载特性

同一转轴上负载转矩和转速之间的函数关系，称为生产机械的负载特性。根据统计，大多数生产机械的负载特性，主要可分为下列几种类型。

一、恒转矩负载特性

这一类机械特性的特点，就是负载转矩 T_L 与转速 n 无关，即当转速变化时，负载转矩保持恒值。恒转矩负载特性又可分为反抗性负载和位能性负载两种。

1. 反抗性负载

属于这一类的生产机械如起重机的行走机构、皮带运输机和轧机等，常见的生产机械大都属于这一类。反抗性负载转矩是由摩擦阻力产生的转矩，它的特点是不管运动方向如何，始终是阻碍运动的。图 4-7 (a) 所示为桥式起重机行走机构的行走车轮，在轨道上的摩擦力总是和运动方向相反。按本章第一节的规定：当负载转矩的作用方向与旋转正方向相反时为

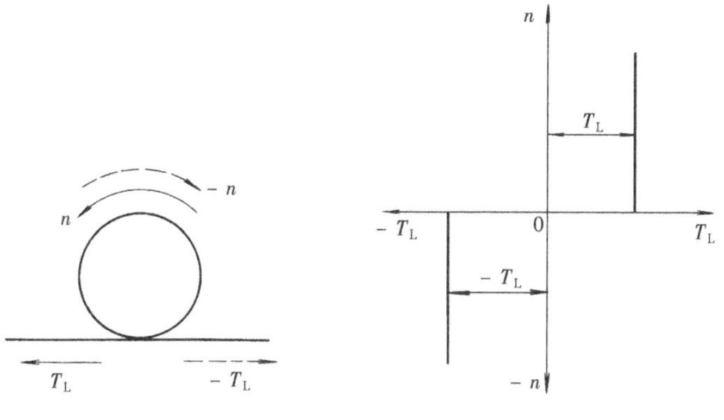

(a)　　(b)

图 4-7　反抗性负载转矩与旋转方向的关系
(a) 示意图；(b) 负载特性曲线

正。所以如将行走车轮逆时针旋转时定为旋转正方向，这时反抗性负载转矩为正。随着旋转方向改变（n 为负值），反抗性转矩也同时改变为负值。负载的机械特性曲线如图 4-7（b）所示。

2. 位能负载特性

位能负载转矩由拖动系统中某些具有位能的部件产生。常见的有起重机的提升机构，负载转矩是由重力作用产生的。如图 4-8（a）所示。无论是提升或下放重物，重力作用始终不变。在提升时，载荷的重力作用与运动方向相反，它是阻碍运动的；在下放时，载荷的重力方向与运动方向相同，变为促进运动的驱动转矩。图 4-8（b）画出了位能转矩的特性曲线。以提升方向为旋转正方向，这时 T_L 为正，当下放重物时，n 为负值，T_L 方向不变仍为正值。

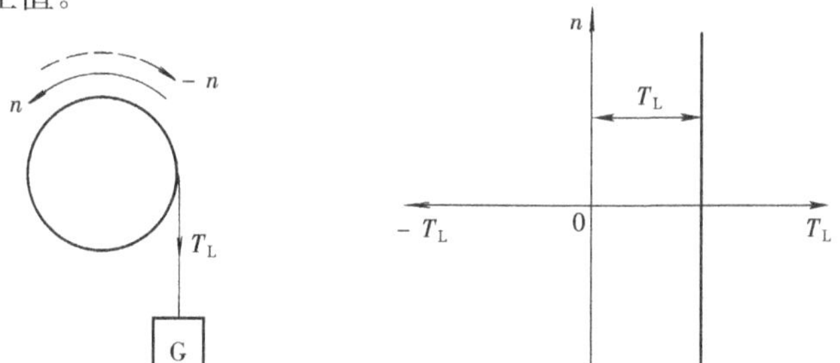

(a)　　(b)

图 4-8　位能性负载转矩与旋转方向的关系
(a) 示意图；(b) 负载特性曲线

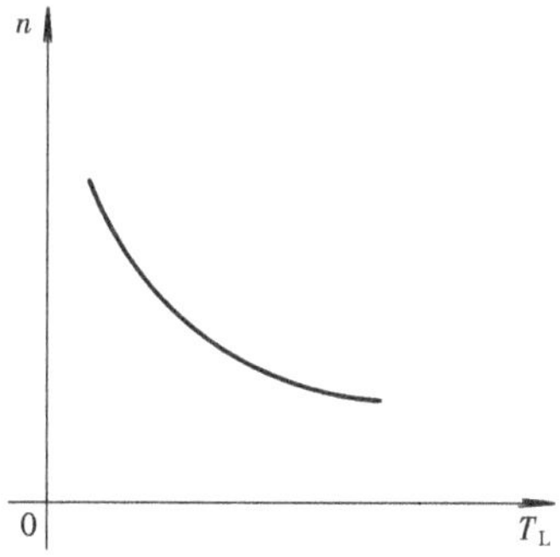

图 4-9　恒功率负载特性

二、恒功率负载特性

某些车床，在粗加工时，切削量大，切削阻力大，这时宜用低速；在精加工时，切削量小，切削阻力小，往往用高速。在不同转速下，负载转矩基本上与转速成反比，即

$$T_L = \frac{K}{n}$$

或切削功率为

$$P_L = \frac{T_L n}{9.55} = \frac{K}{9.55} = 常数$$

表明切削功率基本不变，负载转矩 T_L 与 n 的关系如图 4-9 所示，为双曲线。需要指出，恒功率只是机床加工工艺的一种合理选择，并非必须如此。另外，一旦切削量选定以后，当转速变化时，负载转矩并不改变，在这段时间内，应属于恒转矩性质。

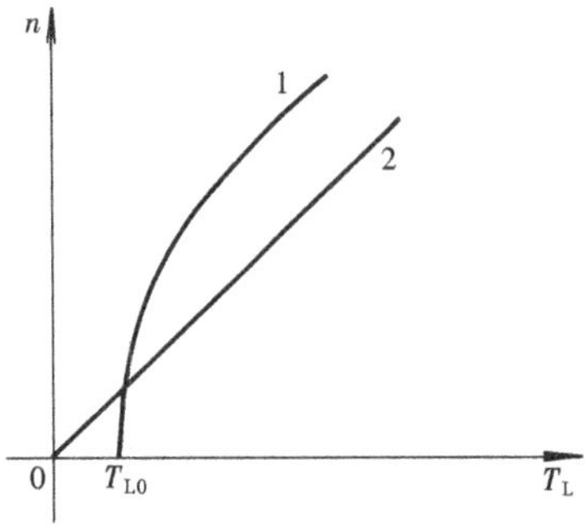

图 4-10 转矩随转速而改变的负载特性

三、转矩随转速而变的其它负载特性

属于通风机型负载的生产机械有：通风机、水泵和油泵等。其中空气、水、油等介质对机器叶片的阻力基本上和转速的平方成正比，即

$$T_L = T_{L0} + Kn_1^2$$

式中 T_{L0}——轴承的摩擦转矩。

通风机的负载特性曲线如图 4-10 曲线 1 所示。

另外，实验室用作模拟负载的他励直流发电机的转矩，当励磁电流和电枢电阻恒定不变时，电磁转矩（电动机的负载转矩）与转速成正比，如图 4-10 曲线 2 所示。

第四节 他励直流电动机的机械特性

电动机的机械特性是指电动机的转速 n 与转矩 T_M 的关系 $n = f(T_M)$。机械特性是描述电动机运行性能的主要特性。

在直流拖动系统中，他励电动机应用得比较广泛，因此以下着重对他励电动机的机械特性进行比较全面的分析。

一、机械特性方程

他励直流电动机的原理接线图如图 4-11 所示。运用在前面两章中已导出的直流电动机的几个基本方程式，即可导出机械特性方程。

设 R_a 为电枢内电阻，R_f 为电枢电路串联的附加电阻，则 $R = R_a + R_f$。

根据电动机的转速特性方程

$$n = \frac{U}{C_e\Phi} - \frac{I_a R}{C_e\Phi}$$

再由电磁转矩公式 $T_M = C_M\Phi I_a$ 得 $I_a = \frac{T_M}{C_M\Phi}$，代入转速特性方程，即得机械特性方程式

$$n = \frac{U}{C_e\Phi} - \frac{R}{C_e C_M\Phi^2}T_M \qquad (4\text{-}18)$$

$$= n_0 - \Delta n$$

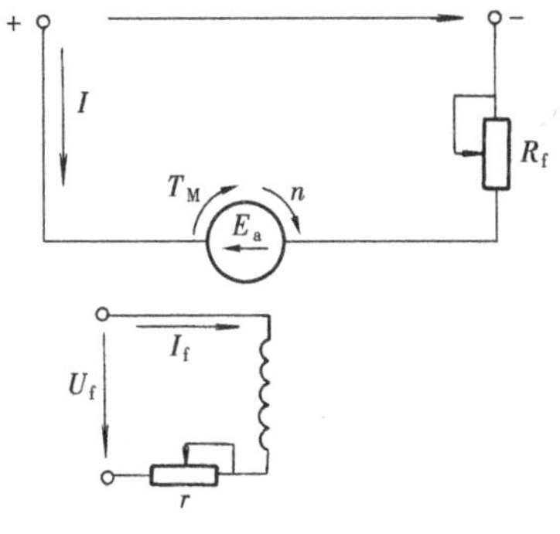

图 4-11 他励直流电动机原理接线图

式中，$n_0 = \frac{U}{C_e\Phi}$ 为理想空载转速；$\Delta n = \frac{RT_M}{C_e C_M\Phi^2}$ 为电动机因负载引起的转速降。

由于采取了补偿电枢反应的措施，一般可以认为 Φ=常数。因此公式（4-18）所表示的他励电动机的机械特性曲线为一直线，如图 4-12 所示。

二、固有机械特性

他励电动机的固有机械特性是在 $U=U_N,\Phi=\Phi_N$ 和 $R_f=0$ 的条件下 $n=f(T_M)$ 的关系。这时

$$n=\frac{U_N}{C_e\Phi_N}-\frac{R_a}{C_eC_M\Phi_N^2}T_M \quad (4\text{-}19)$$

式中

$$n_0=\frac{U_N}{C_e\Phi_N} \quad (4\text{-}20)$$

$$\Delta n=\frac{R_a}{C_eC_M\Phi_N^2}T_M=\beta T_M \quad (4\text{-}21)$$

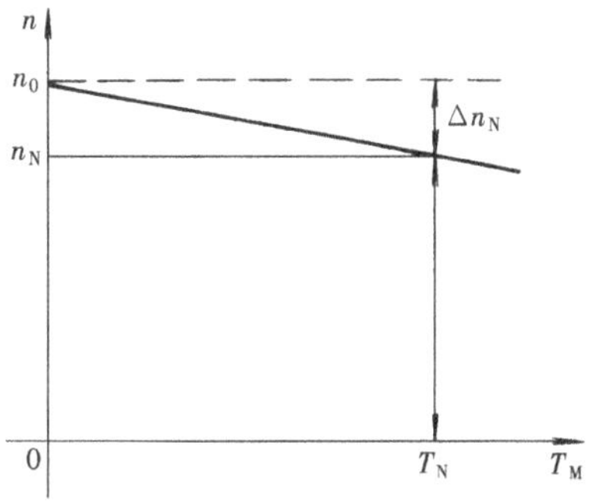

图 4-12　他励电动机固有机械特性

机械特性曲线的斜率 $\frac{dn}{dT_M}=-\beta=-\frac{R_a}{C_eC_M\Phi_e^2}$。他励电动机固有机械特性的 β 值很小。和固有转速特性曲线一样，它的机械特性曲线也是一条倾斜度很小的下降直线，属于硬特性。

对他励和并励电动机来说，当 Φ=常数时，T_M 与 I_a 成正比。所以他励和并励电动机的转速特性 $n=f(I_a)$ 关系和机械特性 $n=f(T_M)$ 关系，只是横坐标比例不同，曲线形状是一样的。因此，在 Φ=常数条件下，可用 $n=f(I_a)$ 曲线代替 $n=f(T_M)$ 曲线。

三、固有机械特性的点绘

因为他励电动机的机械特性为一直线，所以绘制起来比较容易，任意取特性曲线上两点即可获得特性曲线。为方便起见，在绘制固有机械特性时，可取图 4-12 所示 A 和 B 点：A 点称为理想空载点，它的坐标为 $T_M=0$，$n=n_0$；B 点称为额定负载点，它的坐标为 $T_M=T_{MN}$（额定电磁转矩），$n=n_N$。在这些数据中，n_N 在电动机铭牌上直接给出，T_{MN}和 n_0 则可根据铭牌有关数据求得。

计算 T_{MN}和 n_0 需要 R_a 的值。电枢内电阻 R_a 可以实测，也可用近似的估算公式计算。估算公式的依据是：电动机的额定铜损占总损耗的$\frac{1}{2}\sim\frac{2}{3}$，这适用于普通的 Z 型及 Z_2 型系列电机。Z_2 型电机可取较大的数值。因为

$$I_N^2R_a=\left(\frac{1}{2}\sim\frac{2}{3}\right)\Sigma p=\left(\frac{1}{2}\sim\frac{2}{3}\right)(U_NI_N-P_N)$$

所以，电枢内电阻的估算值为

$$R_a=\left(\frac{1}{2}\sim\frac{2}{3}\right)\frac{U_NI_N-P_N}{I_N^2} \quad (4\text{-}22)$$

其中，P_N 的单位为瓦。

由额定负载运行时电压方程式可求得

$$C_e\Phi_N=\frac{E_{aN}}{n_N}=\frac{U_N-I_NR_a}{n_N} \quad (4\text{-}23)$$

则

$$n_0=\frac{U_N}{C_e\Phi_N}$$

由于

$$C_M\Phi_N=9.55C_e\Phi_N$$

则

$$T_{MN}=C_M\Phi_NI_N$$

由上述计算结果可得

$$\beta=\frac{R_a}{C_eC_M\Phi_N^2}$$

则固有特性方程为

$$n=n_0-\beta T_M \tag{4-24}$$

【例 4-2】 一台并励电动机的额定数据为：$P_N=15\text{kW}$，$U_N=220\text{V}$，$n_N=1640\text{r/min}$，$I_N=83\text{A}$，试求：(1) 点绘固有特性曲线；(2) 求电动机固有特性方程；(3) 电动机实际空载转速。

解 (1) 电枢内电阻估算

可取

$$R_a=\frac{1}{2}\left(\frac{U_NI_N-P_N}{I_N^2}\right)$$

$$=\frac{1}{2}\left(\frac{220\times83-15\times10^3}{83^2}\right)=0.237(\Omega)$$

电动机电动势系数

$$C_e\Phi_N=\frac{U_N-I_NR_a}{n_N}=\frac{220-83\times0.237}{1640}=0.122$$

式中，忽略 I_f，认为 $I_{aN}=I_N$

转矩系数

$$C_M\Phi_N=9.55C_e\Phi_N=9.55\times0.122=1.165$$

理想空载转速

$$n_0=\frac{U_N}{C_e\Phi_N}=\frac{220}{0.122}=1800(\text{r/min})$$

电动机的额定电磁转矩

$$T_{MN}=C_M\Phi_eI_N=1.165\times83=96.7(\text{N}\cdot\text{m})$$

固有特性曲线的两点坐标为

$$A(T_M=0, n_0=1800\text{r/min})$$

$$B[T_{MN}=96.7(\text{N}\cdot\text{m}), n_N=1640\text{r/min}]$$

固有特性曲线如图 4-14 所示。

(2) 电动机固有特性方程

先计算 β

$$\beta=\frac{R_a}{C_e\Phi_NC_M\Phi_N}=\frac{0.237}{0.122\times1.165}=1.67$$

则固有特性方程为

$$n=n_0-\beta T_M=1800-1.67T_M$$

(3) 求电动机的实际空载转速

先计算电动机轴上的额定负载转矩

$$T_{LN}=9.55\frac{P_N}{n_N}=9.55\times\frac{15\times10^3}{1640}=87.3(\text{N}\cdot\text{m})$$

则实际空载转矩为

$$T_0=T_{MN}-T_N=96.7-87.3=9.4(\text{N}\cdot\text{m})$$

将 T_0 代入固有特性方程，得

$$n_0' = n_0 - \beta T_{M0} = 1800 - 1.67 \times 9.4 = 1784(\text{r/min})$$

实际空载运行在图 4-13 固有特性曲线的 A' 点。

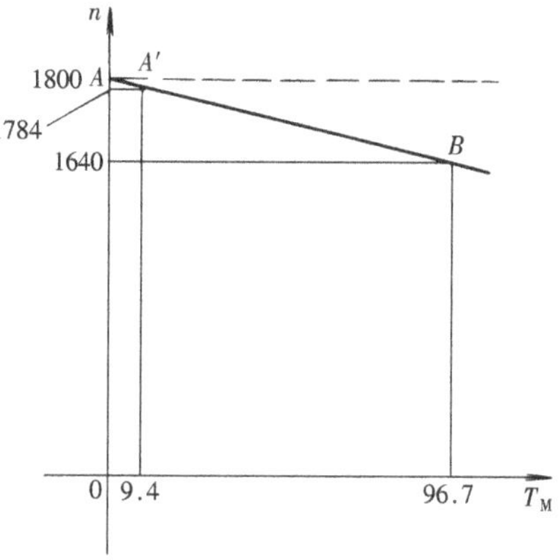

图 4-13　例 4-2 的固有机械特性

四、人为机械特性

固有机械特性只反映电动机在正常运转条件下的性能。电动机在外加电压、磁通为额定值和电枢电路附加电阻为零时，按照固有特性运行。对应某一转矩下，电动机只能运行于某一转速，这有时不能满足实际需求。例如，电车上的电动机，就要求在一定的转矩下，根据不同的情况，改变行车的速度。为了适应这样的需要，就必须人为地改变上述三个参数：即改变外加电压 U、磁通 Φ 和电枢回路电阻 R 三者之中一个，来改变电动机的机械特性。这时电动机的特性称为人为机械特性。

1. 电枢串联附加电阻时的人为特性

这时，$U = U_N, \Phi = \Phi_N, R = R_a + R_f$。机械特性方程为

$$n = \frac{U_N}{C_e\Phi_N} - \frac{I_a R}{C_e\Phi_N} = \frac{U_N}{C_e\Phi_N} - \frac{RT_M}{C_e C_M \Phi_N^2} = n_0 - \Delta n$$

由于电动机的电压和磁通保持额定值不变，所以电动机的理想空载转速不变。转速降与斜率 β 值有关，即与电枢电路总电阻成正比，则电动机的机械特性随串联电阻的增大而变软。图 4-14 表示电动机电枢电路串入不同电阻值时的人为特性。

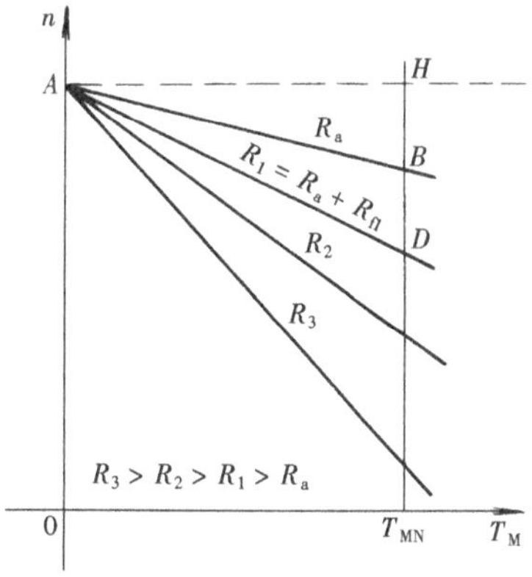

图 4-14　不同电枢电阻的人为特性

已知固有特性，可点绘出电枢串联一附加电阻 R_{f1} 时的人为特性曲线。方法是：先求出转矩 T_{MN} 下人为特性的转速降为

$$\Delta n' = \frac{R_a + R_{f1}}{R_a}\Delta n_N \tag{4-25}$$

在图 4-14 中，对应 $T_M = T_{MN}$，$\overline{HD} = \Delta n'$，得到所求的人为特性曲线上一点 D。A 点为理想空载点，不随电枢电阻而变。则连 $\overline{AD}$ 即为所求的人为特性。

2. 改变电压时的人为特性

此时电枢不串接电阻 $(R_f = 0)$，$\Phi = \Phi_N$，改变电枢电压时的人为特性方程为

$$n = \frac{U_1}{C_e\Phi_N} - \frac{R_a}{C_e C_M \Phi_N^2} T_M = n_{01} - \Delta n$$

可见，改变电压时，特性曲线的斜率保持不变，而 n_0 则随电压成正比而变化。一般要求外加电压不超过电动机的额定值，所以只能低于额定电压下改变。因此人为特性如图 4-15 所示，它们的硬度不变，是一组低于固有特性的平行线。当 $U = U_1$ 时，它的理想空载转速为

$$n_{01} = \left(\frac{U_1}{U_N}\right) n_0 \tag{4-26}$$

3. 改变电动机磁通时的人为特性

一般电动机在额定磁通下运行时，电机磁路已接近饱和。因此改变磁通，实际上只能减

弱磁通。

此时，$U=U_N$，$R_f=0$，减弱磁通时人为特性方程为

$$n=\frac{U_N}{C_e\Phi_1}-\frac{R_a}{C_eC_M\Phi_1^2}T_M=n_{01}-\Delta n_1$$

由上式可见，理想空载转速与磁通成反比，转速降（或β）则与磁通的平方成反比，如图 4-16 所示。

当 $\Phi=\Phi_1$ 时

$$n_{01}=\left(\frac{\Phi_N}{\Phi_1}\right)n_0 \tag{4-27}$$

$$\Delta n_1=\left(\frac{\Phi_N}{\Phi_1}\right)^2\Delta n \tag{4-28}$$

由式（4-27）和式（4-28）可以看出，若把磁通减少一半，则理想空载转速增加到原来的二倍，转速降则增加到四倍，显然磁通的减少，使得特性曲线也变软了。

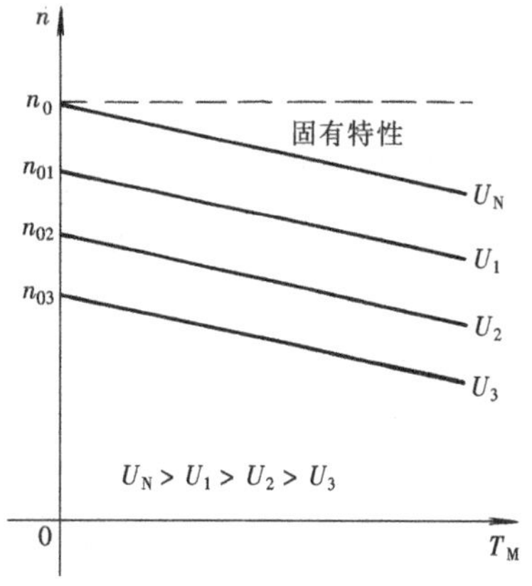

图 4-15 改变电压时人为特性

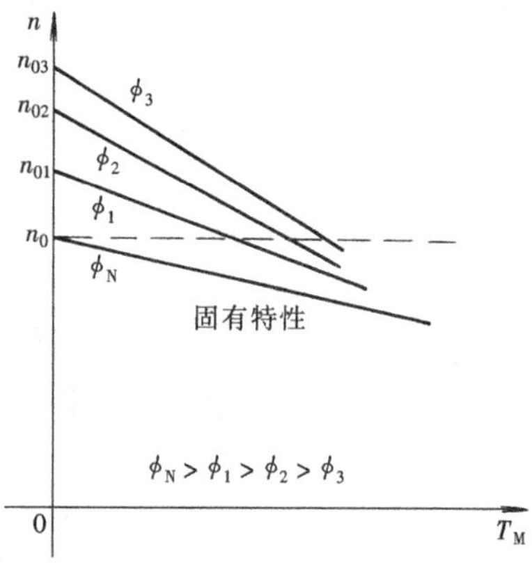

图 4-16 改变磁通时人为特性

【例 4-3】 一台他励直流电动机额定数据为：$P_N=13$kW，$U_N=220$V，$I_N=68.6$A，$n_N=1500$r/min，$R_a=0.225\Omega$。负载转矩为额定值不变。求：

（1）在电枢串入附加电阻 $R_f=1\Omega$ 时的人为特性方程及电动机转速；

（2）电压降至 151.4V 时人为特性方程及电动机转速；

（3）当磁通减至 $\frac{2}{3}\Phi_N$ 时人为特性方程及电动机转速。

解 （1）求 $R_f=1\Omega$ 时的人为特性方程及电动机转速。

先求固有特性方程

$$C_e\Phi_N=\frac{U_N-I_NR_a}{n_N}=\frac{220-68.6\times0.225}{1500}=0.136$$

$$C_M\Phi_N=9.55C_e\Phi_N=9.55\times0.136=1.3$$

$$n_0=\frac{U_N}{C_e\Phi_N}=\frac{220}{0.136}=1618(\text{r/min})$$

$$\beta = \frac{R_a}{C_e\Phi_N C_M\Phi_N} = \frac{0.225}{0.136\times1.3} = 1.27$$

固有特性方程为

$$n = n_0 - \beta T_M = 1618 - 1.27T_M$$

电枢串联附加电阻时，$n_0=1618\text{r/min}$ 不变。转速降为

$$\Delta n' = \frac{R_a + R_f}{R_a}\Delta n = \frac{0.225+1}{0.225}\times1.27T_M = 6.91T_M$$

则串入 $R_f=1\Omega$ 时的电动机人为特性方程为

$$n=1618-6.91T_M$$

额定负载时，电动机的电磁转矩为

$$T_M=T_{MN}=C_M\Phi_N I_N=1.3\times68.6=89.2\ (\text{N}\cdot\text{m})$$

电动机的转速为

$$n=1618-6.91\times89.2=1000\ (\text{r/min})$$

（2）$U=151.4\text{V}$ 时的人为特性方程及电动机转速为

$$n_{01} = \frac{U}{U_N}n_0 = \frac{151.4}{220}\times1618 = 1113(\text{r/min})$$

$$\Delta n = \beta T_M = 1.27T_M \text{ 不变}$$

人为特性方程为

$$n=1113-1.27T_M$$

电动机在额定负载的转速为

$$n=1113-1.27\times89.2=1000\ (\text{r/min})$$

（3）$\Phi_1=\frac{2}{3}\Phi_N$ 时的人为特性方程及电动机转速为

$$n_{01} = \frac{\Phi_N}{\Phi_1}n_0 = \frac{3}{2}\times1618 = 2427\ (\text{r/min})$$

$$\Delta n_1 = \left(\frac{\Phi_N}{\Phi_1}\right)^2\Delta n = \left(\frac{3}{2}\right)^2\times1.27T_M = 2.86T_M$$

人为特性方程为

$$n = 2427 - 2.86T_M$$

额定负载时的转速为

$$n=2427-2.86\times89.2=2172\ (\text{r/min})$$

第五节　电力拖动系统稳定运行

首先用一个实例来分析电力拖动系统的运行情况。某一车床主轴由直流他励电动机拖

动，开车时不切削，这时拖动系统的负载转矩很小，只需要克服系统的机械摩擦就够了。因此作用在电动机轴上的阻转矩为系统的空载转矩 T_{L1}，它基本上与转速无关，为恒转矩负载，其机械特性如图4-17直线1所示。电动机的机械特性如图中的直线3所示。因为稳定运行时，电动机的转矩 $T_M=T_{L1}$，这时电动机的稳定工作点在两直线的交点 A 上，转速 $n=n_A$。

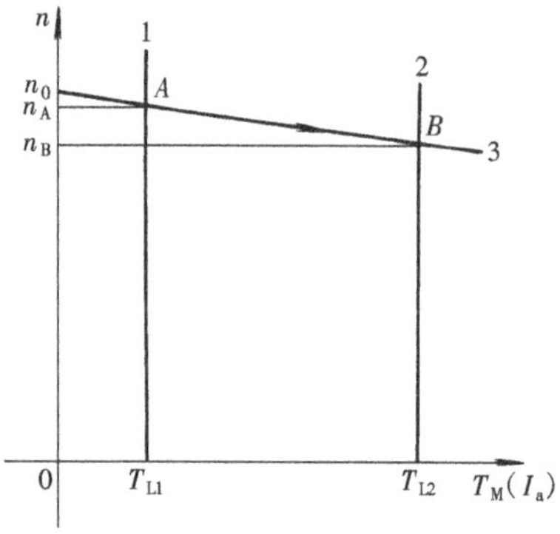

图 4-17 他励电动机带恒转矩负载运行

切削时，负载转矩增加，由 T_{L1} 增至 T_{L2}，如图直线2所示。在开始切削瞬间，由于系统的旋转惯性，转速来不及改变，在 n_A 的转速下，电动机的转矩 $T_M=T_{L1}$，将小于负载转矩，即 $T_M-T_{L2}<0$，使系统作减速运动。在电动机转速下降的同时，电动机的电动势 E_a 随转速成正比地减小，电枢电流 $I_a=\dfrac{U_N-E_a}{R_a}$ 将增大，电动机电磁转矩 T_M 随之增大。$n(E_a)$ 及 $T_M(I_a)$ 的变化如图4-17中箭头所示，由 A 点沿直线3移向 B 点。当电动机转速下降到 $n=n_B$ 时，电动机的转矩 T_M 增至 T_{L2}。动态转矩为零，电动机转速不再下降，而稳定在新的交点 B 上。所以，由于负载转矩改变，静态平衡被破坏后，引起电动机转速、电动势、电流及转矩相应的变化，而自动恢复平衡。这种现象称为电力拖动系统的“自跟随”。

由前面的讨论可知，电动机机械特性曲线和负载机械行性曲线相交，是电力拖动系统稳定运行的必要条件。但还不够充分。充分条件还要求系统具有抗干扰的能力。下面再举例来说明。

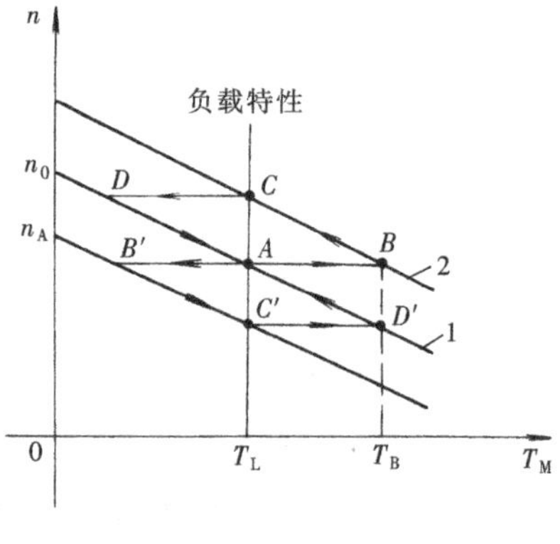

图 4-18 平衡稳定运转

如图4-18所示，电力拖动系统原来在特性曲线1的 A 点上运行，转速为 n_A，电动机的转矩 $T_M=T_L$。由于某种原因，如电网电压升高（这是对系统的一种干扰），相应地电动机的机械特性由曲线1变为曲线2。最初瞬间，由于惯性，转速来不及改变，因而工作点由 A 点过渡到 B 点，此时电动机的转矩 $T_B>T_L$，使得原来的平衡状态被破坏，电动机将沿特性曲线2加速。随着转速升高，电动机转矩减小。当转矩减小到与 T_L 相等时，电动机将稳定于 C 点上。如果干扰消失，电压恢复原来数值，电动机特性又从曲线2恢复到曲线1。这时电动机工作点由 C 点过渡到 D 点。由于电动机此时转矩为 $T_D<T_L$，转速下降，一直回复到 A 点重新达到平衡稳定运转。同理，如果电网电压降低，系统仍能进入新的平衡点 C' 稳定运转。当干扰消失后，电动机又恢复到 A 点稳定运转。分析表明，图4-18所示的系统是稳定的系统。因为在交点 A 处，如果外界干扰使转速升高（即获得 $+\Delta n$），当干扰消除后，电动机 $T_M<T_L$，能使电动机转速下降，自动由 D 向 A 点变化，恢复稳定。反之，外界干扰使转速下降（获得 $-\Delta n$），干扰消失后，电动机转矩 $T_M>T_L$，能使电动机转速上升，自动地由 D' 向 A 点变化，恢复稳定。

图4-19所示为非稳定的电力拖动系统。设电动机械特性如该图中曲线1所示，初始在

A 点平衡地运转。$T_M = T_L, n = n_A$。假设外界干扰使系统速度升高至 n_B（获得 $+\Delta n$）。电动机在 $n=n_B$ 条件下，电动机电磁转矩 $T_M=T_B>T_L$，这时电动机将加速，随着转速升高，电动机转矩继续增加，转速越来越高，直至“飞车”。反之，如果外界干扰使系统转速降低至 n_C，电动机在 $n=n_C$ 条件下，$T_M=T_C<T_L$，这时电动机转速下降，转矩又减小，转速继续下降直至停车。

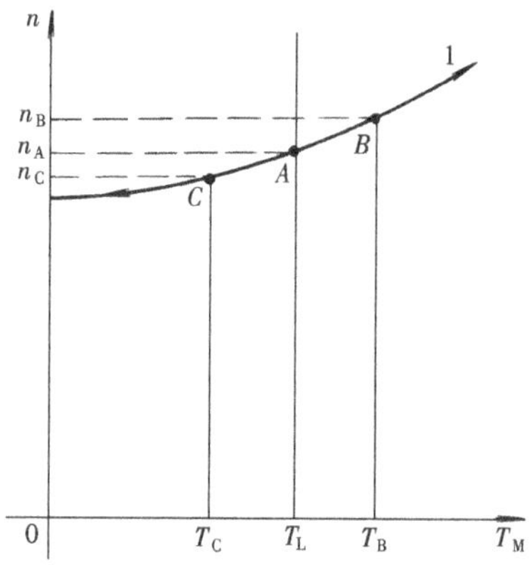

图 4-19　非稳定系统

由此可见，拖动系统稳定运行的必要和充分条件是：

（1）电动机机械特性曲线和负载机械特性曲线有交点；

（2）在交点所对应的转速之上（$\Delta n>0$）应保证 $T_M<T_L$；而在这一转速之下（$\Delta n<0$）则要求 $T_M>T_L$。显然，如电动机与负载机械特性作这样的配合，就能保证系统有抗干扰恢复原转速的能力。

小　　结

本章为电力拖动的动力学基础内容。学习本章时应熟练掌握运动方程式、电动机的机械特性公式，掌握多轴系统的折算方法，了解负载的分类及电力拖动系统稳定运行的条件。

（1）单轴电力拖动系统的运动方程式是研究拖动系统各种运转状态的基础，$T_M>T_Z$ 时，系统加速；$T_M<T_Z$ 时，系统减速；$T_M=T_Z$ 时，系统稳定运转。

（2）工程上为了简化计算，把多轴旋转系统以及工作机构作直线运动的系统折算为等效的单轴系统。按照能量守恒定律，折算负载转矩和负载力的原则是：所传递的功率不变，折算飞轮矩或质量的原则是动能不变。

（3）不同的生产机械其负载转矩特性不同，用 $n=f(T_L)$ 表示。典型的负载转矩特性分为恒转矩负载、恒功率负载和风机负载三类。

（4）电动机的机械特性用 $n=f(T_M)$ 表示。不同励磁方式的电动机，其机械特性曲线形状不同。电动机在额定条件下运行时，可得出固有机械特性。改变电枢回路电阻、改变电枢电压或改变电机的磁通均可分别得出一系列人工机械特性。

（5）电力拖动系统稳定运行的充要条件是：①电动机的机械特性曲线和负载的机械特性曲线有交点，在交点处 $T_M=T_L$。②在交点附近应有 $\Delta n>0$，$T_M<T_L$；$\Delta n<0$，$T_M>T_L$。

习　　题

1. 写出下列情况下（见图 4-20）系统运动方程式，并说明系统运行于加速、减速还是匀速运动状态（图中 T_M 为电动机的电磁转矩，T_L 为负载转矩，T_0 忽略不计）。

2. 运动方程式应用在多轴拖动系统中，T_L 及 GD^2 各代表什么量？两者折算的原则是什么？

3. 负载的机械特性有哪些主要类型？什么叫做反抗性负载和位能性负载？

4. 设电车前进方向为转速正方向，定性地绘出电车走平路与下坡时的负载特性曲线。

5. 运用电压方程式及运动方程式，分析直流他励电动机由满载变为空载时自跟随的

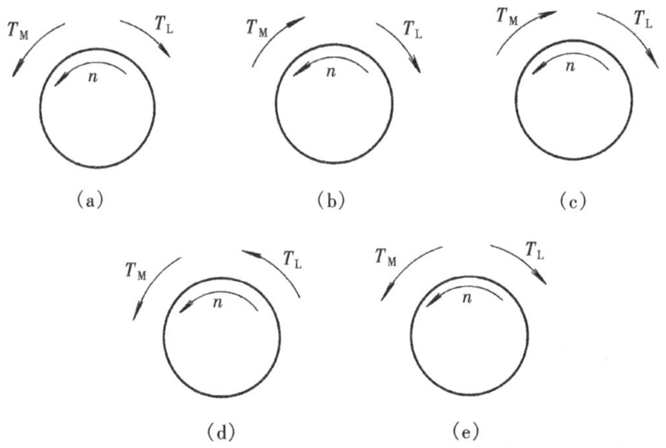

图 4-20　电力拖动系统运行情况

(a) $T_L>T_M$；(b) $T_M>T_L$；(c) $T_M=T_L$；(d) $T_L>T_M$；(e) $T_M=T_L$

过程。

6. 电力拖动稳定运行的必要条件和充分条件是什么？怎样判别系统是稳定的还是不稳定的？判别图 4-21 所示系统特性，哪些系统是稳定的平衡点，哪些不是？

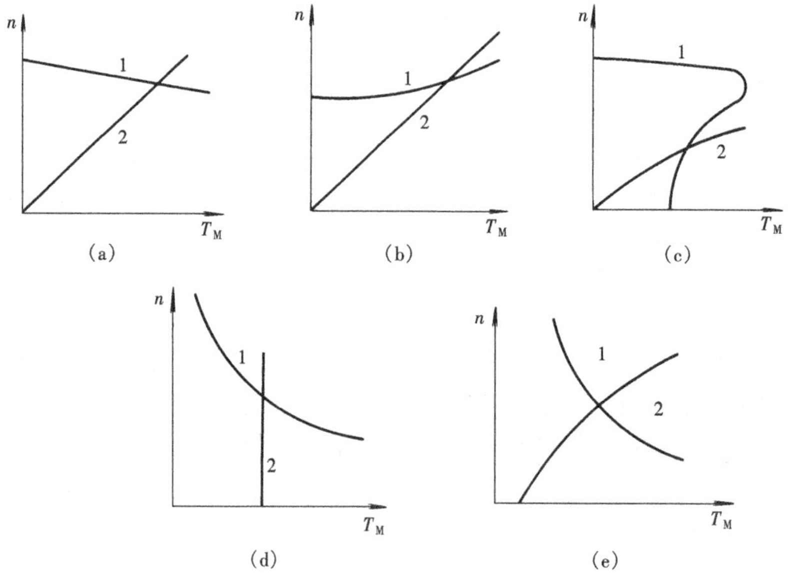

图 4-21　稳定运行判别图

1—电动机机械特性曲线；2—负载特性曲线

7. 一台并励电动机，电刷由几何中性线逆旋转方向移动一角度，试分析对电动机运行有什么影响？发现此电机在负载增大时，发生"飞速"现象，为什么？

8. 起重机提升机构如图 4-22 所示，重物 $G_L=4900N$，当电动机转速 $n=980r/min$ 时，上升速度 $v_L=1.5m/s$，电动机飞轮转矩 $GD_d^2=78.5N\cdot m^2$，卷筒直径 $D_g=0.4m$，卷筒飞轮力矩 $GD_1^2=75N\cdot m^2$，提升时系统的效率 $\eta_c=0.8$，传动机构的飞轮力矩和钢绳质量可忽略不计。试求：（1）使重物匀速上升时，电动机轴上的输出转矩；（2）整个系统折算到电动机轴上总飞轮力矩。

［答案］（1）$T'_L=89.5N\cdot m$；（2）$GD^2=83.09N\cdot m^2$。

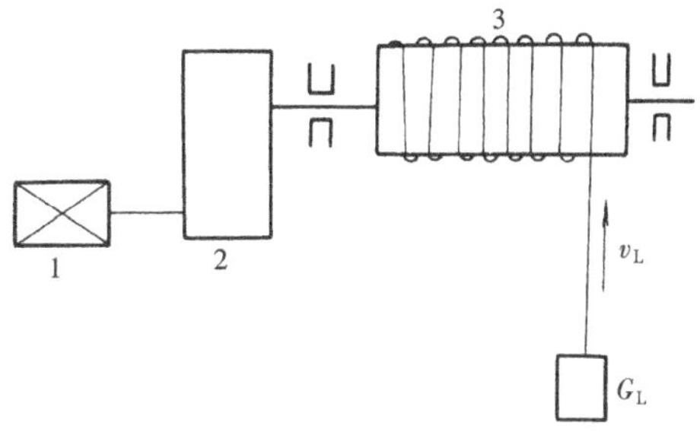

图 4-22　习题 8 图

9. 一台他励直流电动机的额定数据如下：$P_N=21kW$，$U_N=220V$，$I_N=112A$，$n_N=950r/min$，$R_a=0.145\Omega$。求固有特性方程并点绘固有特性曲线。

［答案］$n=1028-0.33T_M$；（00，1028r/min），（229N·m，950r/min）。

10. 上题的电动机，用以拖动起重机的提升机构。电动机轴上的负载转矩为 $0.8T_{MN}$，电动机 T_0 忽略不计。求：（1）电枢不串联附加电阻时电动机转速；（2）在电枢电路中串联 $5.4R_a$ 的附加电阻时电动机转速，绘出这时的人为特性曲线。

［答案］（1）$n=968r/min$；（2）$n=640r/min$；$n=1028-2.12T_M$。

11. 第 9 题电动机，当电枢电压降低至 110V，其它条件不变时，求：（1）电动机的人为特性方程，并点绘人为特性曲线；（2）当负载转矩为 $0.8T_{MN}$时的转速。

［答案］（1）$n=514-0.33T_M$；（2）$n=454r/min$。

12. 第 9 题电动机，当磁通减至额定磁通的$\frac{3}{4}$，其它条件不变时，求：（1）电动机的人为特性方程，并点绘人为特性曲线；（2）当转矩为 $0.8T_{MN}$时的转速。

［答案］（1）$n=1370-0.587T_M$；（2）$n=1263r/min$。

13. 他励直流电动机的数据为：$P_N=12kW$，$U_N=220V$，$I_N=64A$，$n_N=685r/min$。求：（1）固有特性方程并点绘曲线；（2）理想空载转速和实际空载转速；（3）当负载为额定，在考虑空载转矩和不考虑空载转矩情况下，它的转速各为多少？取 $R_a=\frac{1}{2}\left(\frac{U_N I_N-P_N}{I_N^2}\right)$。

［答案］（1）$n=740-0.31T_M$；（2）$n_0=740r/min$，$n'_0=736r/min$；（3）$n=685r/min$；$n=690r/min$。

14. 他励直流电动机的数据：$P_N=10kW$，$U_N=220V$，$I_N=53.7A$，$n_N=3000r/min$，$R_a=0.315\Omega$。试计算：（1）固有特性方程并点绘曲线；（2）当电枢总电阻为 $6.5R_a$ 时人为特性方程并点绘曲线；（3）当电枢总电阻为 $19.5R_a$ 时的人为特性方程并点绘曲线；（4）当电压降至 110V 时的人为特性方程并点绘曲线；（5）磁通 $\Phi=80\%\Phi_N$ 时人为特性方程并点绘曲线。

［答案］（1）$n=3250-7.2T_M$；（2）$n=3250-46.8T_M$；（3）$n=3250-140.4T_M$；（4）$n=1625-7.2T_M$；（5）$n=4063-11.25T_M$。

第五章　直流电动机的电力拖动

直流电动机起动、制动和调速是电力拖动的主要内容。本章将在了解对起动、制动和调速的要求及它们的物理过程基础上，进一步对其稳态情况和动态情况（过渡过程）进行分析计算。为了简化分析，以下均以他励直流电动机为例。

第一节　他励直流电动机的起动

电动机起动要考虑的问题包括以下方面：①起动电流 I_{st} 的大小；②起动转矩 T_{st} 的大小；③起动时间的长短；④起动过程是否平滑，即加速是否均匀；⑤起动过程的能量损耗大小；⑥起动设备的简单和可靠性。上述这些问题中，起动电流和起动转矩是主要的。

一、起动方法

根据运动方程式

$$T_{st} - T_z = \frac{GD^2}{375}\frac{dn}{dt}$$

电动机起动的电磁转矩 T_{st} 应大于静态转矩 T_z，才能使电机获得足够大的加速度。从 $T_{st}=C_M\Phi I_{st}$ 来看，就要求磁通及起动时电枢电流足够大。因此，在起动时，首先要将励磁电路中外接的励磁调节变阻器全部切除，使励磁电流有最大的数值，以保证磁通为最大，然后再将电枢投入电网，起动电动机。

然而，起动转矩和起动电流，并非越大越好。过大的起动电流将使电网电压波动，电动机换向困难，甚至产生环火；而起动转矩过大，可能损坏电动机的传动机构等等。所以，起动电流要限制在许可的范围内。

若将电动机接到 $U=U_N$ 的电网上直接起动，在忽略电枢电感时，电动机起动电枢电流由式

$$I_{st} = \frac{U_N - E_a}{R_a}$$

决定，在起动最初瞬间，转速 $n=0$，因而 $E_a=0$。又由于 R_a 非常小，所以起动电流很大，通常可达到电动机额定电流的 10～20 倍。这样大的电枢电流显然是不允许的，因此，除极小容量电机外，不允许全压直接起动。

为了限制起动电流，一般采取两种方法。

（1）降压起动。

起动时降低电枢外加电压，待电动机转速升高、反电动势增大后，再逐渐增高电枢两端的外加电压。降压起动方法，需要可调节电压的直流电源，它可应用在调压调速的系统中，将在第五章第四节详述。

（2）电枢串联起动变阻器起动。

这种方法比较简便，同样可将起动电流限制在容许的范围内，但在起动过程中，要将起

动电阻 R_{st} 分段切除。这时电动机的起动电流应为

$$I_{st}=\frac{U_N-E_a}{R_a+R_{st}}=\frac{U_N-C_e\Phi n}{R_a+R_{st}} \tag{5-1}$$

随着转速的升高，E_a 增大，I_{st} 也就减小，起动转矩 T_{st} 随之减小。这样，电动机的动态转矩以及加速度也就减小，使起动过程拖长，并且不能加速到额定转速。最理想的情况是保持电动机作匀加速运动，电动机的转速随时间成正比例地上升。这就要求电动机的起动转矩与起动电流在起动过程（t_{st}）中保持不变。为此，随着电动机的转速增加，应将起动电阻均匀平滑地切除。通常只能将起动电阻分成若干段切除，切除方法可用手动控制或自动控制装置来实现。起动电阻段的数目越多，起动的加速过程越平滑。

二、分段电阻起动过程和机械特性

为了便于讨论，假设已选择起动电阻级数 $m=3$，即将起动电阻分为三段切除。图 5-1 为电动机起动接线图，图 5-2 为该电动机起动过程的机械特性曲线。图中，R_a 为电枢内电阻；r_1、r_2、r_3 为各段起动电阻；R_1、R_2、R_3 为各级电枢总电阻。

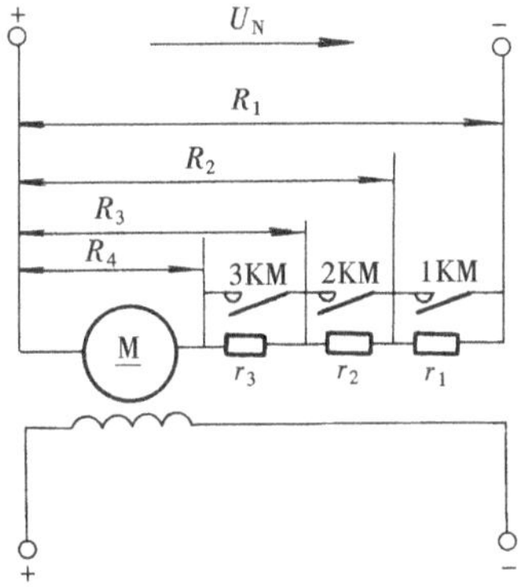

图 5-1　他励电动机起动接线

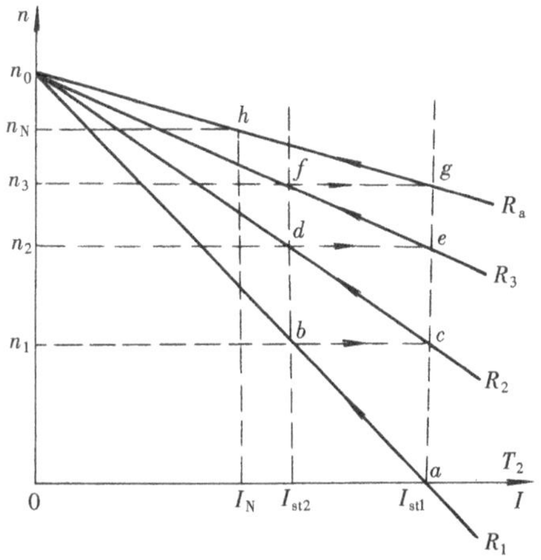

图 5-2　他励电动机起动特性

起动开始瞬间，电枢电路接入全部起动电阻，电动机工作在图 5-2 中 a 点，由于这时电动机转速和反电动势为零，因此起动电流最大值为

$$I_{st}=\frac{U_N}{R_a+R_{st}}=\frac{U_N}{R_1} \tag{5-2}$$

最大起动电流 I_{st1} 一般取 $I_{st1}=(1.8\sim2.5)I_N$。选定 I_{st1} 后，第一级电阻人为特性可用两点绘制（$I=0,n=n_0;I=I_{st1},n=0$），即得到图 5-2 中 A、a 两点和直线 $\overline{Aa}$。

电动机转动起来后，随着转速和反电动势的增加，起动电流和起动转矩将减小，它们沿着特性曲线 $\overline{Aa}$ 上的箭头所指的方向变化。当转速高至 n_1，而电流降到图中 b 点的数值（即换接电流 I_{st2}）时，加速接触器接点 1KM 应及时闭合（图 5-1），第一段起动电阻 r_1 便被短路切除。I_{st2} 的数值一般取为 $(1.1\sim1.2)I_N$，使得在起动过程中，电动机的转矩始终大于额定的负载转矩。I_{st} 选得大些，虽可使起动迅速，但将增加起动电阻级数。

由于换接瞬间电动机的转速和反电动势还来不及变化，起动电流将随起动电阻的减小而增加。如被切除的第一段电阻 r_1 选择适当，应使起动电流又升高到 I_{st1}。在此瞬间便由特性

曲线$\overline{Aa}$中的b点沿水平方向过渡到特性曲线$\overline{Ac}$上的c点。c点的坐标由$I=I_{st1}$，$n=n_1$决定，连$\overline{Ac}$，便得到与R_2对应的人为特性曲线。于是转速和电流又沿直线$\overline{Ac}$变化，当变化到d点时，切除第二段起动电阻r_2，依此类推。如I_{st1}和I_{st2}选择适当，当最后一段电阻被切除后，电动机就恰能过渡到固有特性曲线上，即过f点的水平线与$I=I_{st1}$的垂直线相交于固有特性曲线g点上。然后，电动机就沿着固有特性加速，直到$T_{st}=T_z$时，电动机起动过程结束，进入稳定工作状态。如电动机拖动额定负载，便稳定在固有特性曲线的h点（$n=n_N$）上。

如果I_{st2}选得不合适，则当最后一段起动电阻被切除时，过f点的水平线和过a点的垂直线的交点g不在固有特性上，这时就需要重新选择I_{st2}，重做各级人为特性曲线，直到合适为止。

三、起动电阻计算

计算起动电阻的关系式是由转速降的公式获得的。转速降表达式为

$$\Delta n=\frac{I_aR}{C_e\Phi}=\frac{T_MR}{C_eC_M\Phi^2}$$

由于磁通Φ不变，在相同的转速降下，电流（或转矩）与电枢总电阻成反比。

当切除起动电阻r_1时，电枢总电阻由R_1变到R_2。这时电动机转速来不及变化，使得电流由I_{st2}变到I_{st1}。在起动的机械特性图上，相当于b点转换到c点。b点的转速降$\Delta n_b=\frac{I_{st2}R_1}{C_e\Phi}$，$c$点的转速降$\Delta n_c=\frac{I_{st1}R_2}{C_e\Phi}$。而$\Delta n_b=\Delta n_c=n_0-n_1$。由此可得到$I_{st2}R_1=I_{st1}R_2$，即

$$\frac{R_1}{R_2}=\frac{I_{st1}}{I_{st2}}=\lambda$$

同理，比较第二级换接时d、e两点，可得$I_{st2}R_2=I_{st1}R_3$，即

$$\frac{R_2}{R_3}=\frac{I_{st1}}{I_{st2}}=\lambda$$

比较第三级换接时f与g两点，同样可得

$$\frac{R_3}{R_a}=\frac{I_{st1}}{I_{st2}}=\lambda$$

从上面的关系中，可得到

$$\frac{R_1}{R_2}=\frac{R_2}{R_3}=\frac{R_3}{R_a}=\lambda \tag{5-3}$$

由此得，各级总电阻为

$$\left.\begin{aligned}R_3&=\lambda R_a\\R_2&=\lambda R_3=\lambda^2R_a\\R_1&=\lambda R_2=\lambda^2R_3=\lambda^3R_a\end{aligned}\right\} \tag{5-4}$$

起动电阻各段的数值

$$\left.\begin{aligned}r_3&=R_3-R_a=\lambda R_a-R_a=(\lambda-1)R_a\\r_2&=R_2-R_3=\lambda^2R_a-\lambda R_a=\lambda(\lambda-1)R_a=\lambda r_3\\r_1&=R_1-R_2=\lambda^3R_a-\lambda^2R_a=\lambda(\lambda^2R_a-\lambda R_a)=\lambda r_2\end{aligned}\right\} \tag{5-5}$$

假如起动电阻分为m级，那么

$$R_1=\lambda^mR_a$$

于是得到，起动最大转矩（或电流）与切换转矩（或电流）之比为

$$\lambda = \sqrt[m]{\frac{R_1}{R_a}} \tag{5-6}$$

总结起动电阻计算的步骤如下：

（1）选择最大起动电流 I_{st1} 之值；

（2）求出 $R_1=\frac{U_N}{I_{st1}}$；

（3）选择起动电阻级数（通常取 $m=2\sim4$ 级）；

（4）求出 $\lambda=\sqrt[m]{\frac{R_1}{R_a}}$；

（5）校核 $I_{st2}=\frac{I_{st1}}{\lambda}$，如 $I_{st2}>1.1I_N$（满载起动）即可。否则重新选择 m 或 I_{st1}；

（6）λ 值决定后，最后由公式（5-5）算出各段起动电阻数值。

【例 5-1】　直流他励电动机的数据如下：$P_N=16\text{kW}$，$U_N=220\text{V}$，$I_N=84\text{A}$，$n_N=700\text{r/min}$，$R_a=0.175\Omega$。假设需要三级起动，最大起动电流 $I_{st1}=2.5I_N$，满载起动。求各段起动电阻值。

解　起动时电枢总电阻

$$R_1=\frac{U_N}{I_{st1}}=\frac{220}{2.5\times 84}=1.05(\Omega)$$

取 $m=3$，则

$$\lambda=\sqrt[m]{\frac{R_1}{R_a}}=\sqrt[3]{\frac{1.05}{0.175}}=1.817$$

换接电流

$$I_{st2}=\frac{I_{st1}}{\lambda}=\frac{2.5I_N}{1.817}=1.376I_N>1.1I_N$$

所选的段数适宜。

各段电阻为

$$r_3=R_a(\lambda-1)=0.175(1.817-1)=0.143(\Omega)$$
$$r_2=\lambda r_3=1.817\times 0.143=0.260(\Omega)$$
$$r_1=\lambda r_2=1.817\times 0.260=0.472(\Omega)$$

验算 $R_a+r_1+r_2+r_3=0.175+0.143+0.260+0.472=1.05=R_1$。

第二节　他励直流电动机的制动

在一些生产机械中，有时为了限制电动机转速的升高（例如电车下坡及起重机下放重物），或需要很快地减速停车（如可逆式轧钢机、龙门刨床等），要对电动机进行制动。

制动的方法有机械的（用抱闸）和电磁的两种。电磁制动是使电动机产生一个与旋转方向相反的电磁转矩。电磁制动的优点是制动转矩大，制动强度控制比较容易。

在一般的拖动装置中，对电动机电磁制动的要求与起动基本相同。要有足够大的制动转

矩，一般以电动机及其传动机构不致受到过大的冲击而损伤为宜。制动电流不要超过电动机换向所允许的数值，一般取 2～2.5 倍的额定电流。

他励电动机的电磁制动方法可分为三种：①能耗制动；②反接制动，包括倒拉反接和电源反接制动两种；③回馈制动。

一、能耗制动

图 5-3（a）所示为电动状态运行，开关合在 1 的位置。电动势、电流、转矩和转动方向如图中所示。如将开关倒合到 2 的位置，电动机被切断电源而接入一个制动电阻 R_z。这时在拖动系统惯性作用下，电机继续旋转，励磁仍然保持不变。在电机电动势作用下，变成为发电机状态，把旋转系统所储存的动能变为电能，消耗在制动电阻和电枢内阻中，故称为能耗制动状态。由于此时作用于电动机的电网电压 $U=0$，则电机的电流为

$$I_z=\frac{U-E_a}{R}=-\frac{E_a}{R} \tag{5-7}$$

电流方向与电动运行状态的方向相反［见图 5-3（b）］。因为电机的励磁电路仍然接在电源上，磁通不变，所以制动时电流所产生的电磁转矩和原来的方向相反，变为制动转矩，使电动机很快减速直至停转。

在能耗制动时，因 $U=0$，$n_0=0$，电动机的机械特性方程式变为

$$n=-\frac{R}{C_e\Phi}I_z=-\frac{R}{C_eC_M\Phi^2}T_M \tag{5-8}$$

其中 $R=R_a+R_z$

从式（5-8）可知，能耗制动时，机械特性曲线为通过原点的直线，它的斜率 $-\beta=-\frac{R}{C_eC_M\Phi^2}$，与电枢回路总电阻成正比。因为能耗制动时转速方向未变，电流和转矩方向变为负（以电动状态为正）。所以，它的机械特性曲线在第二象限（见图 5-4）。图 5-4 中还绘出不同制动电阻时的机械特性。可以看出，在一定的转速下，电枢总电阻越大，制动电流和制动转矩越小。因此，在电枢电路中串接不同的电阻值，可满足不同的制动要求。当确定了制动时最大允许电流 I_z 时，可由式（5-9）计算出电阻 R_z 的数值。由于

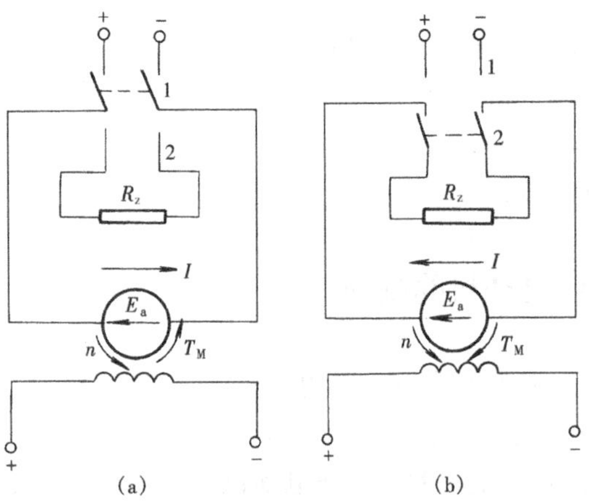

图 5-3 能耗制动接线

（a）电动状态；（b）能耗制动状态

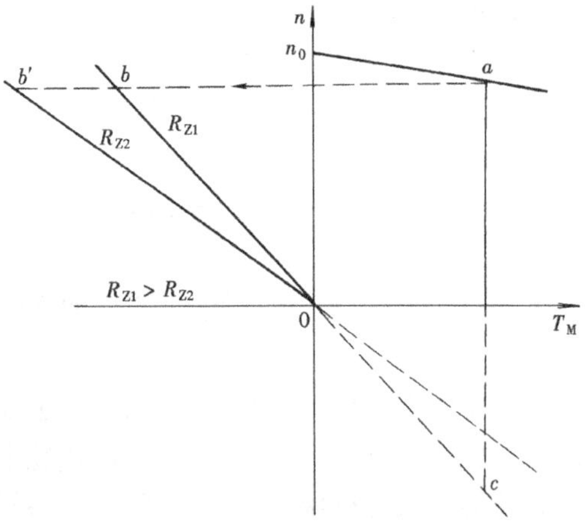

图 5-4 能耗制动的机械特性

$$R=R_z+R_a=-\frac{E_a}{I_z}$$

故

$$R_z=-\frac{E_a}{I_z}-R_a=-\frac{C_e\Phi n}{I_z}-R_a \tag{5-9}$$

式中　E_a——制动起始时电动机电动势；

n——制动起始时电动机的转速；

I_z——起始的制动电流。

制动时最大允许电流 I_z 可参照起动时最大允许电流的范围来选择。I_z 应以负值代入式（5-9）中。

【例 5-2】　一台他励直流电动机额定数据如下：$P_N=40kW$，$U_N=220V$，$I_N=210A$，$n_N=1000r/min$，电动机电枢内电阻 $R_a=0.07\Omega$。试求：（1）在额定情况下进行能耗制动，欲使制动电流等于 $2I_N$，电枢应外接多大的制动电阻？（2）求出机械特性方程；（3）如电枢无外接电阻，制动电流有多大？

解　（1）额定情况下运行，电动机电动势为

$$E_{aN}=U_N-I_NR_a=220-210\times0.07=205.3(V)$$

按要求

$$I_z=-2I_N=-2\times210=-420(A)$$

能耗制动时电枢电路总电阻为

$$R=-\frac{E_{aN}}{I_z}=-\frac{205.3}{-420}=0.489(\Omega)$$

应接入的制动电阻为

$$R_z=R-R_a=0.489-0.07=0.419(\Omega)$$

（2）机械特性方程

由于

$$C_e\Phi_N=\frac{E_{aN}}{n_N}=\frac{205.3}{1000}=0.205$$

$$C_M\Phi_N=9.55C_e\Phi_N=1.958$$

所以特性方程为

$$n=-\frac{RT_M}{C_e\Phi_N C_M\Phi_N}=-\frac{0.489}{0.205\times1.958}T_M=-1.218T_M$$

（3）如不外接制动电阻，制动电流

$$I_z=-\frac{E_{aN}}{R_a}=-\frac{205.3}{0.07}=-2933(A)$$

此电流约为额定电流的 14 倍。所以能耗制动时，不许直接将电枢短接，必须接入一定数值的制动电阻。

二、倒拉反接制动

倒拉反接制动可用起重装置来说明。图 5-5(a)中电动机在提升载荷，电动机逆时针方向旋转，稳定运行于图 5-6 固有特性曲线上 a 点。

若以大电阻 R_z 串联到电枢电路中，使电枢电流减小，电动机便转变到对应于该电阻的

人为特性曲线上的 b 点运行。这时电动机的电磁转矩小于负载转矩，电动机的转速下降。转速与转矩的变化沿着该电阻对应的人为特性曲上箭头所示的方向。当转速降至零时，如电动机电磁转矩仍小于负载转矩，则在负载位能转矩作用下，将电动机倒拉而开始反转，其旋转方向变为下放重物的方向[见图 5-5(b)]。在此情况下，电动势方向也随之改变，而与电源电压方向相同，于是电枢电路中电流为

$$I_a = \frac{U-(-E_a)}{R} = \frac{U+E_a}{R} \tag{5-10}$$

由于电枢电流方向未变，这时电动机的电磁转矩方向也未变。但因旋转方向已改变，所以电磁转矩变成阻碍反向运动的制动转矩。如略去 T_0，当 $T_M=T_L$ 时，就制止了重物下放的速度继续增加，可稳定运行于图 5-6 特性曲线的 c 点上。因为倒拉反接制动时，电动机的电动势方向发生改变，由原来与端电压相反方向，变为与端电压相同方向，所以倒拉反接制动状态又称为电动势反接制动状态。

倒拉反接制动时机械特性方程式仍为

$$n = n_0 - \frac{R}{C_e C_M \Phi^2} T_M$$

但此时由于串入了大电阻，电动机的转速降

$$\Delta n = \frac{R}{C_c C_M \Phi^2} T_M > n_0$$

即电动机的转速变为负值，所以特性曲线应在第四象限内

图 5-6 中也示出了不同的电枢电阻下的反接运转的机械特性。可以看出，在同一转矩下，电阻越大，稳定的倒拉转速越高。

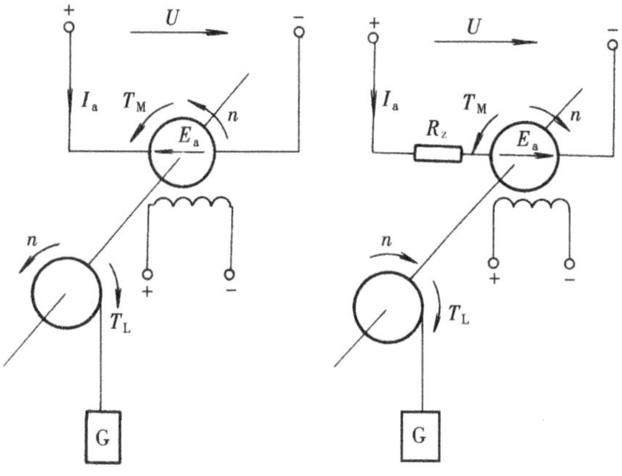

(a)　　(b)

图 5-5　倒拉反接原理

(a) 电动机运行；(b) 倒拉反接

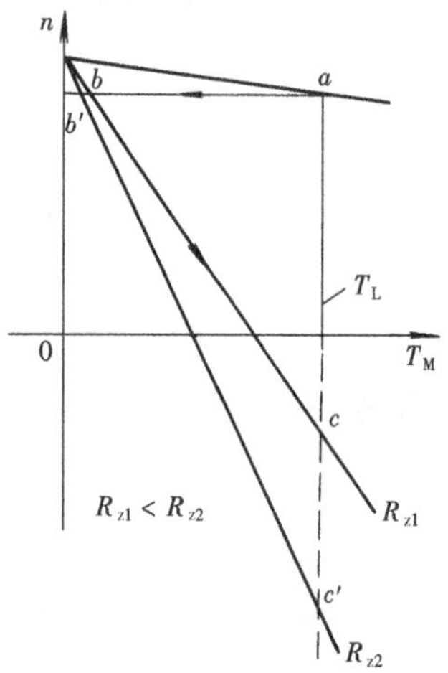

图 5-6　倒拉反接机械特性

由于倒拉反接制动时，电机的电动势 E_a 的方向与电源电压 U 的方向一致，故有

$$U + E_a = I_a(R_a + R_z)$$

将上式两边乘以 I_a，得

$$UI_a + E_a I_a = I_a^2(R_a + R_z) \tag{5-11}$$

式 (5-11) 中，UI_a 表示直流电源仍然向电机供给电能，而 E_aI_a 则表示电机将下落重物的机

械能转变为电能。以上这两部分电能都消耗在电枢内电阻 R_a 和串入的制动电阻 R_z 上。由此可见，反接制动在电能利用方面是很不经济的。

三、电源反接制动

反接制动还可以在电源反接（或称电压反接）的情况下实现。图 5-7 所示为其原理接线图。

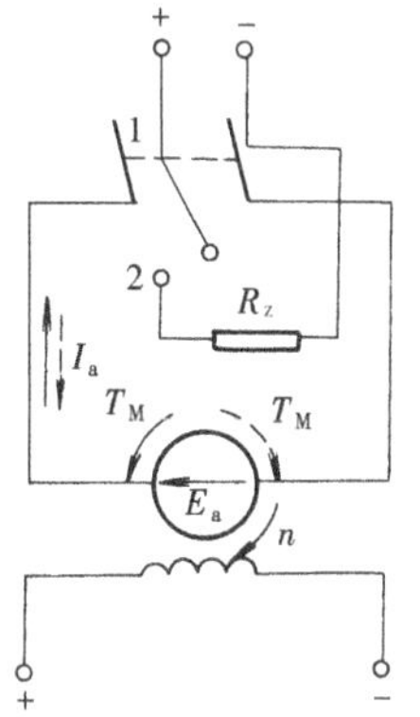

图 5-7 电源反接原理接线

当开关投向位置 1 时，电动机以电动状态运行，旋转方向和电动势方向如图中实线箭头所示，电流 I_a 和电磁转矩 T_M 方向用虚线箭头表示。

若将开关投向 2 的位置，这时加到电枢绕组两端的电源电压极性便和电动运行时相反。因为这时磁场和转向不变，电动势方向不变。于是外加电压与电动势方向相同，这样，电枢电流

$$I_a = \frac{-U-E_a}{R} = -\frac{U+E_a}{R} \tag{5-12}$$

变为负值，电磁转矩方向也随之改变（见图 5-7 中的实线箭头），起到制动作用，使转速迅速下降。由于这时作用在电枢电路的电压（$U+E_a$）$\approx 2U$，因此必须于反接的同时在电枢回路中串入制动电阻 R_z，以限制过大的制动电流。这个电阻 R_z 一般约等于起动电阻的两倍。

因为制动时接于电动机的电源电压符号改变，理想空载转速为 $\frac{-U}{C_e\Phi}=-n_0$，所以电源反接的机械特性方程式为

$$n = -n_0 - \frac{R}{C_e\Phi}I_a = -n_0 - \frac{R}{C_eC_M\Phi^2}T_M \tag{5-13}$$

其中，I_a 及 T_M 应以负值代入。

电源反接过程的机械特性曲线如图 5-8 所示。在制动前，电动机运行在固有特性曲线 1 的 a 点上，当串加电阻 R_z 并将电源反接的瞬间，电动机工作点变到电源反接的人为特性曲线 2 的 b 点上，电动机的电磁转矩变为制动转矩，使电机工作点沿特性曲线 2 开始减速。当转速降至零时，如果是反抗性负载，当 $T_M \leqslant T_L$ 时，电动机便停止不动；当 $T_M > T_L$，在反向的电磁转矩作用下，电机将反向起动，进入反向电动运行状态，如图中 df 段。如果是位能负载，当这个位能负载转矩大于拖动系统空载的摩擦转矩时，则不管电动机在 $n=0$ 时电磁转矩（它也是使电动机反转的）有多大，电动机都要反向旋转。要避免电动机反转，必须在 $n=0$ 瞬间切断电源，并使机械抱闸动作，保证电动机准确停车。人为特性曲线 2 中 bd 段即为电源反接的机械特性，它在第二象限内。电源反接的能量关系和倒拉反接的相同。

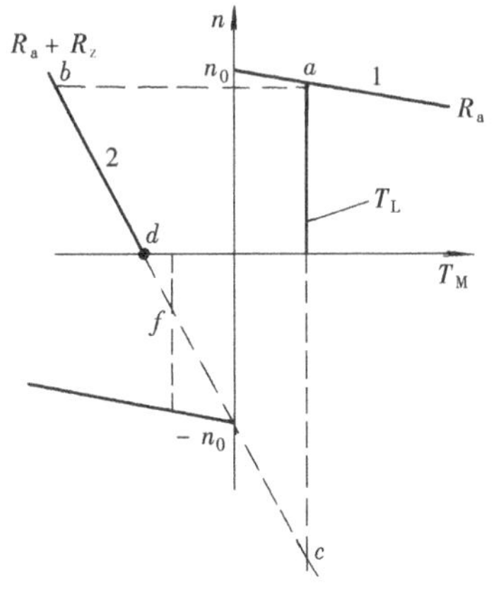

图 5-8 电源反接机械特性

【例 5-3】 电动机同于例 5-2，试求：（1）如电动机的负载是位能负载，提升重物在额定负载情况下工作，如在电枢中串入 $R_z=2R_N$，进行倒拉反接制动，求倒拉时稳定的转速；

(2) 如电动机作电源反接，反接初瞬时的电磁制动转矩 $T_z=2T_{MN}$，电枢中需串入多大电阻？(T_0 忽略不计)

解 (1) 从例 5-2 中已知电动机有关的计算数据：$R_a=0.07\Omega$，$E_{aN}=205.3V$，$C_e\Phi_N=0.205$。

额定电阻 $R_N=\frac{U_N}{I_N}=\frac{220}{210}=1.05$ (Ω)；倒拉反接时电枢总电阻，$R=R_a+2R_N=0.07+2\times1.05=2.17(\Omega)$，忽略 T_0 不计，下放时 $T_L=T_{MN}$ 不变，则 $T_M=T_{MN}$，$I_a=I_N=210A$ 不变。电动机的转速为：

$$n=n_0-\frac{R}{C_e\Phi_N}I_N=1073-\frac{2.17}{0.205}\times210=-1150(r/min)$$

$$n_0=\frac{U_N}{C_e\Phi_N}=\frac{220}{0.205}=1073(r/min)$$

(2) 电动机电源反接时，$n=n_N$，要求此时电磁制动转矩 $T_M=2T_N=2T_{MN}$，则 $I_a=-2I_N$。电枢电路总电阻应为

$$R=\frac{-(U_N+E_{aN})}{-2I_N}=\frac{220+205.3}{2\times210}=1.013(\Omega)$$

应串入的制动电阻为

$$R_z=R-R_a=1.013-0.07=0.943(\Omega)$$

四、回馈制动

当起重机下放重物或电车下坡时，电动机转速都可能超过 n_0，这时电机将处于回馈制动状态。

图 5-9 所示是起重装置示意图。重物开始下放时，设电机作反向电动运行（习惯上以提升方向为正）。在图 5-9 (a) 中标出了电动机电流和转矩的方向。这时的机械特性和电源反

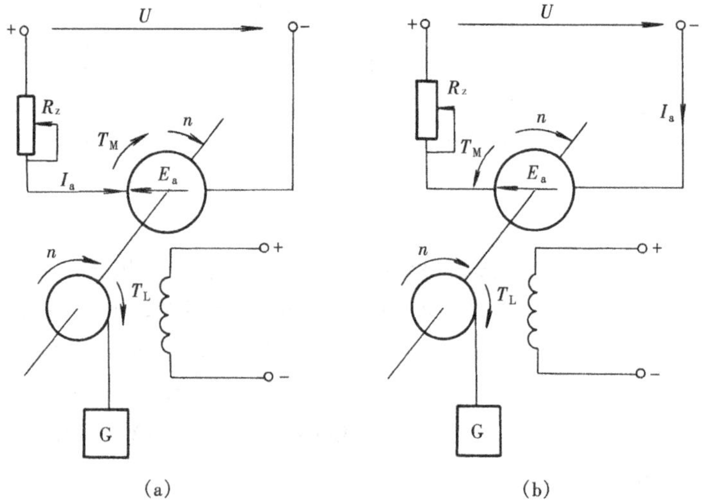

图 5-9 电动机反向回馈制动

(a) 反向电动状态；(b) 反向回馈制动状态

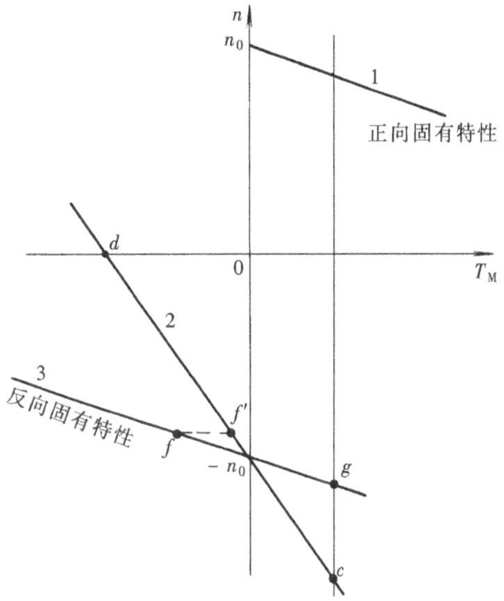

图 5-10　反向回馈的机械特性

接的机械特性相同，如图 5-10 所示的特性曲线 2，而位能负载特性仍为正值。在电动机电磁转矩和位能负载转矩作用下，电动机沿特性曲线 2 在第三象限区间 d 点反向起动并且加速。当转速达到某一数值，如特性曲线 2 上 f' 点可将串在电枢的外电阻切除（也可像正常起动那样分段切除），使电动机工作点由 f' 点变换到反向固有特性曲线 3 上 f 点并继续升速。当下放转速超过理想空载转速时，电动机工作点进入第四象限的回馈制动状态，如图 5-9（b）所示。

当 $|-n|>|-n_0|$、$E_a>U$ 时，电动机的电枢电流变为与 E_a 方向相同，从电枢正端流出。电动机的电磁转矩也随电流而改变它的方向，变为制动转矩。于是电动机变为发电机状态，把系统的动能变为电能，反馈回电网。当电磁制动转矩 T_M 与位能负载转 T_L 平衡时，稳定在 g 点上运转，以 n_g 速度稳定下放重物。从图中可以看到，如果电枢电路中保留外接电阻，电动机将稳定在较高转速的 c 点上。为了防止转速过高，减少电阻损耗，在回馈制动时，不宜接入制动电阻。

在上面讨论起重装置的电动机回馈制动时，把提升作为运动的正方向，所以下放重物的回馈制动就是反向的制动。机械特性在第四象限。如果把下放的方向定为运动的正方向，则应把图 5-10 所示的特性曲线图转过 180°，成为正向的回馈制动，特性曲线在第二象限。

反向回馈制动稳定的转速为

$$n=-n_0-\frac{RI_a}{C_e\Phi}=-n_0-\frac{RT_M}{C_eC_M\Phi^2} \tag{5-14}$$

【例 5-4】　电动机同于例 5-2，试求：（1）电动机带 $\frac{1}{2}$ 额定负载，在固有特性上进行回馈制动，试问将在多高转速下稳定运行？（2）电动机带同样位能负载，欲使电动机在 $n=1200$r/min 时稳定运行，问回馈制动时，电枢电路应接入多大的电阻？

解　（1）$T_L=0.5T_N$，忽略 T_0，可认为 $I_a=0.5I_N$，则

$$n=-n_0-\frac{R_aI_a}{C_e\Phi_N}=-1073-\frac{0.07\times0.5\times210}{0.205}=-1109(\text{r/min})$$

（2）以绝对值计算

$$|n|=|n_0|+\frac{RI_a}{C_e\Phi_N}$$

$$R=\frac{(|n|-|n_0|)C_e\Phi_N}{I_a}=\frac{(1200-1073)\times0.205}{0.5\times210}=0.248(\Omega)$$

所以电枢电路中应接入的电阻为

$$R_z=R-R_a=0.248-0.07=0.178(\Omega)$$

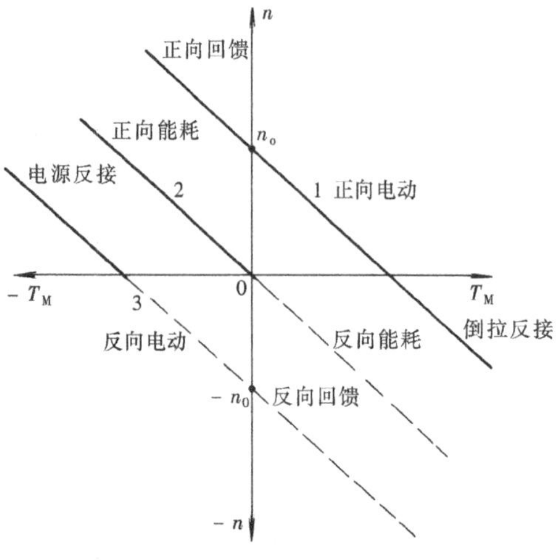

图 5-11 各种运转状态机械特性

五、各种制动方法的比较

现将各种运转状态的机械特性曲线画在图 5-11 内，以便于比较理解和记忆。

保持电枢电路电阻不变，则特性曲线斜率不变。能耗制动时 $U=0$，$n_0=0$，机械特性曲线经过原点（见图中直线 2）；电机接在电网上按规定正方向运行，$n_0=\dfrac{U}{C_e\Phi}$，这时特性曲线向上平行移至过 n_0 点得直线 1，第一象限为正向电动运行，第二象限为正向回馈制动，第四象限为倒拉反接制动；如将电源反接，则曲线向下移至过 $-n_0$ 点得直线 3，与直线 1 相对应，第二象限为电源反接制动，第三象限为反向电动运行，第四象限为反向回馈制动运行。

能耗制动和电源反接制动时，电动机转速由运行值下降至零，属于“刹车”的过程。在制动过程中没有稳定运行点，是属于过渡状态的制动。出现在重物下放的倒拉反接制动和再生制动，起着限速作用，有稳定的运行点。在第五章第三节中所述的降压调速过程可能出现过渡性的回馈制动状态。

在制动状态下，电动机实质上转化为发电机运行。能耗制动时，电动机变为独自向电枢电路电阻供电的发电机；回馈制动时，电动机变为与电网并联的发电机，向电网反馈电能；反接制动时，电动机变为与电网串联的发电机，与电网共同对电枢电路电阻供电。制动状态下消耗的电能，除由电源供给的外，其余都是从旋转系统的动能转变而来的。

各种制动方法的特点和应用综述如下：

（1）能耗制动的优点是:制动减速较平稳可靠;控制线路较简单;当转速减至零时,制动转矩也减小到零,便于实现准确停车。其缺点是:制动转矩随转速下降成正比地减小,影响到制动效果。

能耗制动适用于不可逆运行，制动减速要求较平稳的情况下。

（2）回馈制动的优点是：不需要改接线路即可从电动状态自行转化到制动状态；电能可反馈回电网，简便可靠而经济。其缺点是：制动只能产生在 $n>n_0$ 时，应用范围较窄。

回馈制动适用于位能负载的稳定高速下降；在调速过程中，开始可能出现过渡性回馈制动状态。

（3）反接制动的优点是：制动转矩较恒定，制动较强烈，效果好。其缺点是：需要从电网中吸收大量电能；转速为零时，若不及时切断电源，会自行反向加速（电源反接）。

电源反接制动适用于要求迅速反转，较强烈制动的场合；倒拉反接可应用于吊车以较慢的稳定转速下放重物时。

第三节　他励直流电动机的调速

一、调速性能和调速方法

电动机速度调节性能的好坏，常用下列各项指标来衡量。

1. 调速范围

调速范围是指电动机拖动额定负载时，所能达到的最大转速与最小转速之比，即

$$D=\frac{n_{max}}{n_{min}} \tag{5-15}$$

2. 调速的平滑性

以电动机两个相邻调速级的转速 n_i 与 n_{i-1} 之比来衡量，即

$$K=\frac{n_i}{n_{i-1}} \tag{5-16}$$

这个比值越接近于 1，调速的平滑性越好。在一定的调速范围内，可能得到的调速级数越多，则调速平滑性越好。

3. 调速的相对稳定性

调速的稳定性是指负载转矩发生变化时，电动机转速随之变化的程度。工程上常用静差率来衡量调速的相对稳定性。它是指电动机在某一机械特性曲线上运转时，在额定负载下的转速降 Δn_N，对理想空载转速的百分比，即

$$S=\frac{\Delta n_N}{n_0}\times 100\% \tag{5-17}$$

静差率和机械特性的硬度有关，电动机的机械特性越硬，转速变化率越小，静差率越小，相对稳定性越高。但机械特性硬度一样，静差率可能不等。如图 5-12 所示两条互相平行的机械特性，虽然 $\Delta n_{N1}=\Delta n_{N2}$，但 $n_{02}<n_{01}$，因此 $S_1<S_2$。即低速机械特性的静差率大，相对稳定性差。

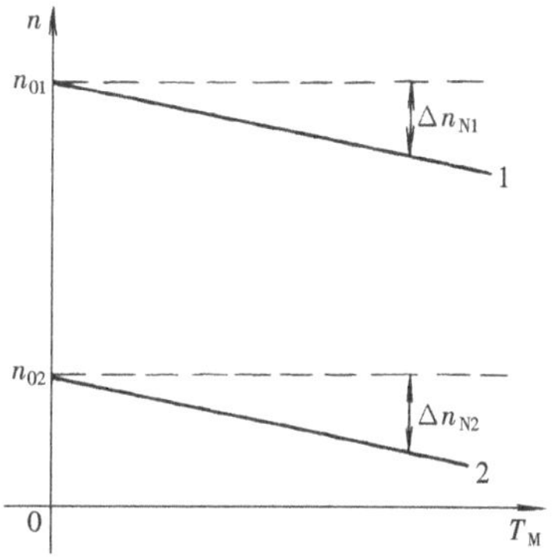

图 5-12　不同转速时的静差率

4. 调速的经济性

由调速设备的投资和电机运行时的能量消耗来决定。

5. 适应负载的特点

不同的生产机械在调速时，轴上负载转矩和功率变化的情形是不一样的。某些机械，例如起重机、皮带运输机等的特点是：当转速变化时，负载转矩不变，因而所需的功率随转速成正比例变化，如图 5-13（a）所示，这一类负载称为恒转矩负载。另一些生产机械，如大多数机床的主轴拖动这类机械的特点是：当转速变化时，负载功率保持一定，负载转矩与转速成反比，如图 5-13（b）所示。这一类负载称为恒功率负载。

电动机各种调速方法的选择，应适应负载调速特点的要求，使电动机尽可能地被合理利用。

直流电动机的转速公式为

$$n=\frac{U-I_a(R_a+R_t)}{C_e\Phi}=\frac{U-I_aR}{C_e\Phi} \tag{5-18}$$

式（5-18）表明直流电动机调速方法有三种：①改变电枢电路电阻 R；②改变磁通 Φ；③改变供电电压。这是因为这三个参数中任何一个发生改变，都会使电动机的固有机械特性发生变化，而得到我们所要求的人为机械特性。

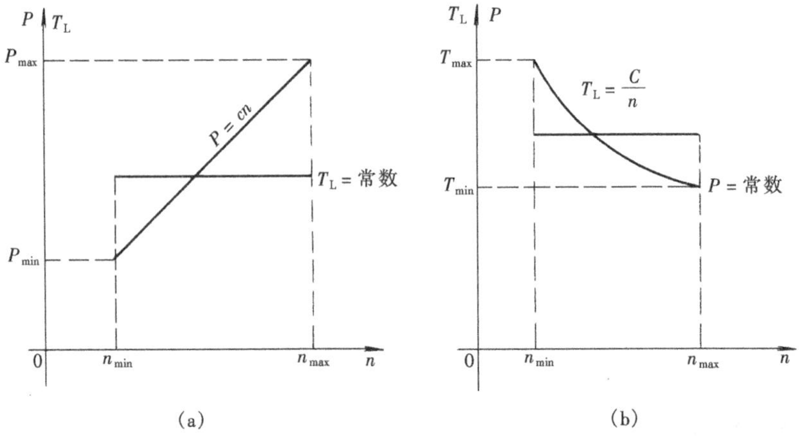

图 5-13 负载特性

(a) 恒转矩负载；(b) 恒功率负载

二、改变电枢回路电阻调速

电枢电路串接附加电阻后，n_0 不变，而转速降与电阻成正比，使特性变软。对应不同的电枢电阻，可得到不同的人为特性。

现在先来分析串入电阻时，转速是怎样引起变化的。用此方法调速时，保持电机端电压为额定电压，磁通为额定磁通不变。在调速过程中，设电机轴上负载转矩不变。

调速前，电动机带额定负载，运行在对应 $T_M=T_L$（T_0 略去不计）的固有特性曲线 a 点上（见图 5-14）。这时电机的转速为 n_N，电枢电流为 I_N。

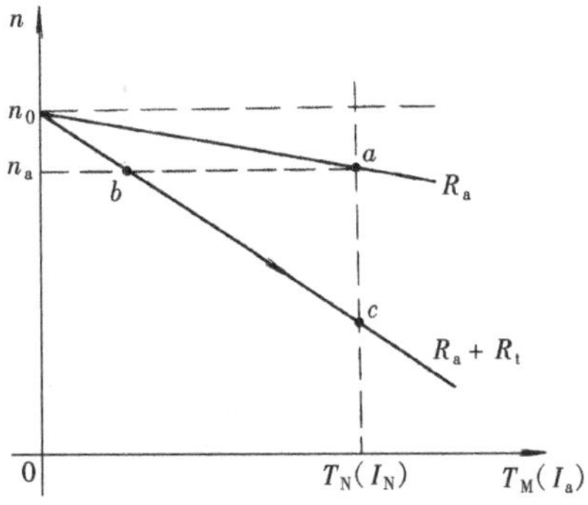

图 5-14 电枢串电阻调速机械特性

当电枢串入调节电阻时，电枢电流为

$$I_a=\frac{U_N-C_e\Phi_N n}{R_a+R_t} \tag{5-19}$$

在此瞬间，由于系统的机械惯性，电动机转速来不及变化，因此电枢电流将随电枢回路电阻增加而减小。因为磁通不变，必然使电磁转矩减小。这时运行点由固有特性 a 点变换到人为特性曲线的 b 点上。按假设条件 T_L 不变，于是在 b 点电动机的电磁转矩 $T_M<T_L$，电动机的转速便逐渐降低。

在转速下降的同时，电动机的电动势与转速成正比地减小，使得电枢电流和对应的电磁转矩又重新逐渐增大。一直到恢复原来的与 T_L 相平衡的数值为止，电动机的转速便不再下降，稳定在人为特性曲线的 c 点上。如果负载转矩恒定，电枢电流将保持为原值不变，即 $I_c=I_a=I_N$。新的稳定转速为

$$n_c=n_0-\frac{(R_t+R_a)I_N}{C_e\Phi_N}=n_0-\frac{(R_t+R_a)T_{MN}}{C_eC_M\Phi_N^2} \tag{5-20}$$

这种调速方法的缺点是：①由于所串电阻所需的截面大，只能分较少的挡位调节，调速的平滑性差；②低速时，特性较软，稳定性较差；③轻载时调速效果不大；④因为电枢电流不变，电阻功率损耗与电阻成正比，转速越低，须串入的电阻越大，电阻损耗越大，效率越

低；⑤考虑到上述因素，电动机的转速不宜调节得太低，因此也就限制了调速范围，一般 $D=2\sim3$。但是，这种调速方法具有设备简单，操作方便的优点，适于作短时调速。在起重和运输牵引装置中得到广泛的应用。

【例 5-5】 一台直流他励电动机额定数据：$P_N=17kW$，$U_N=220V$，$I_N=90A$，$n_N=1500r/min$，$R_a=0.23\Omega$。试求：(1) 当轴上负载转矩为额定值时，在电枢串入调节电阻 $R_t=1\Omega$，电动机的转速是多少？此时电动机的效率是多少？(2) 如电机的负载转矩为 $0.5T_N$，要得到 850r/min 的转速，应串入多大的电阻？

解 (1) 电机的感应电动势常数

$$C_e\Phi_N=\frac{U_N-I_NR_a}{n_N}=\frac{220-90\times0.23}{1500}=0.133$$

当 $T_L=T_N$ 时，$I_a=I_N=90A$，串入电阻后的稳定转速为

$$n=\frac{U_N-I_N(R_a+R_t)}{C_e\Phi_N}=\frac{220-90\times(0.23+1)}{0.133}=822(r/min)$$

电动机的效率

$$\eta=\frac{T_L\Omega}{U_NI_a}\times100\%$$

因为 U_N、I_a 及 T_L 不变，所以 $\eta\propto\Omega\propto n$。

调速前的效率

$$\eta_N=\frac{P_N}{U_NI_N}\times100\%=\frac{17\times10^3}{220\times90}\times100\%=86\%$$

调速后的效率

$$\eta=\eta_N\frac{n}{n_N}=0.86\times\frac{822}{1500}=0.47=47\%$$

(2) $T_L=0.5T_N$ 时，忽略 T_0 可认为 $T_M=0.5T_{MN}$，$I_a=0.5I_N$，电动机的电枢总电阻

$$R_a+R_t=\frac{U_N-C_e\Phi_Nn}{0.5I_N}=\frac{220-0.133\times850}{0.5\times90}=2.38(\Omega)$$

$$R_t=2.38-0.23=2.15(\Omega)$$

三、改变电动机的磁通调速

他励电动机改变磁通调速，比较简便的方法是在励磁电路串联调节电阻，改变励磁电流，使磁通改变，接线图如图 5-15 所示。

首先分析在端电压 $U=U_N$，电枢电路不串接外电阻，负载转矩 $T_L=T_N$ 不变条件下，改变磁通调速时的转速变化过程。设调速前电动机稳定运行在图 5-16 中的固有特性曲线 a 点上，当增加励磁调节电阻 r_f，使励磁电流和磁通减小时，电动机的电动势随之减小。虽然电动势减小得不多，但由于电枢内电阻很小，所以电枢电流将急剧地增加。例如，某一电动机 $U_N=220V$，$E_a=200V$，$R_a=0.5\Omega$，则电枢电流为

$$I_a=\frac{U_N-E_a}{R_a}=\frac{220-200}{0.5}=40(A)$$

如将磁通 Φ 减小 $\frac{1}{5}$，即 $\Phi=0.8\Phi_N$，并认为最初瞬间电动机的转速还来不及改变，则得

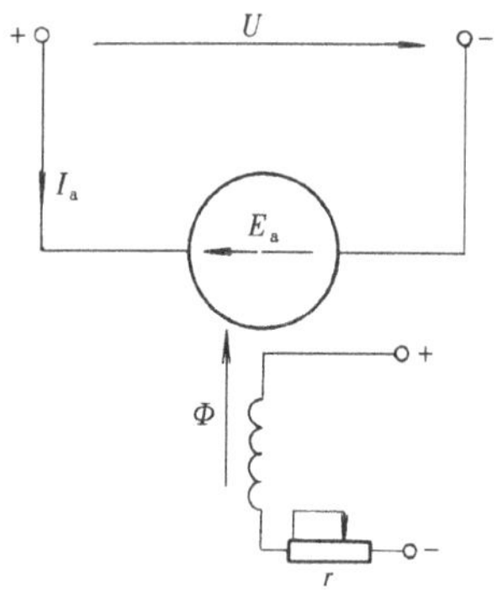

图 5-15　他励电动机改变磁通调速接线

$$I'_a=\frac{220-200\times0.8}{0.5}=120(A)$$

即电枢电流增加到原来的三倍。

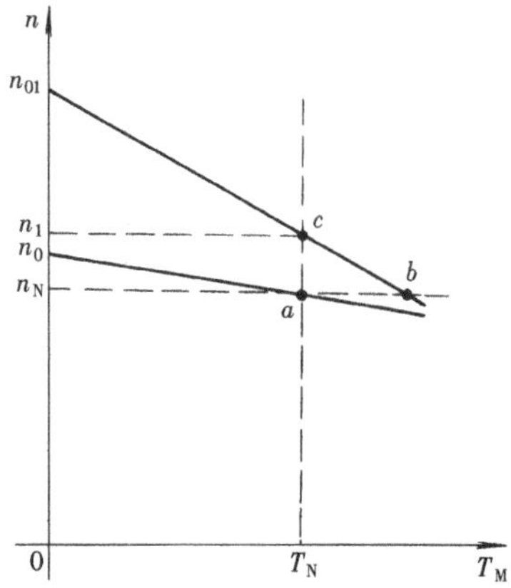

图 5-16 改变磁通调速机械特性

磁通 Φ 减小并不大，而电枢电流 I_a 却增加很多，这样电磁转矩 $T_M=C_M\Phi I_a$ 还是比原来增大了。在这一瞬间，运行点由固有特性曲线上 a 点，变换到人为特性曲线上的 b 点（见图 5-16）。此时，由于 $T_M>T_L$，电动机的转速开始上升。在转速上升的同时，电动势也将增加，又使电枢电流逐渐减小。电磁转矩和转速沿着人为特性从 b 点变化到 c 点时，电磁转矩恢复到原有值。这时转速便稳定为 n_1。

在新的稳定点 c 上，电磁转矩为

$$T_M = C_M\Phi_1 I_{a1} = C_M\Phi_N I_N$$

电枢电流为

$$I_{a1} = \frac{\Phi_N}{\Phi_1}I_N \tag{5-21}$$

电动机的转速为

$$n_1 = \frac{U_N - I_{a1}R_a}{U_N - I_N R_a}\cdot\frac{C_e\Phi_N}{C_e\Phi_1}n_N$$
$$\approx n_N\frac{\Phi_N}{\Phi_1} \tag{5-22}$$

这种调速方法的优点是：励磁电流通常只是电枢额定电流的 2%～5%，因而可用小容量调节电阻，这样就能增多调速级数，调速平滑性较好；控制设备体积小，投资少，能量损耗小，调速的经济性好。

这种调速的方法的主要缺点是：调速只能在额定转速以上范围进行。因为正常工作时，$\Phi=\Phi_N$，磁路已趋饱和，所以只能采取弱磁调速方式。而弱磁使转速升高又受到换向和机械强度的限制，因此调速范围不广。普通电机 $D=1.2\sim2$，特殊设计可达到 $D=3\sim4$。

这种调速方法不适合于恒转矩负载。因为在恒定负载条件下，从式（5-21）可知，磁通减小、转速升高时，电枢电流将增大。如果低转速电枢电流为额定，则高转速时电枢电流将超过额定值，使电机过热；反之如使高转速时电枢电流为额定值，则低转速时电枢电流未达到额定值，电动机容量不能充分利用。要使电机在弱磁调速过程中，电枢电流保持额定值不变，则在高转速（弱磁）时，要求负载转矩相应地减小，所以弱磁调速适合于恒功率负载。

【例 5-6】 例 5-5 的电机，负载转矩 $T_L=T_N$ 不变，若将磁通减至 $0.8\Phi_N$，求电机的稳定转速和电枢电流。

解 由［例 5-5］已知 $C_e\Phi_N = 0.133$

$$C_M\Phi_N = 9.55C_e\Phi_N = 1.27$$

电动机的额定电磁转矩

$$T_M = C_M\Phi_N I_N = 1.27\times90 = 114.3(\text{N}\cdot\text{m})$$

根据给出条件 $C_e\Phi=0.8C_e\Phi_N$、$C_M\Phi=0.8C_M\Phi_N$，电动机的稳定转速

$$n = \frac{U_N}{C_e\Phi} - \frac{R_aT_M}{C_e\Phi C_M\Phi} = \frac{U_N}{0.8C_e\Phi_N} - \frac{R_aT_N}{0.8^2C_e\Phi_N^2C_M}$$
$$= \frac{220}{0.8\times0.133} - \frac{0.23\times114.3}{0.8^2\times0.133\times1.27}$$

$$= 2068 - 243 = 1824(\text{r/min})$$

电枢电流

$$I_a = I_N \frac{\Phi_N}{\Phi} = 90 \times \frac{1}{0.8} = 112.5(\text{A})$$

四、改变电枢电压调速

改变电枢电压的人为特性是一根平行于固有机械特性的直线。先说明改变电压调速的过程。设电动机的磁通保持额定值不变，电枢不串外接电阻，负载转矩为额定值不变。调速前，电动机稳定工作在图 5-17 所示固有机械特性曲线 1 的 a 点上。这时若将加在电枢两端的电压降低（对应于人为特性的电压），在此瞬间电动机的转速由于惯性作用来不及变化，电动势 E_a 也未变化，电枢电流将减小，必将导致电磁转矩变小。电动机工作点将从 a 点瞬时变到人为特性曲线 2 上的 b 点。这时电动机电磁转矩小于负载转矩，转速将下降。在转速下降的同时，电动势 E_a 随之减小，电枢电流及电磁转矩又重新增大，工作点由 b 点逐渐向 c 点变化。当电枢电流及电磁转矩增加到与负载转矩相平衡的数值时，电动机便稳定在人为特性曲线的 c 点上运行。

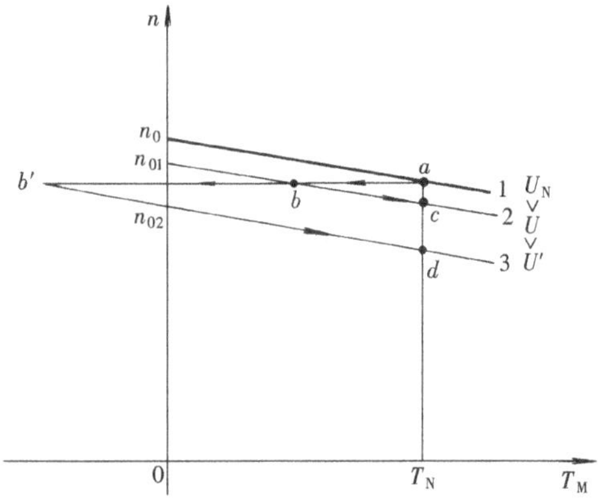

图 5-17　改变电压的机械特性

如果电枢电压下降幅度较大，使 $U<E_a$ 时，人为特性为图 5-17 中的曲线 3。降压的瞬时 I_a 变为负值，电动机便过渡到发电制动状态，工作点从固有特性的 a 点瞬时地变到人为特性曲线 3 上的 b'点。这时系统的动能将变为电能回馈电网。电机在电磁制动转矩和负载阻转矩作用下，转速沿曲线 3 下降。随着 n 的下降 E_a 减小，反向的电流 I_a 随之减小。当 E_a 减至 U'时，$I_a=0$，$T_m=0$。在 T_L 作用下 n 继续下降，这时 $U'>E_a$，I_a 变为正向，制动的 T_m 逐渐增大。电动机的转矩和转速变化将沿着人为特性 3，从 b'逐渐过渡到 d 点，并以 n_d 的转速稳定运转。

这种调速方法优点很多，主要有：①可以实现无级调速，平滑性很好；②由于机械特性斜率不变，相对稳定性较好；③可以调节至较低的转速，因此调速范围较广；④调速过程能量损耗较小。

电动机一般不允许超过额定电压运行，因此这种调速方法只能在额定转速以下进行调节。这种调速方法适合于恒转矩负载，因为转矩一定时，电枢电流能保持一定而不随转速而变化。

改变电压调速，电动机电枢电路需要由专门的直流调节电源供电。这种专门的调速装置有发电机—电动机系统（G-M 系统）和晶闸管整流调整系统（V-M 系统）。

【例 5-7】　［例 5-5］的电机，负载转矩 $T_L=T_N$ 保持不变，欲使电动机以 750r/min 的速度稳定运行，如何实现？计算有关参数、静差率和效率。

解　在额定转速以下调速，只能采取电枢串电阻或降压的调速方法。

（1）采用电枢串电阻调速

电枢总电阻

$$R_a + R_t = \frac{U_N - C_e\Phi_N n}{I_N} = \frac{220 - 0.133 \times 750}{90} = 1.336(\Omega)$$

应串入电阻 $R_t = 1.336 - R_a = 1.336 - 0.23 = 1.106(\Omega)$

电动机理想空载转速

$$n_0 = \frac{U_N}{C_e\Phi_N} = \frac{220}{0.133} = 1654(\text{r/min})$$

静差率 $$S = \frac{\Delta n_N}{n_0} = \frac{1654 - 750}{1654} = 0.547 = 54.7\%$$

效率 $$\eta = \eta_N \frac{n}{n_N} = 0.86 \times \frac{750}{1500} = 0.43 = 43\%$$

(2) 采用降压方法调速

所加电压应为

$$U = C_e\Phi_N n + I_N R_a = 0.133 \times 750 + 90 \times 0.23 = 120.5(\text{V})$$

额定转速降为

$$\Delta n_N = n_0 - n_N = 1654 - 1500 = 154(\text{r/min})$$

降低电压时的理想空载转速

$$n'_0 = n_0 \frac{U}{U_N} = 1654 \times \frac{120.5}{220} = 906(\text{r/min})$$

静差率 $$S = \frac{\Delta n_N}{n'_0} \times 100\% = \frac{154}{906} \times 100\% = 17\%$$

输出功率 $$P_2 = P_N \frac{n}{n_N} = 17 \times 10^3 \times \frac{750}{1500} = 8.5 \times 10^3(\text{W})$$

输入功率 $$P_1 = UI_N = 120.5 \times 90 = 10845(\text{W})$$

效率 $$\eta = \frac{P_2}{P_1} \times 100\% = \frac{8.5 \times 10^3}{10845} \times 100\% = 78.4\%$$

*第四节 直流电动机电力拖动的过渡过程

当负载发生变化，或对电机进行起动、制动和调速等控制时，电力拖动系统将由一个稳定状态过渡到另一个稳定状态。在过渡过程中，电动机的转速、电流及转矩等物理量随时间的变化规律，叫做电力拖动系统的动态特性。

研究过渡过程的目的，是分析如何缩短过渡过程的时间，减小过渡过程的损耗、提高生产率。

一、他励电动机过渡过程的数学分析

在过渡过程中，假设他励电动机外加电压 U 及磁通 Φ 保持不变，负载恒定，则 T_z＝常数。电动机的运动方程式为

$$T_M = C_M\Phi I_a = T_z + \frac{GD^2}{375}\frac{dn}{dt} \tag{5-23}$$

电动机电枢电路电压方程式为

$$U = E_a + I_a R + L_a \frac{dI_a}{dt} \approx E_a + I_a R \tag{5-24}$$

式中　$L_a\frac{dI_a}{dt}$——电枢电流变化产生的自感电压，因为它的数值很小，对过渡过程影响不大，可略去不计。

将式（5-24）除以 $C_e\Phi$，得转速方程为

$$n_0=n+\frac{I_aR}{C_e\Phi}$$

或
$$n=n_0-\frac{I_aR}{C_e\Phi}=n_0-\frac{T_MR}{C_eC_M\Phi^2} \tag{5-25}$$

将式（5-23）代入式（5-25），有

$$\begin{aligned}n&=n_0-\frac{R}{C_eC_M\Phi^2}\left(T_z+\frac{GD^2}{375}\times\frac{dn}{dt}\right)\\&=n_0-\frac{T_zR}{C_eC_M\Phi^2}-\frac{GD^2R}{375C_eC_M\Phi^2}\times\frac{dn}{dt}\\&=n_0-\Delta n_w-T\frac{dn}{dt}\\&=n_w-T\frac{dn}{dt}\end{aligned} \tag{5-26}$$

或写成
$$T\frac{dn}{dt}+n=n_w \tag{5-27}$$

$$\Delta n_w=\frac{T_zR}{C_eC_M\Phi^2}$$

$$n_w=n_0-\Delta n_w$$

$$T=\frac{GD^2R}{375C_eC_M\Phi^2} \tag{5-28}$$

式中　Δn——电动机对应一定的静态转矩下稳定运行的转速降；

n_w——电动机稳定运行的转速，当 T_z 及 R 一定时，n_w 是一常数；

T——机电时间常数，单位为秒（s）。

式（5-27）是过渡过程中电动机的转速方程。为一阶常系数线性微分方程，通解为

$$n=n_w+Ke^{-\frac{t}{T}} \tag{5-29}$$

这个解包括两项：一是稳定分量 n_w；另一是自由分量 $Ke^{-\frac{t}{T}}$，它是按负指数规律而衰减的。K 为积分常数，由初始条件决定。

当 $t=0$ 时，设电动机的转速 $n=n_{ch}$，称为初始转速，代入式（5-29），可求出 $K=n_{ch}-n_w$。最后便得到过渡过程中电动机的转速随时间变化的一般函数式为

$$n=n_w+(n_{ch}-n_w)e^{-\frac{t}{T}} \tag{5-30}$$

为了获得电动机在过渡过程中电流变化的函数式，可将式（5-23）两边除以 $C_M\Phi$，得

$$I_a=\frac{T_z}{C_M\Phi}+\frac{GD^2}{375C_M\Phi}\frac{dn}{dt}=I_w+I_{dt} \tag{5-31}$$

式中，$I_w=\frac{T_z}{C_M\Phi}$是对应于静态转矩的电流，即稳定电流；$I_{dt}=\frac{GD^2}{375C_M\Phi}\frac{dn}{dt}$是对应于动态转矩的电流，称为动态电流。动态电流随过渡过程结束$\left(\frac{dn}{dt}=0\right)$而消失。

将式（5-29）对 t 求导数

$$\frac{dn}{dt}=\frac{K}{T}e^{-\frac{t}{T}}$$

再代入式（5-31），得

$$I_a=I_w-\frac{GD^2}{375C_M\Phi}\frac{K}{T}e^{-\frac{t}{T}}=I_w-\frac{KC_e\Phi}{R}e^{-\frac{t}{T}}=I_w+Ae^{-\frac{t}{T}} \tag{5-32}$$

$$A=-\frac{KC_e\Phi}{R}$$

其中，A 由初始条件决定。

取 $t=0$ 时，初始电流 $I_a=I_{ch}$，代入上式可决定 $A=I_{ch}-I_w$。由此可得过渡过程中，电动机电流的一般函数式为

$$I_a=I_w+(I_{ch}-I_w)e^{-\frac{t}{T}} \tag{5-33}$$

将式（5-33）两边乘以 $C_M\Phi$，可得到过渡过程中电动机的转矩函数式

$$T_M=T_z+(T_{ch}-T_z)e^{-\frac{t}{T}} \tag{5-34}$$

二、他励电动机起动过渡过程

1. 不切除电阻的起动过渡过程

为简单起见，先讨论不切除电阻的起动过渡过程，即由开关 K 闭合时刻起，至转速达到稳定的过程。如图 5-18 所示。

电动机由静止状态开始起动，则 $n_{ch}=0$，式（5-30）变为

$$n=n_w-n_we^{-\frac{t}{T}}=n_w(1-e)^{-\frac{t}{T}} \tag{5-35}$$

此式所表示的起动过程中 $n=f(t)$ 的关系曲线如图 5-19 所示。曲线在初始点的斜率为

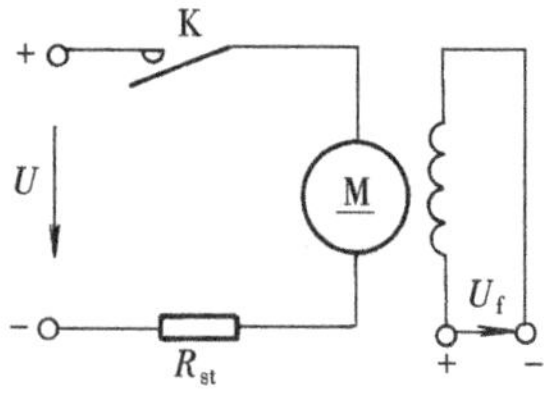

图 5-18 他励电动机起动

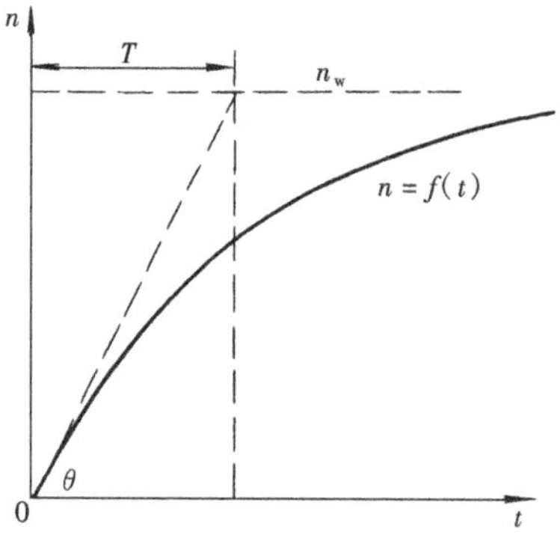

图 5-19 起动过程 $n=f(t)$ 曲线

$$\mathrm{tg}\theta=\left.\frac{dn}{dt}\right|_{t=0}=\frac{n_w}{T} \tag{5-36}$$

按照式（5-36），电机转速要经无限长的时间才能达到它的稳定值 n_w。实际上，当 $t=4T$ 时，$e^{-\frac{t}{T}}=e^{-4}=0.0183$，$n=0.9817n_w$，已经非常的接近于 n_w，可以认为过渡过程即告结束。

过渡过程的长短，决定于机电时间常数 T 的大小。由式（5-28）可知，T 正比于拖动系统的飞轮转矩 GD^2 和电枢电路的总电阻 R。飞轮转矩越大，表示拖动系统惯性越大，加速时间也要增大，起动过程就要拖长。电枢回路电阻大，电动机产生的电流和转矩减小，加速

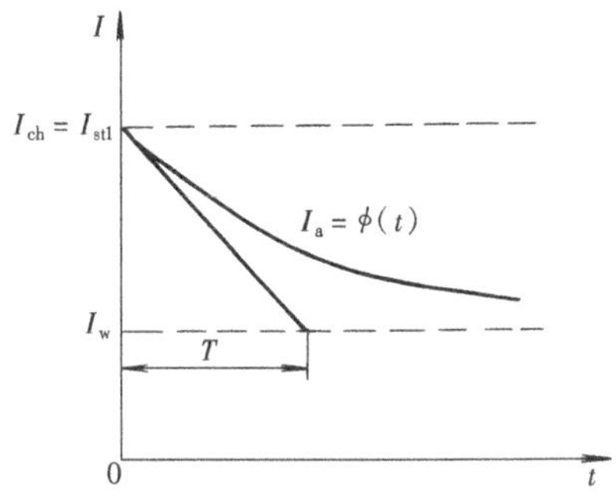

图 5-20　起动过程 $I_{st}=\varphi(t)$ 曲线

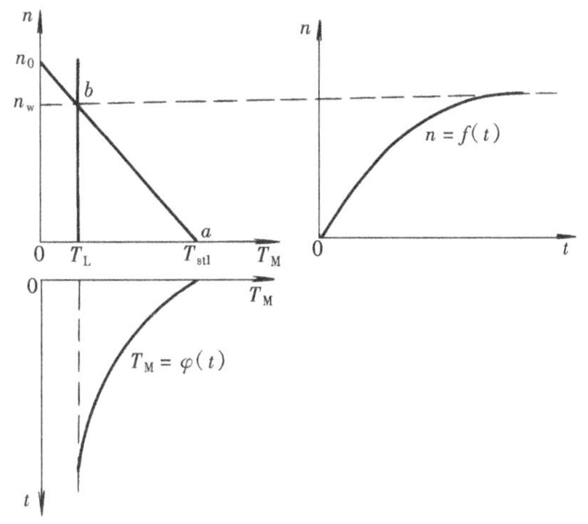

图 5-21　起动过程中的静态特性与动态特性的对应关系

度减小，起动过程也要拖长。

若电动机从静止状态起动，在起动初始时，因电动势等于零，起动的初始电流为最大值

$$I_{ch}=I_{st1}=\frac{U}{R} \tag{5-37}$$

起动过程中电流为

$$I_{st}=I_w+(I_{st1}-I_w)e^{-\frac{t}{T}} \tag{5-38}$$

它的曲线如图 5-20 所示。如电动机拖动额定负载起动，$I_w=I_N$；如空载起动，则 $I_w\approx 0$。从上述讨论可知，在起动的过渡过程中，电动机的转速和电流均按指数曲线变化。

电力拖动系统的静态特性和动态特性之间存在着对应的关系，如图 5-21 所示。动态特性 $n=f(t)$ 曲线初始点 $n=0$ 和稳定点 $n=n_w$，正好对应着机械特性上的两个稳定点 a 和 b 的纵坐标；动态特性 $T_{st}=\varphi(t)$ 曲线的初始点 $T_{st}=T_{st1}$ 和稳定点 $T_M=T_z\approx T_L$，正好对应着机械特性上 a 和 b 的横坐标。描绘动态特性曲线时，主要掌握过渡过程的三要素，即初始值、稳定值和机电时间常数。

2. 多级电阻起动的过渡过程

我们以两级电阻起动为例，分析其起动过程的动态特性。

首先要计算出各段起动电阻并作出起动过程机械特性图，它的作法已在第五章第一节阐述。这里将两级电阻起动的机械特性图画于图 5-22 左上角。然后找出各段转速和转矩的初始值，以及过程终了时的稳定值。除此之外，还需求出各段的时间常数。最后根据前面所述的方法，逐段画出对应的动态特性曲线，$n=f(t)$ 及 $T_{st}=\varphi(t)$，如图 5-21 右上角及左下角所示。

具有实际意义的是计算各段起动电阻的切除时间。各段时间既可由 $n=f(t)$ 曲线求，也可从 $T_{st}=\varphi(t)$ 曲线求。但从 $T_{st}=\varphi(t)$ 曲线求比较简便。因为各段起动转矩的初始值和稳定值都是相同的。由于 T_{st} 正比于 I_{st}，可以用 $I_{st}=\varphi(t)$ 代替 $T_{st}=\varphi(t)$。

起动过程第一段，接入全部起动电阻，$R_{st}=r_1+r_2$，电枢总电阻 $R_1=R_a+R_{st}$。起动电流的初值值为

$$I_{ch}=I_{st1}=\frac{U}{R_1} \tag{5-39}$$

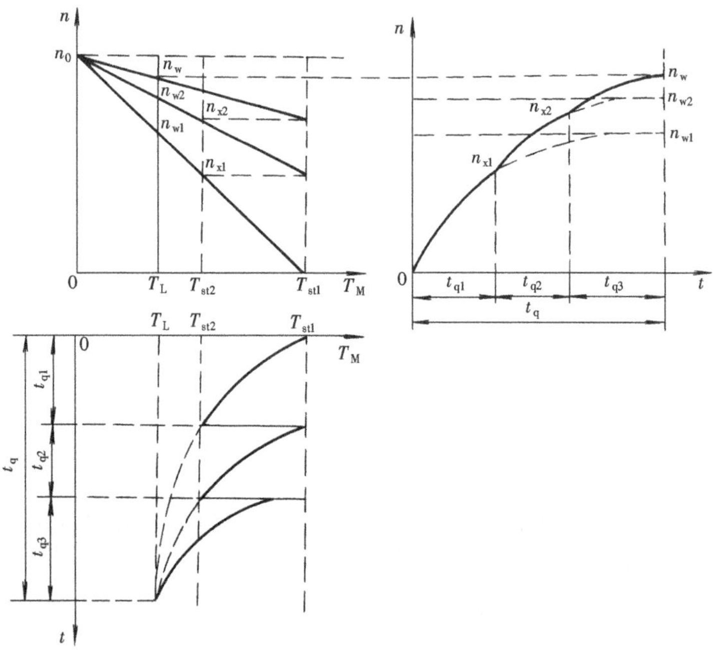

图 5-22　两级起动电阻起动时的静态特性与动态特性

第一段机电时间常数
$$T_1 = \frac{GD^2 R_1}{375 C_e C_M \Phi^2} \tag{5-40}$$

当 $t=t_{st1}$ 时，切换电流 $I_{st1}=I_{st2}$。将这些数据代入式（5-38），得
$$I_{st2} = I_w + (I_{st1} - I_w)e^{-\frac{t_{st1}}{T_1}}$$

经过移项、取对数，解出
$$t_{st1} = T_1 \ln \frac{I_{st1} - I_w}{I_{st2} - I_w} = T_1 H \tag{5-41}$$

式中
$$H = \ln \frac{I_{st1} - I_w}{I_{st2} - I_w} \tag{5-42}$$

当负载转矩一定时，I_w 不变，H 是一个常数。

第二段的初始电流、切换电流和第一段是一样的，所不同的是第二段电枢电路总电阻为 $R_2=R_1-r_1=R_a+r_2$。机电时间常数为
$$T_2 = \frac{GD^2 R_2}{375 C_e C_M \Phi^2} = \frac{R_2}{R_1} T_1 \tag{5-43}$$

所以，第二段起动电阻切换时间
$$t_{st2} = T_2 H = \frac{R_2}{R_1} T_1 H = \frac{R_2}{R_1} t_{st1} \tag{5-44}$$

第三段即切除全部起动电阻的最后一段时间。电流（或转速）由初始值过渡到稳定值，这段时间应为
$$t_{st3} = 4T_3 = 4\frac{R_a}{R_1} T_1 \tag{5-45}$$

【例 5-8】　一台他励电动机的数据为：$P_N=10\text{kW}$，$U_N=220\text{V}$，$I_N=54.2\text{A}$，$n_N=2250\text{r/min}$，$R_a=6.7\%R_N$，$GD_d^2=0.5\text{kg}\cdot\text{m}^2$，用三级起动电阻空载起动。试计算各级起动

电阻数值和切换时间。

解　电动机电枢内电阻

$$R_a = 0.067R_N = 0.067 \times \frac{220}{54.2} = 0.272(\Omega)$$

取最大起动电流 $I_{st1}=2I_N=108.4$（A）

第一级电枢回路总电阻为

$$R_1 = \frac{U_N}{I_{st1}} = \frac{220}{108.4} = 2.03(\Omega)$$

取 $m=3$，最大电流与换接电流之比

$$\lambda = \sqrt[3]{\frac{R_1}{R_a}} = \sqrt[3]{\frac{2.03}{0.272}} = 1.954$$

换接电流

$$I_{st2} = \frac{I_{st1}}{\lambda} = \frac{2I_N}{1.954} = 1.02I_N$$

因系空载起动，I_{st2}之值是允许的。

各段电阻为

$$r_3 = (\lambda - 1)R_a = (1.954 - 1) \times 0.272 = 0.26(\Omega)$$
$$r_2 = \lambda r_3 = 1.954 \times 0.26 = 0.508(\Omega)$$
$$r_1 = \lambda r_2 = 1.954 \times 0.508 = 0.993(\Omega)$$

核算：　$R_1 = R_a + r_1 + r_2 + r_3 = 0.272 + 0.993 + 0.508 + 0.26 = 2.033(\Omega)$

电动机感应电动势系数

$$C_e\Phi_N = \frac{U_N - I_N R_a}{n_N} = \frac{220 - 54.2 \times 0.272}{2250} = 0.091$$

转矩系数

$$C_M\Phi_N = 9.55C_e\Phi_N = 0.869$$

电动机飞轮转矩

$$GD_d^2 = 0.5\text{kg} \cdot \text{m}^2 = 4.905\text{N} \cdot \text{m}^2$$

第一段机电时间常数

$$T_1 = \frac{GD^2 R_1}{375C_e\Phi_N C_M\Phi_N} = \frac{4.905 \times 2.03}{375 \times 0.091 \times 0.869} = 0.336(\text{s})$$

空载起动，忽略空载电流不计 $I_w=0$，则

$$H = \ln\frac{I_{st1} - I_w}{I_{st2} - I_w} = \ln\frac{I_{st1}}{I_{st2}} = \ln 1.954 = 0.67$$

所以，第一段起动电阻切除时间为

$$t_{st1} = HT_1 = 0.67 \times 0.336 = 0.225(\text{s})$$

第二段起动电阻切除时间

$$t_{st2} = \frac{R_2}{R_1}t_{st1} = \frac{R_1 - r_1}{R_1}t_{st1} = \frac{2.03 - 0.993}{2.03} \times 0.225 = 0.115(\text{s})$$

第三段起动电阻切除时间

$$t_{st3} = \frac{R_3}{R_1}t_{st1} = \frac{R_1 - r_1 - r_2}{R_1}t_{st1} = \frac{2.03 - 0.993 - 0.508}{2.03} \times 0.225 = 0.0586(\text{s})$$

最后达到稳定运行时间

$$t_{st4} = 4\frac{R_a}{R_1}T_1 = 4 \times \frac{0.272}{2.03} \times 0.336 = 0.18(\text{s})$$

小 结

本章以他励直流电动机为例，分析了电动机的起动、制动、调速等问题。学习本章时，应掌握直流电动机的起动、调速、制动的基本原理及特性。并了解过渡过程的物理概念及分析方法。

（1）直流电动机通常采用电枢串联电阻起动和降压起动两种方法，以便限制起动电流。

（2）直流电动机可以有能耗制动、反接制动和回馈制动三种制动状态。制动状态的特征是：电磁转矩 T_M 与转速 n 方向相反，机械特性曲线位于第二象限或第四项象限。

（3）电动机调速性能技术指标主要包括调速范围、调速的平滑性、调速的稳定性。直流电动机具有较好的调速特性。直流电动机调速的基本原理是改变电动机的机械特性曲线，具体方法有：改变电枢回路电阻调速、改变电动机的磁通调速、改变电枢电压调速。

（4）电力拖动装置在运行中存在着过渡过程。在过渡过程中，电动机的转速、转矩、电枢电流均随时间变化，其变化规律与初始值、稳态值以及机电时间常数有关。

习 题

1. 电动机起动时要考虑哪些问题？起动直流电动机时，为什么常常把励磁回路串联的调节电阻短接？

2. 直流电动机为什么不能直接起动？如果直接起动，将引起什么后果？

3. 在电枢电路串联起动电阻起动直流电动机时，在起动过程中为什么必须将起动电阻分段切除？若把起动电阻留在电枢电路中，对电机运行有什么影响？

4. 并励电动机起动时，如将电枢与励磁绕组并联后，在线路外面再串联起动变阻器是否恰当？为什么？

5. 为什么要研究电磁制动问题，它在实际生产中有什么重要意义？电动机电动运行状态与制动状态的主要区别是什么？

6. 他励电动机有哪几种电磁制动的方法？试说明它们之间有什么异同点？

7. 一台他励电动机拖动起重机提升机构，在电动机拖动着重物匀速上升时，将电源反接（励磁电源不变）。试利用机械特性说明：

（1）从反接开始到系统达到新的稳定平衡状态之间，电机经历了哪几种运行状态？最后在什么状态下建立系统新的稳定平衡点？

（2）各种状态下，转速变化的机电过程是怎样的（说明 n、E_a、I_a 及 T_M 的变化）？

8. 速度调节和负载变化引起的转速变化，在概念上有何区别？试在机械特性图上表示出来。

9. 衡量调速性能的好坏采用哪些指标，说明各项指标的意义。

10. 他励直流电动机常用哪几种方法进行调速？它们的主要特点是什么？（用人为特性的变化说明）比较它们的优缺点。

11. 运用电压方程式、运行方程式和机械特性曲线图，分别说明：1）电枢串联电阻；2）改变磁通；3）改变电枢电压时，电动机电枢电流、转矩的转速变化的过程。

12. 在增加磁通（或降低电枢电压）的减速过程中，如果调节幅度较大，电动机将进入过渡性的回馈制动状态，试说明其变化过程。为什么称其为过渡性回馈制动状态？

13. 为什么直流电动机一般规定的额定转速以上才进行弱磁调速？

14. 什么叫做过渡过程？电力拖动的过渡过程是怎样产生的？研究过渡过程有何实际意义？

15. 不考虑电枢电感时，他励电动机过渡过程转速及电枢电流的微分方程有何特点？它是在什么条件下推导出来的？

16. Z_2-82 型他励直流电动机的数据：$P_N=22kW$，$U_N=220V$，$I_N=118.3A$，$n_N=1000r/min$，$R_a=0.192\Omega$。如采用三级电阻起动，最大起动电流取 $2.1I_N$。试确定各段起动电阻和换接电流之值。

［答案］$r_3=0.128\Omega$，$r_2=0.213\Omega$，$r_1=0.355\Omega$，$I_{st2}=1.26I_N$。

17. ZZK-41 型他励直流电动机的数据：$P_N=21kW$，$U_N=220V$，$I_N=110A$，$n_N=1200r/min$，$R_a=0.12\Omega$，如采用三级电阻起动，最大起动电流为 $2.2I_N$，求各段起动电阻值。

［答案］$r_3=0.115\Omega$，$r_2=0.226\Omega$，$r_1=0.444\Omega$。

18. 17 题的电机，如空载起动，采用二级电阻起动，最大起动电流取 $2I_N$，求各段起动电阻。

［答案］$r_2=0.226\Omega$，$r_1=0.652\Omega$，$I_{st2}=1.12I_N$。

19. 对于题 17 中电机，轴上负载转矩为额定值，在固有特性上转能耗制动。制动初瞬时电流不超过 $2.5I_N$。求应串入电路的电阻值，并绘出制动的机械特性曲线。

［答案］$R_z=0.632\Omega$。

20. 对于题 17 中电机，在额定情况下进行电源反接制动，制动初瞬时电流仍为 $2.5I_N$。试计算电枢电路中应加入的电阻，并画出制动的机械特性曲线。

［答案］$R_z=1.432\Omega$。

21. 对于题 17 中电机，提升重物在额定情况下工作，现接入附加电阻进行倒拉反接，要求重物在 400r/min 的稳定转速下放，求附加电阻。

［答案］$R_z=2.5\Omega$。

22. 对于题 17 中电机，在额定负载情况下，作回馈制动，将载荷下放。求：1）电枢不串接电阻时下放的最高转速是多少？2）如下放转数为 1500r/min，需串入多大电阻？

［答案］1）$n=1356r/min$；2）$R_z=0.225\Omega$。

23. ZZ-41 型直流他励电动机的数据为：$P_N=12kW$，$U_N=220V$，$I_N=64A$，$n_N=685r/min$，$R_a=0.296\Omega$，此电机用于起重装置，今放下一轻负荷，运转于回馈制动状态。电动机轴上转矩为 $0.3T_N$（T_0 忽略不计）。

1）求运转在固有特性下放的转速；

2）如果 T_L 不变，电动机下放运转在 $1.2n_N$ 的转速下，求电枢电路需串入的制动电阻，并画出相应的机械特性曲线；

3）如要由 $1.2n_N$ 的下放转速开始提升载荷，提升转速要求达到 $0.5n_N$，用什么方法实现？电枢电路中应串接多大电阻？画出相应的机械特性曲线。

［答案］1）767r/min；2）$R_z=0.833\Omega$；3）$R_z=5.91\Omega$。

24. 一台他励直流电动机，$P_N=10kW$，$U_N=220V$，$I_N=54A$，$I_{fN}=1A$，$n_N=1000r/min$，$R_a=0.5\Omega$，在负载转矩保持为额定值不变的情况下工作。现在，在电枢电路中接入电阻 $R_t=1.5\Omega$。假定此系统惯性较大，在接入 R_t 瞬间，转速并未发生变化，试求：1）在此瞬间的电枢电流和电磁转矩；2）转入新的稳定状态时的电枢电流和转速；3）新的稳定转速下电动机的效率。

［答案］（1）$I'_a=13.5A$，$T_M=24.9N\cdot m$；（2）$I_a=54A$，$n=580r/min$；（3）$\eta=48.8\%$（$\eta_N=84.17\%$）。

25. 24 题的电机，负载转矩仍为额定值不变，$R_t=0$，将 I_{fN}从 1A 减至 0.7A，设磁通减少至原来值的 0.8 倍，求：1）磁通变化瞬间的电枢电流和电磁转矩（仍设磁通变化时 n 来不及改变）；2）新的稳定状态时电枢电流及转速；3）电动机在新的稳定转速下的效率。

［答案］1）$I'_a=131.2A$，$T'_M=193N\cdot m$；2）$I_a=67.5A$，$n=1206r/min$；3）$\eta=81.2\%$。

26. 某他励电动机的铭牌数据：$P_N=30kW$，$U_N=220V$，$I_N=158.5A$，$n_N=1000r/min$，$R_a=0.1\Omega$，$T_L=0.8T_N$，试求：1）在固有特性上的稳定转速；2）如果在电枢回路中串入 0.3Ω 的电阻，电机的稳定转速是多少？3）如将电枢电压降到 188V，求降压瞬间的电枢电流及稳定转速；4）如将磁通减到 $80\%\Phi_N$，求电机的稳定转速。

［答案］1）$n=1016r/min$；2）$n=830r/min$；3）$I'_a=-193A$，$n=859r/min$；4）$n=1250r/min$。

27. 26 题电机，如带负载 $T_L=T_N$，问：1）要使电机以 500r/min 的转速稳定运行，如何实现，计算有关参数；2）要使电机以 1254r/min 的转速稳定运行，如何实现，计算有关参数。

［答案］1）串电阻 $R_t=0.64\Omega$，降压 $U=118V$；2）弱磁 $\Phi=0.78\Phi_N$。

28. 某一生产机械采用他励直流电动机作拖动电机，该电机用弱磁调速，其数据为：$P_N=18.5kW$，$U_N=220V$，$I_N=103A$，$n_N=500r/min$，$R_a=0.18\Omega$。1）若电机带动恒定转矩负载（$T_L=T_N$，当减弱磁通至 $\Phi=\frac{1}{3}\Phi_N$，求电动机稳定转速和电枢电流。能否长期运行？为什么？2）若电机带动恒功率负载（$P_2=P_N$），求 $\Phi=\frac{1}{3}\Phi_N$ 时电动机稳定转速和电流。此时能否长期运行？为什么？

［答案］1）$I_a=309A$，$n=1224r/min$，$I_a>I_N$ 不能长期运行；2）$I_a=103A$，$n=1500r/min$，$I_a=I_N$ 能长期运行。

29. 一台他励电动机的数据如下：$P_N=75kW$，$U_N=220V$，$n_N=600r/min$，$I_N=387A$，$R_a=0.0342\Omega$，$L_a=0$，$GD_d^2=215N\cdot m^2$，生产机械与传动装置折算到电动机轴的飞轮转矩 $GD_z^2=167N\cdot m^2$。采用三级起动，最大起动电流取 $2.5I_N$。试求各段起动电阻和起动电阻切换时间。

［答案］$r_3=0.0301\Omega$；$r_2=0.0565\Omega$；$r_1=0.1062\Omega$；$t_1=0.31s$；$t_2=0.165s$；$t_3=0.088s$。

30. 29 题电动机在额定负载下进行能耗制动，欲使初始制动电流等于 $2I_N$，求：1）电枢应接入多大的制动电阻？2）由开始制动至停车时能耗制动过程的时间；3）转速、电流随时间变化的函数式，并绘出它们的曲线。

［答案］1）$R_z = 0.233\Omega$；2）$t_2 = 0.264s$；3）$n = -300 + 900e^{-4.17t}$；$I_a = 387 - 1161e^{-4.17t}$。

31. 习题 29 的电动机，如果在空载情况下进行能耗制动，求：1）$n=f(t)$和 $I_a=\varphi(t)$ 函数式并绘出曲线；2）能耗制动至停车时间（$I_z=2I_N$）。

［答案］1）$n=638e^{-6.94t}$；2）$I_a=-774e^{-6.94t}$；3）$t_z=4T_M=0.576s$。

32. 习题 29 的电动机在满载的情况下进行电源反接制动，设制动初始 $I_z=2I_N$。求开始制动至停车的时间？

［答案］$t_z=0.193s$。

第二篇　变　压　器

第六章　变压器的基本原理和构造

变压器是发电厂和变电站的主要电气设备。它的发展已有100多年的历史，它和其它的旋转电机一样，都是能量转换的装置。在结构上，它与旋转电机有着很大的不同，而且在能量转换过程中只是电能之间的传递。但从原理上，它与旋转电机一样，利用电磁感应原理进行工作。

本篇以电力变压器为主要研究对象。

第一节　变压器的工作原理及分类

一、变压器的作用及分类

变压器的作用是将一种电压等级的交流电能转换成另一种电压等级的交流电能。在转换前后，电压、电流会发生变化，但电压和电流的频率均保持不变。

随着国民经济的发展，对电力的需求会愈来愈大。一般来说，大型火力发电厂和水电站要建造在煤矿附近或水力资源丰富的地区，远离工业城市用电中心，电能需要经过长距离的输送。根据电工学的知识可知，在容量一定的情况下，电压越高，电流越小，其损耗越小。因此为了提高输电效率，减少损耗，希望输电线路的电压越高越好，例如110kV、220kV或更高。但是，发电厂的发电机出口电压受到定子绕组绝缘、母线和开关设备等技术条件的限制，电压不可能很高，一般为10～18kV，最高不能超过27kV。所以必须利用升压变压器先将发电机出线端的电压升高，再远距离传送。而用户的用电设备电压却是较低的，有6kV、380V、220V几种，这又需要利用变压器将几十万伏的输电线路电压降下来，以适应用电设备的要求。图6-1所示是变压器在电力系统中作用的示意图。

由上述可知，在电能的输送和消费过程中，要多次利用变压器，所以电力系统中变压器的总容量要大大超过发电机的总容量。据统计，1kW的发电机容量需配用5～8kVA的变压器容量，由此看来，电力变压器的应用是十分广泛的。这一情况也表明，制造和使用低损耗的节能变压器有十分重要的经济意义。

用于电力系统中的变压器统称为电力变压器，它可分为下面几种类型：

(1) 按相数可分为单相变压器和三相变压器。

(2) 按绕组的个数可分为双绕组变压器、三绕组变压器、自耦变压器和特殊结构的分裂变压器。

(3) 按冷却方式可分为油浸式变压器和干式变压器。

(4) 按容量大小可分为：

1) 小型变压器——容量10～630kVA，电压10kV以下；

2) 中型变压器——容量800～6300kVA，电压35kV以下；

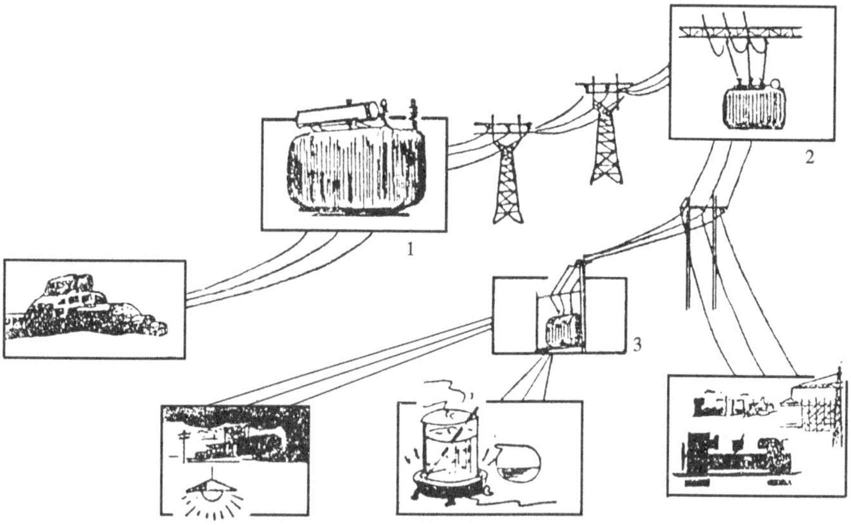

图 6-1　变压器在电力系统中的作用
1—升压变压器；2—降压变压器；3—配电变压器

3）大型变压器——容量 8000～63000kVA，电压 35kV 以上；

4）特大型变压器——容量 90000kVA 及以上。

特殊用途变压器主要有：对电压和电流取样的电压互感器和电流互感器，电弧焊所需的电焊变压器，电子线路阻抗匹配用的变压器，电炉变压器等。

二、变压器的基本工作原理

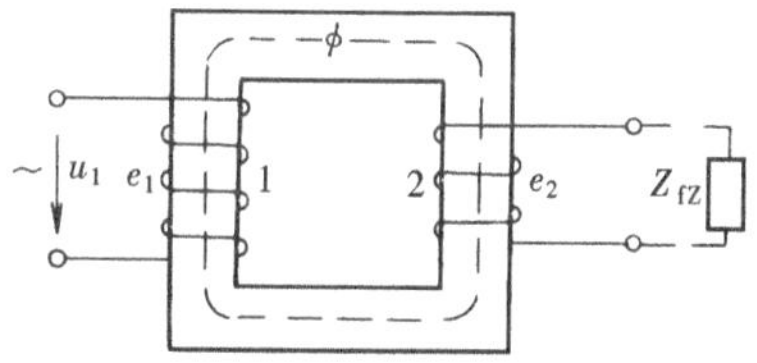

图 6-2　变压器的原理图
1—一次绕组；2—二次绕组

变压器是一种静止电器，它依据电磁感应定律传递交流电功率。它的结构主要是将两个（或两个以上）互相绝缘的绕组套在一个共同的铁心回路上，如图 6-2 所示。绕组之间有磁的耦合，一般没有电的直接联系。两个绕组中一个接电源，称为一次绕组或一次侧，简称为一次。一次侧的物理量和参数在其符号的右下角标以“1”，如 u_1、i_1 等。另一个绕组接负载，称为二次绕组或二次侧，简称为二次。凡是二次侧的物理量和参数，在其符号的右下角标以“2”，如 u_2、i_2 等。

当一次绕组接通交流电源时，在外施电压作用下，一次绕组中有交流电流流过，并在铁心中产生交变磁通，其交变频率与外施电压频率一样。该交变磁通同时交链一、二次绕组，根据电磁感应定律，便在一、二次绕组内感应出电动势。二次绕组有了电动势，当接上负载后，形成回路，便向负载供电，从而实现能量传递。

设两个绕组的匝数分别为 w_1、w_2，则根据电磁感应定律，在电动势与磁通规定正方向符合右手螺旋定则的前提下，一次侧电动势为

$$e_1 = -w_1 \frac{d\Phi}{dt} \tag{6-1}$$

二次侧电动势为

$$e_2 = -w_2 \frac{d\Phi}{dt} \tag{6-2}$$

第二节 变压器的基本结构

图 6-3 所示是一台三相油浸式电力变压器的外形。图中剖有一个小缺口，可以窥视其内部结构。它的结构主要由铁心、绕组、绝缘套管和油箱及其它附件等四个部分组成。

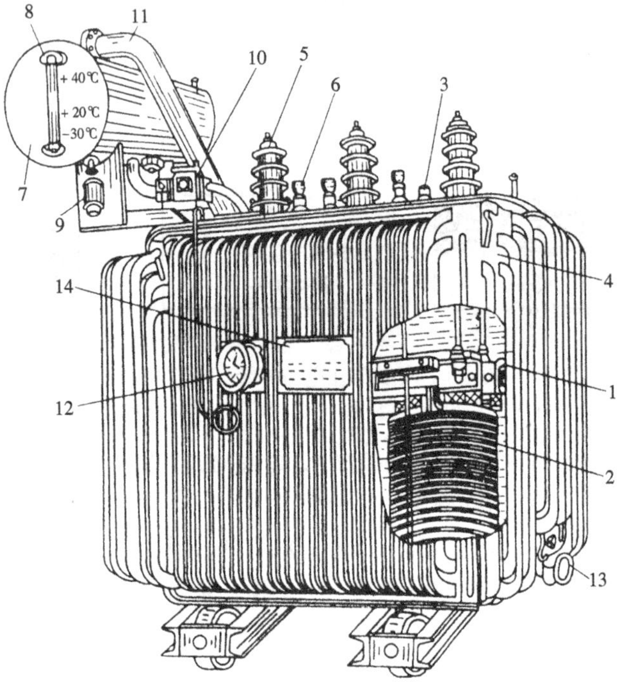

图 6-3 油浸电力变压器外形图

1—铁心；2—绕组及绝缘；3—分接开关；4—油箱；5—高压套管；6—低压套管；7—储油柜；8—油位计；9—呼吸器；10—气体继电器；11—安全气道；12—信号式温度计；13—放油阀门；14—铭牌

一、铁心

图 6-4 所示是一台三相双绕组变压器铁心的外形图。铁心的作用是使两个绕组的磁耦合达到最佳状态。铁心作为主磁路，要求它的磁阻和损耗尽可能小，因此铁心的材料和制造工艺要特别讲究。

铁心既是变压器的磁路，又是变压器的机械骨架。一般是用 0.35 或 0.5mm 厚的硅钢片制造的。国产硅钢片的牌号有 D41～D44 和 D310、D320、D330、D340。牌号中的字母“D”表示电工钢片；第一个数字表示含硅量的百分数；第二个数字表示电磁性能等级，数字愈小，性能愈差；数字“0”表示冷轧硅钢片。热轧硅钢片磁通密度最高为 1.45T，而冷轧硅钢片磁通密度最高可取 1.7T。

铁心是用裁剪成一定形状的硅钢片叠装而成的。叠装之前要在硅钢片的两面涂上绝缘漆（冷轧硅钢片表面已有一层无机绝缘，可不再涂漆）。图 6-5 所示是两种接缝硅钢片形状以及相应的叠片次序。为了减少叠片接缝间隙以降低励磁电流，一般叠片时均采用交错式叠装，即上层和下层叠片分别按图 6-5 左、右两种排列顺序放置。直接缝用于热轧硅钢片，如图

6-5（a）所示。由于冷轧硅钢片的磁导率沿着轧制方向高，沿着非轧制方向低，为了减少磁阻和铁心损耗，所以冷轧硅钢片的连接处必须用斜接缝。如图 6-5（b）所示。

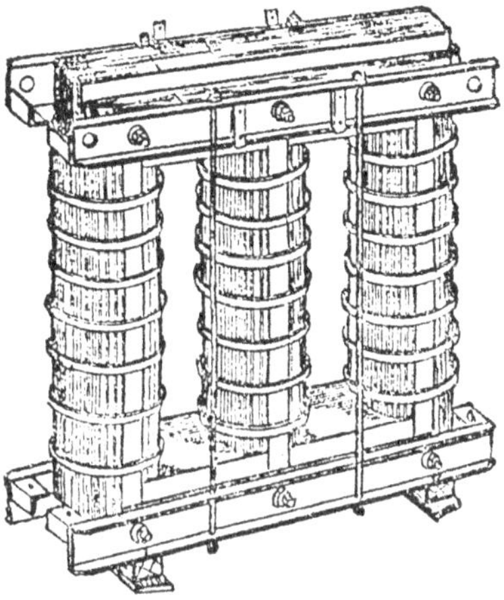

图 6-4　三相三柱式铁心外形

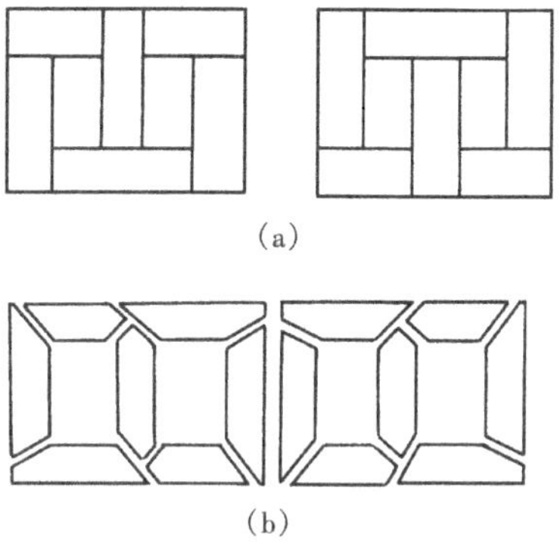

图 6-5　铁心叠片次序
（a）热轧硅钢片；（b）冷轧硅钢片

铁心上套放绕组的部分称为铁心柱，不套绕组的部分称为铁心轭。通常铁心柱与地面垂直，而铁心轭与地面平行。图 6-6 所示为铁心柱的截面形状，铁心柱的截面通常是多级阶梯形。图 6-7 所示为铁心轭的截面形状，铁心轭的截面通常是矩形。

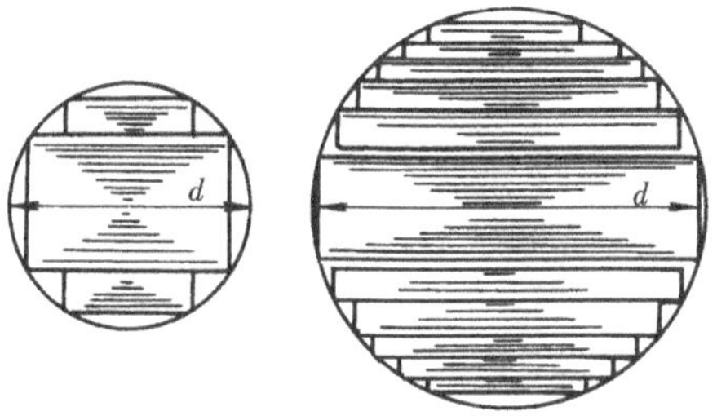

图 6-6　铁心柱截面的形状

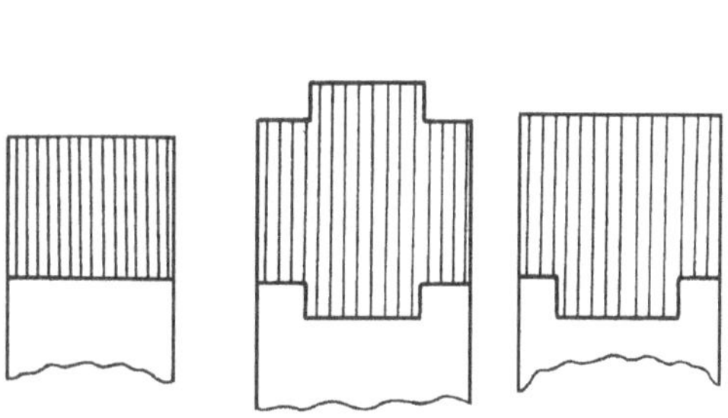

图 6-7　铁心轭的截面形状

图 6-8 所示为另一种式样的铁心，称为渐开线式铁心。它的铁心柱是用相同的渐开线形状的硅钢片插装而成的，呈圆柱形；铁心轭则是用同一宽度的硅钢片卷成三角形。

二、绕组

绕组是变压器的电路部分，用纸包或纱包的绝缘扁铜线或圆铜线绕成。

从高、低压绕组之间的相对位置来看，变压器的绕组可分成同心式和交叠式两类。同心式绕组的高、低压绕组都做成圆筒状，同心地套装在铁心柱上。为便于绝缘，一般低压绕组靠近铁心，高压绕组套装在低压绕组外面。交叠式绕组都做成饼式，高、低压绕组互相交叠放置，如图 6-9 所示。为了减少绝缘距离，通常靠近铁轭处放低压绕组。同心式绕组结构简单、制造方便，国产电力变压器均采用这种结构。交叠式绕组的漏抗较小，易于构成多条并联支路，主要用于低压、大电流的电焊、电炉变压器和壳式变压器中。

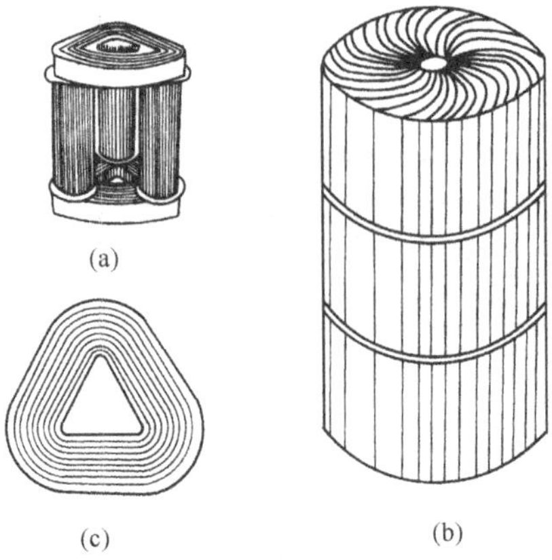

图 6-8 渐开线式铁心

(a) 整个铁心；(b) 铁心柱；(c) 铁轭

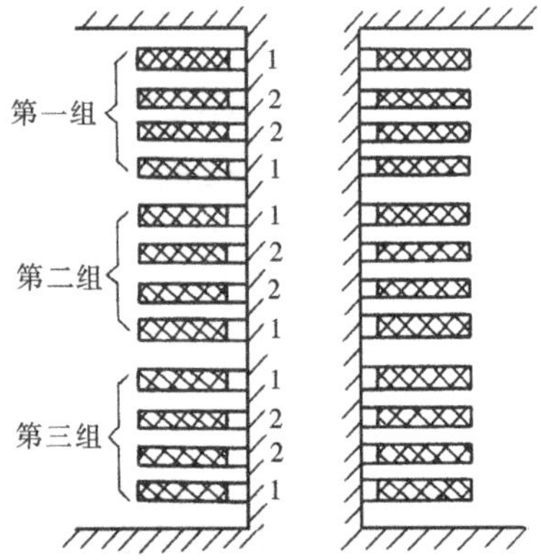

图 6-9 交叠式绕组

1—低压绕组；2—高压绕组

同心式绕组按绕制方法不同又可分成圆筒式、螺旋式、连续式和纠结式几种基本型式，如图 6-10 所示。

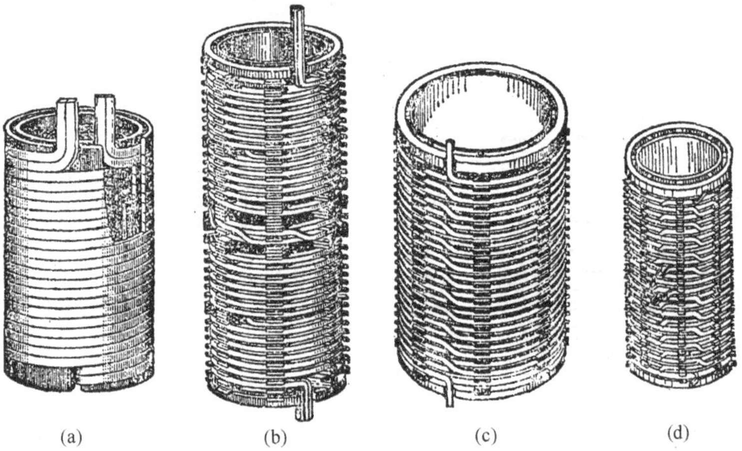

图 6-10 绕组的型式

(a) 圆筒式；(b) 螺旋式；(c) 连续式；(d) 纠结式

圆筒式绕组是最简单的一种型式，它是由一根或几根并联的绝缘导线沿铁心柱高度方向连续绕制而成。一般用于每柱容量为 210kVA 及以下变压器中，作为低压绕组时，因电流较大，常用单根或多根并联扁线绕成双层圆筒式。作为高压绕组时，因电流较小，匝数较多，常采用圆线绕成多层圆筒式。

螺旋式绕组主要用于 800kVA 及以上、25kV 及以下的变压器，此时绕组电流大，匝数相对较少。螺旋式绕组通常用多根并联扁线绕制，每一线饼只有一匝，整个绕组像螺纹一样绕制下去故称螺旋式。这种绕组由于并联股数较多，里层和外层导线所处的磁场位置不同，会引起各股导线之间电流分布不均匀，故在绕制过程中导体要进行换位，即绕到一定位置时使里面的导线换到外面，外面的导线换到里面。

连续式绕组主要用于 630～10000kVA 变压器中的高压绕组或 10000kVA 以上变压器的低压绕组。连续式绕组由单根或多根（一般不超过 3～4 根）并联扁线分成若干线饼连续绕成，故叫做连续式绕组。在绕制过程中，从一个线饼到另一个线饼的连接不用焊接，而用特殊的翻线方法连续绕成。为了加强冷却，饼与饼之间均留有油道。

近年来，国产大容量变压器的高压绕组均采用纠结连续式绕组，以改善在大气过电压作用下绕组上的初始电位分布，防止绕组绝缘在过电压时被击穿。

变压器绕组的导线一般采用铜线。

三、绝缘结构

变压器的绝缘可分为外部绝缘和内部绝缘。外部绝缘是指油箱盖外的绝缘，主要是使高、低压绕组引出的瓷制绝缘套管和空气间隙绝缘。35kV 充油绝缘套管的结构如图 6-11 所示。内部绝缘是指油箱盖内部的绝缘，主要是绕组绝缘、内部引线绝缘等。绕组和绕组之间、绕组与铁心及油箱之间的绝缘叫做主绝缘。绕组的匝间、层间及线段之间的绝缘叫做纵绝缘。

主绝缘是采用油与绝缘板结构。匝间绝缘主要是导线绝缘，在小型变压器中用漆包绝缘，大型变压器中用电缆纸包绝缘。绕组的端部线匝要加强绝缘，以提高耐受冲击电压波的能力，层间绝缘采用电缆纸、电工纸板或油隙。线饼、线段绝缘一般均用油隙，即用绝缘垫块将线段与线段之间或饼与饼之间分隔开。

在变压器中，变压器油既起冷却作用，又起绝缘作用。

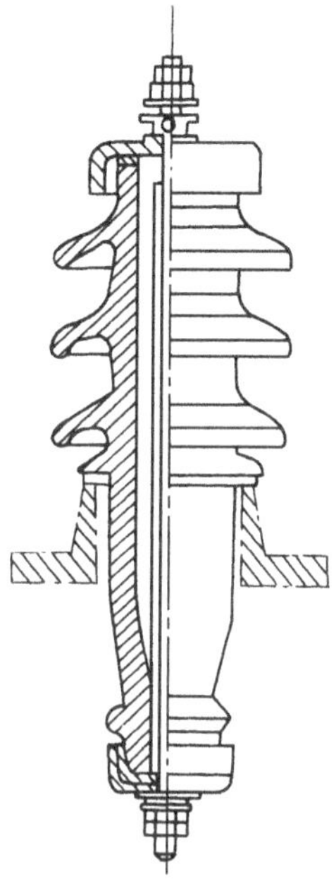

图 6-11　35kV 充油绝缘套管

四、油箱及其它附件

1. 油箱及变压器油

通常将铁心和绕组的整体称为器身，器身是安装在贮满变压器油的油箱中，如图 6-3 所示。油箱又是整个变压器的框架，它将变压器所有的零部件组合成一个整体。油箱的另一个很重要的作用是使变压器油得到冷却。铁心和绕组中的热量依靠油的对流作用并通过油箱壁散发到周围空气中去。

变压器油是一种良好的绝缘介质，它一方面可以滋润绝缘物，防止绝缘物与空气接触，保证绕组绝缘的可靠性，另一方面就是上面提到的散热作用。

变压器油是从石油中提炼出来的矿物油。在使用变压器油时，应根据当地的气候条件选择使用合适牌号的油。

2. 储油柜

油箱顶部装有储油柜，储油柜的体积一般为油箱体积的 8%～10%。在油箱和储油柜之间有管道相通。设置储油柜，不仅可以减少油面与空气的接触面积，减缓变压器油受潮变质速度，同时可使油箱中的油在热胀冷缩时，有一个缓冲的余地。

图 6-12 是储油柜的结构简图。储油柜的侧面装有油位计，在油位计上标出最高、最低温度时的油面线位置。在储油柜上还装有呼吸器又称吸湿器，如图 6-13 所示。储油柜经过吸湿器与大气相通，以便在变压器油热胀冷缩时能使储油柜上部的空气可以通过吸湿器出入，防止油箱损坏。

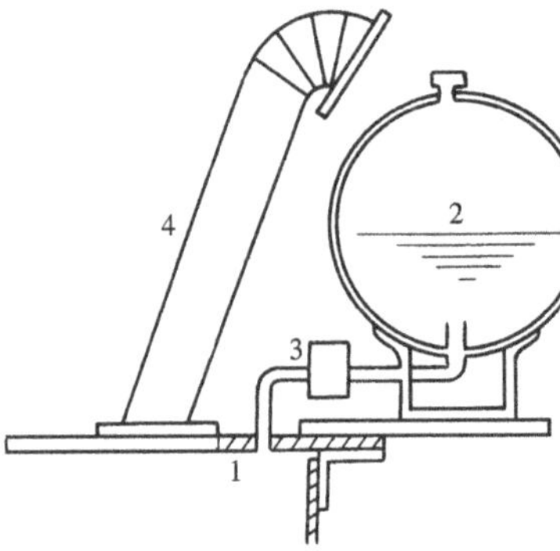

图 6-12 储油柜

1—主油箱；2—储油箱；
3—气体继电器；4—安全气道

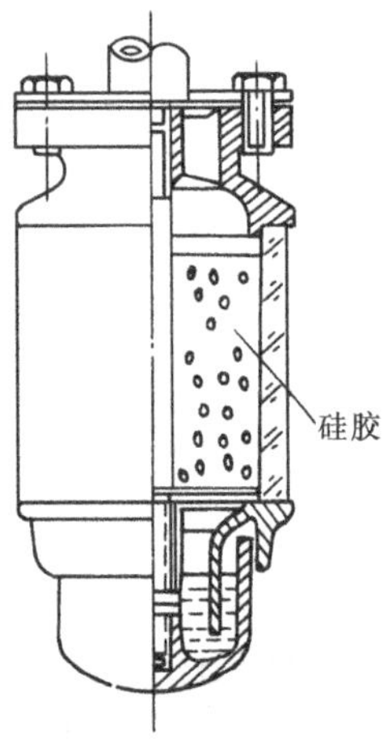

图 6-13 吸湿器

吸湿器为一圆形容器，其中盛有变色硅胶，作为吸潮的物质，以减少油的氧化和水分的浸入。变色硅胶在干燥状态下呈蓝色，吸收潮气后则变成粉红色。硅胶呈粉红色时表明硅胶已失去吸湿作用，必须更换。受潮后的硅胶经过烘焙，仍可再次使用。

3. 气体继电器和安全气道

气体继电器和安全气道是变压器的保护装置。当变压器内部发生故障时，故障点局部产生高温，使油温升高，油内含有的空气被排出，或由于故障点产生电弧，使绝缘物和油分解产生大量气体，为了保护油箱不致爆炸，在变压器上装置了气体继电器的安全气道。

图 6-14 所示为气体继电器的内部结构。气体继电器安装在储油柜和油箱连接的管道上。当气体进入气体继电器并使开口杯降到某一限定位置

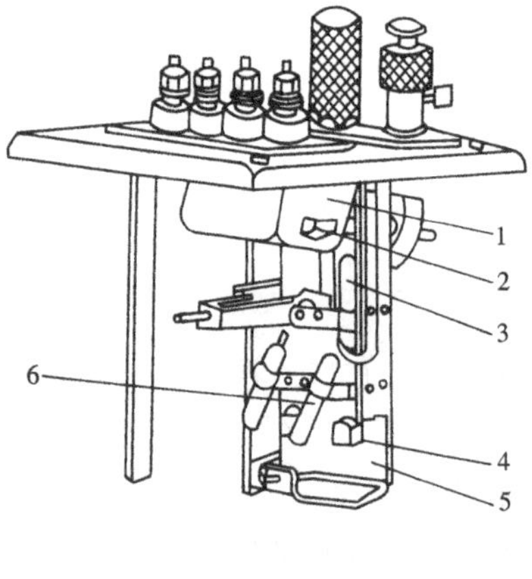

图 6-14 气体继电器

1—开口杯；2—磁铁；3—干簧触点（信号用）；
4—磁铁；5—挡板；6—干簧触点（跳闸用）

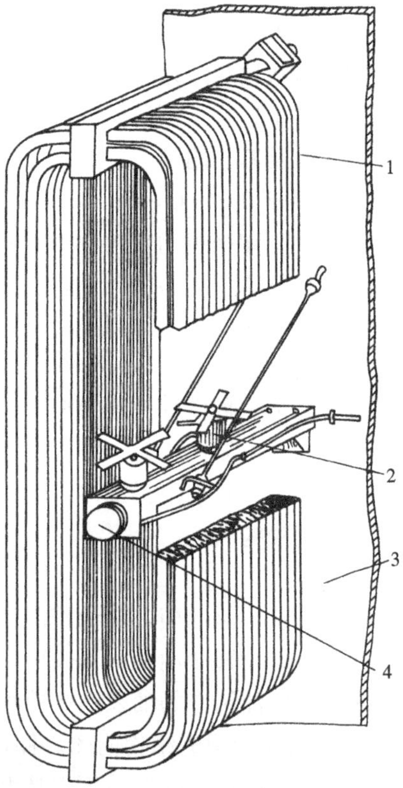

图 6-15 散热器

1—散热器；2—风扇；3—油箱壁；4—进线盒

时，磁铁使干簧触点闭合，接通信号回路，发出信号。若故障严重，连接管中的油流将冲动挡板，当挡板运动到某一限定位置时，磁铁使干簧触点闭合，接通跳闸回路，切断变压器的电源，从而起到保护变压器的作用。

安全气道是一根长的钢管，如图 6-12 所示。下部与油箱相连，上部出口处盖一层玻璃或酚醛纸板。当变压器内部发生故障，油箱内部的压力达到一定数值时，气体和油流将冲破封口而喷出，消除压力，保护油箱。

4. 散热器

由于变压器运行中内部有铁损耗与铜损耗，并且各种损耗都以热的形式散发出来，变压器的温升很高。为了使变压器内部温度不会很高，变压器上都装有散热器。图 6-15 所示为带风扇的散热器。散热器是可拆卸的，使用时安装在油箱壁上，以增加油箱壁的散热面积。

第三节 变压器的额定值

设计部门和制造厂对变压器或电机在有关产品标准规定工作条件下，所规定的有关电气和机械的最佳的运行值称为额定值，如额定电压、额定电流等。这些额定值都标在铭牌上，因此又称为铭牌值。

运行在额定值下的变压器或电机，称为额定运行。变压器的额定值主要有：

1. 变压器的额定容量 S_N

变压器在额定工况下输出的视在功率，单位是 VA、kVA 和 MVA。通常将变压器输入侧的额定容量与输出侧的额定容量设计为相同。国产电力变压器的容量系列是有一定规律的，从 50kVA 开始，按$\sqrt{10}=1.26$倍的比例递增，例如 50kVA、65kVA、80kVA、……，称为 R10 容量系列。

2. 变压器的额定电压

变压器的额定电压是指变压器在空载状态下一次侧允许的电压和二次侧测得的电压 U_{1N}、U_{2N}，以伏（V）或千伏（kV）为单位，通常为线电压。

3. 变压器的额定电流

变压器在额定工况下的一次侧和二次侧按绕组容量允许的电流 I_{1N}、I_{2N}，以安（A）或千安（kA）为单位，通常为线电流。

4. 变压器的额定频率

变压器电压或电流每秒交变的次数 f_N，单位为赫兹（Hz）。我国规定工频为 50Hz。

此外，额定工作状态下变压器的效率、温升等资料，均属于额定值。

除额定值以外，铭牌上还标有变压器的相数、联结组标号和绕组联结图、阻抗电压等。

根据电路理论，额定值之间有如下关系：

对于单相变压器

$$I_{1N}=\frac{S_N}{U_{1N}} \tag{6-3}$$

$$I_{2N}=\frac{S_N}{U_{2N}} \tag{6-4}$$

对三相变压器

$$I_{1N} = \frac{S_N}{\sqrt{3}U_{1N}} \tag{6-5}$$

小 结

变压器是一种将交流电能进行变换的装置，其工作原理是根据电磁感应原理，利用一个交变磁场在两个耦合的、匝数不同的绕组中产生不同的感应电动势，从而达到改变电压的目的。由于两个绕组中由同一磁场感应电动势，因此频率是相同的。

为了减少电阻损耗，绕组一般采用铜导线制成。铁心采用硅钢片是为了增大磁路的导磁性、减少交变磁场产生的铁耗。变压器油、绝缘套管等起着绝缘的作用。变压器油还起着散热的作用。

一定要注意变压器额定容量、额定电压、额定电流的定义及它们之间的相互关系。

习 题

1. 简要说明变压器是如何工作的？

2. 在变压器中，为什么铁心用硅钢片制成？

3. 在变压器中，温度对运行有何影响？

4. 变压器的主要作用是什么？有哪些主要部件？各部件的作用是什么？

5. 变压器一次绕组若接在直流电源上，二次会有稳定的直流电压吗？为什么？

6. 一台单相变压器，额定容量 S_N＝500kVA，额定电压 U_{1N}/U_{2N}＝10kV/0.4kV，求额定电流 I_{1N}、I_{2N}。

［答案］50A；1250A。

7. 一台三相变压器，额定容量 S_N＝12500kVA，额定电压 U_{1N}/U_{2N}＝220kV/10.5kV；YN，d 接线（表示一次为星形，二次为三角形）方式。求一次及二次额定电流。

［答案］32.8A，687.3A。

第七章　变压器的运行原理及特性

本章首先以单相双绕组变压器为例，利用三种分析方法，即基本方程式、等效电路及相量图，分析变压器稳态运行时的电磁关系，从而了解变压器的运行原理及运行特性。所得结论和计算方法也同样适用于对称条件下运行的三相变压器和其他特殊电力变压器。

第一节　变压器的空载运行

变压器一次侧接在额定频率、额定电压的交流电网上，二次侧开路，即二次侧电流等于零的运行状态称为变压器空载运行。

一、变压器各电磁量正方向的规定

变压器在运行中电压、电动势、电流和磁通等物理量都是交变的，为了正确地表示出它们之间的相位关系，必须规定它们的正方向，否则无法研究各电磁量之间的关系。

所谓正方向就是事先规定一个参考的方向。如果某个量的实际方向与参考方向一致，那么这个量就是正值，否则就是负值。各量的参考方向原则上是可以任意选择的，但习惯上是按电工惯例规定各量正方向，如图 7-1 所示。图中大写字母 U_1 和 U_2 表示一次绕组的首端和末端，小写字母 u_1 和 u_2 表示二次绕组的首端和末端。

图 7-2 所示为变压器负载运行时的情况，图中各量的正方向与空载运行时完全一致。关于变压器负载运行时的分析将在下节进行。

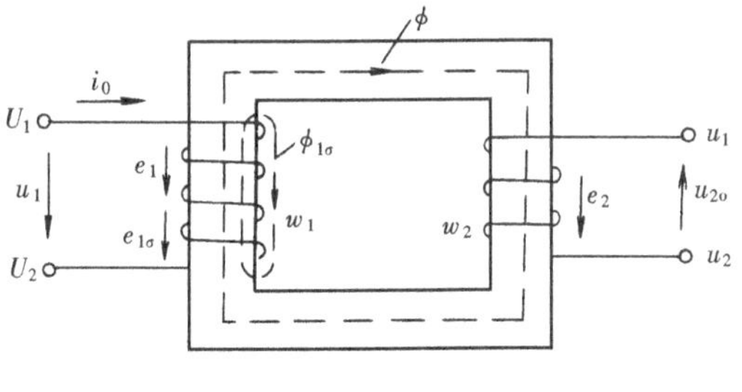

图 7-1　变压器空载运行

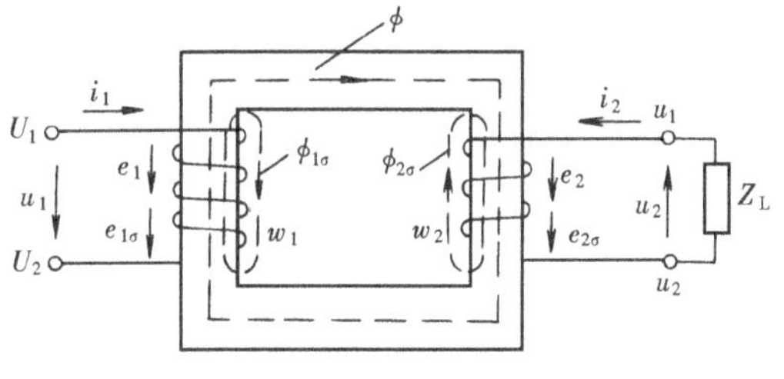

图 7-2　变压器负载运行

图 7-1 和图 7-2 中所示各物理量的正方向的具体确定方法如下：

(1) 电压 u_1 的正方向：电压是电位降，规定 u_1 的正方向是从 U_1 指向 U_2，表示 U_1 端的电位高于 U_2 端。

(2) 电流 i_0 或 i_1 的正方向：电流是从高电位流向低电位，所以 i_0 和 i_1 的正方向与 u_1 的正方向一致，从 U_1 端流入而从 U_2 端流出。

(3) 主磁通 ϕ 和漏磁通 $\phi_{1\sigma}$、$\phi_{2\sigma}$ 的正方向：磁通与产生磁通的电流之间应符合右手螺旋定则。

(4) 电动势 e_1、e_2 和漏电势 $e_{1\sigma}$、$e_{2\sigma}$ 的正方向：电动势与产生电动势的磁通之间应符合右手螺旋定则，这样才具有 $e=-w\frac{\mathrm{d}\phi}{\mathrm{d}t}$ 关系。注意，电动势是电位升，即从低电位指向高电位。

(5) 电压 u_{20} 的正方向：u_{20} 是变压器空载运行时的二次侧电压，它的正方向与 e_2 是相反的，即从 u_2 端指向 u_1 端。

(6) 电流 i_2 的正方向：电流 i_2 是由 e_2 产生的，所以 i_2 的正方向与 e_2 的正方向一致，即从 u_1 端流入而从 u_2 端流出。

(7) 电压 u_2 的正方向：u_2 是 i_2 流过负载阻抗 Z_L 的电压降，所以 u_2 的正方向与 i_2 的正方向一致。上述规定表明，变压器的一次侧遵循电动机的惯例，二次侧遵循发电机惯例。

二、变压器的空载电动势

以单相变压器为例进行讨论。所得的分析结果完全适用于三相运行的变压器。

(一) 主磁通和漏磁通

图 7-1 所示是单相变压器空载运行时的示意图。当二次绕组开路而把一次绕组的 U_1U_2 端接到电压为 u_1 的交流电网上时，一次绕组中便有电流 i_0 流过。这个电流称为变压器的空载电流（为了区分于负载时的一次侧电流，采用 i_0 表示）。空载电流 i_0 产生空载磁动势 $f_0=w_1i_0$，建立起空载时的磁场。这个磁场的分布情况实际上是很复杂的，为了便于研究问题，我们把它等效地分成两部分磁通，如图 7-1 所示。其中一部分磁通 ϕ 沿铁心闭合，同时与一、二次绕组交链，是变压器进行能量传递的媒介，称为主磁通或互感磁通；另一部分磁通 $\phi_{1\sigma}$ 主要沿非铁磁材料闭合（沿变压器油或空气闭合），仅与一次绕组交链，称为一次绕组漏磁通。由于铁心是用高导磁材料硅钢片制成的，磁导率远比油、空气的磁导率大，所以空载运行时，主磁通占总磁通的绝大部分，而漏磁通只占很小的一部分，约占主磁通的 1%。

从上述物理情况可见，主磁通和漏磁通的性质不同，主要表现在：

(1) 由于铁磁材料存在饱和现象，主磁通与建立它的电流 i_0 之间呈非线性关系，而漏磁通由于主要沿非铁磁材料闭合，它与电流 i_0 之间保持线性关系。

(2) 在电磁关系上，交变的主磁通在一、二次绕组内感应电动势，如果二次侧接上负载，则在电动势 e_2 作用下向负载输出电功率。所以主磁通起传递能量的媒介作用；而漏磁通仅在一次侧感应电动势，只起电压降的作用，不能传递能量。

(二) 电动势

当铁心中的磁通 ϕ 及 $\phi_{1\sigma}$ 交变时，根据电磁感应定律它们将在绕组内感应电动势。空载运行时各物理量的作用关系如下：

$$u_1 \rightarrow i_0 \rightarrow f_0 = w_1 i_0 \rightarrow \begin{cases} \left.\begin{array}{l} \phi_{1\sigma} \rightarrow e_{1\sigma} \\ \phi \begin{cases} e_1 \\ \end{cases} \end{array}\right\} \text{与 } u_1、i_0 r_1 \text{ 相平衡} \\ \qquad e_{20} \qquad \text{与 } u_2 \text{ 相平衡} \end{cases}$$

各感应电动势为

$$e_1=-w_1\frac{\mathrm{d}\phi}{\mathrm{d}t} \tag{7-1}$$

$$e_2=-w_2\frac{\mathrm{d}\phi}{\mathrm{d}t} \tag{7-2}$$

$$e_{1\sigma}=-w_1\frac{\mathrm{d}\phi_{1\sigma}}{\mathrm{d}t} \tag{7-3}$$

三、几个物理量之间的关系

（一）主磁通 ϕ 与电动势 e_1、e_2 的关系

设主磁通随时间按正弦规律变化，即

$$\phi = \phi_m \sin\omega t \tag{7-4}$$

其中
$$\omega = 2\pi f$$

式中　ϕ_m——主磁通的最大值；

ω——主磁通变化的角频率；

f——主磁通交变的频率。

由式（7-1）和式（7-4）得

$$e_1 = -w_1\frac{d\phi}{dt} = -w_1\frac{d}{dt}(\phi_m \sin\omega t) = -w_1\omega\phi_m\cos\omega t$$

$$= E_{1m}\sin\left(\omega t - \frac{\pi}{2}\right) \tag{7-5}$$

$$E_{1m} = \omega w_1 \phi_m$$

式中　E_{1m}——电动势 e_1 的最大值。

由式（7-4）、式（7-5）可以看出，正弦交变磁通感应出正弦交变的电动势，并且感应电动势滞后磁通 90°。在以后讨论变压器的电磁关系时，对正弦交变的电动势、电流等参数，一般采用有效值表示。

电动势 e_1 的有效值为

$$E_1 = \frac{E_{1m}}{\sqrt{2}} = \frac{2\pi}{\sqrt{2}} f w_1 \phi_m = 4.44 f w_1 \phi_m \tag{7-6}$$

于是式（7-5）可表示为

$$\dot{E}_1 = -j4.44 f w_1 \dot{\phi}_m \tag{7-7}$$

同理，由式（7-2）和式（7-4）可得

$$e_2 = E_{2m}\sin\left(\omega t - \frac{\pi}{2}\right) \tag{7-8}$$

式中　E_{2m}——电动势 e_2 的最大值，$E_{2m} = w_2\omega\phi_m = 2\pi f w_2 \phi_m$。

电动势 e_2 的有效值为

$$E_2 = \frac{E_{2m}}{\sqrt{2}} = \frac{2\pi f w_2 \phi_m}{\sqrt{2}} = 4.44 f w_2 \phi_m \tag{7-9}$$

e_2 的相量表达式为

$$\dot{E}_2 = -j4.44 f w_2 \dot{\phi}_m \tag{7-10}$$

在电动势表达式中，当 ϕ_m 的单位为韦伯（Wb）时，电动势的单位是伏特（V）。若 ϕ_m 用麦克斯韦尔（Mx）为单位时，则公式应乘以 10^{-8}，电动势的单位才为伏特。

概括式（7-1）～式（7-10）的数学分析，可以得到以下两点结论：

（1）磁通 ϕ 若随时间按正弦规律变化，则电动势 e_1 和 e_2 也必然随时间按正弦规律变化，但电动势 e_1 和 e_2 在时间相位上将滞后于磁通 $\dot{\phi}$ 一个 $\frac{\pi}{2}$ 电角度。

图 7-3 所示为磁通 ϕ 与电动势 e_1 和 e_2 的波形图和相量图。注意，相量图中磁通用的是

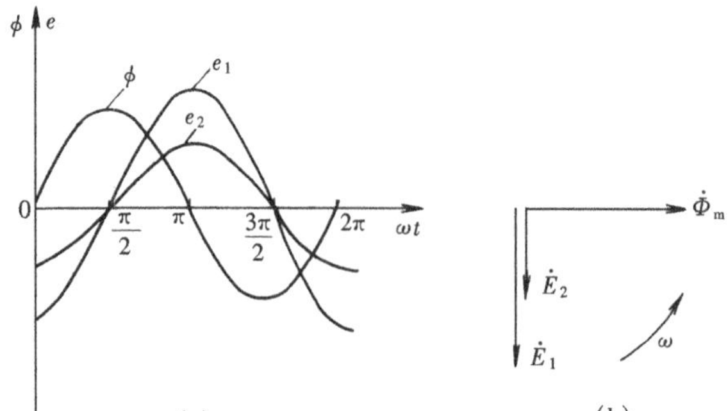

（a）　　（b）

图 7-3 磁通与电动势的相位关系
（a）波形图；（b）相量图

最大值而不是有效值，因为在表示磁通时，有效值是没有实际意义的。

（2）设 $k=\dfrac{E_1}{E_2}$，是变压器一次侧主电动势有效值与二次侧主电动势有效值之比值，简称变比。由式（7-6）和式（7-9）可知，$\dfrac{E_1}{E_2}=\dfrac{w_1}{w_2}$，所以变比在数值上也等于一次绕组与二次绕组匝数的比值，即

$$k=\frac{E_1}{E_2}=\frac{w_1}{w_2} \tag{7-11}$$

要特别注意，对于三相变压器来说，变比 k 是指相电动势的比值。

（二）*漏磁通 $\phi_{1\sigma}$ 与感应电动势 $e_{1\sigma}$ 的关系*

由于 $L_{1\sigma}$ 为常数，式（7-3）还可写成

$$e_{1\sigma}=-w_1\frac{\mathrm{d}\phi_{1\sigma}}{\mathrm{d}t}=-L_{1\sigma}\frac{\mathrm{d}i_0}{\mathrm{d}t} \tag{7-12}$$

$$L_{1\sigma}=\frac{\omega_1\phi_{1\sigma}}{i_0}$$

式中 $L_{1\sigma}$——称为一次绕组的漏电感。

由于漏磁通的磁阻主要由非铁磁材料决定，所以 $\phi_{1\sigma}$ 与 i_0 成正比，即 $L_{1\sigma}$ 为常数。

设空载电流随时间按正弦规律变化，即

$$i_0=I_{0m}\sin\omega t \tag{7-13}$$

式中 I_{0m}——空载电流的最大值；

ω——空载电流变化的角频率，$\omega=2\pi f$；

f——空载电流交变的频率。

于是式（7-12）可表示为

$$\begin{aligned} e_{1\sigma}&=-L_{1\sigma}\frac{\mathrm{d}i_0}{\mathrm{d}t}\\ &=-L_{1\sigma}\frac{\mathrm{d}}{\mathrm{d}t}(I_{0m}\sin\omega t)\\ &=E_{1\sigma m}\sin\left(\omega t-\frac{\pi}{2}\right) \end{aligned} \tag{7-14}$$

其中，$E_{1\sigma m}=\omega L_{10}I_{0m}=x_{1\sigma}I_{0m}$ 为一次空载漏电动势 $e_{1\sigma}$ 的最大值。$x_{1\sigma}=\omega L_{10}$ 称为一次侧绕组的漏电抗。

漏电动势 $e_{1\sigma}$ 的有效值为

$$E_{1\sigma}=I_0x_1 \tag{7-15}$$

由式（7-14）可知漏电动势 $e_{1\sigma}$ 在时间（相位）上滞后于空载电流 i_0 一个正 $\dfrac{\pi}{2}$ 电角度。因此，式（7-14）写成复数形式为

$$\dot{E}_{1\sigma}=-\mathrm{j}\dot{I}_0x_1 \tag{7-16}$$

四、空载电流分析

变压器空载运行时，一次绕组中的电流称为空载电流，用 i_0 表示。空载电流 i_0 在变压器的铁心中产生主磁通 Φ。由铁磁物质的磁化特性可知，铁磁材料在被交变磁化时，B—H 曲线是一条对坐标原点对称的封闭曲线，称为磁滞回线。从以后的讨论中可知，由于变压器的铁心是用铁磁材料制造的，当 ϕ 是正弦波时，i_0 应是尖顶波，但在时间（相位）上 i_0 稍稍超前 ϕ 一个角度 a_m。

下面对与 i_0 的特点进行分析讨论。

（一）空载电流的大小和相位

空载电流在变压器运行中的作用是产生交变的磁通，因此它具有磁化电流的性质，磁化电流是无功电流。由于交变的主磁通在铁心内将产生功率损耗，所以空载电流应包含有相应的有功分量。据此，可作出空载电流的相量图，如图 7-4 所示。

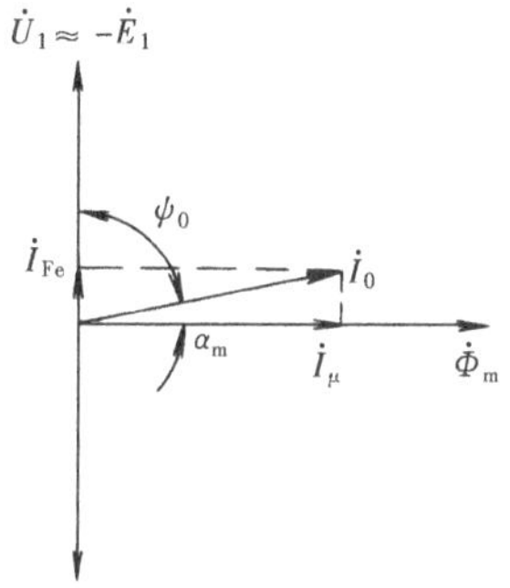

图 7-4　空载电流相量图

由图 7-4 可知，变压器的空载电流可视为由两部分组成：

（1）磁化分量 i_μ：产生主磁通，是空载电流的无功分量，它与主磁通 $\dot{\phi}$ 同相位。

（2）铁耗分量 i_{Fe}：它与一次电动势决定的有功功率为供给铁耗的功率，是空载电流的有功分量，它与电压降 $\dot{U}_1$ 同相位。

分析可知，空载电流可表示为

$$\dot{I}_0 = \dot{I}_\mu + \dot{I}_{Fe} \tag{7-17}$$

其中

$$\left.\begin{aligned} I_{Fe} &= I_0 \sin\alpha_m \\ I_\mu &= I_0 \cos\alpha_m \end{aligned}\right\} \tag{7-18}$$

$$I_0 = \sqrt{I_\mu^2 + I_{Fe}^2}$$

由于变压器中的主磁通的路径为铁磁材料，磁路的磁导率随铁心的饱和程度而变化。但是变压器在正常运行时，一次侧的电压基本不变，则便可认为磁通 ϕ 与空载电流 i_0 具有某种固定关系，即认为主磁路也对应恒定的电感值 L_m。在这一条件下，除了将变压器一次侧漏电动势用漏电抗上产生的压降来表示外，主电动势 E_1 也可写成电压降的形式。这样，就将磁路的问题变成了电路问题，便于分析计算。由于变压器的主磁通除了产生感应电动势外，还在铁心中产生了铁心损耗，而铁心损耗对应的则可写成有功功率，因此对应主磁通的参数除等效的 $X_m = \omega L_m$ 外，还有一个等效于铁损的电阻 r_m，即应以等效励磁阻抗 Z_m 产生的电压降来代替电动势 $\dot{E}_1$，则可写成

$$\dot{E}_1 = -\dot{I}_0 Z_m \tag{7-19}$$

$$Z_m = r_m + jx_m$$

式中　r_m——铁耗等效电阻或励磁电阻，它是表征铁心损耗的一个等效参数，空载电流 I_0 在 r_m 上产生的功率等于铁耗，即 $p_{Fe} = I_0^2 r_m$；

x_m——励磁电抗，$x_m = \omega L_m$。它是对应于主磁通的电抗。x_m 与主磁路的磁导成正比，因而它是表征铁心磁化性能的一个参数，由于主磁路存在饱和现象，x_m 本不

应是常数，但在 $\dot{\phi}$ 为一定值的条件下，可认为是一个定值。

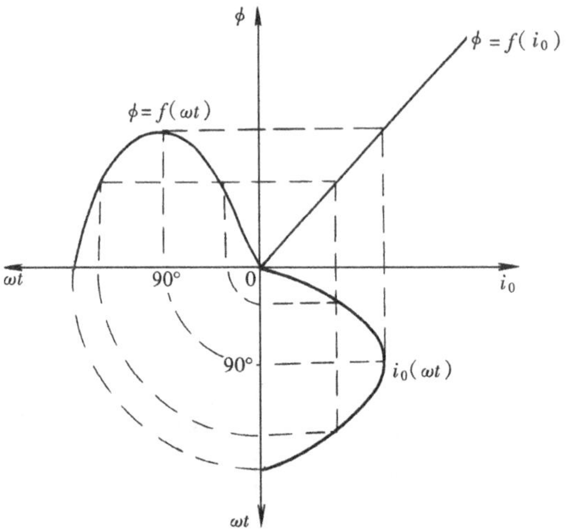

图 7-5 不考虑铁损和饱和时空载电流波形

（二）空载电流的波形

励磁电流的波形也与铁心的饱和程度有关，即取决于铁心磁密 B_m 的大小。当铁心不饱和时，主磁通与磁化电流之间为线性关系。由图 7-5 可以看出，$\phi=f(i_0)$为直线时，若磁通 $\phi(\omega t)$为正弦波，$i_0(\omega t)$也是正弦波。当铁心饱和时，空载电流和磁通 Φ 之间呈非线性磁化曲线关系。采用同样的作图方法可求出磁通 $\phi(\omega t)$与空载电流 $i_0(\omega t)$的波形关系如图 7-6 所示。图（b）表明，空载电流 $i_0(\omega t)$为正弦波时，磁通 $\phi(\omega t)$为平顶波；图（a）表明，当磁通 $\phi(\omega t)$为正弦波时，电流 $i_0(\omega t)$为尖顶波。饱和程度越高，波形的畸形愈厉害。

对非正弦波的波形利用傅氏级数进行分解，可分解为基波加一系列的高次谐波。如尖顶波励磁电流可分解为基波电流及 3，5，7 等一系列奇数次谐波电流，高次谐波电流中，幅值最大的是三次谐波，如图 7-7 所示。

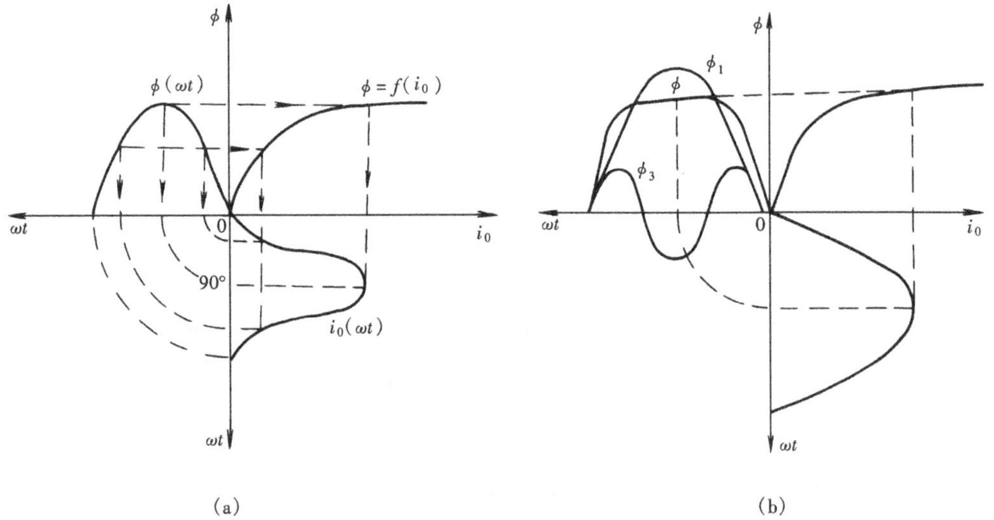

图 7-6 考虑饱和而不考虑铁耗时磁通 ϕ（ωt）与空载电流 i_0（ωt）波形分析

（a）ϕ（ωt）为正弦波时；（b）i_0（ωt）为正弦波时

实际上，变压器的铁心中存在铁耗，即磁滞损耗和涡流损耗。当考虑磁滞涡流影响时，若 $\phi(\omega t)$为正弦波，$i_0(\omega t)$仍为尖顶波，且空载电流超前主磁通一个铁耗角 α_m，如图7-8所示，应运用磁滞回线接图解法求空载电流的波形。

由以上分析可知：

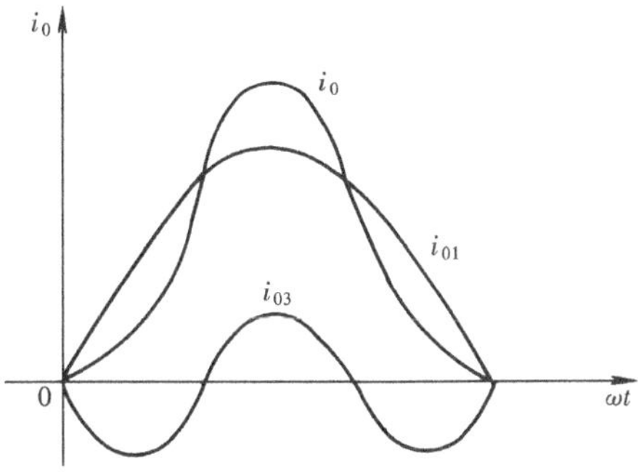

图 7-7　把尖顶波分解为基波和三次谐波

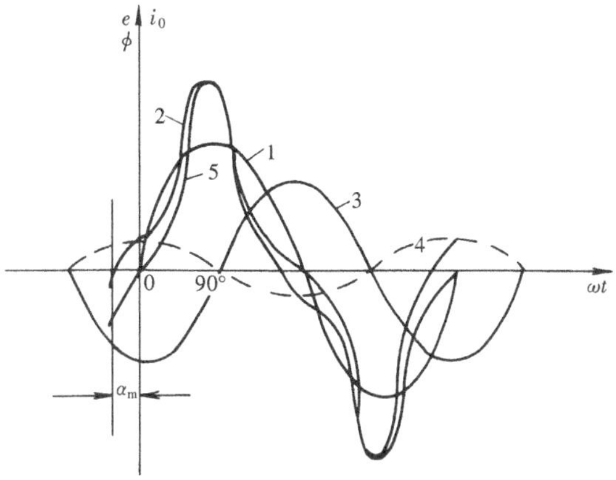

图 7-8　考虑铁损时的空载电流波形分析

1—$\phi(\omega t)$；2—$i_0(\omega t)$；3—$e_1(\omega t)$；

4—$i_{Fe}(\omega t)$；5—$i_\mu(\omega t)$

（1）实际变压器中空载电流 i_0 与主磁通 ϕ 之间不是线性关系，由于一次侧外加电压 u_1 为正弦波，则与之平衡的反电动势 e_1 也是正弦波，则空载电流应为尖顶波，以使主磁通 ϕ 应为正弦波。因此空载电流中通常有三次谐波分量。

（2）空载电流 i_0 不是正弦波，因此是不能用相量来表示的，由于变压器空载电流只占额定电流很小的一部分，工程上常采用一个等效的正弦波电流来替代它。这里所谓的等效正弦波电流的条件是：①频率不变；②相位不变；③有效值不变。这样，以后的分析中，空载电流 i_0 应是等效正弦波电流。

五、变压器空载运行时的方程式、相量图和等效电路

（一）一次绕组回路中的电压方程式

利用电路中的回路定律可写出图 7-1 所示一次绕组回路中的电压方程式为

$$u_1 = -e_1 + (-e_{1\sigma}) + i_0 r_1 \tag{7-20}$$

式中　r_1——一次绕组的电阻。

将式（7-20）写成复数形式，并将式（7-16）代入，得

$$\begin{aligned}\dot{U}_1 &= -\dot{E}_1 + (-\dot{E}_{1\sigma}) + i_0 r_1 \\ &= -\dot{E}_1 + \dot{I}_0(r_1 + \mathrm{j}x_1) \\ &= -\dot{E}_1 + \dot{I}_0 Z_1 \end{aligned} \tag{7-21}$$

$$Z_1 = r_1 + \mathrm{j}x_1$$

式中　Z_1——一次绕组的漏阻抗。

由于式（7-21）中 I_0Z_1 很小，一般仅为额定电压的 0.1%～0.25%，因此式（7-21）中可略去 I_0Z_1，于是得

$$\dot{U}_1 \approx -\dot{E}_1 \tag{7-22}$$

式（7-22）不仅表明 $\dot{U}_1$ 与 $\dot{E}_1$ 相位相反，而且可得 U_1 与产生 E_1 的各相关量之间的数

量关系为

$$U_1 \approx E_1 = 4.44 f w_1 \phi_m \tag{7-23}$$

式（7-23）是一个很重要的关系式，它说明一台变压器铁心中的磁通的多少取决于三个因素，即外施电压 U_1，交流电源的频率 f 以及一次绕组的匝数 w_1。当 f 和 w_1 固定不变时，铁心中磁通量仅仅取决于 U_1，亦即铁心的饱和程度是由外施电压的高低来决定的，一台已制造好的电力变压器，当电压不变时，铁心中的主磁通量和铁心的饱和程度将是基本不变的。

（二）二次绕组回路中的电压方程式

利用电路中的回路定律可写出图 7-1 中二次绕组回路中的电压方程式为

$$u_{20} = e_2 \tag{7-24}$$

将式（7-24）写成复数形式为

$$\dot{U}_{20} = \dot{E}_2 \tag{7-25}$$

可得

$$U_{20} = E_2 = 4.44 f w_2 \phi_m \tag{7-26}$$

由式（7-22）和式（7-26）可知，变压器的变比可写成

$$k = \frac{E_1}{E_2} \approx \frac{U_1}{U_{20}} \tag{7-27}$$

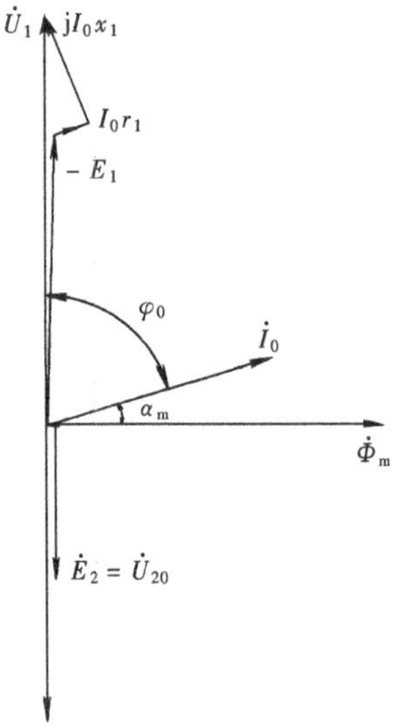

图 7-9 变压器空载运行时的相量图

式（7-27）表明，变压器的变比也可以通过空载试验来确定。

（三）变压器空载时的基本方程式

根据上面对变压器一次侧、二次侧电磁关系的讨论，可得如下变压器空载时的基本方程式为

$$\left.\begin{aligned} \dot{U}_1 &= -\dot{E}_1 + \dot{I}_1 Z_1 \\ \dot{I}_0 &= -\frac{\dot{E}_1}{Z_m} \\ \dot{E}_1 &= k\dot{E}_2 \\ \dot{U}_{20} &= \dot{E}_2 \end{aligned}\right\} \tag{7-28}$$

（四）变压器空载时的相量图

根据式（7-28）的变压器空载运行的基本方程式，可画出变压器空载运行的相量图，如图 7-9 所示。

设已知参数，且 $w_1 > w_2$，以 $\dot{\phi}_m$ 为基准相量，作图步骤如下：

（1）由空载电流 $\dot{I}_0$ 产生主磁通 $\dot{\phi}_m$。其中空载电流 $\dot{I}_0$ 超前主磁通 $\dot{\phi}_m$ 一个铁耗角 α_m；

（2）根据式（7-7）、式（7-10）可知 $\dot{E}_1$、$\dot{E}_2$ 落后于 $\dot{\phi}_m$ 90°电角度，故可作出 $\dot{E}_1$、$\dot{E}_2$；

（3）在相量图中，首先作出 $-\dot{E}_1$，根据式（7-21），$-\dot{E}_1$ 加 $\dot{I}_0 r_1$ 及 j$\dot{I}_0 x_1$，便得 $\dot{U}_1$；

（4）根据式（7-25）标出$\dot{U}_{20}$。

相量图中$\dot{I}_0$是等效电流，一般$I_0 r_1$和$I_0 x_{1\sigma}$只占U_1的0.1%和0.5%以下，为了清楚起见，图中放大了它们的长度。其次，$\dot{I}_0$主要作用是建立磁场，实际变压器的铁损很小，α_m很小，$\dot{I}_0$与$\dot{\phi}_m$近于同相位，而$\dot{U}_1$与$(-\dot{E}_1)$也近于同相位，所以$\dot{I}_0$与$\dot{U}_1$夹角$\varphi_0 \approx 90°$，说明空载时变压器功率因数很低。空载电流基本上是一个感性无功电流，也就是说变压器在空载时要从电网吸收滞后的无功电流进行励磁，以建立磁场。

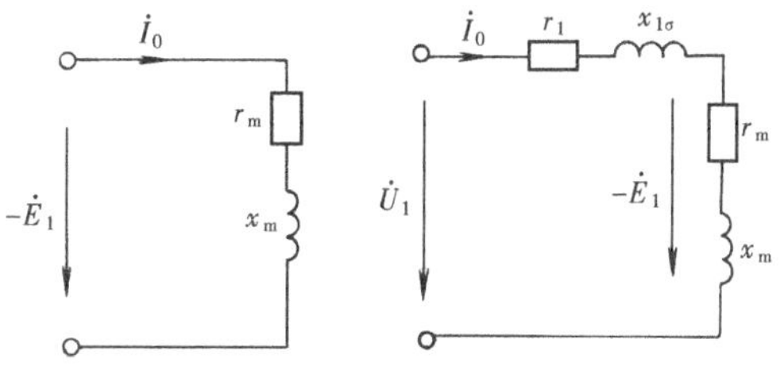

图7-10　变压器空载运行时的等效电路

（五）变压器空载时的等效电路

将变压器接到电网上运行时，对电源而言，可视为一个电路接在电源上，因此可以用一个等效电路来代替实际的变压器。

由式（7-19）、式（7-21）可得

$$\dot{U}_1 = -\dot{E}_1 + \dot{I}_0 Z_1 = \dot{I}_0 Z_m + \dot{I}_0 Z_1 = \dot{I}_0 (Z_m + Z_1)$$

$$= \dot{I}_0 [(r_m + jx_m) + (r_1 + jx_1)] \tag{7-29}$$

式（7-29）表明，对电源来说，空载运行的变压器可以看做是两个复阻抗的串联。由此可作出如图7-10所示的等效电路。

第二节　变压器的负载运行

电力变压器主要是用于改变电压并传递电能的。将它的一次侧接入电源后再将二次侧接通负载，这种运行状态称为负载运行，如图7-11所示。

一、负载运行时变压器的磁动势平衡关系

变压器负载运行时，由于二次侧出现了电流i_2，产生了磁动势$f_2 = w_2 i_2$，它和空载时磁动势f_0的情况一样，在变压器的铁心中产生同时链绕变压器一次侧、二次侧绕组的主磁通ϕ和只链绕自己本身的漏磁通$\phi_{2\sigma}$。这时变压器铁心中的主磁通将由一次侧、二次侧的磁动势共同产生。由于i_2是由e_2产生的，而e_2又是由主磁通ϕ感应产生的，故i_2形成的磁动势f_2具有阻碍ϕ变化的性质，而ϕ的变化必将导致e_1改变，从而引起一次电流的相应变化。

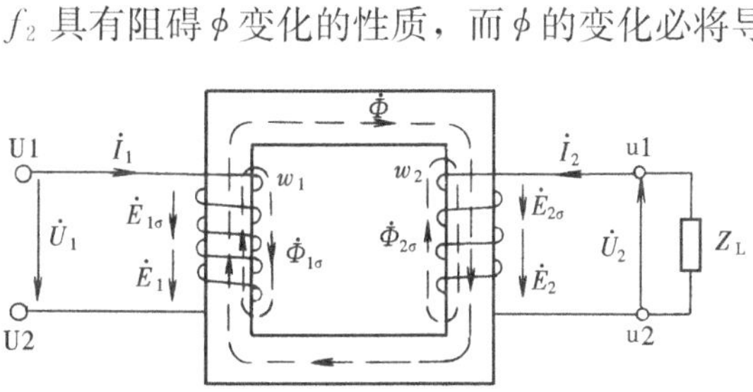

图7-11　变压器负载运行的示意图

上述作用关系表明，负载运行变压器的一次侧电流将从空载运行时的电流i_0变成负载运行时的电流i_1，一次侧的磁动势则由f_0变成$f_1 = w_1 i_1$，铁心的磁通则由两个电流产生的磁动势共同产生。按电流$\dot{I}_1$和$\dot{I}_2$的正方向和绕组的绕向可知，它们产生的磁通是相加的，所以合成磁动势为

$$\dot{F}_1+\dot{F}_2=\dot{F}_m \tag{7-30}$$

合成磁动势$\dot{F}_m$是负载时产生铁心中主磁通的励磁磁动势，式（7-30）称为变压器的磁动势关系式。由于变压器在正常负载运行时一次侧电流 i_1 是有限的，这时变压器一次侧漏阻抗压降对额定电压来说仍然很小，故可认为从空载到负载时 E_1 变化很小，与之对应的主磁通和产生主磁通的励磁磁动势基本不变，所以负载时的励磁电流 I_m 与 I_0 可以近似地认为相等。则式（7-30）可写成

$$\dot{I}_1w_1+\dot{I}_2w_2=\dot{I}_mw_1 \tag{7-31}$$

将式（7-31）两边除以 w_1，得

$$\dot{I}_1+\dot{I}_2\frac{w_2}{w_1}=\dot{I}_m$$

$$\dot{I}_1=\dot{I}_m+\left(-\dot{I}_2\frac{w_2}{w_1}\right)=\dot{I}_m+\dot{I}_{1L} \tag{7-32}$$

$$\dot{I}_1\approx\dot{I}_{1L}=\left(-\frac{\dot{I}_2}{k}\right) \tag{7-33}$$

其中
$$\dot{I}_{1L}=-\frac{\dot{I}_2}{k},\quad k=\frac{w_1}{w_2}$$

$\dot{I}_{1L}$称为一次侧电流的负载分量。由式（7-32）可见，一次电流$\dot{I}_1$可以看成由两个分量组成：一个是励磁分量$\dot{I}_m$，它的主要作用是形成磁动势$\dot{I}_mw_1$，产生主磁通 Φ_m；另一个是负载分量$\dot{I}_{1L}$，它的作用是产生磁动势$\dot{I}_{1L}w_1$，由式（7-33）可以看出磁动势$\dot{I}_{1L}w_1$与二次磁动势$\dot{I}_2w_2$大小相等，方向相反，表明磁动势$\dot{I}_{1L}w_1$是用以抵消二次磁动势$\dot{I}_2w_2$的。对负载运行时一次侧电流的分析，也能说明变压器负载运行时励磁磁动势$\dot{I}_mw_1$基本不变，主磁通 Φ_m 基本不变。

若忽略原绕组的漏阻抗压降，则$\dot{U}_1\approx\dot{E}_1$，再考虑$\dot{E}_2=\frac{\dot{E}_1}{k}$，则得

$$U_1I_{1L}\approx(-E_1)\left(-\frac{I_2}{k}\right)=E_2I_2$$

$$U_1I_{1L}\approx E_2I_2 \tag{7-34}$$

式（7-34）表明，负载运行时一次绕组从电网吸取的电功率除很小的 U_1I_m 部分用于变压器励磁外，其余的 U_1I_{1L} 部分与二次绕组获得的电功率 E_2I_2 是相等的，这就是变压器一、二次侧通过电磁感应进行能量传递的原理。

二、变压器负载运行时的电动势方程式

变压器负载运行时，铁心中的主磁通分别在一次侧、二次侧绕组中感应电动势$\dot{E}_1$、$\dot{E}_2$，各自绕组的漏磁通分别产生感应漏电动势$\dot{E}_{1\sigma}$、$\dot{E}_{2\sigma}$。各绕组的电动势平衡关系如下。

（一）一次绕组的电动势方程式

根据回路定律，由图 7-11 可写出一次绕组回路的电动势方程式为

$$u_1=-e_1+(-e_{1\sigma})+i_1r_1 \tag{7-35}$$

写成复数形式为

$$\dot{U}_1=-\dot{E}_1+(-\dot{E}_{1\sigma})+\dot{I}_1r_1 \tag{7-36}$$

将式（7-36）中的漏电动势$\dot{E}_{1\sigma}$用漏抗压降的形式表示，即

$$\dot{E}_{1\sigma}=-\mathrm{j}\dot{I}_1x_{1\sigma} \tag{7-37}$$

则

$$\begin{aligned}\dot{U}_1&=-\dot{E}_1+\mathrm{j}\dot{I}_1x_{1\sigma}+\dot{I}_1r_1\\&=-\dot{E}_1+\dot{I}_1(r_1+\mathrm{j}x_1)\\&=-\dot{E}_1+\dot{I}_1z_1\end{aligned} \tag{7-38}$$

$$z_1=r_1+\mathrm{j}x_1$$

式中　z_1——一次绕组漏阻抗。

（二）二次绕组的电动势方程式

根据回路定律，由图 7-11 可写出二次绕组回路的电动势方程式为

$$u_2=e_2+e_{2\sigma}-i_2r_2 \tag{7-39}$$

写成复数形式为

$$\dot{U}_2=\dot{E}_2+\dot{E}_{2\sigma}-\dot{I}_2r_2 \tag{7-40}$$

将式（7-40）中的漏电势$\dot{E}_{2\sigma}$用漏抗压降的形式表示，即

$$\dot{E}_{2\sigma}=-\mathrm{j}\dot{I}_2x_{2\sigma} \tag{7-41}$$

则

$$\begin{aligned}\dot{U}_2&=\dot{E}_2-\mathrm{j}\dot{I}_2x_{2\sigma}-\dot{I}_2r_2\\&=\dot{E}_2-\dot{I}_1(r_2+\mathrm{j}x_{2\sigma})\\&=\dot{E}_2-\dot{I}_2z_2\end{aligned} \tag{7-42}$$

$$z_2=r_2+\mathrm{j}x_2$$

式中　z_2——二次绕组漏阻抗。

由图 7-11 还可以得出变压器二次侧的负载端电压为

$$\dot{U}_2=\dot{I}_2Z_L \tag{7-43}$$

（三）负载时的基本方程式

根据上述的讨论、分析，可归纳出变压器负载运行时的基本方程式为

$$\left.\begin{aligned}&\dot{U}_1=-\dot{E}_1+\dot{I}_1z_1\\&\dot{U}_2=\dot{E}_2-\dot{I}_2z_2\\&\dot{I}_1+\dot{I}_2/k=\dot{I}_m\\&\dot{E}_2=\frac{\dot{E}_1}{k}\\&\dot{I}_m=-\dot{E}_1/Z_m\\&\dot{U}_2=\dot{I}_2Z_L\end{aligned}\right\}\tag{7-44}$$

三、变压器的折算

（一）变压器折算问题的提出

利用变压器的基本方程式可以对变压器的参数进行计算和运行性能分析。但是由于变压器一、二次绕组的匝数不同，并且两者之间没有直接电的联系、但有磁的耦合，实际计算时要考虑磁场情况和进行复数运算，所以求解基本方程非常繁琐。为此，希望能有一个既能正确反映变压器内部的电磁关系，又便于工程计算的单纯电路来模拟实际的变压器，这种电路称为等效电路。

根据变压器基本方程式（7-44）中一次侧、二次侧的方程，可分别作出一次侧、二次侧等效电路如图 7-12 所示。

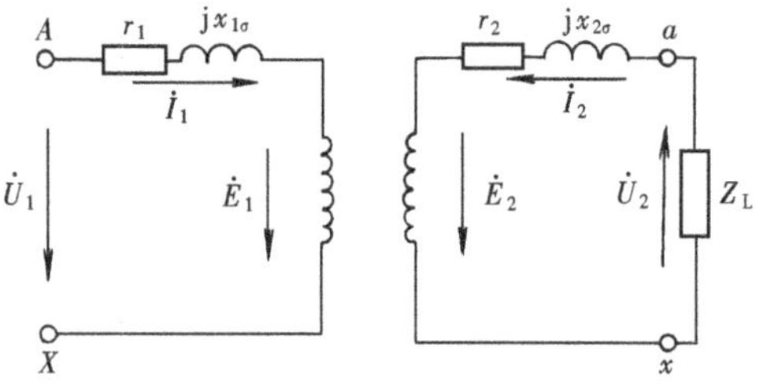

图 7-12 变压器一、二次侧等效电路

由图 7-12 可以看出，变压器的一次侧、二次侧是两个互不相连的电路，但两者之间是通过同一个基本不变的磁场耦合着，这就使两个电路中的电动势$\dot{E}_2$与$\dot{E}_1$、电流$\dot{I}_2$与$\dot{I}_1$（或$\dot{F}_2$与$\dot{F}_1$）之间有明确的关系。为了使两个电路有电的连接，须将$\dot{E}_1$或$\dot{E}_2$进行换算，使两者相等，但换算应是等效的。变压器的一、二次绕组是通过主磁场来传递能量的，即由二次电流$\dot{I}_2$产生磁动势$\dot{F}_2=\dot{I}_2w_2$必然与一次电流$\dot{I}_{1L}$产生的磁动势$\dot{F}_{1L}=\dot{I}_{1L}w_1$相平衡，若换算时能保持这一平衡关系不变，则可认为换算是等效的。经等效换算所获得的电路称为等效电路。显然，折算是获得变压器等效电路的必要条件。因此，可以找一个等效电路，该等效电路产生的磁动势与变压器二次侧绕组产生的磁动势在任何情况下都相等，那么该等效电路就可以替代原来的变压器二次侧绕组。

（二）变压器折算的方法

变压器折算时可将二次侧折算至一次侧，也可反之。为达到折算的目的并满足等效条件，折算的方法应满足如下具体条件：

（1）折算前后，变压器的基本电磁关系不变；

（2）被折算一侧电路以折算量代替后不应改变未被折算一侧的电路，则要求被折算侧磁动势不变；

（3）变压器各功率及损耗不变。

以二次侧折算至一次侧为例说明折算方法。

用二次侧各参数、物理量折算到一次侧的值称为折算值，折算值用原来的符号加上一个“′”来表示，如 U'_2 、I'_2 、Z'_2 等。根据折算的目的，变压器二次绕组匝数 w_2 用等效绕组的匝数 w'_2 来替代，应使 $w'_2=w_1$，据此，按等效条件便可求出其余各参数、物理量的折算值。

1. 二次电动势的折算值

由于 $W'_2=W_1$，所以

$$E'_2=\frac{w_1}{w_2}E_2=kE_2 \tag{7-45}$$

即折算后的二次电动势比实际二次电动势放大至 k 倍。

2. 二次电流的折算值

实际变压器二次磁动势为 $\dot{I}_2 w_2$；折算后的二次磁动势为 $\dot{I}'_2 w'_2=\dot{I}'_2 w_1$。折算前后二次磁动势应保持不变，所以

$$\dot{I}_2 w_2=\dot{I}_2' w_1$$

$$\dot{I}_2'=\frac{w_2}{w_1}\dot{I}_2=\frac{1}{k}\dot{I}_2 \tag{7-46}$$

即折算后的二次电流为实际二次电流的 $1/k$ 倍。

3. 二次电阻的折算

实际变压器二次绕组铜耗为 $I_2^2 r_2$；折算后变压器二次绕组铜耗为 $I'^2_2 r'_2$；由于折算前后二次铜耗不变，所以

$$I'^2_2 r'_2=I_2^2 r_2$$

$$r'_2=\left(\frac{I_2}{I'_2}\right)^2 r_2=k^2 r_2 \tag{7-47}$$

即二次绕组电阻的折算值比实际值增大至 k^2 倍。

4. 二次电抗的折算

实际变压器二次漏抗无功损耗为 $I_2^2 x_2$；折算后变压器二次漏抗无功损耗为 $I'^2_2 x'_2$；由于折算前后二次漏抗的无功损耗不变，所以

$$I'^2_2 r'_2=I_2^2 x_2$$

$$x'_2=\left(\frac{I_2}{I'_2}\right)^2 x_2=k^2 x_2 \tag{7-48}$$

即二次漏电抗的折算值比实际值增大至 k^2 倍。

5. 二次电压的折算

$$\begin{aligned}\dot{U}'_2 &=\dot{E}'_2-\dot{I}'_2(r'_2+\mathrm{j}x'_2)\\ &=k\dot{E}_2-\frac{\dot{I}_2}{k}(k^2 r_2+\mathrm{j}k^2 x_2)\\ &=k[\dot{E}_2-\dot{I}_2(r_2+\mathrm{j}x_2)]=k\dot{U}_2\end{aligned} \tag{7-49}$$

即折算后的二次电压比实际值增大至 k 倍。

6. 二次负载阻抗的折算

$$Z'_L = \frac{\dot{U}'_2}{\dot{I}'_2} = \frac{k\dot{U}_2}{\dot{I}_2/k} = k^2 \frac{\dot{U}_2}{\dot{I}_2} = k^2 Z_L \tag{7-50}$$

即负载阻抗的折算与二次漏阻抗折算方法相同。

综上所述可得，把二次绕组各物理量、阻抗参数折算到一次侧时，电势、电压的折算值是原来的数值乘以 k，阻抗的折算值是原来的数值乘以 k^2，电流的折算值是原来的数值乘以 $1/k$。

（三）折算后的基本方程式

经过折算的变压器，没有改变变压器中基本的电磁关系，仅仅是将其中一侧电路用折算后的等效电路代替，因此折算后变压器的基本方程式为

$$\left.\begin{aligned} \dot{U}_1 &= -\dot{E}_1 + \dot{I}_1 Z_1 \\ \dot{U}'_2 &= \dot{E}'_2 - \dot{I}'_2 Z'_2 \\ \dot{I}_1 + \dot{I}'_2 &= \dot{I}_m \\ \dot{E}'_2 = \dot{E}_1 &= -\dot{I}_m Z_m \\ \dot{U}'_2 &= \dot{I}'_2 Z'_L \end{aligned}\right\} \tag{7-51}$$

四、变压器负载时的等效电路和相量图

（一）等效电路

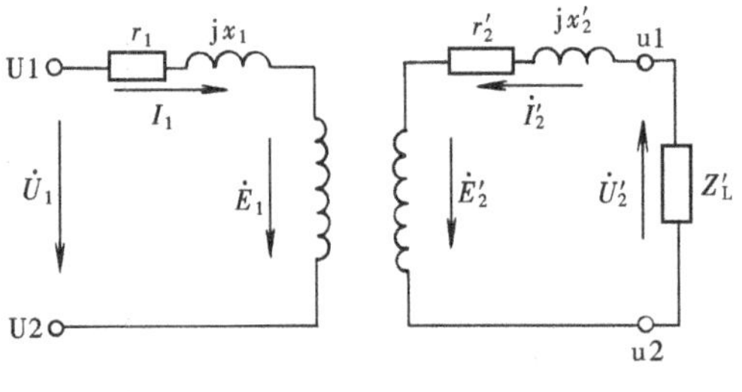

图 7-13 折算后的一、二次侧等效电路

根据折算后变压器的基本方程式（7-51）所表述的变压器一次侧、二次侧电压平衡关系，可以画出如图 7-13 所示的电路图。由于折算后的基本方程式中有 $\dot{E}'_2 = \dot{E}_1$ 及 $\dot{I}_1 + \dot{I}'_2 = \dot{I}_m$ 的关系，再考虑到 $\dot{E}_1 = -\dot{I}_m Z_m = -\dot{I}_m (r_m + jx_m)$，等效电路便可变成图 7-14 形式。该等效电路反映了变压器的基本电磁关系，能准确反映实际变压器的电磁关系，因此，它被称为变压器的准确等效电路或“T”型等效电路。

对“T”型等效电路来说，它包含有串联部分和并联部分，在进行复数运算时比较麻烦。考虑到实际电力变压器中，励磁电流很小，在额定电流时变压器一次侧的漏阻抗压降也只有额定电压的 2.5%～5%左右，故可以近似地认为 $\dot{I}_m = -\frac{\dot{E}_1}{Z_m} = \frac{\dot{U}_1 - \dot{I}_1 Z_1}{Z_m} \approx \frac{\dot{U}_1}{Z_m}$。也就是说，在忽略一次

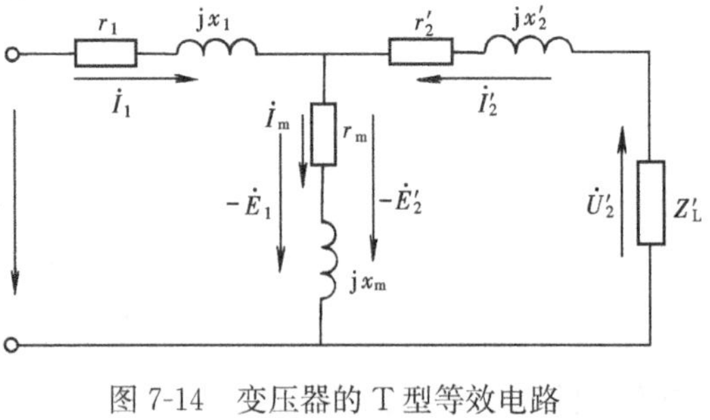

图 7-14 变压器的 T 型等效电路

漏阻抗压降的情况下，可以把励磁支路从“T”型等效电路的中间移到电源端，如图 7-15 所示。这种电路称为近似的等效电路或“Γ”型等效电路。在实际工作中，有时还可把励磁电流 I_m 忽略不计，从而得到一个简单的串联电路，如图 7-16 所示，该电路称为变压器的简化等效电路或“一”字型等效电路。

在简化等效电路中，可把变压器的一、二次侧的阻抗合并起来，称为变压器的短路阻抗，即

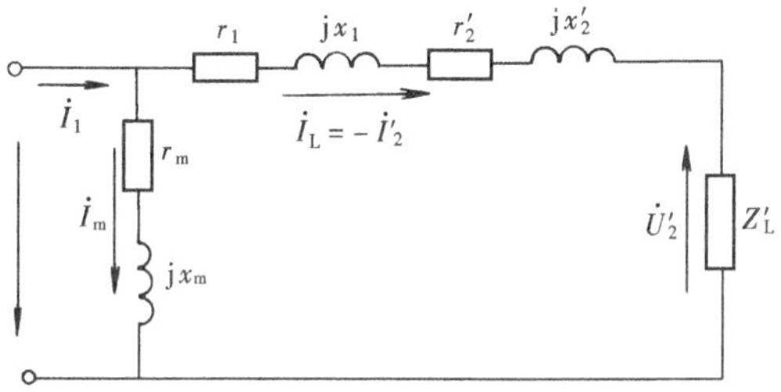

图 7-15　变压器近似等效电路

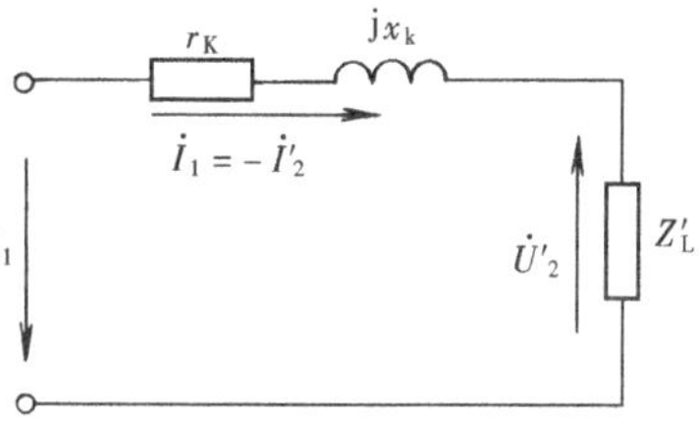

图 7-16　变压器简化等效电路

$$\left.\begin{aligned} r_k &= r_1 + r'_2 \\ x_k &= x_1 + x'_2 \\ Z_k &= r_k + jx_k \end{aligned}\right\} \tag{7-52}$$

式中　r_k——变压器的短路电阻；

x_k——变压器的短路电抗；

Z_k——变压器的短路阻抗。

从简化等效电路中可以看出，若变压器二次出线端发生稳态短路，短路电流 $I_k=\dfrac{U_1}{Z_k}$。由于 Z_k 所占的比例约为 5%～10%，则在 U_1 等于 U_{1N}的情况下，短路电流可达额定电流的 10～20 倍。

（二）变压器的相量图

变压器的基本电磁关系，还可用相量图来表示。相量图可以直观地表示出变压器内部的各物理量之间的相位关系，便于我们分析和讨论变压器的运行问题。

根据折算后的基本方程式（7-51），可以画出变压器的相量图，如图 7-17 所示，作图步骤如下：

（1）以主磁通 $\dot{\phi}_m$ 为参考相量，作在水平位置上。

（2）做 $\dot{E}_1$，$\dot{E}'_2$，$\dot{E}_1=\dot{E}'_2$，且落后 $\dot{\phi}_m$ 90°相角。

（3）根据式给定的负载条件，求出 $\dot{I}'_2$。

由于
$$\dot{E}'_2-\dot{I}'_2z'_2=\dot{U}'_2=\dot{I}'_2z'_L$$

所以
$$\dot{I}'_2=\frac{\dot{E}'_2}{z'_2+z'_L}=\frac{\dot{E}'_2}{(r'_2+r'_L)+j(x'_2+x'_L)}$$

$\dot{I}'_2$与$\dot{E}'_2$之间的夹角 $\psi_2=\mathrm{tg}^{-1}\dfrac{x'_2+x'_L}{r'_2+r'_L}$，若负载的性质为感性的，则$\dot{I}'_2$滞后$\dot{E}'_2$一个 ψ_2 角；若负载的性质为容性的，则当 $x'_L>x'_2$时，$\dot{I}'_2$超前于$\dot{E}'_2$和$\dot{U}'_2$；则当 $x'_L<x'_2$时，$\dot{I}'_2$落后于$\dot{E}'_2$，且超前于$\dot{U}'_2$ ；则当 $x'_L=x'_2$时，$\dot{I}'_2$ 与$\dot{E}'_2$同相位，且超前于$\dot{U}'_2$。一般情况下，变压器所带的负载为感性负载，因此，图 7-17 出示了感性负载时的相量图，图中$\dot{I}'_2$滞后$\dot{E}'_2$一个 ψ_2 角。

(4) 作$\dot{I}_m$，$\dot{I}_m$滞后（$-\dot{E}_1$）一个 ψ_0，$\psi_0=\mathrm{tg}^{-1}\dfrac{x_m}{r_m}$。

(5) 作$\dot{I}_1$，$\dot{I}_1=-\dot{I}'_2+\dot{I}_m$。

(6) 作出$\dot{U}_1$，$\dot{U}_1=-\dot{E}_1+\dot{I}_1r_1+\mathrm{j}\,\dot{I}_1x_1$。

(7) 作出$\dot{U}'_2$，$\dot{U}'_2=\dot{E}'_2-\dot{I}'_2\,r'_2-\mathrm{j}\,\dot{I}'_2\,x'_2$。

从相量图中可知$\dot{U}'_2<\dot{E}'_2$，即感性负载下二次侧电压是下降的。

由基本方程式所得的相量图与 T 型等效电路是对应的。有时为分析简便，常采用简化相量图。

图 7-18 所示是变压器感性负载时的简化相量图。简化相量图是与简化等效电路对应的，而简化等效电路是以 $I_m=0$ 为条件获得的。在简化的条件下由基本方程不难推导出

$$\dot{U}_1=-\dot{U}'_2+\dot{I}_1Z_k \tag{7-53}$$

$$\dot{I}_1=-\dot{I}'_2 \tag{7-54}$$

据此，作简化相量图时，以$-\dot{U}'_2$为参考相量，根据 ϕ_2 角画出$-\dot{I}'_2=\dot{I}_1$，然后依次画出$\dot{I}_1r_k$，j $\dot{I}_1x_k$，$\dot{U}_1$，则可得简化相量图。

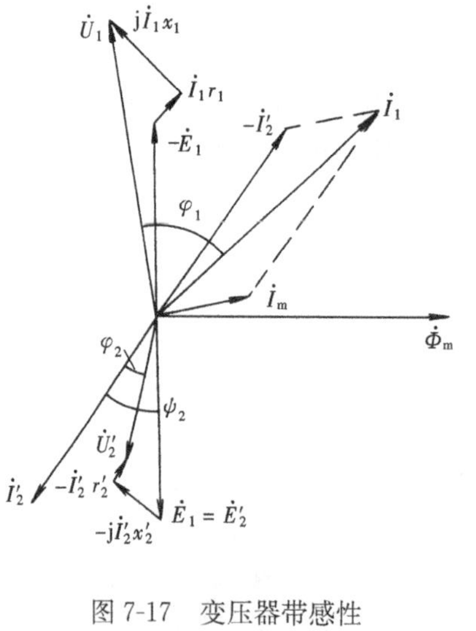

图 7-17 变压器带感性负载时的相量图

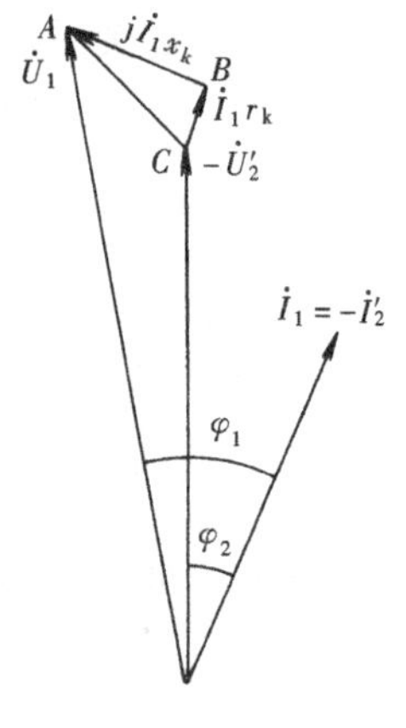

图 7-18 感性负载时的简化相量图

基本方程式、等效电路、相量图是分析变压器的三种方法。基本方程式是变压器的基础，它概括了变压器的基本电磁关系，等效电路和相量图是变压器的另外两种表达方式。在分析具体问题时，根据不同的要求采用不同的方法。即在计算问题时，我们一般采用等效电路来解决。在分析变压器各物理量之间的大小和相位关系时，相量图比较方便。

五、变压器的功率平衡关系

变压器在进行能量传递时，其功率传递的关系可从图 7-19 所示的等效电路中看出。变压器一次侧绕组从电网吸收电功率 $P_1=U_1I_1\cos\varphi_1$，扣除一次侧的铜耗 $P_{cu1}=I_1^2r_1$ 和铁心损耗 $P_{Fe}=I_m^2r_m$，剩下的为变压器通过电磁感应由一次侧传递到二次侧的电磁功率 $P_M=E_2I_2\cos\psi_2$。电磁功率 P_M 再扣除二次侧绕组的铜耗 $P_{cu2}=I_2^2r_2$，就是二次侧输出的电功率 $P_2=U_2I_2\cos\varphi_2$。

其功率平衡关系为

$$\left.\begin{aligned}P_1-p_{cu1}-p_{Fe}&=P_M\\P_M-p_{cu2}&=P_2\end{aligned}\right\}\tag{7-55}$$

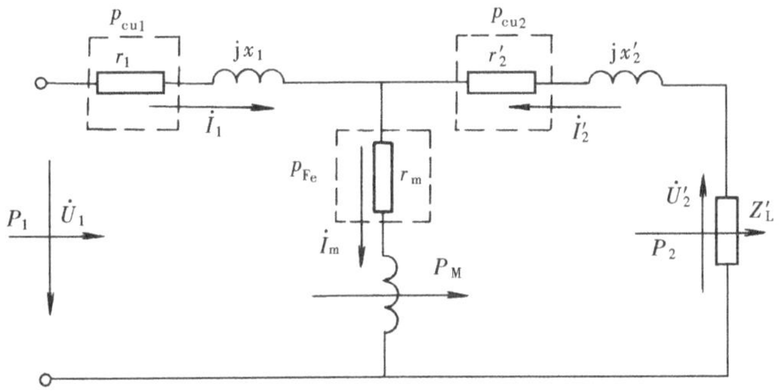

图 7-19　从等效电路看功率平衡关系

【例 7-1】 一台单相变压器，额定容量 $S_N=10$kVA，额定电压 $U_{1N}/U_{2N}=380/220$V。已知：$r_1=0.14\Omega$，$r_2=0.035\Omega$，$x_{1\sigma}=0.22\Omega$，$x_{2\sigma}=0.055\Omega$，$r_m=30\Omega$，$x_m=310\Omega$，负载阻抗 $Z_L=(4+j3)\Omega$。求：一次侧加额定电压时，一次侧电流、一次侧功率因数、二次侧的电流及电压。

解　按照 T 型等效电路计算

变压器的变比为

$$k=\frac{U_{1N}}{U_{2N}}=\frac{380}{220}=\sqrt{3}$$

设一次侧电压为　　$\dot{U}_1=380\angle 0°$

二次侧参数折算到一次侧为

$r'_2=k^2r_2=3\times0.035=0.105$ (Ω)；　　$x'_2=k^2x_2=3\times0.055=0.165$ (Ω)

$r'_L=k^2r_L=3\times4=12$ (Ω)；　　$x'_L=k^2x_L=3\times3=9$ (Ω)

一次侧电流为

$$\dot{I}_1=\frac{\dot{U}_1}{Z_1+\dfrac{1}{\dfrac{1}{Z_m}+\dfrac{1}{Z'_2+Z'_L}}}=\frac{\dot{U}_1}{Z_1+\dfrac{Z_m(Z'_2+Z'_L)}{Z_m+Z'_2+Z'_L}}$$

$$=\frac{380\angle 0^\circ}{(0.14+j0.22)+\dfrac{(311.45\angle 84.47^\circ)\times(15.189\angle 37.13^\circ)}{321.93\angle 82.48^\circ}}$$

$$=25.44\angle -39.44^\circ$$

一次侧的功率因数：

$$\cos\phi_1=\cos 39.44^\circ=0.7723$$

由 T 型等效电路可得二次侧电流的折算值为

$$\dot{I}'_2=\frac{-Z_m}{Z_m+Z'_2+Z'_L}\dot{I}_1=\frac{-311.45\angle 84.47^\circ}{321.93\angle 82.48^\circ}\times 25.44\angle -39.44^\circ$$

$$=-24.61\angle -37.45^\circ=24.61\angle 142.55^\circ$$

二次侧的实际电流为

$$\dot{I}_2=k\dot{I}'_2=\sqrt{3}\ (24.61\angle 142.55^\circ)\ =42.63\angle 142.55^\circ$$

二次侧电压的折算值为

$$\dot{U}'_2=\dot{I}'_2Z'_L=24.61\angle 142.55^\circ\times 15\angle 36.87^\circ=369.2\angle 179.42^\circ$$

二次侧实际电压为

$$\dot{U}_2=\frac{1}{k}\dot{U}'_2=\frac{1}{\sqrt{3}}\ (369.2\angle 179.42^\circ)\ =213.2\angle 179.42^\circ$$

第三节　变压器参数的测定

变压器等效电路中的参数，可以用空载试验和短路试验来测定。

一、空载试验

通过空载试验可以求出变比 k、空载损耗 p_0 和励磁阻抗 Z_m。图 7-20 是单相变压器空载试验的线路图。考虑到在高压侧作空载试验时所加电压较高，电流较小。为了试验安全和仪表选择方便，一般在低压侧加电压，高压侧开路。

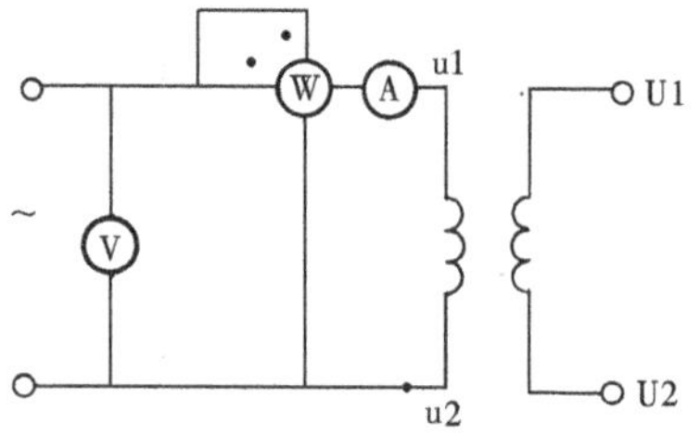

图 7-20　空载试验原理接线图

进行试验时，高压侧开路，低压侧加上额定电压 U_{1N}，测量二次侧电压 U_{20}、空载电流 I_0 及空载输入功率 p_0。在试验三相变压器时，由于三相磁路不对称，导致三相空载电流不相等，此时可取三相电流的平均值作为励磁电流值。

空载试验时，外加电压和感应电动势都达到额定值，铁心磁密以及铁耗也是正常运行时的数值。此时，二次侧没有功率输出，输入的有功功率就是变压器的空载损耗。空载损耗虽然也包括铜耗和铁耗，但由于空载时绕组中只有励磁电流，它引起的铜耗可以忽略不计。所以输入功率 P_0 几乎全都为铁耗。于是，$p_0 \approx p_{Fe}$。

变压器空载时的总阻抗为

$$Z_0 = Z_1 + Z_m = \frac{U_{1N}}{I_0}$$

因为 $Z_m \gg Z_1$，可以认为 $Z_0 \approx Z_m$。

铁耗等效电阻为

$$r_m \approx r_0 = \frac{P_c}{I_0^2}$$

励磁电抗为

$$x_m \approx X_0 = \sqrt{Z_0^2 - r_0^2}$$

空载试验还能求出变压器的变比 k 为

$$k = \frac{高压绕组匝数}{低压绕组匝数} = \frac{高压绕组电动势}{低压绕组电动势} \approx \frac{U_{20}}{U_{1N}}$$

如果是三相变压器，在计算励磁阻抗时，应采用一相的功率、电压和电流值来计算。

由于励磁阻抗 Z_m 是随外加电压的大小而变化的，为了使测出的参数符合变压器的实际运行情况，空载试验应在额定电压下进行。由于试验是在低压侧进行的，故测得的参数是归算到低压侧的数值，如果需要归算到高压侧，则必须乘以 k^2。

二、稳态短路试验

稳态短路试验可以求出变压器的负载损耗 p_k、短路阻抗 Z_k 和阻抗电压 U_k。

图 7-21 所示是变压器稳态短路试验的原理图，为了便于测量，稳态短路试验通常将高压绕组接电源，低压绕组直接短路。

进行试验时，先将低压侧短接，高压侧通过调压器接电源。试验时所加电压必须比额定电压低得多，应从零开始升压，以电流达到或接近额定值为准。测量这时的电压 U_k，电流 I_k 和输入功率 p_k。

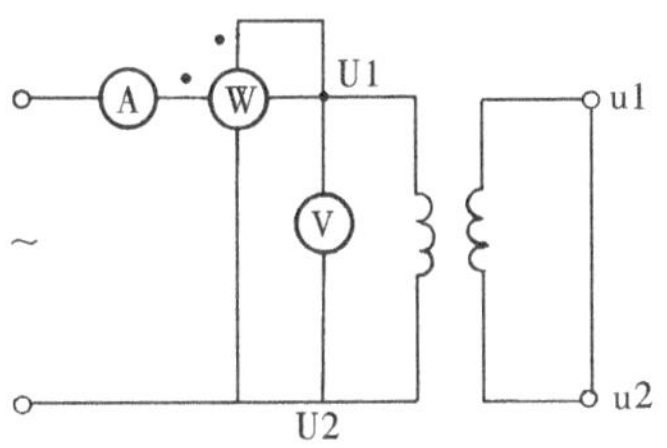

图 7-21　短路试验原理接线图

做短路试验时，当高压绕组电流达额定值时，低压绕组的电流也达额定值。这时绕组中的铜损耗相当于额定负载时的铜耗，从图 7-18 简化等效电路可以推断，当低压侧短路而高压侧电流为额定电流时，高压侧的电压大小应等于变压器短路阻抗上的压降。因此所加电压 $U_k = I_{1N} Z_k$ 是很小的。由于外加电压很低，铁心里的主磁通很小，励磁电流以及铁耗可以忽略。这时输入功率 p_k 几乎全部为绕组的铜耗，因此稳态短路测出的损耗称为负载损耗。

根据测量数据，可以计算出短路阻抗的大小为

$$Z_k = \frac{U_k}{I_k}$$

短路电阻为

$$r_k = \frac{P_k}{I_k^2}$$

短路电抗为

$$x_k = \sqrt{Z_k^2 - r_k^2}$$

如果需要计算每侧的电阻和漏抗，可以认为：$r_1 = r'_2 = r_k/2$，$x_{1\sigma} = x'_{2\sigma} = x_k/2$。

由于绕组的电阻随温度而变化，而短路试验一般在室温下进行，所以测得的电阻必须换

算到标准工作温度时的数值。根据国家标准规定，油浸电力变压器和电机的绕组应换算为75℃下的数值。换算公式为

$$r_{k(75℃)}=r_k\frac{(235+75)}{(235+\theta)}$$

式中 θ——试验时的室温；

r_k——θ温度下的短路电阻。

对于铝线变压器，换算公式中常数235应改为228。

在75℃时的短路阻抗为

$$Z_{k(75℃)}=\sqrt{r_{k(75℃)}^2+x_k^2}$$

同样，如果是三相变压器，都应采用一相的数据来计算。做稳态短路试验时，如果保持电流为额定值，这时测得的功率可认为是额定负载损耗，但应进行温度换算。

通过短路参数还可以求出变压器的阻抗电压。所谓阻抗电压是指归算至一次侧的短路阻抗 $Z_{k75℃}$ 与一次绕组额定电流 I_{1N} 的乘积，用一次侧额定电压的百分数表示，即

$$U_{k(75℃)}\%=\frac{I_{1N}Z_{k(75℃)}}{U_{1N}}\times 100\ (\%) \tag{7-56}$$

式（7-56）表明，阻抗电压就是变压器短路电流达额定值时一次侧所加电压的百分数，故又称短路电压。它的有功分量 U_{kr} 和无边分量 U_{kx} 分别为

$$\left.\begin{aligned}U_{kr}\%&=\frac{I_{1N}r_{k(75℃)}}{U_{1N}}\times 100\ (\%)\\U_{kx}\%&=\frac{I_{1N}x_k}{U_{1N}}\times 100\ (\%)\\U_{k(75℃)}\%&=\sqrt{u_{kr}^2\%+u_{kx}^2\%}\end{aligned}\right\} \tag{7-57}$$

阻抗电压标在变压器的铭牌上，它的大小反映在额定负载下运行时漏阻抗压降的大小。从正常运行角度来看，希望阻抗压降小一些，使变压器输出电压随负载变化的波动小一些。但阻抗电压太小时，变压器短路时电流太大，短路时可能损坏变压器。一般中小型电力变压器的 u_k 为4%～10.5%，大型的为12.5%～17.5%左右。有功分量 u_{kr} 随容量的增大而减小，无功分量 u_{kx} 则随容量的增大而增大。在大型变压器中，比值 $\frac{u_{kx}}{u_{kr}}$ 可达10%～15%，而中小型变压器则在1%～5%范围内。

【例7-2】 一台单相变压器，额定容量 $S_N=20000$kVA，额定电压 $U_{1N}/U_{2N}=\frac{220}{\sqrt{3}}/11$kV，$f=50$Hz，绕组由铜线绕制，在15℃时做空载试验，试验电压加在低压侧，测得 $U_0=11$kV、$I_0=45.4$A、$p_0=47$kW，在15℃时做短路试验，试验电压加在高压侧，测得 $U_k=9.24$kV、$I_k=157.3$A、$p_k=129$kW。求：(1) 折算到高压侧的T型等效电路各参数；(2) 阻抗电压及其分量。

解 一次、二次侧的额定电流为

$$I_{1N}=\frac{S_N}{U_{1N}}=\frac{20000\times 10^3}{220\times 10^3/\sqrt{3}}=157.46\ (\text{A})$$

$$I_{2N}=\frac{S_N}{U_{2N}}=\frac{20000\times 10^3}{11\times 10^3}=1818.2\ (\text{A})$$

变比 k 为
$$k=\frac{220/\sqrt{3}}{11}=11.55$$

根据空载试验数据，求出折算到高压侧的励磁参数为

$$Z_m=k^2\frac{U_0}{I_0}=11.55^2\times\frac{11\times10^3}{45.4}=32322\ (\Omega)$$

$$r_m=k^2\frac{p_0}{I_0^2}=11.55^2\times\frac{47\times10^3}{45.4^2}=3042\ (\Omega)$$

$$x_m=\sqrt{Z_m^2-r_m^2}=\sqrt{32322^2-3042^2}=32156\ (\Omega)$$

根据短路试验数据，求出高压侧的短路参数为

$$Z_k=\frac{U_k}{I_k}=\frac{9.24\times10^3}{157.3}=58.7\ (\Omega)$$

$$r_k=\frac{p_k}{I_k^2}=\frac{129\times10^3}{157.3^2}=5.2\ (\Omega)$$

$$x_k=\sqrt{Z_k^2-r_k^2}=\sqrt{58.7^2-5.2^2}=58.5\ (\Omega)$$

将高、低压参数分开，则有

$$r_1=r'_2=\frac{r_k}{2}=\frac{5.2}{2}=2.6\ (\Omega)$$

$$x_1=x'_{2\sigma}=\frac{x_k}{2}=\frac{58.5}{2}=29.25\ (\Omega)$$

折算到 75℃时的参数为

$$r_{k(75℃)}=\frac{235+75}{235+15}\times5.2=6.46\ (\Omega)$$

$$Z_{k(75℃)}=\sqrt{r_{k(75℃)}{}^2+x_k^2}=\sqrt{6.46^2+58.5^2}=58.9\ (\Omega)$$

（2）75℃时的阻抗电压及其分量为

$$u_k(\%)=\frac{Z_{k(75℃)}I_{1N}}{U_{1N}}\times100=\frac{157.46\times58.9}{220/\sqrt{3}}\times100=7.3(\%)$$

$$u_{kr}(\%)=\frac{r_{k(75℃)}I_{1N}}{U_{1N}}\times100=\frac{157.46\times6.46}{220/\sqrt{3}}\times100=0.80(\%)$$

$$u_{kx}(\%)=\frac{x_kI_{1N}}{U_{1N}}\times100=\frac{157.46\times58.5}{220/\sqrt{3}}\times100=7.25(\%)$$

第四节　标　么　值

在变压器的计算中，各种的电磁量可以采用实际值表示它们的大小，例如电压为若干伏，电流为若干安等。但是在工程计算中，往往不是用它们的实际值进行计算，而是用这些物理量与某一选定的基值之比的相对值进行计算。某物理量与其同单位的基值之比称为标么值，即

$$标么值=\frac{实际值}{基值}$$

例如当电压的基值取 10kV 时，9kV 电压的标么值为 0.9。表明它是 0.9 倍的基准值电压。因此，标么值可以理解为基值为 1 时的物理量的相对大小。

基值可以任意选取，但是为了方便计算，在电机和变压器计算中，常取各物理量的额定值作为基值。为了区别标么值和实际值，表示时在各物理量原来符号的右上角加上“*”号以表示该物理量的标么值。如电流的标么值用 I^* 表示。当选用额定值为基值时，一、二次绕组电压、电流的标么值为

$$U_1^* = \frac{U_1}{U_{1N}} \qquad U_2^* = \frac{U_2}{U_{2N}}$$

$$I_1^* = \frac{I_1}{I_{1N}} \qquad I_2^* = \frac{I_2}{I_{2N}}$$

一、二次绕组阻抗的基值分别取为 $Z_{1N} = \frac{U_{1N}}{I_{1N}}$、$Z_{2N} = \frac{U_{21N}}{I_{2N}}$，相应的一、二次绕组漏阻抗的标么值为

$$Z_1^* = \frac{Z_1}{Z_{1N}} = \frac{I_{1N}Z_1}{U_{1N}} \qquad Z_2^* = \frac{Z_2}{Z_{2N}} = \frac{I_{2N}Z_2}{U_{2N}}$$

上式表明，阻抗的标么值等于额定电流在阻抗上产生的电压降的标么值。阻抗的基值不仅用于计算阻抗标么值，也用于计算电阻、电抗的标么值。

由于标么值是两个具有相同单位的物理量之比，所以它是没有单位的相对值。标么值乘上 100，便是百分值。

在计算标么值时应注意几点：

（1）在三相变压器中，实际值为相值，则基值也应为相值；实际值为线值，则基值也应为线值。在对称三相电路中，线值和相值的标么值是相等的。

（2）实际值与基值的单位必须一致，如实际值单位 kV，则基值单位也应为 kV。

（3）基值虽然都可以任意选取，但电压 U、电流 I、阻抗 Z 和视在功率 S 基值之间必须满足欧姆定律和功率表达式。这四个量中有两个量的基值可以任意选取，其余两个量的基值则应根据欧姆定律和功率表达式推算，这样得到标么值才可应用电路方程式公式进行计算。

（4）折算值的基值，应取被归算到所在边的基值。如

$$Z'^*_2 = \frac{Z'_2}{Z_{1N}} = \frac{I_{1N}Z'_2}{U_{1N}}$$

采用标么值具有下列优点：

（1）不论变压器的容量相差多大，用标么值表示的参数及性能数据变化范围很小，这就便于对不同容量的变压器进行比较。例如空载电流 I_0^* 约为 0.02～0.10；Z_k^* 约为 0.04～0.10。

（2）采用标么值时，一、二次侧各物理量不需要进行归算了。这是因为用标么值表示时，折算值和未折算值相等。例如

$$r_2^* = \frac{I_{2N}r_2}{U_{2N}} = \frac{kI_{1N}r_2}{U_{1N}/k} = \frac{I_{1N}\ (k^2r_2)}{U_{1N}} = \frac{I_{1N}r'_2}{U_{1N}} = r'^*_2$$

（3）采用标么值后，各物理量的数值简化了。例如各物理量额定值的标么值等于 1，因此使计算更简便。同时，采用标么值后，某些物理量具有相同的数值，例如短路阻抗 Z_k 的

标么值等于阻抗电压 U_k 的标么值，即 $r_k^* = u_{kr}$；$x_{kx}^* = u_{kx}$；$z_k^* = \frac{z_k}{z_N} = \frac{I_N Z_K}{U_N} = u_k$。

标么值的缺点是没有单位，因而物理概念不明确。于是失去了利用量纲关系来检查某些计算是否正确的可能性。

第五节　变压器的运行特性

电压调整率和效率是变压器的两个重要的运行特性。

一、电压调整率

1. 电压调整率的定义

在变压器的一次侧施加额定频率的额定电压，在变压器的二次侧接上某一功率因数的负载，并使二次侧电流达到额定值。如将二次侧空载电压与二次侧电压的算术差用二次侧额定电压的百分数表示，就称为电压调整率。

若用 U_{20} 表示二次空载电压，U_2 表示二次侧负载时的电压，则从额定值的定义可知 $U_{20} = U_{2N}$。于是，可根据电压调整率的定义写出在 $\cos\phi_2$ = 常数时的电压调整率表达式为

$$\Delta U(\%) = \frac{U_{20} - U_2}{U_{2N}} \times 100 = \frac{U_{2N} - U_2}{U_{2N}} \times 100$$
$$= \frac{U_{1N} - U'_2}{U_{1N}} \times 100(\%) \tag{7-58}$$

2. 电压调整率的近似计算公式

由于在变压器的一次绕组和二次绕组中的电流达到额定值时，空载电流可以忽略不计，因此可利用变压器的简化相量图来推导电压调整率的近似计算公式。

图 7-22 所示为变压器负载时的简化相量图。利用相量图的几何关系可求得电压调整率的近似计算公式。

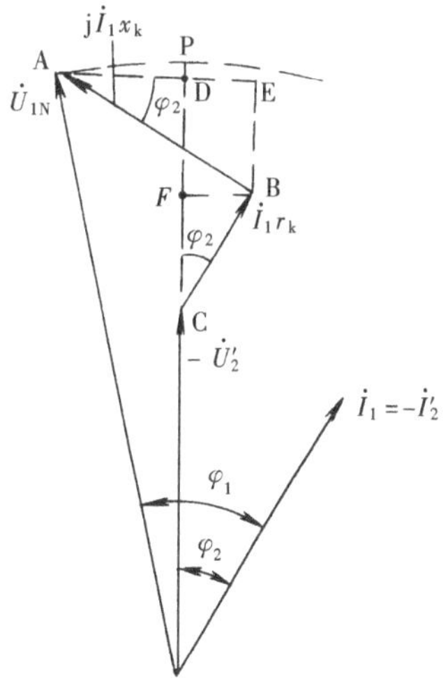

图 7-22　变压器负载时的简化相量图

在相量图中，以 $\overline{OA}$ 为半径作圆弧，沿 $-\dot{U}'_2$ 的方向作一延长线交圆弧于 P 点，从 A 点作垂线交 $\overline{OP}$ 线上的 D 点，再作几条辅助线，分别得 E、F、B、C 各点，如图所示。

由图可看出 $\angle BAD = \varphi_2$，由于空载电流忽略不计，有 $\dot{I}_1 \approx -\dot{I}'_2$，且 $\overline{OA} = \overline{OP} \approx \overline{OD}$，$U_{1N} \approx U'_2 + \overline{CD}$。

在变压器中，一般情况下，一次侧电压为额定电压，它不随着负载变化。由相量图所示的几何关系可知，$\overline{CF} = I_1 r_k \cos\varphi_2$，$\overline{BE} = I_1 x_k \sin\varphi_2$，因此，可得

$$\overline{CD} = \overline{CF} + \overline{FD} = \overline{CF} + \overline{BE} = I_1 r_k \cos\varphi_2 + I_1 x_k \sin\varphi_2$$

$$\Delta U(\%) = \frac{U_{1N} - U'_2}{U_{1N}} \times 100(\%) = \frac{\overline{CD}}{U_{1N}} \times 100(\%)$$
$$= \frac{I_1 r_k \cos\varphi_2 + I_1 x_k \sin\varphi_2}{U_{1N}} \times 100(\%)$$

$$=\left(\frac{I_1}{I_{1N}}\times\frac{r_k}{U_{1N}/I_{1N}}\cos\varphi_2+\frac{I_1}{I_{1N}}\times\frac{x_k}{U_{1N}/I_{1N}}\sin\varphi_2\right)\times 100(\%)$$

$$=\left(\beta\frac{r_k}{Z_{1N}}\cos\varphi_2+\beta\frac{x_k}{Z_{1N}}\sin\varphi_2\right)\times 100(\%)$$

$$=\beta(r_k^*\cos\varphi_2+x_k^*\sin\varphi_2)\times 100(\%)$$

$$=\beta(u_{kr}\cos\varphi_2+u_{kx}\sin\varphi_2)(\%) \tag{7-59}$$

$$\beta=\frac{I_1}{I_{1N}}=\frac{I_2}{I_{2N}}$$

式中　β——变压器的负载系数；

$u_{kr\%}$——变压器阻抗电压的有功（或电阻）分量；

$u_{kx\%}$——变压器阻抗电压的无功（或电抗）分量。

若不忽略$\overline{PD}$，即考虑$\overline{OA}$与$\overline{OD}$的差别，由相量图的几何关系可推导出变压器的较准确的电压调整率计算公式为

$$\Delta U(\%)=\beta\left[(u_{kr}\cos\varphi_2+u_{kx}\sin\varphi_2)+\frac{1}{2}(u_{kx}\cos\varphi_2-u_{kr}\sin\varphi_2)^2\right]$$

式（7-59）说明，变压器电压调整率的大小与下列因素有关：

（1）电压调整率随着负载电流（负荷系数）的增大而成正比的增大。

（2）电压调整率的大小与变压器短路阻抗的标么值（或阻抗电压）大小有关。

（3）电压调整率与负载的功率因数有关。在变压器中，若是感性负载或电阻性负载，因 $\phi_2\geqslant 0$，则 $\cos\varphi_2\geqslant 0$、$\sin\varphi_2\geqslant 0$，变压器的电压调整率为正，说明变压器的输出电压低于空载电压。若是容性负载，因 $\varphi_2<0$，则 $\cos\varphi_2\geqslant 0$、$\sin\varphi_2<0$，当 $|u_{kx}\sin\varphi_2|>|u_{kr}\cos\varphi_2|$ 时，变压器的电压调整率为负，说明变压器的二次侧电压是升高的。一般情况下，变压器所带的负载为感性的，变压器的二次侧电压总是低于额定电压。额定负载时的电压调整率一般在 4%左右。

3. 变压器的调压

如果变压器的电压调整率太大，那么，当负载时变压器的二次侧电压会变化的很大，就会影响到负载的正常工作，此时就需要对变压器进行调压。调压通常是通过改变变压器匝数比的方法来实现。由于变压器的高压侧的电流比低压侧小，并且在结构上高压绕组在低压绕组的外面，抽头的引出较方便，一般情况是改变高压侧的匝数来调节低压侧的电压 $\left(U_2=\frac{U_{1N}}{K}=\frac{U_{1N}w_2}{w_1}\right)$，以保证负载的电压在允许范围之内。

改变绕组匝数是采用变压器上加装的分接开关来实现的。调压可以在停电条件下进行，也可以带负载进行。在停电条件下调压使用的分接开关称为无载分接开关，在带负载条件下调压使用的分接开关称为有载分接开关。虽然有载分接开关结构复杂，价格高于无载分接开关，但是由于它调压效果好、质量高，目前较大容量的电力变压器都采用有载分接开关进行调压。

二、变压器的效率

变压器是进行能量转换的一种装置。任何能量转换装置，在能量的转换过程中必然有损耗，则变压器的输出能量一定小于输入的能量。在变压器中产生的损耗主要有两个方面。一个是由于变压器铁心中交变磁通产生的铁耗，另一个是变压器绕组中流过电流产生的铜耗，

也称负载损耗。此外，还有一些附加损耗等。

铁耗中的基本损耗是指变压器铁心中的磁滞、涡流损耗。铁心中的附加损耗是指铁心制造和运行过程中，由于叠片间绝缘损伤所引起的局部涡流损耗和主磁通在结构部件中引起的涡流损耗以及变压器中的介质损耗等。附加损耗难以计算，一般取为基本损耗的15%。对已制好的变压器来说，运行中一次侧电压基本不变，铁心中的磁场也基本不变，由于铁耗近似正比于 B_m^2，所以铁耗被称为不变损耗。

基本铜耗是指变压器的电流流过线圈时在电阻上产生的能量损失。附加铜耗则是指变压器绕组中由于集肤效应的影响而产生的附加铜耗，以及漏磁场在结构部件上产生的涡流损耗等。附加铜耗很难准确计算，一般是取基本铜耗乘以一个略大于1的系数（约为1.005～1.05）加以考虑。铜耗与负载的电流平方成正比，所以铜耗又被称为可变损耗。

1. 变压器的效率计算公式

由于变压器的效率高、损耗小，由于在测量时有测量仪表误差的影响，直接测量出的功率 P_1 和 P_2 是不够准确的，在实际工作中，通常采用间接的方法进行计算。效率计算式为

$$\eta=\frac{P_2}{P_1}\times 100\%=\frac{P_1-\Sigma p}{P_1}\times 100\%$$
$$=\left(1-\frac{\Sigma p}{P_2+\Sigma p}\right)\times 100\%$$
$$=\left(1-\frac{p_{Fe}+p_{Cu}}{P_2+p_{Fe}+p_{Cu}}\right)\times 100\% \tag{7-60}$$

式中　P_1——变压器的输入功率；

P_2——变压器的输出功率；

Σp——变压器的全部损耗；

p_{Fe}——变压器的铁耗；

p_{Cu}——变压器的铜耗。

由于

$$p_{Cu}=I_1^2 r_k=\left(\frac{I_1}{I_{1N}}\right)^2 I_{1N}^2 r_k$$
$$p_{Cu}=\beta^2 p_{kN}$$

式中　β——变压器的负载系数。

所以变压器的效率还可表示为

$$\eta=\left(1-\frac{p_0+\beta^2 p_{kN}}{\beta S_N\cos\phi_2+p_0+\beta^2 p_{kN}}\right)\times 100\ (\%) \tag{7-61}$$

式中　p_0——$p_0=p_{Fe}$是不变损耗；

p_{kN}——额定负载损耗，$p_{kN}=I_{1N}^2 r_k$ 是可变损耗；

β——负载系数。

2. 效率曲线

由式（7-61）可知，变压器的效率在一定性质的负载情况下，即 $\cos\phi_2$＝常数时，效率 η 仅是负载系数 β 的函数。可画出 $\eta=f(\beta)$ 的关系曲线，如图7-23所示，称为变压器的效率特性。从曲线可以看出，由于损耗中有可变损耗 p_k 和不变损耗 p_0，而可变损耗 p_k 与电流的

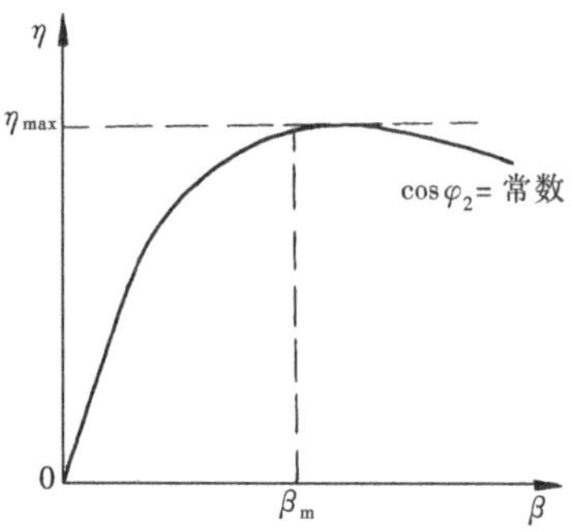

图 7-23　$\eta=f(\beta)$的关系曲线

平方成正比，所以当负载较小时，不变损耗 p_0 起主要作用，效率较低，但负载增加，P_2 增加时，η 上升较快；当负载超过某一数值时，可变损耗 p_k 所占比例较大，它随 β 的增长比 P_2 快，使效率 $\eta=f(\beta)$ 变化减少，且当 $\beta>\beta_m$ 时，效率反而下降。由此可见，变压器的效率曲线有一个最大值。

对变压器的效率公式［式（7-61）］中的 η 求导，并令其等于零，即 $\frac{d\eta}{d\beta}=0$，解出 β，即产生最大效率的条件是

$$\beta_{\eta=\max}=\sqrt{\frac{p_0}{p_{kN}}} \tag{7-62}$$

式（7-62）说明，当不变损耗 p_0 等于可变损耗 p_{kN}时，变压器的效率达到最大值。其最大效率为

$$\eta_{\max}=\left(1-\frac{p_0+\beta^2 p_{kN}}{\beta_{\eta=\max}S_N\cos\phi_2+p_0+\beta^2 p_{kN}}\right)\times 100\ (\%)$$

$$=\left(1-\frac{2p_0}{\beta_{\eta=\max}S_N\cos\phi_2+2P_0}\right)\times 100\ (\%)$$

由于电力变压器要接在线路上连续不断的运行，不论是空载还是负载，一次侧的电压基本不变，不变损耗 p_0(铁耗)总是存在。而可变损耗 p_k(铜耗)随着负载的变化而变化。考虑到变压器并不是始终满负荷运行，因此变压器的铁耗小些对全年的平均效率有利。在制造和设计变压器时，一般选取 $\beta_{\eta=\max}=\sqrt{\frac{1}{3}}$左右，也就是最大效率的负载系数，$\beta_{\eta=\max}=0.5\sim0.6$ 左右。

【例 7-3】 一台单相变压器，额定容量 $S_N=1000$kVA，额定电压 $U_{1N}/U_{2N}=60/6.3$kV，额定频率 $f=50$Hz，归算至高压侧的 $Z_k=61+j205\Omega$，$p_0=5000$W，$p_{kN}=16950$W。求：（1）阻抗电压（不进行温度折算）；（2）额定负载且 $\cos\phi_2=0.8$（滞后）时的电压调整率；（3）$\cos\phi_2=0.8$（滞后）时的最高效率。

解　（1）根据题意已知条件有

$$I_{1N}=\frac{S_N}{U_{1N}}=\frac{1000\times10^3}{60\times10^3}=16.67\ (A)$$

$$I_{2N}=\frac{S_N}{U_{2N}}=\frac{1000\times10^3}{6.3\times10^3}=158.7\ (A)$$

$$r_k=61\ (\Omega)$$

$$x_k=205\ (\Omega)$$

$$z_k=\sqrt{r_k^2+x_k^2}=\sqrt{61^2+205^2}=213.9\ (\Omega)$$

（2）计算阻抗电压为

$$u_k(\%)=\frac{z_k I_{1N}}{U_{1N}}\times100=\frac{213.9\times16.67}{60\times10^3}\times100=5.943(\%)$$

$$u_{kr}(\%)=\frac{r_k I_{1N}}{U_{1N}}\times100=\frac{61\times16.67}{60\times10^3}\times100=1.695(\%)$$

$$u_{kx}(\%)=\frac{x_k I_{1N}}{U_{1N}}\times100=\frac{205\times16.67}{60\times10^3}\times100=5.696(\%)$$

（3）计算电压调整率。

额定负载时，$\beta=1$；

$$\begin{aligned}\Delta U(\%)&=(U_{kr}^*\cos\phi_2+U_{kx}^*\sin\phi_2)\times100\\&=(1.695\times0.8+5.696\times0.6)=4.774(\%)\end{aligned}$$

（4）求最高效率。

先求

$$\beta_{\eta-\max}=\sqrt{\frac{p_0}{p_{kN}}}=\sqrt{\frac{5000}{16950}}=0.543$$

则最高效率为

$$\begin{aligned}\eta_{\max}(\%)&=\left(1-\frac{2p_0}{\beta_{\eta-\max}S_N\cos\phi_2+2p_0}\right)\times100\\&=\left(1-\frac{2\times5000}{0.543\times1000\times10^3\times0.8+2\times5000}\right)\times100\\&=97.75(\%)\end{aligned}$$

小　　结

本章内容为变压器理论的核心内容。

在分析变压器的电磁过程时，由于磁场的分布十分复杂，我们根据变压器内部磁场的实际分布情况和所起的作用不同，把磁通分成主磁通和漏磁通两部分。并且在讨论时，将磁场问题转化为磁路问题。

变压器是通过电磁感应原理工作的，在变压器中既有电路问题，又有磁路问题，我们通过引进励磁电抗和折算的方法，将变压器变成了只有电路的问题。在按电工惯例规定好各物理量正方向的情况下，分析变压器电磁关系的方法有三种：①基本方程式；②等效电路；③相量图。基本方程式是变压器电磁关系的数学表达式；相量图是基本方程式的一种图形表达式；等效电路是从基本方程式出发用电路形式表述的实际变压器。相量图主要用于定性分析或公式推导，等效电路可用来定量计算。

变压器阻抗参数是通过试验的方法获得的，其中各种电抗都与相应的磁通对应。励磁电抗 x_m 对应主磁通，其路径为铁磁材料，存在饱和的影响，x_m 不是常数。漏抗 $x_{1\sigma}$与 $x_{2\sigma}$对应漏磁通，其路径主要为非铁磁材料，可不考虑饱和的影响，漏抗 $x_{1\sigma}$与 $x_{2\sigma}$为常数。

变压器运行时有两个重要的性能指标。①电压调整率 ΔU；②效率 η。电压调整率 ΔU 的大小表明了变压器运行时二次侧电压的稳定性；效率 η 表明变压器运行的经济性。短路阻抗参数对它们的影响很大。

本章所讨论、分析的原理、方法、结论，对于对称运行时的三相变压器都适用。

习 题

1. 变压器的额定容量为什么以千伏安为单位，而不以千瓦为单位？变压器的铭牌上标出功率因数吗？

2. 虽然变压器的一次侧电阻很小，可是空载运行时，当一次侧加额定电压时，变压器的空载电流并不大，为什么？如果接在同样大小的直流电压上，一次侧的电流会如何？为什么？

3. 一台单相变压器，一次侧和二次侧绕组之间没有导线连接，为什么负载运行时一次侧的电流要随着二次侧的电流的变化而变化？

4. 一台变压器，原设计的额定频率为 50Hz，现将它接到 60Hz 的电网上运行，其额定电压不变。试问对变压器的励磁电流、铁耗、漏阻抗、电压调整率有何变化？

5. 为了得到正弦感应电动势，当变压器的铁心饱和与不饱和时，空载电流各为何种波形？为什么？

6. 变压器的等效电路的物理意义是什么？

7. 变压器二次侧带阻感性负载或阻容性负载时，变压器的铁心损耗、励磁电流及二次侧的电压有何不同？

8. 在变压器高压侧进行空载和短路试验测定的参数与在低压侧做上述试验求得的各参数有什么不同？又有什么联系？

9. 一台单相变压器，一次侧额定电压为 220V，额定频率为 50Hz，问能否接到下列电源上使用：（1）$U=220$V、$f=25$Hz。（2）$U=110$V、$f=50$Hz。（3）$U=440$V、$f=100$Hz。

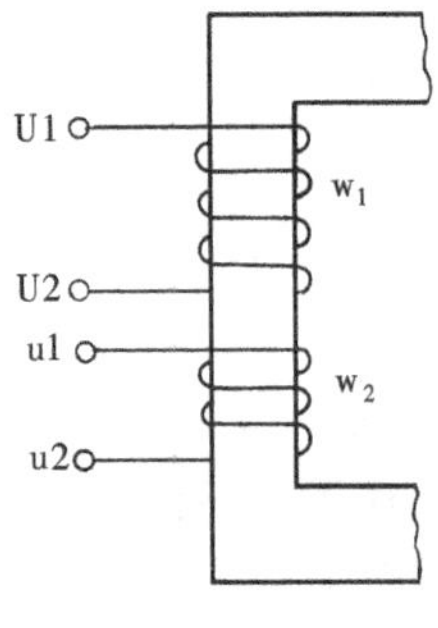

图 7-24 题 7-10 图

10. 图 7-24 所示的单相变压器，额定电压为 220/110V。当在 U_1、U_2 端施加 220V 电压时空载电流为 I_0，主磁通最大值为 Φ_m。现将 U_2 与 u_1 连接，在 U_1、u_2 端施加 330V 的电压，问此时的空载电流和主磁通最大值是多少？若将 U_2、u_2 连接，并在 U_1、u_1 端施加 110V 电压，问此时的空载电流和主磁通最大值是多少？[答案：两种情况下 Φ_m，I_0 均不变]

11. 图 7-25 所示的有两台单相变压器Ⅰ和Ⅱ，它们额定电压均为 220/110V，且一次侧匝数相等，但空载电流 $I_{0\text{I}}=2I_{0\text{II}}$。现将两台变压器的一次侧绕组 X_I、A_II 串联起来（即ⅠU_2 与ⅡU_1 相连接），并在ⅠU_1、ⅡU_2 两端加交流电压 440V，问两台变压器二次侧的空载电压各为多少？[答案：第一台为 73.3V；第二台为 146.7V]

12. 变压器的电压调整率的大小与哪些因素有关？变压器带什么性质负载才有可能使电压调整率为零？

13. 变压器的效率与哪些因素有关？变压器的负载系数 β 为什么常取小于 1 的数？

14. 一台单相变压器，高压侧额定电压为 6.3kV，低压侧为 0.4kV，现因电源电压变为 10kV，如用改绕高压绕组的办法满足电源电压的变化，保持低压绕组 55 匝不变，此时高压绕组的匝数应是多少？[答案：1375 匝]

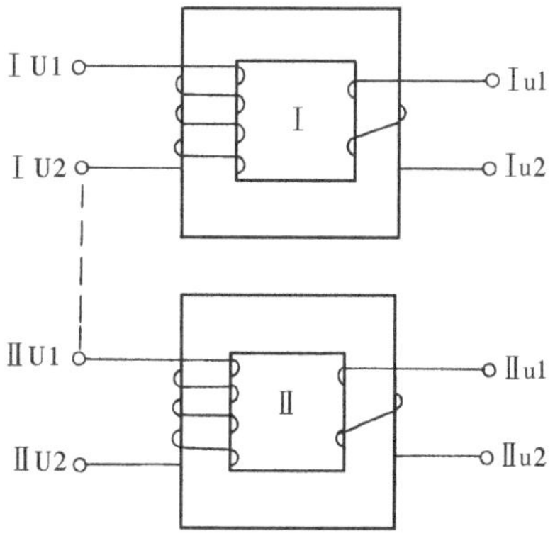

图 7-25　题 7-11 图

15. 一台单相变压器，额定容量 $S_N=4.6$kVA，额定电压 $U_{1N}/U_{2N}=380/115$V，$f=50$Hz，已知：$r_1=0.15\Omega$，$r_2=0.024\Omega$，$x_{1\sigma}=0.27\Omega$，$x_{2\sigma}=0.053\Omega$，$r_m=60\Omega$，$x_m=375.2\Omega$。若高压侧加额定电压，低压侧接负载 $Z_L=3+j4$（Ω）。试分别用 T 型、Γ 型和简化等效电路求变压器的一次侧电流 I_1、二次侧电流 I_2 及二次侧的端电压 U_2 各为多少？并比较结果。[答案：①7.73A；22.6A；113V；②7.75A；22.63A；113.2V；③6.85A；22.62A；113.2V]

16. 一台单相变压器，额定容量 $S_N=100$kVA，额定电压 $U_{1N}/U_{2N}=6000/230$V，$f=50$Hz，已知：$r_1=4.32\Omega$，$r_2=0.0063\Omega$，$x_{1\sigma}=8.9\Omega$，$x_{2\sigma}=0.013\Omega$。试求：

(1) 折算到高压侧的短路电阻 r_k、短路电抗 x_k 及短路阻抗 z_k 的实际值和标么值；[答案：$r_k=8.61\Omega$，$x_k=17.74\Omega$，$z_k=19.72\Omega$；$r_k^*=0.024$，$x_k^*=0.0493$，$z_k^*=0.0549$]

(2) 变压器的阻抗电压 u_k（%）及其分量 u_{kr}（%）、u_{kx}（%）；[答案：5.49%；2.4%；4.93%]

(3) 求满载且 $\cos\varphi_2=1$、$\cos\varphi_2=0.8$（滞后）及 $\cos\varphi_2=0.8$（超前）三种情况下的电压调整率 ΔU（%），并比较结果。[答案：2.4%；4.88%；−1.04%]

17. 一台单相变压器，额定容量 $S_N=1000$kVA，额定电压 $U_{1N}/U_{2N}=60000/6300$V，$f=50$Hz，空载试验在低压侧做，测得数据：$U_0=6300$V，$I_0=19.1$A，$p_0=5000$W。短路试验在高压侧做，测得数据：$U_k=3240$V，$I_k=15.15$A，$p_k=14000$W。求：

(1) 折算到高压侧的各参数并画出 T 型等效电路图；[答案：$r_m=1242\Omega$、$x_m=29896\Omega$；$r_k=61\Omega$、$x_k=205\Omega$]

(2) 求出短路阻抗的标么值；[答案：$r_k^*=0.017$、$x_k^*=0.057$、$z_k^*=0.059$]

(3) 额定负载且 $\cos\varphi_2=0.8$（滞后）时的电压调整率及效率；[答案：$\Delta u=4.78\%$；$\eta=97.3\%$]

(4) 变压器的最大效率。[答案：97.8%]

第八章　三 相 变 压 器

电力系统中应用的变压器是三相变压器。三相变压器可以由三台单相变压器组合而成，也可以是制成一体的三相变压器。

电力系统的三相交流电为对称的三相交流电。三相变压器在对称负载下运行时，各相的电压、电流大小相等，相位互差120°，也是对称的。在讨论和分析三相变压器的运行时，可以只取其中的一相来研究，得出结论后也适合另外两相。所以在第七章中对单相变压器的原理和运行特性的分析也适用于对称条件下运行的三相变压器。这就是单相变压器和三相变压器的共性。但是三相变压器也有它自身的特殊性。本章将分析三相变压器的磁路系统、电动势及相位、连接组、波形等特殊问题。

第一节　三相变压器的磁路系统

三相变压器的磁路系统是指主磁通的磁路系统，两类三相变压器的主磁路各具有不同的特点。

一、三相变压器组的磁路系统

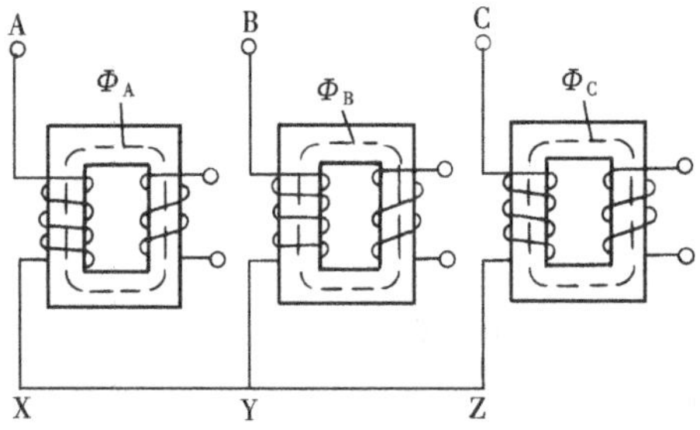

图8-1　三相变压器组的磁路

三相变压器组是由三台完全相同的单相变压器组成的，称为三相变压器组（或组式三相变压器）。如图8-1所示。由于各相磁路彼此相互独立，各相主磁通均有自己的单独回路。如果在各相一次绕组上施加三相对称电压$\dot{U}_A$、$\dot{U}_B$、$\dot{U}_C$，则在各相磁路中的主磁通$\dot{\phi}_A$、$\dot{\phi}_B$、$\dot{\phi}_C$也是三相对称的，并且各相的磁路完全相同。这样，三相空载电流也应是三相对称的。

二、三相心式变压器的磁路系统

三相心式变压器各相路磁波此相关，如图8-2所示。这种铁心结构可以视为是从三台单相变压器演变过来的。如果把三台单相变压器的铁心按图8-3中演示过程靠在一起，当变压器的三相绕组外施三相对称电压时，由于三相主磁通是对称的，中间铁心柱内的磁通为

$$\dot{\phi}_A+\dot{\phi}_B+\dot{\phi}_C=0$$

这样，作为公共磁路的中间铁心柱可以省掉，从而形成了最后的三心柱式铁心型式。

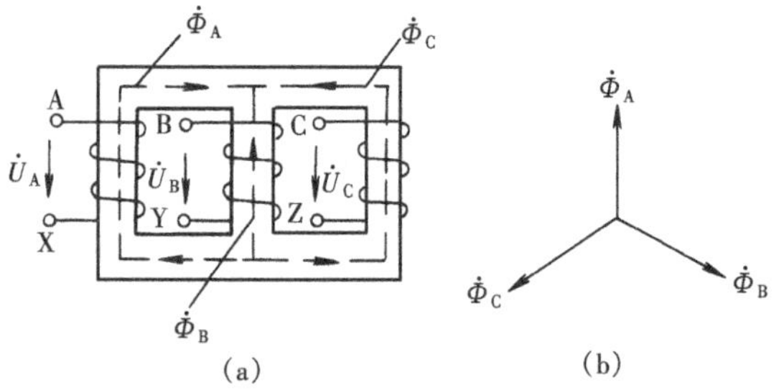

图8-2　三相心式变压器的磁路

(a) 示意图；(b) 相量图

在这种磁路系统中，每相的主磁通都要通过另外两相的铁心形成闭合的回路，三相的磁路是彼此相关的，B 相的磁路长度比 A、C 两相的磁路长度短，即三相磁路的磁阻不同，则当外施三相对称电压时，三相空载电流不等。

由于三相芯式变压器具有价格便宜、消耗材料少、占地面积小、维护方便等优点，所以，使用最广泛。在大容量的巨型变压器和运输条件受到限制的地方，为了运输方便和减少备用容量，可采用三相变压器组。例如，500kV 超高压的变电站，采用三相变压器组。

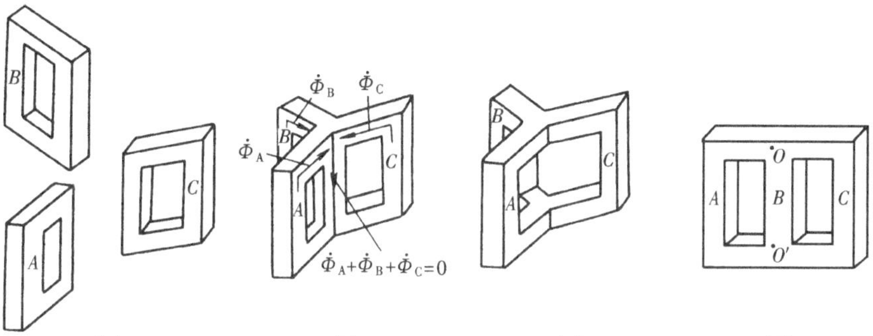

(a)　(b)　(c)　(d)

图 8-3　三相心式变压器磁路构成原理的分析

第二节　三相变压器绕组的连接及连接组标号

一、三相变压器绕组连接

1. 三相绕组的标志

对于降压三相变压器而言，一次绕组为高压绕组，二次绕组为低压绕组，按国家标准规定，绕组的首、末端标志符号为：

U_1、V_1、W_1（A、B、C）表示三相高压绕组的首端；

U_2、V_2、W_2（X、Y、Z）表示三相高压绕组的末端；

u_1、v_1、w_1（a、b、c）表示三相低压绕组的首端；

u_2、v_2、w_2（x、y、z）表示三相低压绕组的末端；

N、n（O、o）分别表示星形连接的高压和低压绕组的中性点。

2. 三相绕组的连接法

无论是高压侧还是低压侧，常用的三相绕组连接法都是星形接法和三角形接法。

（1）星形连接。

以一次绕组为例，将三个绕组的末端 U_2、V_2、W_2（X、Y、Z）连接在一起，构成中性点；将首端 U_1、V_1、W_1（A、B、C）作为三相引出端，如图 8-4（a）所示，称为星形连接。当中性点引出时，其出线端标以 N，如图 8-4（b）所示。高压绕组的星形连接用符号“Y”表示，低压绕组的星形连接用符号“y”表示。若有中线引出，分别用 YN 或 yn 表示。

（2）三角形连接。

以一次绕组为例，依次把一相线圈的首端和另一相线圈的末端连接在一起，连接成一个闭合的回路，由三个连接点引出线端，便是三角形连接。三角形连接可以采用将 U_2 与 V_1、

V_2 与 W_1、W_2 与 U_1 连接，U_1、V_1、W_1 为出线端的方法，如图 8-5（a）所示。也可以采用将 U_1 与 V_2、V_1 与 W_2、W_1 与 U_2 连接，U_1、V_1、W_1 为出线端的方法，如图 8-5（b）所示。高压绕组的三角形连接用符号“D”表示，低压绕组的三角形连接用符号“d”表示。

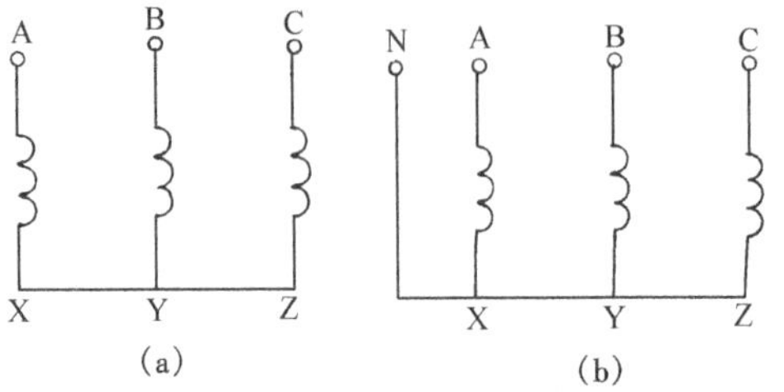

图 8-4　星形连接

（a）无中线；（b）有中线

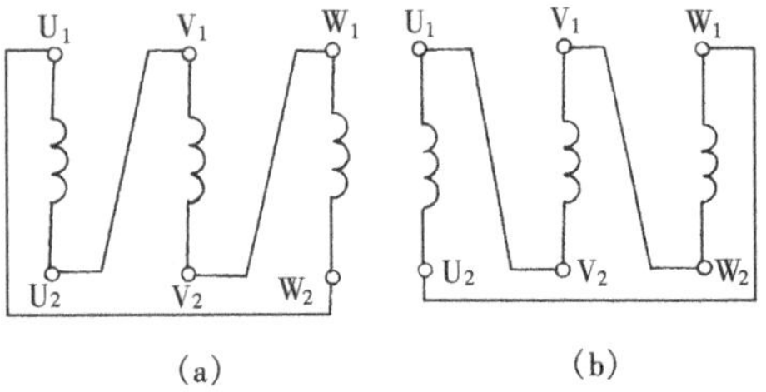

图 8-5　三角形连接

（a）U_1 接 W_2、V_1 接 U_2、W_1 接 V_2；

（b）U_1 接 V_2、V_1 接 W_2、W_1 接 U_2

在对称三相系统中，当变压器采用星形连接时，线电流等于相电流，线电动势为相电动势的$\sqrt{3}$倍。当变压器采用三角形连接时，线电流为相电流的$\sqrt{3}$倍，线电动势等于相电动势。

变压器除了常见的星形连接法和三角形连接法以外，还有一些特殊的连接方法，如曲折连接法等。由于比较少见，在这里就不一一介绍了。

二、三相变压器的连接组标号

变压器的电路是由高、低压绕组构成的，两侧绕组的绕向、连接方式不同，对应的电压相位关系也不同。这种关系是以连接组表示的。

（一）单相变压器的连接组

1. 绕组的极性

单相变压器是由一个主磁通 $\dot{\phi}_m$同时链绕着一次侧、二次侧绕组，当主磁通 $\dot{\phi}_m$交变时，在两个绕组中就会感应出具有相对极性的电动势。即对有两个（或两个以上）有磁耦合关系的绕组来说，存在极性问题。据电工原理可知，当磁场发生交变时，在任一瞬间，一个绕组的某一端的电位为正时，另一个绕组必有一端点的电位也为正，这两个对应的端点称为同名端。为了便于区分，一般在两个同名端旁均加一符号“＊”来表示。同名端也可以这样来确定，当电流从两个绕组的同名端流入时，它们产生的磁通的方向是一致的。

图 8-6（a）所示的两个绕组绕向相同，标头标志一致，当一次绕组中的电流从 U1 端流入产生的磁通方向与二次绕组中的电流从 u1 端流入产生的磁通方向相同，所以一次绕组中的 U1 端与二次绕组中的 u1 端是同名端，分别加“＊”作为标记。图 8-6（b）所示的两个绕组绕向相同但标志相反，一次绕组中的电流从 U1 端流入产生的磁通方向与二次绕组中的电流从 u2 端流入产生的磁通方向相同，所以一次绕组中的 U1 端与二次绕组中的 u2 端是同名端，分别加“＊”作为标记。同理，可得图 8-6（c）、（d）两图中两绕组的同名端。

2. 绕组极性与绕组中电动势的关系

为了便于比较变压器两个绕组感应电动势的相位，两绕组的电动势正方向应一致，即均由右手螺旋定则确定。被比较的电动势用下标表示，如 E_{U1U2}表示 U 相绕组由 U1 端至 U2

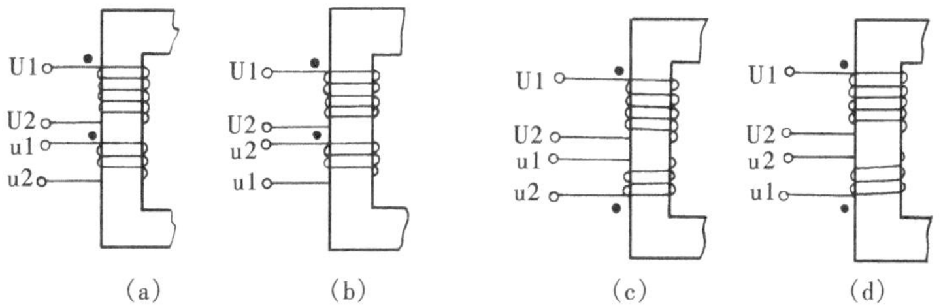

图 8-6 绕组的极性
(a)、(d) U1、u1 同极性；(b)、(c) U1、u2 同极性

端的电动势。

不难判断，绕组中电动势方向与绕组极性是一致的，而标示为绕组中不同指向的电动势，则应取相应的不同下角标，在图 8-7 中分别示出了 4 种情况下绕组不同指向电动势的相位关系。

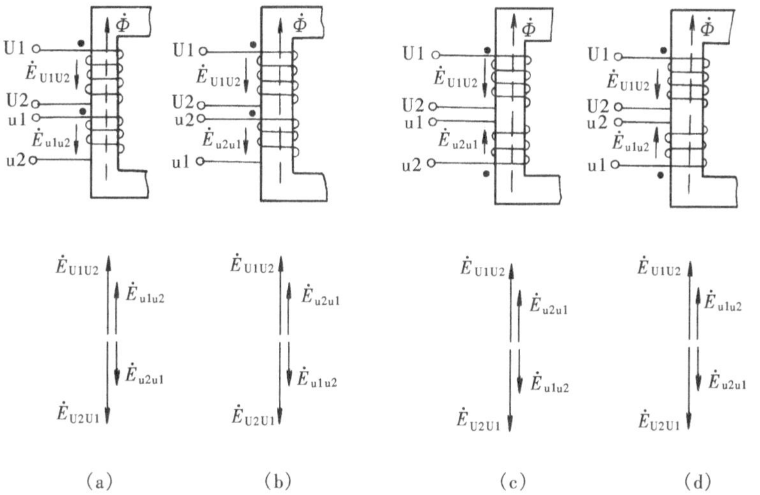

图 8-7 绕组极性与绕组中电动势的相位关系
(a)、(d) U1、u1 同极性；(b)、(c) U1、u2 同极性

比较图 8-7 所示 4 种情况可知，同标志端为同极性时，同名电动势相位相同，反之相反。如 (a)、(d) 两图中，电动势 $\dot{E}_{U2U1}$ 与 $\dot{E}_{u2u1}$ 相位相同。(b)、(c) 两图中，电动势 $\dot{E}_{U2U1}$ 与 $\dot{E}_{u2u1}$ 相位相反。

为简明起见，绕组电动势常用单下标来表示，即用 $\dot{E}_U$ 代替 $\dot{E}_{U2U1}$，用 $\dot{E}_u$ 代替 $\dot{E}_{u2u1}$。同样在三相变压器中，用 $\dot{E}_V$ 代替 $\dot{E}_{V2V1}$，用 $\dot{E}_v$ 代替 $\dot{E}_{v2v1}$。用 $\dot{E}_W$ 代替 $\dot{E}_{W2W1}$，用 $\dot{E}_w$ 代替 $\dot{E}_{w2w1}$。

3. 单相变压器的连接组标号

连接组标号的方法要用时钟表示法，即规定将高压绕组的线电动势相量看成时钟的长针，并固定指向 12 点不动，将低压绕组的同名线电动势相量看成时钟的短针，它指向的点数就是该变压器的连接组标号。

单相变压器的连接组标号原国标规定用“I/I—（短针指向的点数）”表示。新国家标准用“I,I（加短针指向的点数）”表示。在图 8-7（a）中，当电动势 $\dot{E}_U$ 作为长针指向 12 点时，电动势 $\dot{E}_u$ 作为短针也指向 12 点，该变压器的连接组标号为“I,I0”或“I/I—12”。同理图（d）的连接组标号也为“I,I0”或“I/I—12”。图（b）、（c）所示变压器的连接组标号为“I,I6”或“I/I—6”。

现行国家标准规定，单相变压器的标准连接组为“I,I0”或“I/I—12”。

（二）三相变压器的连接组标号

1. 三相变压器的连接组

三相变压器的一次绕组与二次绕组分别可采用 Y 或△连接，因此，一次绕组与二次绕组可有相同的接法，也可以有不同的接法。变压器一、二次侧常用的连接方式有 Y,y、Y,d、D,d、D,y（原国家标准表示为 Y/Y、Y/△、△/△、△/Y）四种。逗号前面的符号表示高压侧的接线方式，逗号后面的符号表示低压侧的接线方式，绕组的接线方式就称为变压器的连接组。

2. 三相变压器的连接组标号

仅有连接组还不能准确表达三相变压器绕组的实际连接情况。相同的连接组，变压器的高压侧与低压侧之间的线电动势可能有不同的相位关系。因此，还必须标示连接组标号。加了标号的连接组统称为连接组标号或连接组别。与单相变压器一样，三相变压器的连接组标号也是采用时钟表示法标示的。

（1）Y,y0 连接(Y/Y 连接)。

1）三相同标志端同极性。已知三相绕组的极性和端头标志，如图 8-8 所示，确定其连接组别的步骤如下：①画出一次侧的电动势相量 $\dot{E}_U$、$\dot{E}_V$、$\dot{E}_W$，根据连接方式画出三相电动势相量图及其线电动势相量位形图。②按已知条件画出二次侧的电动势相量 $\dot{E}_u$、$\dot{E}_v$、$\dot{E}_w$，根据已知的极性和端头标志，按连接方式画出三相电动势相量图及其线电动势相量位形图。③将二次侧的电动势相量位形图移到一次侧的电动势相量位形图内，并使其中性点重合。④在一次侧相量图中，任选一个一次侧的线电动势，例如 $\dot{E}_{VU}=\dot{E}_V-\dot{E}_U$。⑤在二次侧相量图中，找到与一次侧标号相同的线电动势，则为 $\dot{E}_{vu}=\dot{E}_v-\dot{E}_u$。⑥将一次侧的线电势 $\dot{E}_{VU}$ 指向时钟 12 点，由相量图可见此例二次侧的线电势 $\dot{E}_{vu}$ 也指向 12 点，则三相变压器的连接组标号为 Y,y0（Y/Y—12）。

2）三相同标志端异极性。判断步骤同上，由图 8-9（b）可见，若将一次侧线电势 $\dot{E}_{UV}$ 指向时钟 12 点，二次侧的线电动势 $\dot{E}_{uv}$ 应指向 6 点。则该三相变压器的连接组标号为Y，y6（Y/Y—6）。

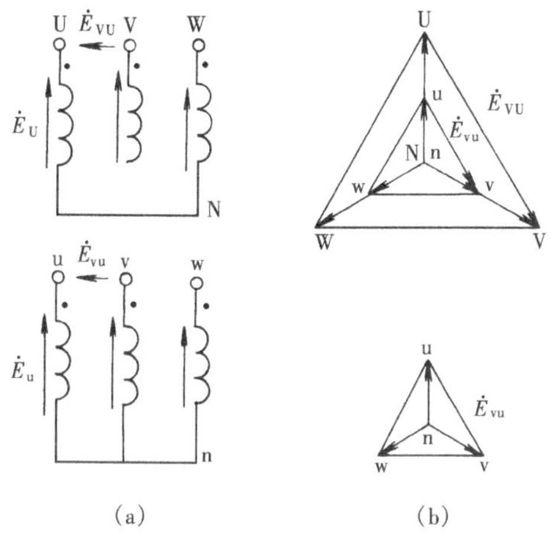

图 8-8　Y，y0 连接组

(a) 绕组接线图；(b) 相量图

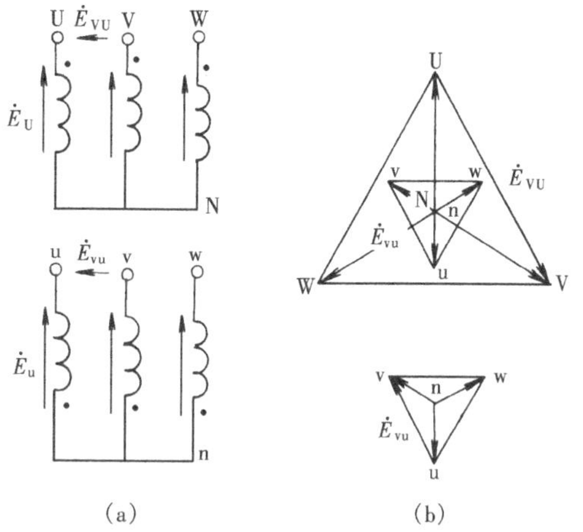

图 8-9　Y，y6 连接组

(a) 绕组接线图；(b) 相量图

Y，y 连接还可得到其它的连接组别。如图 8-10 所示，一次侧的 U 相与二次侧 w 相同在一个铁心上，一次侧的 V 相与二次侧的 u 相同在一个铁心上，一次侧的 W 相与二次侧的 v 相同在一个铁心上，按上述判断方法可知，该三相变压器的连接组标号为 Y，y4（Y/Y—4）。

类似的，星形连接还有 2、8、10 连接组。这样一、二次侧均采用星形连接的三相变压器共有 Y，y0、2、4、6、8、10 六种偶数号的连接组。

（2）Y，d 连接（Y/△连接）。

1）绕组极性、端头标志和三相绕组的连接如图 8-11 所示。

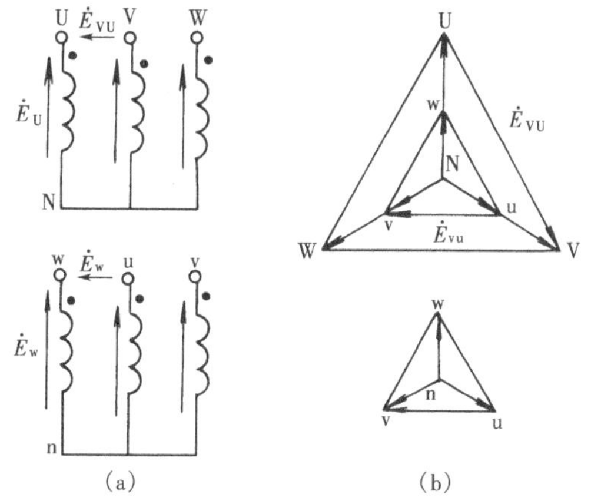

图 8-10　Y，y4 连接组

(a) 绕组接线图；(b) 相量图

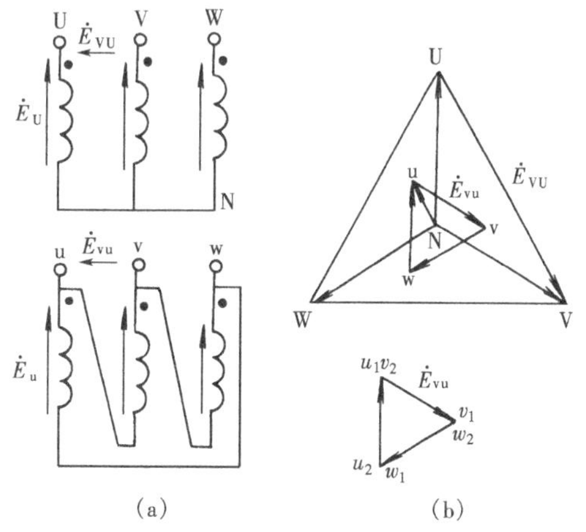

图 8-11　Y，d11 连接组

按图 8-11（a）所示，高压侧接成星形，低压侧接成三角形，根据图示绕组极性、标志和绕组的连接，确定其连接组别的步骤如下：①画出一次侧的电动势相量 $\dot{E}_U$、$\dot{E}_V$、$\dot{E}_W$。

根据连接方式画出三相电动势相量图及其线电动势相量位形图。②先按极性画出二次侧各相电动势相量；再根据二次侧绕组的连接的次序（u—w—v—u）画出二次侧电动势相量位形图，即电动势三角形。③将二次侧的电动势相量位形图移到一次侧的电动势相量位形图内，并使其中性点重合。④在一次侧相量图中，任选一个一次侧线电动势，例如$\dot{E}_{VU}$并使其指向时钟12点。⑤在二次侧相量图中，选一个与一次侧线电动势标号相同的二次侧线电动势$\dot{E}_{vu}$。⑥当一次侧的线电动势$\dot{E}_{VU}$指向12点时，二次侧的线电动势$\dot{E}_{vu}$应指向11点。则三相变压器的连接组标号为Y,d11（Y/△—11）。

2）绕组极性、端部标志和三相绕组的连接如图8-12所示。

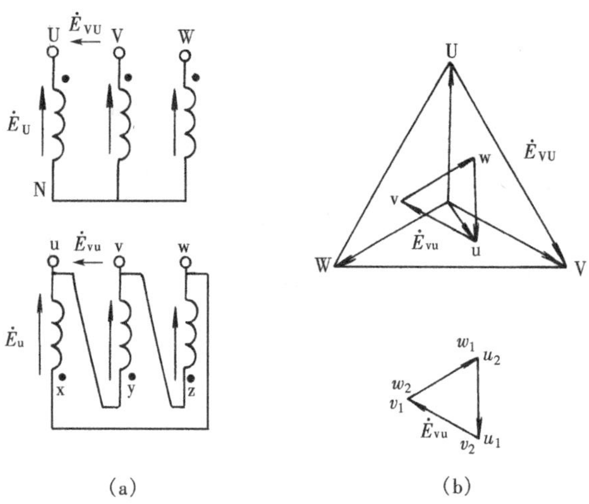

图8-12 Y，d5连接组

判断的步骤同上，分别画出变压器一次侧、二次侧的电动势相量位形图，将一次侧的某一线电动势$\dot{E}_{VU}$置于12点位置。再在二次侧相量图中找出与其标号相同的线电势$\dot{E}_{vu}$，它应指向5点位置，则该变压器的连接组标号为Y，d5（Y/△—5）。

用相同的方法，还可以得出Y,d连接的三相变压器共有1、3、5、7、9、11六种奇数组号的连接组。

在这里要特别注意：①在画相量图时，变压器三相电动势的相序是由电网决定的，U(u)相必定超前V(v)相，V(v)相超前W(w)相。②三相绕组的空间位置可以任意确定，但当一次绕组三相位置确定后，二次绕组的排列位置虽可不一定对应，而顺序必须一致。由绕组的连接可以确定变压器的连接组别，反过来，由变压器的连接组别也可以确定绕组的连接。

3. 三相变压器的标准连接组

由于三相变压器的连接组标号较多，再加上同一个连接组标号也可由多种连接方法实现，这样就容易造成混乱。为了制造和使用方便，国家对变压器的连接组作了统一规定，规定Y，yn0（Y/Y_0—12），Y，d11（Y/△—11），YN，d11（Y_0/△—11），YN，y0（Y_0/Y—12），Y，y0(Y/Y—12)五种为标准连接组。最常用的连接组标号有三种：

(1) Y，yn0(Y/Y_0—12)：主要用于配电线路中，高压侧电压不超过35kV，低压侧的电压为400V，由于低压侧有中性线，因此低压侧还可提供单相电压220V；

(2) Y，d11(Y/△—11)：用于高压侧电压不超过35kV，低压侧电压超过400V的配电线路中；

(3) YN，d11(Y_0/△—11)：用于110kV及以上高压输电线路。可使高压侧电力系统的中性点接地提供条件。

第三节　三相变压器的空载电动势波形

在分析单相变压器的空载电流时得知，如果变压器的铁心是饱和时，当励磁电流为正弦波时，铁心中的主磁通为平顶波。当励磁电流为尖顶波时，铁心中的主磁通为正弦波。一般情况下，变压器的铁心是处于饱和状态。因此，主磁通和励磁电流二者必有一个不是正弦波，对一个非正弦函数，可以把它分解成为一个正弦基波分量和一系列高次正弦谐波分量的叠加。其谐波分量中影响最大的是三次谐波分量。

一、连接方法对空载电流波形的影响

1. 空载电流中三次谐波电流的性质

当励磁电流的波形为尖顶波时，可以把它分解成为一个正弦基波分量和一系列正弦高次谐波分量的叠加。三相正弦基波分量大小相等、相位相差 120°，满足三相对称条件。而三相正弦三次谐波分量可表示为

$$\left.\begin{aligned} i_{03u} &= I_{03m}\sin 3\omega t \\ i_{03v} &= I_{03m}\sin 3(\omega t-120^\circ) = I_{03m}\sin 3\omega t \\ i_{03w} &= I_{03m}\sin 3(\omega t-240^\circ) = I_{03m}\sin 3\omega t \end{aligned}\right\}$$

即三相的三次谐波电流是同相位、同幅值，频率为基波的三倍，如图 8-13 所示。图 8-13 中仅示出了尖顶波电流和它所包含的三次谐波分量，未示出基波和其它高次正弦谐波分量。尖顶波励磁电流对变压器运行的影响，可视为其高次谐波电流分量的影响，而其中的主要分量是三次谐波，故以下主要讨论三次谐波电流的作用。

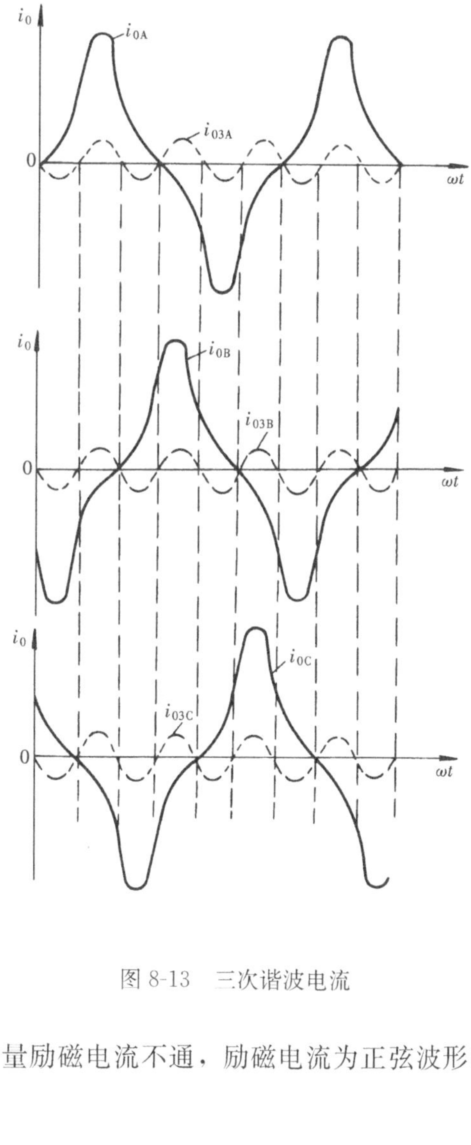

图 8-13　三次谐波电流

2. 连接方法对三相变压器励磁电流波形的影响

（1）三相变压器一次绕组连接成三角形或星形连接有中性线时，除正弦的基波电流能流通外，三次谐波电流也能流通，所以励磁电流波形可为尖顶波形。

（2）三相变压器一次绕组连接成星形连接并而无中性线时，三次谐波电流不通。励磁电流基本上为基波电流，励磁电流的波形因缺少三次谐波成分而接近正弦波。

二、三相变压器的磁路系统对主磁通的影响

在三相变压器中，若一次绕组中三次谐波分量励磁电流不通，励磁电流为正弦波形时，

产生的主磁通应为平顶波形。与尖顶波的励磁电流分析的方法一样，平顶波的主磁通可分解为基波磁通和三次谐波磁通的叠加。

三相的三次谐波磁通同样是同相位、同大小，以 3 倍基波频率交变的磁通。如图 8-14 所示。不管什么样的磁路系统，三次谐波磁通总是存在，磁通总要形成闭合的回路，只是磁通所通过的路径不同而已。

（1）三相变压器组。

三相变压器组的磁路系统是各相磁路彼此无关、相互独立的，各相的基波和三次谐波磁通都能在各自的铁心回路中流通，因而三次谐波磁路的磁阻很小。

（2）三相芯式变压器。

三相芯式变压器的磁路系统是各相磁路彼此相关的，由于三次谐波磁通是同相位、同大小的，因此各相三次谐波磁通在铁心中无法通过，必定被迫挤出铁心，通过变压器油以及油箱壁等形成回路，则各相的三次谐波磁通主要走非铁性材料的路径，三次谐波磁路的磁阻很大。

三、主磁通波形与电动势波形的关系

在三相变压器中，主磁通若是正弦波，感应出的电动势为正弦波。若主磁通是平顶波，平顶波的主磁通可以分解成正弦的基波磁通和三次谐波磁通（三次谐波磁通以上的忽略不计），基波和三次谐波主磁通分别感应出基波电动势和三次谐波电动势，它们合成的电动势是尖顶波形的电动势，如图 8-15 所示。

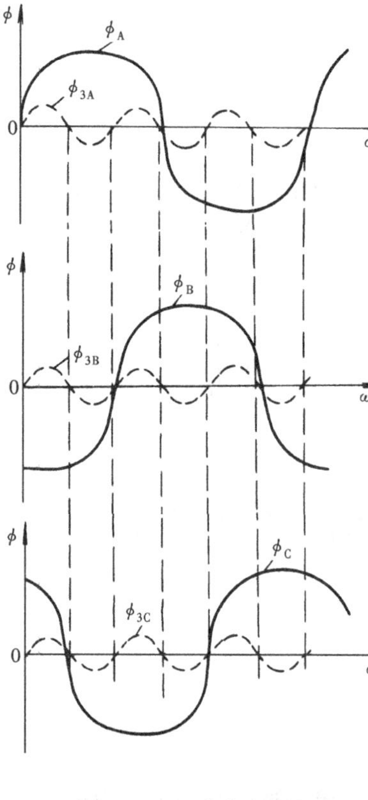

图 8-14 三次谐波磁通

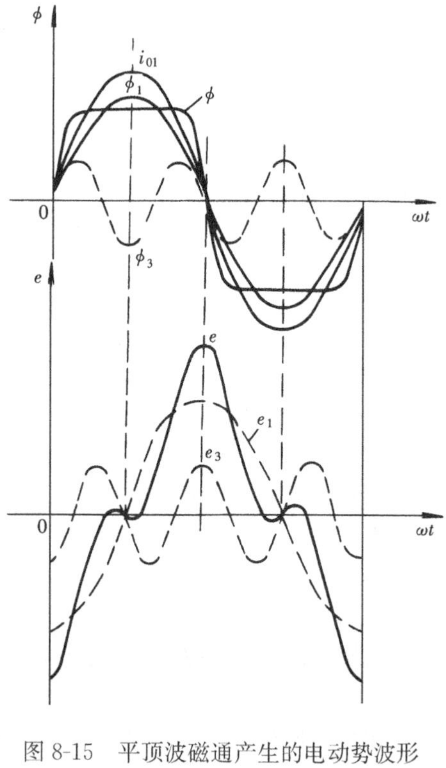

图 8-15 平顶波磁通产生的电动势波形

四、变压器的磁路系统和绕组连接对相电动势波形的影响

1. YN，y（Y_0/Y）连接

变压器的一次侧是星形且有中性线的连接方式，各相空载电流中的三次谐波分量可以借助中性线形成回路，变压器的空载电流含有三次谐波分量而成为尖顶波形，由其产生的主磁通便是正弦波形。因此，无论磁路系统是哪种类型，绕组中感应电动势均为正弦波形。

2. Y，y（Y/Y）连接

变压器的一次侧是星形但无中性线的连接方式，各相空载电流中的三次谐波分量不可能存在，各相空载电流近似为正弦波形，由其产生的主磁通则应是平顶波形。这种情况下的主磁通由基波和三次谐波磁通叠加而成。主磁通中的三次谐波分量将产生相应的感应电动势，使相电动势波形发生畸变。三次谐波磁通愈大，电动势波形畸变愈厉害。实际三次谐波磁通影响程度可分两种情况讨论。

（1）三相变压器组。由于变压器的各相磁路是彼此无关的，各相的基波和三次谐波磁通均可以在各自的铁心中形成回路，遇到的磁阻很小，因此产生的三次谐波磁通较大。考虑到三次谐波的频率是基波频率的三倍，所以由它感应出的三次谐波相电动势就更大，其幅值可达基波幅值的40%～60%，如图8-15所示。三次谐波磁通作用的结果是使相电动势的波形严重畸变，最大值升高很多，可能将变压器的绕组绝缘击穿。但在三相的线电动势中，由于三次谐波电动势为互相抵消关系，所以线电动势的波形为正弦波。由于这一情况，三相变压器组不宜采用Y，y连接方式。

（2）三相芯式变压器。由于变压器的各相磁路系统是彼此相关的，基波可以在铁心中流通，但是三相的三次谐波磁通不能在铁心中形成回路，只能借助变压器的油、油箱壁等形成回路，所遇到的磁阻较大，产生的三次谐波磁通较小，因此，这种情况下主磁通近似是正弦波，感应的相电动势也近似为正弦波，所以三相心式变压器可以采用Y，y连接。但是由于三次谐波磁通要通过油箱壁闭合，并且其三次频率是基波频率的三倍，会在变压器的油箱壁等处产生附加损耗，会使变压器的效率降低，引起局部发热。故容量大于1800kVA的三相心式变压器仍不宜采用Y，y连接方式。

3. D，y(△/Y)或Y，d(Y/△)连接

当三相变压器采用D，y(△/Y)连接方式时，一次侧接成三角形，三相绕组形成闭合的回路，一次侧励磁电流中能流通三次谐波电流，使空载电流为尖顶波，则产生的主磁通为正弦波形，在一、二次绕组中感应出的电动势也是正弦波。

当三相变压器采用Y，d(Y/△)连接方式时，这时一次侧的空载电流只能为正弦波，则主磁通应为平顶波。但其中的三次谐波磁通在一、二次绕组感应出三次谐波电动势，而二次侧为三角形连接，二次侧的三次谐波电动势在三角形连接的闭合回路中能产生三次谐波环流。如图8-16所示。由于一次侧没有三次谐波电流与二次侧的三次谐波电流相平衡，此时二次侧的三次谐波电流起励磁电流的作用，它产生磁通恰好与平顶波磁通中的三次谐波分量相抵消。这样变压器的主磁通就是近似的正弦

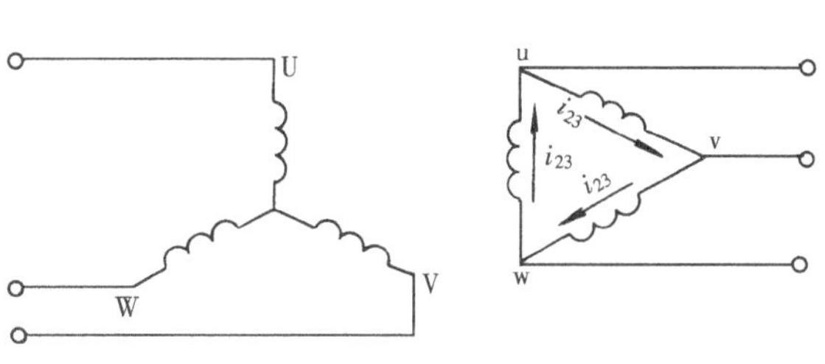

图8-16 Y，d接线中的三次谐波电流

波形。在一、二次绕组中感应的相电动势也近似是正弦波形。

实际上抵消平顶波磁通的三次谐波分量所需的三次谐波电流是很小的，对变压器的正常运行影响也很小。

在三相电力变压器中，为了使电动势波形尽可能为正弦波，常将其一侧绕组连接成三角形。在大容量的电力变压器中，当一次侧和二次侧都必须连接成星形时，通常是在变压器的铁心柱增设一个附加的、连接成三角形的第三绕组。这个第三绕组可以带负载，也可以不带负载，它的主要作用是提供三次谐波电流，以使主磁通近似为正弦波形，感应出的相电动势基本为正弦波形。

*第四节 三相变压器的不对称运行

通常，电力系统的交流电压是三相对称的，负载的三相阻抗也是三相平衡的，则通过变压器的三相电流也是对称的。如果用户的三相负载不平衡，或变压器带了单相负载，或当线路一相检修时另外两相继续供电，或发生不对称故障时，变压器一次、二次侧的电流就会出现三相不对称的情况，称为变压器的不对称运行。

变压器的三相负载电流不对称时，变压器内部阻抗产生的压降也不对称，从而造成变压器三相电压不对称。三相变压器不对称运行问题，通常采取“对称分量法”进行分析。

一、对称分量法

从电工理论可知，一个单相正弦电流 $i=\sqrt{2}I\sin(\omega t+\psi)$，可用相量表示为 $\dot{I}=\dot{I}e^{j\psi}$。则三相对称电流可表示为

$$\dot{I}_A=\dot{I}e^{j0^\circ}=\alpha^3\ \dot{I}$$

$$\dot{I}_B=\dot{I}e^{-j120^\circ}=\dot{I}e^{j240^\circ}=\alpha^2\ \dot{I}$$

$$\dot{I}_C=\dot{I}e^{-j240^\circ}=\dot{I}e^{j120^\circ}=\alpha\ \dot{I}$$

式中 α 为数学计算因子，其表达式为

$$\alpha=e^{j120^\circ}=e^{-j240^\circ}=-\frac{1}{2}+j\frac{\sqrt{3}}{2}$$

$$\alpha^2=e^{j240^\circ}=e^{-j120^\circ}=-\frac{1}{2}-j\frac{\sqrt{3}}{2}$$

$$\alpha^3=e^{j360^\circ}=e^{j0^\circ}=1$$

对于一个不对称的三相交流系统，例如三相不对称电流 $\dot{I}_A$、$\dot{I}_B$、$\dot{I}_C$，可以利用对称分量法将其分解为正序分量、负序分量、零序分量三个对称系统的叠加。

$$\left.\begin{aligned}\dot{I}_A&=\dot{I}_A^++\dot{I}_A^-+\dot{I}_A^0\\\dot{I}_B&=\dot{I}_B^++\dot{I}_B^-+\dot{I}_B^0\\\dot{I}_C&=\dot{I}_C^++\dot{I}_C^-+\dot{I}_C^0\end{aligned}\right\}\tag{8-1}$$

式中 $\dot{I}_A^+$、$\dot{I}_B^+$、$\dot{I}_C^+$——正序三相对称分量，它的相序与原先不对称三相系统的相序相同；

$\dot{I}_A^-$、$\dot{I}_B^-$、$\dot{I}_C^-$——负序三相对称分量，它的相序与原先不对称三相系统的相序相反；

$\dot{I}_A^0$、$\dot{I}_B^0$、$\dot{I}_C^0$——零序三相对称分量，它们的相位相同。相量图如图 8-17 所示。

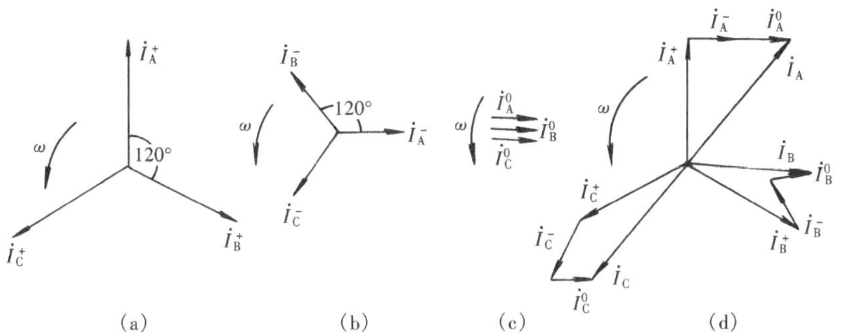

图 8-17　正序、负序、零序分量电流及其合成的三相不对称电流相量

(a) 正序分量；(b) 负序分量；(c) 零序分量；(d) 三个分量合成三相不对称电流

考虑到正序、负序、零序三组分量的对称关系，可得方程式

$$\left.\begin{aligned}&\dot{I}_B^+=\alpha^2\dot{I}_A^+\quad \dot{I}_C^+=\alpha\dot{I}_A^+\\&\dot{I}_B^-=\alpha\dot{I}_A^-\quad \dot{I}_C^-=\alpha^2\dot{I}_A^-\\&\dot{I}_A^0=\dot{I}_B^0=\dot{I}_C^0\end{aligned}\right\}\tag{8-2}$$

由式（8-1）、式（8-2）可得

$$\left.\begin{aligned}&\dot{I}_A^+=\frac{1}{3}(\dot{I}_A+\alpha\dot{I}_B+\alpha^2\dot{I}_C)\\&\dot{I}_A^-=\frac{1}{3}(\dot{I}_A+\alpha^2\dot{I}_B+\alpha\dot{I}_C)\\&\dot{I}_A^0=\frac{1}{3}(\dot{I}_A+\dot{I}_B+\dot{I}_C)\end{aligned}\right\}\tag{8-3}$$

以上各式是以电流为例，适用不对称的三相电压、电动势、磁动势等物理量。这里要特别注意，它利用的是叠加原理，所以它只适用线性参数系统中。讨论非线性电路时，在一定条件下可对电路进行线性化处理，也可作近似的分析。

二、三相变压器的各相序等效电路

1. 正序、负序系统等效电路

对三相变压器来说，三相正序、负序分量电流都是大小相等，相位相差 120°，是对称的，不同的只是相序。对变压器而言，正序、负序电流所发生的电磁现象没有什么不同。因此，变压器正序、负序系统的等效电路及参数与对称运行时等效电路及参数是一样的。等效电路如图 7-14 所示。变压器的正、负序阻抗相等，均为变压器的短路阻抗。

2. 零序系统等效电路和零序阻抗

三相变压器通入零序电流时遇到的阻抗称零序阻抗。因三相零序电流大小相等、相位相

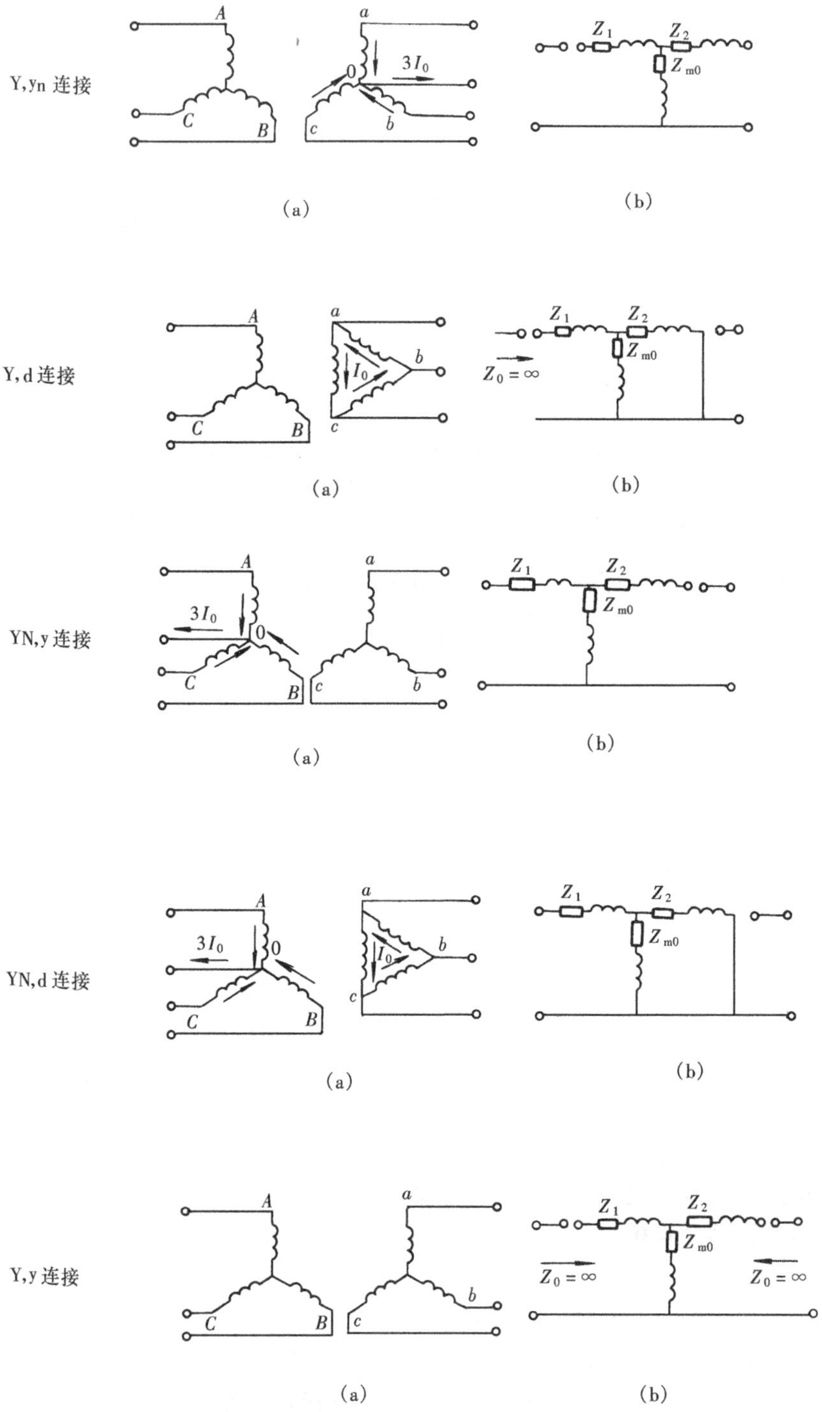

图 8-18 不同绕组连接方式变压器的零序等效电路

(a) 零序电流流通情况；(b) 零序等效电路

同，故零序电流及零序磁通的磁路与绕组的连接方式及磁路结构有关。讨论如下：

（1）磁路系统的影响。

三相零序分量磁通虽然对称，但是三相零序分量磁通相位相同，所以零序磁通的路径与磁路系统有关，因此三相零序等效电路的励磁阻抗大小与变压器的磁路系统有关。为了与正序和负序的励磁阻抗进行区别，零序的励磁阻抗用 $Z_m^0=r_m^0+jx_m^0$ 来表示。

对于三相变压器组，三相磁路相互独立，由零序电流产生的零序磁通可以在各自的铁心中形成回路，所以零序励磁阻抗与正序的励磁阻抗相等，即

$$Z_m^0=Z_m$$

对三相心式变压器，由于各相的磁路相互影响，三相零序电流产生的三个同相位的零序磁通与第三节讲的三次谐波磁通相似，不能在铁心中形成闭合的回路。只能通过变压器铁心外的油道、油箱壁等形成闭合回路，这个闭合路径的磁阻很大，因此这种变压器的零序励磁阻抗比正序励磁阻抗小得多，即

$$Z_m^0 \ll Z_m$$

此时零序阻抗的标幺值约为 $Z_m^0\approx 0.3\sim 1.0$ 之间。

须注意，三相零序电流与三相三次谐波电流都是各相大小相等、相位相同，但是前者的频率是基波的频率，后者的频率是基波频率的 3 倍，产生的原因也不同，它们是有本质区别的。

（2）绕组连接对零序阻抗的影响。

三相变压器的零序主磁通是由三相零序电流产生的，由于三相的零序电流在时间上同相位，因此三相变压器的零序电流与接线方式有关。当绕组为星形连接时，零序电流不能流通，此时等效电路在这一边应断开；如果绕组为三角形连接，则零序电流仅能在变压器中闭合的三角形形成环流，而不能流到外部电路去。这在零序等效电路中，应是从内部看相当于短路，从外部看相当于开路。因此，三相变压器绕组的连接不同，对外的零序阻抗是不同的。以 Y，yn（Y/Y_0）连接的三相变压器为例来说明，图 8-18（a）所示为其零序电流通路，由于一次侧无中线，一次电路零序电流不通，图 8-18（b）为其零序等效电路，由于一次侧无零序电流，对一次侧来说，零序阻抗为无限大，相当于开路；但变压器的二次侧有中线，零序电流能流通，零序电流就相当于一次侧开路时二次侧绕组中的励磁电流。因此，对二次侧来说，零序阻抗应为 Z_m^0 和 Z_2 相串联，即

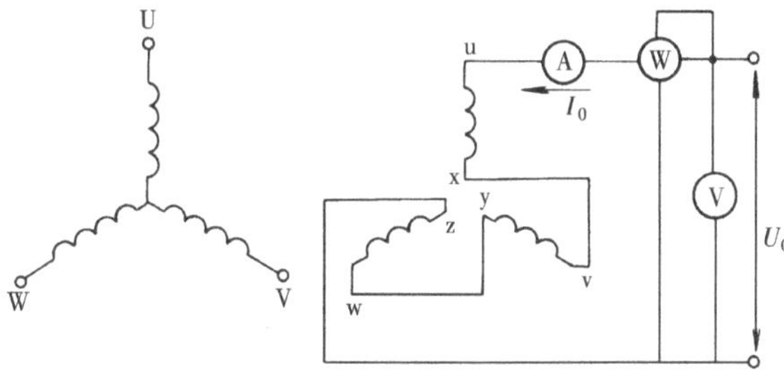

图 8-19　测定 Y，yn 连接变压器低压侧 Z_m^0 的接线图

$$Z_0=Z_m^0+Z'_2$$

图 8-18 中还示出其他接线方式三相变压器的零序电流流通情况和相应的零序等效电路。

（3）零序励磁阻抗的测定。

三相变压器的零序阻抗可以利用试验的方法进行测定，测定 Y，yn 连接三相变压器低压侧 Z_m^0 的试验线路如图 8-19 所示。试验时，将变压器的一次侧（或二次侧）绕组依次串联

起来，加上一个适当的单相交流电压，另一侧三相绕组开路。这时通过三相绕组的电流大小、相位相同，相当于流过零序电流，测出 I_0、U_0 及 P_0，便可算出零序阻抗

$$Z^0=\frac{U_0}{3I_0}$$

$$r^0=\frac{P_0}{3I_0^2}$$

$$x^0=\sqrt{(Z_0)^2-(r_0)^2}$$

由于另一边开路，由试验测出低压侧的零序励磁阻抗为

$$r_m^0=r^0-r_1$$

$$x_m^0=x^0-x_{1\sigma}$$

$$Z_m^0=\sqrt{(r_m^0)^2+(x_m^0)^2}$$

在零序等效电路中，有关系式

$$\dot{E}^0=-\dot{I}_0^0 Z_m^0$$

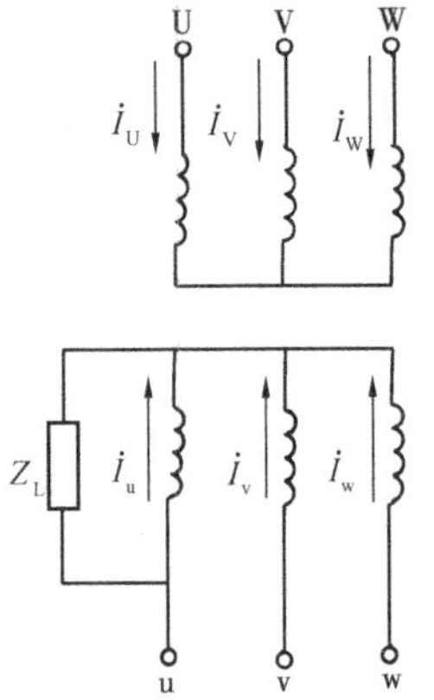

图 8-20 Y,yn 连接组变压器单相负载运行

式中 $\dot{I}_0^0$——零序系统的励磁电流；

$\dot{E}^0$——零序励磁电流产生的主磁通 $\dot{\phi}_m^0$ 在绕组中感应的零序电动势。

三、Y,yn 连接的三相变压器单相负载运行

图 8-20 所示为一台 Y,yn0 连接组三相变压器，一次侧加三相对称电压 $\dot{U}_A$、$\dot{U}_B$、$\dot{U}_C$；二次侧 u 相接单相负载，v、w 两相开路。由此可得边界条件为

$$\left.\begin{aligned}\dot{I}_u&=\dot{I}\\ \dot{I}_v&=\dot{I}_w=0\\ \dot{U}_u&=\dot{I}Z_L\end{aligned}\right\}\tag{8-4}$$

由式（8-4）可知，变压器的二次侧是一个不对称的三相电流系统。

（一）三相变压器一次侧各相电流

首先，用对称分量法求出二次侧 u 相中的三个电流分量为

$$\left.\begin{aligned}\dot{I}_u^+&=\frac{1}{3}(\dot{I}_u+\alpha\dot{I}_v+\alpha^2\dot{I}_w)\\ \dot{I}_u^-&=\frac{1}{3}(\dot{I}_u+\alpha^2\dot{I}_v+\alpha\dot{I}_w)\\ \dot{I}_u^0&=\frac{1}{3}(\dot{I}_u+\dot{I}_v+\dot{I}_w)\end{aligned}\right\}\tag{8-5}$$

由式（8-5）可以得出二次侧正序、负序、零序电流分量为

$$\dot{I}_u^+=\dot{I}_u^-=\dot{I}_u^0=\frac{1}{3}\dot{I}\tag{8-6}$$

即二次侧正序、负序、零序电流分量是相等的。由 u 相的各序分量电流便可获得 v、w 相各序电流。

将二次侧正序、负序、零序电流分量折算到一次侧。如 u 相的各序分量电流的折算量为

$$\dot{I}'^{+}_{u}=\dot{I}'^{-}_{u}=\dot{I}'^{0}_{u}=\frac{1}{3}\dot{I}' \tag{8-7}$$

根据变压器一次、二次侧磁动势平衡原理，因二次侧产生了正序、负序、零序电流，相应的一次侧也会产生与之平衡的电流。由于变压器的一次侧采用星形连接，并且无中线，因此在一次侧零序电流不通，只能有正序、负序电流分量。在分析负载运行问题时，可采用“一”字型等效电路，即忽略一次侧的空载电流。则可得

$$\left.\begin{aligned}\dot{I}^{+}_{U}&=-\dot{I}'^{+}_{u}=-\frac{1}{3}\dot{I}'\\ \dot{I}^{-}_{U}&=-\dot{I}'^{-}_{u}=-\frac{1}{3}\dot{I}'\\ \dot{I}^{0}_{U}&=0\end{aligned}\right\} \tag{8-8}$$

由式（8-8）可得一次侧各相的实际电流为

$$\left.\begin{aligned}&\text{U 相}\quad \dot{I}_{U}=\dot{I}^{+}_{U}+\dot{I}^{-}_{U}+\dot{I}^{0}_{U}=\left(-\frac{1}{3}\dot{I}'\right)+\left(-\frac{1}{3}\dot{I}'\right)+0=-\frac{2}{3}\dot{I}'\\ &\text{V 相}\quad \dot{I}_{V}=\dot{I}^{+}_{V}+\dot{I}^{-}_{V}+\dot{I}^{0}_{V}=\alpha^{2}\dot{I}^{+}_{U}+\alpha\dot{I}^{-}_{U}+\dot{I}^{0}_{U}=\frac{1}{3}\dot{I}'\\ &\text{W 相}\quad \dot{I}_{W}=\dot{I}^{+}_{W}+\dot{I}^{-}_{W}+\dot{I}^{0}_{W}=\alpha\dot{I}^{+}_{U}+\alpha^{2}\dot{I}^{-}_{U}+\dot{I}^{0}_{U}=\frac{1}{3}\dot{I}'\end{aligned}\right\} \tag{8-9}$$

由式（8-9）可以看出，由于二次侧带单相负载，使二次侧的电流不对称，这种情况下变压器一次侧电流也是不对称的。

（二）单相负载电流的计算

三相变压器二次侧 u 相接单相负载，v、w 两相开路。根据式（8-6）可知二次侧的正序、负序、零序电流是相等的，$\dot{I}=3\dot{I}^{+}_{u}$，则可得

$$\dot{U}_{u}=\dot{U}^{+}_{u}+\dot{U}^{-}_{u}+\dot{U}^{0}_{u}=\dot{I}Z_{L}=3\dot{I}^{+}_{u}Z_{L}=\dot{I}^{+}_{u}(3Z_{L}) \tag{8-10}$$

单相负载时的等效电路图如图 8-21 所示。其中，正、负序电路按图 7-16 简化电路作出，并令$\dot{U}^{-}_{U}=0$；零序等效电路按图 8-18 作出。按上述分析结果已知$\dot{I}^{+}_{u}=\dot{I}^{-}_{u}=\dot{I}^{0}_{u}=\frac{1}{3}\dot{I}$，并且$\dot{U}_{u}=\dot{U}^{+}_{u}+\dot{U}^{-}_{u}+\dot{U}^{0}_{u}$，因此可以把各相序的等效电路依次串联起来，如图 8-22 所示。

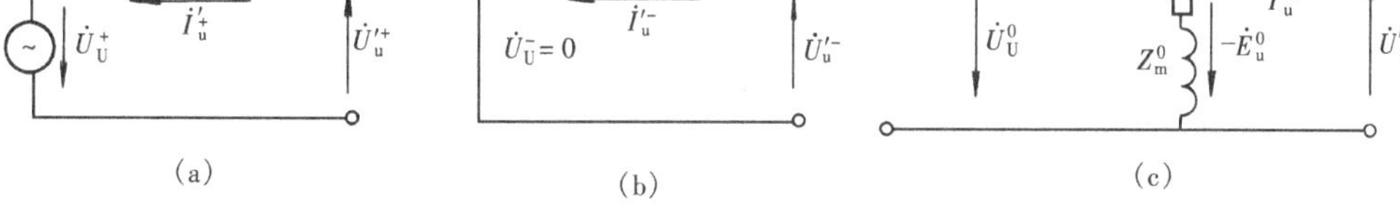

图 8-21 各相序等效电路

(a) 正序；(b) 负序；(c) 零序

由各相序等效电路可写出相应的电压方程式为

$$\left.\begin{aligned}-\dot{U}'^{+}_{u}&=\dot{I}'^{+}_{u}Z_{K}+\dot{U}^{+}_{U}\\ -\dot{U}'^{-}_{u}&=\dot{I}'^{-}_{u}Z_{K}\\ -\dot{U}'^{0}_{u}&=\dot{I}'^{0}_{u}(Z'^{0}_{m}+Z'_{2})\end{aligned}\right\} \tag{8-11}$$

按图 8-22 所示关系，有 $\dot{I}'^{+}_{u}=\dot{I}'^{-}_{u}=\dot{I}'^{0}_{u}=\dfrac{-\dot{U}^{+}_{U}}{2Z_K+Z'_2+Z^0_m+3Z'_L}$

又因为 $$\dot{I}=\dot{I}_u=\dot{I}^{+}_{u}+\dot{I}^{-}_{u}+\dot{I}^{0}_{u}=3\dot{I}^{+}_{u}$$
所以，单相负载电流为

$$\dot{I}=\frac{-3\dot{U}^{+}_{U}}{2Z_K+Z'_2+Z^0_m+3Z'_L}=\frac{-\dot{U}^{+}_{U}}{\dfrac{2}{3}Z_K+\dfrac{1}{3}Z'_2+\dfrac{1}{3}Z^0_m+Z'_L} \tag{8-12}$$

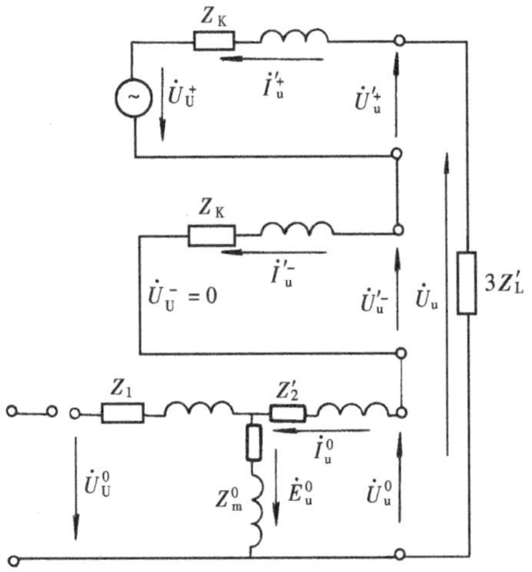

图 8-22 Y,yn 连接组变压器带单相负载时的等效电路

若忽略相对很小的漏阻抗，则有

$$\dot{I}=\frac{-\dot{U}^{+}_{U}}{\dfrac{1}{3}Z^0_m+Z'_L}$$

由式（8-12）可以看出：

（1）对于三相变压器组，$Z^0_m=Z_m$，$Z^0_m\gg Z'_L$，因此变压器的负载电流 $\dot{I}$ 主要受 Z^0_m 的限制，即使负载阻抗 Z'_L 很小，负载电流也大不起来。由公式可知，当 $Z'_L=0$（即单相短路）时，单相稳态短路电流为

$$I_k\approx\frac{3U^{+}_{A}}{Z_m}=3\left(\frac{U_A}{Z_m}\right)=3I_0$$

单相稳态短路电流只有正序励磁电流的三倍，所以这种连接方式的三相变压器组不能带单相到中线的负载。

（2）对于三相心式变压器，$Z^0_m\ll Z_m$，因此变压器的负载电流 $\dot{I}$ 主要由 Z'_L 来决定。所以这种连接方式的三相心式变压器能带单相到中线的负载。

（三）变压器的一次、二次侧电压

根据等效电路图 8-21 和式（8-12），在忽略漏阻抗 Z_k 和 Z'_2 时，可得二次侧 u 相电压各序分量为

$$\left.\begin{aligned}-\dot{U}'^{+}_{u}&=\dot{U}^{+}_{U}\\-\dot{U}'^{-}_{u}&=0\\-\dot{U}'^{0}_{u}&=\dot{I}'^{0}_{u}Z^0_m=\frac{1}{3}\dot{I}'Z^0_m=-\dot{E}'^{0}_{u}\end{aligned}\right\} \tag{8-13}$$

式中 $\dot{E}^{0}_{u}$——二次侧 u 相由零序电流励磁的零序磁通产生的零序电动势。

由式（8-10）、式（8-13）可得 u 相二次侧相电压为

$$-\dot{U}'_u=-\dot{U}'^{+}_u+(-\dot{U}'^{-}_u)+(-\dot{U}'^{0}_u)=\dot{U}^{+}_U+\frac{1}{3}\dot{I}'Z^0_m=\dot{U}^{+}_U+(-\dot{E}'^{0}_u)$$

由于各相零序电动势相等，则可得二次侧 v、w 相电压为

$$-\dot{U}'_v=\dot{U}^{+}_V+(-\dot{E}'^{0}_u)$$

$$-\dot{U}'_w=\dot{U}^{+}_W+(-\dot{E}'^{0}_u)$$

一次侧 U 相的相电压为

$$\dot{U}_U=\dot{U}^{+}_U+\dot{U}^{-}_U+\dot{U}^{0}_U=\dot{U}^{+}_U+0+\dot{I}'^{0}_u Z^0_m=\dot{U}^{+}_U+\frac{1}{3}\dot{I}'Z^0_m$$

$$=\dot{U}^{+}_U+(-\dot{E}'^{0}_u)=-\dot{U}'_u$$

由于各相的零序磁通是相等的，感应出的各相零序电动势也应相等，则有

$$\dot{E}^0_u=\dot{E}^0_v=\dot{E}^0_w=\dot{E}^0$$

则一次侧 V、W 相电压为

$$\dot{U}_V=\dot{U}^{+}_V+(-\dot{E}'^{0}_v)=-\dot{U}'_v$$

$$\dot{U}_W=\dot{U}^{+}_W+(-\dot{E}'^{0}_w)=-\dot{U}'_w$$

三相变压器带单相负载时二次侧的电压相量图如图 8-23 所示。做相量图的步骤如下：

（1）作出三相变压器一次侧的正序相电压 $\dot{U}^{+}_U$、$\dot{U}^{+}_V$、$\dot{U}^{+}_W$。

（2）一般所带的负载为感性负载，由式(8-12)，设 u 相负载电流为 $-\dot{I}'$，它滞后 $\dot{U}^{+}_U$ 某一角度 φ。

（3）根据式（8-6）可知，零序电流与负载电流同相位，考虑铁损耗，所以零序磁通 $-\dot{\Phi}^0$ 滞后负载电流 $-\dot{I}'$ 一个铁耗角。

（4）作出零序磁通 $-\dot{\Phi}^0$ 感应的零序电动势 $\dot{E}'^{0}_u=\dot{E}'^{0}_v=\dot{E}'^{0}_w=\dot{E}'^{0}$，$-\dot{E}'^{0}$ 滞后零序磁通 $-\dot{\Phi}^0$ 为 90°。

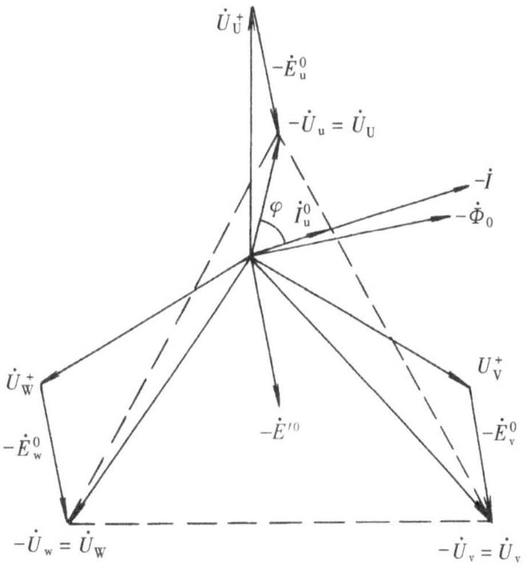

图 8-23　Y，yn 连接组变压器单相负载时的相量图

（5）作出一、二次侧的相电压：根据 $\dot{U}_U=\dot{U}^{+}_U+(-\dot{E}^0_u)=-\dot{U}'_u$、$\dot{U}_V=\dot{U}^{+}_V+(-\dot{E}^0_v)=-\dot{U}'_v$、$\dot{U}_W=\dot{U}^{+}_W+(-\dot{E}^0_w)=-\dot{U}'_w$。可得出 $\dot{U}_U$、$\dot{U}_V$、$\dot{U}_W$。

从相量图中可以看出，这种连接的变压器，由于一次侧没有中性线，零序电流流不通，因此二次侧的零序电流全部变成了励磁性质的电流，在铁心中产生出零序主磁通，感应出零

序电动势$\dot{E}_{u}^{0}$、$\dot{E}_{v}^{0}$、$\dot{E}_{w}^{0}$，叠加到各相正序电压上，便产生了中性点位移的现象。其结果是U相和u相电压降低，V相和v相以及W相和w相的电压上升。当u相发生短路故障时，U相和u相的电压可降为零，而V相和v相以及W相和w相的电压将增大至$\sqrt{3}$倍，产生危险的过电压现象。

第五节 变压器的并联运行

所谓变压器的并联运行，是指把两台或多台符合并联运行条件变压器的一次侧和二次侧分别接到同一条母线上的运行方式。如图8-24所示。

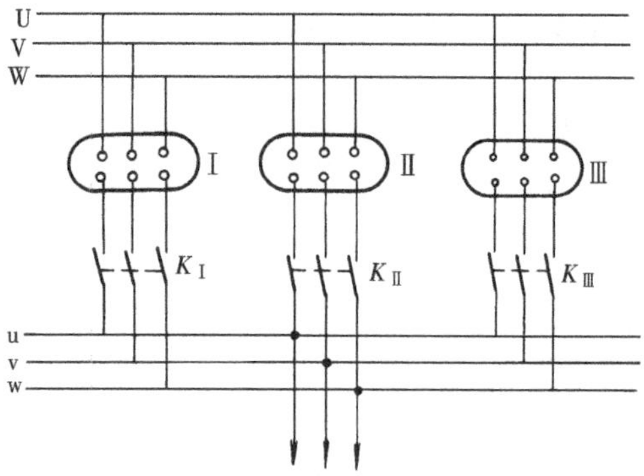

图8-24 变压器并联运行示意图

变压器并联运行的优点：

(1) 可以提高供电的可靠性。并联运行的变压器当某台发生故障时，可以将其从电网退出进行检修，其他的变压器可继续运行，向用户供电。

(2) 可以提高变压器的运行效率。由于电网上所带的负载无论一年四季还是一天之内的各时段都随时在变化，根据负载的变化调整变压器投入的台数，可以减少损耗。

(3) 可以减少整个电力系统的备用容量，提高投资的合理性。但过多台的变压器并联运行也是不合理的，因为一台大容量的变压器要比总容量相同的几台小容量变压器的造价便宜，而且占地面积小。

一、变压器并联运行的条件

变压器并联运行的理想情况如下：

(1) 空载运行时，并联运行的各台变压器绕组中没有循环电流，一次侧绕组中应只有空载电流。这样变压器二次侧无铜耗，一次侧损耗最小。

(2) 带负载后，并联运行的各台变压器负载的分配要合理。即各变压器所承担的负载功率应按它们额定容量成比例分配，容量大的变压器应多负担一些，容量小的变压器少负担一些，以使变压器的容量得到充分利用。

(3) 带负载后，各并联运行变压器二次侧的电流应同相位，并且当总负载电流一定时，各台变压器所承担的负载电流为最小。这样才能在各台变压器二次侧电流一定时，向用户提供最大的输出电流，否则变压器的容量将得不到充分利用。

为了达到上述的变压器并联运行的理想情况，并联运行的变压器必须满足以下条件：

(1) 各台变压器的连接组标号必须相同；

(2) 各台变压器的一次侧额定电压应相等，并且各台变压器的变比应相等；

(3) 各台变压器的短路阻抗标么值要相等，并且短路电抗的标么值及短路电阻的标么值之比也要相等。

在上述三个条件中，第一个条件必须严格做到，第二个和第三个条件很难完全做到，工程上允许有一定的误差。

二、连接组标号不同变压器并联对运行的影响

并联运行的变压器，一次侧接在同一个母线上，二次侧也接在同一母线上。当并联运行的连接组标号不同时，二次侧的线电压相位不同，最少有 30°的相位差。现以 Y,y0（Y/Y—12）和 Y,d11（Y/△—11）两台变压器并联运行为例，分析其效果。由于两台变压器的一次侧并联在同一电源上，所以一次侧的线电压相同。二次侧的线电动势决定于变压器的连接组标号，这时两台变压器的二次侧线电动势大小相等，但相位互差 30°，其相量图如图 8-25 所示。

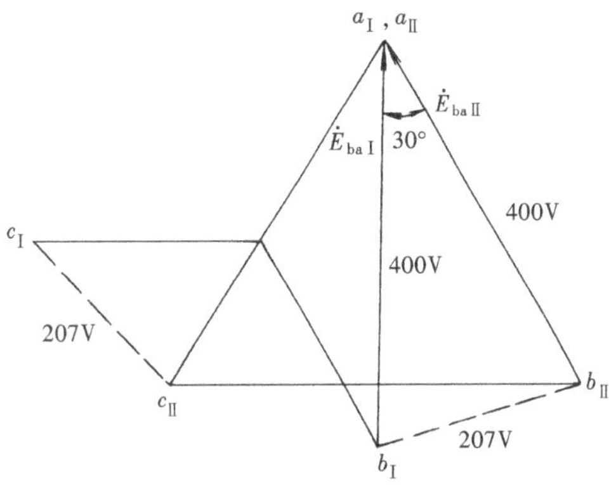

图 8-25 Y，y0 和 Y，d11 两台变压器一次侧并联后二次侧电动势相量图

图中 $E_{\rm uv I}=E_{\rm uv II}=E_{\rm uv}$ 是两台变压器二次侧的线电动势，从图中可知，当 $u_{\rm I}$ 与 $u_{\rm II}$ 连接后，$v_{\rm I}$ 和 $v_{\rm II}$ 以及 $w_{\rm I}$ 和 $w_{\rm II}$ 之间便有相位差电动势 $\Delta\dot{E}=|\dot{E}_{\rm uv I}-\dot{E}_{\rm uv II}|$，$\Delta E=2E_{\rm uv}\sin15°=0.518E_{\rm uv}$。若 $E_{\rm uv}=400$V，则 $\Delta E=207$V。若将 $v_{\rm I}$ 和 $v_{\rm II}$ 以及 $w_{\rm I}$ 和 $w_{\rm II}$ 连接起来，变压器二次侧绕组通过母线形成回路，在相位差电动势 $\Delta\dot{E}$ 作用下变压器绕组中将产生出很大的循环电流，可能将变压器烧毁。所以连接组标号不同的变压器是绝对不允许并联运行的。

三、变压器的变比不同并联对运行的影响

变压器并联运行时，由于一次侧接到同一个电源母线上，各变压器一次侧电压相等。若它们的变比不相等，则各变压器的二次侧电压不相等。并联运行各变压器的二次侧通过公共母线形成回路，在二次侧电动势差的作用下，将在变压器绕组中产生环流，从而造成各台变压器的电流分配不合理。

现以两台单相变压器为例来说明其效果。设有两台变比不同的变压器并联运行，第一台的变比为 $k_{\rm I}$，第二台的变比为 $k_{\rm II}$，并且假设 $k_{\rm I}<k_{\rm II}$。由于一次侧已并联在一起接到电网，所以它们的一次侧电压相等。

(1) 空载运行时，根据已知的 $k_{\rm I}<k_{\rm II}$，有关系 $E_{\rm I}>E_{\rm II}$，当变压器二次侧的 $u_{\rm I}$ 与 $u_{\rm II}$ 相连时，在 $u_{\rm I}$ 与 $u_{\rm II}$ 之间必有电压差，于是在两台变压器的二次回路中将产生空载循环电流 $\dot{I}_{\rm c}$，同时在两台变压器的一次侧也将出现平衡电流。

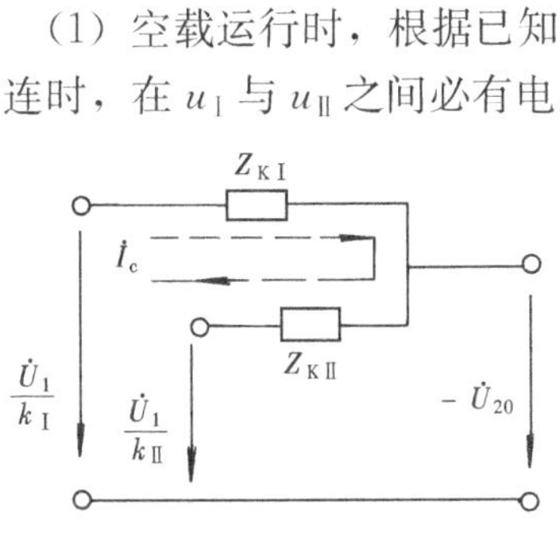

图 8-26 用简化等效电路图分析空载循环电流

为了便于计算，我们采用简化等效电路分析，并且将变压器的一次侧各物理量折算到二次侧，其等效电路图如图 8-26 所示，由于 $k_{\rm I}<k_{\rm II}$，可以得出一次侧电压折算到二次侧的数值 $U_{\rm I}/k_{\rm I}>U_2/k_{\rm II}$，空载循环电流 $\dot{I}_{\rm c}$ 为

$$\dot{I}_{\rm c}=\frac{\dot{U}_1/k_{\rm I}-\dot{U}_2/k_{\rm II}}{Z_{\rm k I}+Z_{\rm k II}} \tag{8-14}$$

$\dot{I}_{\rm c}$ 同时存在于各台变压器的一、二次侧绕组中，两台变压

器二次绕组的循环电流均为$\dot{I}_c$，但对两台变压器一次绕组的相应平衡电流并不相等，由于$k_{\mathrm{I}}<k_{\mathrm{II}}$，第一台变压器的循环电流为$\dot{I}_c/k_{\mathrm{I}}$，第二台变压器的循环电流为$\dot{I}_c/k_{\mathrm{II}}$，所差的电流由电网提供。

由于电力变压器的短路阻抗都比较小，从式（8-14）可以看出，即使变压器的变比相差不大也会产生较大的循环电流。为了保证变压器并联运行时空载循环电流不超过额定电流的10%，规定并联运行变压器的变比差值$\Delta k=\dfrac{k_{\mathrm{I}}-k_{\mathrm{II}}}{\sqrt{k_{\mathrm{I}}k_{\mathrm{II}}}}\times 100\%$应小于1%。

（2）变压器负载运行时，参考图8-26可得

$$\left.\begin{aligned}\dot{I}_{\mathrm{I}}&=\frac{-\dot{U}_1/k_{\mathrm{I}}-\dot{U}_2}{Z_{\mathrm{kI}}}\\\dot{I}_{\mathrm{II}}&=\frac{-\dot{U}_{\mathrm{I}}/k_{\mathrm{II}}-\dot{U}_2}{Z_{\mathrm{kII}}}\\\dot{I}&=\dot{I}_{\mathrm{I}}+\dot{I}_{\mathrm{II}}\end{aligned}\right\}\tag{8-15}$$

解此联立方程式可得两变压器二次侧的电流为

$$\left.\begin{aligned}\dot{I}_{\mathrm{I}}&=\frac{Z_{\mathrm{kII}}}{Z_{\mathrm{kI}}+Z_{\mathrm{kII}}}\dot{I}-\frac{\dot{U}_1/k_{\mathrm{I}}-\dot{U}_1/k_{\mathrm{II}}}{Z_{\mathrm{kI}}+Z_{\mathrm{kII}}}=\dot{I}_{\mathrm{IL}}-\dot{I}_c\\\dot{I}_{\mathrm{II}}&=\frac{Z_{\mathrm{kI}}}{Z_{\mathrm{kI}}+Z_{\mathrm{kII}}}\dot{I}+\frac{\dot{U}_1/k_{\mathrm{I}}-\dot{U}_1/k_{\mathrm{II}}}{Z_{\mathrm{kI}}+Z_{\mathrm{kII}}}=\dot{I}_{\mathrm{IIL}}+\dot{I}_c\end{aligned}\right\}\tag{8-16}$$

可见，负载运行时，每台变压器的负载电流都由负载分量和循环电流两部分组成。其中循环电流是由于变比不同引起的，对变比小的变压器为$-\dot{I}_c$，对变比大的变压器为$\dot{I}_c$。二者大小相等，方向相反，表明两变压器的二次侧循环电流是由一台变压器流向另一台变压器的。两变压器的负载分量按变压器的短路阻抗成反比分配，与总负载电流成正比。

四、短路阻抗标么值不相等并联对变压器运行的影响

几台变压器并联运行时，它们之间的负载分配与变压器短路阻抗标么值有关。仍以两台变压器并联运行为例，来分析它们之间的负载分配。

设有两台变压器并联运行，并设连接组标号相同、变比相等。其二次侧折算到一次侧的简化等效电路相量图，如图8-27所示。

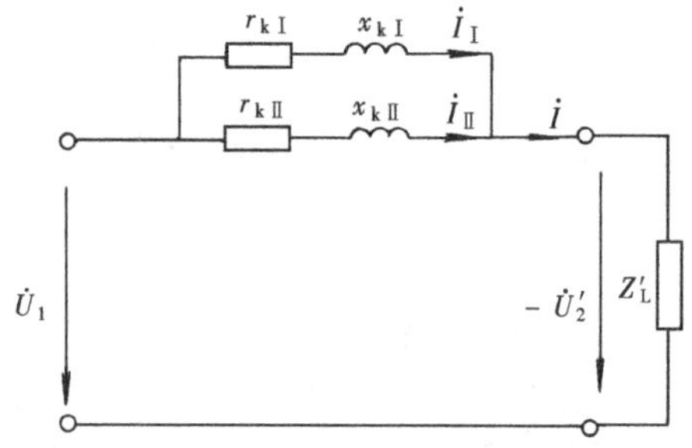

图8-27 并联运行时的等效电路

由等效电路图可知，并联的各台变压器短路阻抗电压降是相等的，即

$$\dot{I}_{\mathrm{I}}Z_{\mathrm{kI}}=\dot{I}_{\mathrm{II}}Z_{\mathrm{kII}}\tag{8-17}$$

式中 Z_{kI}、Z_{kII}——折算到一次侧的各台变压器短路阻抗。

由式（8-17）可得

$$\frac{\dot{I}_{\mathrm{I}}}{\dot{I}_{\mathrm{II}}}=\frac{Z_{\mathrm{kII}}}{Z_{\mathrm{kI}}} \tag{8-18}$$

普通的电力变压器，对短路阻抗 Z_k 中 r_k 和 x_k 的比值很接近，即阻抗角相差不大。则各变压器的电流相位基本相同，则式（8-18）可用绝对值代替，因此有

$$\frac{I_{\mathrm{I}}}{I_{\mathrm{II}}}=\frac{Z_{\mathrm{kII}}}{Z_{\mathrm{kI}}} \tag{8-19}$$

由式（8-19）可推得

$$\frac{I_{\mathrm{I}}/I_{\mathrm{IN}}}{I_{\mathrm{II}}/I_{\mathrm{IIN}}}=\frac{Z_{\mathrm{kII}}/I_{\mathrm{IN}}}{Z_{\mathrm{kI}}/I_{\mathrm{IIN}}}=\frac{Z_{\mathrm{kII}}\,I_{\mathrm{IIN}}/U_{\mathrm{N}}}{Z_{\mathrm{kI}}\,I_{\mathrm{IN}}/U_{\mathrm{N}}} \tag{8-20}$$

在式（8-20）中，因为是并联运行，所以 $U_{\mathrm{IN}}=U_{\mathrm{IIN}}=U_{\mathrm{N}}$。

令 $\frac{I_{\mathrm{I}}}{I_{\mathrm{IN}}}=\beta_{\mathrm{I}}$，$\frac{I_{\mathrm{II}}}{I_{\mathrm{IIN}}}=\beta_{\mathrm{II}}$，分别称为各变压器的负载系数。式（8-20）可表示为

$$\frac{\beta_{\mathrm{I}}}{\beta_{\mathrm{II}}}=\frac{\dfrac{Z_{\mathrm{kII}}\,I_{\mathrm{II}}}{U_{\mathrm{IIN}}}}{\dfrac{Z_{\mathrm{kI}}\,I_{\mathrm{IN}}}{U_{\mathrm{IN}}}}=\frac{Z_{\mathrm{kII}}^{*}}{Z_{\mathrm{kI}}^{*}}=\frac{1}{Z_{\mathrm{kI}}^{*}}:\frac{1}{Z_{\mathrm{kII}}^{*}} \tag{8-21}$$

由式（8-20）可知，并联运行时各台变压器所承担负载的多少与变压器短路阻抗有关。若为多台变压器并联运行，则有

$$\beta_{\mathrm{I}}:\beta_{\mathrm{II}}:\beta_{\mathrm{III}}\cdots=\frac{1}{Z_{\mathrm{kI}}^{*}}:\frac{1}{Z_{\mathrm{kII}}^{*}}:\frac{1}{Z_{\mathrm{kIII}}^{*}}\cdots$$

又因

$$\beta_{\mathrm{I}}=\frac{I_{\mathrm{I}}}{I_{\mathrm{IN}}}=I_{\mathrm{I}}^{*}=S_{\mathrm{I}}^{*}$$

$$\beta_{\mathrm{II}}=\frac{I_{\mathrm{II}}}{I_{\mathrm{IIN}}}=I_{\mathrm{II}}^{*}=S_{\mathrm{II}}^{*}$$

所以可以得出如下结论：

（1）并联运行的变压器，短路阻抗标么值相等时，当一台变压器达到满载时，其它并联运行的变压器也同时达到满载，这是并联运行的理想效果。

（2）并联运行的变压器，短阻抗标么值不同时会造成负载分配不均匀，即短路阻抗标么值小的变压器先达到满载。为了使所有并联运行的变压器都不过载，必须减少变压器的总负载功率。从运行的角度看，若并联运行的各台变压器短路阻抗标么值不同，一般希望大容量的变压器尽可能满载运行，其短路阻抗标么值宜比其它变压器小些。实际运行中，为了使并联运行变压器的容量充分利用，规定并联运行的任何一台变压器的短路阻抗标么值应不超过平均值的10%。

（3）在分析时，可以近似认为各变压器短路阻抗角相等，电流同相位，总负载电流是各台变压器电流的算术和。为了使并联运行的变压器容量能充分利用，并联运行的变压器短路阻抗角应尽量相等。由于变压器的容量愈大短路阻抗角愈大，所以并联运行变压器的容量不能相差太大。通常，要求最大容量与最小容量之比不应超过3∶1。由于实际运行变压器的容量比已满足短路阻抗角基本相等的要求，则在进行负载分配计算时，各变压器的短路阻抗可不用复数形式而取用绝对值。

【例8-1】 两台变压器并联运行，第一台数据为：$S_{\mathrm{NI}}=1800\mathrm{kVA}$，Y，d11连接，

$U_{\mathrm{I N}}/U_{2N}=35/10\mathrm{kV}$，$u_{k\mathrm{I}}=8.25\%$。第二台数据为：$S_N=1000\mathrm{kVA}$，Y，d11 连接，$U_{1N}/U_{2N}=35/10\mathrm{kV}$，$u_{k\mathrm{II}}=6.75\%$。求：

(1) 总负载为 2800kVA 时每台变压器的负载是多少?

(2) 不使任何一台变压器过载时，变压器最大能够提供多大负载?

解 根据已知条件，两台变压器采用三角形连接，二次侧的每相额定电流：

根据变压器负载分配关系有

$$\frac{\beta_{\mathrm{I}}}{\beta_{\mathrm{II}}}=\frac{u_{k\mathrm{II}}}{u_{k\mathrm{I}}}=\frac{6.75}{8.25}=\frac{S_{\mathrm{I}}^*}{S_{\mathrm{II}}^*}$$

由负荷系数定义可得

$$\frac{S_{\mathrm{I}}}{S_{\mathrm{II}}}=\frac{\beta_{\mathrm{I}}S_{\mathrm{I N}}}{\beta_{\mathrm{II}}S_{\mathrm{II N}}}=\frac{6.75}{8.25}\times\frac{1800}{1000}=\frac{12150}{8250}$$

据已知条件 $S_{\mathrm{I}}+S_{\mathrm{II}}=2800$

则可解得

$$S_{\mathrm{I}}=1667\ (\mathrm{kVA})$$

$$S_{\mathrm{II}}=1132\ (\mathrm{kVA})$$

可见第一台变压器为欠负荷运行，第二台变压器为过负荷运行。

(3) 由于阻抗电压小的变压器先满载，为使任一台变压器不过载，应取 $S_{\mathrm{II}}^*=1$。按负荷分配关系式可得

$$S_{\mathrm{I}}^*=\frac{u_{k\mathrm{II}}}{u_{k\mathrm{I}}}S_{\mathrm{II}}^*=\frac{6.75}{8.25}\times1=0.82$$

$$S_{\mathrm{I}}=S_{\mathrm{I}}^*S_{\mathrm{I N}}=0.82\times1800=1473\ (\mathrm{kVA})$$

$$S_{\mathrm{II}}=1000\ (\mathrm{kVA})$$

不使任何一台变压器过载，总负载功率为

$$S_{\mathrm{I}}+S_{\mathrm{II}}=1473+1000=2473\ (\mathrm{kVA})$$

*第六节 变压器的瞬变过程

变压器在运行过程中，从一种稳态运行状态过渡到另一种稳态运行状态的过程称为瞬变过程。

在瞬变过程中，由于变压器内电场和磁场的能量发生了突然的变化，可能使变压器的绕组内的电流或电压超过额定值许多倍，产生过电流或过电压的现象。例如变压器空载合闸、二次侧突然短路、输电线路遭雷击等。虽然瞬变过程时间不长，但却会给变压器带来很大的危险，可能使变压器遭到破坏。因此，对瞬变过程问题进行分析研究，找出其变化规律和防范的方法是十分必要的。

一、变压器的空载合闸

变压器的二次侧开路，将变压器的一次侧接到电源上，称为空载投入（空载合闸）。变压器在稳态时，空载电流只占额定电流很小的一部分，约为 1%～8%的额定电流。但在空载合闸的瞬间，产生的空载电流比稳态空载电流大很多倍。有可能出现很大的冲击电流，也就是工程上所说的励磁涌流。

现以单相双绕组变压器为例分析空载投入的过电流现象。图 8-28 所示为一单相双绕组变压器，其二次侧绕组开路。设电源电压随时间按正弦规律变化，表达式为

$$u_1=\sqrt{2}U_1\sin(\omega t+\alpha)=U_{1m}\sin(\omega t+\alpha) \tag{8-22}$$

式中 U_{1m}——电压的最大值；

α——合闸时电压的初相位。

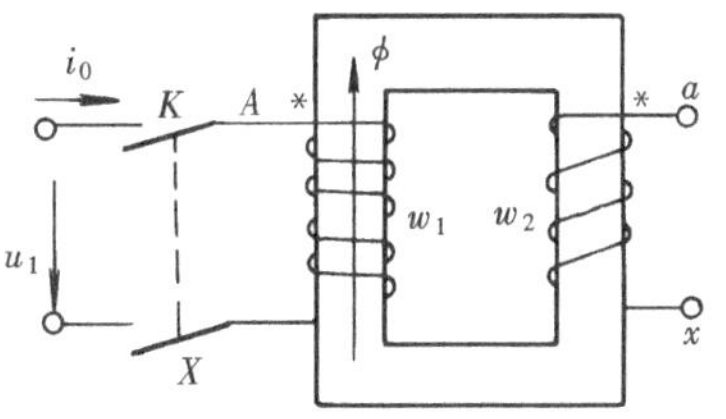

图 8-28 变压器空载合闸

合闸时变压器一次侧回路的电动势方程式为

$$u_1=U_{1m}\sin(\omega t+\alpha)=i_0r_1+w_1\frac{d\Phi}{dt} \tag{8-23}$$

式中 i_0——空载合闸电流；

r_1——一次侧绕组的电阻；

w_1——一次侧绕组的匝数；

Φ——与一次侧绕组交链的总磁通。

由电路的基本定律可将式（8-23）写成：

$$w_1\frac{d\Phi}{dt}+w_1\frac{r_1}{L_1}\Phi=U_{1m}\sin(\omega t+\alpha) \tag{8-24}$$

式中 L_1——变压器一次侧绕组的总电感，$L_1=\frac{w_1\Phi}{i_0}$。

由于变压器的铁心存在饱和现象，总电感 L_1 不是常数，式（8-24）是一个非线性微分方程，解此微分方程较困难。为了求解，需要对方程作线性化处理。因为$\frac{r_1}{L_1}\Phi\ll\frac{d\Phi}{dt}$，设在整个瞬变过程中铁心的饱和程度不变，将 L_1 近似看作常数，这样便可将式（8-24）视为一常系数的微分方程。它的解由两部分组成，一部分为稳态分量 Φ'，另一部分为暂态分量 Φ''。即

$$\Phi=\Phi'+\Phi''=\frac{U_{1m}}{w_1\sqrt{\omega^2+\left(\frac{r_1}{L_1}\right)^2}}\sin(\omega t+\alpha-\varphi_0)+Ce^{-\frac{r_1}{L_1}t}$$

$$=\Phi_m\sin(\omega t+\alpha-\varphi_0)+Ce^{-\frac{r_1}{L_1}t} \tag{8-25}$$

由于 $r_1\ll\omega L_1$，Φ 的值为

$$\Phi_m=\frac{U_{1m}}{w_1\sqrt{\omega^2+\left(\frac{r_1}{L_1}\right)^2}}\approx\frac{\sqrt{2}U_1}{w_1\cdot\omega}=\frac{U_1}{4.44fw_1}$$

式中 Φ_m——磁通稳态分量的幅值。

由于 $r_1\ll\omega L_1$，φ_0 值为

$$\varphi_0=tg^{-1}\frac{\omega L_1}{r_1}\approx\frac{\pi}{2} \tag{8-26}$$

式中 φ_0——磁通与电源电压的相位差；

C——待定积分常数。

由式（8-25）可知在瞬变过程中磁通有两个分量，其中的稳态分量为

$$\Phi'=\Phi_m\sin\left(\omega t+\alpha-\frac{\pi}{2}\right)=-\Phi_m\cos(\omega t+\alpha) \tag{8-27}$$

式（8-27）表明，稳态分量 Φ' 随时间以正弦规律做周期性的变化，因此也被称为周期分量。它的幅值 Φ_m 与 L_1 有关，即与铁心的饱和程度有关。

其中的暂态分量为

$$\Phi''=Ce^{-\frac{r_1}{L_1}t} \tag{8-28}$$

待定积分常数 C 可以根据起始条件来确定，设变压器合闸时，铁心中无剩磁，即 $t=0$ 时，$\Phi=0$。将此条件代入式（8-25），有

$$\Phi=\Phi_m\sin\left(\alpha-\frac{\pi}{2}\right)+C=0$$

$$C=-\Phi_m\sin\left(\alpha-\frac{\pi}{2}\right)=\Phi_m\cos\alpha \tag{8-29}$$

则

$$\Phi''=\Phi_m\cos\alpha\cdot e^{-\frac{r_1}{L_1}t} \tag{8-30}$$

式（8-30）表明，暂态分量 Φ'' 随时间按指数规律衰减，因此也被称为非周期分量。还可以看出，衰减的快慢与 r_1/L_1 有关，r_1/L_1 愈大，衰减的愈快。由以上分析所得空载投入瞬变过程中磁通的解析式为

$$\Phi=-\Phi_m\cos(\omega t+\alpha)+\Phi_m\cos\alpha\cdot e^{-\frac{r_1}{L_1}t} \tag{8-31}$$

下面对磁通 Φ 进行讨论。

（1）合闸时 $\alpha=\frac{\pi}{2}$，在这种情况下磁通 Φ 为

$$\Phi=-\Phi_m\cos\left(\omega t+\frac{\pi}{2}\right)+\Phi_m\cos\frac{\pi}{2}e^{-\frac{r_1}{L_1}t}=\Phi_m\sin\omega t \tag{8-32}$$

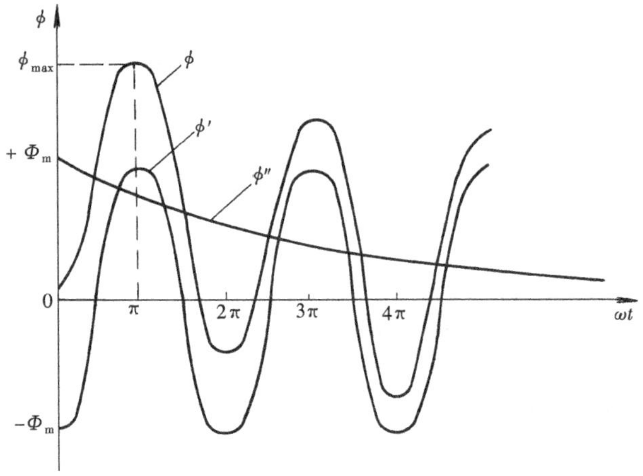

图 8-29 $\alpha=0$ 时 $\phi=f(\omega t)$ 曲线

在此种情况下，没有瞬变过程，变压器投入电源后直接进入稳态运行。

（2）合闸时 $\alpha=0$，在这种情况下磁通 Φ 为

$$\Phi = -\Phi_m \cos\omega t + \Phi_m e^{-\frac{r_1}{L_1}t} \tag{8-33}$$

由式（8-33）画出当 $\alpha=0$ 时磁通变化的曲线，如图 8-29 所示。由曲线可以看出，当 $\omega t=\pi$ 时，也就是 $f=50\text{Hz}$，合闸后经过 $t=0.01\text{s}$ 时，磁通达到最大值，不考虑衰减的影响，$\Phi=2\Phi_m$。若变压器的铁心中有剩磁时，磁通会更大。

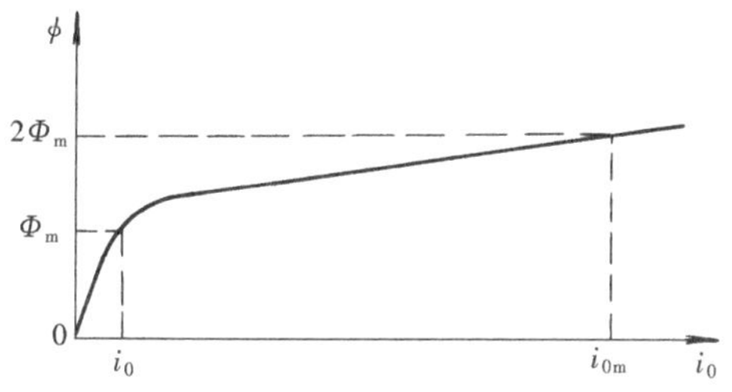

图 8-30　空载合闸电流与磁通的关系

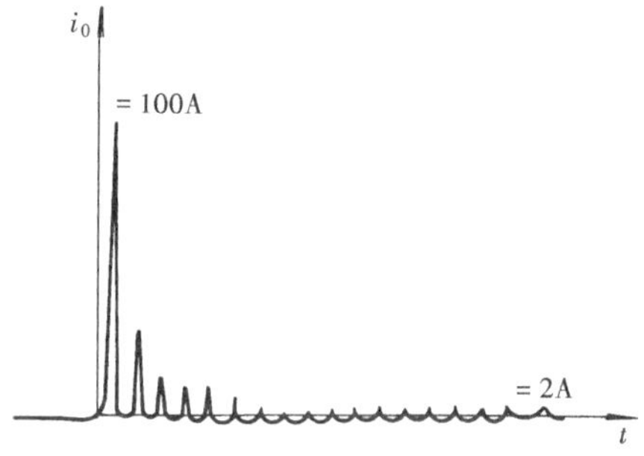

图 8-31　空载合闸电流的波形图

变压器正常运行时，一次侧电压为额定电压 U_{1N}，对应的磁通 Φ_m，此时磁路已工作在饱和区，如图 8-30 所示的 Φ_m 点，所需的空载电流为 i_0。在空载 $\alpha=0$ 时合闸，且合闸后经 $\omega t=\pi$ 时，瞬变过程中磁通可达为 2 倍的 Φ_m。此时，由于铁心严重饱合，按图 8-30 所示曲线可知，磁通达 $2\Phi_m$ 需要的励磁电流很大，约为正常空载电流的 70～90 倍，即 $i_{0max}=(70\sim90)i_0$ 或 $i_{0max}\approx(4\sim6)I_N$。

由于暂态分量是衰减的，随着时间的推移，其暂态分量趋向为零，只留下稳态分量，达到正常的空载电流值，空载电流的变化波形图如图 8-31 所示。波形似一涌浪，故称为励磁涌流。衰减的快慢取决于时间常数 $T_1=\dfrac{L_1}{r_1}$，小型变压器由于电阻相对较大，衰减的快，大型变压器衰减的慢些。

空载合闸电流比正常的空载电流大几十倍，可达额定电流的几倍，但由于时间很短，对变压器不会造成什么危害。当衰减时间较长时，可能会引起变压器保护装置的误动作。为了防止这种现象的出现，可以在变压器合闸时，在一次侧串一个附加电阻，一是可以减少励磁涌流；二是可以加快衰减速度；合闸完毕后，再将该电阻切除。

以上是以单相变压器为例进行分析的，所得结论对三相变压器也适用。需要指出的是：对三相变压器，由于三相电压彼此相差 120°，合闸时三相的 α 角不同，则三相的励磁涌流不同，但总有一相的 α 角接近于零，故总有一相的合闸电流会很大。

二、变压器二次侧突然短路

变压器的一次侧接在电源上，二次侧的出线端突然短路，短路后出现的瞬变过程，称为变压器的二次侧突然短路。

1. 变压器二次侧突然短路时产生的电流

变压器稳态短路时，由于变压器的短路阻抗较小，产生的稳态短路电流为 10～20 倍的额定电流。但当变压器二次侧发生突然短路时，产生的短路电流将更大，会使变压器损坏。

由于空载电流比突然短路电流相对很小，完全可以忽略空载电流，采用变压器简化等效电路来分析二次侧突然短路时的运行状况，如图 8-32 所示。图中变压器的短路电阻 r_k 和短

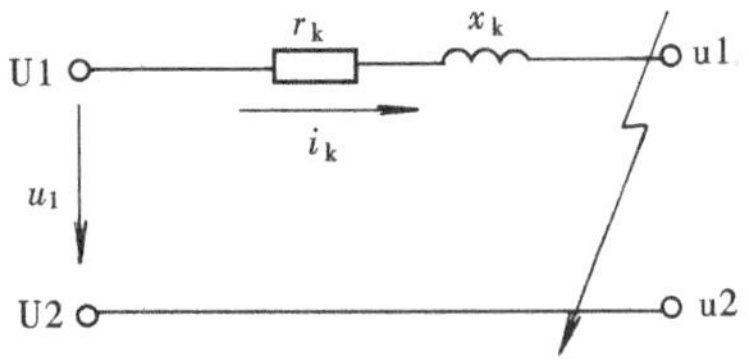

图 8-32　变压器二次侧产生短路时的等效电路

路电抗 $x_k=\omega L_k$ 均为常数。

设电网电压为 $u_1=U_{1m}\sin(\omega t+\alpha)$，并假定电网容量很大，短路电流不会引起电网电压的下降。可写出由图 8-32 所示回路中的电压平衡关系式为

$$u_1=i_k r_k+L_k\frac{di_k}{dt}=U_{1m}\sin(\omega t+\alpha) \tag{8-34}$$

$$L_k=\frac{x_k}{\omega}$$

式中　i_k——突然短路电流；

r_k——变压器短路电阻；

L_k——变压器短路电感。

解此常系数微分方程式，得

$$\begin{aligned} i_k=i'_k+i''_k&=\frac{U_{1m}}{\sqrt{r_k^2+(\omega L_k)^2}}\sin(\omega t+\alpha-\varphi_k)+Ce^{-\frac{r_k}{L_k}t} \\ &=I_{km}\sin(\omega t+\alpha-\varphi_k)+Ce^{-\frac{r_k}{L_k}t} \end{aligned} \tag{8-35}$$

式中　I_{km}——稳态短路电流的最大值，$I_{km}=\sqrt{2}I_k$；

φ_k——短路电流与电网电压的相位差，$\varphi_k=\text{tg}^{-1}\frac{\omega L_k}{r_k}$。由于 $\omega L_k\gg r_k$，所以 $\varphi_k\approx\frac{\pi}{2}$；

C——待定积分常数。

由式（8-35）可以看出，突然短路电流由两个部分组成。一部分为稳态分量 $i'_k=\sqrt{2}I_k\sin(\omega t+\alpha-\varphi_k)$，它随时间按正弦规律变化，也称为周期分量，$I_k$ 为稳态短路电流有效值。另一部分为暂态分量 $i''_k=Ce^{-\frac{r_k}{L_k}t}$，它随时间按指数规律衰减，衰减的快慢与$\frac{r_k}{L_k}$的大小有关。

待定积分常数 C 可由初始条件确定。如果突然短路前变压器是空载，初始条件为 $t=0$，$i_k=0$。变压器如果带负载，虽然短路前变压器绕组中有电流，但与短路电流相比要小的多，也可以忽略不计，初始条件仍可以为 $t=0$，$i_k=0$。将初始条件及 $\varphi_k=90°$代入式（8-35）可得

$$C=-\frac{U_{1m}}{\sqrt{r_k^2+(\omega L_k)^2}}\sin(\alpha-\varphi_k)=\sqrt{2}I_k\cos\alpha \tag{8-36}$$

由此可得

$$i_k=i'_k+i''_k=-\sqrt{2}I_k\cos(\omega t+\alpha)+\sqrt{2}I_k\cos\alpha e^{-\frac{r_k}{L_k}t} \tag{8-37}$$

式（8-37）表明，突然短路电流的大小与电压 u_1 和短路时初相位角 α 有关。下面分析两种极端情况：

（1）当 $\alpha=\frac{\pi}{2}$时发生突然短路。这时暂态分量为零，短路电流为

$$i_k=\sqrt{2}I_k\sin\omega t \tag{8-38}$$

表明此时变压器无瞬变过程，突然短路一发生就直接进入稳态状态，与稳态短路相同，短路电流最小。

（2）当 $\alpha=0$ 时发生突然短路，这时短路电流为

$$i_{k}=-\sqrt{2}I_{k}\cos\omega t+\sqrt{2}I_{k}e^{-\frac{r_{k}}{L_{k}}t} \tag{8-39}$$

由式（8-39）可画出如图 8-33 所示的短路电流曲线图。

从图中可以看出，当 $\omega t=\pi$ 时，短路电流瞬时值为最大。即

$$i_{kmax}=\sqrt{2}I_{k}+\sqrt{2}I_{k}e^{-\frac{r_{k}}{L_{k}}\times\frac{\pi}{\omega}}=k_{y}\sqrt{2}I_{k} \tag{8-40}$$

$$k_{y}=1+e^{-\frac{r_{k}}{L_{k}}\times\frac{\pi}{\omega}}$$

式中　k_y——突然短路电流最大值与稳态短路电流最大值之比。

由式（8-40）可看出，k_y 的大小与 $\frac{r_k}{L_k}$ 有关，变压器容量愈大，$\frac{r_k}{L_k}$ 愈小，k_y 愈大。

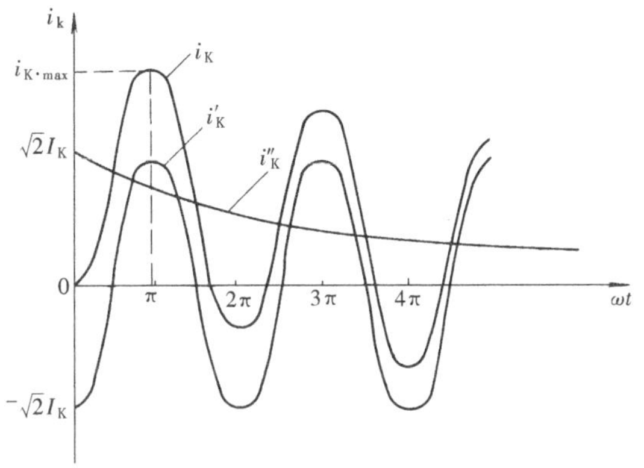

图 8-33　$\alpha=0$ 时 $f=(\omega t)$ 曲线

突然短路电流的标幺值为

$$i_{kmax}^{*}=\frac{i_{kmax}}{\sqrt{2}I_{1N}}=k_{y}\frac{I_{k}}{I_{1N}}=k_{y}\frac{U_{1N}/Z_{k}}{I_{1N}}=k_{y}\frac{1}{Z_{k}^{*}}$$

对于电力变压器，一般 $Z_k^*=0.06$，$k_y\approx1.5$ 左右，则 i_{kmax}^* 约为额定电流幅值的 25 倍，由此可见突然短路电流是很大的，会损坏变压器，因此要对变压器采取防止短路的保护措施。

对三相变压器而言，短路时三相的电压初相角 α 不同，但总会有某一相的初相位角 α 接近于零，则这一相的短路电流会很大。

从限制短路电流角度来说，变压器的短路阻抗的标幺值大一些好，但这会使变压器的电压变化率变大。

2. 突然短路电流对变压器的影响

（1）突然短路时变压器的绕组上受到很大的电磁力作用。

我们知道，载流导体在磁场中将受到磁场对它产生的作用力。在变压器运行中，绕组中的电流与漏磁场相互作用在绕组的导线上产生电磁力。当电流增大时，漏磁场也增大，所以变压器绕组导线上的电磁力近似与电流的平方成正比。变压器在额定负载状态下运行时，绕组导线上产生的电磁力很小。但在突然短路时，若突然短路电流增大为额定电流的 25 倍左右，则产生的电磁力比额定工况运行时增大至 625 倍左右，将使变压器的绕组遭到破坏。

（2）当变压器发生突然短路时，由于突然短路电流大约是额定电流的 25 倍，因为铜损耗与电流的平方成正比，所以在变压器的绕组上产生的铜耗为额定电流时的几百倍，将产生大量的热量，使变压器的温度迅速上升，若短时间内变压器不退出运行，将有被烧毁的可能。

综上所述，变压器若发生二次侧突然短路，对变压器的危害很大。因此，在变压器的设计、制造时，必须采取增强变压器自身机械强度的措施；在运行中，也要采取一定的保护措施，防止突然短路对变压器造成的危害。

小 结

电力系统采用三相正弦交流电供电方式，因此三相变压器的应用十分广泛。从三相变压器的磁路来说，分为各相磁路彼此无关的三相变压器组和各相磁路彼此相关的三相心式变压器两种类型。根据变压器高压侧与低压侧同名线电压相位不同，可以得到不同的连接组别。不同磁路系统和不同连接组别的变压器对空载电动势波形和零序阻抗影响很大。

有时由于负载的不对称等原因，造成三相变压器的不对称运行。分析不对称运行的方法是对称分量法。即一组不对称三相系统可以分解成为正序、负序、零序三组对称分量的叠加。

为了提高供电的可靠性和电气设备的利用率，现代的变电站采用多台变压器并联运行方式。要得到理想的并联运行状态，并联运行的各台变压器必须满足连接组标号相同、变比相等、短路阻抗标么值相等的并联运行条件。

在实际工作中，为使变压器进入电网运行，变压器要经常进行合闸操作；由于变压器是通过线路连接发电厂和用户，因此运行中的变压器以及线路都有发生突然短路的可能，这样就会发生变压器的瞬变过程。在空载合闸时，将会产生励磁涌流的现象，虽然不会损坏变压器，但有可能使保护误动作，给变压器合闸带来麻烦；而突然短路事故的发生，若保护不当，则将损坏变压器。分析表明励磁涌流和突然短路都是在电压初相角 $\alpha=0$ 时发生最为严重。

习 题

1. 为什么变压器的励磁电流中需要有三次谐波分量？如果励磁电流中没有三次谐波分量，对每相绕组的电动势有何影响？

2. 绕在同一铁心上的一次侧、二次侧绕组的电动势在什么情况下相位相同？什么情况下相位相反？

3. 根据下列连接组标号按相量图画出接线图。

(1) Y,y2； (2) Y,y10； (3) Y,d7； (4) Y,d5。

4. 为什么小型电力变压器一般接成,Y,yn(Y/y0)？大型电力变压器一般接成 Y,d(Y/△)？

5. 试述变压器正序、负序、零序阻抗的物理意义？其大小与什么有关？

6. 变压器理想并联运行的条件是什么？条件不满足会产生什么后果？

7. 变压器如果磁路不饱和，其空载合闸电流的最大值应是稳态值的多少倍？

8. 变压器在什么情况下突然短路电流最大？约为额定电流的多少倍？对变压器有何影响？已知变压器的$\frac{L_k}{r_k}=6$，试问变压器的突然短路过渡过程有多长？[答案：约 25s]

9. 变压器的突然短路电流与短路阻抗 Z_k 有什么关系？大容量变压器的短路阻抗 Z_k 为什么要设计得大些？

10. 三相变压器组为什么不宜采用 Y,yn 连接方式？

11. 比较变压器中的三次谐波磁通和零序磁通的异同点。

12. 图 8-34 中，已知两台变压器的连接组标号，如果在 110kV 母线和 400V 母线间再接一台变压器（如虚线示），问该变压器的连接组号？

13. 某变电站两台变压器并联运行，连接组均为 Y，d11。已知，变压器Ⅰ：$S_N=3200$（kVA），$U_{1N}/U_{2N}=35/6.3$（kV），$u_k=6.9$（%）；变压器Ⅱ：$S_N=5600$（kVA），$U_{1N}/U_{2N}=35/6.3$（kV），$u_k=7.5$（%）。

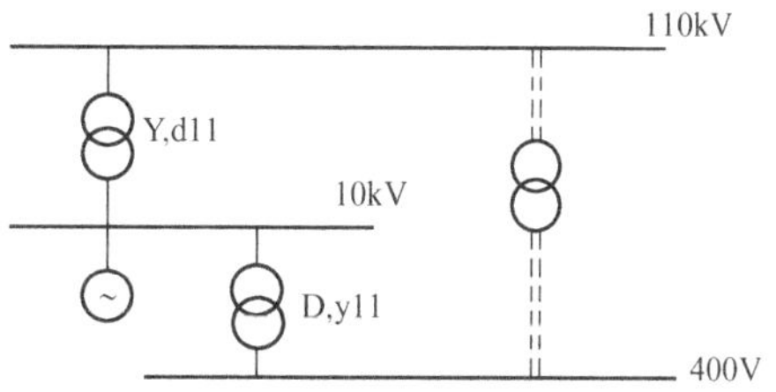

图 8-34　12 题图

求：（1）输出总负载为 8000（kVA）时，每台变压器的负载各是多少？

［答案］3065kVA；4935kVA。

（2）不允许任何一台变压器过载运行，输出的最大总负载是多少？

［答案］8352kVA。

14. 一台三相变压器，已知：额定容量 $S_N=60000$kVA，额定电压 $U_{1N}/U_{2N}=220/11$kV，连接组标号为 Y，d11，$r_k^*=0.008$，$x_k^*=0.072$。

求：（1）高压侧的稳态短路电流及其为额定电流的倍数；

［答案］2173.6A；13.8 倍。

（2）在 $\alpha=0$ 时发生突然短路，最大的短路电流瞬时值是多少？

［答案］5240A。

15. Y，d 连接的三相变压器，一次侧加对称额定电压，二次侧 u 相短路，$I_k=20$A，变压器的变比 $K=2$，求一次侧电流。

［答案］$I_u=\frac{20}{3}$A；$I_v=\frac{-20}{6}$A；$I_c=\frac{-20}{6}$A。

第九章　其他类型的变压器

电力系统中除广泛采用双绕组变压器以外，在工矿企业中为适应某些需要也采用一些特殊的变压器。如自耦变压器、三绕组变压器等。这些特殊变压器的基本原理和分析方法与双绕组变压器是相同的，但是又各有自己的特点，下面对常见的特殊变压器进行讨论分析。

第一节　自 耦 变 压 器

一、自耦变压器的结构特点

普通变压器的一次侧与二次侧之间只有磁的联系，没有电的直接联系。一台一次侧匝数为 w_1、额定电压 U_{1N}、额定电流 I_{1N}，二次侧匝数为 w_2、额定电压 U_{2N}、额定电流 I_{2N} 的双绕组变压器，若将一次侧和二次侧两个绕组顺极性串联起来，便构成了一台新变压器的一次侧绕组，而将双绕组变压器其二次侧绕组仍作为新变压器的二次侧绕组，便构成了一台新的降压自耦变压器，如图 9-1 所示。若将自耦变压器低压侧接电源，由高压侧输出电功率，则成为一台升压自耦变压器。

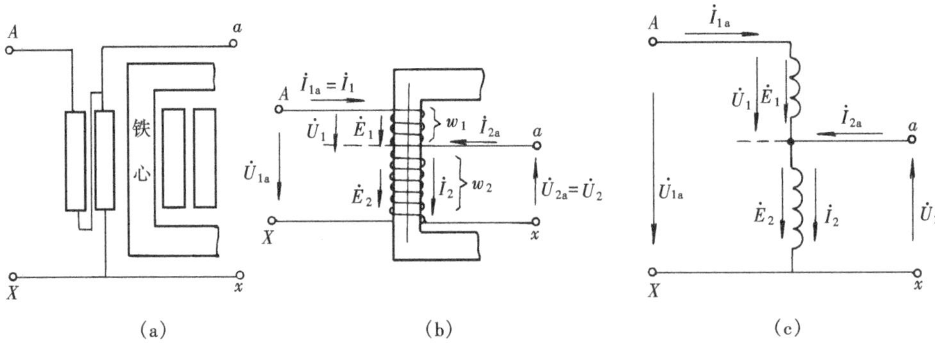

图 9-1　自耦变压器
(a) 接线图；(b) 原理图；(c) 电路图

由上可知，自耦变压器的特点是：变压器一次侧与二次侧之间不仅有磁的联系，而且还有电的直接连接。从本质上看，自耦变压器实际只有一个绕组，其中一个部分是公用的，称为公共绕组，另一部分称为串联绕组。

二、自耦变压器的工作原理

一、二次侧匝数为 w_1、w_2 的双绕组变压器变比为

$$K=\frac{w_1}{w_2}\approx\frac{U_{1N}}{U_{2N}} \tag{9-1}$$

将其变为图 9-1 所示为一台降压自耦变压器时，绕组 ax 部分为公共绕组，绕组 Aa 部分为串联绕组。其变比为

$$K_a=\frac{E_1+E_2}{E_2}=\frac{w_1+w_2}{w_2}=K+1\approx\frac{U_{1a}}{U_{2a}} \tag{9-2}$$

式中　K——双绕组变压器的变比。

（一）自耦变压器的基本方程式

1. 电流关系

自耦变压器的电流关系可由磁动势关系得出，即

$$\dot{F}_{m}=\dot{I}_{1a}w_1+\dot{I}_{2}w_2=\dot{I}_{m}(w_1+w_2) \tag{9-3}$$

从图 9-1 中可以看出

$$\dot{I}_{1a}+\dot{I}_{2a}=\dot{I}_{2} \tag{9-4}$$

为了分析问题方便，可忽略励磁电流 $\dot{I}_{m}$。将式（9-2）、式（9-3）、式（9-4）合并、整理可得

$$\dot{I}_{1a}w_1+(\dot{I}_{1a}+\dot{I}_{2a})w_2=0$$

$$\dot{I}_{1a}(w_1+w_2)=-\dot{I}_{2a}w_2$$

$$\dot{I}_{1a}=-\frac{w_2}{w_1+w_2}\dot{I}_{2a}=-\frac{1}{K_a}\dot{I}_{2a} \tag{9-5}$$

将式（9-5）代入式（9-4）可得

$$\dot{I}_{2}=\left(1-\frac{1}{K_a}\right)\dot{I}_{2a} \tag{9-6}$$

2. 电压关系

如图 9-1 所示，自耦变压器未折算的二次侧回路电压方程式为

$$\dot{U}_{2a}=\dot{E}_2-\dot{I}_2Z_{ax}=\dot{E}_2-\left(1-\frac{1}{K_a}\right)\dot{I}_{2a}Z_{ax} \tag{9-7}$$

式中　Z_{ax}——未经折算的 ax 部分绕组漏阻抗。

并且有关系式

$$\dot{U}_{2a}=\dot{I}_{2a}Z_L \tag{9-8}$$

式中　Z_L——自耦变压器二次侧接的负载阻抗。

将其折算到一次侧为

$$\dot{U}'_{2a}=\dot{I}'_{2a}Z'_L \tag{9-9}$$

自耦变压器一次侧回路电压方程式为

$$\dot{U}_{1a}=-(\dot{E}_1+\dot{E}_2)+\dot{I}_{1a}Z_{Aa}+\dot{I}_2Z_{ax} \tag{9-10}$$

根据图 9-1 所示的电磁关系，将式（9-10）整理可得

$$\dot{U}_{1a}=-\dot{U}'_{2a}+\dot{I}_{1a}Z_{ka} \tag{9-11}$$

$$\dot{U}'_{2a}=K_a\dot{U}_{2a}$$

$$Z_{ka}=Z_{Aa}+(K_a-1)^2Z_{ax}$$

式中 $\dot{U}'_{2a}$——自耦变压器二次侧电压折算到一次侧的值；

Z_{ka}——自耦变压器归算至一次侧的短路阻抗。

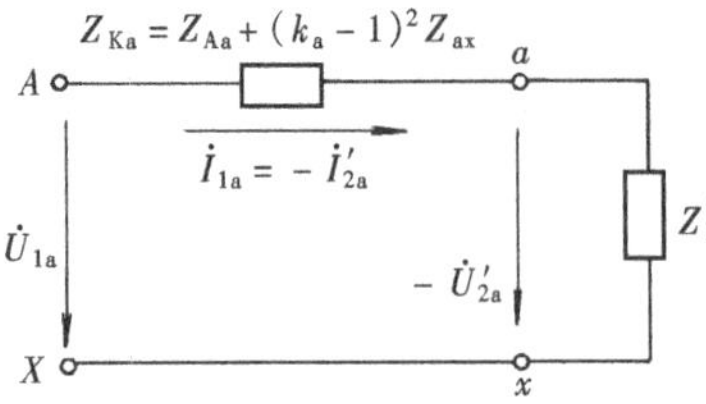

图 9-2 自耦变压器的简化等效电路

3. 自耦变压器的简化等效电路

根据式（9-11）可画出自耦变压器的简化等效电路，如图 9-2 所示，图中 $\dot{U}'_{2a}$、$\dot{I}'_{2a}$、Z'_L 均为折算值。

自耦变压器的短路阻抗为 Z_{ka}，由于 $K_a=K+1$，所以 $Z_{ka}=Z_{Aa}+(K_a-1)^2Z_{ax}=Z_{Aa}+K^2Z_{ax}=Z_k$。这一关系表明，自耦变压器由一次侧测得的短路阻抗与被改接前的双绕组变压器折算至一次侧的短路阻抗的欧姆值是相等的。由于自耦变压器与双绕组变压器的基值不同，它们的标么值是不相等的。自耦变压器的短路阻抗标么值小一些。可以证明

$$Z_{ka}^{*}=\left(1-\frac{1}{K_a}\right)Z_k^{*} \tag{9-12}$$

（二）自耦变压器的容量关系

如图 9-1 所示可知，改接前双绕组变压器的额定容量为

$$S_N=U_{1N}I_{1N}=U_{2N}I_{2N}$$

改接为自耦变压器后，其额定容量（又叫通过容量）与绕组容量（又叫电磁容量）是不相等的。将双绕组变压器变为自耦变压器后，若绕组上的电压和电流不变，则自耦变压器一次侧的额定电压为 $U_{1aN}=U_{1N}+U_{2N}$、额定电流为 $I_{1aN}=I_{1N}$；二次侧的额定电压为 $U_{2aN}=U_{2N}$，额定电流为 I_{2aN}。自耦变压器的额定容量是指总的输出或输入容量，即

$$S_{aN}=U_{1aN}I_{1aN}=U_{2aN}I_{2aN} \tag{9-13}$$

自耦变压器的电磁容量是指绕组的容量，串联绕组 Aa 的电磁容量为

$$S_{Aa}=U_{Aa}I_{1aN}\approx\frac{w_1}{w_1+w_2}U_{1aN}I_{1aN}=\left(1-\frac{1}{K_a}\right)S_{aN} \tag{9-14}$$

公共绕组 ax 的电磁容量为

$$S_{ax}=U_{ax}I_{2N}=\left(1-\frac{1}{K_a}\right)U_{2aN}I_{2aN}=\left(1-\frac{1}{K_a}\right)S_{aN} \tag{9-15}$$

由式（9-13）、式（9-14）、式（9-15）可以看出，串联绕组和公共绕组的电磁容量是相等的，也就是改接前的双绕组变压器的额定容量。但是电磁容量不等于额定容量，由于 $K_a>1$，所以电磁容量小于额定容量。而双绕组变压器的电磁容量与额定容量是相等的。

为什么自耦变压器的电磁容量小于额定容量呢？忽略励磁电流，从式（9-3）可以看出

$$\dot{I}_{1a}w_1+\dot{I}_2w_2\approx0$$

$$\dot{I}_2=-\dot{I}_{1a}\frac{w_1}{w_2} \tag{9-16}$$

式（9-5）表明，一次侧电流 $\dot{I}_{1a}$ 与二次侧电流 $\dot{I}_{2a}$ 相位相反。式（9-16）又表明，$\dot{I}_2$ 与 $\dot{I}_{1a}$ 的相位也是相反的。由此可知，自耦变压器各个电流的瞬时值的关系是：当 $\dot{I}_{1a}$ 与参考方

向相同时，$\dot{I}_{2a}$、$\dot{I}_2$ 均与参考方向相反，则有 $i_{2a}=i_{1a}+i_2$。据此可知，二次侧的输出功率为

$$S_{2a}=U_{2a}I_{2a}=U_{2a}(I_{1a}+I_2)=U_{2a}I_2+U_{2a}I_{1a}=S+S' \tag{9-17}$$

式中　S——自耦变压器的电磁容量，$S=U_{2a}I_2$；

S'——自耦变压器的传导容量，$S'=U_{2a}I_{1a}$。

由式（9-17）可以得出如下结论：自耦变压器的传递容量包括两部分：

（1）电磁容量 $S=U_{2a}I_2=\left(1-\dfrac{1}{K_a}\right)U_{2a}I_{2a}=\left(1-\dfrac{1}{K_a}\right)S_{2a}$，它是通过 Aa 与 ax 两个绕组的电磁感应所传递的功率（相当于双绕组变压器的一次侧、二次侧绕组通过耦合磁场传递的功率）。

（2）传导容量 $S'=U_{2a}I_{1a}=\dfrac{1}{K_a}U_{2a}I_{2a}=\dfrac{1}{K_a}S_{2a}$，它是一次侧通过导线直接传递到二次侧的功率。这正是自耦变压器的优于双绕组变压器的原因所在。

对于相同容量的自耦变压器和双绕组变压器来说，自耦变压器的电磁容量比双绕组变压器的小，此容量为变压器的计算容量。由于自耦变压器的电磁容量小（通常变比 K_a 选在 2 左右），所以自耦变压器与双绕组变压器相比，公共绕组通过的电流小，制造时，绕组的用铜量、硅钢片量都减少，降低了成本。并且减小了变压器的损耗，提高了效率。

三、使用自耦变压器应注意的问题

目前，三相自耦变压器应用广泛，但由于自耦变压器的特殊结构，应注意下列问题：

（1）由于自耦变压器的一次侧与二次侧之间有电路的直接联系，为了防止一次侧出现过电压时，也会直接传递到二次侧，造成危险事故，必须在一次侧、二次侧均加装避雷装置。

（2）由于变压器的短路电流与短路阻抗标么值有关。自耦变压器的短路阻抗标么值比普通变压器的小，产生的短路电流大，所以对自耦变压器短路保护措施的要求比双绕组变压器要高，要有限制短路电流的措施。

（3）在使用三相自耦变压器时，由于一般采用 Y 连接，为了防止产生三次谐波磁通，通常应增加一个三角形连接的附加绕组，以抵消三次谐波。

（4）由于自耦变压器的一次侧与二次侧之间直接有电路联系，为了防止由于一次侧单相接地故障而引起的二次侧的过电压，在电网中运行的自耦变压器，中性点必须可靠接地。

第二节　三绕组变压器

双绕组变压器只能输入一个电压等级的电能和输出一个电压等级的电能，如果要输出两种电压等级的电能，用双绕组变压器，就需要两台变压器工作。在实用中，也可采用一台三绕组的变压器，它有一个输入绕组，两个输出绕组。三绕组变压器的三个绕组在电路上没有直接联系，只有在磁路上相互耦合。

一、三绕组变压器的简介

1. 三绕组变压器的定义

在同一铁心柱上，绕一个一次绕组 1、一个二次绕组 2 和一个三次绕组 3，具有三个电压等级输入、输出端的变压器叫三绕组变压器。

2. 三绕组变压器绕组的排列

三绕组变压器一般采用同心式绕组，铁心为心式结构，每个铁心柱上都套有一次、二次和三次三个绕组。为了绝缘方便、漏磁场分布均匀及漏电抗分配合理，绕组采用下列排列方式：

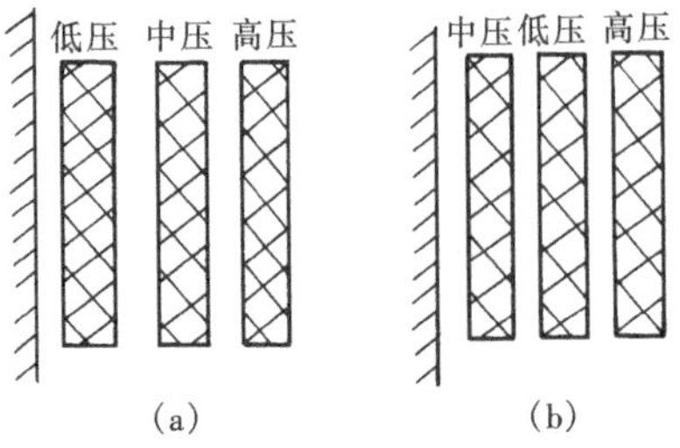

图 9-3 三绕组变压器的绕组布置
(a) 降压变压器；(b) 升压变压器

(1) 降压变压器：低压绕组靠近铁心，中压绕组在中间，高压绕组在最外边。如图 9-3 (a) 所示。

(2) 升压变压器：中压绕组靠近铁心，低压绕组在中间，高压绕组在最外边，如图 9-3 (b) 所示。

3. 三绕组变压器的额定容量

三绕组变压器的三个绕组的容量可以设计得不一样，其额定容量指的是三个绕组中容量最大的一个绕组的容量。根据国家标准规定，三绕组变压器的三个绕组容量的配合见表9-1。

表 9-1　　三个绕组容量的配合

高压绕组	中压绕组	低压绕组	高压绕组	中压绕组	低压绕组
$100\%S_N$	$100\%S_N$	$100\%S_N$	$100\%S_N$	$50\%S_N$	$100\%S_N$
$100\%S_N$	$100\%S_N$	$50\%S_N$			

由于三绕组变压器各绕组的额定容量可能不相等，用标么值计算时，各绕组必须采用相同的容量基值。若采用 S_N 为基值，$50\%S_N$ 绕组的负载功率或电流等于 0.5 时即为满载，不可理解为半载。

4. 三绕组变压器的标准连接组

根据国家标准规定，三相三绕组变压器的标准连接组为

$$YN,yn0,d11 \quad (Y_0/Y_0/\triangle\text{-}12\text{-}11)$$

$$YN,yn0,y0 \quad (Y_0/Y_0/Y\text{-}12\text{-}12)$$

单相三绕组变压器的标准连接组为

$$I,I0,I0 \quad (I/I/I\text{-}12\text{-}12)$$

三个绕组的排列顺序均为从外侧向内高压、中压、低压绕组排列。

5. 三绕组变压器的用途

(1) 变电站利用降压三绕组变压器由一个高压电源进线，向两个电压等级不同的低压网络供电。

(2) 发电厂利用三绕组变压器把发出的电升高为两种不同的电压输送到不同电压等级的电网。

采用一台三绕组变压器代替两台双绕组变压器后，可使设备投资降低，运行经济可靠，所以三绕组变压器在电力工业中得到广泛的应用。

二、三绕组变压器运行原理

以单相三绕组变压器为例，运行原理如图 9-4 所示，由于三相三绕组变压器的三相对称，单相三绕组变压器也可认为是其中的一相。图中各物理量正方向均与双绕组变压器相同。

（一）三绕组变压器的变比

由于三绕组变压器有一个一次侧绕组，两个二次侧绕组。三个绕组之间由一个交变主磁场相联系，所以三绕组变压器的变比为

$$k_{12} = \frac{w_1}{w_2} \tag{9-18}$$

$$k_{13} = \frac{w_1}{w_3} \tag{9-19}$$

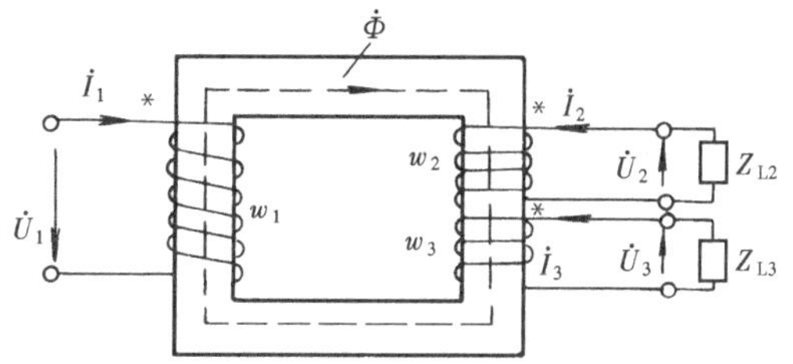

图 9-4　三绕组变压器原理示意图

$$k_{23} = \frac{w_2}{w_3} \tag{9-20}$$

式中　w_1——一次侧绕组的匝数；

w_2、w_3——分别为二次侧、三次侧绕组的匝数。

（二）三绕组变压器的基本方程式

1. 三绕组变压器的磁动势方程式

如图 9-4 所示可知，铁心上有三个绕组，负载运行时，产生三个磁动势，铁心中的磁通由三个磁动势共同产生。根据全电流定律可得磁动势平衡方程式为

$$\dot{F}_1 + \dot{F}_2 + \dot{F}_3 = \dot{F}_m$$

或

$$\dot{I}_1 w_1 + \dot{I}_2 w_2 + \dot{I}_3 w_3 = \dot{I}_m w_1 \tag{9-21}$$

式（9-21）两边除以 w_1，得

$$\dot{I}_1 + \frac{w_2}{w_1}\dot{I}_2 + \frac{w_3}{w_1}\dot{I}_3 = \dot{I}_m$$

或

$$\dot{I}_1 + \dot{I}'_2 + \dot{I}'_3 = \dot{I}_m \tag{9-22}$$

$$\dot{I}'_2 = \frac{\dot{I}_2}{k_{12}}$$

$$\dot{I}'_3 = \frac{\dot{I}_3}{k_{13}}$$

式中　$\dot{I}'_2$ ——二次侧绕组 2 的电流 $\dot{I}_2$ 折算到一次侧的值；

$\dot{I}'_3$ ——二次侧绕组 3 的电流 $\dot{I}_3$ 折算到一次侧的值。

为简便分析，忽略励磁电流可得

$$\dot{I}_1 + \dot{I}'_2 + \dot{I}'_3 = 0 \tag{9-23}$$

2. 三绕组变压器的电压平衡方程式

图 9-4 未画出漏磁通，但是对三绕组变压器来说，主磁通由三个绕组的磁动势共同产生并同时链绕三个绕组。漏磁场的分布比双绕组变压器要复杂得多。因为有仅与一个绕组交链的漏磁通以外，还有与两个绕组交链的漏磁通，如图 9-5 所示。对漏磁通作如下规定：

（1）自漏磁通，指仅与一个绕组交链而与其它绕组不交链的漏磁通。

（2）互漏磁通，指仅与两个绕组交链而不与第三个绕组交链的漏磁通。

为了分析问题方便，我们采用每个绕组的自感和各绕组之间的互感的概念进行分析。即不是区分主磁通和漏磁通，而是只区分自感磁通和互感磁通。因此，在一个绕组中感应的电动势，既有自感磁通感应产生的，又有互感磁通感应产生的。根据图 9-4 所示正方向，可以列出三绕组变压器的电动势平衡方程式为

$$\left.\begin{aligned} \dot{U}'_1 &= \dot{I}_1 r_1 + \mathrm{j}\omega L_1 \dot{I}_1 + \mathrm{j}\omega M'_{12} \dot{I}'_2 + \mathrm{j}\omega M'_{13} \dot{I}'_3 \\ -\dot{U}'_2 &= \dot{I}'_2 r'_2 + \mathrm{j}\omega L'_2 \dot{I}'_2 + \mathrm{j}\omega M'_{21} \dot{I}_1 + \mathrm{j}\omega M'_{23} \dot{I}'_3 \\ -\dot{U}'_3 &= \dot{I}'_3 r'_3 + \mathrm{j}\omega L'_3 \dot{I}'_3 + \mathrm{j}\omega M'_{31} \dot{I}_1 + \mathrm{j}\omega M'_{32} \dot{I}'_2 \end{aligned}\right\} \tag{9-24}$$

式中 r_1——一次侧绕组的电阻；

r'_2、r'_3——二次侧、三次侧绕组电阻的折算值，$r'_2 = r_2 K_{12}^2$、$r'_3 = r_3 K_{13}^2$；

L_1——一次侧绕组的自电感；

L'_2、L'_3——二次侧、三次侧绕组自感的折算值，$L'_2 = L_2 K_{12}^2$、$L'_3 = L_3 K_{13}^3$；

M'_{12}、M'_{13}——两绕组之间互感的折算值，$M'_{12} = M'_{21} = M_{12} K_{12}^2$、$M'_{13} = M'_{31} = M_{13} K_{13}^2$、$M'_{23} = M'_{32} = M_{23} K_{23}^2$。

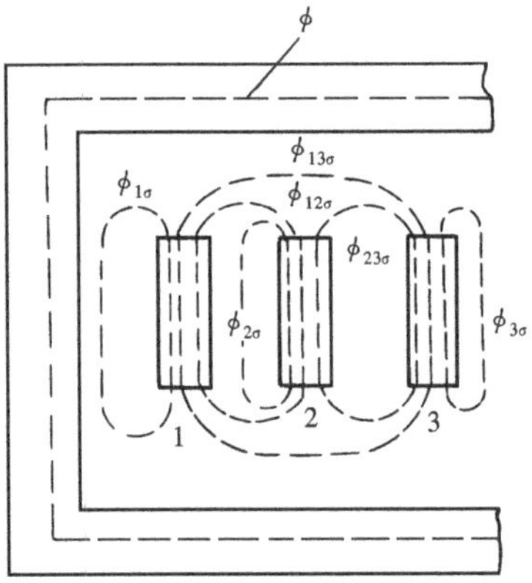

图 9-5 三绕组变压器中漏磁通示意图

另外，式（9-24）中电压、电流的折算与双绕组变压器的方法完全一样，即

$$U'_2 = K_{12} U_2$$

$$U'_3 = K_{13} U_3$$

$$I'_2 = \frac{I_2}{K_{12}}$$

$$I'_3 = \frac{I_3}{K_{13}}$$

将式（9-24）合并，并以 $\dot{I}'_3 = -(\dot{I}_1 + \dot{I}'_2)$ 及 $\dot{I}'_2 = -(\dot{I}_1 + \dot{I}'_3)$ 代入，经整理可得

$$\left.\begin{aligned} \dot{U}_1 - (-\dot{U}'_2) &= \dot{I}_1[r_1 + \mathrm{j}\omega(L_1 - M'_{12} - M'_{13} + M'_{23})] - \dot{I}'_2[r'_2 + \mathrm{j}\omega(L'_2 - M'_{12} - M'_{23} + M'_{13})] \\ \dot{U}_1 - (-\dot{U}'_3) &= \dot{I}_1[r_1 + \mathrm{j}\omega(L_1 - M'_{12} - M'_{13} + M'_{23})] - \dot{I}'_3[r'_3 + \mathrm{j}\omega(L'_3 - M'_{13} - M'_{23} + M'_{12})] \end{aligned}\right\}$$

也可写成

$$\left.\begin{aligned} \dot{U}_1 - (-\dot{U}'_2) &= \dot{I}_1(r_1 + \mathrm{j}x_1) - \dot{I}'_2(r'_2 + \mathrm{j}x'_2) = \dot{I}_1 Z_1 - \dot{I}'_2 Z'_2 \\ \dot{U}_1 - (-\dot{U}'_3) &= \dot{I}_1(r_1 + \mathrm{j}x_1) - \dot{I}'_3(r'_3 + \mathrm{j}x'_3) = \dot{I}_1 Z_1 - \dot{I}'_3 Z'_3 \end{aligned}\right\} \tag{9-25}$$

式中 x_1——绕组 1 的等效电抗，$x_1 = \mathrm{j}\omega(L_1 - M'_{12} - M'_{13} + M'_{23})$；

x'_2——绕组 2 等效电抗的折算值，$x'_2 = \mathrm{j}\omega(L_1 - M'_{12} - M'_{23} + M'_{13})$；

x'_3——绕组 3 等效电抗的折算值，$x'_3 = j\omega(L_1 - M'_{13} - M'_{23} + M'_{12})$；

Z_1——绕组 1 的等效阻抗，$Z_1 = r_1 + jx_1$；

Z'_2——绕组 2 等效阻抗的折算值，$Z'_2 = r'_2 + jx'_2$；

Z'_3——绕组 3 等效阻抗的折算值，$Z'_3 = r'_3 + jx'_3$。

3. 三绕组变压器的等效电路及相量图

根据式（9-23）、式（9-25）可以画出三绕组变压器的简化等效电路，如图 9-6 所示。负载运行时的简化相量图，如图 9-7 所示。

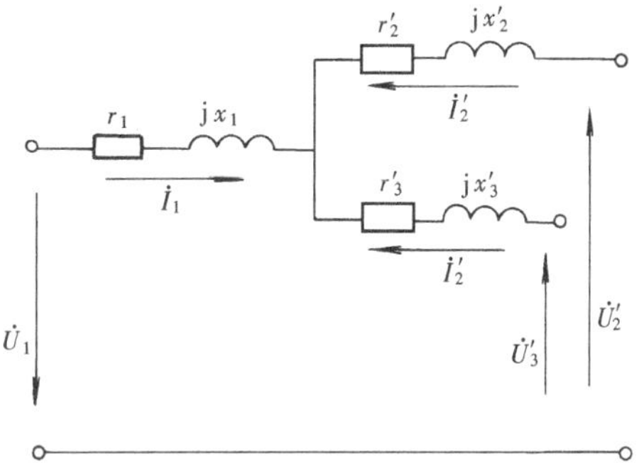

图 9-6　三绕组变压器的简化等效电路图

三、三绕组变压器的电压变化率及效率

1. 三绕组变压器的电压变化率

从方程式和等效电路可以看出，由于三绕组变压器的一次侧电流是二次侧和三次侧电流的相量和，因此一次侧电流产生的阻抗压降同时受到二次侧和三次侧电流的影响，而一次侧阻抗压降的变化又将影响另两侧的端电压，也就是说，二次侧绕组电流发生变化时会引起一次侧绕组阻抗压降的变化，从而引起三次侧绕组的端电压变化。为了反映三绕组变压器的负载变化时两个二次侧绕组端电压的变化，与双绕组变压器一样，利用简化等效电路，可得电压变化率的公式为

$$\left.\begin{aligned}\Delta U_{12} &= \frac{U_{1N} - U'_2}{U_{1N}} \times 100\% \\ \Delta U_{13} &= \frac{U_{1N} - U'_3}{U_{1N}} \times 100\%\end{aligned}\right\} \tag{9-26}$$

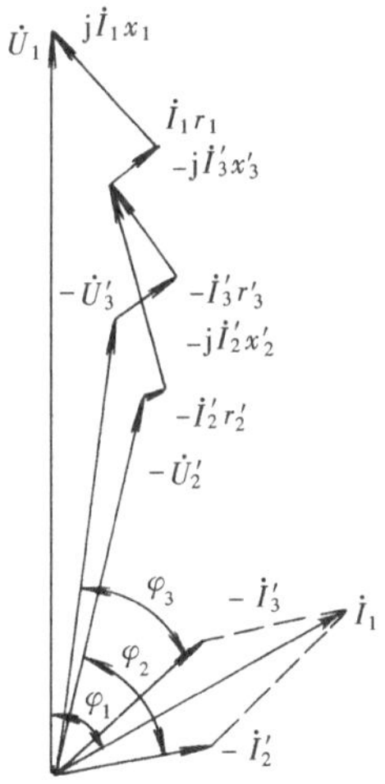

图 9-7　三绕组变压器的简化相量图

2. 三绕组变压器的效率

效率可用下式计算，即

$$\eta = \left(1 - \frac{p_{Cu1} + p_{Cu2} + p_{Cu3} + p_{Fe}}{P_2 + P_3 + p_{Cu1} + p_{Cu2} + p_{Cu3} + p_{Fe}}\right) \times 100\% \tag{9-27}$$

式中　p_{Cu1}、p_{Cu2}、p_{Cu3}——绕组 1、2、3 的铜耗；

P_2、P_3——绕组 2、3 输出的有功功率。

四、三绕组变压器等效阻抗的测定

三绕组变压器简化等效电路中的等效阻抗可用类似于双绕组变压器短路试验的方法来测定，试验原理接线图如图 9-8 所示。

（1）图 9-8（a）所示为绕组 2 短接，绕组 3 开路，绕组 1 与 2 构成双绕组变压器，测得 U_{k12}、I_{k12} 和 p_{k12}。求得短路阻抗为

$$\left.\begin{aligned}Z_{k12} &= \frac{U_{k12}}{I_{k12}} \\ r_{k12} &= \frac{p_{k12}}{I_{k12}^2} \\ x_{k12} &= \sqrt{Z_{k12}^2 - r_{k12}^2}\end{aligned}\right\} \tag{9-28}$$

并且有关系式

$$Z_{k12}=Z_1+Z'_2 \tag{9-29}$$

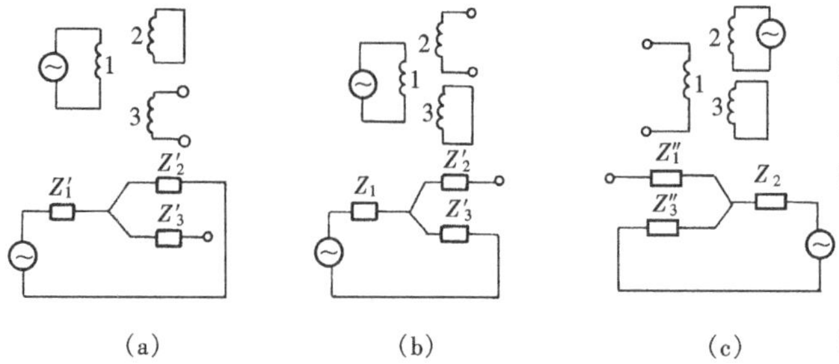

图 9-8 三绕组变压器等效阻抗的测定

(a) 绕组 3 开路；(b) 绕组 2 开路；(c) 绕组 1 开路

(2) 图 9-8 (b) 所示为绕组 3 短接，绕组 2 开路，绕组 1 与 3 构成双绕组变压器，可求得短路阻抗为

$$Z_{k13}=Z_1+Z'_3 \tag{9-30}$$

(3) 图 9-8 (c) 所示为绕组 3 短接，绕组 1 开路，绕组 2 和 3 构成双绕组变压器，可求得短路阻抗为

$$Z''_{k23}=Z_2+Z''_3 \tag{9-31}$$

式中 Z''_{k23}——以绕组 2 为一次侧、绕组 3 为二次侧测得的短路阻抗；

Z''_3——Z_3 折算到绕组 2 的折算值，$Z''_3=Z_3K_{23}^2$。

将 Z_{k23} 折算到一次侧，式 (9-31) 应乘以 K_{12}^2，即

$$Z'_{k23}=K_{12}^2Z''_{k23}=K_{12}^2Z_2+\left(\frac{w_1}{w_2}\right)^2Z_3\left(\frac{w_2}{w_3}\right)^2=Z'_2+Z'_3 \tag{9-32}$$

由式 (9-29)、式 (9-30)、式 (9-32) 联立求解可得

$$\left.\begin{aligned}Z_1&=\frac{1}{2}(Z_{k12}+Z_{k13}-Z'_{k23})\\Z'_2&=\frac{1}{2}(Z_{k12}+Z'_{k23}-Z_{k13})\\Z'_3&=\frac{1}{2}(Z_{k13}+Z'_{k23}-Z_{k12})\end{aligned}\right\} \tag{9-33}$$

由式 (9-33) 所得复数阻抗的实部与虚部分别为

$$\left.\begin{aligned}r_1&=\frac{1}{2}(r_{k12}+r_{k13}-r'_{k23})\\r'_2&=\frac{1}{2}(r_{k12}+r'_{k23}-r_{k13})\\r'_3&=\frac{1}{2}(r_{k13}+r'_{k23}-r_{k12})\end{aligned}\right\} \tag{9-34}$$

和

$$\left.\begin{aligned}x_1&=\frac{1}{2}(x_{k12}+x_{k13}-x'_{k23})\\x'_2&=\frac{1}{2}(x_{k12}+x'_{k23}-x_{k13})\\x'_3&=\frac{1}{2}(x_{k13}+x'_{k23}-x_{k12})\end{aligned}\right\} \tag{9-35}$$

式 (9-34) 和式 (9-35) 为三绕组变压器的等效电阻与等效漏电抗。注意短路试验测出的等效电抗 x_1、x'_2 、x'_3 的大小与三绕组的空间位置有关，位于中间的绕组其等效漏阻抗值最小。

*第三节　整流变压器

目前，许多直流电源已不再由直流发电机提供，而是由硅整流装置或可控硅（晶闸管）整流装置提供。电气传动、同步电机励磁、电解、电镀和直流输电都采用了半导体整流装置。整流变压器是整流设备的电源变压器，它将电源电压变换成整流器所需要的交流电压，还可以起到将三相交流系统变换为多相系统，以减小整流器输出直流电压的脉动等作用。

一、整流变压器的电流

按照单相半波整流电路说明整流变压器工作的基本特点。图 9-9（a）为单相半波整流电路的原理图，整流变压器的一次侧接正弦交流电源，二次侧通过整流元件接负载电阻 R_L。由于变压器二次绕组的感应电动势为正弦波，而整流元件具有单向导电的作用，所以输出电压 U_d 和输出电流 I_d 均为半个正弦波，如图 9-9（c）、（d）所示。输出电压的平均值为

$$U_d = \frac{1}{2\pi}\int_0^{\pi}\sqrt{2}U_2\sin\omega t\,d\omega t = \frac{\sqrt{2}}{\pi}U_2 = 0.45U_2 \tag{9-36}$$

式中　U_2——变压器二次电压的有效值。

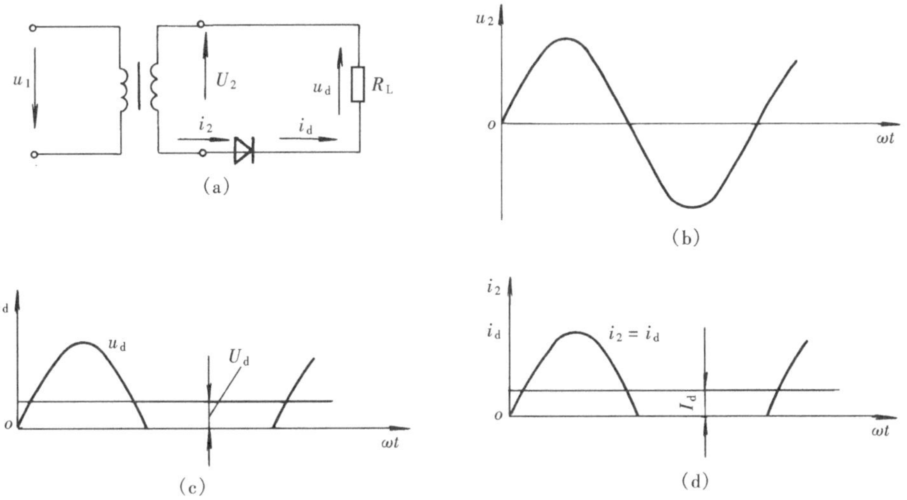

图 9-9　单相半波整流电路及其波形图

（a）单相半波整流电路；（b）变压器二次侧交流电压；（c）整流器输出电压；（d）整流器输出电流

因为负载是纯电阻，所以输出电流的平均值为

$$I_d = \frac{U_d}{R_L} = \frac{\sqrt{2}U_2}{\pi R_L} \tag{9-37}$$

因为整流元件仅在 0～π 的半周内导通，所以变压器二次绕组仅在半周内有电流通过。变压器二次电流的有效值为

$$I_2 = \sqrt{\frac{1}{2\pi}\int_0^{\pi}\left(\frac{\sqrt{2}U_2}{R_L}\sin\omega t\right)^2 d\omega t} = \frac{\pi}{2}I_d = 1.57I_d \tag{9-38}$$

将二次电流 i_2 进行分解，可得

$$i_2 = I_d + \Sigma i_v$$

式中 I_d——变压器二次电流的直流分量；

i_v——变压器二次电流的各次谐波分量。

根据变压器的工作原理可知，只有二次电流的交变分量才能通过电磁感应作用使一次电流产生相应的负载分量，二次电流的直流分量不会在一次电流中产生相应的分量。因此，一次电流的瞬时值为

$$i_1 = i_0 - \frac{\Sigma i_v}{k} = i_0 - \frac{i_2 - I_d}{k} \tag{9-39}$$

式中 k——变压器的变比。

如果忽略励磁电流，则一次电流为

$$-i_1 = \frac{i_2 - I_d}{k}$$

就写成

$$i_2 = -ki_1 + I_d$$

上式表明，二次电流 i_2 由交变分量 $-ki_1$ 和直流分量 I_d 组成。因为非正弦交流电流有效值的二次方等于各分量有效值的二次方之和，所以一次电流的有效值为

$$I_1 = \frac{1}{k}\sqrt{I_2^2 - I_d^2} = \frac{1}{k}\sqrt{(1.57I_d)^2 - I_d^2} = \frac{1.2I_d}{k} \tag{9-40}$$

从以上分析可见，在单相半波整流电路中，变压器一、二次绕组中的电流都不是正弦波，二次电流含有直流分量，一次电流不含直流分量。而在普通变压器中，一、二次电流波形相似，均不含直流分量。

二、整流变压器的容量

整流变压器的容量也是指电压有效值与电流有效值的乘积。再根据式（9-36）、式（9-38）、式（9-40）可得整流变压器一、二次侧容量分别为

$$S_1 = U_1 I_1 = kU_2 I_1 = k\frac{\pi}{\sqrt{2}}U_d \times 1.21\frac{I_d}{k} = 2.69P_d \tag{9-41}$$

$$S_2 = U_2 I_2 = \frac{\pi}{\sqrt{2}}U_d \times \frac{\pi}{2}I_d = 3.49P_d \tag{9-42}$$

$$P_d = U_d I_d$$

式中 P_d——整流装置输出的直流功率。

由上列两式可看出，在单相半波整流电路中，整流变压器的一、二次侧所需容量都比输出的直流功率大得多，这说明整流变压器的利用情况很差。

为了衡量变压器容量的利用情况，将整流装置的直流输出功率与一、二次侧容量之比称为变压器一、二次侧的利用系数 ε_1、ε_2。对单相半波整流为

$$\left.\begin{aligned} \varepsilon_1 &= \frac{P_d}{S_1} = \frac{P_d}{2.69P_d} = 0.372 \\ \varepsilon_2 &= \frac{P_d}{S_2} = \frac{P_d}{3.49P_d} = 0.286 \end{aligned}\right\} \tag{9-43}$$

因为整流变压器一、二次的容量不相等，将一、二次侧容量的平均值称为计算容量。单相半波整流电路中变压器的计算容量为

$$S=\frac{1}{2}(S_1+S_2)=\frac{1}{2}(2.69P_d+3.49P_d)=3.09P_d$$

上式表明，变压器的计算容量约为直流输出功率的三倍，表明整流变压器的利用情况很差，这是单相半波整流电路的缺点之一。普通变压器的一、二次容量近似相等，称为额定容量，负载功率可达变压器额定容量，所以利用系数近似于 1。

单相半波整流电路的另一缺点，是二次绕组电流中的直流分量 I_d 将产生磁动势，而一次绕组电流中没有相应的分量产生磁动势与之相平衡，从而使铁心单向磁化，增加铁心的饱和程度。

单相半波整流电路的上述缺点妨碍了它的应用。而单相桥式、三相桥式整流电路的性能优于单相半波整流电路，则应用广泛。

小　结

自耦变压器的特点在于一、二次侧绕组之间不仅有磁的联系，而且还有电路上的直接联系。自耦变压器的容量由两部分组成，其中传导容量是通过电路上的联系直接传递的，电磁容量是通过绕组间的电磁感应关系传递的。因此与同容量双绕组变压器比较，自耦变压器的计算容量小，短路电流相对较大。

三绕组变压器的工作原理与两绕组变压器一样，可以利用基本方程式、相量图、等效电路分析变压器的内部电磁过程。但是三绕组变压器内部的磁场较双绕组变压器而言复杂得多。三绕组变压器简化电路中的等效电抗参数 x_1、x'_2、x'_3 具有漏抗的性质。其值与三个绕组的排列有关，x'_2 可能接近于零或为微小负值。

整流变压器主要用作硅整流设备的电源变压器，它将电源电压变换成整流器所需要的交流电压，还可以起到将三相交流系统变换为多相系统，以减小整流器输出直流电压的脉动等作用。整流变压器与普通变压器的区别是，二次侧电流中含有直流分量，整流变压器的容量大于整流装置输出的直流功率。

习　题

1. 自耦变压器的主要特点是什么？有何优、缺点？应用的范围如何？
2. 画出三绕组变压器的简化等效电路，说明此等效电路的参数如何测定。
3. 说明三绕组变压器简化等效电路中各参数的意义，它们各与哪些因素有关？
4. 试叙述整流变压器的特点及应用范围。
5. 一台 5kVA，480/120V 的普通双绕组变压器，改接成 600V/480V 的自耦变压器，求改接后一、二次侧的额定电流及变压器容量。[答案：41.7A；52.1A；25kVA]

第三篇　异　步　电　机

第十章　交流电机理论的共同问题

交流电机主要分为同步电机和异步电机两大类。转子转速与旋转磁场转速相同的称为同步电机，不同的称为异步电机。同步电机主要用作发电机，同步发电机是发电厂的主要设备，容量一般为100MW以上。工农业中使用的交流电能几乎都来自同步发电机。异步电机主要用作电动机，异步电动机因其结构简单、价格低廉、维护方便，是工农业生产中使用最为广泛的一种电动机，容量从几十到几千千瓦。异步电动机的定子和转子之间没有电的联系，能量的传递靠电磁感应作用，故亦称感应电动机。

第一节　交流绕组的基本知识

交流绕组是指同步电机和异步电机的定子绕组，以及绕线转子异步电动机的转子绕组。

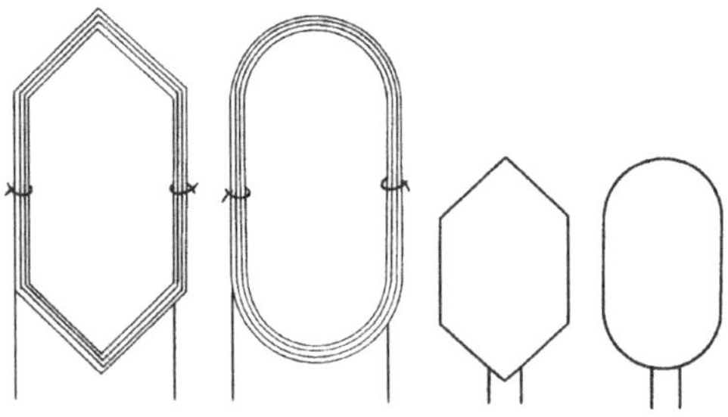

(a)　(b)　(c)

图 10-1　常用绕组元件及简化画法

(a) 菱形；(b) 弧形；(c) 简化画法

交流电机的绕组是由若干个嵌放在定子铁心槽内的绕组元件按一定规律连接而成的。每个绕组元件由绝缘导线绕成一匝或多匝，有两个出线端，一端称为首端，另一端称为末端。绕组元件示意图如图10-1所示，图中(a)和(b)分别为端部形状不同的两种绕组元件，图(c)是它们的简化画法。元件的两条直线边分别嵌在定子槽内，直接参于电动机内部的电磁过程，称为元件的"有效边"；绕组元件在定子槽外两端的部分，只能起到连接两有效边的作用，使绕组元件形成一个连通的电路，称为元件的"端接部分"。图10-1 (a) 所示是菱形端部的绕组元件，常用于双层绕组；图10-1 (b) 所示是弧形端部的绕组元件，常用于单层绕组。

一、对交流绕组的基本要求

为使三相绕组产生的磁动势和电动势符合交流电机运行性能的需要，一般对交流绕组有以下要求：

(1) 三相绕组必须对称，即各相绕组的绕组元件数目、形状、尺寸、连接规律等都相同，三相绕组的轴线在电机定子圆周空间互隔120°电角度（电角度$=p\times$机械角度)。

(2) 波形好，即运行时产生的磁动势、电动势波形接近正弦波，谐波分量小。

(3) 有足够的机械强度和绝缘强度，散热条件好。

(4) 节省材料，工艺性好。

这些要求往往是互相矛盾的。在这些要求中，起决定作用的是第 (1) 条，它是满足三相交流电机运行性能的关键。

二、交流绕组的分类

(1) 按相数可分为单相绕组和多相绕组。

(2) 按槽内层数可分为单层绕组和双层绕组。单层绕组又分为链式绕组、同心式绕组和交叉式绕组等，双层绕组又分为叠绕组和波绕组。

(3) 按每极每相槽数可分为整数槽绕组和分数槽绕组。

三、交流绕组的基本知识

1. 极距

相邻磁极轴线之间沿定子内圆表面跨过的距离称为极距 τ，通常用每个极下占有的槽数表示。设定子槽数为 Z，磁极对数为 p，则有

$$\tau=\frac{Z}{2p} \tag{10-1}$$

2. 槽距角

相邻两槽轴线之间的电角度称为槽距角 α。因为槽沿定子内圆均匀分布，所以

$$\alpha=\frac{p\times 360^{\circ}}{Z} \tag{10-2}$$

3. 每极每相槽数

每个极面下每相绕组有效边所占有的槽数，称为每极每相槽数，以 q 表示。设定子相数为 m_1，则有

$$q=\frac{Z}{2pm_1} \tag{10-3}$$

交流绕组均采用分布绕组，其 $q>1$，这时每极下每相绕组有 q 个元件边分布在相邻的槽中，这种绕组产生的磁动势和电动势波形较好，电机的性能好，但从性能及制造工艺等方面综合考虑，q 不宜太大。一般中小型电机 $q=2\sim6$。

q 为整数的绕组称为整数槽绕组，q 为分数的绕组称为分数槽绕组。

4. 相带

对应于每个极面下每相绕组所占的区域，称为一个相带。例如将一个极距范围内的定子内圆分为三等分，三相绕组各占一个等分，每一个等分就是一个相带。因为一个磁极对应的电角度为 180°，则每一个相带占的电角度为$\frac{180^{\circ}}{3}=60^{\circ}$，称为三相 60°相带。

5. 绕组节距

一个绕组元件的两有效边所间隔的槽数称为绕组节距 y_1。绕组节距等于极距（$y_1=\tau$）的绕组称为整距绕组；线圈节距小于极距（$y_1<\tau$）的绕组称为短距绕组；线圈节距大于极距（$y_1>\tau$）的绕组称为长距绕组。

为使同步发电机定子绕组的绕组元件电动势最大，应当使 $y_1=\tau$。由于考虑到减小谐波等因素，实际绕组多采用短距，即 $y_1<\tau$。

四、三相对称绕组的构成原理

三相交流电机作为电动机运行时，将定子三相绕组接通三相交流电源，流过三相对称

电流，产生旋转磁动势作用于转子，带动转子旋转，输出机械能；作为发电机运行时，转子上输入的机械能通过电磁感应转换为定子三相绕组输出的三相交流电能。可见，交流电机的定子三相绕组是交流电机进行能量转换的枢纽，故又称为电枢绕组，是交流电机的核心部分。

今以定子槽数 $Z=24$，极数 $2p=4$ 的三相交流电动机为例来阐述构成三相单层绕组的一般原理，此原理与方法同样适用于三相交流发电机的绕组。

1. 相带的划分

图 10-2 是一个 $2p=4$ 极的定子槽分布示意图，由于要求绕组中流过电流时产生的磁动势建立 4 个极的磁场，如图 10-2（a）所示，为此先将定子四等分，每一等分表示一个极，N 极和 S 极互相间隔排列。由于三相绕组在空间的位置要对称，即每一极下均应有三相绕组，为此再将每个极下三等分，即 3 个相带，如图 10-2（b）所示。设相数为 m，m 相 $2p$ 极的电机，共有 $2pm$ 个相带，本例的 $2pm=4\times3=12$，故定子圆周分为 12 个相带。

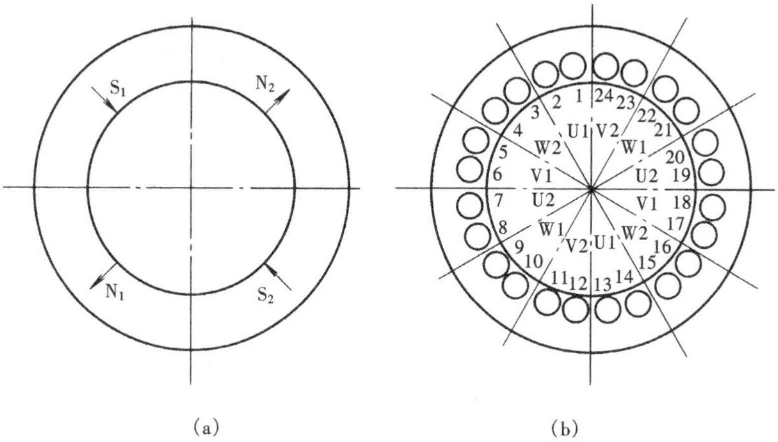

图 10-2　四极电机定子槽分布示意图

（a）磁极分布；（b）相带及绕组分布

将这 12 个相带对称分配给 U、V、W 三相。设将元件边 1、2（分别放置在 1、2 号槽内）所属相带分配给 U1 相，称为 U1 相带，则线圈边 5、6 所属相带与之相隔两个相带，即相隔 120°电角度，应属 V1 相，称为 V1 相带。同理，线圈边 9、10 所属相带应属 W1 相，称为 W1 相带。线圈边 7、8 所属相带与线圈边 1、2 所属相带差 180°电角度，应属 U2 相，但由于线圈边 7、8 与线圈边 1、2 分别处于两个不同极性的磁极下，其中电流或电动势的方向应相反，故称为 U2 相带。同理，线圈边 11、12 所属相带应属 V2 相，称为 V2 相带；线圈边 3、4 所属相带应属 W2 相，称为 W2 相带。由此可知，在每对极下，相带分配的顺序为 U1、W2、V1、U2、W1、V2。第二对磁极下面相带分配的情况与第一对磁极下相同。

2. 绕组的构成

每个元件由两个有效边串联而成，单层绕组每个槽中只放一个元件边，由图 10-2（b）可以看出，每相共有 8 个元件边。属于 U 相的元件边为 1、2、7、8、13、14、19、20。因为属于同一相的相邻相带的元件边电流方向相反，所以若属于 U1 相带的元件边 1、2、

13、14 的电流方向是流入纸面，属 U2 相带的元件边 7、8、19、20 的电流方向为流出纸面，如图 10-3 所示，这样才能产生四极磁场。显然，只要保持这 8 个元件边的电流方向不变，磁场分布就不会改变，至于这 8 个元件边的连接顺序与磁场分布无关。但要注意，必须将同属一相的相邻相带的元件边组合构成元件。图 10-4 所示的连接是将元件边 1（属 U1 相带）和 7（属 U2 相带）构成一个元件，同样，元件边 2 和 8、13 和 19、14 和 20 分别构成绕组元件。

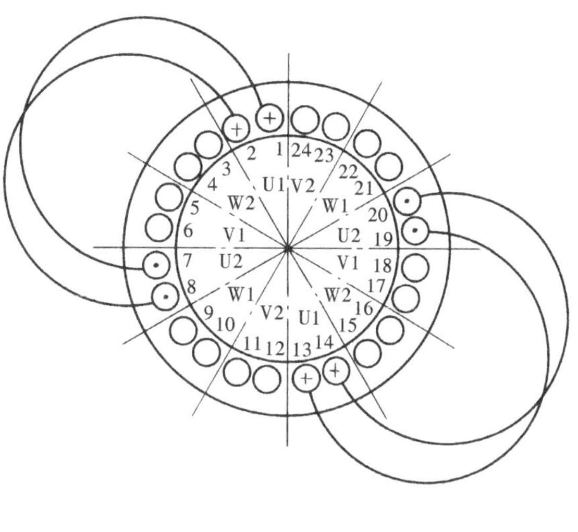

图 10-3 U 相绕组的端面图

3. 绕组的极相组、并联支路

图 10-3 是电机 U 相绕组的端面图。为能清楚地表达这 8 个元件边的具体连接方法，还应画出它的展开图。

所谓展开图，就是假想沿某个齿（例如槽 1 和槽 24 之间的齿）把铁心沿轴向切开展平而得的图形，如图 10-4 所示。在图 10-3 中，元件边 1、2、13、14 的电流方向是流入纸面的，在图 10-4 中，这 4 个元件边的电流方向用向上的箭头来表示；而元件边 7、8、19、20 的电流方向用向下的箭头来表示。这 8 个元件边如果按图 10-3 的端部连接方法组成 4 个元件，再顺着电流的方向将这同属于 U 相的 4 个元件全部串联起来，就是 A 相绕组的展开图。

图 10-4 中，q 个元件彼此串联起来组成的线圈组，又称为极相组。在单层绕组中，线圈组的数目等于极对数。本例中，极对数 $p=2$，故每相绕组有两个线圈组。这些线圈组可以串联或并联起来组成不同数目的并联支路。串联时，处于同一极性磁极下的极相组串联，应该是前一组的尾端接后一组的首端，如图 10-4 所示。这种尾—首相接的串联叫正向串联，图中并联支路数 $a=1$。并联时，每条支路所串极相组的数目必须相等。处于同极性磁极下的极相组并联时应该首—首相接、尾—尾相接。单层绕组可组成的并联支路数 a 是极对数 p 的约数，最大为 p。本例中，并联时应首端与首端相并接，尾端与尾端相并接，并联支路数 $a=2$。

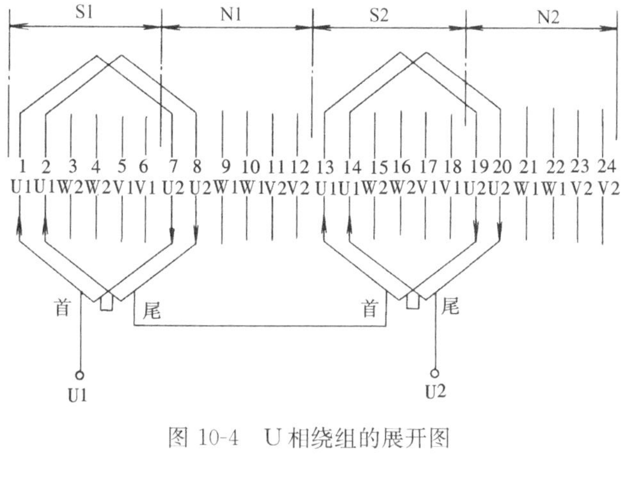

图 10-4 U 相绕组的展开图

由图 10-2（b）可以看出：5、6、11、12、17、18、23、24 这 8 个元件边是属于 V 相的，3、4、9、10、15、16、21、22 这 8 个元件边是属于 W 相的。根据图 10-4 同样的方法，可以得到 V 相和 W

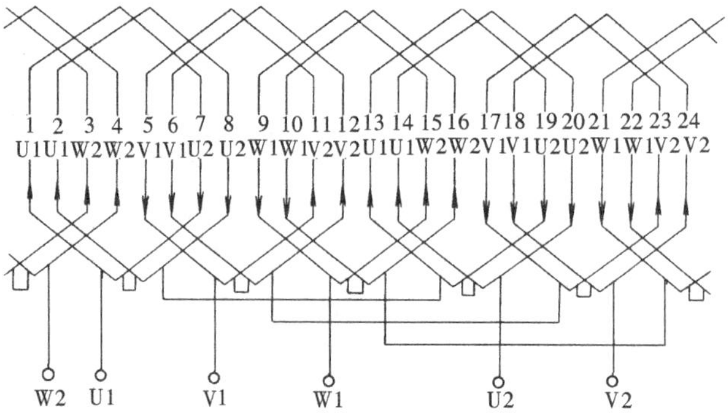

图 10-5 三相单层叠绕组的展开图

相绕组的展开图。把 U、V、W 三相绕组画在一个图上，即为三相单层绕组的展开图，如图 10-5 所示。这种绕组因其线圈的端接部分依次重叠，布满圆周，故称三相单层叠绕组。

4. 极对数的核对

假定某一瞬时，例如 $\omega t=0$ 时，U 相电流为正的最大，即从 U1 流向 U2，所经各元件边中电流的方向用箭头标于图 10-5 中，这时 V、W 相电流为负，即分别从 V2、W2 流向 V1、W1，沿此流向将 V、W 相各元件边的电流方向同样标于图 10-5 中。可以清楚地看到，连续相同的元件边电流方向表示一个磁极，图中正好为 4 极，说明所绘绕组展开图的极数是对的。

三相单层叠绕组端接部分重叠层数较多，散热条件不好，大、中型电机一般不采用。下一节介绍小型电机常用的几种三相单层绕组。

第二节 三相单层绕组

采用单层绕组时，电机的绕组元件数等于槽数的一半，制造较容易。而且单层绕组没有层间绝缘，实际又采用多匝软线圈，因而槽利用率比较高。它的主要缺点是不能通过选择节距来抑制电动势谐波和磁动势谐波，电磁性能差。单层绕组一般只用在小型电动机中。

前面已指出：绕组的电磁效果只决定于其中各元件边的电流方向，而和元件边连接的先后次序及其端部的形状无关。因此，可以根据工艺上的方便以及节省端接部分的用铜量等来选择不同的连接次序及其端部的排列方法，从而便可得到不同的绕组型式。实际采用的三相单层绕组有链式绕组、同心式绕组和交叉式绕组三种。这三种绕组的单个元件可能不是整距的，但从整个绕组电磁性能而言，仍为整距绕组。

一、三相单层链式绕组

如果将图 10-3 中同一相带的两个元件边分别向两边与相邻同相相带元件边相连接组成元件，即将元件边 1 和 20、2 和 7、8 和 13、14 和 19 分别构成 U 相的 4 个元件，相应的 U 相绕组的展开图如图 10-6 所示。V 相和 W 相绕组的展开图按同样方法画出。这时每个线圈都像链条上的一个个环，故称为链式绕组。

下面我们来分析三相链式绕组展开图的画法。以定子槽数 $Z=24$，磁极数 $2p=4$，相数 $m=3$ 为例。

（1）计算极距

$$\tau=\frac{Z}{2p}=\frac{24}{4}=6$$

（2）计算每极每相槽数

$$q=\frac{Z}{2pm}=\frac{24}{4\times 3}=2$$

（3）计算槽距角

$$\alpha=\frac{p\times 360^{\circ}}{Z}=\frac{2\times 360^{\circ}}{24}=30^{\circ}$$

（4）画定子槽展开图并对定子槽进行编号（1～24），如图 10-6 所示。

（5）划分相带。根据前述三相绕组相带划分的方法，每对磁极下相带顺序为 U1、W2、V1、U2、W1、V2，再根据每极每相槽数 $q=2$ 可知：U1 相带槽号为 1、2，13、14，U2 相带槽号为 7、8，19、20；V1 相带槽号为 5、6，17、18，V2 相带槽号为 11、12，23、24；W1 相带槽号为 9、10，21、22，W2 相带槽号为 3、4，15、16。

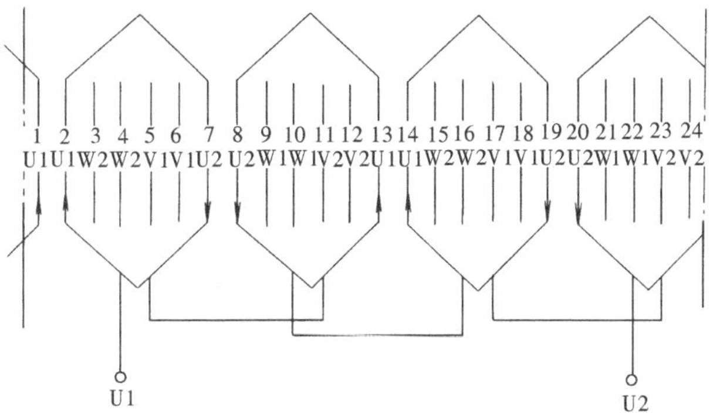

图 10-6　U 相绕组（链式）展开图

（6）组成极相组。将每一相带里的两个元件边（如 U1 相带的 1、2），左右两边分，分别向相邻同一相的另一相带（U2 相带的 7、20）元件边相连（2 和 7 相连、1 和 20 相连）组成元件，其余类推。然后按要求的并联支路数连接成极相组。如图 10-6 所示。链式绕组的优点是每个元件大小相同，绕制方便。元件结构上为短距，端部较短，节省铜导线。缺点是端部交叉较多。适用于 $q=2$ 的 4、6、8 极小型电动机。

二、三相单层同心式绕组

画单层同心式绕组的展开图与画单层链式绕组展开图的过程相同，只是在组成绕组元件时，改变了图 10-6 中属于同一相的 8 个元件边的连接方式。如 U 相绕组分别将元件边 2 和 7、1 和 8、14 和 19、13 和 20 构成 4 个元件，相应的 U 相绕组的展开图如图 10-7 所示。按同样方法可以画出 V 相和 W 相绕组。由图 10-7 可以看出，每组的两个元件一大一小，大的套在小的外面，其中心线重合，故称为三相单层同心式绕组。同心式绕组的特点是大、小元件节距不等，但在一定条件下仍可使其平均结构节距小于极距 τ，起到节省铜线的目的。适用于 $q=4$，$q=6$ 的小型电动机。

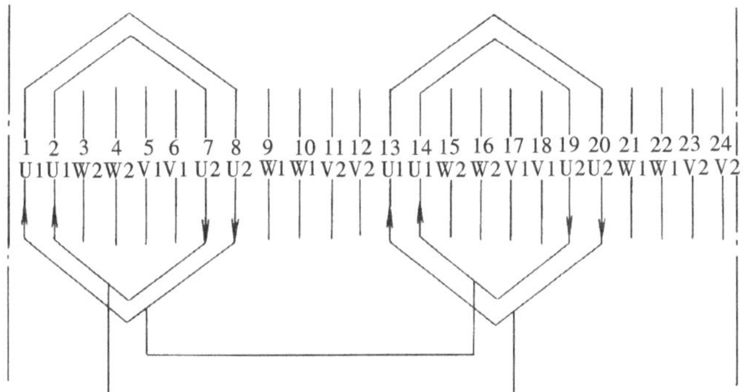

图 10-7　U 相绕组（同心式）展开图

三、三相单层交叉式绕组

三相单层交叉式绕组是一种特殊的三相单层链式绕组。链式绕组用于 q 为偶数（一般为 2）的情况。当 q 为奇数时，例如 $Z=36$，$2p=4$，$m=3$，则 $q=\frac{Z}{2pm}=\frac{36}{4\times 3}=3$，就不能将 q 个元件边对分而布置为通常的链式绕组，只能如图 10-8 所示的那样，将两个元件边

（例如元件边 1 和 2）往一边连，将另一个元件边（例如元件边 3）往另一边连，两边的元件边数不等。并联支路数 $a=1$ 时 U 相绕组的展开图如图 10-8 所示。由于相邻极相组处在不同极性磁极下，故亦应进行反向串联。V 相、W 相绕组展开图可以按同样方法画出。

交叉式绕组端部的交叉程度比同心式小些，但比单层叠绕组定义的多些；元件端部长度比同心式短，用线节省，适用于 q 为奇数的小型电机。

四、三相单层绕组的优缺点及适用范围

单层绕组的优点是绕组元件数少，绕线和嵌线工艺简单，同一槽内所有导线均属于同一相，因此槽内无相间绝缘击穿的问题。缺点是元件不能采用短节距元件来改善磁动势和电动势的波形，因而电机的电磁性能不及双层绕组。尽管链式和交叉式绕组结构上为短距，但各元件边中电流分布情况与整距时相同，所以电磁性能和整距时一样，从电磁性能上仍属整距绕组。同时下层绕组端部的弯曲变形较大，不易整形。所以三相单层绕组一般只用于大约 10kW 以下的小型电机，功率超过 10kW 的电机则一般采用三相双层绕组。

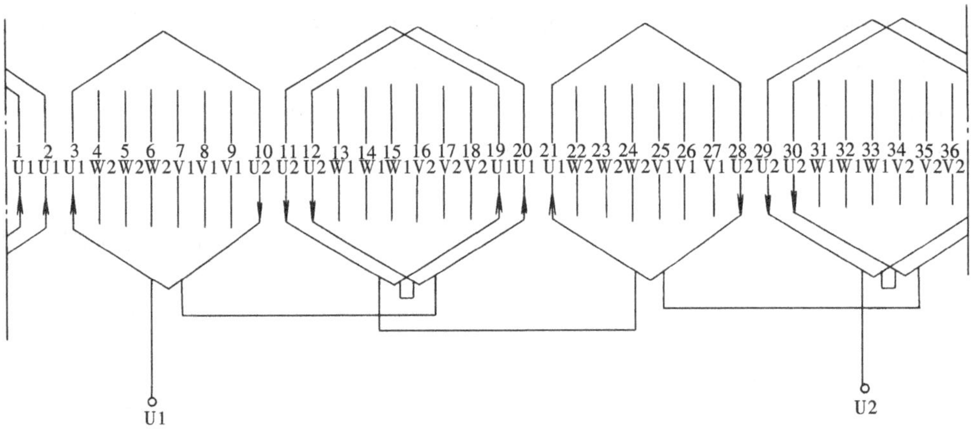

图 10-8 U 相绕组（交叉式）展开图

第三节 三 相 双 层 绕 组

每个槽内分上下两层放置两个元件边的绕组，称为双层绕组。元件的一个边放在某一槽的下层，另一边则放在相隔一定槽数（即 y_1）的另一槽的上层。显然，双层绕组的元件数比单层绕组多一倍，即元件数等于槽数。

双层绕组的绕组节距 y_1 可以适当选择，以改善磁动势和电动势的波形，从而改善电机的性能。

双层绕组按其端部连接方式的不同，分为双层叠绕组和双层波绕组两种。

一、三相双层叠绕组

现以 $Z=36, 2p=4, m=3$ 的实例来说明三相双层叠绕组的构成原理，并作出它的展开图。掌握本例的方法和规律，对于不同槽数和极数的电机，其绕组的展开图也就不难看懂和绘制了。现将绘制该例三相双层叠绕组展开图的步骤和方法叙述如下：

1. 计算极距

$$\tau = \frac{Z}{2p} = \frac{36}{4} = 9$$

2. 计算每极每相槽数

$$q = \frac{z}{2pm} = \frac{36}{4 \times 3} = 3$$

3. 计算槽距角

$$\alpha = \frac{p \times 360^\circ}{Z} = \frac{2 \times 360^\circ}{36} = 20^\circ$$

4. 选择节距

从改善磁动势和电动势波形及节约用铜考虑，宜选用短节距

$$y_1 = \frac{7}{9}\tau = \frac{7}{9} \times 9 = 7$$

5. 画定子槽展开图

等距画出 36 根平行短实线，代表 36 个槽的上层边，每个槽位相应画出 36 根平行短虚线，代表 36 个槽的下层边，并标出槽号，如图 10-9 所示。

6. 分配相带

每个相带的槽数亦即每个极每相槽数为 3，即每相数的 3 个槽为一个相带，相带排列的顺序仍为 U1、W2、V1、U2、W1、V2。因此，1、2、3 号槽如果分配给 U1 相带，则 4、5、6 号槽应为 W2 相带……，到 18 槽完成一个循环，为一对极；19 槽到 36 槽重复一遍，为另一对极，如图 10-9 所示。

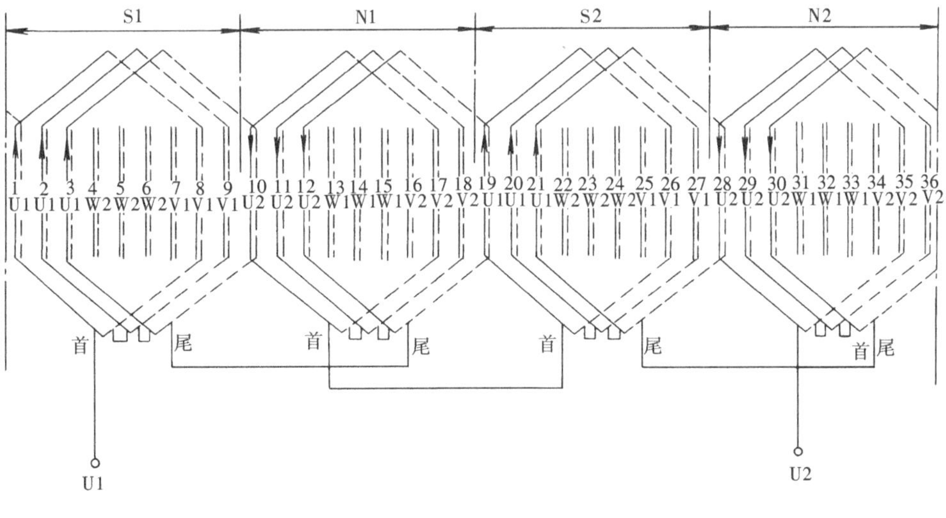

图 10-9　三相双层叠绕组 U 相展开图

7. 连接 U 相绕组

凡属 U1 和 U2 相带的槽内放置 U 相绕组元件的上层边，下层边则根据节距 y_1 放置于相隔 y_1 个槽的下层。为此，若将元件 1 的上层边放在第 1 槽的上层，则其下层边应放在第 8 槽的下层（虚线）。这样属于 U 相的槽号为 1、2、3，10、11、12，19、20、21，28、29、

30 共 12 个槽，分为 4 组。每组 3 个槽可放 3 个元件，互相串联组成一个极相组。极相组数等于极数 $2p$。各极相组之间的连接方式根据要求的并联支路数 a 定。三相双层叠绕组的并联支路数 a 应是极数 $2p$ 的约数，最多为 $2p$。图 10-9 中设 $a=1$，4 个极相组应串联，因相邻极相组处于不同极性磁极下，为此应反向串联。

按相同的方法，绘制 V 相、W 相绕组的展开图，即得完整的三相双层叠绕组的展开图。

工厂中还常用极相组的圆形连接简图来指导接线。本例 $2p=4$ 的三相双层叠绕组的圆形连接简图如图 10-10（a）所示。图中每一段圆弧代表一个极相组，圆弧上的箭头表示极相组所在相带的正负。正相带 U1、V1、W1 的箭头均为同一正方向，负相带 U2、V2、W2 均为反方向，每相各相邻极相组之间的连接均为反向串联。图 10-10（a）中各相绕组一路串联，即 $a=1$；如果改为两路并联，即 $a=2$，则其圆形连接简图如图 10-10（b）所示。为清楚起见，图中只画了 A 相绕组的连接简图。

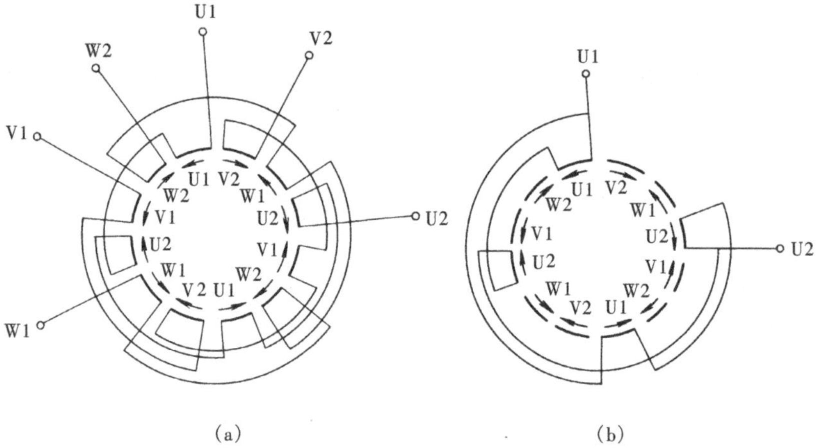

图 10-10　圆形连接简图

（a）$a=1$；（b）$a=2$

由图 10-9 和图 10-10 均可看出，三相双层叠绕组极相组较多（等于极数的 3 倍），极相组间连接线也较多，不但用铜量大，而且不易绑扎固定。为此，对于极数较多的同步电机和绕线式异步电动机的转子三相绕组，不宜采用叠绕组，而应采用三相双层波绕组。

二、三相双层波绕组

交流电机的波绕组元件的示意图如图 10-11 所示，沿绕制方向串联连接的元件呈波浪形前进。绕组的节距有三个：第一节距 y_1 是每个元件两个有效边之间的距离；第二节距 y_2 是前一个元件的下层边与相串连的后一元件的上层边之间的距离；合成节距 y 是两个相连元件对应边之间的距离，三个节距均用槽数来表示。

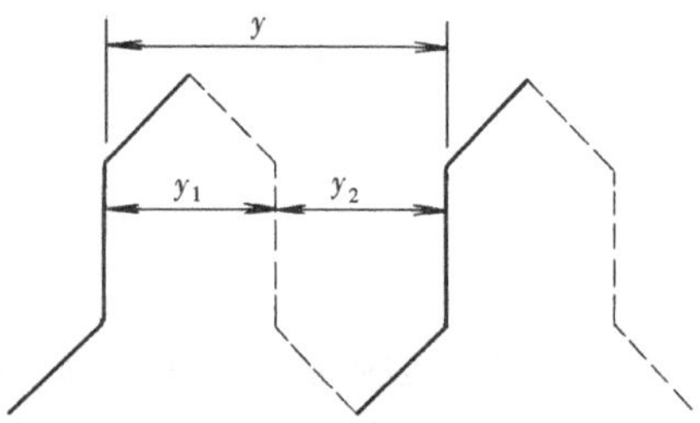

图 10-11　波绕组线圈与节距

第一节距 y_1 的确定原则与叠绕组元件节距 y_1 相同，应等于极距 τ 或略小于 τ。为使相连接的元件的磁动势或电动势相加，两个相连接的元件应处于相邻两对磁极的对应位置，故合成节距 y 通常选为一对极距（2τ），即 $y=y_1+y_2=2\tau=\dfrac{Z}{p}$。

现仍以 $Z=36$、$2p=4$、$m=3$ 的电机为例，说明三相双层波绕组的连接方法和绘制其中一相（U 相）的展开图。

与叠绕组展开图相同，画出 36 个槽的上下层元件边，将各槽编号，并划分相带，如图 10-12 所示。可见 U 相所属的 12 个元件的上层边仍在 1、2、3，10、11、12，19、20、21，28、29、30 号槽的上层，这 12 个元件的下层边仍在 8、9、10，17、18、19，26、27、28，35、36、1 号槽的下层，只是端部形状和连接次序有所改变。设 U 相绕组从 S1 极下 3 号槽的上层边开始，根据 $y_1=7$，下层边应放在 10 号槽的下层，根据 $y_2=11$，连接的下一个元件的上层边应在 21 号槽的上层，下层边则在 28 号槽的下层，至此绕组已沿电枢表面绕了一周，这时如果仍按 $y_2=11$，则第 3 个线圈的上层边将接至 $28+11=39=36+3$，即回到 3 号槽的上层边而自行闭合，显然这是不行的。为使绕组能继续连接下去，每绕完一周之后，必须人为地后退一个槽。图 10-12 中 28 号槽的下层边改与 2 号槽的上层边相连，按此规律，接下去是 9 号槽下层，20 号槽上层，27 号槽下层，1 号槽上层（又后退 1 槽），8 号槽下层，19 号槽上层，26 号槽下层。至此，绕完了所有上层边在 S 极下属于 U 相的 6 个元件，构成 U 相绕组的一半，称为一组，首端标以 1U1，尾端标以 1U2。再以同样方法连接在各 N 极下属于 U 相的 6 个元件，从 N1 极下 12 号槽的上层边开始，连接的次序可简单表示为

2U2（首端）— 12(上层)　　30　　11　　29　　10　　28

　　　　19′(下层)　　1′　　18′　　36′　　17′　　35′—2U1(尾端)

2U2 2U1 为 U 相绕组的另一组。由于 1U1 1U2 和 2U2 2U1 这两组元件处在不同极性的磁极下，所以串联时应该反向串联，即第一组尾端 1U2 与第二组的尾端 2U1 相连，如果两路并联，则应 1U1 与 2U1 相并接，1U2 与 2U2 相并接，可见，在波绕组中，不论极数多少，每相只有两个极相组，$a=1$ 时每相只需一根组间连接线。适用于极数较多的同步电机

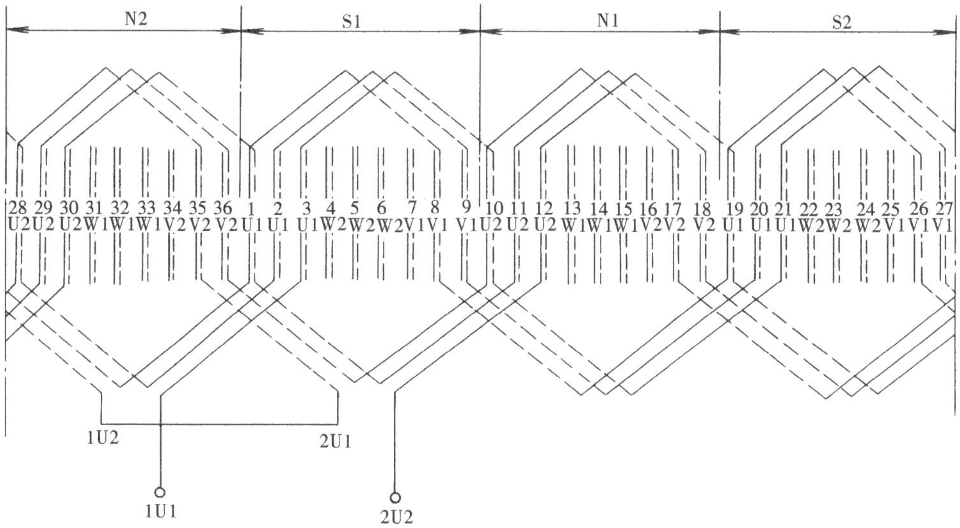

图 10-12　三相双层波绕组 U 相展开图

和绕线式异步电机的转子绕组。

三、三相双层绕组的优缺点及适用范围

与单层绕组相比，双层绕组的优点是：①可以采用短节距，以改善磁动势和电动势的波形；绕组端部排列方便，便于整形，这对于大功率电机尤为重要，因为大功率电机的电流较大，导线较粗，按单层排列有困难；②每个元件的尺寸都相同，便于统一加工；③可以得到较多的并联支路数。缺点是：下线工艺复杂；槽内上下层元件边之间应垫层间绝缘，降低了槽的利用率；短距时，有些槽的上下层元件边不属于同一相，故存在相间绝缘击穿的薄弱环节。

第四节 交流绕组的感应电动势

电动势是交流电机进行能量转换的重要物理量。在三相交流电机中，三相对称绕组的构成及绕组产生的感应电动势是完全一样的。下面仅以三相同步发电机为例来分析有关电动势的情况。为了对交流绕组感应电动势的大小和波形有比较清楚的了解，先分析一根导体中产生的感应电动势，然后分析一个绕组元件、一个极相组和一相绕组的感应电动势。重点分析基波电动势，在此基础上简要分析谐波电动势。

一、绕组的基波电动势

交流发电机的模型如图 10-13 所示。设用原动机拖动主磁极以恒定转速 n_1 相对于定子逆时针方向旋转，主磁极产生的气隙磁通以及对应的气隙磁密也随之一道旋转。为分析方便起见，把空间坐标设在转子上，随转子旋转，坐标原点取在两个磁极中间的位置上。假定气隙磁密沿气隙按正弦分布，则气隙磁密分布波形的展开图如图 10-14 所示。离坐标原点 x 处的磁通密度的表达式为

$$B_x = B_m \sin\alpha$$

式中 B_m——磁极中心处的磁通密度，亦即基波磁通密度的幅值；

α——与距离 x 相对应的空间电角度，即 $\alpha = \frac{\pi}{\tau}x$。

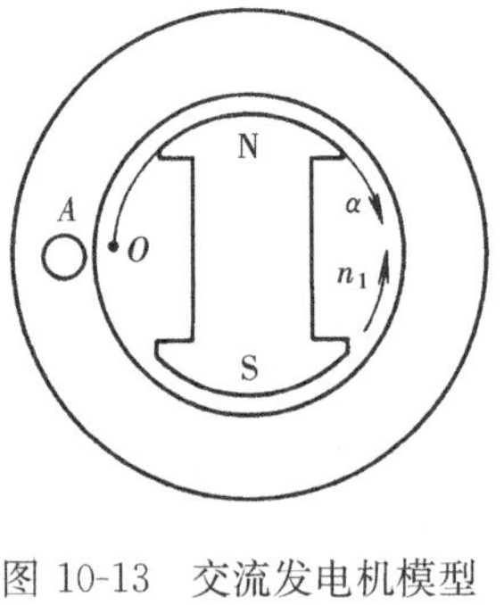

图 10-13 交流发电机模型

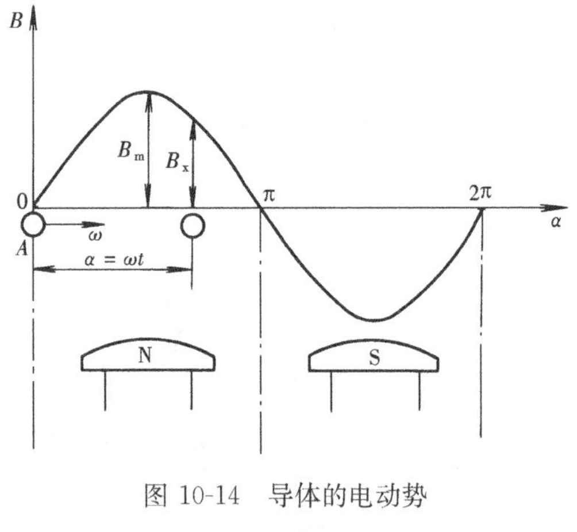

图 10-14 导体的电动势

1. 导体的电动势

旋转磁场切割定子上的导体 A，在导体 A 中感应电动势，当磁极旋转主导体 A 处于 B_x 处时，根据电磁感应定律，可得导体 A 中感应的电动势为

$$e = B_x l v = B_m l v \sin\alpha$$

式中　l——导体的有效长度；

　　v——导体垂直切割磁力线的速度。

导体 A 切割磁力线的机械角速度为 $\frac{2\pi n_1}{60}$，电角速度为 $p\times\frac{2\pi n_1}{60} = 2\pi f_1 = \omega$，则任意时间 t 内移过的电角度为

$$\alpha = \omega t$$

由此可得导体的电动势随时间变化的表达式为

$$e = B_m l v \sin\omega t = E_m \sin\omega t$$

当 l 与 v 为定值时，导体的电动势 e 是随时间作正弦变化的基波电动势。

导体 A 相对于磁极移动一对极距，导体中电动势变化一个周波，电机有 p 对极时，转子每旋转一周，定子导体中电动势变化 p 个周波，当转子以转速 n_1（r/min）旋转时，电动势的频率为

$$f_1 = \frac{pn_1}{60} \tag{10-4}$$

导体中电动势的有效值为 $E_{C1} = \frac{E_m}{\sqrt{2}} = \frac{1}{\sqrt{2}}B_m l v$。由于一个极距内磁通密度的平均值 $B_{av} = \frac{2}{\pi}B_m$，每极磁通 $\Phi_1 = B_{av}\tau l$，所以 $B_m = \frac{\pi}{2}\frac{\Phi_1}{\tau l}$；又线速度 $v = \frac{2p\tau n_1}{60} = 2\tau f_1$。代入上式即得导体中电动势有效值的表达式为

$$E_{C1} = \frac{1}{\sqrt{2}}B_m l v = \frac{1}{\sqrt{2}}\times\frac{\pi}{2}\times\frac{\Phi_1}{\tau l} l 2\tau f_1 = 2.22 f_1 \Phi_1 \tag{10-5}$$

2. 单匝整距元件的电动势

整距元件的节距 $y_1 = \tau$，一个元件边位于 N 极下时，另一个元件边就位于相邻 S 极下的相应位置，如图 10-15（a）所示。如果元件只有一匝，且取其两根导体中的电动势有效值 $\dot{E}_{C1}$ 和 $\dot{E}'_{C1}$ 的正方向均向上，则 $\dot{E}_{C1}$ 和 $\dot{E}'_{C1}$ 的大小相等，相位刚好相差 180°，其相量图如图 10-15（b）所示，由此可得整距线匝电动势相量

$$\dot{E}_{t1} = \dot{E}_{C1} - \dot{E}'_{C1} = 2\dot{E}_{C1}$$

则匝电动势有效值为

$$E_{t1} = 2E_{C1} = 4.44 f_1 \Phi_1 \tag{10-6}$$

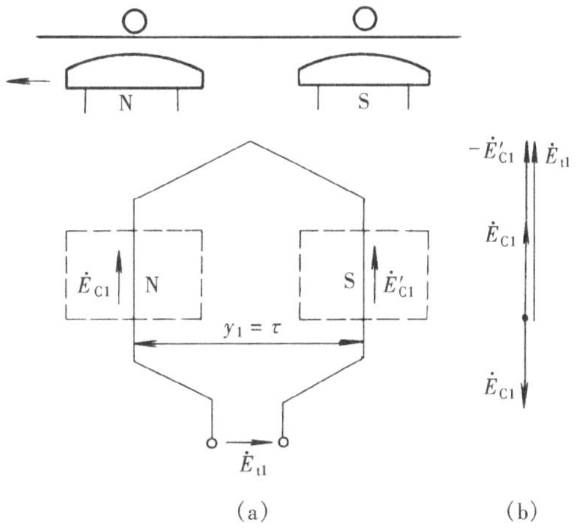

图 10-15　整距线匝电动势
（a）导体位置；（b）电势相量图

如果每个元件有 W_y 匝，由于各匝的导体位置相同，各匝电动势的大小和相位均相同，所以整距元件电动势的有效值为单匝元件电动势的 W_y 倍，整距元件电动势的有效值为

$$E_{y1(y_1=\tau)} = 4.44 f_1 W_y \Phi_1$$

3. 短距元件的电动势

短距元件的节距 $y_1 < \tau$，每匝的两根有效导体的电动势相差的不是 180°，要比 180°小一个 β 角，如图 10-16 所示。节距 y_1 比极距 τ 缩短($\tau - y_1$) 个槽，相应的电角度为

$$\beta = \frac{\tau - y_1}{\tau} \times 180° \tag{10-7}$$

由图可知一匝短距元件的电动势有效值为

$$\begin{aligned} E_{t1(y_1<\tau)} &= 2E_{C1}\cos\frac{\beta}{2} = 2E_{C1}\cos\left[\frac{1}{2}\left(\frac{\tau - y_1}{\tau} \cdot 180°\right)\right] \\ &= 2E_{C1}\sin\left(\frac{y_1}{\tau} \cdot 90°\right) = 2E_{C1}k_{y1} \end{aligned} \tag{10-8}$$

其中

$$k_{y1} = \sin\left(\frac{y_1}{\tau} \cdot 90°\right) = \frac{E_{t1(y_1<\tau)}}{2E_{C1}} = \frac{\text{单匝短距线圈电动势}}{\text{单匝整距线圈电动势}} \tag{10-9}$$

称为基波电动势短距系数，物理意义为由于采用短节距而使基波电动势减小的倍数。如果每个元件有 W_y 匝，则短距元件基波电动势的有效值为

$$E_{y1(y_1<\tau)} = W_y E_{t1(y_1<\tau)} = 2W_y E_{C1} k_{y1} = 4.44 f_1 W_y k_{y1} \Phi_1 \tag{10-10}$$

4. 极相组的电动势

一个极相组由 q 个元件串联而成，各元件之间依次相隔一个槽，所以各元件的基波电动势相量之间相差一个槽距角 α，如图10-17 (a)所示。极相组的电动势应是这 q 个元件电动势的相量和，如图10-17 (b)所示，根据这一几何图形可以求出极相组电动势的有效值为

$$E_{q1} = qE_{y1}\frac{\sin\frac{q\alpha}{2}}{q\sin\frac{\alpha}{2}} = qE_{y1}k_{q1} \tag{10-11}$$

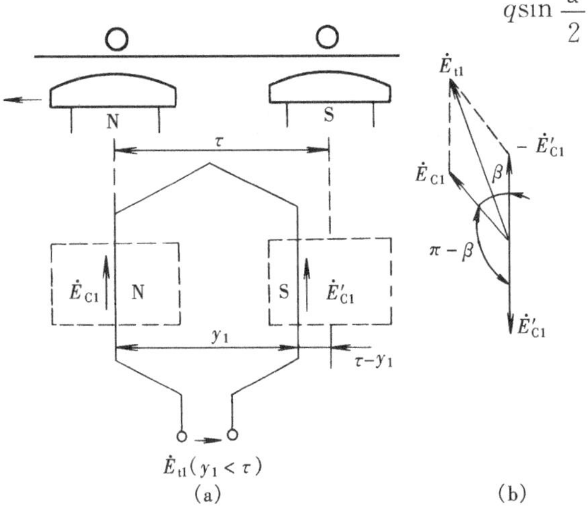

图 10-16 短距线匝的电动势
(a) 导体位置；(b) 电动势相量图

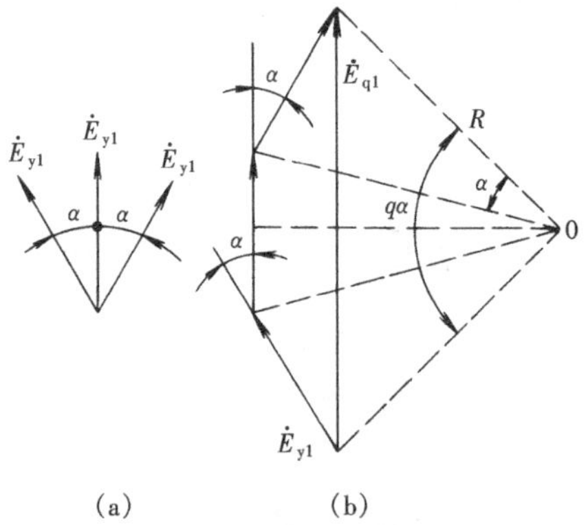

图 10-17 线圈组的电动势
(a) 3 个元件的电动势相量；
(b) 极相组电动势相量

其中

$$k_{q1}=\frac{\sin\frac{q\alpha}{2}}{q\sin\frac{\alpha}{2}}=\frac{E_{q1}}{qE_{y1}}=\frac{q\text{个元件基波电动势的相量和}}{q\text{个元件基波电动势的算术和}} \tag{10-12}$$

称为基波电动势的分布系数，其物理意义是由于采用分布绕组使基波电动势比采用集中绕组时减小的倍数。

将式（10-10）代入式（10-11）则得短距分布极相组的基波电动势有效值公式为

$$E_{q1}=4.44f_1qW_yk_{y1}k_{q1}\Phi_1=4.44f_1qW_yk_{w1}\Phi_1 \tag{10-13}$$

其中

$$k_{w1}=k_{y1}k_{q1}$$

称为基波电动势的绕组系数，其物理意义是由于采用短距和分布，使基波电动势比采用整距、集中绕组时减小的倍数。

5. 一相绕组的电动势

一相绕组的电动势就是一相绕组一条并联支路的电动势，由于每一支路中串联的各极相组的电动势大小相等、相位相同，因而一相绕组的电动势就等于一条支路中极相组的数目乘以每个极相组的电动势。

对于单层绕组，一相有 p 个极相组，一条支路有 $\frac{p}{a}$ 个极相组，所以一相绕组基波电动势的有效值为

$$E_{ph1}=\frac{p}{a}E_{q1}=\frac{p}{a}4.44f_1qW_yk_{w1}\Phi_1=4.44f_1qW_y\frac{p}{a}k_{w1}\Phi_1=4.44f_1W_1k_{w1}\Phi_1$$

其中 $W_1=\frac{p}{a}qW_y$，为单层绕组每相串联的匝数，即一条支路的串联匝数。

对于双层绕组，一相有 $2p$ 个极相组，一条支路有 $\frac{2p}{a}$ 个极相组，所以一相绕组基波电动势的有效值为

$$E_{ph1}=\frac{2p}{a}E_{q1}=\frac{2p}{a}4.44f_1qW_yk_{w1}\Phi_1=4.44f_1qW_y\frac{2p}{a}k_{w1}\Phi_1=4.44f_1W_1k_{w1}\Phi_1$$

其中 $W_1=\frac{2p}{a}qW_y$，为双层绕组每相的串联匝数。

可见，无论是单层绕组还是双层绕组，一相绕组基波电动势有效值的公式均可表示为

$$E_{ph1}=4.44f_1W_1k_{w1}\Phi_1 \tag{10-14}$$

式中　W_1——每相的串联匝数。

式（10-14）与变压器的电动势公式相似，只是多乘一个绕组系数 k_{w1}。这是因为变压器绕组各匝都与全部主磁通匝链，每匝的电动势大小相等、相位相同，相当于整距集中绕组，其绕组系数 $k_{w1}=k_{y1}k_{q1}=1$。

二、绕组的谐波电动势

实际电机的气隙磁场分布不完全是正弦波，除了基波分量以外，还有奇次谐波分量，它们在气隙中以一定转速旋转时，也会在定子绕组中感应谐波电动势，以同样方法可以求得谐

波电动势有效值的公式为

$$E_{ph\nu} = 4.44 f_{\nu} W_1 k_{w\nu} \Phi_{\nu} \tag{10-15}$$

式中　f_{ν}——ν 次谐波电动势的频率；

Φ_{ν}——ν 次谐波每极磁通量；

$k_{w\nu}$——ν 次谐波电动势的绕组系数。

式（10-14）和式（10-15）表明，绕组的基波和谐波电动势与各自的绕组系数成正比。采用短距分布绕组，选择恰当的 q 和 y_1，可使 k_{w1} 接近于1，而使 $k_{w\nu}$ 比 1 小得多，这样就可改善电动势的波形。

三、三相绕组的连接与电动势

1. 相电动势

实际电机定子相绕组的电动势中除基波分量以外，还有少量谐波分量，则每相电动势的有效值实为

$$E_{ph} = \sqrt{E_{ph1}^2 + E_{ph3}^2 + E_{ph5}^2 + \cdots} \tag{10-16}$$

2. 线电动势

三相绕组的接法有星形和三角形两种。不同接法，线电动势和相电动势的关系有所不同。

（1）星形接法。星形连接时，线电动势为相邻相电动势的相量差。对基波而言，线电动势的有效值 E_{l1} 为相电动势有效值 E_{ph1} 的$\sqrt{3}$倍，即

$$E_{l1} = \sqrt{3} E_{ph1} \tag{10-17}$$

但对于 3 和 3 的倍数次谐波，各相电动势大小相等、相位相同，相减后为零，因此线电动势中不含 3 及 3 的倍数次谐波，线电动势的有效值为

$$E_l = \sqrt{3}\sqrt{E_{ph1}^2 + E_{ph5}^2 + E_{ph7}^2 + \cdots} \tag{10-18}$$

（2）三角形接法。三角形连接时，各相 3 及 3 的倍数次谐波电动势，由于大小相等、相位相同，会在三角形回路中产生环流，全部降在三相绕组的漏阻抗上。因此，线电动势中也不含 3 和 3 的倍数次谐波分量，线电动势的有效值为

$$E_l = \sqrt{E_{ph1}^2 + E_{ph5}^2 + E_{ph7}^2 + \cdots} \tag{10-19}$$

【例 10-1】　一台三相四极交流电机为双层叠绕组，定子槽数 $Z = 36$，极数 $2p = 6$，每个元件的匝数 $W_y = 6$，节距 $y_1 = \frac{5}{6}\tau$，转子磁场的基波磁通 $\Phi_1 = 1.4 \times 10^{-2}$ Wb，三次谐波磁通 $\Phi_3 = 0.4 \times 10^{-2}$ Wb，五次谐波磁通 $\Phi_5 = 0.15 \times 10^{-2}$ Wb，并联支路数 $a = 1$，绕组采用 Y 形接法。试求转子以同步转速 $n_1 = 1500$ r/min 旋转时：

（1）基波、三次和五次谐波电动势 E_{ph1}、E_{ph3}、E_{ph5}；

（2）绕组的相电动势 E_{ph}；

（3）绕组的线电动势 E_l。

解　每极每相槽数

$$q = \frac{Z}{2pm} = \frac{36}{6 \times 3} = 2$$

槽距角

$$\alpha = \frac{p \times 360^\circ}{Z} = \frac{3 \times 360^\circ}{36} = 30^\circ$$

分布系数

$$k_{q1} = \frac{\sin\frac{q\alpha}{2}}{q\sin\frac{\alpha}{2}} = \frac{\sin 30^\circ}{2 \times \sin 15^\circ} = 0.966$$

$$k_{q3} = \frac{\sin 3 \times \frac{q\alpha}{2}}{q\sin 3 \times \frac{\alpha}{2}} = \frac{\sin 3 \times \frac{2 \times 30^\circ}{2}}{2\sin 3 \times \frac{30^\circ}{2}} = 0.707$$

$$k_{q5} = \frac{\sin 5 \times \frac{q\alpha}{2}}{q\sin 5 \times \frac{\alpha}{2}} = \frac{\sin 5 \times \frac{2 \times 30^\circ}{2}}{2\sin 5 \times \frac{30^\circ}{2}} = 0.259$$

短距系数

$$k_{y1} = \sin\frac{y_1}{\tau} \times 90^\circ = \sin\frac{5}{6} \times 90^\circ = 0.966$$

$$k_{y3} = \sin 3 \times \frac{y_1}{\tau} \times 90^\circ = \sin 3 \times \frac{5}{6} \times 90^\circ = -0.707$$

$$k_{y5} = \sin 5 \times \frac{y_1}{\tau} \times 90^\circ = \sin 5 \times \frac{5}{6} \times 90^\circ = 0.259$$

绕组系数

$$k_{w1} = k_{q1}k_{y1} = 0.966 \times 0.966 = 0.933$$

$$k_{w3} = k_{q3}k_{y3} = 0.707 \times (-0.707) = -0.5$$

$$k_{w5} = k_{q5}k_{y5} = 0.259 \times 0.259 = 0.067$$

绕组的串联匝数

$$W_1 = \frac{2pqW_y}{a} = \frac{6 \times 2 \times 6}{1} = 72$$

基波电动势的频率

$$f_1 = \frac{pn_1}{60} = \frac{2 \times 1500}{60} = 50\text{Hz}$$

ν 次谐波电动势的频率

$$f_\nu = \frac{p_\nu n_\nu}{60} = \frac{\nu p n_1}{60} = \nu f_1$$

（1）基波电动势及三、五次谐波电动势

基波电动势

$$E_{ph1} = 4.44 f_1 W_1 k_{w1} \Phi_1 = 4.44 \times 50 \times 72 \times 0.933 \times 1.4 \times 10^{-2} = 206.9(\text{V})$$

三次谐波电动势

$$E_{ph3}=4.44f_3W_1k_{w3}\Phi_3=4.44\times3\times50\times72\times0.5\times0.4\times10^{-2}=95(V)$$

五次谐波电动势

$$E_{ph5}=4.44f_5W_1k_{w5}\Phi_5=4.44\times5\times50\times72\times0.067\times0.15\times10^{-2}=7.96(V)$$

（2）绕组的相电动势

$$E_{ph}=\sqrt{E_{ph1}^2+E_{ph3}^2+E_{ph5}^2}=\sqrt{206.9^2+95^2+7.96^2}=227.8(V)$$

（3）绕组的线电动势

$$E_l=\sqrt{3}\sqrt{E_{ph1}^2+E_{ph5}^2}=\sqrt{3}\sqrt{206.9^2+7.96^2}=358.6(V)$$

第五节 单相绕组的磁动势

首先分析单个绕组元件的磁动势，进而分析相绕组的磁动势，为分析三相绕组的磁动势打基础。

一、整距元件的磁动势

（一）磁动势的空间分布

如果在交流电机定子上只放置一个整距元件 AX，它的匝数为 W_y。当电流 i 从 X 端流入、A 端流出时，元件产生的磁动势为 iW_y。它所建立的磁场可以用磁力线表示，磁力线路径如图 10-18 所示。由图中看出，定子绕组元件建立的是两极磁场，磁力线从定子铁心进入气隙为 N 极，磁力线从气隙进入定子铁心的为 S 极。磁力线两次通过气隙，其余均在铁心中通过，不计饱和时，气隙的磁阻远远大于铁心的磁阻，因而可以忽略铁心中消耗的磁动势，认为全部磁动势都消耗在气隙中。根据全电流定律，作用在闭合磁路中的磁动势，等于该磁路包围的全部电流。因为图10-18（a）中每一根磁力线包围的全电流都是 iW_y，气隙可以认为是均匀的，对整距元件来说，全部磁力线通过两段气隙的截面积相等，所以两段气隙的磁阻相等，各消耗磁动势的一半，即每个气隙消耗的磁动势为

$$f_y=\frac{1}{2}iW_y$$

将电机从放置元件边 A 处轴向切开并展平，如图 10-18（b）所示。由定子内圆展成的

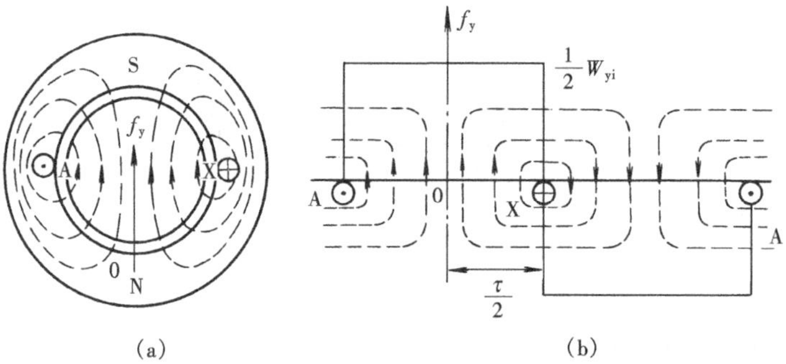

图 10-18 整距线圈产生的磁动势
（a）断面图；（b）展开图

直线取为坐标的X轴，用来表示气隙圆周上各点的位置。将位于两条元件边中央的垂直线取为坐标的 f_y 轴，用来表示气隙磁动势 f_y 的大小和极性。设磁力线穿出定子为磁动势的正方向，便得到整距元件产生的每极磁动势沿气隙圆周按矩形分布，如图10-18（b）所示。用方程式表示为

$$f_y(x)=\frac{1}{2}iW_y\quad\left(-\frac{\tau}{2}<x<\frac{\tau}{2}\right)\tag{10-20}$$

$$f_y(x)=-\frac{1}{2}iW_y\quad\left(\frac{\tau}{2}<x<\frac{3\tau}{2}\right)\tag{10-21}$$

若电流为余弦波

$$i=\sqrt{2}I_y\cos\omega t$$

则整距元件的每极磁动势方程式为

$$f_y(x,t)=\frac{1}{2}iW_y=\frac{\sqrt{2}}{2}I_yW_y\cos\omega t=F_{ym}\cos\omega t\quad\left(-\frac{\tau}{2}<x<\frac{\tau}{2}\right)\tag{10-22}$$

$$f_y(x,t)=-\frac{1}{2}iW_y=-\frac{\sqrt{2}}{2}I_yW_y\cos\omega t=-F_{ym}\cos\omega t\quad\left(\frac{\tau}{2}<x<\frac{3\tau}{2}\right)\tag{10-23}$$

其中 $F_{ym}=\frac{\sqrt{2}}{2}I_yW_y$ 矩形波磁动势的幅值，即电流达到幅值时的磁动势矩形波的数值。则整距元件的每极磁动势方程式也可写成

$$f_y(x,t)=f_{ym}(x)\cos\omega t\tag{10-24}$$

式（10-22）、式（10-23）或式（10-24）表明，当正弦波交流电流通过整距元件时，磁动势在空间分布的矩形波高度随时间按正弦规律变化。即从空间看，一个极下各点的磁动势在同一时刻是相等的；从时间看，磁动势是按正弦规律变化的。当电流为正半波时，磁动势极性与图10-18所示相同；当电流为负半波时，磁动势极性与图10-18所示相反。不同瞬间的磁动势空间分布如图10-19所示。这种空间位置固定不动而大小和极性随电流交变的磁动势和磁场，称为脉振磁动势和脉振磁场。脉振磁动势的频率就是交变电流的频率。

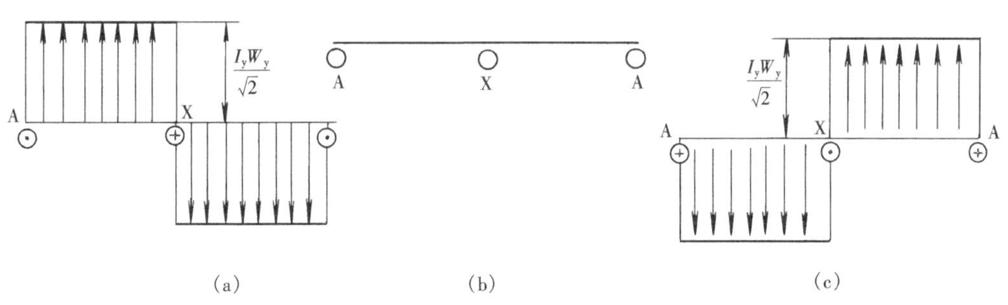

图10-19　脉振磁动势在不同瞬间的情况

(a) $\omega t=0$；(b) $\omega t=\frac{\pi}{2}$；(c) $\omega t=\pi$

（二）矩形波磁动势的分解

直接应用矩形波磁动势来分析绕组的电磁特性很不方便。通常是采用傅氏级数，将元件的矩形波磁动势分解为基波磁动势和一系列谐波磁动势来分析。

因为磁动势的矩形波对称于纵轴，$f_y(x)=f_y(-x)$，所以分解后仅含有余弦项；又因为磁动势的矩形波对称于横轴，$f_y(x)=f_y(x+\tau)$，所以分解后仅含有1、3、5、…各奇次谐波。电流等于幅值时的矩形波磁动势按照傅氏级数进行分解得到的曲线如图10-20所示。其数学表达式为

$$f_{ym}(x)=F_{y1}\cos\frac{\pi}{\tau}x+F_{y3}\cos3\frac{\pi}{\tau}x+F_{y5}\cos5\frac{\pi}{\tau}x+\cdots \quad (10\text{-}25)$$

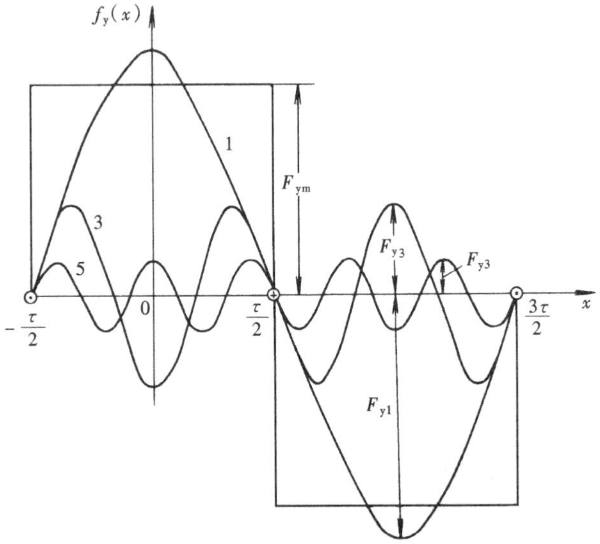

图10-20 矩形波磁动势的基波和谐波分量

式中 $\frac{\pi}{\tau}x$——与横坐标 x 对应的电角度；

F_{y1}——基波磁动势的幅值，出现在 $\frac{\pi}{\tau}x=0$ 处，其值为

$$F_{y1}=\frac{4}{\pi}\frac{\sqrt{2}}{2}I_yW_y=0.9I_yW_y; \quad (10\text{-}26)$$

F_{y3}、F_{y5}…——分别表示3、5…各奇次谐波的幅值。

若以 ν 表示谐波次数，则有

$$F_{y\nu}=\frac{1}{\nu}0.9I_yW_y\sin\nu\frac{\pi}{2} \quad (10\text{-}27)$$

其中谐波幅值为$\frac{1}{\nu}0.9I_yW_y=\frac{1}{\nu}F_{y1}$，也出现在 $\frac{\pi}{\tau}x=0$ 处，但其正负由 $\sin\nu\frac{\pi}{2}=\pm1$ 决定。例如对三次、五次谐波分别为

$$F_{y3}=-\frac{1}{3}0.9I_yW_y=-\frac{1}{3}F_{y1}$$

$$F_{y5}=\frac{1}{5}0.9I_yW_y=\frac{1}{5}F_{y1}$$

因此，式（10-25）可写成

$$f_{ym}(x)=0.9I_yW_y\left(\cos\frac{\pi}{\tau}x-\frac{1}{3}\cos3\frac{\pi}{\tau}x+\frac{1}{5}\cos5\frac{\pi}{\tau}x+\cdots\right)$$

将上式代入式（10-24）得到整距元件每极磁动势方程式

$$f_y(x,t)=0.9I_yW_y\left(\cos\frac{\pi}{\tau}x-\frac{1}{3}\cos3\frac{\pi}{\tau}x+\frac{1}{5}\cos5\frac{\pi}{\tau}x+\cdots\right)\cos\omega t \quad (10\text{-}28)$$

（三）整距元件磁动势的性质

（1）整距元件通入交流电流产生的磁动势在空间按矩形分布，因为电流随时间按正弦规律变化，所以每极磁动势也随时间按同一规律变化。磁动势幅值（矩形波的最大高度）为

$\frac{\sqrt{2}}{2}I_yW_y$。

（2）在空间呈周期性分布的矩形波磁动势可以分解为基波及一系列奇次谐波磁动势。基波幅值为矩形波幅值的$\frac{4}{\pi}$倍，等于$0.9I_yW_y$，幅值位置与绕组中心线重合。

（3）ν次谐波磁动势的幅值是基波磁动势幅值的$\frac{1}{\nu}$，其极距是基波的$\frac{1}{\nu}$，其极数是基波的ν倍。

二、极相组的磁动势

交流电机的定子绕组是由多个绕组元件构成的，每个极相组是由同一极下属于同一相的q个元件串联组成的，这q个元件在空间依次相隔一个槽距角α。这q个元件产生的合成磁动势称为极相组的磁动势。极相组磁动势的大小与元件是整距还是短矩有关，因此，须分别讨论。

（一）整距元件极相组的磁动势

1. 极相组基波磁动势

设极相组由q个整距元件组成，图10-21（a）画出了$q=3$的整距元件分布极相组。已知单个整距元件的磁动势在空间按照以2τ为周期的矩形波分布，因为这三个元件的匝数、电流都相同，所以三个元件产生的磁动势的矩形波大小相同，幅值均为F_{ym}，只是空间位置依次相差一个槽距角α。用傅氏级数将各个矩形波分解为基波和一系列谐波，基波磁动势在空间按正弦规律变化，其周期与矩形波的周期相同，各元件基波磁动势的幅值相等，均为F_{y1}，在空间依次相差α电角度。将三条基波磁动势曲线逐点相加，便得到极相组基波磁动势曲线，如图10-21（b）所示。在空间按正弦分布的磁动势可以用空间矢量表示，如图10-21（c）所示。空间矢量画在磁动势的轴线处，空间矢量的长度表示正弦分布的磁动势的幅值，空间矢量在定子圆周某一点法线上的投影，表示该点磁动势的大小和极性。图10-21（d）画出了由各元件的基波磁动势矢量求得的极相组基波磁动势矢量。由图示关系可得到元件的基波磁动势幅值为

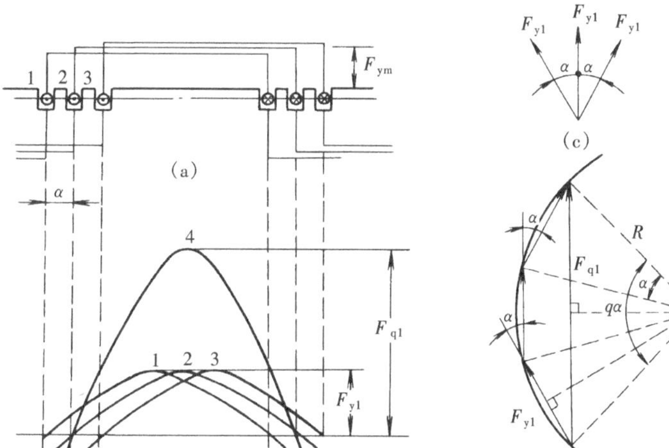

图10-21　整距极相组的磁动势
(a)$q=3$的分布绕组；(b)磁动势空间波；(c)磁动势空间矢量；(d)极相组磁动势空间矢量

$$F_{y1}=2R\sin\frac{\alpha}{2} \tag{10-29}$$

式中R为元件基波磁动势矢量图构成的正多边形的外接圆半径，α为正多边形每个边所对的

圆心角，也就是槽距角。当极相组由 q 个整距元件组成时，极相组的基波磁动势幅值为

$$F_{q1} = 2R\sin\frac{q\alpha}{2} \tag{10-30}$$

由式（10-29）与式（10-30）消去 R，得到

$$F_{q1} = qF_{y1}\frac{\sin\frac{q\alpha}{2}}{q\sin\frac{\alpha}{2}} = qF_{y1}k_{q1} \tag{10-31}$$

式（10-31）中，k_{q1} 称为基波磁动势的分布系数，计算式与基波电动势的分布系数相同。

假定将 q 个元件集中起来组成集中绕组，则其基波磁动势的幅值等于各元件基波磁动势幅值的算术和（qF_{y1}），而分布绕组的极相组基波磁动势的幅值等于各元件的基波磁动势幅值的矢量和（F_{q1}），因此基波磁动势分布系数的物理意义是表示采用分布绕组使基波磁动势减小的倍数，即

$$k_{q1} = \frac{F_{q1}}{qF_{y1}} = \frac{q\text{ 个分布元件的基波磁动势矢量和的幅值}}{q\text{ 个元件基波磁动势幅值的算术和}} \tag{10-32}$$

2. 极相组谐波磁动势

因为各次谐波磁动势在空间也是呈正弦分布的，所以同样可用空间矢量表示，并用矢量相加的方法求出合成磁动势。但要注意到各个元件的 ν 次谐波磁动势矢量依次相差的电角度为 $\nu\alpha$，故在式（10-31）中应以 $\nu\alpha$ 代替 α。可得出 ν 次谐波磁动势的分布系数为

$$k_{q\nu} = \frac{\sin q\frac{\nu\alpha}{2}}{q\sin\frac{\nu\alpha}{2}} \tag{10-33}$$

同理，ν 次谐波的极相组磁动势幅值 $F_{q\nu}$ 等于 q 个元件的 ν 次谐波磁动势幅值的算术和 $qF_{y\nu}$ 乘以谐波分布系数 $k_{q\nu}$，即

$$F_{q\nu} = qF_{y\nu}k_{q\nu} = q\frac{1}{\nu}0.9I_yW_yk_{q\nu} \tag{10-34}$$

（二）短距极相组的磁动势

交流电机的双层绕组常采用短距绕组，元件采用短距（$y_1 < \tau$）能够改善绕组合成磁动势的波形。图10-22（a）画出了同一对磁极下两个 $q=3$ 的整距元件极相组 A_1、X_1 和 A_2、X_2，它们反向串联，电流由 X_1 流入、A_1 流出，由 A_2 流入、X_2 流出。这两个整距元件极相组的轴线一致，合成磁动势的轴线与极相组的轴线一致，合成磁动势等于一个极相组磁动

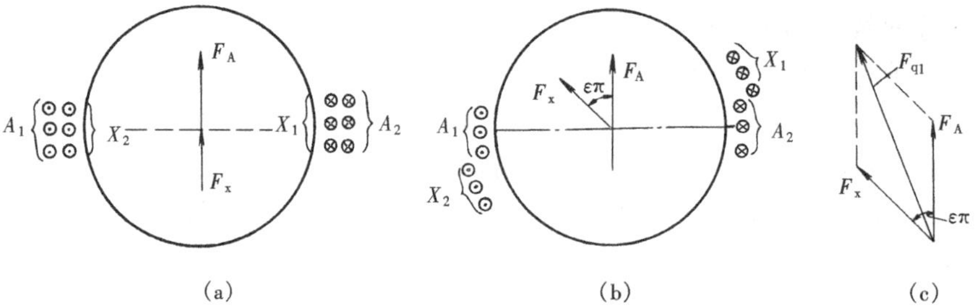

图 10-22 短距极相组的磁动势

（a）整距元件；（b）短距元件；（c）短距元件极相组的磁动势

势的二倍。若改为两个短距元件的极相组 A_1、X_1 和 A_2、X_2 反向串联，如图 10-22（b）所示，此时可以看成 A_1 和 A_2 的位置不变，而 X_1 和 X_2 均逆时针方向移动 $\varepsilon\pi$ 电角度，这是因为节距由原来的 $y_1=\tau$，缩短为 $y_1=(1-\varepsilon)\tau$。因为磁动势的大小和波形仅决定于元件边的分布情况和其中的电流，而与元件边的连接顺序无关，所以可以将 A_1X_1 和 A_2X_2 两个实际极相组等效看作 A_1A_2 为一个整距极相组，X_1X_2 看作另一整距极相组。这两个整距极相组在空间相距 $\tau-y_1$ 槽，相应的空间电角度为

$$\varepsilon\pi=(\tau-y_1)\frac{180^\circ}{\tau} \tag{10-35}$$

从产生磁动势的角度看，这两个整距极相组与实际的两个短距极相组是等效的。A_1A_2 整距极相组的基波磁动势空间矢量 F_A 与 X_1X_2 整距极相组的基波磁动势空间矢量 F_X 的夹角为 $\varepsilon\pi$ 电角度，如图 10-22（c）所示。因为 $F_A=F_X$，所以由矢量图得到两个短距极相组的基波磁动势幅值 F_{q1} 为

$$F_{q1}=2F_A\cos\frac{\varepsilon\pi}{2}=2F_Ak_{y1} \tag{10-36}$$

上式（10-36）中，k_{y1} 为基波磁动势的短距系数，即

$$k_{y1}=\cos\frac{\varepsilon\pi}{2}=\cos\frac{1}{2}\left(\frac{\tau-y_1}{\tau}\cdot180^\circ\right)=\sin\frac{y_1}{\tau}90^\circ \tag{10-37}$$

当两个等效的整距极相组的空间位置相差 $\varepsilon\pi$ 电角度时，ν 次谐波磁动势矢量相差 $\nu\varepsilon\pi$ 电角度。在式（10-37）中，用 $\nu\varepsilon\pi$ 代替 $\varepsilon\pi$，便得到 ν 次谐波磁动势的短距系数为

$$k_{y\nu}=\cos\nu\frac{\varepsilon\pi}{2}=\sin\nu\frac{y_1}{\tau}90^\circ \tag{10-38}$$

由式（10-38）看出，当 $\varepsilon=\frac{1}{\nu}$ 时，$k_{y\nu}=\cos\frac{\pi}{2}=0$，即消除了 ν 次谐波磁动势。因此，若使节距 y_1 比极距 τ 缩短 $\varepsilon\tau=\frac{\tau}{\nu}$，即选择节距为

$$y_1=(1-\varepsilon)\tau=\frac{\nu-1}{\nu}\tau$$

便可消除 ν 次谐波磁动势。例如要消除五次谐波磁动势，应使 $\varepsilon=\frac{1}{5}$，即 $y_1=\frac{5-1}{5}\tau=\frac{4}{5}\tau$。要消除七次谐波磁动势，应使节距 $y_1=\frac{7-1}{7}\tau=\frac{6}{7}\tau$。为了使 5 次和 7 次谐波磁动势都有所削弱以改善波形，可选择节距 $y_1=\frac{5}{6}\tau$。可见，采用短距元件也能够改善绕组的磁动势波形。

（三）绕组系数

在式（10-36）中，F_A 是由一个等效的整距元件极相组 A_1A_2 或 X_1X_2 所产生的基波磁动势幅值，它可以用式（10-31）表示，即

$$F_A=F_{q1}=qF_{y1}k_{q1}$$

将上式代入式（10-36），得短距分布绕组的极相组基波磁动势幅值为

$$F_{q1} = 2qF_{y1}k_{q1}k_{y1} = 2qF_{y1}k_{w1} \tag{10-39}$$

式中，分布系数与短距系数的乘积称为基波绕组系数，即

$$k_{W1} = k_{q1}k_{y1} \tag{10-40}$$

ν 次谐波绕组系数为

$$k_{W\nu} = k_{q\nu}k_{y\nu} \tag{10-41}$$

因为各磁动势矢量和的幅值总是小于各磁动势幅值的算术和，因而绕组系数也是小于 1 的。恰当地采取短距和分布措施，可以使绕组的基波磁动势减小不多，而谐波磁动势大为削弱，从而明显改善了磁动势波形。

三、相绕组的磁动势

相绕组的总匝数按照极对数平均分配，每对极下属于同一相的元件所产生的总磁动势只作用在该对极的分支磁路中，因此，相绕组的磁动势是指相绕组在一对极下的那一部分元件所产生的总磁动势，即极相组的磁动势，见式（10-31）和式（10-39）。

对于极对数为 p、每极每相槽数为 q、元件匝数为 W_y 的双层绕组，相绕组在每对极下的匝数为 $2qW_y$。设相绕组的总匝数为 W，并联支路取为 a，则有

$$\frac{W}{p} = 2qW_y/a$$

对于单层绕组，相绕组在每对极下的匝数为

$$\frac{W}{p} = qW_y/a$$

为了便于记忆，设导体电流大小为 I_y，相电流有效值为 $I=aI_y$，将式（10-31）和式（10-39）统一化简、整理，所以相绕组的每极基波磁动势幅值为

$$F_{ph1} = 0.9I\frac{W}{p}k_{W1} \tag{10-42}$$

ν 次谐波相绕组磁动势幅值为

$$F_{ph\nu} = \frac{1}{\nu}0.9I\frac{W}{p}k_{W\nu} \tag{10-43}$$

式（10-42）和式（10-43）对单层绕组和双层绕组都适用。

因为相绕组的基波合成磁动势幅值的位置与这部分相绕组的中心线位置是重合的，所以将空间坐标原点取在这部分相绕组的中心线上，便可仿照式（10-28）得到相绕组的每极磁动势方程式

$$f_{ph}(x,t) = 0.9I\frac{W}{p}\left[k_{W1}\cos\frac{\pi}{\tau}x - \frac{1}{3}k_{W3}\cos3\frac{\pi}{\tau}x + \frac{1}{5}k_{W5}\cos5\frac{\pi}{\tau}x + \cdots\right]\cos\omega t \tag{10-44}$$

由式（10-44）看出，一相绕组产生的磁动势既是空间的函数，又是时间的函数。以基波磁动势为例，其表达式为

$$f_{ph1}(x,t) = F_{ph1}\cos\frac{\pi}{\tau}x\cos\omega t$$

在某一瞬间，亦即 ωt 为某一定值时，磁动势在空间沿圆周按余弦规律分布。如果固定观察

圆周上某点，即 $\frac{\pi}{\tau}x$ 为某一定值处的磁动势，此磁动势随电流按余弦规律同频率变化。这种空间位置固定不动而其幅值随时间交变的磁动势称为脉振磁动势，如图 10-23 所示。

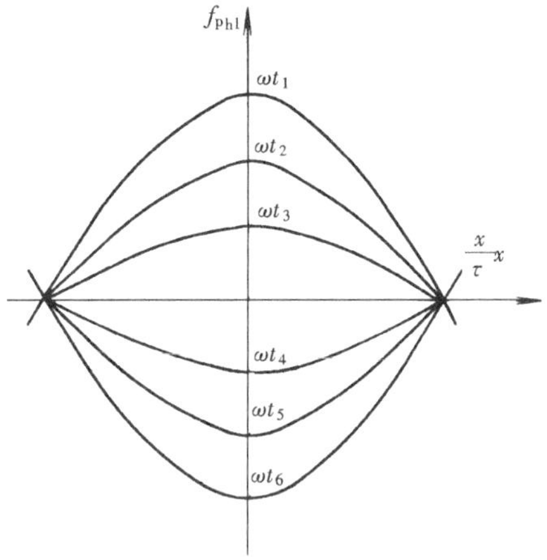

图 10-23　脉振磁动势波形

根据以上分析，可总结一相绕组磁动势的性质如下：

(1) 一相绕组的磁动势是脉振磁动势，其空间位置固定不变，大小和方向随时间按余弦规律交变，交变的频率与电流变化的频率相同。

(2) 一相绕组基波磁动势的幅值位于这相绕组的轴线上。

(3) 一相绕组脉振磁动势中基波磁动势的幅值为 $F_{ph1}=0.9I\frac{W}{p}k_{W1}$；$\nu$ 次谐波磁动势幅值为 $F_{ph\nu}=\frac{1}{\nu}\times0.9I\frac{W}{p}k_{W\nu}$。基波和各次谐波磁动势的幅值与各自的绕组系数成正比，为此，交流电机通常采用短距分布绕组，合理选择每极每相槽数 q 和元件节距 y_1，可使基波磁动势的绕组系数接近于 1，而谐波磁动势的绕组系数很小，从而达到改善磁动势波形的效果。

第六节　三相绕组的磁动势

一、用三角函数分析三相基波合成磁动势

为了用方程式描述相绕组的基波磁动势和三相基波合成磁动势，必须确定空间坐标和时间坐标的原点。如果将空间坐标的原点取在某相绕组的中心线上，时间坐标的原点取在该相电流达到正最大值的时刻，上节中已经得到相绕组的磁动势方程式为式（10-44）。根据此式得出相绕组的基波磁动势方程式为

$$f_{ph1}(x,t)=F_{ph1}\cos\frac{\pi}{\tau}x\cos\omega t \tag{10-45}$$

其中

$$F_{ph1}=0.9I\frac{W}{p}k_{W1}$$

式中　F_{ph1}——电流为最大值时的相绕组基波磁动势幅值。

因为在空间按余弦规律分布的相绕组基波磁动势幅值是 $F_{ph1}\cos\omega t$，它随时间按余弦规律变化，所以 F_{ph1} 是电流达到最大值（即 $\cos\omega t=1$）时的相绕组基波磁动势幅值。

为分析方便，将空间坐标的原点取在 U 相绕组的中心线上，将时间坐标的原点取在 U 相电流达到正最大值的时刻，仿照式（10-45）得到 U 相绕组的基波磁动势方程式

$$f_{U1}(x,t)=F_{ph1}\cos\frac{\pi}{\tau}x\cos\omega t \tag{10-46}$$

因为 V 相电流滞后于 U 相电流 $\frac{2\pi}{3}$ 电角度，V 相绕组中心线与空间坐标的原点（即 U 相绕组的中心线处）相距 $\frac{2\pi}{3}$ 电角度，所以得到 V 相绕组的基波磁动势方程式

$$f_{V1}(x,\ t)=F_{ph1}\cos\left(\frac{\pi}{\tau}x-\frac{2}{3}\pi\right)\cos\left(\omega t-\frac{2\pi}{3}\right) \tag{10-47}$$

因为 W 相电流滞后于 U 相电流 $2\times\frac{2\pi}{3}$电角度，W 相绕组的中心线与空间坐标原点相距 $2\times\frac{2\pi}{3}$，所以 W 相绕组的基波磁动势方程式为

$$f_{W1}(x,\ t)=F_{ph1}\cos\left(\frac{\pi}{\tau}x-\frac{4}{3}\pi\right)\cos\left(\omega t-\frac{4\pi}{3}\right) \tag{10-48}$$

应当注意，U、V、W 三相绕组的空间位置和 U、V、W 三相电流的时间相位虽然都是互差同一电角度$\frac{2\pi}{3}$；但是意义不同，空间位置相差$\frac{2\pi}{3}$电角度对应于弧长为一对极距的$\frac{1}{3}$，即$\frac{2\tau}{3}$；时间相位相差$\frac{2\pi}{3}$电角度对应于一个周期的$\frac{1}{3}$，对工频便是$\left(\frac{1}{3}\times\frac{1}{50}\right)$s 的时间。

利用三角公式 $\cos\alpha\cos\beta=\frac{1}{2}[\cos(\alpha-\beta)+\cos(\alpha+\beta)]$，将式(10-46)～式(10-48)各分解成两个幅值相等、转速相同、转向相反的旋转磁动势，即

$$f_{U1}(x,\ t)=\frac{F_{ph1}}{2}\left[\cos\left(\omega t-\frac{\pi}{\tau}x\right)+\cos\left(\omega t+\frac{\pi}{\tau}x\right)\right]$$

$$f_{V1}(x,\ t)=\frac{F_{ph1}}{2}\left[\cos\left(\omega t-\frac{\pi}{\tau}x\right)+\cos\left(\omega t+\frac{\pi}{\tau}x-\frac{4\pi}{3}\right)\right]$$

$$f_{W1}(x,\ t)=\frac{F_{ph1}}{2}\left[\cos\left(\omega t-\frac{\pi}{\tau}x\right)+\cos\left(\omega t+\frac{\pi}{\tau}x-\frac{2\pi}{3}\right)\right]$$

将上列三式相加，得到三相绕组的基波合成磁动势

$$f_1(x,\ t)=F_{U1}(x,\ t)+F_{V1}(x,\ t)+F_{W1}(x,\ t)=\frac{3}{2}F_{ph1}\cos\left(\omega t-\frac{\pi}{\tau}x\right) \tag{10-49}$$

式(10-49)表明，三相绕组的基波合成磁动势为旋转磁动势。因为当 $\omega t=0$ 时，

$$f_1(x,\ t)_{\omega t=0}=\frac{3}{2}F_{ph1}\cos\left(-\frac{\pi}{\tau}x\right)$$

是 x 的余弦函数，它表明在空间按余弦规律分布。在 $x=0$ 处，三相基波合成磁动势等于正最大值$\frac{3}{2}F_{ph1}$，即 N 极轴线在 $x=0$ 处，也就是 N 极轴线在电流等于正最大值的 U 相绕组中心线处。当 $\omega t=\frac{\pi}{3}$时，

$$f_1(x,\ t)_{\omega t=\frac{\pi}{3}}=\frac{3}{2}F_{ph1}\cos\left(\frac{\pi}{3}-\frac{\pi}{\tau}x\right)$$

表明三相基波合成磁动势在空间仍然按余弦规律分布，幅值仍然是$\frac{3}{2}F_{ph1}$，只是 N 极轴线（即正幅值位置）已从 $x=0$ 处移到 $x=\frac{\tau}{3}$处，这说明电流相位变化$\frac{\pi}{3}$电角度，使三相基波合成磁动势在空间上旋转$\frac{\pi}{3}$电角度。当 $\omega t=\frac{2\pi}{3}$时，f_1（x，t）$_{\omega t=\frac{2\pi}{3}}$的正幅值位置在 $x=\frac{2\tau}{3}$处，说明电流相位变化$\frac{2\pi}{3}$电角度，使三相基波合成磁动势空间上旋转$\frac{2\pi}{3}$电角度，这时 N 极轴线

在电流等于最大值的 V 相绕组中心线处。可见三相基波合成磁动势在空间按余弦规律分布，幅值的大小不变，但幅值的空间位置随时间变化，也就是按余弦规律分布的磁动势波在空间旋转。

式（10-49）表示的旋转磁动势沿着 $x>0$ 的方向旋转，这是在三相绕组的电流 i_U、i_V、i_W 依次滞后 $\frac{2\pi}{3}$ 的相序下得到的，即

$$i_U=\sqrt{2}I\cos\omega t$$
$$i_V=\sqrt{2}I\cos\left(\omega t-\frac{2\pi}{3}\right)$$
$$i_W=\sqrt{2}I\cos\left(\omega t-\frac{4\pi}{3}\right)$$

如果绕组的标志 U、V、W 不变，但电流的相序相反，即三相绕组的电流 i_U、i_V、i_C 依次超前 $\frac{2}{3}\pi$，则各相绕组的基波磁动势为

$$f_{U1}(x,t)=F_{ph1}\cos\omega t\cos\frac{\pi}{\tau}x=\frac{F_{ph1}}{2}\left[\cos\left(\omega t+\frac{\pi}{\tau}x\right)+\cos\left(\omega t-\frac{\pi}{\tau}x\right)\right] \tag{10-50}$$

$$\begin{aligned}f_{V1}(x,t)&=F_{ph1}\cos\left(\omega t-\frac{4\pi}{3}\right)\cos\left(\frac{\pi}{\tau}x-\frac{2\pi}{3}\right)\\&=\frac{F_{ph1}}{2}\left[\cos\left(\omega t+\frac{\pi}{\tau}x\right)+\cos\left(\omega t-\frac{\pi}{\tau}x-\frac{2\pi}{3}\right)\right]\end{aligned} \tag{10-51}$$

$$\begin{aligned}f_{W1}(x,t)&=F_{ph1}\cos\left(\omega t-\frac{2\pi}{3}\right)\cos\left(\frac{\pi}{\tau}x-\frac{4\pi}{3}\right)\\&=\frac{F_{ph1}}{2}\left[\cos\left(\omega t+\frac{\pi}{\tau}x\right)+\cos\left(\omega t-\frac{\pi}{\tau}x+\frac{2\pi}{3}\right)\right]\end{aligned} \tag{10-52}$$

将上列三式相加，得到三相基波合成磁动势

$$f_1(x,t)=\frac{3}{2}F_{ph1}\cos\left(\omega t+\frac{\pi}{\tau}x\right) \tag{10-53}$$

上式出现幅值的空间位置是 $x=-\omega t\frac{\tau}{\pi}$，说明三相基波合成磁动势沿着 $x<0$ 的方向旋转的。由此可见，改变三相电流的相序，就能够改变三相基波合成磁动势的旋转方向。

二、图解法分析三相基波合成磁动势

为更直观地看出三相基波合成磁动势的特点，以下用图解法进行分析。

图 10-24（a）、（b）、（c）分别表示 $\omega t=0°$、120°和 240°时的定子三相电流相量和三相对称绕组分布的示意图。图中 U、V、W 三相绕组分别用三个等效的集中元件表示。设电流为正时从元件的尾端（U2、V2、W2）进去，从首端（U1、V1、W1）出来。并定义绕组中电流为正方向时按右手螺旋定则确定磁动势方向为绕组的轴线方向。

设三相对称电流瞬时值表达式为

$$i_U=I_m\cos\omega t$$
$$i_V=I_m\cos(\omega t-120°)$$
$$i_W=I_m\cos(\omega t-240°)$$

图 10-24（a）所示为 $\omega t=0°$时，$i_U=I_m$，$i_V=i_W=-\frac{I_m}{2}$。则电流分别由 U1、W2、V2

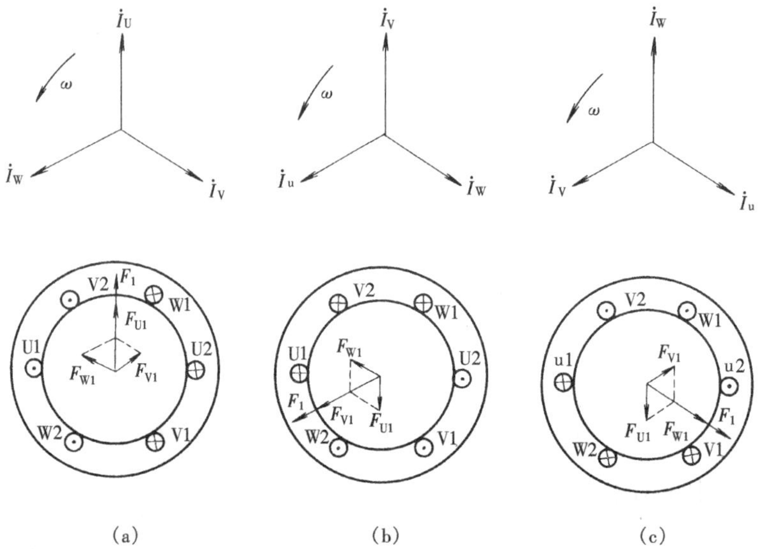

图 10-24 三相基波合成旋转磁动势的产生

(a) $\omega t=0°$；(b) $\omega t=120°$；(c) $\omega t=240°$

流出，由 U2、V1、W1 流入。U 相绕组产生的基波磁动势用空间矢量表示位于 U 相绕组的轴线上，幅值 $F_{U1}=F_{ph1}$。此时 V、W 两相绕组产生的基波磁动势矢量均在各绕组轴线的反方向，幅值为 $F_{V1}=F_{W1}=\frac{1}{2}F_{ph1}$。三相基波合成磁动势的矢量 F_1 为 F_{U1}、F_{V1} 和 F_{W1} 的矢量和，空间位置在 U 相绕组轴线上，幅值 $F_1=F_{U1}+F_{V1}\sin30°+F_{W1}\sin30°=\frac{3}{2}F_{ph1}$。U 相基波磁动势幅值最大。V、W 两相基波磁动势幅值均为 U 相的一半，三相基波合成磁动势幅值的位置恰好在电流达到最大值的 U 相绕组轴线上，方向与 U 相绕组的磁动势方向相同。三相基波合成磁动势的幅值等于 U 相基波磁动势幅值与该处的 V、W 两相基波磁动势之和。因此，三相基波合成磁动势的幅值等于电流为最大值相绕组基波磁动势的 $\frac{3}{2}$ 倍。

当 $\omega t=120°$ 时，$i_V=I_m$，$i_U=i_W=-\frac{I_m}{2}$。按上述同样的方法可得出三相基波合成磁动势幅值的位置旋转到电流为正最大值的 V 相绕组轴线上，方向与 V 相绕组的磁动势方向相同。三相基波合成磁动势的幅值，仍然等于电流为最大值相绕组基波磁动势幅值的 $\frac{3}{2}$ 倍。可见电流时间相量旋转了 120°，三相基波合成磁动势的空间位置也旋转了 120°。

当 $\omega t=240°$ 时，电流又变化了 120°，此时 $i_W=I_m$ 达正的最大值，$i_U=i_V=-\frac{I_m}{2}$，用同样的方法可得出三相基波合成磁动势幅值的位置旋转到电流为正最大值的 W 相绕组轴线上，方向与 W 相绕组的磁动势方向相同。三相基波合成磁动势的幅值仍然等于电流为最大值相绕组基波磁动势幅值的 $\frac{3}{2}$ 倍，只是空间位置又旋转了 120°。

电流相量与三相基波合成磁动势的空间位置的对应关系，分别如图 10-24（a）、（b）、

(c)所示。从图中看出，随着电流变化，三相基波合成磁动势空间位置也随之变化，即三相基波合成磁动势在空间旋转，但其幅值保持不变，总是为一相绕组基波磁动势幅值的$\frac{3}{2}$倍；转向与电流的相序有关即从电流超前相转向电流滞后相；基波旋转磁动势的转速，如果电流变化 360°，即变化一周，三相基波磁动势也转过 360°空间电角度，即一对极距，相当于$\frac{1}{p}$转，所以旋转磁动势的转速为 $n_1=\frac{60f_1}{p}$ (r/min)。

三、三相基波合成磁动势的性质

综合上面的分析，可以归纳出三相基波合成磁动势的性质如下：

(1) 三相对称电流通入三相对称绕组时，三相基波合成磁动势为旋转磁动势，其旋转速度为 $n_1=\frac{60f_1}{p}$。由此可以推论，如果对称的 m 相绕组 ($m\neq1$) 通过对称的 m 相电流，也能够产生旋转磁动势。

(2) 三相基波合成磁动势的旋转方向总是由电流超前相转向滞后相。改变定子三相绕组电流的相序，就能够改变三相基波合成磁动势的旋转方向。

(3) 当某相绕组电流达到最大值时，基波合成磁动势的幅值必然在该相绕组的中心线上，而且基波合成磁动势的方向与该相绕组的磁动势方向相同。

(4) 基波合成磁动势的幅值恒定不变，等于电流为最大值时相绕组基波脉振磁动势幅值的$\frac{3}{2}$倍（对 m 相绕组则为$\frac{m}{2}$倍）。其空间矢量端点的轨迹为一个圆，所以称为圆形旋转磁动势。

四、三相绕组的谐波合成磁动势

由于相绕组的磁动势既含有基波又含有 3、5、7…各奇次谐波，因而三相绕组的合成磁动势除基波外也含有高次谐波。高次谐波磁动势并不参与能量转换，但对电机的运行性能会有影响。

分析谐波合成磁动势的方法与分析基波合成磁动势的方法相同，选用的时间坐标和空间坐标也是一样的。不过对应于基波的一个极距 τ，ν 次谐波则为 ν 个极距 $\nu\tau$；对应于基波在空间的 α 电角度，ν 次谐波为 $\nu\alpha$ 电角度；基波为 p 对极，ν 次谐波为 νp 对极。

（一）三次谐波合成磁动势

因为各相绕组的三次谐波磁动势的脉振频率仍然等于电流的频率，而各相绕组的三次谐波磁动势的空间位置互差 $3\times\frac{2\pi}{3}=2\pi$ 电角度，各相绕组的三次谐波磁动势方程式可参照基波磁动势的表达式写为

$$f_{U3}(x,\ t)=F_{ph3}\cos\omega t\cos3\ \frac{\pi}{\tau}x \tag{10-54}$$

$$f_{V3}(x,\ t)=F_{ph3}\cos\left(\omega t-\frac{2\pi}{3}\right)\cos3\left(\frac{\pi}{\tau}x-\frac{2\pi}{3}\right) \tag{10-55}$$

$$f_{W3}(x,\ t)=F_{ph3}\cos\left(\omega t-\frac{4\pi}{3}\right)\cos3\left(\frac{\pi}{\tau}x-\frac{4\pi}{3}\right) \tag{10-56}$$

将以上三式相加，得到三次谐波合成磁动势

$$f_3(x, t)=f_{U3}(x, t)+f_{V3}(x, t)+f_{W3}(x, t)$$

$$=F_{ph3}\cos 3\frac{\pi}{\tau}x\left[\cos\omega t+\cos\left(\omega t-\frac{2\pi}{3}\right)+\cos\left(\omega t-\frac{4\pi}{3}\right)\right]=0 \tag{10-57}$$

因为三相绕组的三次谐波脉振磁动势在空间互差 2π，即空间位置相同，而三相电流的时间相位互差$\frac{2\pi}{3}$，三相电流的瞬时值之和等于零，所以三次谐波合成磁动势等于零，同理，3 的倍数次谐波即 $\nu=3k(k=1, 2, 3\cdots)$次谐波的合成磁动势都等于零。

（二）ν 次谐波合成磁动势

仿照上述方法，分别将三相绕组的 5、7、11、13…次谐波脉振磁动势相加，可以得到 5、7、11、13…次谐波的合成磁动势，例如

$$f_5(x, t)=\frac{3}{2}F_{ph5}\cos\left(\omega t+5\frac{\pi}{\tau}x\right)$$

$$f_7(x, t)=\frac{3}{2}F_{ph7}\cos\left(\omega t-7\frac{\pi}{\tau}x\right)$$

由此可以推论，ν 次谐波合成磁动势为

$$f_\nu(x,t)=\frac{3}{2}F_{ph\nu}\cos\left(\omega t\pm\nu\frac{\pi}{\tau}x\right) \tag{10-58}$$

其中 $\nu=5$、7、11、13、17、19…

三相绕组的高次谐波合成磁动势具有下列性质：

（1）谐波合成磁动势中凡谐波次数是 3 和 3 的倍数次谐波即 $\nu=3k$（$k=1, 2, 3\cdots$）次谐波的合成磁动势为零；凡谐波次数 $\nu=6k\pm1$（$k=1, 2, 3\cdots$）次谐波的合成磁动势是旋转磁动势。

（2）ν 次谐波合成磁动势的转速均为基波合成磁动势转速的$\frac{1}{\nu}$，即 $n_\nu=\frac{1}{\nu}n_1$。

（3）ν 次谐波合成磁动势的旋转方向视谐波次数而定。当 $\nu=5$、11、17…时，旋转方向与基波相反，当 $\nu=7$、13、19…时，旋转方向与基波相同。上述关系可归纳为 $\nu=6k\pm1$，取减号时旋转方向与基波相反，取加号时旋转方向与基波相同。

（4）ν 次谐波合成磁动势的幅值恒定，等于电流为最大值相绕组 ν 次谐波脉振磁动势幅值的$\frac{3}{2}$倍。

五、三相定子绕组的磁场

根据以上分析可知，三相对称的定子绕组通入三相对称电流时，所产生的基波合成磁动势和高次谐波合成磁动势都是旋转磁动势，在这些旋转磁动势的作用下必然要产生相应的旋转磁场。旋转磁场的大小和分布波形，既与旋转磁动势的大小和分布波形有关，也与磁路的磁阻有关，通常交流电机的气隙是均匀的，因而气隙磁阻是常量。忽略铁心中的磁阻，则气隙磁通密度的分布波形与磁动势的分布波形相同。对于基波磁场，它是在空间呈正弦分布并以同步转速旋转的磁场，同时与定子绕组和转子绕组交链。交流电机依靠基波旋转磁场进行机电能量转换，因而基波旋转磁场是主磁场。

基波合成磁动势除了在气隙中建立旋转的主磁场外，还在定子槽和绕组端接部建立了脉振磁场。因为这部分脉振磁场仅与定子绕组交链，不通过气隙与转子绕组交链，所以不能参与能量转换，称为定子漏磁场。

谐波磁场同时与定子绕组和转子绕组交链，并在其中产生感应电动势。因为 υ 次谐波磁场的极对数是基波磁场的 ν 倍，而它的转速只有基波的 $1/\nu$，所以谐波磁场在定子绕组中感应电动势的频率与定子电流的频率相同，即

$$f_\nu=\frac{p_\nu n_\nu}{60}=\frac{pn_1}{60}=f_1 \tag{10-59}$$

$$p_\nu=\nu p_1$$

$$n_\nu=\frac{n_1}{\nu}$$

式中 p_ν——ν 次谐波磁动势的极对数；

n_ν——ν 次谐波磁动势的转速。

谐波磁场在定子绕组中产生感应电动势，必然影响到定子电流。谐波磁场虽然也在转子绕组中感应出电动势，但是可以证明它不能产生有效转矩，只能起到产生振动、引起附加损耗和噪声等不良作用。因此，通常将谐波磁场归并到槽漏磁和端接漏磁一起作为定子漏磁场处理

六、椭圆形旋转磁动势

三相对称绕组通三相对称电流会产生一个圆形旋转磁动势。两相对称绕组（匝数相等，空间位置互差 90°电角度）流过两相对称电流（有效值相等、时间相位相差 90°电角度），产生的基波磁动势，亦为圆形旋转磁动势。但如果两相或三相绕组不对称，或者电流不对称，则产生的基波合成磁动势不是圆形旋转磁动势，一般情况下是椭圆形旋转磁动势。

下面以两相绕组为例分析说明：

设 U 相绕组和 V 相绕组空间互差 90°电角度，两相绕组电流之间的相位差为 φ，则两相绕组产生的脉振磁动势的基波分量分别为

$$f_{U1}(x,\ t)=F_{U1}\cos\frac{\pi}{\tau}x\sin\omega t=\frac{1}{2}F_{U1}\sin\left(\omega t-\frac{\pi}{\tau}x\right)+\frac{1}{2}F_{U1}\sin\left(\omega t+\frac{\pi}{\tau}x\right)$$

$$\begin{aligned}F_{V1}(x,\ t)&=F_{V1}\cos\left(\frac{\pi}{\tau}x-90^\circ\right)\sin(\omega t-\varphi)\\&=\frac{1}{2}F_{V1}\sin\left(\omega t-\frac{\pi}{\tau}x-\varphi+90^\circ\right)+\frac{1}{2}F_{V1}\sin\left(\omega t+\frac{\pi}{\tau}x-\varphi-90^\circ\right)\end{aligned}$$

式中 F_{U1}——U 相绕组脉振磁动势基波的幅值；

F_{V1}——V 相绕组磁动势基波的幅值。

两相绕组合成磁动势的正转分量

$$f_+(x,\ t)=\frac{1}{2}F_{U1}\sin\left(\omega t-\frac{\pi}{\tau}x\right)+\frac{1}{2}F_{V1}\sin\left(\omega t-\frac{\pi}{\tau}x-\varphi-90^\circ\right) \tag{10-60}$$

反转分量

$$f_-(x,\ t)=\frac{1}{2}F_{U1}\sin\left(\omega t+\frac{\pi}{\tau}x\right)+\frac{1}{2}F_{V1}\sin\left(\omega t+\frac{\pi}{\tau}x-\varphi+90^\circ\right) \tag{10-61}$$

根据式（10-60）和式（10-61）分析两种特殊情况：

（1）当 $F_{U1}=F_{V1}=F_{ph1}$、$\varphi=90^\circ$时，可得

$$f_+(x,\ t)=F_{ph1}\sin\left(\omega t-\frac{\pi}{\tau}x\right)$$

$$f_-(x, t)=0$$

可见，两相对称绕组，流过两相对称电流时，产生的基波合成磁动势为一个恒定幅值的圆形旋转磁动势。

(2) 当 $F_{U1}\neq F_{V1}$、$\varphi=90°$时，可得

$$f_+(x, t)=\frac{F_{U1}+F_{V1}}{2}\sin\left(\omega t-\frac{\pi}{\tau}x\right)$$

$$=F_+\sin\left(\omega t-\frac{\pi}{\tau}x\right)$$

$$f_-(x, t)=\frac{F_{U1}-F_{V1}}{2}\sin\left(\omega t+\frac{\pi}{\tau}x\right)$$

$$=F_-\sin\left(\omega t+\frac{\pi}{\tau}x\right)$$

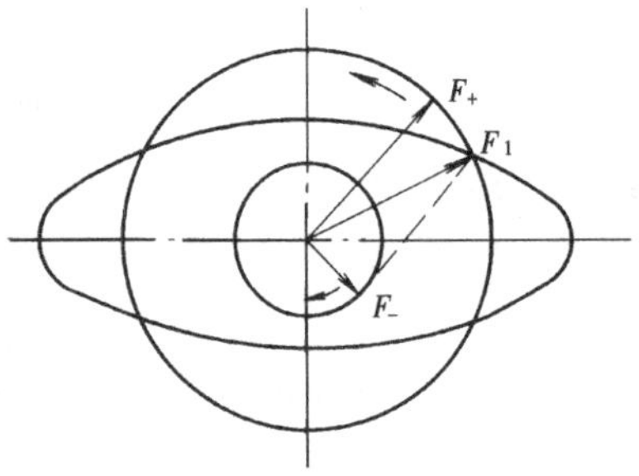

图 10-25　椭圆形旋转磁动势

可见，正转磁动势分量和反转磁动势分量转向相反、幅值不等、转速相同，如用旋转矢量 F_+ 和 F_- 表示这两个磁动势分量，它们的矢量末端轨迹分别为两个幅值不等的圆，它们的合成磁动势矢量 F_1 为 F_+ 和 F_- 的矢量和，同图 10-25 可知 F_1 的矢量末端轨迹为一椭圆，椭圆磁动势的幅值随时间变化，转速随时间变化，转向视正转和反转磁动势哪个强而定。

小　　结

本章主要分析了交流电机绕组以及交流电机绕组的磁动势和电动势等交流电机共同的理论问题。

(1) 三相定子绕组的构成原则是尽可能获得较大的基波电动势和基波磁动势，其最基本的要求是三相对称、磁动势和电动势的波形好、材料节省、制造方便等。绕组由若干绕组元件按一定规律连接而成。了解三相绕组的构成原理应掌握有关绕组的基本名词和术语：相带、每极每相槽数、极距、节距、绕组元件、极相组、正向串联、反向串联、并联支路数等。表达绕组连接规律的基本工具是绕组展开图。三相绕组分单层绕组和双层绕组，三相单层绕组又分链式、同心式和交叉式，三相双层绕组又分叠绕组和波绕组，各有各的特点及适用范围。三相单层绕组多为整距分布绕组；三相双层绕组则一般为短距分布绕组，目的在于改善磁动势和电动势的波形。双层绕组多用于大、中型电机；单相绕组嵌线方便、槽利用率高，多用于小型异步电机。

(2) 交流绕组流过交流电流时产生的磁动势既是空间函数，又是时间函数。单相绕组流过单相交流电流时，产生的磁动势为空间分布波，位置固定不变、幅值随时间交变的脉振磁动势。一个正弦分布的脉振磁动势（基波或谐波磁动势）可以分解为两个大小相等、转速相同、转向相反的旋转磁动势。三相对称绕组流过三相对称电流时产生的基波合成磁动势为圆

形旋转磁动势，在空间呈正弦分布，转速为 $n_1=\frac{60f_1}{p}$，旋转方向由电流超前相绕组转向电流滞后相绕组，幅值等于相绕组基波磁动势幅值的 $\frac{3}{2}$ 倍。除基波合成磁动势以外，$\nu=3k$（$k=1, 2, 3\cdots$）次谐波合成磁动势为零，$\nu=6k\pm1$ 次谐波合成磁动势亦为旋转磁动势。三相对称绕组或者两相对称绕组，如果流过的电流不对称，则产生的基波合成磁动势为椭圆形旋转磁动势，它是旋转磁动势的普遍形式，当正转磁动势分量与反转磁动势分量相等时其合成磁动势为脉振磁动势，当正转磁动势分量或反转磁动势分量中有一个为零时其合成磁动势为圆形旋转磁动势。

（3）旋转磁动势在电机气隙中产生的旋转磁场切割定子绕组，在定子绕组中感应电动势。根据电磁感应定律和绕组的构成原理，相绕组基波电动势有效值的计算公式为 $E_{ph1}=4.44fW_1k_{W1}\Phi_1$。谐波电动势有效值的公式为 $E_{ph\nu}=4.44f_\nu W_1k_{W\nu}\Phi_\nu$，三相绕组无论采用星形接法还是三角形接法，线电动势中均不含 3 和 3 的倍数次谐波电动势。

（4）交流电机的定子绕组只要采用合理的短距分布绕组，使其基波绕组系数 k_{W1} 接近于 1，而谐波绕组系数 $k_{W\nu}$ 尽量小，可以有效地抑制电动势波形和磁动势波形中的高次谐波分量，达到改善电动势波形和改善磁动势波形的效果。

习　　题

1. 交流电机定子绕组有哪些类型？各自的特点是什么？

2. 交流绕组和直流绕组的基本区别在哪里？为什么直流绕组的支路数必须是偶数，而交流绕组的支路数可以是奇数？

3. 对三相交流电机的定子绕组有哪些要求？其中最主要的要求是什么？

4. 为什么三相绕组的相带通常取 60°而不取 120°？短距绕组和整距绕组相比有什么优缺点？

5. 电机中空间电角度是如何定义的？电角度与机械角度有什么关系？

6. 单层叠绕组和双层叠绕组的最大并联支路数与极对数有什么关系？

7. 三相对称绕组通以三相对称电流会不会产生谐波磁动势？有三次、五次、七次谐波磁动势吗？为什么？

8. 星形连接的三相绕组，当电源断开一相时，磁动势性质怎样变化？

9. 如果将三相绕组依次串联接至单相电源，合成磁动势的性质怎样？

10. 采有短距分布绕组削弱高次谐波电动势以改善电动势波形时，每根导体感应电动势的波形是否同时得到了改善？

11. 如果要求电机相绕组磁动势和电动势中不含五次谐波，绕组节距与极距的比值 $\frac{y_1}{\tau}$ 应等于多大？

12. 一台 50Hz 的三相电机若通以 60Hz 的三相对称电流，电流的有效值不变，试问此时基波合成旋转磁动势的幅值大小、极对数、转速及转向将如何变化？

13. 有一三相单层绕组，定子槽数 $Z=24$，极数 $2p=4$，应采用哪种单层绕组比较合适？

并画出并联支路数 $a=1$ 时的展开图。

[答案：$q=2$，单层链式绕组]

14. 有一三相单层绕组，定子槽数 $Z=36$，极数 $2p=4$，从端接部分导线最省出发应采用哪种单层绕组？并画出 $a=1$ 时的展开图。

[答案：$q=3$，单层交叉式绕组]

15. 有一三相双层叠绕组，定子槽数 $Z=36$，极数 $2p=4$，节距 $y_1=\frac{8}{9}\tau$，试计算每极每相槽数 q、极距 τ、节距 y_1、槽距角 α，并画出 $a=2$ 时 U 相绕组的展开图。

[答案：$q=3$；$\tau=9$；$y_1=8$；$\alpha=20°$]

16. 一台三相异步电动机的极数 $2p=6$，定子槽数 $Z=36$，定子绕组为双层短距分布叠绕组，$y_1=\frac{5}{6}\tau$，每相串联匝数 $W_1=72$，当通入有效值为 20A 的工频三相对称电流时，求基波及五次谐波合成磁动势的幅值与转速。

[答案：基波：$F_1=604.6$A、$n_1=1000$r/m；五次波：$F_5=8.7$A，$n_5=200$r/m]

17. 一台三相异步电动机的每相感应电动势 $E_{ph1}=350$V，定子绕组的每相串联匝数 $W_1=312$，绕组系数 $k_{W1}=0.96$，求每极磁通量。

[答案：5.26×10^{-3}Wb]

18. 一台三相交流电机，定子是三相对称双层短距绕组，已知 $2p=4$，$Z=36$，$a=1$，$y=\frac{7}{9}\tau$。

(1) 画出 U 相绕组展开图；

(2) 求基波和五次谐波绕组系数；

[答案：$k_{W_1}=0.9$　$k_{W5}=-0.038$]

(3) 如果把该绕组改成两路并联（$a=2$），或四路并联（$a=4$），应当怎样改接线？

19. 一台三相六极电机的额定电压 $U_N=380$V，定子槽数 $Z=36$，定子绕组采用三相单层整距分布绕组，Y 接，并联支路数 $a=1$，线圈匝数 $W_c=40$，当定子绕组额定电动势为额定电压的 85%时，求气隙每极磁通 Φ_1 是多少？

[答案：3.62×10^{-3}Wb]

第十一章　三相异步电动机基本原理和结构

第一节　三相异步电动机的工作原理和运行状态

异步电动机是电力拖动系统中应用最广泛的一种电机。许多金属切削机床、船舰、鼓风机、水泵、冶炼设备、轧制设备、卷扬机和农用机械，都采用异步电动机来拖动。人们日常生活中的电扇、洗衣机等家用电器和医疗器械中也大量采用异步电动机。

一、三相异步电动机的工作原理

异步电动机的原理结构图如图 11-1 所示。它的定子铁心上安放三相对称绕组，转子分为笼型转子和绕线转子两种，图 11-1 所示为笼型转子异步电动机。转子外圆的槽内嵌放导体，导体两端用铜环短路，形成闭合回路。当三相定子绕组接于三要对称电源，流过三相对称电流时，三相合成磁动势在气隙中产生旋转磁场，如只考虑其基波，则此磁动势在气隙中以同步转速 n_1 旋转。同步转速 n_1 与电源频率 f_1 及电机极对数 p 有如下关系，即

$$n_1 = \frac{60f_1}{p} \tag{11-1}$$

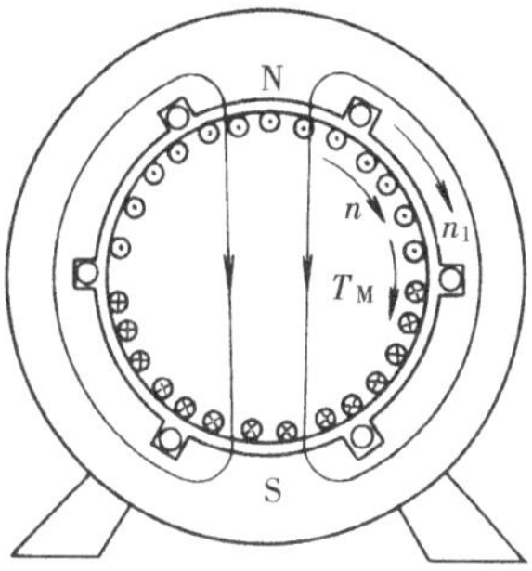

图 11-1　异步电动机原理结构示意图

设定子旋转磁场沿顺时针方向旋转并切割转子导体，根据电磁感应定律，转子导体中将有感应电动势产生，感应电动势的方向按右手定则确定。N 极下转子导体电动势由图面向外指，S 极下的转子导体电动势指向图面。在感应电动势作用下，闭合的转子绕组中便有电流流过。如不考虑导体中的电流与电动势的相位差，则电动势的瞬时方向就是电流的瞬时方向。根据电磁力定律，转子电流与气隙合成磁场作用产生电磁力，转子导体的受力方向用左手定则确定，所有转子导体受到的电磁力形成电磁转矩使转子按旋转磁场的方向旋转，如图 11-1所示。电动机对轴上的机械负载作功，将电能转换成机械能。

异步电动机不可能依靠自身的电磁转矩达到旋转磁场的同步转速，因为如果两者相等，转子导体与旋转磁场之间便没有相对运动，转子导体中便没有感应电动势和感应电流，电动机便没有电磁转矩。由于转子转速与定子旋转磁场的转速必须有差异才能产生电磁转矩，所以称其为异步电动机。又由于转子导体中的电动势和电流是由电磁感应产生的，所以异步电动机又称为感应电动机。

定子旋转磁场的同步转速 n_1 与转子的转速 n 之差，称为转差 $\Delta n = n_1 - n$。转差与同步转速之比称为转差率 s，即

$$s = \frac{\Delta n}{n_1} = \frac{n_1 - n}{n_1} \tag{11-2}$$

正常运行的电动机，其 s 很小，一般 $s = 0.01 \sim 0.05$。

二、三相异步电动机的三种运行状态

转差率是表征异步电动机运行性能的一个重要参数，根据转差率的大小和符号，便可以判断异步电动机运行在电动状态、发电状态还是电磁制动状态。

（一）电动运行状态

如果转子顺着旋转磁场的方向旋转，且 $0<n<n_1$，也就是 $0<s<1$，电机处于电动状态。这时各电磁量的方向如图 11-2（b）所示。假设旋转磁场以 n_1 逆时针方向旋转，相当于转子导体沿着顺时针方向切割磁力线，N 极下的转子导体中感应电动势的方向，由右手定则知为指向图面，转子电流有功分量 i_{2a}与 e_2 同相，i_{2a}与旋转磁场作用产生电磁力并形成电磁转矩，由左手定则知电磁转矩为逆时针方向，带动转子顺旋转磁场方向旋转，克服轴上负载的阻转矩作功，输出机械功率，因而是电动运行状态。

（二）发电运行状态

如果用原动机拖动转子顺旋转磁场的方向旋转，使转子的转速 n 高于旋转磁场的转速 n_1，即 $n>n_1$，$s<0$，异步电机便运行于发电状态，如图 11-2（c）所示。转子导体切割磁力线的方向与电动状态相反，转子电动势和电流都改变了方向，所以电磁转矩也变为顺时针方向，与原动机拖动转子的方向相反，对原动机起制动作用，电机从原动机吸收机械功率，送出电功率，因而是发电状态。

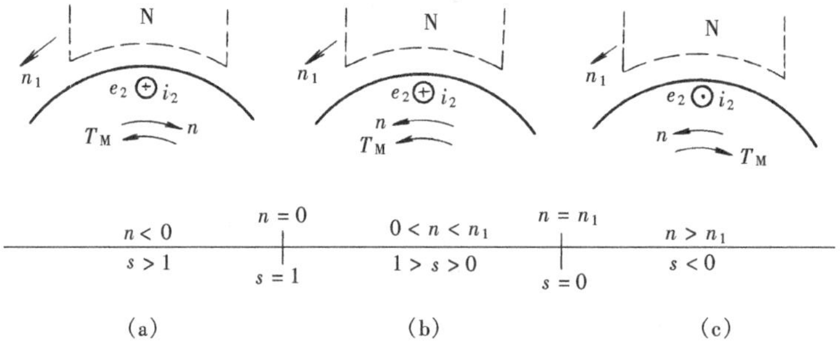

图 11-2 异步电机的三种运行状态

（a）电磁制动状态；（b）电动状态；（c）发电状态

（三）电磁制动运行状态

假设在某种外因（这外因可能是电的，也可能是机械的）作用下，使转子反着旋转磁场方向转动，即 $n<0$，$s>1$ 时，电机就运行于电磁制动状态，如图 11-2（a）所示。由于这时转子导体切割旋转磁场的方向与电动运行状态时相同，所以转子感应电动势、电流有功分量及电磁转矩的方向都与电动运行状态时相同。这时的电磁转矩方向与旋转磁场的转向相同，与转子转向相反，因此起制动作用。

一台异步电机既可以运行在电动状态，也可以运行在发电状态或电磁制动状态，这是由运行条件所决定的。

第二节 三相异步电动机的基本结构

异步电动机的型式和种类虽然很多，但结构上却大同小异，都是由固定不动的部分（称为定子）和旋转的部分（称为转子）组成，定、转子间有气隙。此外，还有端盖、轴承、接

线盒和通风装置等其它部分。按转子结构的不同，三相异步电动机分为鼠笼式和绕线式两大类。笼型转子异步电动机结构如图11-3所示；绕线转子异步电动机的结构图示于图11-4。

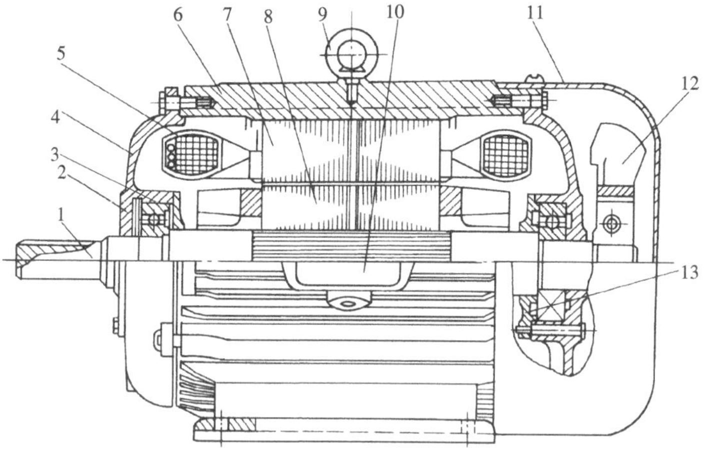

图11-3　笼型异步电动机结构图

1—轴；2—弹簧片；3—轴承；4—端盖；5—定子绕组；6—机座；7—定子铁心；8—转子铁心；9—吊环；10—出线盒；11—风罩；12—风扇；13—轴承内盖

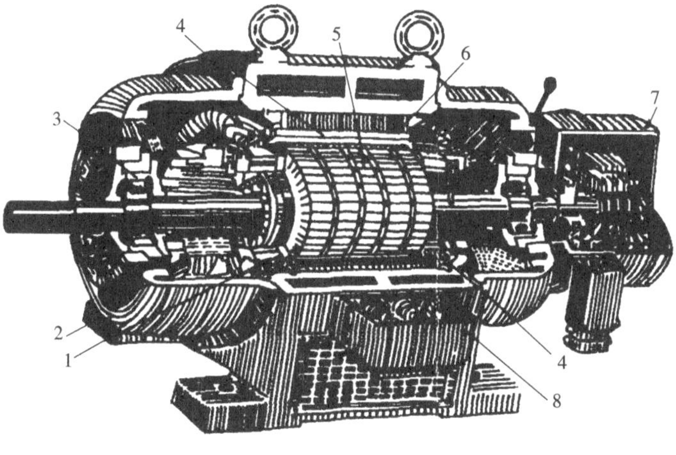

图11-4　绕线转子异步电动机结构示意图

1—转子绕组；2—端盖；3—轴承；4—定子绕组；5—转子；6—定子；7—滑环；8—出线盒

一、异步电动机的定子

它是电机的固定部分，一般由定子铁心、定子绕组和机座三部分组成。

（一）定子铁心

异步电动机的定子铁心是一个在内圆周上冲有齿和槽的空心圆筒形铁心，定子铁心的作用一是导磁，二是安放定子绕组。由于旋转磁场以同步转速相对于定子旋转，因此，铁心中的磁通是交变的，所以铁心一般用厚度为0.5mm、表面涂绝缘漆的硅钢片叠压而成，以减小涡流和磁滞损耗。铁心外径小于1m时，硅钢片冲成整圆的；外径大于1m时，用扇形片拼成。定子硅钢片的内圆冲有均匀分布的齿和槽，槽内安放线圈。为减少齿损耗及改善功率因数，在低压的中、小型电机中，槽为半闭口的，如图 11-5（a）所示，其槽口的宽度小于槽宽的一半，绕组由圆导线绕成，经过槽口分散嵌入。半闭口槽的优点是可以减少主磁路的磁阻，从而减小励磁电流，改善功率因数，缺点是嵌线不方便。再大一些的电机，通常采用半开口槽，如图 11-5（b）所示。槽口的形状不对称，槽口的宽度等于或大于槽宽的一半，它一方面便于简化嵌线工艺，将成形的线圈直接放入槽中；另一方面，也达到了减小主磁路磁阻的目的。高压大、中型异步电机为使绝缘可靠和下线方便，多采用开口槽。图 11-5（c）所示为开口槽，槽口宽度与槽宽相等，绕组元件预制成型经绝缘处理后，整体放入槽中。

图 11-5 定子铁心槽形

（a）半闭口槽；（b）半开口槽；（c）开口槽

为了散热，铁心留有径向通风沟或轴向通风孔。容量较小的电机常采用轴向通风，容量较大的电机常采用双径向通风，也可同时采用轴向通风和径向通风。

（二）定子绕组

定子绕组是电机定子部分的电路，每相绕组由若干个良好绝缘的绕组元件组成，安放于槽内，并按一定规律连接。容量较小的电机，绕组由高强度漆包圆铜线或圆铝线做成；中、大容量异步电动机的绕组可由玻璃丝包扁铜线绕成绕组元件放入槽内，用绝缘材料与铁心可靠绝缘，以免运行时绕组对铁心击穿，造成接地短路。槽内定子绕组用槽楔紧固，槽楔常用的材料是竹、胶木板或环氧玻璃布板等非磁性材料。采用开口槽的异步电动机，有时采用磁性槽楔，减少杂散损耗。

小型电机常用单层绕组，容量大的电机一般用双层短距叠绕组，上、下层线圈间用层间绝缘隔开，以防层间短路。

高压和大、中型异步电动机的定子绕组常采用 Y 接，只有三根引出线，而中、小容量低压异步电动机常把定子绕组的三相六根出线头都引出来，根据需要接成 Y 或 D（见图11-6）。

（三）机座

机座的主要作用是固定、支撑定子铁心，转子也通过轴承、端盖固定在机座上，所以它是电机机械结构的重要组成部分，中、小型电机一般都用铸铁机座，有的电机铁心紧贴机座

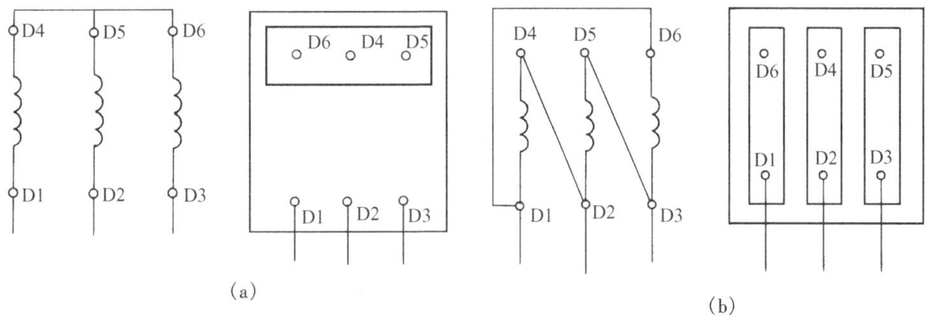

图 11-6　定子三相 Y、D 绕组接线板
(a) Y接；(b) D接

内圆，这样绕组和铁心产生的热量就要通过机座表面散发到空气中去。为增加散热面积，小型封闭式电动机表面铸出散热筋，防护式电动机的机座上开有通风孔，增加机内、外空气对流以利散热。大容量异步电动机一般都采用钢板焊接机座，为便于通风散热，往往留有冷却空气的通道。

二、异步电动机的转子

它是电机的转动部分，其作用是导磁，产生转子感应电动势、电磁转矩并拖动负载。由转子铁心、转子绕组和转轴三部分构成。轴端外接负载，整个转子靠轴承和端盖支承。

转子铁心也是磁路的一部分，通常也由 0.5mm 厚的硅钢片叠成。中、小型异步电机的转子铁心可采用热套、装键或轴滚花等方式与电机轴固接；大型异步电动机的转子铁心则套于转子支架上。转子硅钢片铁心外圆也冲有均匀分布的齿与槽，槽内安放转子绕组。转子绕组构成转子电路，其作用是流过电流和产生电磁转矩。根据转子绕组的不同，三相异步电动机转子分绕线转子和笼型转子两大类。

(一) 绕线转子（滑环转子）

和定子绕组一样，绕线转子绕组也做成对称绕组，极数与定子绕组相同，但不一定要求有相同的相数，而在实际中常常制成相同的相数，故通常所用的三相异步电动机的转子均采用对称的三相绕组。转子绕组多为双层短距波绕组，一般接成星形，它的三相引出线接到固定在转轴上的三个相互绝缘的滑环上，有三组安装在滑环上的电刷与滑环接触，转子绕组通过电刷可与外电路接通。有时为了减少电刷磨损和机械损耗，还装有提刷装置，并能同时短接三个滑环。绕线转子异步电动机的缺点是运行可靠性较差（因有电刷接触系统）、结构较复杂、价格较高，多用于需要起动电流小、起动转矩大、需调速和频繁起动的设备中。绕线转子异步电机定、转子接线方式如图 11-7 所示。

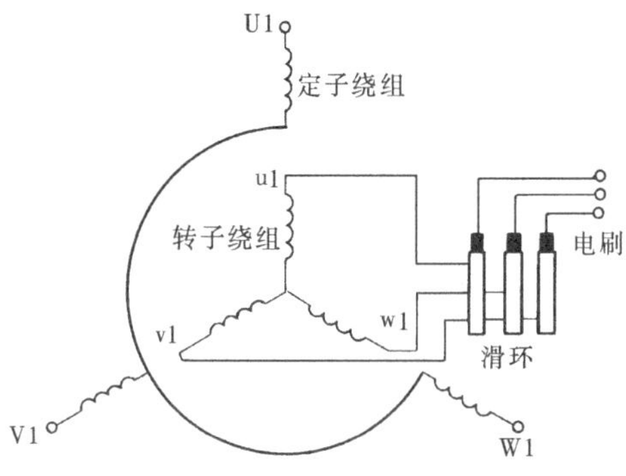

图 11-7　绕线式异步电机定、转子绕组接线方式

(二) 笼型转子（短路转子）

笼型转子的铁心外圆也有均匀分布的槽，每个槽中安放一个导体并伸出铁心以外，然后用两个端环把所有导条的两端分别连接起来。

笼型转子每根导条的感应电动势并不大，导条与铁心叠片间的接触电阻却不小，所以不需槽绝缘。

普通鼠笼转子铁心的槽型如图 11-8 所示。通常采用半闭口槽。槽形的选择主要决定于对运行性能和起动性能的要求。小功率电机的起动并非主要矛盾，可以选用平行齿，槽形如图中（a）、（b）所示，槽面积相对来讲较大，转子电阻较小，运行性能较好。如需改善起动性能，可选用平行槽，如图中的（c）、（d）所示，槽面积相对来讲较小，转子电阻较大，提高了起动转矩。（e）、（f）所示的槽形比（c）、（d）更能获得较大的起动转矩，但槽形较复杂，工艺性能较差。如需进一步提高起动转矩、改善起动性能，则需采用深槽和双鼠笼。

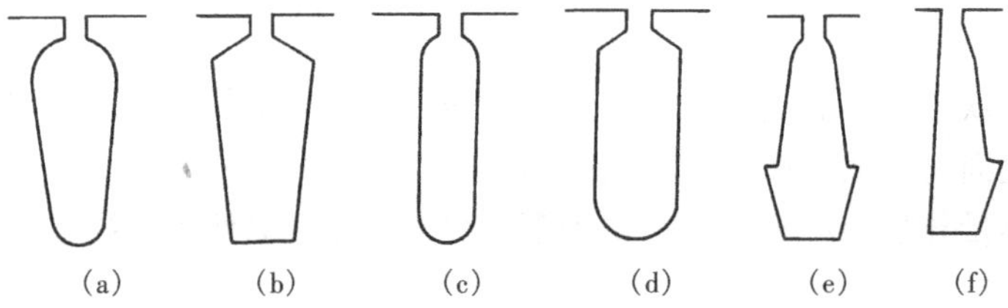

图 11-8 转子槽形示意图

（a）、（b）平行区；（c）、（d）平行槽；（e）、（f）异形槽

鼠笼转子中的导条可以是铜或铝。如果是铜材料，就是事先把做好的裸铜条插入转子铁心槽中，再用铜端环放在铜条两端的端头上，并用铜焊或银焊把它们焊在一起，如图 11-9（a）所示。对中、小型电机一般都采用铸铝转子，是用熔化了的铝液直接浇铸在转子铁心槽内，连同端环和风扇一次铸出，如图 11-9（b）所示。如去掉铁心，绕组呈笼形。铸铝质量不易保证，大型异步电机的笼型转子采用铜条与端环焊接构成的绕组。

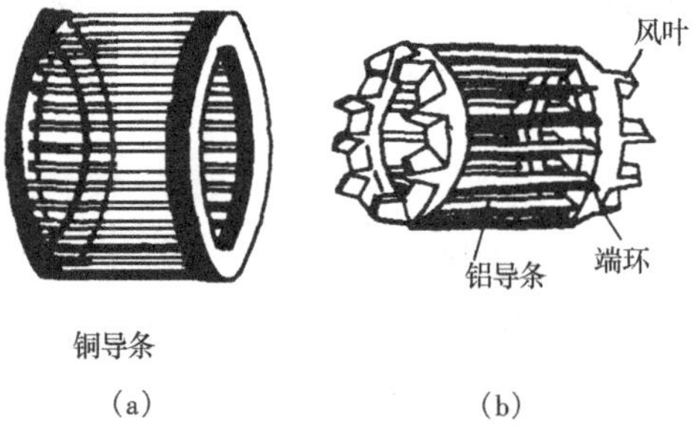

图 11-9 鼠笼式转子绕组

（a）铜条绕组；（b）铸铝绕组

有时使转子槽与转轴倾斜一定角度，此种布置称为斜槽。理由是由于转子齿和槽的存在使空气的磁导不均匀，从而产生齿谐波，由于齿谐波的存在，当使某一转子磁场和某一定子磁场有相同的次数时，它们之间相互作用产生附加同步转矩，使机械特性曲线出现较大的下陷，严重地影响起动。为避免定子齿谐波和转子齿谐波间产生同步转矩，定子槽数与转子槽数不应相等，它们之间的差数也不应等于极数。

为消除或减小由齿谐波引起的附加转矩，可在转子上应用斜槽，即转子条的两端应斜过一定距离，使其等于定子齿距。这样，在同一转子导条中，由于切割定子齿谐波而产生的感应电动势为零，可以大大减小转子的振动以及伴随而来的噪音。

三、气隙

为了实现能量转换，拖动负载旋转，异步电动机的定、转子间必须留有气隙。气隙是电机磁路的一个重要部分，对电机性能影响很大。制造良好的异步电动机，气隙不仅应当均匀，气隙长度值也应适当。气隙越大励磁电流也越大，耗用的无功功率也越多，电机功率因数越低。为了减小励磁电流，提高功率因数，气隙应当愈小愈好。但气隙过小会引起电动机的附加损耗增加，甚至发生定、转子相擦。为减小磁场脉振引起的附加损耗和减少谐波漏磁，并使制造方便、装配容易、运行可靠，气隙又不能太小，因此气隙的大小须兼顾各方面的要求。中、小型异步电动机的气隙通常为 0.2～1.5mm。

第三节　三相异步电动机的额定值及主要系列

一、额定值

异步电动机机座上有一个铭牌，铭牌上标注着一系列额定数据。电机按照铭牌条件和额定数据运行就叫额定运行。根据国家标准规定，异步电动机的额定值有：

（1）额定功率 P_N：指电动机在规定的额定状态下运行时，轴端输出的机械功率，对三相异步电动机

$$P_N=\sqrt{3}U_N I_N \eta_N \cos\varphi_N$$

式中　U_N、I_N、η_N、$\cos\varphi_N$——分别为额定的电压、电流、效率和功率因数。

（2）额定电压 U_N：指电动机额定运行时，外加于定子绕组的线电压；

（3）额定电流 I_N：指电动机外加额定频率、额定电压，轴端输出额定功率时的定子线电流；

（4）额定频率 f_N：指电动机规定的电源频率，我国工业电网标准频率为 50Hz；

（5）额定转速 n_N：指电动机在额定电压、额定频率和额定负载下的转速；

（6）额定功率因数 $\cos\varphi_N$：指电动机在额定运行时定子电流的功率因数。

另外，铭牌上还标明绝缘等级、定子绕组相数、接法、额定效率、额定温升、防护型式和重量等。电机绕组绝缘材料的等级主要有 A、E、B、F、H；防护型式有：IP11（开启式）、IP22 或 IP23（防护式）和 IP44（封闭式）等。绕线转子异步电动机还标出额定转子电压和额定转子电流。其中额定转子电压系指转子静止、转子绕组开路、定子绕组加上额定电压时的转子绕组线电压。

一般说来，铭牌数据反映了电机适宜的工作条件和负载，在额定情况下运行，可以保证电机的正常使用年限。额定数据是选择、使用电机的重要依据。

二、异步电动机的主要系列

我国目前生产的异步电动机类型很多，现有老系列和新系列之别。老系列如 JO_2 系列电机已不再生产，将逐步被新系列如 Y 系列所取代。新系列电机符合国际电工协会（IEC）标准，具有国际通用性，技术、经济指标更高。

我国的三相异步电动机型号由产品代号和规格代号组成。一般采用大写印刷体的汉语拼音字母和阿拉伯数字组成。其中汉语拼音字母是根据电机全名称选择有代表意义的汉字，再用该汉字的第一个字母组成。它表明了电机的类型、规格、结构特征和使用范围。

现列举几种三相异步电动机的型号予以说明。一般用途的中、小型鼠笼式三相异步电动机型号如下：

JO_2 系列电机

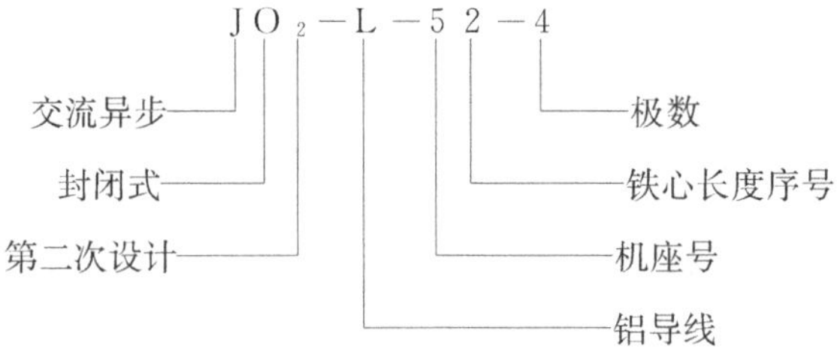

Y 系列电机

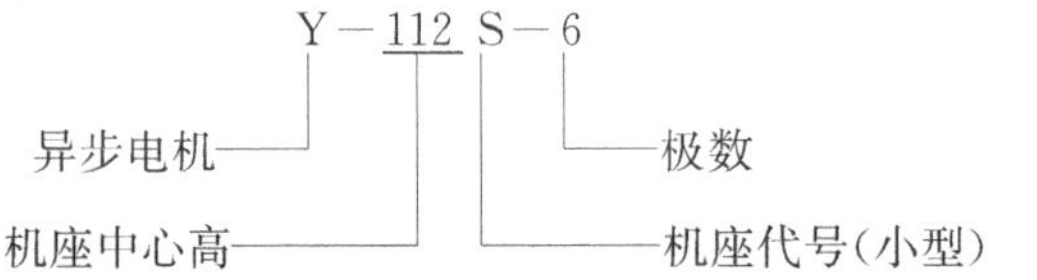

(大)中型三相异步电动机

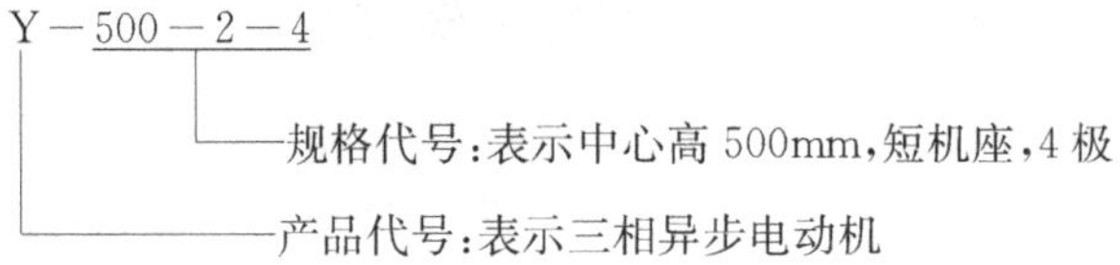

几种产品代号说明如下:

Y—一般用途的鼠笼全封闭自冷式三相异步电动机;YR—三相绕线式异步电动机;YD—多速三相异步电动机;YDT—通风机用多速三相异步电动机;YQ—高起动转矩的三相异步电动机;YTD—电梯用多速三相异步电动机;YZ 和 YZR 一起重和冶金用三相异步电动机。YZ 是鼠笼式,YZR 是绕线式。其他类型的异步电动机可参阅有关产品目录。

【例 11-1】 三相异步电动机,额定功率 $P_N=55\text{kW}$,额定电压 $U_N=380\text{V}$,额定电流 $I_N=119\text{A}$,额定转速 $n_N=570\text{r/min}$,额定功率因数 $\cos\varphi_N=0.89$,求同步转速、极对数、额定负载时的效率和转差率。已知电网频率为 50Hz。

解 因电机额定运行时转速接近同步转速,所以同步转速为 $n_1=600\text{r/min}$。

由于 $n_1=\dfrac{60f_1}{p}$,所以电机极对数为

$$p=\frac{60f_1}{n_1}=\frac{60\times 50}{600}=5$$

额定负载时的效率

$$\eta_N=\frac{P_N}{\sqrt{3}U_N I_N\cos\varphi_N}=\frac{55\times 10^3}{\sqrt{3}\times 380\times 119\times 0.89}=0.79$$

额定负载时的转差率

$$s_N=\frac{n_1-n}{n_1}=\frac{600-570}{600}=0.05$$

小 结

三相异步电动机是通过定子加对称交流电源,形成气隙旋转磁场,依靠电磁感应作用,在转子中产生感应电动势、产生电流,进而产生电磁转矩,带动转子转动,从而实现电能到机械能的转换。转子转速总是与旋转磁场转速存在差异,这是异步电动机运行的基本条件,

也是它区别于同步电机的主要标志。由转差率 s 可以判断异步电动机的运行状态。

三相异步电动机有三种运行状态，即电动状态、电磁制动状态和发电状态。一台电动机可以运行在电动状态下，也可以运行在发电状态和电磁制动状态下，这是由运行条件决定的。

三相异步电动机由定子和转子两大部分组成。根据转子绕组的不同，可分为鼠笼式异步电动机和绕线式异步电动机。为消除或减小由齿谐波所产生的附加转矩，转子常采用斜槽，可大大减小转子的振动以及伴随而来的噪音。

异步电动机的额定数据主要有额定功率、额定转速、额定电压和额定电流，其关系为

$$P_N=\sqrt{3}U_N I_N \eta_N \cos\varphi_N$$

三相异步电动机的定子绕组可接成星形或三角形，视额定电压和电源电压的配合情况而定。

我国目前生产的异步电动机的种类很多，老系列主要为 JO 系列，新系列主要为 Y 系列。

习　　题

1. 简述三相异步电动机的工作原理。

2. 为什么异步电动机工作时转子转速总是小于同步转速？

3. 何谓异步电动机的转差率？转差率与电机的三种运行状态有什么关系？

4. 三相鼠笼式异步电动机主要由哪些部分组成？各部分的作用是什么？

5. 三相鼠笼式异步电动机和三相绕线式异步电动机结构上主要区别有哪些？

6. 如何根据电机的铭牌进行定子接线？

7. 已知一台三相异步电动机的型号为 Y132M－4，$U_N=380$V，$P_N=7.5$kW，$\eta_N=0.87$，$\cos\varphi_N=0.85$，$n_N=1440$r/min。试求额定电流、极对数和额定转差率。[答案：$I_N=15.4$A；$2p=4$；$S_N=0.04$]

8. 一台三相异步电动机 $P_N=10$kW，$U_N=380$V，$I_N=20$A，$\cos\varphi_N=0.85$，$n_N=1450$r/min。试求电动机的同步转速、额定转差率、极对数和额定负载时的效率。[答案：$n_1=1500$r/m；$S_N=0.033$；$2p=4$；$\eta_N=89.4\%$]

第十二章　异步电动机的运行原理

第一节　转子静止时的三相异步电动机

一、三相异步电动机的主磁通和漏磁通

当三相异步电动机的定子绕组接通对称三相电源时，无论转子是静止还是旋转，定子绕组中都会流过三相对称电流，产生磁动势，在气隙中建立磁场。首先来分析电机里的磁场情况。

根据磁通经过的路径和性质的不同，将磁通分为主磁通和漏磁通。

（一）主磁通

所谓主磁通，就是同时与定、转子绕组交链，在气隙中以同步转速旋转的基波磁通。它同时在定、转子绕组中感应电动势并进行能量转换。在转子没有电流时，主磁通由定子电流单独产生；当转子有电流时，主磁通由定、转子电流共同产生。异步电动机主磁通的路径包括定子齿、定子轭、气隙、转子齿和转子轭五部分。主磁通用 Φ_m 表示，在数值上为气隙每极主磁通量。

（二）漏磁通

异步电动机的磁场除主磁通外，定、转子电流还产生仅与定子或转子绕组本身交链的磁通，仅与定子绕组交链的磁通称为定子漏磁通 $\Phi_{\sigma1}$；仅与转子绕组交链的磁通称为转子漏磁通 $\Phi_{\sigma2}$。根据磁路的不同，无论是定子漏磁通还是转子漏磁通都可分为三种：槽漏磁、端部漏磁和谐波漏磁。

（1）槽漏磁：指横穿定子（或转子）槽而闭合的磁通，如图 12-1（a）所示。

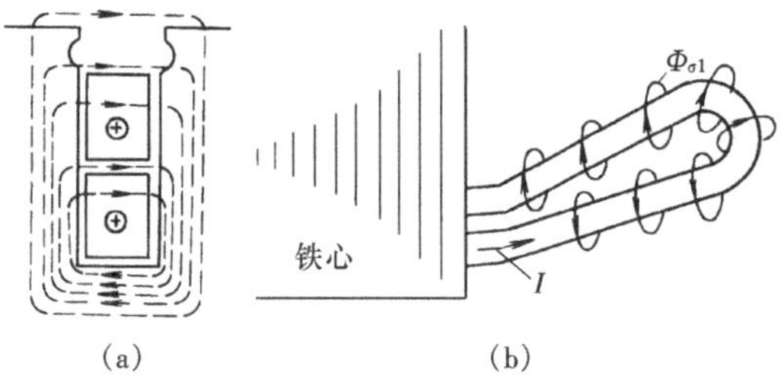

图 12-1　定子漏磁通
（a）槽漏磁通；（b）端部漏磁通

（2）端部漏磁：交链伸出铁心外线圈端接部分的磁通，如图 12-1（b）所示。

（3）谐波漏磁：定子绕组磁动势除产生基波磁通外，还产生一系列的谐波磁通。谐波漏磁通不能产生有用的转矩，因此，应与主磁通分开考虑，把谐波漏通感应的电动势看作漏抗压降，并把谐波磁通作为漏磁通处理，所以称为谐波漏磁通。

主磁通和漏磁通的磁路特点和作用不同，主磁通的磁路受铁心饱和的影响，是非线性的，主磁通参与机电能量转换，产生有用转矩；漏磁通的磁路一般无饱和现象，是线性的，漏磁通不参与机电能量转换，只在电路中产生压降。

需要说明的是，在变压器中，主磁通 Φ_m 是脉振磁通，Φ_m 是其振幅；而在异步电机中，主磁通 Φ_m 是旋转磁通，其磁通密度沿气隙圆周按正弦分布，并以同步转速 n_1 旋转，Φ_m 为每极的基波磁通量。

二、转子静止时的电磁关系

三相异步电动机正常运行时，一般总是旋转的，转子电路也总是闭合的，但是为了便于理解异步电机的电磁作用关系，先分析转子静止时的电磁关系，然后在此基础上再分析转子旋转时的情况。分析时以绕线式异步电动机为例。绕线式异步电动机转子静止的运行情况可能有两种，一种情况是转子绕组开路，电磁转矩为零；另一种情况是转子绕组短路，虽有电磁转矩但转子被堵住不转。下面就以转子绕组短路，转子堵转的情况进行分析。

（一）电磁过程

当转子绕组短路时，转子绕组中便有三相对称电流流过，产生转子基波旋转磁动势 F_2。下面分析 F_2 与 F_1 的相对关系。

图 12-2 中，设定子基波旋转磁动势 F_1 的旋转方向为 U→V→W 逆时针方向，在转子绕组中感应电动势的相序 u→v→w 必然也为逆时针方向，转子电流的相序与转子电动势的相序相同，因而转子基波旋转磁动势 F_2 的转向必然也是按 u→v→w 逆时针方向旋转，与 F_1 的转向相同。

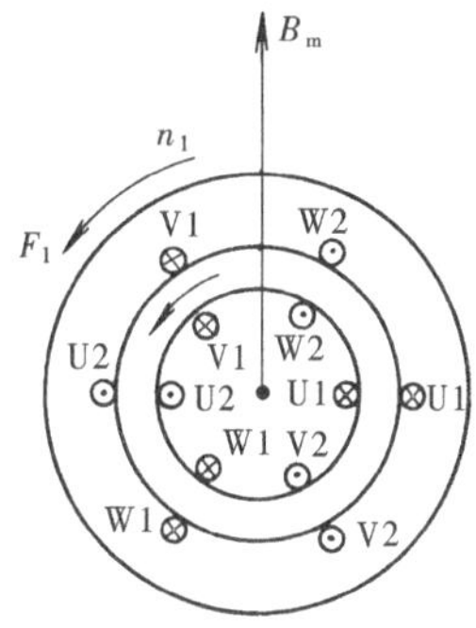

图 12-2　转子磁动势的转向

转子绕组静止时，转子绕组感应电动势和电流的频率 f_2 与定子电流的频率 f_1 相等，所以转子基波磁动势 F_2 相对于转子（因转子静止，亦即相对于定子）的转速为

$$n_2=\frac{60f_2}{p}=\frac{60f_1}{p}=n_1$$

由此可见，磁动势 F_1 和 F_2 在空间同转向同转速旋转，亦即在空间是相对静止的。同时，F_1 和 F_2 在空间均按正弦分布，可用矢量相加的方法求此时电动机中的合成磁动势 F_m，即

$$\overline{F}_1+\overline{F}_2=\overline{F}_m \tag{12-1}$$

式（12-1）即为异步电动机的磁动势平衡方程式。式中 $\overline{F}_m$ 是用来产生主磁通 $\dot{\Phi}_m$ 的励磁磁动势，它由定子绕组和转子绕组电流共同产生。仿照变压器中的分析方法，可将式（12-1）改写为

$$\overline{F}_1=\overline{F}_m+(-\overline{F}_2)$$

此式表明，定子基波旋转磁动势 F_1 包含两个分量：一个分量为（$-\overline{F}_2$），是用来抵消转子基波磁动势 $\overline{F}_2$ 对主磁通的影响；另一个分量为 $\overline{F}_m$，它的作用是产生主磁通 $\dot{\Phi}_m$。

（二）电压平衡方程式

电机中的主磁通同时与定、转子绕组相匝链，它在定、转子绕组中分别感应电动势 $\dot{E}_1$ 和 $\dot{E}_2$，它们在时间相位上均滞后主磁通 90°，由于转子静止，$\dot{E}_1$ 和 $\dot{E}_2$ 的频率都是 f_1。其有效值分别为

$$E_1=4.44f_1W_1k_{W1}\Phi_m \tag{12-2}$$

$$E_2=4.44f_1W_2k_{W2}\Phi_m \tag{12-3}$$

写成相量表达式为

$$\dot{E}_1=-j4.44f_1W_1k_{W1}\dot{\Phi}_m \tag{12-4}$$

$$\dot{E}_2=-j4.44f_1W_2k_{W2}\dot{\phi}_m \tag{12-5}$$

定、转子电流除联合产生主磁通以外，还分别产生定、转子漏磁通$\dot{\phi}_{\sigma1}$、$\dot{\phi}_{\sigma2}$它们分别在定、转子绕组中感应出漏磁电动势$\dot{E}_{\sigma1}$和$\dot{E}_{\sigma2}$。用漏抗压降表示为

$$\dot{E}_{\sigma1}=-j\dot{I}_1x_1 \tag{12-6}$$

$$\dot{E}_{\sigma2}=-j\dot{I}_2x_2 \tag{12-7}$$

式中 $x_1=2\pi f_1L_1$、$x_2=2\pi f_1L_2$ 分别为定、转子每相绕组的漏抗，其中 L_1 和 L_2 分别为定、转子每相绕组的漏电感。

此外，定、转子绕组还分别有电阻 r_1 和 r_2，电流流过时会产生电阻压降$\dot{I}_1r_1$ 和$\dot{I}_2r_2$。

由式（12-2）和式（12-3）可得

$$E_1=k_eE_2 \tag{12-8}$$

$$k_e=\frac{E_1}{E_2}=\frac{W_1k_{W1}}{W_2k_{W2}} \tag{12-9}$$

式中 k_e——异步电动机的电动势变比。

对定子绕组各量按负载惯例规定正方向，转子绕组各量按电源惯例规定正方向。根据基尔霍夫第二定律可得定、转子每相电路的电压平衡方程式

$$\dot{U}_1=-\dot{E}_1+\dot{I}_1Z_1 \tag{12-10}$$

$$\dot{E}_2=\dot{I}_2Z_2 \tag{12-11}$$

$$Z_1=r_1+jx_1$$

$$Z_2=r_2+jx_2$$

式中 Z_1——定子漏阻抗；

Z_2——转子漏阻抗。

转子电流$\dot{I}_2$ 滞后于转子电动势$\dot{E}_2$ 一个时间相位角 $\varphi_2=\mathrm{tg}^{-1}\dfrac{x_2}{r_2}$。

与变压器相似，定子电动势$\dot{E}_1$ 可用阻抗压降表示为

$$\dot{E}_1=-\dot{I}_m(r_m+jx_m)=-\dot{I}_mZ_m \tag{12-12}$$

其中 $Z_m=r_m+jx_m$ 为励磁阻抗，r_m 是反映铁耗的定子每相等效电阻，叫励磁电阻，x_m 是与主磁通$\dot{\phi}_m$ 对应的定子每相电抗，叫励磁电抗。显然 Z_m 的大小将随铁心饱和程度的不同而变化。

应注意，在异步电机中，由于主、漏磁通由三相电流共同产生，因而一相的电抗应由三相的磁场来决定。

与变压器相比较，由于异步电机定、转子之间存在气隙，致使各电抗参数的大小与变压器有较大差别。异步电机的励磁阻抗比变压器小得多，漏抗则通常比变压器的大。

（三）绕组折算

异步电动机的定、转子之间没有电路上的直接联系，但有磁的耦合。由于异步电机转子

的相数 m_2、每相串联匝数 W_2 和绕组系数 k_{W2} 一般与定子的 m_1、W_1、k_{W1} 不同，所以为获得等效电路以简化分析与计算，需像变压器那样进行绕组折算。

由于转子对定子的影响是通过转子磁动势 F_2 来实现的，满足等效原则只要求维持折算前后 F_2 不变，便可保证折算前后转子对定子电磁作用的效应不变，即定子电路不变，而且转子侧的视在功率、有功功率及无功功率均保持不变。据此，可以设想把实际电动机的转子抽出，换上一个等效转子，其绕组的相数、每相串联匝数和绕组系数都与定子绕组一样，也是 m_1、W_1、k_{W1}。等效转子的物理量均用原来符号右上角加一撇“′”表示。这种替换方法称为转子绕组向定子侧折算。

根据折算前后转子磁动势保持不变的原则，可得

$$0.9\frac{m_1}{2}\frac{W_1k_{W1}}{p}I'_2=0.9\frac{m_2}{2}\frac{W_2k_{W2}}{p}I_2$$

折算后的转子电流为

$$I'_2=\frac{m_2W_2k_{W2}}{m_1W_1k_{W1}}I_2=\frac{1}{k_i}I_2 \tag{12-13}$$

式中　k_i——异步电动机的电流变比。

$$k_i=\frac{m_1W_1k_{W1}}{m_2W_2k_{W2}} \tag{12-14}$$

将式（12-14）代入式（12-1），可得

$$\dot{I}_1+\dot{I}'_2=\dot{I}_m \tag{12-15}$$

由于折算前后定、转子磁动势均不变，故主磁通不变，则可得

$$\dot{E}'_2=-j4.44f_1W_1k_{W1}\dot{\Phi}_m=\dot{E}_1=k_e\dot{E}_2 \tag{12-16}$$

Z'_2 与 Z_2 的关系可由功率不变求出，也可由 $\dot{E}'_2$、$\dot{I}'_2$ 求出

$$Z'_2=r'_2+jx'_2=\frac{\dot{E}'_2}{\dot{I}'_2}=\frac{k_e\dot{E}_2}{\frac{\dot{I}_2}{k_i}}=\frac{k_ek_i\dot{E}_2}{\dot{I}_2}$$

$$=k_ek_iZ_2=k_ek_i(r_2+jx_2)=k_ek_ir_2+jk_ek_ix_2$$

于是

$$\left.\begin{aligned}r'_2&=k_ek_ir_2\\x'_2&=k_ek_ix_2\end{aligned}\right\} \tag{12-17}$$

阻抗角

$$\varphi'_2=\mathrm{tg}^{-1}\frac{x'_2}{r'_2}=\mathrm{tg}^{-1}\frac{k_ek_ix_2}{k_ek_ir_2}=\mathrm{tg}^{-1}\frac{x_2}{r_2}=\varphi_2$$

折算前后转子电路的阻抗角和功率因数不变，故有 $\cos\varphi'_2=\cos\varphi_2$。

总之，把转子电路各量折算到定子时：电动势、电压乘以电动势变比 k_e，电流除以电流变比 k_i，阻抗、电阻和电抗则乘以电动势变比和电流变比的乘积 k_ek_i。

（四）等效电路和相量图

经过绕组折算后，转子静止并且转子绕组短路时的异步电机基本方程式变为

$$\left.\begin{aligned}\dot{U}_1&=-\dot{E}_1+\dot{I}_1(r_1+\mathrm{j}x_1)\\ \dot{E}_1&=-\dot{I}_m(r_m+\mathrm{j}x_m)\\ \dot{E}_1&=\dot{E}_2'\\ \dot{E}_2'&=\dot{I}_2'(r_2'+\mathrm{j}x_2')\\ \dot{I}_1+\dot{I}_2'&=\dot{I}_m\end{aligned}\right\}\tag{12-18}$$

根据这些方程式可以画出相应的等效电路，如图 12-3 所示。

顺便指出，异步电动机定、转子的漏阻抗是比较小的，定、转子电阻就更小了。如果让异步电机不转，转子绕组短路，在它的定子边加上额定电压，从图 12-3 等效电路看出，这时定、转子的电流很大，可达额定电流的（4～7）倍。这种情况称为异步电动机的堵转状态，堵转时间不能长，否则堵转电流会烧坏电机。有时为了测量异步电机参数，采用堵转试验，但必须降低加在定于绕组上的电压，以限制定、转子绕组中的电流。

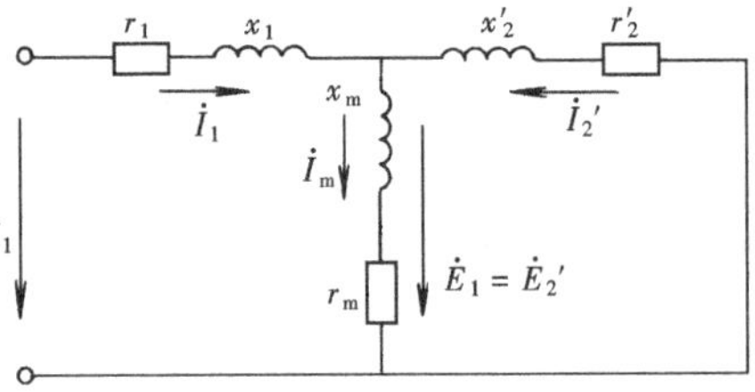

图 12-3 转子堵转时异步电机的等效电路

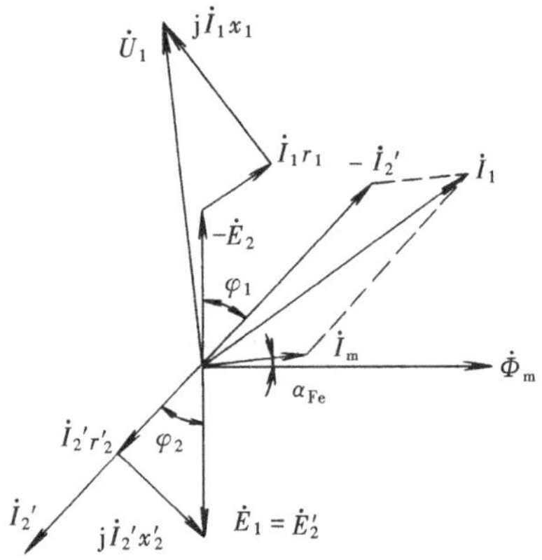

图 12-4 转子堵转时的异步电机相量图

由式（12-18）的 5 个子公式可画出图 12-4 所示的异步电动机转子堵住不转、转子绕组短路时的相量图。图中产生主磁通的励磁电流（$\dot{I}_m$ 与 $\dot{\phi}_m$ 的关系，和变压器的情况相似，$\dot{I}_m$ 超前 $\dot{\phi}_m$ 一个小的电角度 α_{Fe}，称为铁耗角。

第二节 转子旋转时的三相异步电动机

正常运行时，电动机的转子是旋转的，转轴上才能输出机械功率。转子旋转后，转子与气隙旋转磁场的相对速度发生了变化，所以电磁关系也发生了变化。

一、转子电路中的参数变化

当异步电动机的定子绕组接上电源，转子绕组短路时，转子绕组中感应产生电动势和电流，转子绕组的载流导体在磁场中受电磁力的作用会产生电磁转矩。如果不再把转子堵住，只要作用在转子上的电磁转矩大于负载转矩（含静摩擦转矩），转子就要顺气隙旋转磁场转向加速，直到接近同步转速时，电磁转矩与负载转矩达到平衡，转速不再上升，稳定在一固定的转速下运行。当转子以转差率 s 旋转时，气隙旋转磁场不再以同步转速切割转子绕组，因而导致转子电路的频率、感应电动势、电流和漏电抗的大小与转子不转时大不一样。以 f_2、$\dot{E}_{2s}$、$\dot{I}_{2s}$ 和 x_{2s} 表示在转差率为 s 时的转子频率、转子电动势、转子电流和转子电抗，以便和转子不转时的相应物理量区别开来。

由于转子的转向和气隙旋转磁场的转向一致，它们之间的相对转速为 $n_2=n_1-n$，因而旋转磁场在转子绕组中感应电动势的频率（简称转子频率，用 f_2 表示）为

$$f_2=\frac{pn_2}{60}=\frac{p(n_1-n)}{60}=\frac{n_1-n}{n_1}\times\frac{pn_1}{60}=sf_1 \tag{12-19}$$

即 f_2 与转差率 s 成正比，故又称为转差频率。当转子静止时，$n=0$，$s=1$，则 $f_2=f_1$，这就是上一节讨论的情况。异步电动机正常运行时，s 很小，转子频率很低，约为 0.5～2.5Hz。

由于此时转子绕组感应电动势的频率为 f_2，所以转子绕组感应的相电动势有效值为

$$E_{2s}=4.44f_2W_2k_{W2}\Phi_m=4.44sf_1W_2k_{W2}\Phi_m=sE_2 \tag{12-20}$$

式中 E_2 是转子静止时的每相电动势的有效值。此式表明，当转子旋转时每相电动势与转差率 s 成正比（当 Φ_m 不变时）。

转子旋转时的转子每相漏电抗 x_{2s} 为

$$x_{2s}=2\pi f_2L_2=s2\pi f_1L_2=sx_2 \tag{12-21}$$

式中 L_2 为转子旋转时的每相漏电感，在忽略集肤效应时与 f_2 无关。x_2 为转子静止时的漏电抗。

转子电阻在不考虑集肤效应和温度变化的影响时，可认为与转子转速无关，仍为 r_2。

转子电流 $\dot{I}_{2s}$ 由转子电动势 $\dot{E}_{2s}$ 产生，频率与 $\dot{E}_{2s}$ 相同，由下式确定，即

$$\dot{I}_{2s}=\frac{\dot{E}_{2s}}{r_2+jx_{2s}} \tag{12-22}$$

$\dot{I}_{2s}$ 滞后于 $\dot{E}_{2s}$ 的时间相位角（即转子功率因数角）为

$$\varphi_2=\mathrm{tg}^{-1}\frac{x_{2s}}{r_2} \tag{12-23}$$

二、基本方程式

转子电路方程式为

$$\dot{E}_{2s}=\dot{I}_{2s}(r_2+jx_{2s}) \tag{12-24}$$

定子回路电压方程式仍为

$$\dot{U}_1=-\dot{E}_1+\dot{I}_1(r_1+jx_1)$$

转子旋转时，转子电流产生的基波旋转磁动势 F_2，相对于转子本身的转速 Δn 决定于转子频率 f_2，为

$$\Delta n=\frac{60f_2}{p}=\frac{60f_1}{p}s=sn_1=n_1-n$$

于是转子磁动势相对于定子的转速为

$$\Delta n+n=n_1-n+n=n_1$$

可见，转子旋转时转子基波磁动势 F_2 相对于定子来说，仍是同步转速（n_1）且与 F_1 同方向旋转。换句话说，F_1 和 F_2 在空间总是相对静止的。

既然转子旋转时，定、转子基波磁动势 F_1、F_2 相对静止，就可用二者矢量相加的方法得到合成磁动势，仍用 F_m 表示，有

$$\overline{F}_1+\overline{F}_2=\overline{F}_m$$

这就是转子旋转时的磁动势平衡方程式。形式和转子静止时一样，只是每个磁动势的大小及相互之间的空间位置可能有所不同而已。

三、频率折算

转子静止时，由于定、转子的频率相同，为了简化计算，只需进行绕组折算。当异步电动机转子旋转时，定、转子电路中电动势和电流的频率不相同，为了获得等效电路以简化分析计算，还需对转子绕组进行频率折算。

转子对定子的作用是通过磁动势 F_2 产生的。由于转子电流频率 f_2 只影响 F_2 相对于转子本身的转速，而 F_2 相对于定子的转速永远为 n_1，与 f_2 无关，这就有可能用静止的转子（频率为 f_1）来等效代替转动的转子。只要维持两种情况下的 F_2 不变即为等效。为达到这一点，应使静止的转子中三相电流的大小和转子电路的阻抗角与转子旋转时一样。

由式（12-24）有

$$\dot{I}_{2s}=\frac{\dot{E}_{2s}}{r_2+jx_{2s}}=\frac{s\dot{E}_2}{r_2+jsx_2}=\frac{\dot{E}_2}{\dfrac{r_2}{s}+jx_2}=\dot{I}_2$$

式中　$\dot{E}_2$、$\dot{I}_2$、x_2——分别是转子静止时转子绕组每相电动势、电流和漏电抗。

由上式看出，经过这样变换后得到的电流 $\dot{I}_2$ 在大小和相位上完全与 $\dot{I}_{2s}$ 一样，但物理意义却大不相同了。$\dot{I}_2$ 等于转子静止时的电动势 $\dot{E}_2$ 除以转子静止时的漏电抗 x_2 和转子等效电阻 $\frac{r_2}{s}$，这时 $\dot{I}_2$ 的频率已经变成 f_1 了。

还可看出，这样变换后，转子电路的功率因数角也与原来的一样，即

$$\varphi_2=\text{tg}^{-1}\frac{x_{2s}}{r_2}=\text{tg}^{-1}\frac{sx_2}{r_2}=\text{tg}^{-1}\frac{x_2}{\dfrac{r_2}{s}}$$

因而由三相电流产生的转子磁动势在空间相位上也和原来的一样。

所以，用一个静止的转子去代替一个实际旋转的转子，只要把转子电路中的电阻 r_2 改为 $\frac{r_2}{s}$（这相当于在转子回路中串联了 $\frac{r_2}{s}-r_2=\frac{1-s}{s}r_2$ 的电阻），电抗 x_{2s} 改为 x_2，用这些阻抗去除转子静止时的 $\dot{E}_2$，就能得到一个大小和相位与转子旋转时一样、而频率为 f_1 的转子电流。由这个电流所产生的转子磁动势无论其大小、转向、空间相位以及相对于定子的转速等均和原来的一样。从定子边看是同一个磁动势 F_2，对定子边各量均无影响。这种用一个静止不动的转子代替实际旋转的转子，从而使转子回路的频率由 f_2 变为 f_1 的方法，叫做异步电机的频率折算。

下面分析一下转子绕组的功率关系。频率折算前，转子是旋转的，轴上有机械功率输

出。折算后，$n=0$，轴上无机械功率输出，但转子附加了一个电阻$\frac{1-s}{s}r_2$，会产生损耗，而实际转子中并不存在这部分损耗。因此$\frac{1-s}{s}r_2$上消耗的电功率实际上表征了异步电动机轴上产生的总机械功率。由此可见，频率折算不仅保持了电机转子对定子的电磁效应不变，而且就功率而言也是等效的。

四、等效电路和相量图

1. 等效电路

经过频率折算后，实际的转子用静止的转子代替了，再用上节的绕组折算方法进行绕组折算，就可得出等效电路。考虑把转子绕组的相数、匝数以及绕组系数都折算到定子边，这时转子回路的电压方程式变为

$$\dot{E}'_2=\dot{I}'_2\left(\frac{r_2}{s}+jx'_2\right)$$

综上所述，经频率和绕组折算后，异步电动机转子旋转时的基本方程式为

$$\left.\begin{aligned}&\dot{U}_1=-\dot{E}_1+\dot{I}_1\ (r_1+jx_1)\\&\dot{E}_1=-\dot{I}_m\ (r_m+jx_m)\\&\dot{E}_1=\dot{E}'_2\\&\dot{E}'_2=\dot{I}'_2\left(\frac{r'_2}{s}+jx'_2\right)\\&\dot{I}_1+\dot{I}'_2=\dot{I}_m\end{aligned}\right\}\tag{12-25}$$

根据式（12-25）可以画出异步电动机转子旋转时的等效电路，如图12-5所示。与图12-3比较，在转子回路里增加了一项$\frac{1-s}{s}r'_2$电阻。与变压器的“T”型等效电路比较可以看出，旋转时的异步电动机，相当于一台变压器运行在接纯电阻$\frac{1-s}{s}r'_2$负载时的情况。

异步电动机的“T”型等效电路以电路形式综合了异步电机运行时内部电磁关系，分析它可了解异步电机的各种运行情况。

电动机空载运行时，转子转速非常接近同步转速，转差率s很小，$\frac{1-s}{s}r'_2$趋于∞。这时等效电路中转子边相当于开路，转子电流$\dot{I}'_2$接近于零，定子电流$\dot{I}_1$基本上就是励磁电流$\dot{I}_m$，电动机的功率因数很低。这相当于变压器二次侧开路情形。

电动机带额定负载运行时，转差率大约为0.05左右，这时$\frac{r'_2}{s}$约为r'_2的20倍左右，使等效电路的转子边基本上是电阻性电路，转子边功率因数$\cos\varphi_2$较高，定子边功率因数$\cos\varphi_1$也较高，一般可达0.8～0.85。由于异步电动机定子漏阻抗

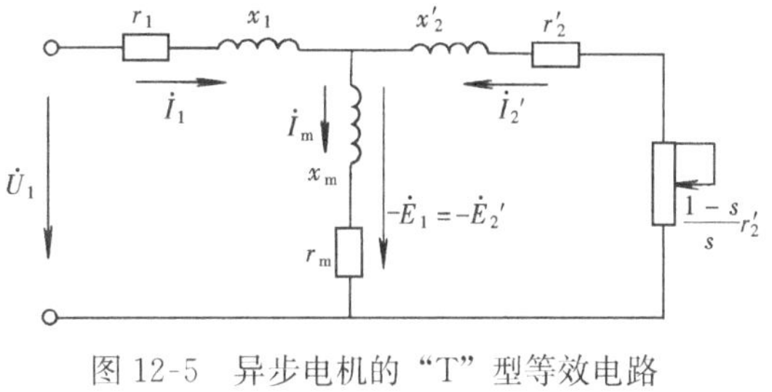

图12-5　异步电机的“T”型等效电路

Z_1 不大，因此负载时定子漏阻抗压降 $\dot{I}_1 Z_1$ 对 $-\dot{E}_1$ 影响不大，E_1 和相应的主磁通 Φ_m 只比空载时略小，所需的励磁电流 I_m 变化也不大。

异步电动机起动时，$n=0$，$s=1$，$\frac{1-s}{s}r'_2=0$，就是转子绕组短路并堵转的情况。这时定、转子电流很大，而功率因数较低。这相当于变压器二次侧短路的情形。

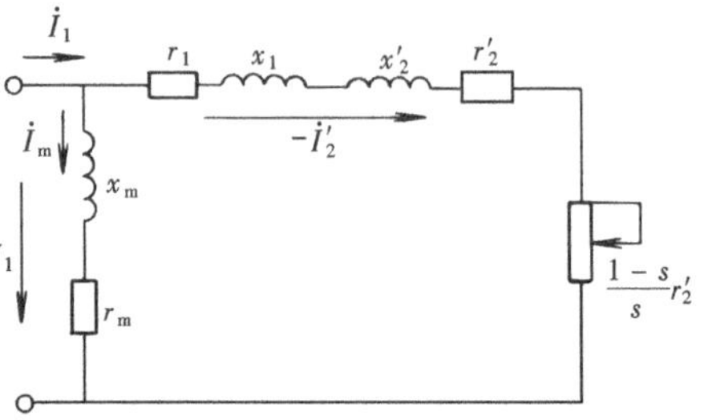

图 12-6 异步电机的近似等效电路

图 12-5 的等效电路是一个复联电路，分析计算还比较复杂。和变压器相似，可把励磁支路移到输入端，使整个电路变成单纯的并联电路，如图 12-6 所示，称为异步电动机的近似等效电路。

须指出的是，在异步电动机中，由于气隙的存在，励磁阻抗 Z_m 比变压器的小得多，励磁电流相对较大，因此，一般不能像变压器那样，把励磁支路去掉而变成简化等效电路。另外，由于异步电机的定子漏阻抗也比变压器的大，所以不难看出由图 12-6 的电路算出的定、转子电流比“T”型电路算出的稍偏大，且电机容量愈小相对偏差愈大。

2. 相量图

按式（12-25）或图 12-5 可画出相应的异步电动机相量图，如图 12-7 所示。从这个图上可以更清楚地看出电机的电磁量在数值和相位上的关系。

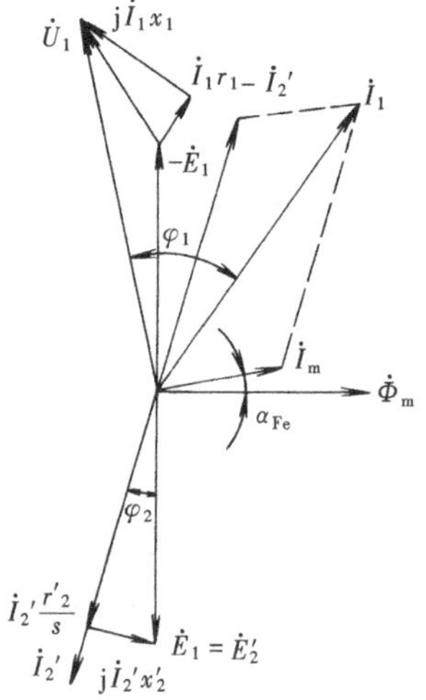

图 12-7 异步电机的相量图

画相量图时，先把主磁通相量 $\dot{\phi}_m$ 画在水平方向，作为参考相量。画上滞后于 $\dot{\phi}_m$ 为 90°的电动势 $\dot{E}_1$、$\dot{E}'_2$ 和产生主磁通的励磁电流相量 $\dot{I}_m$，$\dot{I}_m$ 超前于 $\dot{\phi}_m$ 一个 α_{Fe} 角。然后画出滞后于 $\dot{E}'_2$ 一个 $\varphi'_2=\mathrm{tg}^{-1}\frac{x'_2}{r'_2/s}=\mathrm{tg}^{-1}\frac{x_2}{r_2/s}=\varphi_2$ 角的 $\dot{I}'_2$，再画 $\dot{I}'_2\frac{r'_2}{s}$ 与 $\dot{I}'_2$ 同相，j $\dot{I}'_2 x'_2$ 超前 $\dot{I}'_2$ 为 90°。由 $\dot{I}_m$ 和 $-\dot{I}'_2$ 确定相量 $\dot{I}_1$，最后将 $-\dot{E}_1$ 加上 $\dot{I}_1 r_1$ 和 j $\dot{I}_1 x_1$ 就得定子每相端电压 $\dot{U}_1$，夹角 φ_1 仍为定子的功率因数角。

从相量图可以看出，定子电流 $\dot{I}_1$ 总是滞后于电源电压 $\dot{U}_1$，因为要建立和维持气隙中的主磁通和定、转子的漏磁通，需要从电源吸取一定的感性无功功率，即异步电动机总是具有滞后的功率因数。还可看出，当电机轴上带的机械负载增加时，转速 n 降低，转差率 s 增大，使图中 $\dot{I}'_2$ 增大，$\dot{I}_1$ 随之增大，电动机将从电网吸取更多的电功率，从而满足电能与机械能的平衡。

以上以绕线式异步电动机为例介绍了异步电动机的原理，但所得结论完全适用于鼠笼式异步电动机。须指出的是，任何型式的异步电机，定、转子的极对数必须相等。否则就不能产生平均电磁转矩，电机无法工作。对绕线式异步电动机，转子极对数是通过绕组的正确连接做到和定子的一样；而鼠笼式异步电动机，转子极对数则是自动地等于定子极对数。另外，绕线式三相异步电动机转子绕组是三相的（$m_2=3$），而鼠笼式异步电动机转子绕组一般不是三相，而是 m_2 相，与转子槽数有关。

【例 12-1】　一台三相四极鼠笼式异步电动机，其额定数据和每相参数为：$P_N=17kW$，$U_N=380V$，$n_N=1468r/min$，$r_1=0.715\Omega$，$x_1=1.74\Omega$，$r'_2=0.416\Omega$，$x'_2=3.03\Omega$，$r_m=6.2\Omega$，$x_m=75\Omega$，定子绕组三角形形接法。试求额定运行时的定子电流、转子电流、励磁电流、功率因数和效率。

解　四极电机的同步转速

$$n_1=\frac{60f_1}{p}=\frac{60\times50}{2}=1500r/min$$

额定运行时的转差率

$$s_N=\frac{n_1-n_N}{n_1}=\frac{1500-1468}{1500}=0.0213$$

1. 采用 T 型等效电路计算

转子电路漏阻抗的折算值

$$Z'_2=\frac{r'_2}{s}+jx'_2=\frac{0.416}{0.0213}+j3.03=19.76\angle8.82^\circ$$

励磁阻抗

$$Z_m=r_m+jx_m=6.2+j75=75.26\angle85.27^\circ$$

T 型等效电路输入端总阻抗

$$Z=Z_1+\frac{Z_mZ'_2}{Z_m+Z'_2}=0.715+j1.74+\frac{75.26\angle85.27^\circ\times19.76\angle8.82^\circ}{75.26\angle85.72^\circ+19.76\angle8.82^\circ}$$
$$=19.46\angle26.3^\circ$$

定子相电流

$$\dot{I}_1=\frac{\dot{U}_1}{Z}=\frac{380\angle0^\circ}{19.46\angle26.3^\circ}=19.53\angle-26.3^\circ\ (A)$$

定子线电流的有效值

$$I_{11}=\sqrt{3}I_1=\sqrt{3}\times19.53=33.83\ (A)$$

转子电流

$$\dot{I}'_2=-\dot{I}_1\frac{Z_m}{Z_m+Z'_2}=-19.53\angle-26.3^\circ\times\frac{75.26\angle85.27^\circ}{19.76\angle8.82^\circ+75.26\angle85.27^\circ}$$
$$=17.88\angle167.2^\circ\ (A)$$

励磁电流

$$\dot{I}_m=\dot{I}_1\frac{Z'_2}{Z'_2+Z_m}=19.53\angle-26.3^\circ\times\frac{19.76\angle8.82^\circ}{19.76\angle8.82^\circ+75.26\angle85.27^\circ}$$
$$=4.69\angle-89.23^\circ\ (A)$$

功率因数

$$\cos\varphi_1=\cos26.3^\circ=0.896$$

定子输入功率

$$P_1=3U_1I_1\cos\varphi_1\times10^3=3\times380\times19.53\times0.896\times10^3=19.95\ (kW)$$

效率

$$\eta=\frac{P_2}{P_1}\times100\%=\frac{17}{19.95}\times100\%=85.2\%$$

2. 采用近似等效电路计算

转子电流

$$\dot{I}'_2=-\frac{\dot{U}_1}{Z_1+Z'_2}=-\frac{380\angle0^\circ}{0.715+j1.74+19.76\angle8.82^\circ}=18.27\angle166.75^\circ$$

励磁电流

$$\dot{I}_m=\frac{\dot{U}_1}{Z_m}=\frac{380\angle0^\circ}{75.26\angle85.27^\circ}=5.05\angle-85.27^\circ$$

定子相电流

$$\begin{aligned}\dot{I}_1&=\dot{I}_m+(-\dot{I}'_2)=5.05\angle-85.27^\circ-18.27\angle166.75^\circ\\&=20.4\angle-26.87^\circ(\text{A})\end{aligned}$$

定子线电流的有效值

$$I_{1l}=\sqrt{3}I_1=\sqrt{3}\times20.4=35.33\ (\text{A})$$

功率因数

$$\cos\varphi_1=\cos26.87^\circ=0.892$$

定子输入功率

$$P_1=3U_1I_1\cos\varphi_1\times10^{-3}=3\times380\times20.4\times0.892\times10^{-3}=20.74\ (\text{kW})$$

效率

$$\eta=\frac{P_1}{P_2}\times100\%=\frac{17}{20.74}\times100\%=81.97\%$$

比较以上两种计算结果可以看出，用近似等效电路算出的定子电流、转子电流和励磁电流都比用T型等效电路算出的要大，而效率则要低一些。

第三节 三相异步电动机参数的测定

异步电动机的参数包括励磁参数和短路参数。只有知道了这些参数，才能用等效电路来计算异步电动机的运行特性。这些参数可以通过空载试验和短路试验测出。

一、空载试验和励磁参数测定

（一）空载试验

空载试验可测定励磁参数 r_m、x_m 以及铁损耗 p_{Fe}和机械损耗 p_m。

试验接线图如图12-8所示。试验要测的数据主要有电压、电流和功率。试验时电动机轴上不带任何负载，处于空载运行状态，定子接到额定频率的对称三相电源上，使电机以略低于同步转速 n_1 的转速空转约30min。待机械损耗稳定后，借助调压器改变加在定子上的电压 U_1，使它从(1.1～1.3)U_N 开始，逐渐降

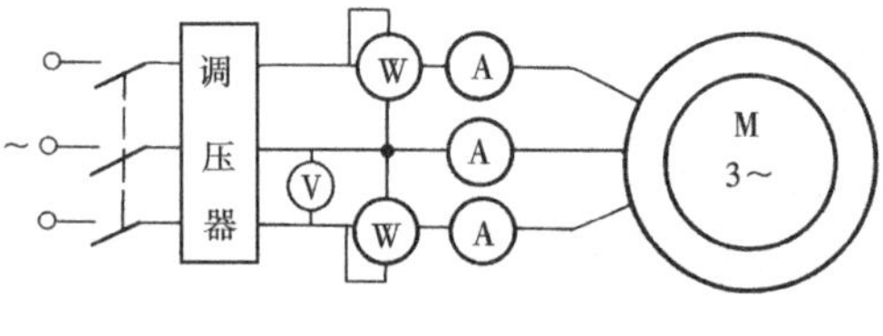

图12-8 异步电机试验线路

低电压，直到电机转速开始发生明显变化或定子电流开始回升时为止，测量几个点，记录每次的端电压 U_1、空载电流 I_0、空载功率 p_0 和转速 n_0。画出曲线 $I_0=f(U_1)$ 和 $p_0=f(U_1)$，如图 12-9 所示，即为空载特性。

由空载特性可以看出，当电压升到 U_N 以上时，空载电流迅速上升，这是由于磁路饱和的缘故。所以异步电动机不宜长期过电压运行。

（二）铁损耗与机械损耗的确定

由于异步电动机空载时 s 很小，转子电流很小，转子铜耗可以忽略。此时输入定子的功率全部变成定子铜损耗 $p_{Cu1}=3I_0^2r_1$、铁损耗 p_{Fe} 和机械损耗 p_m，所以空载输入功率减去定子铜损耗，可得铁损耗与机械损耗的和

$$p_{Fe}+p_m=p_0-3I_0^2r_1\approx p'_0 \tag{12-26}$$

因铁损耗近似与磁通密度二次方成正比，即近似与电压二次方成正比，而机械损耗当转速不变时是与电压无关的常量，这样就可将铁损耗与机械损耗分开。方法是：画出 $p'_0=p_{Fe}+p_m=f(U_1^2)$ 曲线，如图 12-10 所示。将此曲线向下延长交于纵轴的 O' 点，过点作一平行于横轴的直线，将曲线的纵坐标分为两部分，虚线下部纵坐标即为机械损耗（与电压无关，是常量），纵坐标的其余部分表示对应某电压的铁损耗。可取 $U_1^2=U_{1N}^2$ 的值。

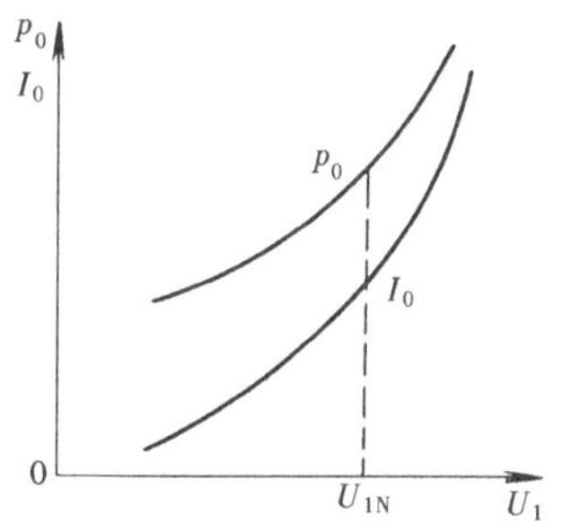

图 12-9　异步电动机的空载特性

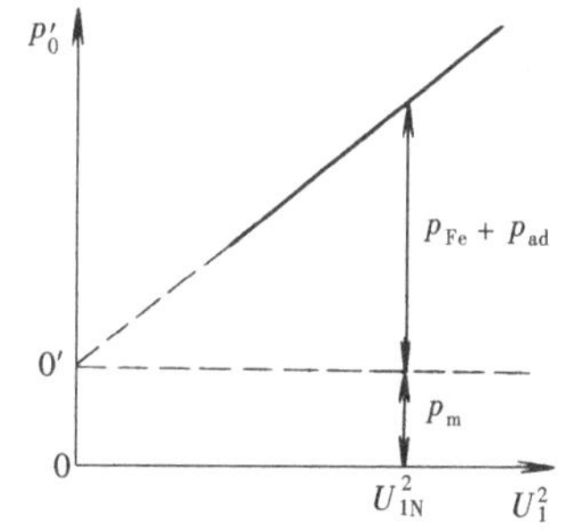

图 12-10　铁耗和机械耗曲线

（三）空载参数的确定

由于异步电动机空载时，s 很小，近似为零。从等值电路上看，附加电阻 $\frac{1-s}{s}r'_2$ 很大，转子近似于开路。异步电动机的空载等值电路近似为阻抗 Z_1 和 Z_m 串联的电路，与变压器的空载等值电路相同，因此 $Z_0=Z_1+Z_m$。

根据空载试验额定电压时测得的 I_0 和 p_0 可算出

$$z_0=\frac{U_1}{I_0} \tag{12-27}$$

$$r_0=\frac{p_0-p_m}{3I_0^2} \tag{12-28}$$

$$x_0=\sqrt{z_0^2-r_0^2} \tag{12-29}$$

式中，p_0 是测得的三相功率，I_0、U_1 分别是定子相电流和相电压。

空载时，可以认为转子开路，从等效电路可看出

$$x_0=x_m+x_1$$

式中 x_1 可由下面短路试验测得，于是励磁电抗

$$x_m = x_0 - x_1 \tag{12-30}$$

已知额定电压时的铁耗，可求得励磁电阻

$$r_m = r_0 - r_1 = \frac{p_{Fe}}{3I_0^2} \tag{12-31}$$

从而可求出定子电阻

$$r_1 = r_0 - r_m$$

定子电阻 r_1 也可用电阻箱等仪表直接测出。

二、短路试验和短路参数测定

（一）短路试验

短路试验常用于测定短路阻抗 Z_k、转子电阻 r'_2 和定、转子漏抗 x_1、x'_2。异步电动机短路是指转子被堵住不转，定子通电的一种状态。故短路试验又称堵转试验。试验线路也如图 12-8 所示。这时如果外加定子电压为额定值，定子短路电流可达$(4\sim7)I_N$。如果这种状态持续时间较长，电动机将因过热而损坏。因此短路试验通常降低电压进行。一般由 $U_1 = 0.4U_N$ 开始，或限定 $I_k \leqslant 1.2I_N$，然后逐步降低电压，共测量 5～7 点，每点需记录定子端电压 U_1、定子短路电流 I_k 和短路功率 p_k。根据这些数据就能画出图 12-11 所示的短路特性 $I_k = f(U_1)$、$p_k = f(U_1)$。

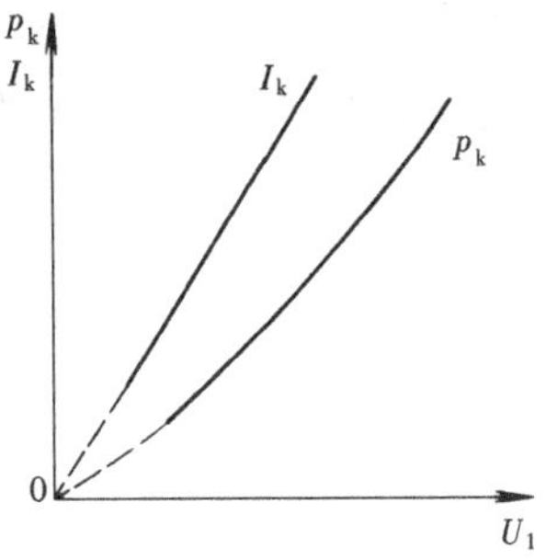

图 12-11 异步电动机的短路特性

由于短路试验时，外加电压很低，Φ_m 较小，磁路不饱和，且漏磁路磁阻主要决定于空气的磁阻，短路电抗可以认为是常量，所以短路特性 $I_k = f(U_1)$ 通常为直线。半闭口槽的小型异步电动机在电流较大时，漏磁路也可能饱和，短路特性 $I_k = f(U_1)$ 可能弯曲，短路电抗不为常量，随电压升高稍有减小。

（二）短路参数确定

由于堵转时 $s=1$，T 型等值电路中反映机械功率的附加电阻 $\frac{1-s}{s}r'_2 = 0$，又因 $z_m \gg z'_2$，励磁支路可认为开路，这时的总阻抗为定、转子漏阻抗的和，如图 12-12 所示。因为短路试验时的 $I_m \approx 0$，所以铁损耗可略去不计，又因堵转时输出功率为零，输入电功率全部变为定、转子铜损耗，则

$$p_k = 3I_1^2 r_1 + 3(I'_2)^2 r'_2$$

由于 $I_m \approx 0$，则可认为 $I'_2 = I_1 = I_k$，所以

$$p_k = 3I_k^2(r_1 + r'_2) = 3I_k^2 r_k$$

由此得短路阻抗 z_k、短路电阻 r_k、短路电抗 x_k 分别为

$$z_k = \frac{U_1}{I_k} \tag{12-32}$$

$$r_k = \frac{p_k}{3I_k^2} \tag{12-33}$$

$$x_k = \sqrt{z_k^2 - r_k^2} \tag{12-34}$$

其中 $r_k = r_1 + r'_2$，$x_k = x_1 + x'_2$

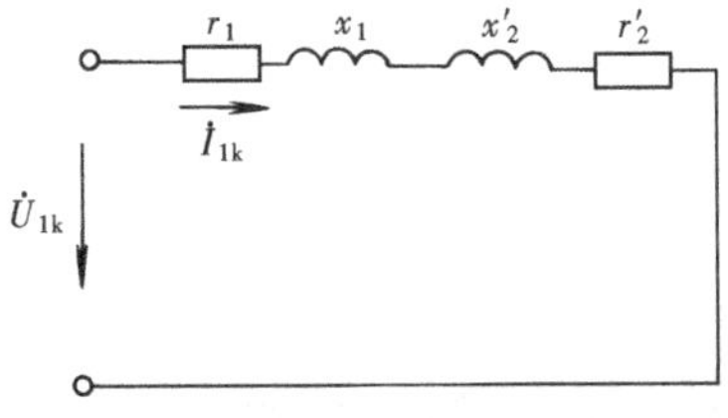

图 12-12 异步电动机短路时的等值电路

根据上述公式算出 z_k、r_k、x_k 后，就可求出转子电阻和电抗，因为定子电阻 r_1 可直接测出，所以 $r'_2=r_k-r_1$。转子电抗可根据下面关系算出：对于大、中型异步电动机，$x'_2\approx x_1\approx\frac{x_k}{2}$；对于 1kW 以下的小型异步电动机，$x'_2\approx 0.97x_k$（2、4、6 极）或 $x'_2=0.57x_k$（8、10 极）。

需要说明的是，当电动机全压起动时，定、转子电流都将比额定值大许多倍，漏磁路的铁磁部分（如齿部）饱和，漏抗减小，通常饱和值比正常工作时的不饱和值小 15%～30%，所以计算起动特性采用漏抗饱和值较为接近实际，计算工作特性用漏抗不饱和值比较准确。

【例 12-2】 三相笼型异步电动机的额定容量为 $P_N=3$kW，$U_N=380$V，$I_N=7.25$A，$n_N=740$r/min，$f_1=50$Hz，Y 连接，$r_1=2.01\Omega$。空载试验数据：$U_1=380$V，$I_0=3.64$A，$p_0=246$W，$p_m=11$W。短路试验数据：$U_k=100$V，$I_k=7.05$A，$p_k=470$W，忽略空载附加损耗，计算参数 r_m、x_m、x_1、x'_2 和 r'_2。

解　空载阻抗 z_0

$$z_0=\frac{U_1}{\sqrt{3}I_0}=\frac{380}{\sqrt{3}\times 3.64}=60.3\ (\Omega)$$

空载电阻 r_0

$$r_0=\frac{p_0-p_m}{3I_0^2}=\frac{246-11}{3\times 3.64^2}=5.9\ (\Omega)$$

空载电抗 x_0

$$x_0=\sqrt{z_0^2-r_0^2}=\sqrt{60.3^2-5.9^2}=60\ (\Omega)$$

空载时定子铜损耗 p_{Cu1} 和铁损耗 p_{Fe}

$$p_{Cu1}=3I_0^2r_1=3\times 3.64^2\times 2.01=79.9\ (\text{W})$$

$$p_{Fe}=p_0-p_{Cu1}-p_m=246-79.9-11=155.1\ (\text{W})$$

励磁电阻

$$r_m=\frac{p_{Fe}}{3I_0^2}=\frac{155.1}{3\times 3.64^2}=3.9\ (\Omega)$$

短路阻抗 z_k、短路电阻 r_k 和短路电抗 x_k

$$z_k=\frac{U_k}{\sqrt{3}I_k}=\frac{100}{\sqrt{3}\times 7.05}=8.19\ (\Omega)$$

$$r_k=\frac{p_k}{3I_k^2}=\frac{470}{3\times 7.05^2}=3.15\ (\Omega)$$

$$x_k=\sqrt{z_k^2-r_k^2}=\sqrt{8.19^2-3.15^2}=7.56\ (\Omega)$$

转子电阻折算值

$$r'_2=r_k-r_1=3.15-2.01=1.14\ (\Omega)$$

定、转子漏抗

$$x_1\approx x'_2\approx\frac{x_k}{2}=\frac{7.56}{2}=3.78\ (\Omega)$$

励磁电抗

$$x_m=x_0-x_1=60-3.78=56.23\ (\Omega)$$

第四节 三相异步电动机的功率和转矩

异步电动机是通过电磁感应作用把电能传送到转子并转换为轴上输出的机械能，在能量变换的过程中电磁转矩起了非常关键的作用。

一、功率变换与功率平衡方程式

异步电动机稳定运行时，功率变换与传递过程，可以按照等值电路来说明。由电源输入到电动机的功率为

$$P_1 = m_1 U_1 I_1 \cos\varphi_1$$

$$p_{Cu1} = m_1 I_1^2 r_1$$

$$p_{Fe} = m_1 I_m^2 r_m$$

P_1 的一小部分，变成了定子铜损耗 p_{Cu1}，另一部分变成定子铁心的涡流与磁滞损耗即铁损耗 p_{Fe}，由于正常运行时，转速较高，主磁场切割转子铁心的速度很低，转子感应电动势频率很低，所以转子铁损耗较小，可以略去。

输入电功率减去定子铜、铁损耗后，所剩的大部分功率借助于定、转子间的电磁感应作用经气隙传送到转子，称为电磁功率 P_M，其公式为

$$P_M = P_1 - p_{Cu1} - p_{Fe} \tag{12-35}$$

P_M 等于转子回路全部电阻上的损耗，由等值电路知

$$P_M = m_1 I'^2_2 \left(r'_2 + \frac{1-s}{s} r'_2 \right) = m_1 I'^2_2 \frac{r'_2}{s} \tag{12-36}$$

电磁功率也可表示为

$$P_M = m_1 E'_2 I'_2 \cos\varphi'_2 = m_2 E_2 I_2 \cos\varphi_2 \tag{12-37}$$

式中 φ_2——转子回路的功率因数角。

传送到转子的电磁功率 P_M，一小部分变成了转子的铜损耗

$$p_{Cu2} = m_1 I'^2_2 r'_2 = s P_M \tag{12-38}$$

另一部分就是电机的总机械功率

$$P_\Omega = P_M - p_{Cu2} = m_1 I'^2_2 r'_2 \frac{1-s}{s} \tag{12-39}$$

机械功率 P_Ω 与电磁功率 P_M 间有如下关系

$$P_\Omega = m_1 I'^2_2 \frac{1-s}{s} r'_2 = (1-s)\ m_1 I'^2_2 \frac{r'_2}{s} = (1-s)\ P_M \tag{12-40}$$

即总机械功率 P_Ω 为电磁功率 P_M 与转差功率 sP_M 的差，转差功率也就是转子的铜损耗。由转子铜损耗等于转差率与电磁功率的乘积这一关系可以看出，当 s 越大、转速越低时，转子铜损耗越大。当 $s>1$ 时，转子铜损耗比电磁功率还大，表明由定子传送到转子的电磁功率和由轴上输入的机械功率都消耗为转子铜损耗，这就是以前讨论过的电磁制动状态。

电机旋转时，由于轴承磨擦和风阻转矩而要损耗一部分功率，叫机械损耗 p_m，另外还有一些附加损耗 p_{ad}。这样，异步电动机的总机械功率 P_Ω 应减去机械损耗和附加损耗，才是轴上输出的机械功率 P_2，即

$$P_2 = P_\Omega - p_m - p_{ad} \tag{12-41}$$

附加损耗与气隙大小和工艺因素有关，很难计算，一般根据经验选取。

这样，输入电动机的电功率减去定子铜耗 p_{Cu1}、定子铁耗 p_{Fe}、转子铜耗 p_{Cu2} 和机械损耗 p_m、附加损耗 p_{ad} 后，就可得到电机输出功率，可用下式表示：

$$P_2 = P_1 - p_{Cu1} - p_{Fe} - p_{Cu2} - p_m - p_{ad} = P_1 - \Sigma p \tag{12-42}$$

其中　$\Sigma p = p_{Cu1} + p_{Fe} + p_{Cu2} + p_m + p_{ad}$ 为异步电动机总损耗。

依照上式可以画出异步电动机的功率流程图，如图 12-13 所示。

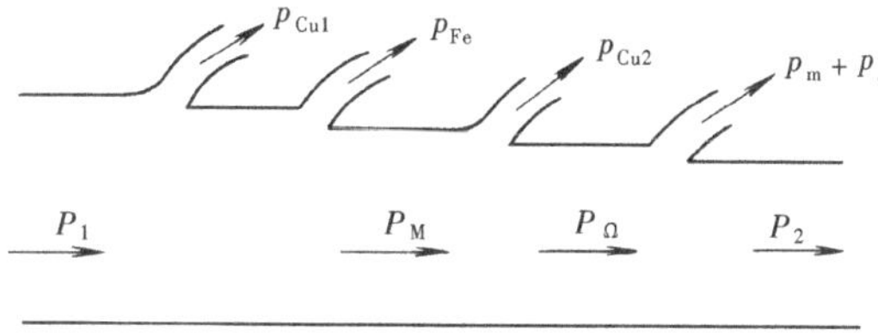

图 12-13　异步电动机的功率流程图

应当指出，如果电机转速较低，转差率较大，f_2 较高，转子铁损耗就不能忽略。另外，异步电动机定、转子绕组流过电流时，除了产生基波主磁通外，还产生了一系列高次谐波磁通；由于槽和齿而引起磁通的脉振，这些都会产生附加铁损耗。铜线中由于集肤效应也会产生附加铜损耗。在计算效率和转矩中有时须加以考虑。

二、转矩平衡方程式

机械功率等于作用在旋转刚体上的转矩与它的机械角速度的乘积。由于机械功率平衡方程式为

$$P_\Omega = P_2 + p_m + p_{ad}$$

该公式两边同除以转子机械角速度 Ω，就能得到稳态时的转矩方程式

$$\frac{P_\Omega}{\Omega} = \frac{P_2}{\Omega} + \frac{p_m + p_{ad}}{\Omega} = \frac{P_2}{\Omega} + \frac{p_0}{\Omega}$$

即

$$T_M = T_2 + T_0 \tag{12-43}$$

式中　T_M——气隙主磁场与转子电流作用产生的电磁转矩；

T_2——电机轴上输出的转矩；

T_0——空载制动转矩。

式（12-43）说明，电动机产生的电磁转矩减去空载转矩后，就是轴上的输出转矩。

还可从另一方面推导出电磁转矩。因为

$$P_\Omega = P_M - p_{Cu2} = P_M - sP_M = (1-s)P_M \tag{12-44}$$

又因为

$$s = \frac{n_1 - n}{n_1}, n = (1-s)n_1, \Omega = (1-s)\Omega_1$$

所以将式（12-44）除以 Ω 得

$$\frac{P_\Omega}{\Omega} = \frac{P_M(1-s)}{\Omega_1(1-s)}$$

因此

$$T_M = \frac{P_M}{\Omega_1} = \frac{P_\Omega}{\Omega} \tag{12-45}$$

式（12-45）说明，电磁转矩 T_M 既等于总机械功率除以转子旋转角速度，也等于电磁功率除以旋转磁场的同步角速度。用总机械功率除以转子角速度计算电磁转矩，是从转子本身运

动的功率关系导出的；而用电磁功率除以旋转磁场角速度计算电磁转矩，则是从旋转磁场与转子电流相互作用对转子作功这一概念出发的。两种角速度对应两种功率，转矩却是一个，都来源于气隙磁场与转子电流的作用。

三、电磁转矩公式

为说明电磁转矩的物理本质，可从等值电路推导它的计算公式。将式（12-37）及同步角速度 $\Omega_1=\dfrac{2\pi f_1}{p}$，代入式（12-45）得

$$T_M=\frac{P_M}{\Omega_1}=\frac{m_1E_2'I_2'\cos\varphi_2'}{2\pi f_1/p}$$

$$=\frac{m_1(4.44f_1W_1k_{W1}\Phi_m)I_2'\cos\varphi_2'}{2\pi f_1/p}=C_M\Phi_mI_2'\cos\varphi_2 \tag{12-46}$$

$$C_M=\frac{m_14.44pW_1k_{W1}}{2\pi}=\frac{m_1pW_1k_{w1}}{\sqrt{2}}$$

式中 C_M——转矩常数。

式（12-46）表明，电磁转矩 T_M 与主磁通量 Φ_m 及转子电流的有功分量 $I_2'\cos\varphi_2'$ 乘积成正比。即电磁转矩是气隙主磁场与转子电流有功分量共同作用产生的。

【例 12-3】 一台三相绕线式异步电动机，额定数据为：$P_N=94$kW，$U_N=380$V，$n_N=950$r/min，$f_1=50$Hz。在额定转速下运行时，机械损耗 $p_m=1$kW，忽略附加损耗。求额定运行时的

（1）转差率 s_N；

（2）电磁功率 P_M；

（3）电磁转矩 T_M；

（4）转子铜损耗 p_{Cu2}；

（5）输出转矩 T_2；

（6）空载转矩 T_0。

解 由 n_N 可知同步转速 $n_1=1000$r/min。

（1）额定转差率 s_N 为

$$s_N=\frac{n_1-n_N}{n_1}=\frac{1000-950}{1000}=0.05$$

（2）电磁功率 P_M 为

$$P_M=\frac{P_\Omega}{1-s_N}=\frac{P_N+p_m}{1-s_N}=\frac{94+1}{1-0.05}=100(\text{kW})$$

（3）电磁转矩 T_M 为

$$T_M=\frac{P_M}{\Omega_1}=\frac{P_M}{\frac{2\pi n_1}{60}}=9550\frac{P_M}{n_1}=9550\times\frac{100}{1000}=955(\text{N}\cdot\text{m})$$

或

$$T_M=\frac{P_\Omega}{\Omega_N}=9550\frac{P_N+p_m}{n_N}=9550\times\frac{94+1}{950}=955(\text{N}\cdot\text{m})$$

（4）转子铜损耗 p_{Cu2} 为

$$p_{Cu2}=s_NP_M=0.05\times100=5(\text{kW})$$

（5）输出转矩 T_2 为

$$T_2 = \frac{P_N}{\Omega_N} = 9550\frac{P_N}{n_N} = 9550 \times \frac{94}{950} = 944.9(\text{N} \cdot \text{m})$$

（6）空载转矩 T_0 为

$$T_0 = \frac{p_m}{\Omega_N} = 9550\frac{p_m}{n_N} = 9550 \times \frac{1}{950} = 10.1(\text{N} \cdot \text{m})$$

可见 $T_M = T_2 + T_0$。

第五节　三相异步电动机的工作特性

异步电动机的工作特性是指在额定电压和额定频率下，电动机的转速 n（或转差率 s）、定子电流 I_1、功率因数 $\cos\varphi_1$、电磁转矩 T_M（或输出转矩 T_2）和效率 η 随输出功率变化而变化的关系。即当 $U_1 = U_N$，$f_1 = f_N$ 时，n、T_M、I_1、η、$\cos\varphi_1 = f(P_2)$。

异步电动机的工作特性可以由等值电路算出，也可由试验方法测出。

一、转速特性 $n = f(P_2)$

根据 $p_{Cu2} = sP_M$，转子铜损耗 p_{Cu2} 和转差率 s、电磁功率 P_M 有以下关系，即

$$s = \frac{p_{Cu2}}{P_M} = \frac{m_2 I_2^2 r_2}{m_2 E_2 I_2 \cos\varphi_2}$$

将 $s = \dfrac{n_1 - n}{n_1}$ 代入上式得

$$n = n_1 - \frac{I_2 r_2}{E_2 \cos\varphi_2} n_1 \tag{12-47}$$

由上式看出，空载时，转子电流 $I_2 \approx 0$，所以 $n \approx n_1$；随着负载增加，转子电流 I_2 增加，所以转速下降。用物理概念解释，负载增大势必引起转速下降，主磁场切割转子的速度增加，转子感应电动势和电流增大，电磁转矩增大，直到与负载转矩相平衡。所以，转速特性 $n = f(P_2)$ 是一条稍微下斜的直线，如图 12-14 所示。它与并励直流电动机的转速特性很相似，也是硬特性。

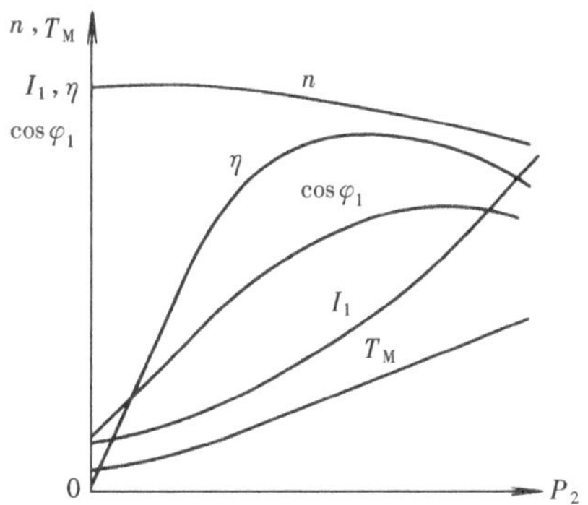

图 12-14　异步电动机的工作特性

因为转差率 $s = \dfrac{p_{Cu2}}{P_M}$，为保持较高的效率，一般的异步电动机转子铜损耗都较小，额定负载时的转差率较小，约为 2%～5%。较小的转差率对应于较大容量的异步电动机。

二、定子电流特性 $I_1 = f(P_2)$

电磁动势平衡方程式 $\dot{I}_1 = \dot{I}_m + (-\dot{I}_2')$ 可推出这一关系曲线。电动机空载时 $P_2 = 0$，$\dot{I}_2' \approx 0$，这时的定子电流基本上等于励磁电流。随着负载增加，转速下降，转子电流增加，与它平衡的定子电流负载分量 $(-\dot{I}_2')$ 也增加，以维持励磁磁动势近似不变。也就是说，定子电流 I_1 应随负载的增加而增加，如图 12-14 所示。从能量关系来看，当负载增加时，电动机需从电源获得更多的能量与负载平衡，在电压和功率因数一定的情况下，据

$$P_1 = 3U_1 I_1 \cos\varphi_1$$

知定子电流要增大。

三、电磁转矩特性 $T_M = f(P_2)$

根据转矩平衡式，稳态运行时异步电动机的电磁转矩 T_M 为空载转矩 T_0 和输出转矩 T_2 的和，即 $T_M = T_2 + T_0$，因为 $T_2 = \frac{P_2}{\Omega}$，则有

$$T_M = T_0 + \frac{P_2}{\Omega} \tag{12-48}$$

由于从空载到额定负载，电动机转速下降很少，所以电磁转矩随 P_2 增大，近似按直线增加，并略有上翘（因 Ω 略有下降），又因空载转矩近似不变，所以 $T_M = f(P_2)$ 如图 12-14 所示。

四、功率因数特性 $\cos\varphi_1 = f(P_2)$

异步电动机运行时，必须从电网吸取滞后的无功电流和无功功率，所以它的功率因数必然是滞后的。

空载时，定子电流仅有微小的铁损耗电流是有功分量，功率因数很低，约为 0.1～0.2。负载增加，转子电流有功分量增加，定子电流有功分量也随之增加，功率因数提高。额定负载附近，功率因数达最大。如果负载进一步增加，转速下降较多，s 增加较大，转子功率因数角 $\varphi_2 = \mathrm{tg}^{-1}\frac{sx_2}{r_2}$ 增加，$\cos\varphi_2$ 以及 $\cos\varphi_1$ 都随之下降，所以功率因数曲线呈现如图 12-14 所示形状。一般电机，额定负载时的功率因数约在 0.75～0.90 范围内。

五、效率特性 $\eta = f(P_2)$

由异步电动机的功率流图可以看出，异步电动机的损耗有定、转子铜损耗、铁损耗、机械损耗和附加损耗五种。定、转子铜损耗及附加损耗随负载而变，称为可变损耗；铁损耗和机械损耗基本上不随负载而变，称为不变损耗。异步电动机的效率为

$$\eta = \frac{P_2}{P_1} \times 100\% = \frac{P_2}{P_2 + \Sigma p} \times 100\%$$

$$= \frac{P_2}{P_2 + p_{Cu2} + p_{Cu1} + p_{Fe} + p_m + p_{ad}} \times 100\% \tag{12-49}$$

空载时，无输出功率，效率为零。从空载开始增加负载时，可变损耗增加较慢，总损耗增加较少，效率提高较快。负载继续增加，当可变损耗增加到与不变损耗相等时，效率最高。如继续增加负载，则可变损耗大于不变损耗，使效率降低。效率曲线也表示在图 12-14 中。它的形状与直流电机、变压器的效率曲线相近。一般来说，异步电动机最大效率出现在负载为 0.7～1.0 额定负载时，最大效率约为 75%～94%，电机容量越大，运行效率越高。

工作特性曲线表明，额定负载附近的效率和功率因数都可达最大值。异步电动机的工作特性可由直接负载实验测出，也可根据等值电路间接计算得出。

小　　结

本章分析了异步电动机的电磁关系，从中了解励磁电流和励磁电抗的作用。首先把磁路的磁通分为主磁通和漏磁通，然后分析转子静止时的电磁关系，建立基本方程式，经过绕组

折算导出等效电路和相量图。又分析了转子旋转时的电磁关系，经过频率折算，把旋转的转子化为静止的转子，再进行绕组的折算，导出异步电动机运行时的基本方程式、等效电路图和相量图。等效电路图与变压器的等效电路图较相似，只不过是把变压器中负载阻抗 Z'_L 改为代表异步电动机总机械功率的纯电阻$\frac{1-s}{s}r'_2$。

分析异步电动机时，转差率应作为一个基本变量。空载运行时，$n \approx n_1$，$s \approx 0$，转子电流趋于零，定子电流就是励磁电流。负载运行时，转差率随负载增加而增加，转子电流增大，电磁转矩也增大，直到新的平衡出现，电机进入新的稳定状态。在负载增加时，转子电流增加的过程中，气隙磁通和它在定子绕组中感应电动势将减小，但外加电源电压不变，定子将从电源输入更多的电流，以补偿转子电流所产生的磁动势，并维持气隙磁通基本不变。

异步电动机工作时，不论转子的转速大小和方向如何，定、转子磁动势的基波总是相对静止的。

异步电动机与变压器的区别在于异步电机主磁场是三相合成的旋转磁场，而变压器中的主磁场是分相的脉振磁场。异步电动机运行中是旋转的，转子频率与定子不同。而变压器是静止的，感应电动势是同频率的。变压器只有能量传递，而异步电动机既有能量传递，又有能量转换。由于气隙的存在，使电动机和变压器的参数有很大的差别。

无论是频率折算还是绕组折算，其折算原则是转子磁动势保持不变，即转子对定子的影响不变。等值电路中的参数可由电动机的短路试验和空载试验测出。

电磁转矩的大小，取决于气隙基波磁通量与转子电流有功分量的乘积。电磁转矩的方向与气隙旋转磁场的方向相同。

习　　题

1. 异步电动机的主磁通和漏磁通是如何定义的？为何将谐波磁通作为漏磁通处理？

2. 异步电动机处于不同运行状态时，转子电流产生的磁动势对定子的转速是否变化？为什么？

3. 已知三相变压器的励磁电流约为额定电流的 2%～10%，为什么异步电动机的励磁电流却高达额定电流的 20%～50%？

4. 异步电动机定、转子绕组无电的联系，当机械负载增加时，为何定子电流和输入功率都会增加？比较空载、故障短路和额定负载三种情况下，主磁通的大小（其它条件不变）。

5. 异步电动机的折算与变压器的折算有何异同？

6. 异步电动机的等效电路与变压器的等效电路有无差别？异步电动机的等效电路中的附加电阻$\frac{1-s}{s}r'_2$代表什么？能否用电感和电容代替？

7. 有一台绕线式异步电动机，定子绕组短路，在转子绕组中通入三相对称交流电流，在转子中是否也会产生旋转磁场？转子是否会转动？如能转动其转向如何？

8. 一台异步电动机额定运行时，通过气隙传递的功率约有 5%转化为转子铜损耗，问这时电机的转差率是多少？有多少电磁功率转化为总机械功率？

9. 为什么异步电动机空载运行时 $\cos\varphi_2$ 很高，而电机的功率因数 $\cos\varphi_1$ 却很低？

10. 保持异步电动机的负载转矩不变，若电源电压下降过多，会出现什么现象？为什么？

11. 异步电机长期在轻载下运行是否合适？如有一台 D 接的异步电动机，负载较小，改接为 Y 接时，性能有什么影响？

12. 运行中，如电动机转子被卡住不转，有无危险？为什么？

13. 一台绕线式异步电动机，转子开路，如果定子接三相电源，转子应不应该转？如果转子能转，试分析原因。

14. 为什么异步电动机一般不能像变压器那样采用简化等效电路？

15. 一台定子绕组为 Y 接的三相鼠笼式异步电动机轻载运行时，若一相引出线突然断掉，电动机是否还能继续运行？停机后能否重新起动？为什么？

16. 一台绕线式三相六极异步电动机，定子加额定电压而转子开路时，滑环上电压为 200V，转子绕组 Y 接，不转时转子每相漏阻抗为 $0.05+j0.2\Omega$，定子每相漏阻抗与转子的相同。求：

（1）定子加额定电压，转子绕组短路但不转时的转子相电流；当转子转速为 980r/min 时的转子相电流和相电动势。[答案：560.7A；115.5V]

（2）当转子串入三相对称电阻，每相阻值为 0.2Ω，转子不转时的转子电流。[答案：361A]

17. 三相四极笼型转子异步电动机的 $U_N=380V$，D 接，50Hz，$n_N=1450r/min$，每相参数 $r_1=0.12\Omega$，$x_1=1.74\Omega$，$r'_2=0.416\Omega$，$x'_2=3.03\Omega$，$r_m=6.2\Omega$，$x_m=75\Omega$，试用 T 型等效电路计算定、转子的额定电流。[答案：定子电流 50.31A；转子电流 27.24A]

18. 在 17 题中，如电动机的额定功率 $P_N=17kW$，电动机的机械损耗 $p_m=139W$，额定负载时的附加损耗 $p_{ad}=320W$，试求额定负载时的定子功率因数、电磁转矩、输出转矩和额定效率。[答案：$\cos\varphi_1=0.58$；$T_m=117N\cdot m$；$T_2=112N\cdot m$；$\eta_N=89\%$]

19. 一台三相四极 Y 接异步电动机，$P_N=10kW$，$U_N=380V$，$I_N=11.6A$，额定运行时，$p_{cu1}=560W$，$p_{cu2}=310W$，$p_{Fe}=270W$，$p_m=70W$，$p_{ad}=200W$，试求额定运行时的额定转速、空载转矩、输出转矩和电磁转矩。[答案：$n_N=1455r/m$；$T_0=1.8N\cdot m$；$T_2=65.6N\cdot m$；$T_M=67.4N\cdot m$]

20. 一台三相异步电动机，输入功率 $P_1=32.8kW$，$p_{cu1}=1kW$，$p_{Fe}=655W$，$p_{ad}=165W$，$p_m=280W$，$s=0.02$，试求电磁功率 P_M、转子铜耗 p_{cu2} 和输出功率 P_2。[答案：$P_M=31.15kN$；$p_{cu2}=0.62kW$；$P_2=30.1kW$]

21. 某三相四极异步电动机，$P_N=10kW$，$U_N=380V$，$I_N=19.8A$，定子 Y 形接法，$r_1=0.5\Omega$。空载试验数据：$U_1=380V$，$p_0=0.425kW$，$I_0=5.4A$，$p_m=80W$，忽略 p_{ad}。短路试验中一点为：$U_k=120V$，$P_k=0.92kW$，$I_k=18.1A$，$x_1=x'_2$。试求电机参数 r'_2、x_1、x'_2、r_m 和 x_m。[答案：$r'_2=0.44\Omega$；$x_1=x'_2=1.86\Omega$；$r_m=3.44\Omega$；$x_m=38.69\Omega$]

第十三章　异步电动机的电力拖动

第一节　三相异步电动机的机械特性方程

机械特性是指在电压和频率一定的情况下，转速与电磁转矩之间的关系曲线 $n=f(T_M)$。异步电动机机械特性方程式有以下三种形式。

一、物理表达式

从前述分析我们知道电磁转矩的公式为异步电动机机械特性的物理表达式，即

$$T_M = C_M \Phi_m I'_2 \cos\varphi_2 \tag{13-1}$$

$$C_M = \frac{p m_1 W_1 k_{W1}}{\sqrt{2}}$$

$$I'_2 = \frac{E'_2}{\sqrt{\left(\frac{r'^2_2}{s}\right) + x'^2_2}}$$

$$\cos\varphi_2 = \frac{\frac{r_2}{s}}{\sqrt{\left(\frac{r_2}{s}\right)^2 + x_2^2}} = \frac{\frac{r'_2}{s}}{\sqrt{\left(\frac{r'_2}{s}\right)^2 + x'^2_2}} = \frac{r'_2}{\sqrt{r'^2_2 + s^2 x'^2_2}} = \cos\varphi'_2$$

式中　C_M——异步电动机的转矩系数；

Φ_m——异步电动机的每极磁通量；

I'_2——转子电流的折算值；

$\cos\varphi_2$——转子电路的功率因数。

根据 I'_2、$\cos\varphi_2$ 计算式，并考虑 $n=n_1(1-s)$ 时，可以绘出电动机 $n=f(I'_2)$ 及 $n=f(\cos\varphi_2)$两条曲线，如图 13-1 所示。转子电流计算式可知，当 $n=n_1$ $(s=0)$ 时，$I'_2=0$。随着 n 减小（s 由零渐增），在 s 较小时，$\frac{r'_2}{s} \gg x'_2$，x'_2 可忽略，此时 $I'_2 \propto s$，在 s 较大时，x'_2 不可忽略，并逐渐成为转子电流计算式中分母的主要部分，则随 n 的继续减小（即 s 的逐渐上升）将使 I'_2 增加缓慢。故 $n=f(I'_2)$ 曲线如图 13-1 所示的形状。

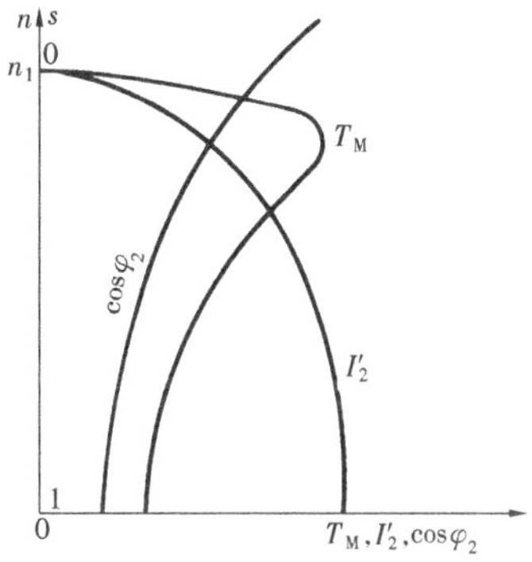

图 13-1　不同 n 值时的 I'_2、$\cos\varphi_2$ 和 T_M

由 $\cos\varphi_2$ 计算式可知，$s=0$ 时，$\cos\varphi_2=1$，随 s 的逐渐增大，$\cos\varphi_2$ 将逐渐下降。故 $n=f(\cos\varphi_2)$ 曲线如图 13-1 所示的形状。

与电磁转矩有关的三个物理量都是转差率的函数，所以电磁转矩也将随着转速或转差率的变化而变化。

从以上分析看出，电磁转矩 T_M 随转差率 s 的变化关系是非线性的。当 $|s|$ 值很小时，气隙主磁通为额定值

Φ_{mN}，$\cos\varphi_2\approx1$，此时，无论从式（13-1）还是从图 13-1 均可看出，电磁转矩 T_M 与转差率 s 基本上成正比关系变化。当 $|s|$ 增大很多而接近 1 时，I_2 变化不大，但由于 $\cos\varphi_2$ 降低很多，又加上 Φ_m 主磁通的减少，致使电磁转矩 T_M 反而减小。由以上定性分析可知，在电磁转矩随转差率 s 的变化过程中，会在某一转差率下，出现最大转矩。

式（13-1）表明，三相异步电动机的电磁转矩是由转子电流和主磁场相互作用产生的。转子电流与气隙磁场作用产生电磁力，遵守电磁力定律，但由于转子电流相位滞后转子电动势，则在气隙磁场同一极性下面各转子有效导体中的电流方向不完全相同，所以电磁转矩与转子电路的功率因数有关。

二、参数表达式

为了分析当电动机的内部参数发生变化时电动机电磁转矩的变化，需导出电磁转矩与电动机参数的关系，即参数表达式。

由等效电路可知，三相异步电动机电磁转矩与电磁功率的关系式为

$$T_M=\frac{P_M}{\Omega_1}=\frac{m_1}{\Omega_1}\cdot I_2'^2\frac{r_2'}{s} \tag{13-2}$$

$$\Omega_1=\frac{2\pi n_1}{60}=\frac{2\pi f_1}{p}$$

式中　Ω_1——电动机气隙旋转磁场的机械角速度（rad/s）。

由异步电动机的近似等效电路可得

$$I_2'=\frac{U_1}{\sqrt{\left(r_1+\frac{r_2'}{s}\right)^2+(x_1+x_2')^2}} \tag{13-3}$$

将式（13-3）代入式（13-2）即得三相异步电动机机械特性的参数表达式为

$$T_M=\frac{m_1}{\Omega_1}\frac{U_1^2\frac{r_2'}{s}}{\left[\left(r_1+\frac{r_2'}{s}\right)^2+(x_1+x_2')^2\right]} \tag{13-4}$$

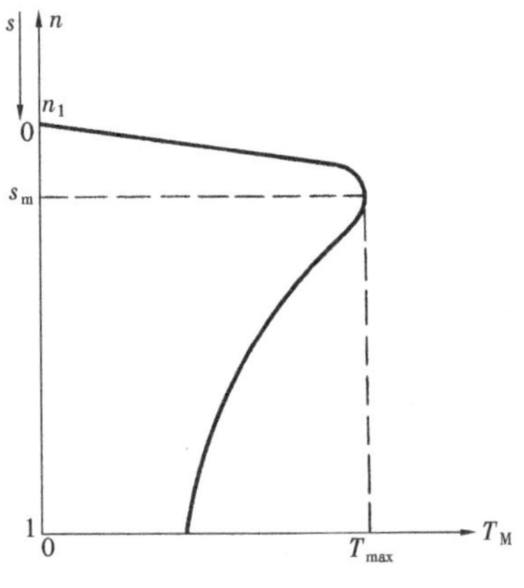

图 13-2　异步电动机的机械特性

按式（13-4）可绘出机械特性 $n=f(T_M)$ 如图 13-2 所示。

机械特性方程式（13-4）为二次方程，其电磁转矩必有最大值，称为异步电动机的最大转矩 T_{max}。将式（13-4）对转差率 s 求导，并令 $\frac{dT_M}{ds}=0$，先求出产生最大转矩 T_{max} 时的临界转差率 s_m，即

$$s_m=\pm\frac{r_2'}{\sqrt{r_1^2+(x_1+x_2')^2}} \tag{13-5}$$

再将式（13-5）代入参数表达式（13-4），可求出最大转矩 T_{max} 为

$$T_{max}=\pm\frac{m_1}{\Omega_1}\cdot\frac{U_1^2}{2\left[\pm r_1+\sqrt{r_1^2+(x_1+x_2')^2}\right]} \tag{13-6}$$

其中，正号对应于电动机状态，负号则适用于发电机状态。

一般 $r_1 \ll (x_1+x'_2)$，故式（13-5）及式（13-6）可近似为

$$s_m = \pm \frac{r'_2}{x_1 + x'_2} \tag{13-7}$$

$$T_{max} = \pm \frac{m_1 U_1^2}{2\Omega_1 (x_1 + x'_2)} \tag{13-8}$$

由式（13-7）、式（13-8）可知：

（1）当电机各参数及电源频率不变时，$T_{max} \propto U_1^2$，而 s_m 保持不变，与 U_1 无关；

（2）当电源频率及电压不变时，s_m 和 T_{max} 近似与 $(x_1+x'_2)$ 成反比；

（3）增大转子回路电阻 r'_2 值，只能使 s_m 相应增大，而最大转矩 T_{max} 保持不变。

最大转矩 T_{max} 与额定转矩 T_N 之比叫过载倍数，也叫过载能力，用 k_m 表示，即

$$k_m = \frac{T_{max}}{T_N} \tag{13-9}$$

一般异步电动机的 $k_m \approx 1.6 \sim 2.2$，对于冶金机械用的电动机，其 k_m 可达 2.2～2.8。k_m 是异步电动机的重要性能指标之一，它反映电动机能够承受的短时过载的极限。

除 T_{max} 外，异步电动机的另一个重要性能指标就是起动转矩 T_{st}。它是异步电动机刚接入电源时产生的电磁转矩，此时 $s=1$（$n=0$），代入式（13-4）即得起动转矩公式为

$$T_{st} = \frac{m_1}{\Omega_1} \cdot \frac{U_1^2 r'_2}{(r_1 + r'_2)^2 + (x_1 + x'_2)^2} \tag{13-10}$$

由式（13-10）可知，对绕线式异步电动机，转子电路串接适当大小的附加电阻（即适当加大 r'_2），就能加大起动转矩 T_{st}，从而改善起动性能。

鼠笼式异步电动机，不能用转子电路串电阻的方法改变起动转矩。在设计电机时就要根据不同负载的起动要求来考虑起动转矩的大小。起动转矩 T_{st} 与额定转矩 T_N 之比，称为起动转矩倍数，用 k_{st} 表示，

$$k_{st} = \frac{T_{st}}{T_N} \tag{13-11}$$

k_{st} 是反映鼠笼式异步电动机起动能力的一个性能指标，列于产品目录之中。

显然，鼠笼式异步电动机在额定负载下，只有 $k_{st}>1$ 时才有可能起动。

三、实用表达式

由于定、转子的参数 r_1，x_1，r'_2 及 x'_2 等，在产品目录中找不到，因此用参数表达式来绘制机械特性曲线或进行分析计算有时仍不方便。为此，还需导出如下实用表达式。

将式（13-6）除以式（13-4），并考虑式（13-7），整理化简后得

$$T_M = \frac{2T_{max}\left(1 + s_m \frac{r_1}{r'_2}\right)}{\frac{s}{s_m} + \frac{s_m}{s} + 2s_m \frac{r_1}{r'_2}} \tag{13-12}$$

如忽略 r_1，则

$$T_M = \frac{2T_{max}}{\frac{s}{s_m} + \frac{s_m}{s}} \tag{13-13}$$

上式中的 T_{max} 及 s_m 可由电动机产品目录查得的数据求出，故称为实用表达式。

以上所述三种表达式，各有各的用处。一般来讲，物理表达式用于定性分析 T_M 与 Φ_m

及 $I_2'\cos\varphi_2$ 间的关系；参数表达式可用以分析参数变化时对电动机机械特性的影响；实用表达式则适用于进行机械特性的工程计算。

第二节　三相异步电动机的固有特性和人为特性

异步电动机工作在额定电压及额定频率下，电动机按规定的接线方法接线，定子及转子电路中不外接电阻（电抗或电容）时的机械特性称为固有机械特性。凡是不同时具备上述条件的机械特性称为人为特性。

一、固有机械特性

（一）固有特性的方程式和曲线

式（13-13）为实用的机械特性方程式，当根据产品目录的数据求出 T_{max} 和 s_m 后代入该式，便得到固有特性方程式。

T_{max} 及 s_m 可按下述过程求得。

由式（13-9）得

$$T_{max} = k_m T_N \tag{13-14}$$

其中

$$T_N = 9550\,\frac{P_N}{n_N} \tag{13-15}$$

式（13-14）及式（13-15）中的 k_m，P_N（kW）及 n_N（r/min），均可由产品目录查得，从而 T_{max}（N·m）即可求。

当 $s=s_N$ 时 $T_M=T_N$，代入实用表达式，得

$$T_N = \frac{2T_{max}}{\dfrac{s_N}{s_m}+\dfrac{s_m}{s_N}} \tag{13-16}$$

对式（13-16）中的 s_m 进行求解，考虑到 $T_{max}=k_m T_N$，得临界转差率为

$$s_m = s_N(k_m+\sqrt{k_m^2-1}) \tag{13-17}$$

根据产品目录求出 T_{max} 及 s_m 后，代入实用表达式（13-13）中，就可得到固有特性方程式。在固有特性方程式中，给定一系列的 s 值，可算出一系列对应的 T_M 值，就可绘出机械特性 $n=f(T_M)$ 曲线，如图 13-3 所示。

当电动机在额定负载下运行时，转差率 s 很小，则 $\frac{s}{s_m}\ll\frac{s_m}{s}$，在式（13-13）中，$\frac{s}{s_m}$ 可以忽略，则得

$$T_M = \frac{2T_{max}}{s_m}s \tag{13-18}$$

由式（13-18）可知，T_{max} 与 s_m 为已知，则 $T_M\propto s$，机械特性是一条直线。式

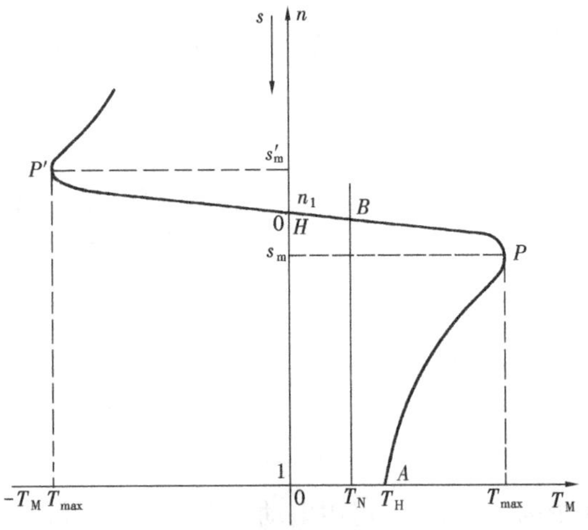

图 13-3　异步电动机的固有特性

(13-18) 称为机械特性的近似公式，用这公式时，s_m 可按下式进行计算

$$s_m = 2k_m s_N \tag{13-19}$$

直线固有特性方程式由铭牌数据就可得到，使用方便。但这一直线方程在临界转差率附近和大于临界转差率的范围内误差太大。工程上，在 $s=0$ 到稍大于 s_N 的范围内，固有特性可以用直线表示。这个限制范围可以按照转矩大致定为 $T_M<0.7T_{max}$。

(二) 固有特性上的几个特殊点

为描述固有机械特性的特点，下面着重研究固有机械特性上的几个特殊运行点：

1. 同步转速点 H

其特点是转速 $n=n_1$ ($s=0$)，转矩 $T_M=0$，电流 $I'_2=0$，$I_1=I_0$。H 点是电动状态与回馈制动状态的转折点。同步转速点表征了气隙磁场的转速。也就是电动机的理想空载转速。同步转速的方向决定于定子电压的相序。三相异步电动机空载运行时，空载转速略低于同步转速。

2. 最大转矩点 P、P'

从图 13-3 中可以看到，在第一和第二象限分别有最大转矩点 P 和 P'，它们分别是电动状态和回馈制动状态下的最大转矩点。

(1) 电动状态最大转矩点 P。

其特点是 $T_M=T_{max}$，$s=s_m$ [式 (13-5) 及式 (13-6) 中取正号时]。

(2) 制动最大转矩点 P'。

其特点是 $T_M=T'_{max}$，$s=s'_m$[式 (13-5) 及式 (13-6) 中取负号时]。

由式 (13-5) 和式 (13-6) 可见，电动状态与制动状态下的临界转差大小相等，最大转矩的取值有所不同。即

$$|s'_m| = |s_m| \tag{13-20}$$

$$|T'_{max}| > |T_{max}| \tag{13-21}$$

最大转矩与额定转矩之比决定了过载能力。由式 (13-21) 可知，异步电动机在回馈制动状态时的过载能力比电动状态时稍大。

3. 起动点 A

其特点是转速 $n=0$ ($s=1$)，转矩 $T_M=T_{st}$ (起动转矩)。固有特性上起动转矩的大小，限制了异步电动机直接起动时许可带动的静负载转矩。普通的笼型转子异步电动机的起动转矩是额定转矩的 0.9～1.3 倍，冶金用的笼型转子异步电动机可达 2.8～4 倍。普通笼型转子异步电动机起动电流可达额定电流的 4～7 倍，但因转子功率因数低，起动转矩并不大。

4. 额定工作点 B

其特点是转速 $n=n_N$ ($s=s_N$)，转矩 $T_M=T_N$，电流 $I_1=I_{1N}$。在额定点运行，电动机可以得到充分、合理利用。额定转差率通常较小，约为 0.01～0.05。

二、人为机械特性

将 $\Omega_1=2\pi f_1/p$ 代入式 (13-4)，则异步电动机机械特性的参数表达式变为

$$T_M = \frac{m_1 p U_1^2 \dfrac{r'_2}{s}}{2\pi f_1\left[\left(r_1+\dfrac{r'_2}{s}\right)^2+(x_1+x'_2)^2\right]} \tag{13-22}$$

若保持 U_1 和 f_1 为额定值，定子和转子回路不串任何附加电阻和电抗时，称为固有机

械特性曲线；若改变式中某一参数（或物理量）时，所得 $T_M=f(n)$ 或 $T_M=f(s)$ 的关系曲线，称为人为机械特性。

1. 降低定子电压 U_1 时的人为特性

由于设计电机时，在额定电压下磁路已近饱和，如升高电压会使励磁电流猛增，可能使电机严重发热，甚至烧坏。故一般只能得到降压时的人为机械特性。

由式（13-6）和式（13-10）可知，最大转矩 T_{max} 及起动转矩 T_{st} 均与 U_1^2 成正比，降低三相异步电动机的定子电压，将使最大转矩和起动转矩都与电压的二次方成正比减小。由式（13-5）和 $n_1=\frac{60f_1}{p}$ 可知，电动机的 s_m 和 n_1 与 U_1 无关，因此，降低电压时，可得曲线如图 13-4 所示。先绘出固有机械特性，在不同的转速（或转差率）处，将固有机械特性上的转矩值乘以电压变化后与变化前比值的平方，即得人为机械特性上对应的转矩值。图中绘出了 $U_1'=0.8U_1$ 和 $U_1''=0.5U_1$ 时的人为机械特性。

应当指出，如果负载转矩接近额定，降低电源电压对电动机的运行是极为不利的。因为当负载为额定值不变时，如果电源电压因故降低，气隙主磁通 Φ_m 也减小，但转速变化不多，其功率因数 $\cos\varphi_2$ 变化不大，则从公式 $T_M=C_M\phi_m I'_2\cos\varphi_2$ 可知，转子电流 I'_2 要增大，使定子电流 I_1 也相应增大。从电机的损耗看，虽然 Φ_m 的减小能降低点铁耗，但铜耗与电流的平方成正比而明显增加，若电动机长期低电压运行，会使电机过热甚至烧坏。所以一般电动机须设置欠压保护。

2. 定子回路串接三相对称电阻时的人为特性

当其他量不变，仅在异步电动机定子回路串入三相对称电阻 R_f 时的接线图如图 13-5（a）所示。定子回路串入三相对称电阻并不影响同步转速 n_1 的大小，故人为机械特性仍通过 n_1 点。从式（13-5）、式（13-6）和式（13-10）可知 s_m、T_{max} 及 T_{st} 都随 R_f 的增大而减小，同时使直线部分的硬度减小。其人为机械特性如图 13-5（b）所示。

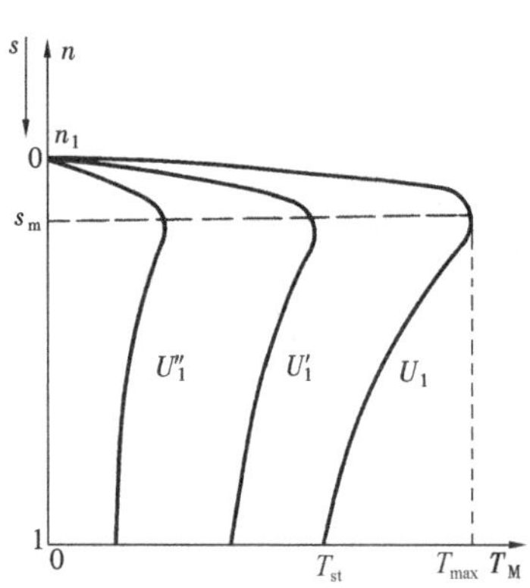

图 13-4　降低电压时的人为特性

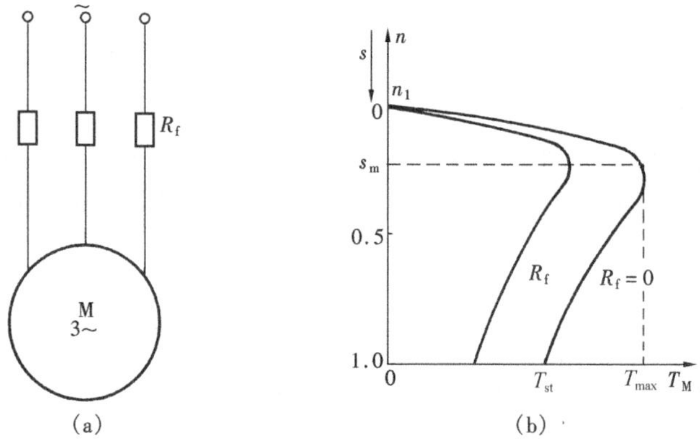

图 13-5　定子串电阻接线图及人为特性

（a）电路接线；（b）人为特性曲线

定子串入对称电阻，一般用于鼠笼式异步电动机的降压起动，以限制起动电流。

3. 定子回路串接三相对称电抗的人为特性

定子回路串入对称电抗的线路图如图 13-6（a）所示，人为机械特性如图 13-6（b）所示。定子回路电抗 X 增加并不影响同步转速 n_1 的大小，故机械特性仍通过 n_1 点、定子回路串电抗使 s_m 及 T_{max} 都减小，机械特性的直线部分硬度也将减小。该线路也是用于鼠笼式异步电动机的降压起动，以限制起动电流。

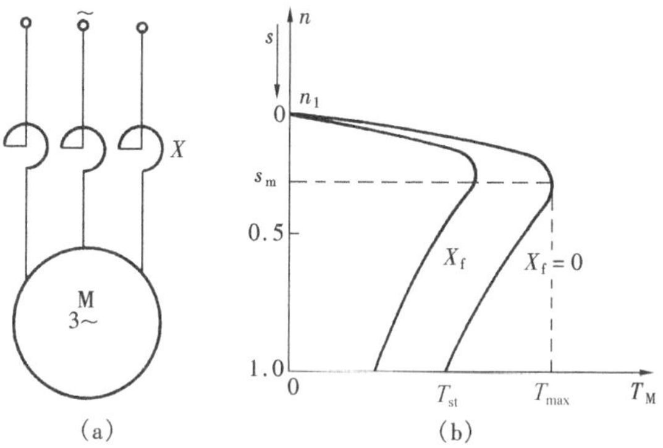

图 13-6　定子回路串电抗接线图及人为特性

(a) 电路接线；(b) 人为特性曲线

4. 绕线转子回路串入三相对称电阻时的人为特性

在绕线式异步电动机的三相转子回路串入同样大小的电阻 R_Ω，使转子回路电阻由 r_2 上升为 r_2+R_Ω，由式（13-5）、式（13-6）和式（13-10）等可见，n_1 及 T_{max} 都不变；s_m 随 R_Ω 的增大而增大，T_{st} 值将改变。当 R_Ω 值较小时，随 R_Ω 的增大 T_{st} 增大，一直增大到 R'_Ω 时，$T_{st}=T_{max}$；如 R_Ω 继续增大，T_{st} 将开始减小，人为机械特性如图 13-7 所示。

转子回路串接对称电阻适用于绕线式异步电动机的起动和调速。

5. 转子电路串入并联阻抗

绕线式异步电动机转子每相串入电抗器 X 与电阻 R 的并联电路，接线如图 13-8（a）所示。

当电动机起动初期，转子频率 f_2 相当大，电抗 X（$X=2\pi f_2 L$）较大，转子电流大部分流过 R。这时由电阻决定起动转矩和起动电流。当转速逐渐升高使转子频率逐渐降低时，X 随之减小，大部分转子电流开始流过电抗器。当起动结束时，转子频率变得很低（$f_2\approx2\sim5$Hz），X 值很小，则几乎全部转子电流流过电抗器，相当于将电阻 R 短路。由于转子电路的参数是可变的，如配合得当，可使电动机在整个升速过程中，使电磁转矩保持基本恒定，人为机械特性如图 13-8（b）所示。可见转子电路串入并联阻抗，既可限制起动电流，又可在起动级数最少的情况下，保持电动机平稳加速。频敏变阻器就是应用以上原理工作的。

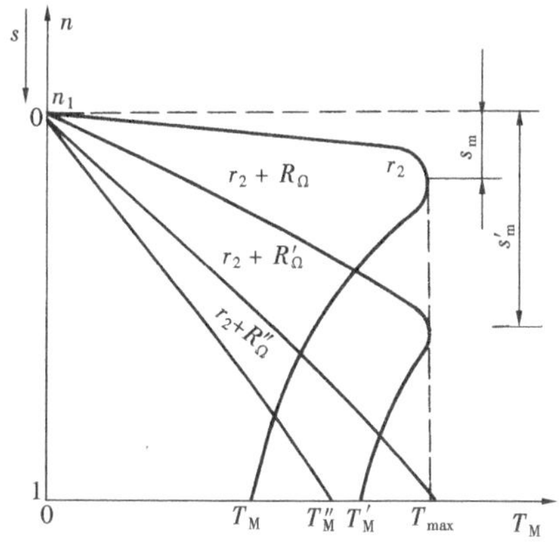

图 13-7　转子串电阻的人为特性

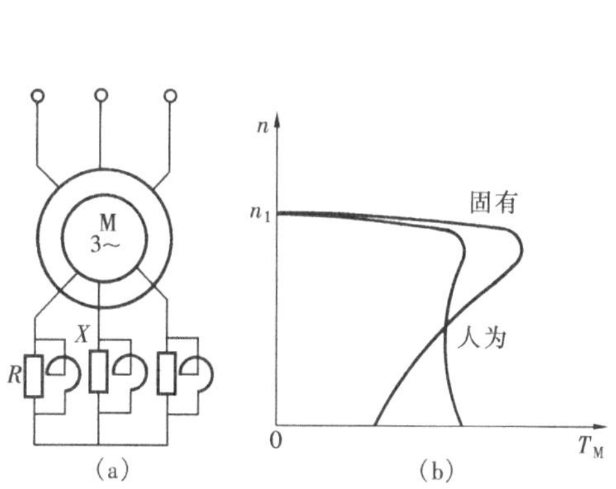

图 13-8　转子串并联阻抗接线图及人为特性

(a) 电路接线；(b) 人为特性

除上述 5 种人为机械特性以外，还有改变定子极对数 p 及改变电源频率 f_1 等的人为机械特性，将在电动机调速中加以介绍。

第三节 三相鼠笼式异步电动机的起动

鼠笼式异步电动机的起动方法，有直接起动与降压起动两大类。

一、直接起动

直接起动也称全压起动，起动时将电动机的定子绕组直接接通额定电压的电源。直接起动的特点是设备简单，操作方便，但起动电流较大，可达额定电流的 4～7 倍，而起动转矩并不很大。当电网容量不够大时，过大的起动电流会引起电网电压的波动，此波动不能超过容许范围，否则将影响其他与之并联的用电设备正常工作。

一般功率在 7.5kW 及以下的电动机均可采用直接起动。如果供电变压器容量相对于电动机容量比较大，符合下面的经验公式，较大容量的鼠笼式异步电动机也能采用直接起动。经验公式为

$$k_1 = \frac{I_{st}}{I_N} \leqslant \frac{1}{4}\left[3 + \frac{S_N(\text{kVA})}{P_N(\text{kW})}\right] \tag{13-23}$$

$$k_I = \frac{I_{st}}{I_N}$$

式中 k_I——起动电流与额定电流之比，称为起动电流倍数；

S_N——供电变压器容量，kVA；

P_N——电动机容量，kW。

直接起动还会使电动机的绕组受到很大的电动力的作用。有些大型异步电动机制造时为了减轻重量和降低成本，规定不允许直接起动。

二、降压起动

凡是不允许直接起动的笼型转子异步电动机，都要采取措施限制起动电流。由于笼型转子不可能外接任何阻抗，所以限制起动电流只能在定子中采取措施。根据近似等效电路，起动电流约为

$$I_{st} = \frac{U_1}{\sqrt{(r_1 + r_2')^2 + (x_1 + x_2')^2}} \tag{13-24}$$

从式（13-24）可以看出，要想减小起动电流 I_{st}，需减小分子和增大分母。故降压起动的方法有如下 4 种。

1. 定子串电阻或电抗降压起动

电动机起动时，在定子电路中串电阻或电抗，电阻或电抗对电动机起分压的作用，从而使实际加在电动机定子上的电压减小，可降低起动电流。但串电阻起动能耗较大，只宜用于中小型电动机。对大型电动机多用串电抗起动。

（1）起动过程。定子串电阻起动的线路图如图 13-9 所示，R_{st} 为起动电阻。起动时，先使接触器 KM_1 的主触点接通，使电机串入 R_{st} 起动；当转速上升到一定值时，将接触器 KM_2 的主触点接通，KM_1 断开，使电动机定子绕组加全电压正常运行。串电抗起动时，只要用电抗器 X_{st} 代替 R_{st} 即可，如图 13-10 所示。

（2）起动电流和起动电阻计算。设直接起动电流为 I_{st}，串联电阻起动电流降为 I'_{st}，起动电流所需降低的倍数为 a，则

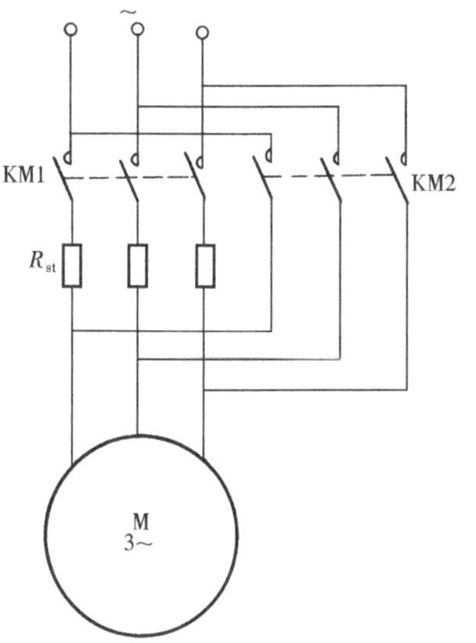

图 13-9　笼型电动机定子串电阻降压起动原理图

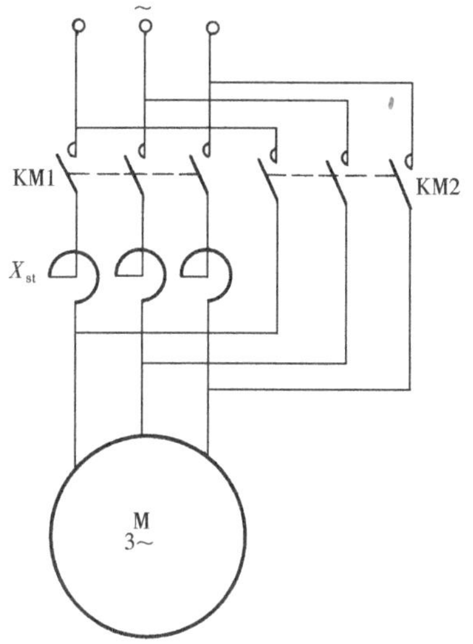

图 13-10　笼型电动机定子串电抗降压起动原理图

$$a = \frac{I_{st}}{I'_{st}} \tag{13-25}$$

由近似等效电路并忽略励磁电流可得定子串联电阻 R_{st} 后的降压起动电流为

$$I'_{st} = \frac{U_1}{\sqrt{(R_{st} + r_1 + r'_2)^2 + (x_1 + x'_2)^2}} \tag{13-26}$$

比较式（13-24）、式（13-25）、式（13-26），并将短路电阻 $r_k = r_2 + r'_2$ 和短路电抗 $x_k = x_1 + x'_2$ 代入，可求出起动电阻 R_{st} 的计算式为

$$R_{st} = \sqrt{a^2(r_k^2 + x_k^2) - x_k^2} - r_k \tag{13-27}$$

同理，也可推导出起动电抗的计算公式为

$$X_{st} = \sqrt{a^2(r_k^2 + x_k^2) - r_k^2} - x_k \tag{13-28}$$

（3）起动转矩计算。式（13-24）说明，I_{st} 近似与 U_1 成正比，故降低了的电压应为

$$U'_1 = \frac{U_1}{a} \tag{13-29}$$

式中　U_1——定子绕组所加相电压的额定值。

降压时，起动转矩与电压的平方成正比，则

$$T'_{st} = \frac{T_{st}}{a^2} \tag{13-30}$$

由于起动转矩降到直接起动时的 $1/a^2$，采用定子串电阻或电抗降压起动时，起动转矩比起动电流下降得更多。为此，在计算起动电阻之后，还必须校验一下起动转矩是否满足要求。如果起动转矩 T_{st} 不大于静负载转矩 T_L，电动机将无法起动，必须采用其它的起动方法。所以，此种方法只能用于空载或轻载起动的场合。

2. 自耦变压器降压起动

（1）起动操作过程。自耦变压器降压起动器由一台三相 Y 形连接的自耦变压器和切换开关组成，又称起动补偿器。电动机容量较大时，起动补偿器由三相自耦变压器和接触器加上适当的控制线路组成。图 13-11 为异步电动机用自耦变压器起动的线路图。起动时，先使接触器 KM2 和 KM3 的主触点闭合，将自耦变压器一次侧接电源，二次侧抽头接电动机使电动机降压起动。当转速升到一定值时，将 KM2 和 KM3 断开，KM1 闭合，使电动机全压运行，同时自耦变压器脱离电源。

（2）起动电流和起动转矩。图 13-12 为自耦变压器一相绕组电路图，其变比为

$$k_A = \frac{W_1}{W_2} = \frac{U_1}{U_2} > 1$$

降压起动时，自耦变压器一次侧电压 U_1 为额定电压，二次侧电压 U_2 就是降低了的定子相电压 U_1'，其降压倍数为

$$a = \frac{U_1}{U_1'} = \frac{U_1}{U_2} = k_A > 1$$

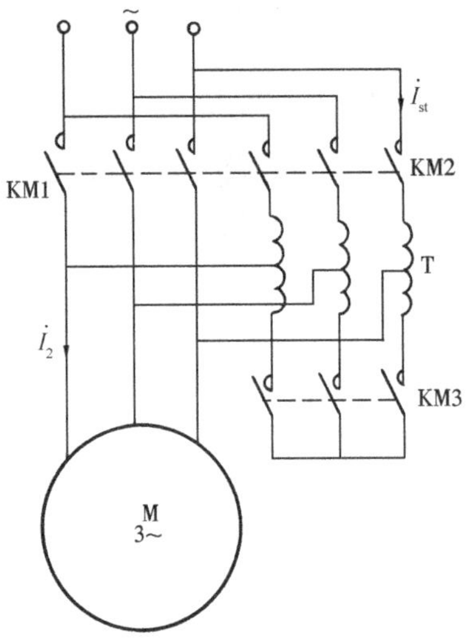

图 13-11 自耦变压器降压起动接线图

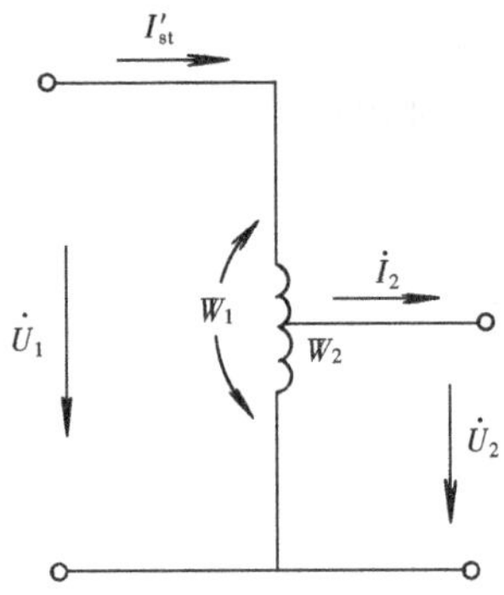

图 13-12 自耦变压器的一相绕组

设 I_{st} 为全压起动时的电动机的起动电流，$I_{st} = \frac{U_1}{z_k}$，I'_{st} 为经自耦变压器降压起动时电源提供的电流，I_2 为降压起动时电动机的电流。

因为电动机的起动电流与电压成正比，故有

$$I_2 = \frac{U_2}{z_k} = \frac{U_1}{k_A z_k} = \frac{I_{st}}{k_A} \tag{13-31}$$

由变压器原理知，自耦变压器原边的电流为：

$$I'_{st} = \frac{I_2}{k_A} \tag{13-32}$$

将式（13-31）代入式（13-32）得

$$I'_{st} = \frac{I_{st}}{k_A^2} \tag{13-33}$$

因起动转矩与电压的平方成正比，设 T_{st} 为全压起动时的起动转矩，即

$$\frac{T_{st}}{T'_{st}} = \left(\frac{U_1}{U_1'}\right)^2 = k_A^2$$

或

$$T'_{st}=\frac{T_{st}}{k_A^2} \tag{13-34}$$

由式（13-33）知，如果已知起动电流减小倍数$\frac{I_{st}}{I'_{st}}$，则可算出所需变压器的变比为

$$k_A=\sqrt{\frac{I_{st}}{I'_{st}}} \tag{13-35}$$

由式（13-33）和式（13-34）可知，起动转矩和起动电流降低的倍数相同，这是一个优点，而且可将自耦变压器做成有不同变比的抽头，一般变比有k_A=2.5、1.67、1.25三个抽头，电压U_2分别是电源电压的40%、60%、80%，以适应不同大小起动转矩的要求，而不像串电阻那样只限于轻载起动，这也是一大优点。

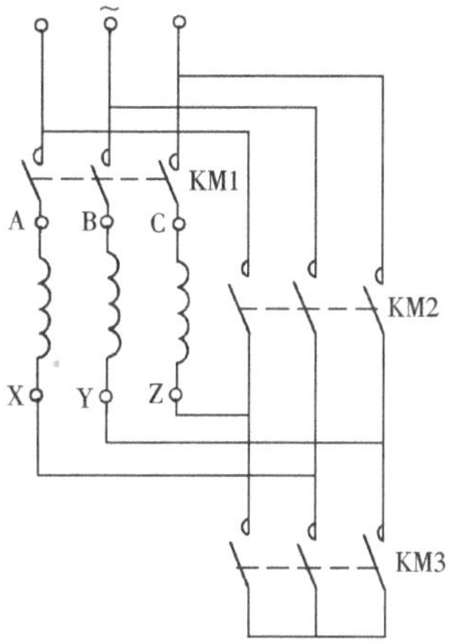

图13-13　星—三角起动线路图

3. 星—三角（Y/D）起动

（1）起动过程。对那些正常运行时D接法且又有首尾6个出线端的电动机，可在起动时将三相定子绕组Y接，正常运行时再改成D接，从而实现降压起动。因正常运行接成三角形时，加在每相绕组上的电压是电网电压，而接成星形起动时加在每相绕组上的电压只有电网电压的$1/\sqrt{3}$。图13-13所示是星—三角起动线路图。起动时，使KM1和KM3闭合，转速上升至稳定转速时，将KM3断开，KM2闭合，电动机作D接稳定运行。因为先按星形连接进行降压起动，然后按三角形连接加全电压运行，所以称为星—三角起动。

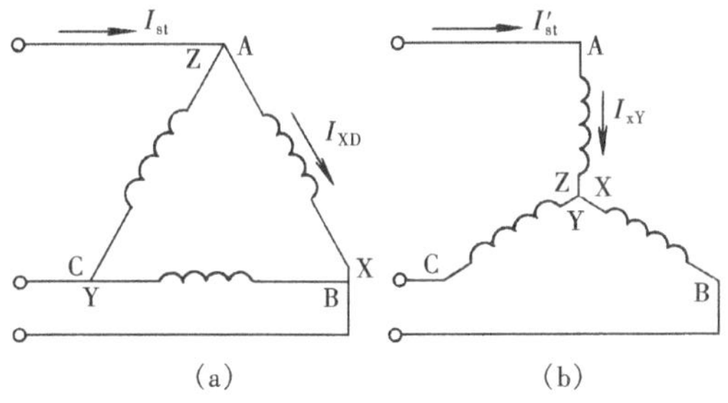

图13-14　Y形和D形接法时的电压和电流
(a) D接（运行）；(b) Y接（降压起动）

（2）起动电流和转动转矩。图13-14所示为三相绕组的两种接法。若电源电压相同，当D接起动时，线电流为I_{st}，相电流为I_{phD}，相电压为U_{phD}，起动转矩为T_{st}；当Y接起动时，线电流为I'_{st}，相电流为I_{phY}，相电压为U_{phY}，起动转矩为T'_{st}。因$U_{phY}=U_{phD}/\sqrt{3}$，而起动相电流与相电压成正比，故$I_{phY}=I_{phD}/\sqrt{3}$。又因图13-14中，$I_{phD}=I_{st}/\sqrt{3}$，$I'_{st}=I_{phY}$，则

$$I'_{st}=I_{phY}=\frac{I_{phD}}{\sqrt{3}}=\frac{I_{st}}{3} \tag{13-36}$$

起动转矩与相电压的平方成正比，故

$$T'_{st}=\frac{T_{st}}{\left(\frac{U_{phD}}{U_{phY}}\right)^2}=\frac{T_{st}}{(\sqrt{3})^2}=\frac{T_{st}}{3} \tag{13-37}$$

Y/D起动与自耦变压器降压起动的相同之处在于，都能使起动转矩与起动电流所降低相同的倍数，所不同的在于Y/D起动时降低的倍数恒为1/3，而自耦变压器降压起动能通

过改变抽头而改变降低的倍数 $1/k_A^2$。可见，星—三角起动相当于采用变比为$\sqrt{3}$的自耦变压器降压起动。

Y/D 起动靠改变定子接法来降低电压，初投资少，没有因降压而产生的损耗，具有简单、经济、可靠的优点。不足之处在于定子绕组必须引出六个出线端，这对于高电压的大型电动机是很困难的，因而只用在 500V 以下低压电动机起动。且只能将起动电流和起动转矩降到 1/3，起动转矩既小又不可调，故只适用于正常运行时为 D 接的电动机空载或轻载起动。

4. 延边三角形起动

(1) 起动过程。三相定子绕组的每一相除首、尾端外，还有一个中间抽头，整个电机有 9 个出线端。起动时，接线如图 13-15 (a) 所示，将各相中间抽头的后半段接成 D 接，再将三个首端接电源。这样，从整体看像是一个三个边都有一段延长的三角形，故称“延边三角形”起动。

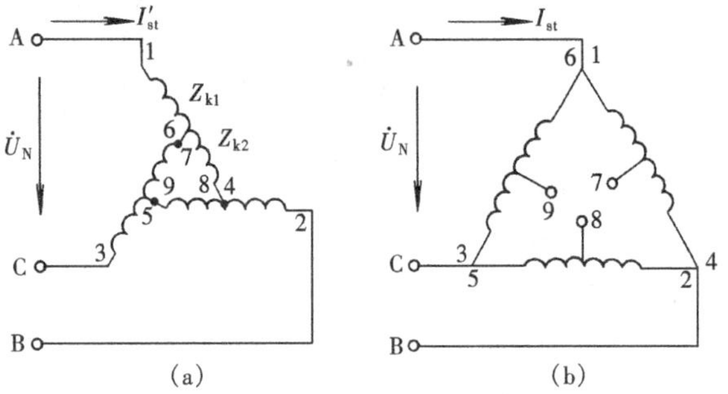

图 13-15 延边三角形起动的接线图

(a) 延边三角形接法起动；(b) 三角形接法运行

当转速升到接近稳定转速时，再通过开关使三相绕组首尾相连接成 D 接，如图 13-15 (b) 所示，实现 D 接稳定运行。由于起动时相绕组承受电压低于 D 接时的电压，但大于 Y 接时的相电压，所以起动电流和起动转矩介于直接起动和 Y/D 起动之间。

每相电压的大小随中间抽头的位置而变，接成 D 接部分的匝数越少，每相绕组的电压越低，起动电流和起动转矩就越小，这就能适应不同负载起动时的要求。

(2) 起动电流和起动转矩。如设每相前一段绕组（Y 接部分）的短路阻抗为 Z_{k1}，后一段绕组（D 接部分）的短路阻抗为 Z_{k2}，令它们的比值为

$$Z_{k1}/Z_{k2} = a$$

$$Z_{k1} + Z_{k2} = Z_k$$

按 Y/D 阻抗的等效变换方法将 D 接部分变换为等效 Y 接，每相阻抗为$\frac{1}{3}Z_{k2}$。并设电源电压为 U_N。当按 D 接法直接起动时，起动时的线电流为

$$I_{st} = \sqrt{3}\,\frac{U_N}{|Z_{k1} + Z_{k2}|} = \frac{\sqrt{3}U_N}{(a+1)z_{k2}}$$

按延边三角形接法起动时，起动电流为

$$I'_{st} = \frac{U_N/\sqrt{3}}{\left|Z_{k1} + \frac{1}{3}Z_{k2}\right|} = \frac{\sqrt{3}U_N}{(3a+1)z_{k2}}$$

比较以上两式，可得延边三角形接法起动电流与 D 接直接起动电流的比值为

$$\frac{I'_{st}}{I_{st}} = \frac{a+1}{3a+1} \tag{13-38}$$

推导还可证明，起动转矩的比值与起动电流的比值近似相等，即

$$\frac{T'_{st}}{T_{st}} \approx \frac{a+1}{3a+1} \tag{13-39}$$

应当指出，用延边三角形起动虽可以得到不同的起动电流和起动转矩的比值，但电机一经选定，每相仅有的一个中间抽头就不能随意改变。这是因为每相两段的起动电流大小不等，为避免磁路和电路的不平衡（当绕组有并联支路时），对每一种比值的抽头，其绕组的接法都须专门设计，并非任意设抽头都行。由于这个原因影响了延边三角形起动法的发展。

5. 各种降压起动方法的比较

见表 13-1。

表 13-1　　**各种起动方法比较**

降压起动方法	U'_1/U_1	I'_{st}/I_{st}	T'_{st}/T_{st}	起动设备
串接电阻（电抗）	$1/a$	$1/a$	$1/a^2$	一般
自耦变压器	$1/a$（可变抽头）	$1/a^2$	$1/a^2$	最多、价格贵、有三种抽头
Y/D	$1/\sqrt{3}$	1/3	1/3	最简单，只用于 D 接电动机
延边三角形	$\frac{\sqrt{3a^2+3a+1}}{3a+1}$	$\frac{a+1}{3a+1}$	$\frac{a+1}{3a+1}$	简单，改变的比值由电机的设计确定

注　自耦变压器 $a=k_A$。

三、高起动性能的三相鼠笼式异步电动机

综上所述，鼠笼式异步电动机虽然可以采用降压起动的方法来减小起动电流，但在减小起动电流的同时，也减小了起动转矩，所以起动性能较差。为了改善电动机的起动性能，可以改变转子槽形，利用“集肤效应”使起动时转子电阻增大，从而增大起动转矩并减小起动电流。在正常运行时转子电阻又能自动变小，基本上不影响运行性能。深槽式与双鼠笼式异步电动机就是这样的电动机。

1. 深槽式异步电动机

这种电机转子的槽窄而深，一般槽深 h 与槽宽 b 之比为 $\frac{h}{b}=10\sim12$，而普通电机的 $\frac{h}{b}<5$。图 13-16（a）中的导条可视为由若干根扁导线组成，由于下面部分导条所匝链的磁力线比上面部分多，使 $L_{下}>L_{上}$，下面部分漏抗（$x=2\pi fL$）大，起动时，电流与电抗成反比分布，促使整个导条的电流密度上大下小如图 13-16（b）所示，这现象称为集肤效应。起动时（$s=1$）转子频率（$f_2=f_1$）最大，此时集肤效应最严重，使导条有效面积缩小，如图 13-16（c）所示，相当于转子电阻 r_2 增大，从而增大起动转矩，并减小起动电流。当转速上升（转差率 s 减小）到 $n=n_N$ 时，$f_2=$（1～3）Hz，集肤效应基本消失，导条中的电流均匀分布，导条的电阻变为较小的直流电阻，运行性能基本不受影响。

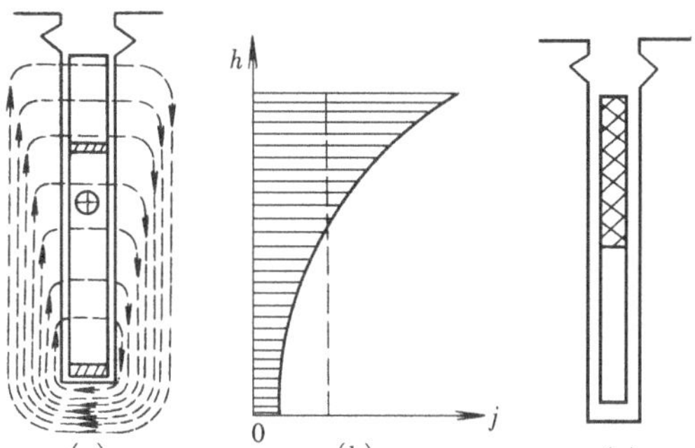

图 13-16　深槽转子槽漏磁及电流分布
（a）转子槽漏磁分布；（b）电流密度分布；（c）起动时导条有效截面

2. 双鼠笼式异步电动机

转子结构如图 13-17（a）所示。转子上有两套鼠笼，即上笼 1 和下笼 2，两笼间由

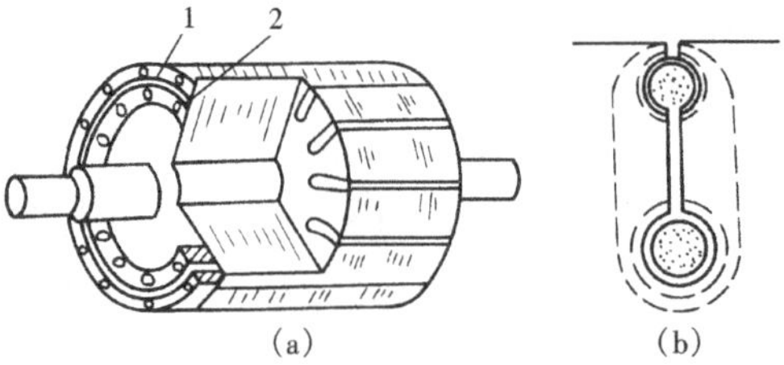

图 13-17 双鼠笼转子结构及漏磁通
(a) 双鼠笼转子结构；(b) 双鼠笼转子的漏磁通

狭长的缝隙隔开。上笼用电阻系数较大的黄铜或铝青铜制成，且导条截面较小，故电阻较大；下笼用电阻系数较小的紫铜制成，且导条截面较大，故电阻较小。根据集肤效应原理，起动时由于转差率 s 较大，下笼漏抗大所通过的电流小，大部分电流通过上笼，而上笼电阻大，故将产生较大的起动转矩。由于上笼在起动时起主要作用，称为起动笼。当起动完毕，转差率很小时，使下笼漏抗也很小，此时电流在两笼之间的分配主要决定于电阻，电流大部分流过下笼，即正常运行时下笼起主要作用，称为运行笼。

图 13-18 中，T_{M1} 为起动笼的机械特性；T_{M2} 为运行笼的机械特性，两特性的合成即为双鼠笼式异步电动机的机械特性 T_M。特性曲线表明双鼠笼式异步电动机有较好的起动特性。

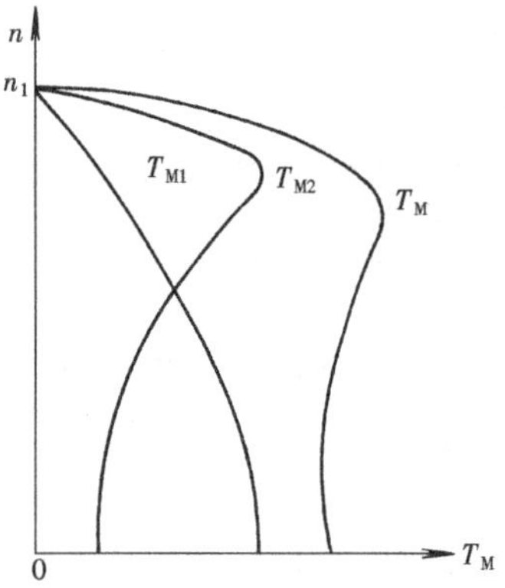

图 13-18 双鼠笼异步电动机的机械特性

以上所述的两种电动机都可改善起动性能，但因它们都较普通鼠笼式转子的漏抗大，使定子功率因数及最大转矩较低，且用铜（铝）量大，制造也较复杂，价格较贵。一般用于起动性能要求略高于普通鼠笼式异步电动机和容量较大的场合。

【例 13-1】 某设备需要大容量的异步电动机，其起动转矩 $T_{st}=0.9T_N$，但供电线路较长，电动机的直接起动电流 I_{st} 是供电网络允许最大电流 $I_{允}$ 的 1.5 倍。问：起动时（1）空载；（2）50%负载；（3）满载时各应采用什么方法起动？试计算并说明之。

解 （1）空载。

1）串电抗起动：由表 13-1 查得

$$\frac{I'_{st}}{I_{st}}=\frac{1}{a},\frac{T'_{st}}{T_{st}}=\frac{1}{a^2}$$

要满足电网电流的要求，则应有

$$I'_{st}=\frac{1.5I_{允}}{a}\leqslant I_{允}$$

$$a\geqslant 1.5$$

起动转矩

$$T'_{st}=\frac{T_{st}}{1.5^2}=\frac{0.9T_N}{2.25}=0.4T_N$$

计算说明空载起动是可行的。

2）Y/D 起动如电动机正常运行为 D 接，绕组又有首末 6 个出线端，可用 Y/D 起动。这时

$$I'_{st}=\frac{I_{st}}{3}=\frac{1.5}{3}I_{允}=0.5I_{允}$$

$$T'_{st}=\frac{T_{st}}{3}=\frac{0.9T_N}{3}=0.3T_N$$

计算说明起动电流和起动转矩均满足要求。

延边三角形起动，因目前设计的电动机容量还小，不予考虑。

从以上计算可知，串电抗或 Y/D 的起动方法都可用，从经济上考虑不宜采用自耦变压器的起动方法。

（2）50%负载。

1）串电抗器起动：由以上计算得知 $T'_{st}=0.4T_N<0.5T_N$，故此法不可用。

2）Y/D 起动：

$T'_{st}=\frac{1}{3}T_{st}=0.3T_N<0.5T_N$，更不能用。

3）自耦变压器起动：$I'_{st}=\frac{I_{st}}{k_A^2}$，$T'_{st}=\frac{T_{st}}{k_A^2}$为使 $T'_{st}\geqslant 0.5T_N$，必须有 $k_A^2\leqslant\frac{0.9T_N}{0.5T_N}=1.8$，即 $k_A\leqslant 1.34$。由前面所讲，选用 80%电压抽头的自耦变压器。此时起动电流为$I'_{st}=\frac{I_{st}}{k_A^2}=\frac{1.5I_{允}}{1.25^2}=0.96I_{允}$，满足要求。

（3）满载。

由 $T_{st}=0.9T_N$ 条件可知，任何降压起动方法都不能满载起动，也不能直接起动，应更换电动机。

第四节　三相绕线式异步电动机的起动

选用绕线式异步电动机，可采用在转子回路中串接电阻或频敏变阻器的方法来改善起动性能。这不但可以增大起动转矩，减小起动电流，而且把转子接入的电阻或频敏变阻器所发出的大部分热量置于电机之外，从而可减小电机本身的发热。

一、绕线转子串对称电阻起动

绕线转子串电阻起动线路如图 13-19（a）所示。起动时，三相转子串接对称电阻（即三相电阻相等），然后将定子接通电源使电机起动，随着电机转速的上升，均匀减小电阻，直至电阻被完全切除。待转速稳定后再将滑环短接而稳定运行。

其原理由式（13-10）和式（13-24）可知，转子串电阻会使起动转矩增大，起动电流减小。由式（13-5）及式（13-6）可知：T_{max}与 r_2 无关，而 $s_m\propto r_2$。图 13-17（b)所示电机串三级电阻时的起动特性。电机起动时，转子接入全部电阻使特性变软；当起动后，分段减小电阻使特性逐级变硬电机由 h 点沿 hgfedcba 开始

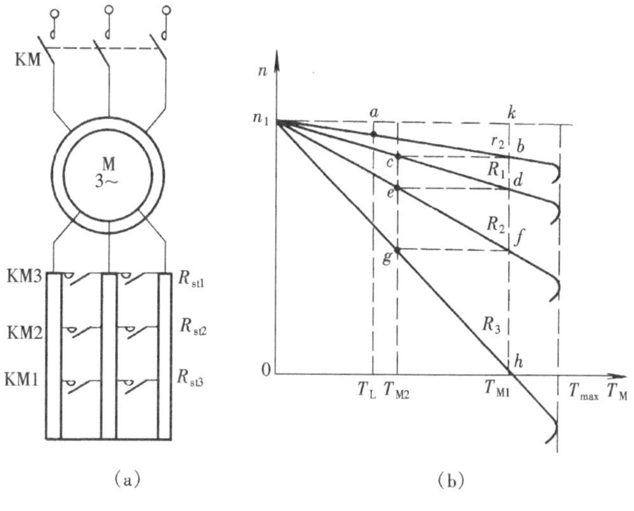

（a）　　（b）

图 13-19　绕线转子串电阻起动原理及特性

（a）转子串电阻接线；（b）起动特性

升速（因负载不变），当电阻全部切除时，则电机在固有特性上 a 点处稳定运行。

二、转子串频敏变阻器起动

绕线式异步电动机转子回路串电阻起动，虽然能够限制起动电流并增大起动转矩，但每级都要同时切除一段三相电阻，切除起动电阻时引起转矩大幅度波动，使起动不够平滑，如果采用频敏变阻器起动，能够随着转速升高而连续减小转子串联电阻，从而使起动过程中升速平滑。

频敏变阻器的特点是阻抗能随频率的下降而自动地减小。频敏变阻器的结构如图 13-20 所示，外形与一台三相变压器相似，相当于没有二次绕组的三相变压器。不同点还有铁心不用硅钢片，而是用厚钢板叠成。三相绕组分别套在 3 个铁心柱上，Y 形连接，3 个出线端与绕线式异步电动机转子绕组的 3 根引出线对接。铁心用 3cm 以上的厚钢板叠制，是为了增大电阻成分，这种铁心的涡流损耗很大，使线圈阻抗主要呈现出电阻性质。在频率等于 50Hz 和低于 50Hz 的很大范围内，涡流都有明显的趋表效应。频率愈低，趋表效应愈弱，涡流等效路径的截面积愈大，涡流的等效电阻愈小。频率的变化表现为涡流损耗的等效电阻变化，使线圈阻抗主要表现为随频率而变的电阻，所以称为频敏变阻器。

频敏变阻器的等效电路与变压器空载运行时相似，如果忽略绕组的漏阻抗，则由励磁电阻 R_{px} 和励磁电抗 X_{px} 串联组成，这时每相转子电路的等效电路如图 13-21 所示。由于铁心采用厚钢板，磁通密度又设计得高，因铁心饱和，励磁电抗 X_{px} 较小；而铁损耗设计得高，励磁电阻 R_{px} 较大。

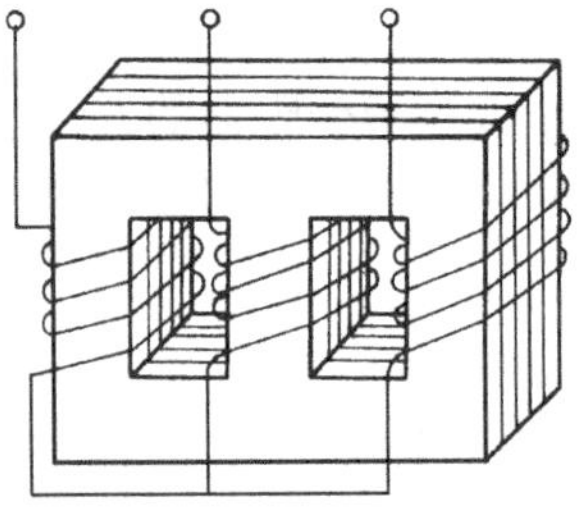

图 13-20　频敏变阻器结构示意图

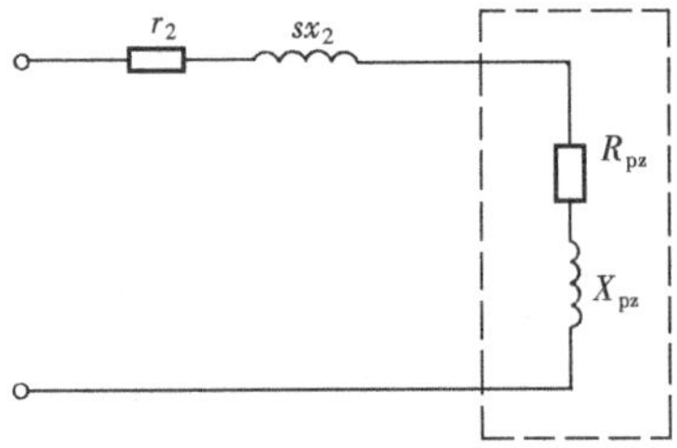

图 13-21　转子串频敏变阻器时的等效电路

绕线式异步电动机转子串频敏变阻器起动起始时，$s=1$，转子电路频率 $f_2=sf_1=f_1$ 为最高，铁损耗近似与频率的平方成正比，故为最大，反映铁损耗大小的励磁电阻 R_{px} 为最大，一般 $R_{px}\gg r_2$，因而转子串有较大电阻起动，既能提高起动转矩，又能降低起动电流；随着转速上升，s 下降，转子电路频率降低，铁损耗下降，R_{px} 和 X_{px} 均随之自动变小；正常运行时 f_2 很低，R_{px} 和 X_{px} 均很小。起动结束时用接触器等使转子绕组引出线短接，亦即将频敏变阻器切除，使电动机在固有机械特性上稳定运行。

频敏变阻器的参数可以通过改变绕组抽头位置亦即改变绕组匝数作粗调，匝数越多，阻抗越大；也可以通过改变铁心的气隙作细调，气隙越大，阻抗越小。

绕线式异步电动机转子串频敏变阻器起动，控制线路简单，初投资少，起动性能好，运行可靠，维护简便，所以应用较多。但频敏变阻器不能兼作调速用。

三、三相绕线式异步电动机起动电阻的计算

转子回路串三相对称电阻起动时，起动电阻的计算有图解法和解析法两种，下面介绍解

析法。

由式（13-18）已知，$T_M=\frac{2T_{max}}{s_m}\cdot s$，当转差率 s（也即转速 n）不变时

$$T_M \propto \frac{1}{s_m} \tag{13-40}$$

设转子回路的总电阻为 R，考虑到临界转差率 $s_m \propto R$，则

$$T_M \propto \frac{1}{R} \tag{13-41}$$

式（13-41）即为计算起动电阻的依据，说明转速（或转差率）不变时，电磁转矩 T_M 与转子电路总电阻 R 成反比。

在图 13-19 中，特性 n_1ab 及 n_1cd 对应的转子电路总电阻分别为 r_2、R_1，由于 b、c 两点的转速相等，应用式（13-41）可得

$$\frac{T_{M1}}{T_{M2}}=\frac{R_1}{r_2}$$

对于 d、e 两点，同理可得

$$\frac{T_{M1}}{T_{M2}}=\frac{R_2}{R_1}$$

推广到一般，当级数为 m 时，可得

$$\frac{R_m}{R_{m-1}}=\frac{R_{m-1}}{R_{m-2}}=\cdots=\frac{R_2}{R_1}=\frac{R_1}{r_2}=\frac{T_{M1}}{T_{M2}} \tag{13-42}$$

令起动转矩比 $\beta=\frac{T_{M1}}{T_{M2}}$，则

$$\left.\begin{aligned} R_1 &= \beta r_2 \\ R_2 &= \beta^2 r_2 \\ &\cdots\cdots \\ R_m &= \beta^m r_2 \end{aligned}\right\} \tag{13-43}$$

由式（13-42）的最后一行，可得

$$\beta=\sqrt[m]{\frac{R_m}{r_2}}=\sqrt[m]{\frac{\dfrac{E_{2N}}{\sqrt{3}I_{2st}}}{\dfrac{s_N E_{2N}}{\sqrt{3}I_{2N}}}}=\sqrt[m]{\frac{I_{2N}}{s_N I_{2st}}}=\sqrt[m]{\frac{T_N}{s_N T_{M1}}} \tag{13-44}$$

如给定 β，将式（13-44）两边取对数，即得

$$m=\frac{\lg\left(\dfrac{R_m}{r_2}\right)}{\lg\beta}=\frac{\lg\left(\dfrac{T_N}{s_N T_{M1}}\right)}{\lg\beta} \tag{13-45}$$

欲求每级分段电阻，可由相邻两级总电阻值相减而得，即

$$\left.\begin{aligned} R_{stm} &= R_m - R_{m-1} = (\beta^m-\beta^{m-1})r_2 = \beta R_{st(m-1)} \\ R_{st(m-1)} &= R_{m-1} - R_{m-2} = (\beta^{m-1}-\beta^{m-2})r_2 = \beta R_{st(m-2)} \\ &\cdots\cdots \\ R_{st2} &= R_2 - R_1 = (\beta^2-\beta)r_2 = \beta R_{st1} \\ R_{st1} &= R_1 - r_2 = (\beta-1)r_2 \end{aligned}\right\} \tag{13-46}$$

【例 13-2】 某生产机械用绕线式异步电动机拖动，其部分数据为：$P_N=28kW$，过载能力 $k_m=2.4$，$n_N=1420r/min$，滑环形路电压 $E_{2N}=250V$，$I_{2N}=71A$。试求空载起动时三级起动电阻（用解析法）。

解 电动机转子绕组每相电阻 r_2 为

$$r_2=\frac{s_N E_{2N}}{\sqrt{3}I_{2N}}=\frac{0.0533\times 250}{\sqrt{3}\times 71}=0.108(\Omega)$$

式中 $s_N=\dfrac{n_1-n_N}{n_1}=\dfrac{1500-1420}{1500}=0.0533$。

预送 T_{M1} 时，考虑电源波动因素，有 $T_{M1}\leqslant 0.85^2 k_m T_N=1.734T_N$。

取 $T_{M1}=1.7T_N$ 则

$$\beta=\sqrt[m]{\frac{T_N}{s_N T_{M1}}}=\sqrt[3]{\frac{1}{0.0533\times 1.7}}=2.22$$

$$T_{M2}=\frac{T_{M1}}{\beta}=\frac{1.7T_N}{2.22}=0.766T_N$$

由于电动机是空载起动，故切换转矩 T_{M2} 已比空载制动转矩 T_0 大得多，能够顺利起动。由式（13-46）可求得转子每相各段起动电阻为

$$R_{st1}=r_2(\beta-1)=0.108\times(2.22-1)=0.132(\Omega)$$
$$R_{st2}=\beta R_{st1}=2.22\times 0.132=0.293(\Omega)$$
$$R_{st3}=\beta R_{st2}=2.22\times 0.293=0.65(\Omega)$$

转子每相串接的总电阻为

$$R_{st1}+R_{st2}+R_{st3}=1.075(\Omega)$$

第五节 三相异步电动机的调速

异步电动机的转速表达式为

$$n=n_1(1-s)=\frac{60f_1}{p}(1-s)$$

由以上表达式可以看出，决定转速 n 大小的参数有电机极对数 p、电源频率 f_1 和转差率 s。所以，三相异步电动机的调速方法有：变极调速、变频调速和改变转差率调速三种。在本节的最后，还将讨论电磁转差离合器调速。

一、变极调速

改变异步电动机的极对数，从而改变异步电动机的同步转速 $n_1=\dfrac{60f_1}{p}$，就可达到调速的目的。

改变定子的极对数，通常用改变定子绕组的接线来实现。这个方法只适用于鼠笼式异步电动机，因它的转子极对数随定子而定。

（一）电流反向法变极原理

由交流绕组的理论可知，分布绕组可以根据基波磁动势幅值相等的原则等效为集中绕组。因此按照单相集中绕组就可说明改变电动机磁极对数的问题。图 13-22（a）中，表示极

数等于 4 时一相绕组的连接方式，绕组由相同的两部分串联连接。图 13-22（b）是四极绕组展开图。如果将绕组由图 13-22（a）的串联方式改成图 13-22（c）的并联方式，即绕组展开图变成图 13-22（d），则磁极数目减少一半，由四极变成两极。

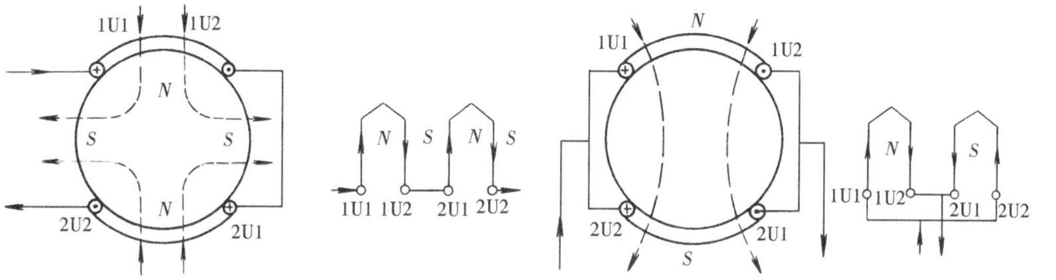

(a) (b) (c) (d)

图 13-22 定子绕组改接改变磁极对数的原理

(a) 4 极相绕组断面示意图；(b) 4 极相绕组展开图；

(c) 2 极相绕组断面图；(d) 2 极相绕组展开图

由此可见，串联时两个半组绕组的电流方向相同，都是从首端流进、从末端流出，改成并联后，两个半相绕组的电流方向相反，当一个半相绕组的电流从首端流进从未端流出时，另一个半相绕组的电流便从末端流进从首端流出。因为改变磁极数目是靠半相绕组的电流反向来实现的，所以称为电流反向法变极。由此可知，改变接法可使极对数成倍减少，使同步转速成倍增加。显然，这种调速方法只能是有级调速。

应当指出，一套绕组极数成倍变换时，必须同时倒换电源的相序。因为极数不同，空间电角度的大小也不一样，例如 $p=1$ 时，电角度等于机械角度；若 U 相的空间位置为 0°，则 V、W 相分别滞后 U 相 120°和 240°电角度。当换接成四极时，$p=2$，则电角度等于 2 倍的机械角度。同一套绕组，只是改变接线，而 U、V、W 三相绕组的空间位置并没有改变。他们之间的电角度随极数的变化而改变，如仍以 U 相为 0°，则 V、W 相分别在 U 相之后的电角度变为 2×120°=240°和 2×240°=480°（相当于 120°），从而改变了原来的相序，电动机将反转。为使电动机不反转，必须在变极的同时倒换电源的相序。

（二）典型的变极线路及其机械特性

上面虽只从一相绕组来说明变极原理，三相绕组完全相同，其接线也都相同。下面讨论 Y-YY 和 D-YY 两种典型换接变极线路，分析它们不同的机械特性和容许输出。

1. Y-YY（双 Y）变极线路

线路图如图 13-23（a）所示。Y 接时，每相的两个“半绕组”串联，相当于以上所说的四极接法，极对数等于 $2p$（$p=1$、2、3…），同步转速为 n_1。接成双 Y 时，每相两个“半绕组”反向并联，相当于以上所说的二极接法，或者一般说，极对数减半，等于 p，则同步转速为 $2n_1$，比 Y 接时提高一倍。

（1）机械特性。

异步电动机最大转矩的一般公式为

$$T_{\max}=\frac{m_1U_1^2}{2\Omega_1\left[r_1+\sqrt{r_1^2+(x_1+x'_2)^2}\right]}=\frac{1}{2}\cdot\frac{p}{2\pi f_1}\cdot\frac{m_1U_1^2}{\left[r_1+\sqrt{r_1^2+(x_1+x'_2)^2}\right]} \tag{13-47}$$

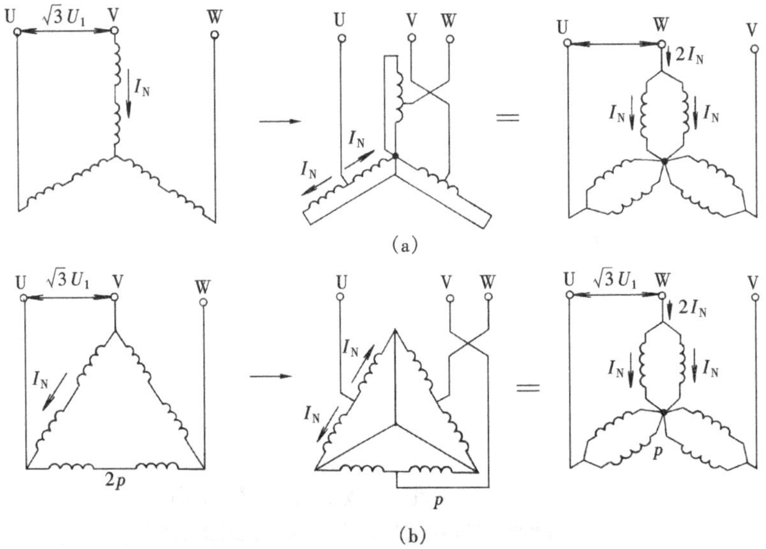

图 13-23 三相绕组变极的两种换接方法

(a) Y-YY；(b) D-YY

假设变极不影响每个“半绕组”的参数，分别为 $r_1/2$、$r'_2/2$、$x_1/2$ 和 $x'_2/2$，则 Y 接时每相参数为“半绕组”参数的 2 倍，YY 接时每相参数为“半绕组”参数的 1/2 倍。

Y 接时的最大转矩

$$T_{\max Y}=\frac{1}{2}\cdot\frac{2p}{2\pi f_1}\cdot\frac{m_1U_1^2}{\left[r_1+\sqrt{r_1^2+(x_1+x'_2)^2}\right]}$$

YY 接时的最大转矩

$$T_{\max YY}=\frac{1}{2}\cdot\frac{p}{2\pi f_1}\cdot\frac{m_1U_1^2}{\left[\frac{r_1}{4}+\sqrt{\left(\frac{r_1}{4}\right)^2+\left(\frac{x_1+x'_2}{4}\right)^2}\right]}=2T_{\max Y}$$

根据以上所得 Y 接与 YY 接时的同步机械角速度和最大转矩之间的关系，可以绘出图 13-24 所示的 Y-YY 变极调速的机械特性。

（2）容许输出。

假设调速前电动机的效率 η 和功率因数 $\cos\varphi_1$ 均保持不变，每个“半绕组”容许通过的电流为 I_N，则可得电动机的容许输出功率与容许输出转矩如下。

Y 接时的容许输出功率和容许输出转矩为

$$P_Y=\sqrt{3}U_1I_N\cos\varphi_1\eta$$

$$T_Y=9550\frac{P_Y}{n_Y}\approx 9550\frac{P_Y}{n_1}$$

YY 接时的容许输出功率和容许输出转矩

$$\left.\begin{aligned}P_{YY}&=\sqrt{3}U_1(2I_N)\cos\varphi_1\eta=2P_Y\\T_{YY}&\approx 9550\frac{P_{YY}}{2n_1}=9550\frac{2P_Y}{2n_1}=T_Y\end{aligned}\right\}\qquad(13\text{-}48)$$

由此表明，Y-YY 变极调速方法属于恒转矩调速方式。

2. D-YY 变极线路

线路图如图 13-23（b）所示。D 接时，两个"半绕组"串联，极对数等于 $2p$，同步转速为 n_1。YY 接时，两个"半绕组"反向并联，极对数等于 p，同步转速为 $2n_1$。

（1）机械特性。D 接时，极对数为 $2p$，每相绕组电压为$\sqrt{3}U_1$。由最大转矩的一般公式可得

$$T_{\max D}=\frac{1}{2}\cdot\frac{2p}{2\pi f_1}\cdot\frac{m_1(\sqrt{3}U_1)^2}{\left[r_1+\sqrt{r_1^2+(x_1+x'_2)^2}\right]}=3T_{\max Y}=\frac{3}{2}T_{\max YY}\qquad(13\text{-}49)$$

由以上关系可绘出 D-YY 接线时的机械特性如图 13-25 所示。

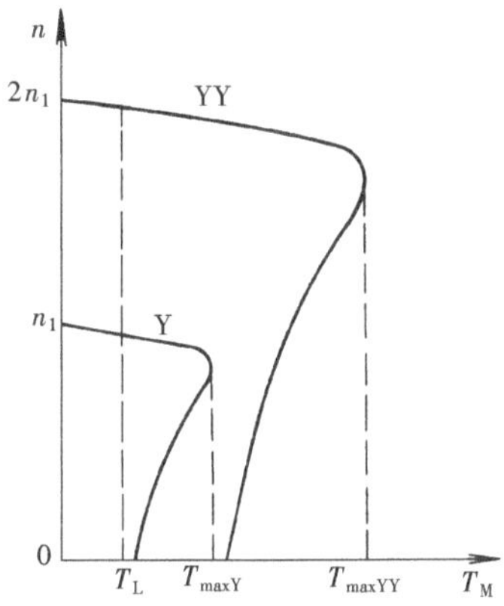

图 13-24　Y-YY 变极调速的机械特性

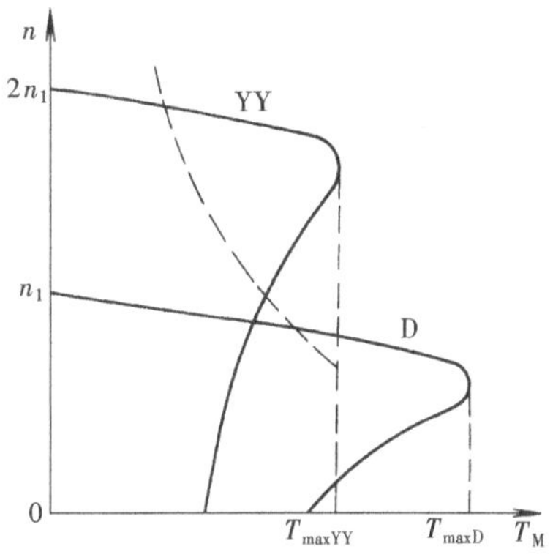

图 13-25　D-YY 变极调速的机械特性

（2）容许输出

$$\left.\begin{aligned}P_D&=\sqrt{3}(\sqrt{3}U_1)I_1\cos\varphi_1\eta=\sqrt{3}P_Y=\frac{\sqrt{3}}{2}P_{YY}=0.866P_{YY}\approx P_{YY}\\T_D&=1.73T_{YY}\end{aligned}\right\}\qquad(13\text{-}50)$$

表明 D-YY 变极调速近似为恒功率调速方式。

变极调速的电动机称为多速异步电动机。改变定子极对数除以上两种方法外，还可在定子上装上两套独立绕组，各接成不同的极对数。如将两种方法配合，则可获得更多的调速级数。但采用一套独立绕组的变极调速比较简单，应用较多。根据不同生产机械的要求，可采用不同接法的多速异步电动机，如拖动中小型机床的电机，一般采用 D-YY 接法具有一套绕组的双速电动机，此时近似恒功率的调速方法用于恒功率性质的负载，配合较好。

二、变频调速

改变异步电动机电源的频率 f_1，从而改变异步电动机的同步转速 n_1，异步电动机转子转速 $n=(1-s)n_1$ 就随之得到调节，这种调速方法称为变频调速。变频调速的主要问题是要有符合调速性能要求的变频电源。

（一）变频电源

早先用变频机组作为变频电源，是由异步电动机拖动直流发电机，作为直流电动机的电源，再由直流电动机拖动交流发电机，通过调节直流电动机的转速，调节交流发电机所发交流电的频率，显然机组庞大，价值昂贵，噪声大，维护麻烦。

随着现代电力电子技术的发展，尤其是电力电子器件技术的成熟，研制生产了多种电子变频调速装置主要有“交—交”变频器和“交—直—交”变频器，能把电网供给的恒频恒压的交流电变换为频率和电压可调的交流电，供给三相异步电动机。

（二）恒磁变频调速

1. 恒磁变频调速原理分析

如忽略定子阻抗压降，异步电动机定子绕组的感应电动势近似等于定子外加电压，即

$$U_1 \approx E_1 = 4.44 f_1 W_1 k_{W1} \Phi_m = c_1 f_1 \Phi_m \tag{13-51}$$

$$c_1 = 4.44 W_1 k_{W1}$$

式中 c_1——常数。

因此，若 U_1 不变，则 Φ_m 随 f_1 而变，一般设计电机时，为充分利用铁心材料，都把磁通量数值选为接近磁路饱和值。如频率从额定值（50Hz）往下调，磁通量增加使磁路饱和，励磁电流明显增大，则使电动机带负载的能力降低，功率因数变坏，铁耗增加，电机过热。反之如果频率从额定值往上调，磁通量减少，导致电动机允许输出转矩下降（$T_M = C_M \Phi_m I'_2 \cos\varphi_2$），使电机利用率降低，在一定负载下还有过电流的危险。因此，在改变频率时，如电压不变，则对电机的运行是不利的。通常要求磁通 Φ_m 在保持恒定的情况下进行调速。为此，在调速过程中，调压调频应同时进行，并应保持两者比值不变。即

$$\frac{U_1}{f_1} = \frac{U'}{f'_1} = \text{常数} \tag{13-52}$$

详细分析可知，由额定频率往下调时，是能使频率和电压按比例配合调节的；但从额定频率往上调时，必须保持电压不变，此时 f_1 越高，Φ_1 越弱，这相当于直流电动机的弱磁调速。异步电动机在额定频率以上调速时，普遍采用这种弱磁调速方法。

2. 恒磁变频调速的机械特性

（1）最大转矩

由异步电动机的最大转矩式（13-6）知

$$T_{max} = \frac{m_1 p U_1^2}{4\pi f_1 \left[r_1 + \sqrt{r_1^2 + (x_1 + x'_2)^2}\right]}$$

其中

$$x_1 + x'_2 = 2\pi f_1 (L_1 + L'_2)$$

代入上式得

$$T_{max} = \frac{m_1 p U_1^2}{4\pi f_1 \left\{r_1 + \sqrt{r_1^2 + [2\pi f_1 (L_1 + L'_2)]^2}\right\}} \tag{13-53}$$

当 f_1 较高时，$2\pi f_1$（$L_1 + L'_2$）$\gg r_1$，则 r_1 可忽略，由此得

$$T_{max} = \frac{m_1 p U_1^2}{8\pi^2 f_1^2 (L_1 + L'_2)}$$

或

$$T_{max} \propto \left(\frac{U_1}{f_1}\right)^2 \tag{13-54}$$

由此可知，当 f_1 较高时，按 $\frac{U_1}{f_1}$=常数的规律调速，T_{max} 基本保持不变。但当 f_1 较低、

r_1 不可忽略时，T_{max}会逐渐减小。若要避免 T_{max}过小，必须在低速时适当提高电压 U_1。从额定频率往上调时，f_1 升高而 U_1 不变，则 T_{max}越调越小。

（2）运行段斜率

临界转差率为

$$s_m = \frac{r'_2}{\sqrt{r_1^2 + (x_1 + x'_2)^2}} = \frac{r'_2}{\sqrt{r_1^2 + [2\pi f_1(L_1 + L'_2)]^2}}$$

同样，当 f_1 较高时，r_1 可忽略，则

$$s_m = \frac{r'_2}{2\pi f_1(L_1 + L'_2)}$$

相应的转速降为

$$\Delta n_m = s_m n_1 = \frac{r'_2}{2\pi f_1(L_1 + L'_2)} \cdot \frac{60 f_1}{p} = \frac{30 r'_2}{\pi p(L_1 + L'_2)} \tag{13-55}$$

由上式可知，转速降 Δn_m 与频率 f_1 无关。因此，无论在额定频率以上或以下调速时，Δn_m 不变。也就是说机械特性基本上是平行的上下移动。

（3）起动转矩

异步电动机的起动转矩为

$$T_{st} = \frac{m_1 p U_1^2 r'_2}{2\pi f_1[(r_1 + r'_2)^2 + (x_1 + x'_2)^2]}$$

当 $r_1 + r'_2 \ll x_1 + x'_2$时

$$T_{st} = \frac{m_1 p U_1^2 r'_2}{2\pi f_1(x_1 + x'_2)^2} = \frac{m_1 p U_1^2 r'_2}{8\pi^3 f_1^3(L_1 + L'_2)^2}$$

当$\dfrac{U_1}{f_1}$=常数时

$$T_{st} \approx \frac{m_1 p r'_2}{8\pi^3 f_1(L_1 + L'_2)^2} \propto \frac{1}{f_1} \tag{13-56}$$

由此可知，f_1 越低，T_{st}越大。但 f_1 很低时，（$r_1 + r'_2$）不能忽略，T_{st}就不怎么增加了。甚至 f_1 再低，T_{st}反而减小。

根据以上分析，即可大致画出变频调速的机械特性，如图 13-26 所示。由图可见，不同频率的机械特性互相“平行”，运行段的特性为硬特性，所以调速范围较大。由于变频电源可以做到连续调节频率，因而可以实现无级调速。调速的方向，可以向上调，也可向下调。在额定频率以下，电压随频率降低，Φ_m 基本不变，属恒转矩调速方式；在额定频率以上，频率升高，电压不变，但 Φ_m 降低，属恒功率调速方式。

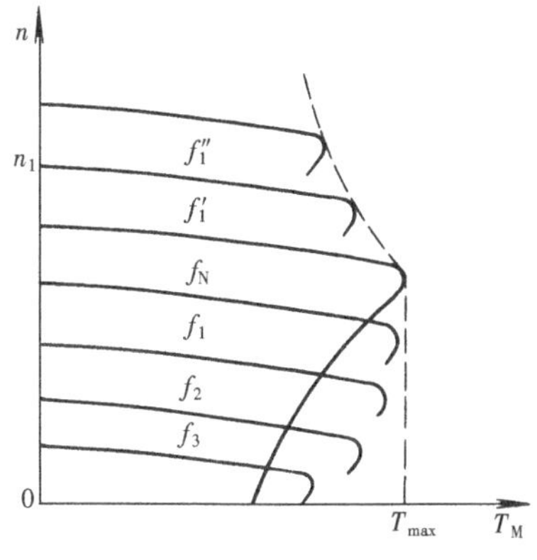

图 13-26　变频调速时的机械特性

三、改变转差率调速

转子电路串电阻调速、改变定子电压调速和串级调速都属改变转差率调速。这些调速方法的共同特点是在

调速过程中都产生大量的转差功率。前两种调速方法都把转差功率（sP_M）消耗在转子电路里，很不经济；而串级调速则能将转差功率加以吸收或大部分反馈给电网，提高了经济性能。

（一）转子电路串电阻调速

1. 转子串电阻调速的机械特性

由前述的转子电路串电阻的人为特性可知，绕线式异步电动机转子回路串电阻调速时的机械特性，如图13-27所示。其特点为：

（1）同步转速 n_1 不变；

（2）转子回路串电阻越大，特性的斜率越大，同一转矩下，转差率与转子总电阻 r_2+R_{st} 成正比；

（3）转子串电阻时，最大转矩不变；

（4）转子电路串的电阻越大，转速越低。

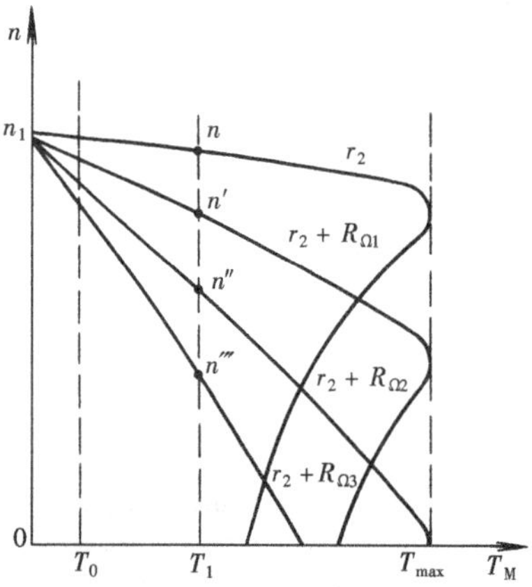

图13-27 绕线转子串电阻调速的机械特性

转子串电阻调速，在轻载时转速变化不大，所以这种调速方法特别适合于起重机类型的机械，也可用于通风机负载。

2. 转子电路的损耗

异步电动机的转子铜耗为

$$P_{Cu2} = m_1 I_2'^2 (r_2' + R_{st}) = sP_M$$

由于 p_{Cu2} 与转差率 s 成正比，故称转差功率，用 P_s 表示。由机械特性可知，负载转矩不变时，s 随电阻的增加而增加，而 p_{Cu2} 与 s 成正比的，所以转差损耗随所串电阻的增加而增加。如忽略机械损耗，电动机的输出功率为

$$P_2 = P_M - sP_M = P_M(1-s) \tag{13-57}$$

则电动机转子电路的效率为

$$\eta = \frac{P_2}{P_2 + p_{Cu2}} = 1 - s \tag{13-58}$$

可见，当负载转矩不变，转子所串电阻越大、转速越低（即 s 增大）时，转子铜耗越大，效率就越低。

（二）串级调速

所谓串级调速，就是在绕线式异步电机转子电路内引入与转子电动势 $\dot{E}_{2s}$ 频率相同而相位相同或相反的附加电动势 $\dot{E}_f$，通过改变 $\dot{E}_f$ 值的大小来实现调速。其原理分析如下：

引入附加电动势后，转子电流为

$$I_2 = \frac{sE_2 \pm E_f}{\sqrt{r_2^2 + (sx_2)^2}} \tag{13-59}$$

可见，当 $\dot{E}_f$ 与 $s\dot{E}_2$ 反相位，取“－”号，可使转子电流立即减小，但定子电压不变，气隙磁通也不变，电磁转矩 $T_M = C_M \Phi_m I_2 \cos\varphi_2$ 将随 I_2 的减小而减小。由于电动机的电磁转矩小于负载转矩，使电动机减速，转差率 s 增大，由式（13-59）可知，这时转子电流 I_2 将回升，直到电动机转速降到某一数值，I_2 升到使电动机的电磁转矩等于负载转矩时，电动机在低于原有转速的情况下稳定运行。$\dot{E}_f$ 的幅值越大，电动机的稳定转速越低。

当 $\dot{E}_f$ 与 $s\dot{E}_2$ 的相位相同时，取“+”号，可使转子电流增大，电动机的电磁转矩随之增大，出现电磁转矩大于负载转矩的不平衡，使电动机加速。而转差率减小，又使 I_2 回落，直至 I_2 恢复到原数值（$T_M=T_L$）。串入同相位 $\dot{E}_f$ 的幅值越大，电动机的转速越高。

由于异步电动机转子电动势 $s\dot{E}_2$ 的频率是随转速而变化的，这就要求附加电动势 $\dot{E}_f$ 的频率与 $s\dot{E}_2$ 的频率同步变化且幅值可调才行。引入附加电动势 $\dot{E}_f$ 的实现，是在转子侧采用“交—直—交”变换器，即采用大功率硅二极管整流桥把转差功率整流为直流功率，再由晶闸管构成有源逆变器变为交流回馈电网。具体原理在后续课程中分析。串级调速的主要优点是将转差功率回馈至电网，提高了电动机的效率。

（三）调压调速

1. 基本原理

因电动机的工作电压不能超过其额定值，所以调压调速只能在额定电压以下进行。调压调速也可称为降压调速。

三相异步电动机改变定子电源电压 U_1 时，n_1 不变，$T_{max}\propto U_1^2$，s_m 不变，机械特性如图13-28所示。由图可见，改变定子电压就可达到调速的目的。

由电动机原理可知，降低定子电压使气隙磁通减小。据电磁转矩表达式

$$T_M = C_M\Phi_m I_2\cos\varphi_2$$

可以看出，气隙磁通量减小将引起电磁转矩减小，使原有的转矩静态平衡关系遭到破坏，电磁转矩小于负载转矩，电动机减速。随着转速降低，转子电流增大，使减小的电磁转矩再增大。当电磁转矩重新与负载转矩平衡时，电动机便在较大的转差率、较低的转速下稳定运行。

2. 机械特性

普通笼型转子异步电动机采用调压调速时，机械特性如图13-28所示。若为恒负载转矩 $T_L=T_N$，电压由 U_1 降为 U'_1 时，转速由 n 降为 n'，由于 $s>s_m$ 时不能稳定运行，所以转速的最低值为 $n_m=(1-s_m)n_1$，调速范围很小。但对通风机性质负载，特性如图13-28中的 T_L 所示，由于 $n<n_m$ 时，电动机的人为机械特性与负载机械特性的交点也能稳定运行，调速范围显著扩大。对恒转矩负载，如能增加异步电动机的转子电阻（如绕线式异步电动机转子串电阻或高转差率鼠笼式异步电动机），则改变定子电压可得到较宽的调速范围，如图13-29所示。但此时特性太软，常常不能满足生产机械对静差率的要求，而且会因电压过低造成过载能力低，当负载波动稍大时，电机可能停转。

电压愈低，机械特性的直线部分的硬度愈小，这就限制了调压调速的范围。为克服以上缺点，可采用闭环调压调速系统，另见专著。

调压调速开环控制的调速范围不大，闭环控制能大大提高调速范围。调速的平滑性，决定于调压装置，可以是有级调速也可以是无级调速。在调速方向上只能在基速以下进行调节。

四、电磁转差离合器调速

电磁调速异步电动机，又称滑差电动机。它由单速或多速的三相鼠笼式异步电动机和电磁转差离合器组成。电磁转差离合器的输入转速为鼠笼式异步电动机的转速，基本不变，调节转差离合器的励磁电流，即可调节转差离合器的输出转速，亦即可以调节负载机械的转速。

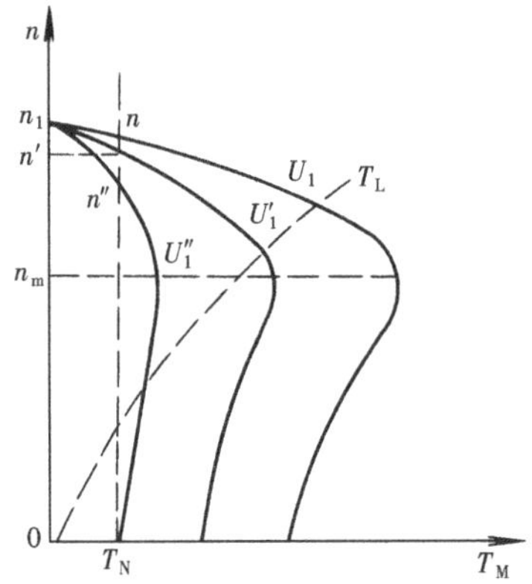

图 13-28 改变定子电压的调速特性

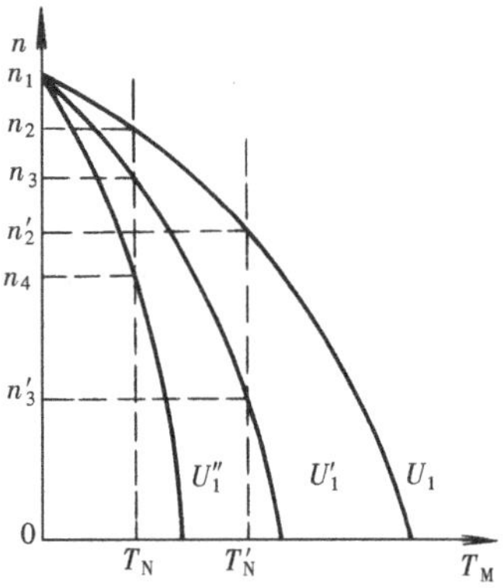

图 13-29 转子电阻较高时的调压特性

图 13-30 为电磁转差离合器调速的示意图，M 是鼠笼式异步电动机，电动机 M 与负载 4 之间用电磁转差离合器联系，离合器分主动和从动两部分，可分别旋转。主动部分是电枢 5，与 M 同轴联接，其上有鼠笼绕组，也可以只是实心铸钢，此时涡流的通路起鼠笼导条的作用。从动部分是磁极 1，绕有励磁绕组，由滑环 2 引入直流励磁电流 i_f。两部分在机械上是分开的，当中有气隙，如无励磁电流，则两部分互不相干。只要通入励磁电流，两者就因电磁作用互相联系起来，所以叫电磁离合器。

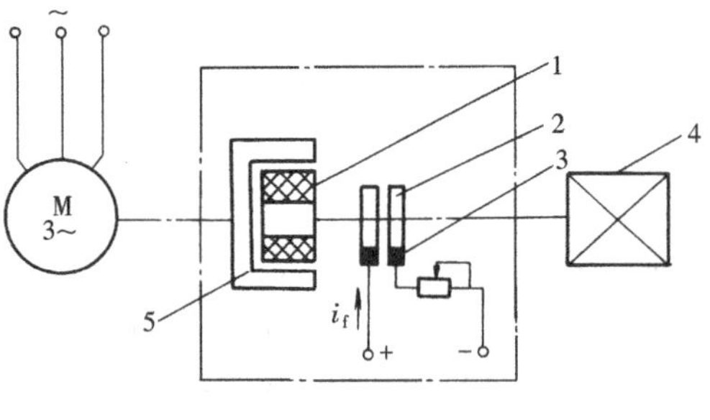

图 13-30 电磁转差离合器调速示意图

1—磁极；2—滑环；
3—电刷；4—负载；5—电枢

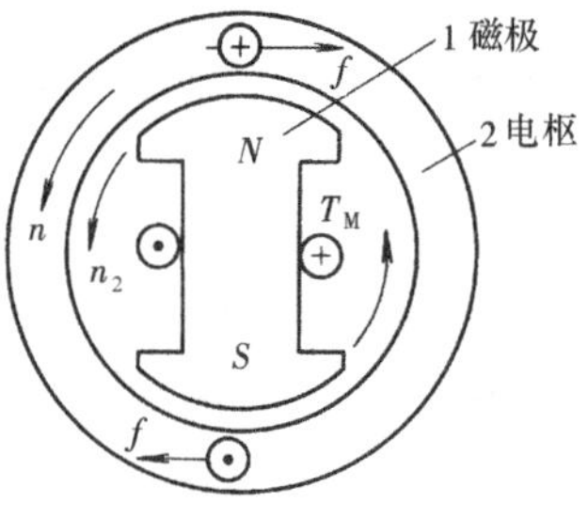

图 13-31 电磁转差离合器转矩的产生

其工作原理分析如下：在磁极励磁的条件下，M 带着离合器电枢逆时针旋转时，电枢的鼠笼绕组（或铁心）切割磁场而感应电动势，由于绕组是闭合的，故有电流流过，其方向按右手定则确定，如图 13-31 所示。这电流与磁场相互作用产生电磁转矩，按左手定则可知转矩为顺时针方向，但反作用转矩 T_M 则是逆时针方向加在磁极上。反作用转矩使磁极随电枢同方向旋转。一般情况下两者的转速必然有差异，否则两者之间便无相对运动，就不会感应电动势，也就不产生转矩了。电枢与磁极之间的转速差 Δn 为

$$\Delta n = n - n_2$$

式中 n——电枢转速即电动机轴上的转速；

n_2——磁极转速，即机械负载的转速。

其原理和异步电动机原理相似，靠转速差工作，因此叫做“电磁转差离合器”。

电磁转差离合器的机械特性。当 $T_M=0$ 时，它的理想空载转速就是异步电动机的转速 n。励磁电流一定时，负载越大，Δn 也越大，因而感应电动势、电流、电磁转矩随之增大，所以特性一定是向下倾斜的。改变励磁电流时，i_f 越大，磁场越强，因而转矩越大。机械特性如图 13-32 所示。由图可见，电磁转差离合器的机械特性较软，低速时损耗大，效率低。速度太低，Δn 过大，从动部分会跟不上而失控。同时，i_f 太小，磁场太弱也会失控。这种特性往往满足不了生产机械要求有较为恒定转速的目的，为此，电磁调速异步电动机中一般都配有根据负载变化而自动调节励磁电流的控制装置，它主要由测速发电机和速度负反馈系统组成。当负载向上波动使转速降低时，自动增加励磁电流，从而保持转速的相对稳定。采用转速反馈的闭环系统，不但使特性变硬，且可使调速范围扩大到 $D=10$ 左右。

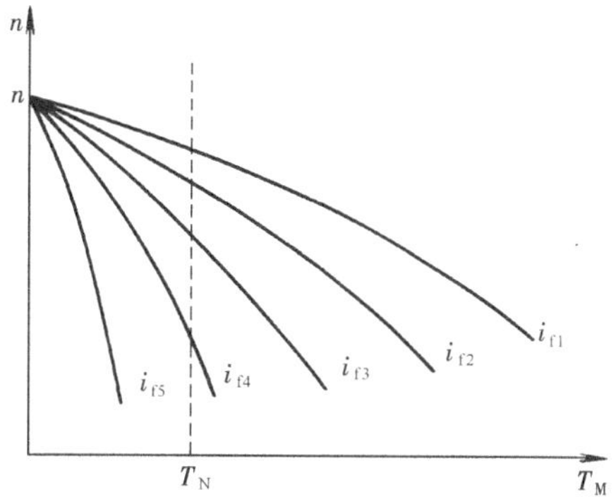

图 13-32　电磁转差离合器的机械特性

电磁转差离合器设备简单，控制方便，可以平滑调速（平滑调节励磁电流时），适用于调速范围不大的设备，对通风机负载比较合适。

第六节　三相异步电动机的制动

异步电动机的制动状态分三种类型，即回馈制动、反接制动和能耗制动，现分别讨论如下。

一、回馈制动

（一）回馈制动的实现及机械特性

当异步电动机因某种外因，使转速 n 高于同步转速 n_1，即 $n>n_1$，如图 13-33 中机械特性曲线中的 A 点。在机械特性曲线中，第二象限的曲线部分即为回馈制动的机械特性曲线。

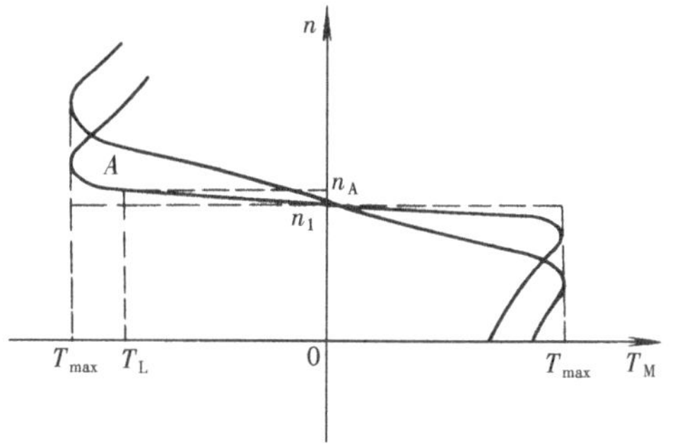

图 13-33　回馈制动的机械特性

回馈制动时 $n>n_1$，$s<0$，转子感应电动势 $s\dot{E}_2$ 反向。转子电流的有功分量为

$$I'_{2a}=\frac{E'_2}{\sqrt{\left(\frac{r'_2}{s}\right)^2+x'^2_2}}\cdot\frac{r'_2/s}{\sqrt{\left(\frac{r'_2}{s}\right)^2+x'^2_2}}=\frac{E'_2\frac{r'_2}{s}}{\left(\frac{r'_2}{s}\right)^2+x'^2_2}\tag{13-60}$$

转子电流的无功分量为

$$I'_{2r}=\frac{E'_2}{\sqrt{\left(\frac{r'_2}{s}\right)^2+x'^2_2}}\cdot\frac{x'_2}{\sqrt{\left(\frac{r'_2}{s}\right)^2+x'^2_2}}=\frac{E'_2x'_2}{\left(\frac{r'_2}{s}\right)^2+x'^2_2}\tag{13-61}$$

式中 $I'_{2a}=I'_2\cos\varphi_2$，$I'_{2r}=I'_2\sin\varphi_2$。

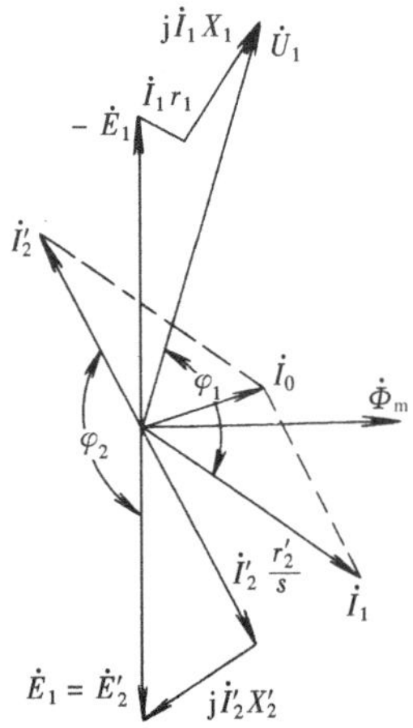

图 13-34 回馈制动时的相量图

由式（13-60）及式（13-61）可知，当 $s<0$ 时，转子电流的有功分量改变方向，而无功分量方向不变。异步电机回馈制动下，转子电流的无功分量仍为正（与电动状态时相同），说明异步电机定子必须从电网吸取滞后无功功率以建立磁场。相应的相量图如图 13-34 所示。图中，$\dot{U}_1$ 和 $\dot{I}_1$ 之间的相位差角 φ_1 大于 90°。此时定子功率 $P_1=m_1U_1I_1\cos\varphi_1$ 为负，说明定子向电网回馈电能。又由于转子电流的有功分量 $I'_2\cos\varphi_2$ 为负，则电磁转矩 $T_M=C_M\Phi_mI'_2\cos\varphi_2$ 也变负，T_M 与 n 反向，故此时异步电机既回馈电能，又产生制动转矩，电动机处于回馈制动状态。

（二）回馈制动的功率关系

回馈制动时，电磁转矩与同步转速符号相反，所以电磁功率为

$$P_M=\frac{T_Mn_1}{9550}<0 \tag{13-62}$$

表明电磁功率是从转子通过气隙传递到定子的。

电动机轴上输出的机械功率 $P_2=T_M\Omega$，因 T_M 变负而变负，故此时异步电动机由轴上输入（即吸收）机械功率。此时的总机械功率为

$$(1-s)P_M=(1+|s|)P_M<0 \tag{13-63}$$

表明总机械功率也是输入的。从上式可以看出，电动机把总机械功率变为电能，其中一部分变成电磁功率 P_M，经定子回馈给电网（$P_M<0$）；另一部分变成转差功率（$sP_M>0$）消耗在转子电路中。

（三）回馈制动的应用

（1）当异步电动机带动提升机构时，可以工作在回馈制动状态下放位能负载。

（2）当异步电动机采用变频方法和变极方法调速时，在从高速降到低速的过程中，可以靠回馈制动实现迅速减速。回馈制动能将机械能变为电能回馈给电网，可节约电能。

（3）回馈制动是在高于同步转速的情况下工作的，所以不能用回馈制动实现迅速停车，也不能在低于同步转速的情况下匀速下放位能负载。

（4）回馈制动时，异步电动机处于发电状态，不过如果定子不接电网，电机不能从电网吸取无功电流建立磁场，就发不出有功电能。这时，如在异步电动机三相定子出线端并上三相电容器提供无功功率即可发出电来，这便是所谓自励式异步发电机。

二、反接制动

对于三相异步电动机，当转子旋转方向与气隙磁场旋转方向相反时，称为反接制动。在反接制动状态下，其转差率 $s>1$。

（一）反接制动的实现及其机械特性

1. 转子串联电阻，位能转矩使转子反转实现反接制动

在拖动位能负载时，异步电动机转子串接较大电阻接通电源，起动转矩方向与重物产生的负载转矩方向相反，而且 $T_{st}<$

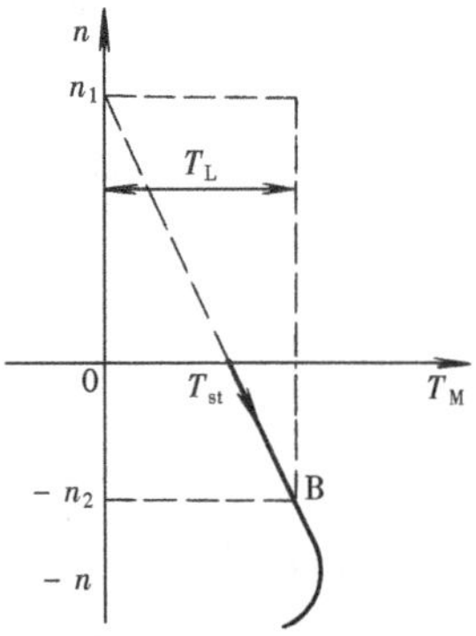

图 13-35 转速反向反接制动的机械特性

T_L，则在重物的作用下将迫使电机反 T_{st} 的方向旋转，并在重物下放的方向加速。如图 13-35 所示。其转差率 s 为

$$s=\frac{n_1-(-n)}{n_1}>1 \tag{13-64}$$

随 $|-n|$ 的增加，s、I_2 及 T_M 都增大，直到满足 $T_M=T_L$（图 13-42 中的 B 点），电机转速为 $-n_2$ 稳定运行，重物匀速下放。图 13-35 所示机械特性的第四象限（实线部分）即为异步电机转速反向反接制动的机械特性。

转速反向反接制动适用于低速匀速下放重物。

2. 改变定子电源相序实现反接制动

设异步电动机带反抗性负载原来稳定运行于电动状态，如图 13-36（b）的 A 点，为了迅速停车或反转，可将定子两相反接，并同时在绕线式异步电动机转子回路串接电阻 R_f，如图 13-36（a）所示。由于定子电源相序的改变，使旋转磁场的方向发生改变，从而使异步电动机的工作点从原来电动机运行机械特性上的 A 点，转移到新的机械特性（通过 $-n_1$ 的特性）上的 B 点。此时，由于转子切割磁场的方向与电动状态时相反，则感应电动势的方向也改变。此时的转差率为

$$s=\frac{-n_1-n}{-n_1}=\frac{n_1+n}{n_1}>1$$

由上式可知，$s>1$ 是反接制动的特点（含转速反向和两相反接两种制动）。两相反接时，E_2、sE_2、I_2 及 T_M 的方向都与电动状态时相反，即电磁转矩变负，与负载转矩共同作用使电动机转速沿 BC 段下降，当转速降至零（即 C 点）时如不切除电源，则电动机反向加速而进入反向电动状态（对应于 CD 段），当加速到 D 点，电动机稳定运转，从而实现了反转。

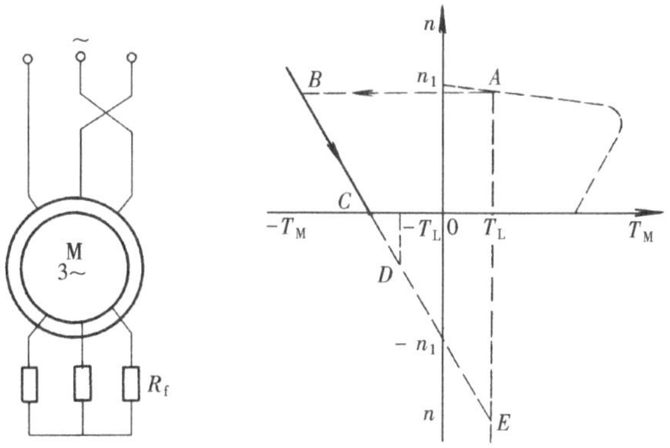

图 13-36　异步电动机定子两相反接的电路图和机械特性

(a) 电路图；(b) 机械特性

以上分析是电动机带反抗性负载的情况。当电动机带位能性负载，用两相反接时，负载转矩不变，但电磁转矩 T_M 变负，在电磁转矩 T_M 和负载转矩 T_L 的共同作用下，使电动机减速，直到转速为零时，在 T_M 和 T_L 的作用下，电动机反向起动并加速。随转子反向加速，电磁转矩仍为负，但绝对值减小，直到转速达 $-n_1$ 时，$T_M=0$。由于负载的作用，转速继续升高，此时 $T_M>0$，直到 $T_M=T_L$，电动机才稳定运行于图 13-36（b）中的 E 点。

定子两相反接制动，无论负载性质如何，都是指从开始两相反接到转速为零为止这个过

程。两相反接制动的优点是制动效果好，缺点是能耗大，制动准确度差，如要停车，还须由控制线路及时切除电源。这种制动适用于要求迅速停车并迅速反转的生产机械。

异步电动机带位能性负载时，两相反接使转速反转后，在图 13-36（b）上 D 点不能稳定运行，还将继续反向加速，当 $|-n|>|-n_1|$ 时，电动机进入反向回馈制动状态。

应当指出，上述两种反接制动，虽然电动机轴上都有机械功率输入，但有所不同。在转速反向的反接制动时，这部分机械功率由位能性负载提供；而定子两相反接制动，则是由整个转动部分所储存的动能提供。

（二）反接制动时的功率关系

电动机工作在反接制动状态时，它由轴上输入机械功率，定子又通过气隙向转子输送电功率，这两部分功率都消耗在转子电路的总电阻上。对此，可作如下证明。

转子由定子输入的电磁功率为

$$P_{\mathrm{M}} = 3I_2^2\frac{r_2+R_{\mathrm{f}}}{s} \tag{13-65}$$

式中，$s>1$，$P_{\mathrm{M}}>0$，即表示定子输入电磁功率。

转子轴上输出的机械功率为

$$P_2 \approx P_{\mathrm{M}}(1-s) \tag{13-66}$$

当 $s>1$ 时，$P_2<0$，说明电动机轴上输入机械功率。

转子电路的损耗为

$$\Delta P_2 = P_{\mathrm{M}} - P_2 \tag{13-67}$$

由于 $P_2<0$，则 ΔP_2 实为 P_{M} 与 P_2 之和，说明损耗较大。损耗除一小部分消耗在转子绕组电阻上外，大部分消耗在电阻 R_{f} 上。

三、能耗制动

（一）能耗制动的实现

当异步电动机旋转时，定子绕组从交流电网上断开，然后把其中三相中的任两相接到直流电源，就可实现能耗制动。由于定子绕组的直流电阻很小，所接直流电源的电压不能太高。能耗制动的接线如图 13-37（a）所示。设异步电动机原在图 13-37（b）中的 A 点运行，此时 KM2 的触点断开，KM1 闭合。为了迅速停车，断开 KM1 使电机脱离电网，并立即闭

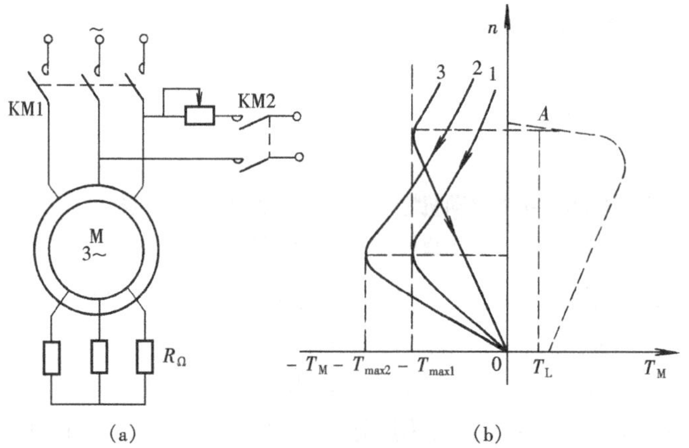

图 13-37 能耗制动的接线图和机械特性

（a）电路图；（b）机械特性

合 KM2，则定子两相绕组通入直流，在定子内形成一个固定磁场。此时转子因惯性继续旋转，导线切割磁场，在转子中产生感应电动势及电流，产生制动转矩使转速下降。电动机将转子的机械能变成电能消耗在转子电路中，故称为能耗制动。

（二）能耗制动的机械特性

能耗制动的机械特性如图 13-37（b）所示。若直流励磁电流不变，绕线式转子外串电阻增加，对应于最大转矩的转速也增加（$s_m \propto r_2$），但最大转矩不变，如图中曲线 1 与 3 所示。曲线 3 为串较大电阻时的特性。

若直流励磁电流增加，转子所串电阻不变，对应于最大转矩的转速不变，但最大转矩增大，如图中曲线 1 与 2 所示，曲线 2 为直流励磁电流较大时的特性。

（三）能耗制动的应用

三相异步电动机能耗制动可以用来实现迅速停车，也可以用来匀速下放位能负载。由图 13-37（b）所示能耗制动时的机械特性可以看出，改变转子串接电阻或定子直流励磁电流的大小，都可调节制动转矩的大小。当电动机转速下降为零，制动转矩也为零，因此采用能耗制动能准确停车。若能耗制动机械特性向第四象限延伸，可用以低速下放重物。它广泛应用于矿井提升及起重运输机械等。

（四）能耗制动电阻的计算

在绕线式异步电动机的拖动系统中，采用能耗制动使系统迅速停车，可采用下列两式计算出异步电动机定子直流励磁电流 I_1 与转子电路的串接电阻 R_f。

$$I_1 = (2 \sim 3)I_0 \tag{13-68}$$

$$R_f = (0.2 \sim 0.4)\frac{E_{2N}}{\sqrt{3}I_{2N}} - r_2 \tag{13-69}$$

式中　I_0——异步电动机的空载电流，一般可取 $I_0 =$（0.2～0.5）I_{1N}；

E_{2N}——转子静止时两滑环间的感应电动势，可查产品目录；

2_{2N}——转子额定电流，可查产品目录；

r_2——转子每相绕组的电阻。

利用式（13-68）及式（13-69）计算所得数据，可保证快速停车，能达到最大制动转矩为（1.25～2.2）T_N。

【例 13-3】　一台绕线式异步电动机的铭牌数据如下：$P_N = 75\text{kW}$，$U_{1N} = 380\text{V}$，$I_{1N} = 144\text{A}$，$E_{2N} = 399\text{V}$，$I_{2N} = 116\text{A}$，$n_N = 1460\text{r/min}$，$k_m = 2.8$。试求：

（1）当负载转矩 $T_L = 0.8T_N$，要求转速 $n_B = 500\text{r/min}$ 时，转子每相应串多大电阻（工作点见图 13-38 中的 B 点）；

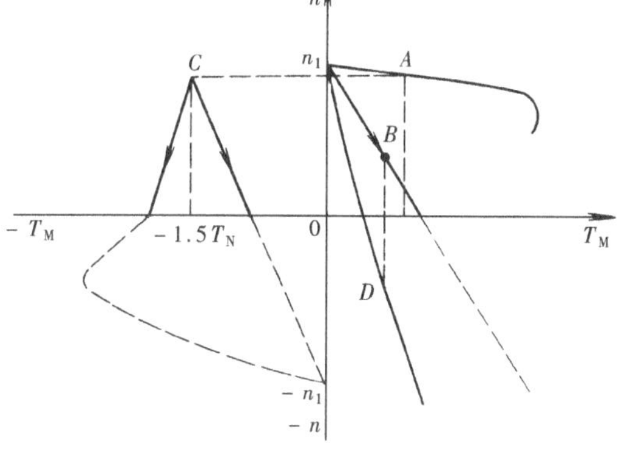

图 13-38　绕线式电动机的机械特性

（2）从电动状态（图 13-38 中 A 点）$n_A = n_N$ 时换接到反接制动状态，如果要求开始时的制动转矩等于 $1.5T_N$（图13-45中 C 点），转子应串多大的电阻；

（3）如该电动机带位能负载，负载转矩 $T_L = 0.8T_N$，要求稳定的下放转速 $n_D = -300\text{r/min}$，转子每相应串多大的电阻。

解

$$s_N = \frac{n_1 - n_N}{n_1} = \frac{1500 - 1460}{1500} = 0.0267$$

$$r_2 = \frac{s_N E_{2N}}{\sqrt{3} I_{2N}} = \frac{0.0267 \times 399}{\sqrt{3} \times 116} = 0.053(\Omega)$$

（1）对于固有特性，则有

$$s_m = s_N(k_m + \sqrt{k_m^2 - 1}) = 0.0267(2.8 + \sqrt{2.8^2 - 1}) = 0.1445$$

对于人为特性，当 $s = s_x$ 时，$T = T_x$，其临界转差率为 s'_m，代入实用表达式得

$$T_x = \frac{2k_m T_N}{\frac{s_x}{s'_m} + \frac{s_m}{s_x}}$$

化简成求 s'_m的方程式，得

$$s'^2_m - \left(\frac{2k_m T_N s_x}{T_x}\right) s'_m + s_x^2 = 0$$

$$s'_m = s_x\left[\frac{k_m T_N}{T_x} \pm \sqrt{\left(\frac{k_m T_N}{T_x}\right)^2 - 1}\right]$$

在 B 点，$s_x = s_B = \frac{n_1 - n_B}{n_1} = \frac{1500 - 500}{1500} = 0.666$

以 $T_x = 0.8T_N$ 代入上式得

$$s'_m = 0.666\left[\frac{2.8T_N}{0.8T_N} \pm \sqrt{\left(\frac{2.8T_N}{0.8T_N}\right)^2 - 1}\right] = 4.56 \text{ 或 } 0.095$$

取 $s'_m = 4.56$（0.095 不合理），据在同一转矩下转差率与转子电阻成正比关系，得

$$\frac{s'_m}{s_m} = \frac{r_2 + R_{fB}}{r_2}$$

则

$$R_{fB} = \left(\frac{s'_m}{s_m} - 1\right) r_2 = \left(\frac{4.56}{0.1445} - 1\right) \times 0.053 = 1.62(\Omega)$$

（2）$s_c = \frac{-n_1 - n_N}{-n_1} = \frac{1500 + 1460}{1500} = 1.973$，又有 $T_C = -1.5T_N$，$T_{max} = -k_m T_N$，则

$$s'_m = 1.973\left[\frac{-2.8T_N}{-1.5T_N} \pm \sqrt{\left(\frac{-2.8T_N}{-1.5T_N}\right)^2 - 1}\right] = 6.8 \text{ 或 } 0.58$$

取 $s'_m = 6.8$，得

$$R_{fC} = \left(\frac{6.8}{0.1445} - 1\right) \times 0.053 = 2.44(\Omega)$$

取 $s'_m = 0.58$，得

$$R_{fC} = \left(\frac{0.58}{0.1445} - 1\right) \times 0.053 = 0.16(\Omega)$$

（3）$s_D = \frac{n_1 - n_D}{n_1} = \frac{1500 - (-300)}{1500} = 1.2$，$T_x = T_D = 0.8T_N$，则

$$s'_m = 1.2\left[\frac{2.8T_N}{0.8T_N} \pm \sqrt{\left(\frac{2.8T_N}{0.8T_N}\right)^2 - 1}\right] = 8.225 \text{ 或 } 0.175$$

取 $s'_m=8.225$（$s'_m=0.175$ 时不能稳定运行），则

$$R_{fD}=\left(\frac{s'_m}{s_m}-1\right)r_2=\left(\frac{8.225}{0.1445}-1\right)\times 0.053=2.96(\Omega)$$

*第七节　单相异步电动机

单相异步电动机是指接单相电源运行的异步电动机。其结构简单，成本较低，只需单相供电，但技术和经济指标都比三相异步电动机差。主要用于小功率（容量在 0.6kW 以下）的电扇、鼓风机、油泵、医疗器械和家用电器中。

单相异步电动机采用普通鼠笼式转子，定子上通常有两组绕组，在空间互差 90°电角度，其中一相叫做工作绕组（或主绕组），另一相叫做起动绕组（或副绕组）。工作绕组用来产生电机的主磁场并传递功率，起动绕组用来起动电动机。

一、单相绕组通电时的脉振磁动势分解

由第十章的分析已知，单相异步电动机的工作绕组接通单相交流电源时，产生的磁动势是交变的脉振磁动势。

设通过绕组中的电流为 $i=I_m\cos\omega t$，如以绕组轴线为 y 轴，定子内圆周展开成直线为 x 轴，则脉振磁动势的基波为

$$f_1(x,t)=0.9\frac{Wk_{W1}}{p}I\cos\frac{\pi}{\tau}x\cos\omega t=F_{ph}\cos\frac{\pi}{\tau}x\cos\omega t$$

根据平面三角学公式可以将上述脉振磁动势分解为两个圆形旋转磁动势，即

$$f_1(x,t)=\frac{1}{2}F_{ph1}\cos\left(\omega t-\frac{\pi}{\tau}x\right)+\frac{1}{2}F_{ph1}\cos\left(\omega t+\frac{\pi}{\tau}x\right)$$

$$=f_+(x,t)+f_-(x,t)\qquad(13\text{-}70)$$

这两个旋转磁动势的振幅都等于脉振磁动势基波振幅的$\frac{1}{2}$，它们在空间以相同的速度沿相反的方向旋转可以用空间矢量来表示这些磁动势。在图 13-39 中，$\overline{F}$ 表示脉振磁动势的基波，并设它随时间按余弦规律脉振，$\overline{F}_+$ 表示正向旋转磁动势矢量，$\overline{F}_-$ 表示反向旋转磁动势矢量，在数值上 $F_+=F_-=\frac{1}{2}F$。当 $\omega t=0$ 时 $\overline{F}_+$ 与 $\overline{F}_-$ 重合且位于纵轴方向，合成磁动势等于脉振磁动势 $\overline{F}$；当 $\omega t=\frac{\pi}{6}$时，$\overline{F}_+$ 逆时针方向旋转了$\frac{\pi}{6}$电角度，$\overline{F}_-$ 顺时针方向旋转了$\frac{\pi}{6}$电角

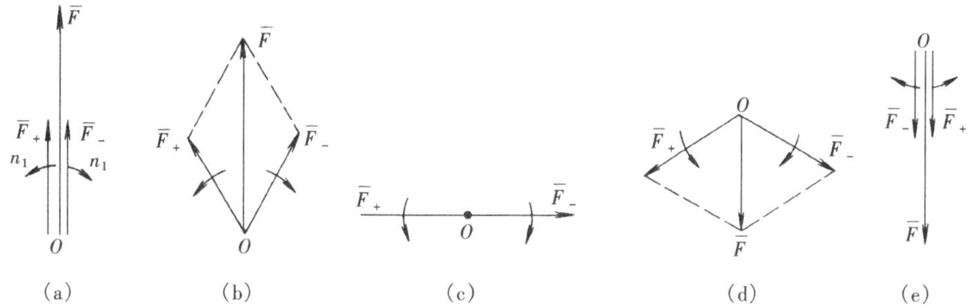

图 13-39　脉振磁动势与旋转磁动势的关系

(a) $\omega t=0°$；(b) $\omega t=\pi/6$；(c) $\omega t=\pi/2$；(d) $\omega t=2\pi/3$；(e) $\omega t=\pi$

度，合成磁动势 $\overline{F}$ 仍在纵轴上，合成磁动势的大小为 $F_{+}\cos\frac{\pi}{6}+F_{-}\cos\frac{\pi}{6}=\frac{\sqrt{3}}{2}F$，恰等于此时脉振磁动势的数值 $F\cos\frac{\pi}{6}=\frac{\sqrt{3}}{2}F$；当 $\omega t=\frac{\pi}{2}$ 时，F_{+} 和 F_{-} 都位于横轴上，大小相等、方向相反，合成磁动势为零，此时脉振磁动势也等于零；当 $\omega t>\frac{\pi}{2}$ 时，合成磁动势为负值，但仍然保持 $\overline{F}_{+}+\overline{F}_{-}=\overline{F}$ 的关系；当 $\omega t=\pi$ 时，合成磁动势的方向与 $\omega t=0$ 时相反，数值上也达到最大并等于脉振磁动势的振幅。由此可见，该脉振磁动势的幅值随时间而变，而其空间位置始终位于工作绕线的中心线上。

二、工作绕组单独通电时的机械特性

电动机的机械特性是指电动机的转速（或转差率）与电磁转矩之间的关系。

当单相异步电动机只有工作绕组接通交流电源时，所产生的磁动势是交变的脉振磁动势，它可分解为上述两个旋转方向相反、转速大小相等的旋转磁动势。每个旋转磁动势与笼型转子相作用，都相当于一台三相异步电动机。也就是说，单相异步电动机的转子在脉振磁动势的作用下，将产生两个方向相反的电磁转矩。因此，一台单相异步电动机可以看成两台同轴连接的三相异步电动机，这两台三相异步电动机的旋转磁动势的旋转方向相反。因而，单相异步电动机的机械特性可以看成是这样两台三相异步电动机的机械特性合成的结果，如图 13-40 所示。在图中，T_{M+} 表示只有正向旋转磁动势作用时电动机的机械特性曲线；T_{M-} 表示只有反向旋转磁动势作用时的机械特性曲线。如果不考虑磁路的非线性，将两条曲线上转速相同处的转矩相加，就得到了单相异步电动机的机械特性曲线 $n=f(T_M)$。

由于正向旋转磁动势和反向旋转磁动势的幅值相等，当转子不动（$s=1$）时，作用在转子上的正向转矩和反向转矩大小相等、方向相反，因而合成转矩等于零，电动机不能起动。可见，只有一个工作绕组时，单相异步电动机没有起动转矩。

如果用外力矩使转子朝正方向转动，则对于同转子旋转方向一致的旋转磁动势 F_{+} 来说，转差率为

$$s_{+}=\frac{n_1-n}{n_1}<1$$

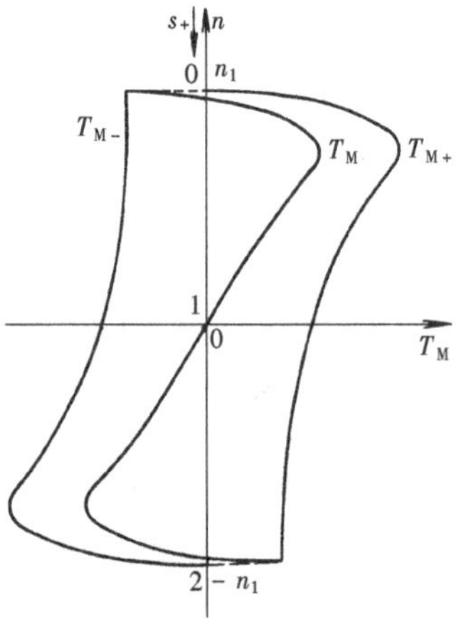

图 13-40 单相电机的机械特性

对于同转子旋转方向相反的旋转磁动势 F_{-} 来说，转差率为

$$s_{-}=\frac{-n_1-n}{-n_1}=2-S_{+}$$

根据三相异步电动机的理论可知，当 $0<s_{+}<1$ 时，电磁转矩 T_{M+} 与转子旋转方向相同。而此时 $s_{-}>1$，电磁转到 T_{M-} 与转子旋转方向相反。由图 13-40 看出，当 $0<s_{+}<1$ 时，$T_{M+}>|T_{M-}|$，因此，电磁转矩 $T_M=T_{M+}+T_{M-}$ 是与旋转方向相同的，只要 T_M 大于静阻转矩，撤除外力矩后电动机就可以自行加速到稳态转速。

同样道理，当电动机受反向力矩作用时，只要使 T_M 大于静阻转矩，撤除外力矩后电动机也可以自行加速到稳态转速。也就是说，单相绕组的单相电动机无法自行起

动，但如受外力矩起动后，单相电动机可以起动，且转动方向与施加外力的方向一致。

三、两相绕组通电时的机械特性

为了解决起动问题，在单相异步电动机的定子上装有与工作绕组在空间互差 90°电角度的起动绕组，并在两个绕组中通入在时间上有一定相位差（最好是互差 90°电角度）的电流。

设工作绕组的磁动势为 $f_A(x, t)$，起动绕组的磁动势为 $f_B(x, t)$，如果两绕组中电流的相位差为 90°电角度，则这两个磁动势可表示为

$$f_A(x,t) = F_A\cos\frac{\pi}{\tau}x\cos\omega t$$

$$f_B(x,t) = F_B\cos\left(\frac{\pi}{\tau}x + 90^\circ\right)\cos(\omega t + 90^\circ)$$

其中 F_A 和 F_B 分别为磁动势 $f_A(x, t)$ 和 $f_B(x, t)$ 的振幅值。这两个脉振磁动势可以分解为

$$f_A(x,t) = \frac{1}{2}F_A\cos\left(\omega t - \frac{\pi}{\tau}x\right) + \frac{1}{2}F_A\cos\left(\omega t + \frac{\pi}{\tau}x\right)$$

$$f_B(x,t) = \frac{1}{2}F_B\cos\left(\omega t - \frac{\pi}{\tau}x\right) - \frac{1}{2}F_B\cos\left(\omega t + \frac{\pi}{\tau}x\right)$$

由此可得 $f_A(x, t)$ 和 $f_B(x, t)$ 的合成磁动势为

$$f_{AB}(x,t) = f_A(x,t) + f_B(x,t) = \frac{1}{2}(F_A + F_B)\cos\left(\omega t - \frac{\pi}{\tau}x\right) + \frac{1}{2}(F_A - F_B)\cos\left(\omega t + \frac{\pi}{\tau}x\right)$$

如果脉振磁动势的振幅值 $F_A = F_B = F$，则

$$f_{AB}(x,t) = F\cos\left(\omega t - \frac{\pi}{\tau}x\right)$$

可见，在空间上和时间上都互差 90°电角度且振幅相等的两个脉振磁动势，它们的合成磁动势是圆形旋转磁动势。因此，单相异步电动机就可以产生起动转矩。

如果两个绕组中电流的相位差不足 90°电角度，或者脉振磁动势的振幅值 F_A 和 F_B 不相等，则合成磁动势 f_{AB}除了包含较强的正向旋转磁动势分量之外，还同时存在较弱的反向旋转磁动势分量。反向旋转磁动势分量的存在将使单相异步电动机合成磁动势为椭圆形旋转磁动势，可参见式（10-60）及式（10-61）。椭圆旋转磁动势时的机械特性如图 13-41 所示。此时单相异步电动机的起动和运行性能较差。

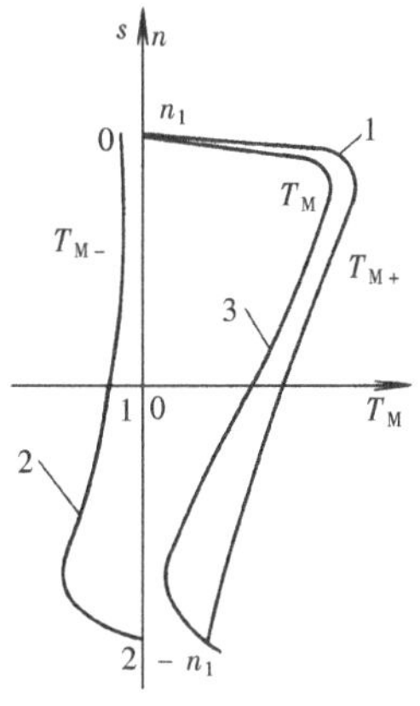

图 13-41　椭圆旋转磁动势时的机械特性

四、单相异步电动机的起动方法

以上分析表明，单相异步电动机自行起动的条件是电机起动时的磁动势为椭圆或圆形旋转磁动势，为此设有起动绕组，并且要使起动绕组和工作绕组的电流相位不同。根据起动方法的不同，单相异步电动机可以分为分相式电动机和罩极式电动机两大类。

（一）分相式电动机

分相式电动机的定子上有两个绕组，两个绕组的轴线在空间相差 90°电角度。电动机起动时，工作绕组和起动绕组接到同一个单相交流电源上，设工作绕组的阻抗为 Z_1，则其电

流为$\dot{I}_1=\frac{\dot{U}}{Z_1}$；设起动绕组的阻抗为$Z_2$，则其电流为$\dot{I}_2=\frac{\dot{U}}{Z_2}$。如工作绕组与起动绕组完全一样，则$Z_1$和$Z_2$相等，$\dot{I}_1$和$\dot{I}_2$同相位。为了使两个绕组中的电流在时间上有一定的相位差（即分相），须在起动绕组中串入电容器或电阻器，也可以使起动绕组本身的电阻远大于工作绕组的电阻。因此，分相式电动机又可分为电阻分相电动机和电容分相电动机两种类型。

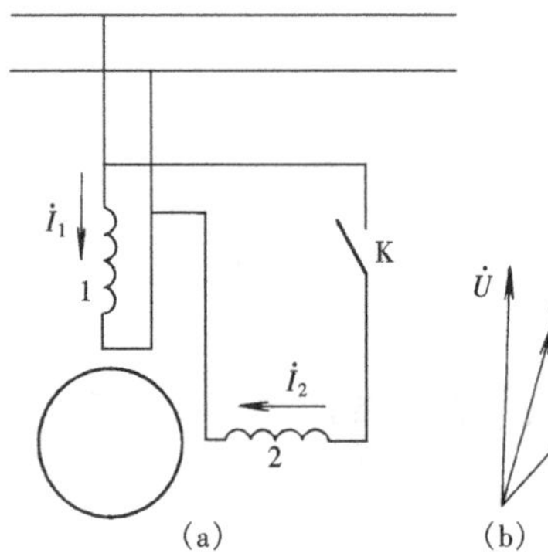

图 13-42 电阻分相电动机
(a) 电路图；(b) 相量图
1—工作绕组；2—起动绕组

1. 电阻分相单相异步电动机

图 13-42（a）为电阻分相电动机的原理图，图中 1 为工作绕组，2 为起动绕组。设计时起动绕组的匝数较少，导线截面取得较小，与工作绕组相比，其电抗小而电阻大。起动绕组和工作绕组并接电源时，起动绕组电流与工作绕组电流便不同相位。从而产生椭圆旋转磁动势，使电动机能够自行起动。起动绕组一般是按短时工作设计的，起动结束后应切除起动绕组，所以在起动绕组回路中串有开关 K，当转速上升到接近稳定转速时自动断开，以保护起动绕组和减少损耗，由工作绕组维持运行。

以上是用电阻较大的导线绕制起动绕组，也可在起动绕组电路中串联电阻器来达到分相的目的。电阻分相时两绕组中电流的相位差达不到 90°电角度，相位关系如图 13-42（b）所示。这种电机中除了正向旋转磁动势以外，还存在着一定的反向旋转磁动势，所以电机的电磁转矩较小，起动电流较大，性能较差，但价格比较便宜。适用于轻载和空载起动的场合。

2. 电容分相单相异步电动机

电容分相式单相异步电动机是在起动绕组回路中串联一个电容器，再与工作绕组并联，接到单相交流电源。起动绕组中的电流$\dot{I}_2$超前于电源电压$\dot{U}$从而与工作绕组电流$\dot{I}_1$之间有较大的相位差，起动性能和运行性能均优于电阻分相电动机。电容器的大小最好能使起动绕组中的电流相位较工作绕组中的电流相位超前 90°电角度，以便获得较大的起动转矩。电容分相电动机可分为以下三种：

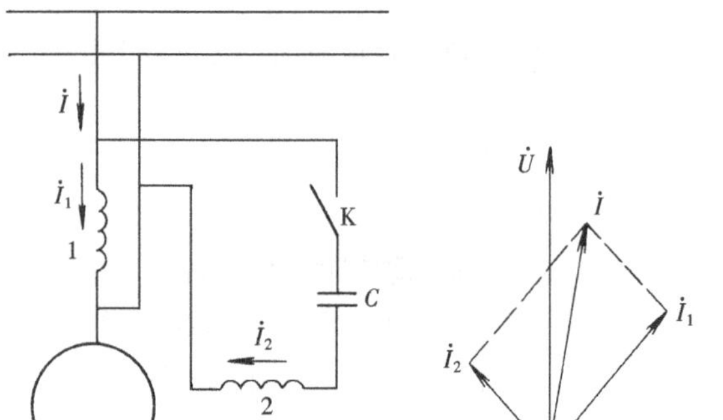

图 13-43 电容起动电动机
(a) 电路图；(b) 相量图
1—工作绕组；2—起动绕组

（1）电容起动单相异步电动机。电路如图 13-43（a）所示。此种单相异步电动机的起动绕组是按短时运行方式设计的，长时间通电就会因过热而损坏。因此，当转速达到同步转速的75%～80%时，利用离心开关将起动绕组断开，这种电机叫做电容起动电动机。电容的大小合适时，起动绕组的电流 $\dot{I}_2$ 超前于工作绕组的电流 $\dot{I}_1$ 接近90°电角度，其相量图如图13-43（b）所示。这样可使起动时电动机中的磁动势接近于圆形旋转磁动势，这种电动机的起动转矩大，起动电流小，起动性能最好。

（2）电容运转单相异步电动机。如果起动绕组是按持续工作设计的，就可以在起动结束后继续接在电路中与工作绕组并联工作，这种电机叫做电容运转电动机或电容电动机，电路如图13-44所示。起动绕组和电容器不仅起动时起作用，运行时也起作用，这样可以提高电动机的功率因数和效率，所以这种电动机的运行性能优于电容起动电动机。电容运转电动机起动绕组所串电容器的容量，主要是根据运行性能的要求而确定的，比根据起动性能要求而确定的电容量要小，因此这种电动机的起动性能不如电容起动电动机好。电容运转电动机不要起动开关，所以结构比较简单，价格比较便宜，适用于风扇、洗衣机等。

（3）电容起动运转单相异步电动机。图13-45为电容起动运转单相异步电动机的接线图，在起动绕组中串入两个并联的电容器 C_1 和 C_2，其中电容器 C_2 串接起动开关K。起动时K闭合，两个电容同时作用，电容量为两者之和，电动机有良好的起动性能；当转速上升到一定程度，K自动打开，切除电容器 C_2，电容器 C_1 与起动绕组参与运行，确保良好的运行性能。电容运转电动机起动转矩大，起动电流小，功率因数和效率较高，但结构复杂，成本较高。适用于空调机、小型空压机和电冰箱等。

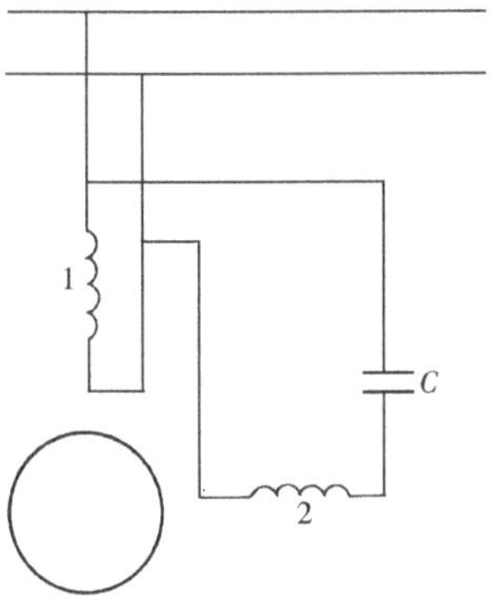

图13-44　电容运转电动机

1—工作绕组；2—起动绕组

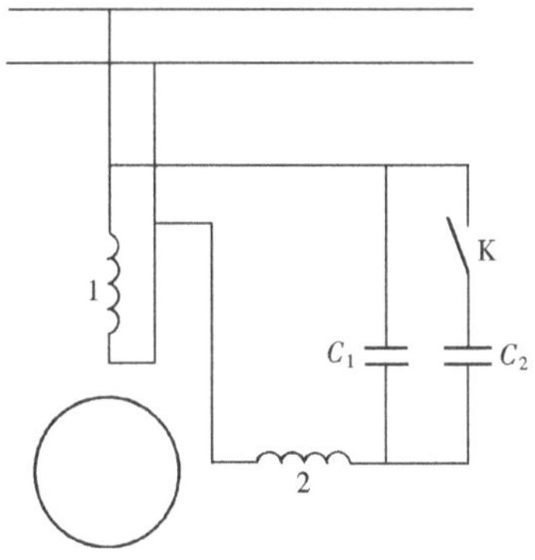

图13-45　电容起动运转电动机

1—工作绕组；2—起动绕组

单相异步电动机的旋转方向决定于起动时两个绕组合成磁动势的旋转方向，改变合成磁动势的旋转方向就可以改变单相异步电动机的旋转方向。因此，单独将起动绕组（或工作绕组）的两个出线端子的接线对调，可以达到改变分相电动机旋转方向的目的。

（二）罩极式电动机

罩极式电动机的转子也是笼型的，定子大多数做成凸极式的，由硅钢片叠压而成。定子磁极极身套装有集中的工作绕组，在磁极极靴表面一侧约占1/3的部分开一个凹槽，凹槽将磁极分成大小两部分，在较小的部分套装一个短路铜环，如图13-46（a）所示。

罩极式电动机的工作绕组接通单相交流电源以后，产生的脉动磁通分为两部分，其中 $\dot{\phi}_A$ 不穿过短路环直接进入气隙，$\dot{\phi}_B$ 穿过短路环进入气隙。当 $\dot{\phi}_B$ 在短路环中脉振时，短路

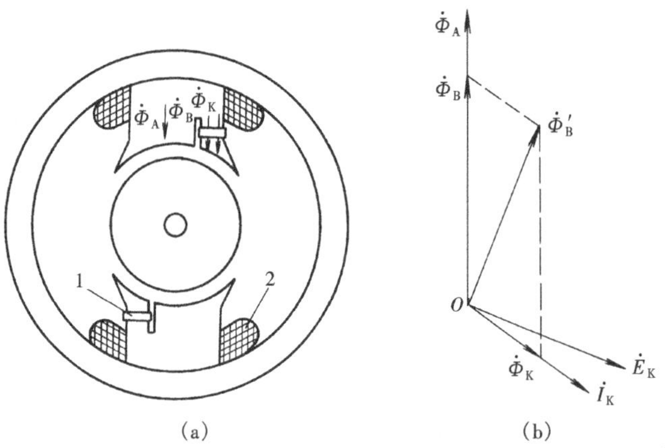

图 13-46 凸极式罩极电动机

(a) 结构示意图；(b) 相量图

1—短路环；2—工作绕组

环中就会产生感应电动势 $\dot{E}_K$，并在短路环中产生短路环电流 $\dot{I}_K$，短路环电流 $\dot{I}_K$ 又产生磁通 $\dot{\Phi}_K$，因而穿过罩极部分的磁通为 $\dot{\Phi}_B$ 和 $\dot{\Phi}_K$ 所合成，即 $\dot{\Phi}_B'=\dot{\Phi}_B+\dot{\Phi}_K$，如图 13-46（b）所示。这样，磁通 $\dot{\Phi}_A$ 与 $\dot{\Phi}_B'$ 不仅空间位置不同，而且在时间上也有一定的相位差，$\dot{\Phi}_A$ 超前于 $\dot{\Phi}_B'$，看起来就像磁场从没有短路环的部分向着有短路环的部分连续移动，这样的磁场叫做移行磁场。移行磁场与旋转磁场的作用相似，能够使转子产生起动转矩。

罩极电动机总是由磁极没有短路环的部分向着有短路环的部分旋转，它的旋转方向不能改变。

这种罩极式电机的起动转矩小，制造容量一般为几瓦至几十瓦。由于它结构简单，制造方便，多用于小型电风扇等日用电器中。

罩极式电机除了凸极式的以外，还有隐极式的，这种电机的定子铁心与三相异步电动机的一样，定子槽中嵌放着两套分布绕组，即工作绕组和罩极绕组（即起动绕组）。罩极绕组一般只有 2～6 匝，它的导线较粗且自行短路，罩极绕组的轴线与工作绕组的轴线错开一定角度，它的作用与短路环相同。这种电机的转向也是从工作绕组的轴线转向短路绕组的轴线。这种结构的罩极式电动机也只能轻载起动，而且过载能力很小，多用于拖动小型鼓风机。

小 结

本章首先从机械特性方程式着手，又从三相异步电动机的机械特性出发，分析了异步电动机的起动、制动和调速。

（1）三相异步电动机的机械特性方程是分析电力拖动的基础，它有三种不同的形式，即物理表达式、参数表达式和实用表达式。物理表达式用于分析异步电动机在各种运行状态下的物理过程较方便；参数表达式能直接反映异步电动机的机械特性与有关参数之间的关系，可用于分析改变参数对电动机性能的影响；实用表达式可用于绘制机械特性或进行机械特性的计算，在工程计算中应用比较方便。

（2）三相异步电动机的机械特性曲线形状较复杂。出现最大转矩时的转差率称为临界转差率，此时的转速称为临界转速。机械特性上稳定运转的转矩小于70%最大转矩部分接近直线，称为机械特性的直线部分。三相异步电动机的稳态工作点通常都在直线部分。

（3）笼型转子异步电动机的起动方法有直接起动和降压起动。直接起动时的设备和操作较简单，但起动电流大。当不允许直接起动时，必须采用降低起动。降压起动的方法有定子串电阻起动、定子串电抗起动、自耦变压器降压起动、星—三角起动和延边三角形起动。由于降压起动不仅减小了起动电流，同时也减小了起动转矩，所以只宜用于空载或轻载起动的生产机械。

如果既要减小起动电流又要增大起动转矩，可选用三相绕线式异步电动机。在绕线式异步电动机的转子回路中串接适当大小的电阻起动，可达到减小起动电流，增大起动转矩的目的，从而改善了异步电动机的起动性能。转子串频敏变阻器可以简化控制系统，又能实现平滑起动。

（4）三相异步电动机的调速方法有变极、变频和改变转差率调速。改变转差率调速又包括转子回路串电阻、改变定子电压及串级调速等方法。变极调速只能用于笼型异步电动机，因笼型转子的极数随定子而变。

变频调速适用于笼型转子异步电动机，调速范围大，并能实现无级调速。为保持过载能力不变，可采用恒磁变频调速。

绕线转子可采用转子串电阻或串级调速。转子串电阻调速时，因机械特性硬度随转速降低而变软，调速范围不大，能耗较大，只用在要求不高的场合。串级调速能有效地利用转差功率，闭环控制的串级调速系统具有较高的调速指标。

调压调速是靠改变转差率调速的，因转差功率得不到利用，所以转速愈低，损耗愈大。

（5）制动的特点是电磁转矩的方向与转速的方向相反。三相异步电动机有三种制动方法：反接制动、回馈制动和能耗制动。回馈制动时，电动机的转速高于同步转速，所以回馈制动用于高速下放重物。反接制动分转速反向反接制动和定子两相反接制动。转速反向反接制动用于低速匀速下放重物，两相反接用于快速停车。由于能耗制动励磁电流可调，所以制动转矩也可调。可用于准确停车，也可用于低速匀速下放重物。

（6）单相异步电动机采用笼型转子，定子分为隐极式和罩极式两种。单相绕组产生的是脉振磁场，因而最初的起动转矩为零。为此，隐极式定子上安装有两相绕组，并联在单相电源上。起动时，设法使两相绕组中的电流不同相位，便可产生旋转磁场。具体的起动方法有分相起动和罩极起动两种。

习　　题

1. 三相异步电动机的固有特性和人为特性是如何定义的？

2. 用物理概念解释三相异步电动机的固有机械特性的特点：直线段，电流增大时，转矩增大且为硬特性；临界转速附近，电流倍数大而转矩倍数小；临界转速以下，电流增大时转矩减小。

3. 三相笼型异步电动机的起动电流一般为额定电流的 4～7 倍，为什么起动转矩只有额定转矩的 0.8～1.2 倍？

4. 三相异步电动机能在低于额定电压下长期运行吗？为什么？

5. 对于三相异步电动机，升高电源频率使额定转速升高，降低频率使额定转速降低，这种说法对不对？为什么？

6. 电磁转矩是拖动转矩还是制动转矩？

7. 三相鼠笼式异步电动机在什么条件下可以直接起动？不能直接起动时，为什么可以采用降压起动？降压起动对起动转矩有何影响？绕线转子异步电动机是否也存在直接起动的条件？

8. 为什么绕线式异步电动机转子串入起动电阻后，起动电流减小而起动转矩增大？如果串电抗会不会有同样的效果？

9. 当电源相电压为 380V 时，若要采用星—三角起动，只有定子绕组额定电压为 660/380V 的三相异步电动机才能使用？为什么？

10. 三相异步电动机是否也同他励直流电动机那样，回馈制动时电流与电源电压方向相反，反接制动时电流与电源电压相同？

11. 多速三相异步电动机在改变磁极对数的同时，为什么要改变绕组中电流的相序？

12. 变频调速在改变频率的同时，为什么要按照一些特定的规律调节电压？

13. 一台三相绕线式异步电动机，定子绕组接在频率为 50Hz 的三相对称电源上，负载是位能负载，现运行在高速匀速下放重物，转速大于同步转速，问：

（1）气隙磁动势的旋转方向和转速大小，转差率大小如何？

（2）气隙磁动势在定、转子中感应电动势的频率是多少？相序如何？

（3）电磁转矩是拖动转矩还是制动转矩？

（4）电机处于什么运行状态？

（5）实际的电磁功率的流向如何？机械功率是输出还是输入？

14. 只有工作绕组的单相异步电动机为何不能自行起动？说明单相异步电动机的起动方法及其原理。

15. 电容分相异步电动机有哪几种类型？各有何特点？

16. 如何改变单相异步电动机的转向？试从理论上说明其道理。

17. 一台四极绕线式三相异步电动机额定数据为：$U_N=3000V$，$I_{1N}=36A$，$n_N=1470r/min$，$\eta_N=91.2\%$，$\cos\varphi_N=0.88$，$E_{2N}=274V$，$I_{2N}=347A$，$k_m=2.4$。

（1）求固有特性方程式：$\left[答案：T_M=\dfrac{430.3s}{s^2+0.0085}\right]$

（2）求出当起动转矩等于最大转矩时的人为特性方程式和转子串联电阻的阻值；[答案：0.089Ω]

（3）求上列两项用直线表示的机械特性方程式：[答案：固有特性：$T_M=50843.5s$；人工特性：$T_M=4677.6s$]

（4）求当电压降低了 10%时的人为特性方程式：$\left[答案：T_M=\dfrac{348.6S}{S^2+0.0085}\right]$

（5）当转矩为额定转矩 T_N 时，转速为 $0.5n_N$，转子应串联多大电阻。[答案：0.22Ω]

18. 一台三相鼠笼式异步电动机，额定数据为：$U_N=380V$，$I_N=20A$，$\cos\varphi_N=0.87$，$\eta_N=87.5\%$，$n_N=1450r/min$，$I_{st}/I_N=7$，$T_{st}/T_N=1.4$，$k_m=2$，试求：

（1）电机轴上输出的额定转矩 T_N；[答案：66N・m]

（2）若要能满载起动，电网电压不能低于多少伏？[答案：321V]

（3）若采用星—三角起动，起动转矩 T_{st} 等于多少？能否半载起动？[答案：30.8N・m，不能]

19. 某台三相绕线式异步电动机的数据为：$P_N=11kW$，$n_N=715r/min$，$E_{2N}=163V$，$I_{2N}=47.2A$，起动最大转矩与额定转矩之比 $\frac{T_{M1}}{T_N}=1.8$，负载转矩 $T_L=98N\cdot m$。求三级起动时的每级电阻。[答案：0.12Ω；0.27Ω；0.62Ω]

20. 一台笼型转子三相异步电动机的数据是：$P_N=245kW$，$n_N=735r/min$，$U_N=380V$，$I_N=154A$，$\eta_N=93.2\%$，$\cos\varphi_N=0.88$，起动电流倍数 $I_{st}/I_N=5.1$，起动转矩倍数 $T_{st}/T_N=1.1$，过载能力 $k_m=2$。要求将起动时电网的电流限制在 $70\%I_{st}$。

（1）用定子串联电阻起动，计算起动电阻阻值、起电阻消耗的最大功率和起动转矩减小倍数；[答案：0.2Ω；60.45kW；2.05]

（2）用定子串联电抗起动，计算起动电抗的电感量和起动转矩减小倍数；[答案：41.1mH；2.05]

（3）用自耦变压器降压起动，计算自耦变压器的变比、起动转矩减小倍数和电动机的起动电流；[答案：$K_A=1.2$；654.6A；1.43]

21. 电动机数据与17题相同。试求：

（1）用该电动机带动位能负载，如下放负载时要求转速 $n=300r/min$，$T=T_N$ 时，转子应串多大电阻？[答案：0.53Ω]

（2）电动机在额定状态下运转，为了停车采用反接制动，如要求在起始时制动转矩为 $2T_N$，求转子每相就串接的电阻值。[答案：0.35Ω]

22. 电动机数据与17题相同。试求：

（1）如对该电动机进行恒磁变频调速，求频率等于 $0.8f_N$ 时的人为特性方程式。[答案：$T_M=\left[\frac{538S}{S^2+0.013}\right]$

（2）如对该电动机进行低同步串级调速，当转子外加电动势分别为50V和100V时的理想空载转速。[答案：1230r/m；960r/m]

第四篇　同步电机和控制电机

第十四章　同　步　电　机

同步电机是交流电机的一种。它区别于异步电机的主要特征是：①转子转速与磁场转速相同，均以同步转速旋转；②转子的转速 n 与定子电流的频率 f 之间保持严格不变的关系。按照同步电机的工作状态，同步电机可分为同步发电机、同步电动机和同步调相机三种运行方式。

第一节　同步电机的基本工作原理

一、同步发电机的基本工作原理

同步电机主要用作发电机。现代电力工业中，交流电能全部由同步发电机提供。根据原动机的种类不同，又分为汽轮发电机、水轮发电机、核发电机、柴油发电机等。

（一）三相交流电的产生

同步发电机分为定子、转子两大部分。转子与原动机相连，输入机械功率；定子绕组接交流电网，输出电功率。同步发电机的基本工作原理如图 14-1 所示。

电机定子铁心内圆上均匀开槽，槽内嵌放着三相对称绕组，称为电枢绕组。转子上装有磁极，由于原动机的转速不同，磁极分为凸极式、隐极式两种。以（a）图为例，转子 4 个磁极均匀分布，磁极上分别套有励磁绕组，励磁绕组经滑环、电刷引入直流电流，产生 4 极恒定磁场，磁力线穿过定转子之间的气隙，经定子铁心构成闭合回路。当原动机拖动转子以恒定转速旋转时，在气隙中形成 4 极机械旋转磁场，定子电枢绕组依次切割旋转磁场，感应出三相交流电动势。

（二）感应电动势的大小、波形

由第十章第四节分析可知，定子电枢绕组感应电动势的波形与气隙磁场沿空间的分布情

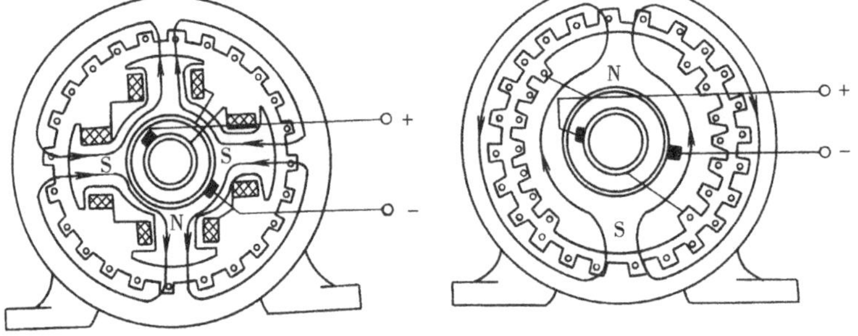

（a）　　（b）

图 14-1　同步发电机模型

（a）凸极式 $p=2$；（b）隐极式 $p=1$

况有关，为了得到正弦波电动势，制造电机时，尽量使气隙磁场按正弦规律分布，同时定子绕组采用合理的短距、分布绕组，且三相绕组的轴线在空间互差 120°电角度。因此，转子旋转时，可在定子三相绕组中感应出大小相等、相位依次落后 120°的正弦交流电动势 $\dot{E}_{0U}$、$\dot{E}_{0V}$、$\dot{E}_{0W}$。当转速一定时，每相基波感应电动势的有效值 E_0 与基波每极磁通量 ϕ_0 成正比，即

$$E_0 = 4.44 f W_1 k_{W1} \phi_0 \tag{14-1}$$

式中 f——交流电动势的频率；

$W_1 k_{W1}$——定子每相绕组有效串联匝数。

（三）感应电动势的频率

交流电动势的频率取决于发电机的极对数 p 和转子转速 n，每当转子转过一对磁极，定子导体中的基波感应电动势就变化一个周波，设转子的极对数为 p，每当转子转过一圈，导体切割 p 对磁极，感应电动势变化 p 个周波；若转子以每分钟 n 的速度旋转，每秒钟的转速为 $n/60$，则感应电动势每秒钟交变的周波数称为频率 f，单位为 Hz，即

$$f = \frac{pn}{60} \tag{14-2}$$

我国工频交流电的频率为 50Hz，对于汽轮发电机，极对数 $p=1$，转速 $n=3000$r/min 称为同步转速。水轮发电机的转速很低，极对数很多，例如 $n=125$r/min 时，$p=24$。

二、同步电动机的基本工作原理

（一）同步电动机

同步电机作为电动机运行时仍可参见图 14-1 来分析。其他条件不变，只是撤去转子上的原动机，电机的功率方向就发生了变化。此时，三相对称交流电流由电网输入定子电枢绕组，建立起圆形旋转磁动势，从而在气隙中产生旋转磁场，旋转磁场以同步速旋转；转子励磁绕组中通入直流电流，产生恒定的磁场。在一定的条件下，定、转子电流产生的这两个独立磁场相互吸引，使转子与气隙磁场同速、同向旋转。如果转轴上带有机载负载，便可获得机械转矩。

同步电动机广泛用于拖动大功率、恒转速的机械设备，如轧钢机等；或用于拖动转速较低的机械设备，如球磨机等。同步电动机的主要特点是，转速 n 不随负载转矩的增减而变，仅由电源频率 f 和电机的极对数 p 所确定，即

$$n = \frac{60f}{p} \tag{14-3}$$

（二）同步调相机

如果卸去同步电动机轴上的机械负载，使电动机不进行有功功率的转换，只承担调节无功功率的作用，则称为同步调相机运行。

调相机一般为 4 极、6 极或 8 极，由于调相机不带机械负载，其转轴直径设计得较小，但为了增大调相机输出感性无功功率的能力，励磁绕组的导线截面较大，对转子的通风散热条件要求较高。

调相机一般装在受电端，以便就地提供感性无功功率，起到改善电网功率因数的作用。

三、同步电机的铭牌数据

(一) 额定值

电机按制造厂的规定技术数据长期安全运行，称为额定运行。电机的额定值主要有：

1. 额定电流 I_N

额定运行时流过定子三相绕组的线电流，单位为安 [A] 或千安 [kA]。

2. 额定电压 U_N

额定运行时定子三相绕组的线电压，单位为伏 [V] 或千伏 [kV]。同步发电机的电压等级为 0.4～27kV；同步电动机的电压等级为 3、6、10kV；同步调相机的电压等级为 6.6、11kV。

3. 额定功率因数 $\cos\phi_N$

额定运行时电机的有功功率与视在功率的比值。

4. 额定效率 η_N

额定运行时电机的输出功率与输入功率之比的百分数。同步电机的效率在 95%左右。

5. 额定功率 P_N

额定运行时电机输出的有功功率，单位为千瓦（kW）或兆瓦（MW）。

对于发电机，P_N 为定子侧输出的三相交流电功率，即

$$P_N = \sqrt{3}U_N I_N \cos\varphi_N \tag{14-4}$$

有时也用视在功率表示，单位为千伏·安（kVA）或兆伏·安（MVA），即

$$S_N = \sqrt{3}U_N I_N \tag{14-5}$$

对于电动机，P_N 为转子侧输出的机械功率，即

$$P_N = \sqrt{3}U_N I_N \eta_N \cos\varphi_N \tag{14-6}$$

对于调相机，额定功率为定子出线端的无功功率，单位为千乏（kvar）或兆乏（Mavr）。

此外，还有额定频率 f_N，额定转速 n_N，额定温升 τ_N。

(二) 同步电机的型号

型号用来表示电机的类型和结构特点，例如：

(1) QFSN-300-2：表示 2 极 300MW 水—氢—氢冷汽轮发电机。QF—汽轮发电机；SN—转子绕组氢内冷、铁心氢外冷、定子绕组水内冷。

(2) TQN-100-2：表示 2 极 100MW 氢内冷气轮发电机。T—同步；Q—汽轮；N—氢内冷。

(3) TS854/210-40：表示立式同步水轮发电机。定子铁心外径为 854cm，定子铁心长度为 210cm，共有 40 个磁极。

(4) T1250-4/1180：表示 4 极 1250kW 同步电动机，定子外径为 1180mm。

第二节 同步电机的基本结构

同步电机的基本结构包括定子、转子两大部分，用来构成电机中独立的电路和主磁路。定转子之间的气隙为主磁路的一部分，为了减小励磁安匝数，气隙设计得很小，仅为几毫米

到几十毫米。

一、定子

同步电机的定子包括定子铁心、电枢绕组、机座、端盖、轴承等部件。

中小型电机的定子结构与异步电机完全相同，定子铁心采用0.5mm厚的硅钢片冲片沿轴向叠装，压装在机壳内。电枢绕组采用导电性能好的铜质漆包线绕制，按一定规律嵌放于铁心槽内。为了改善电动势和磁动势的波形，一般采用双层短距绕组。

大型同步电机，当定子铁心外径大于1m时，由于受硅钢片材料尺寸的限制，采用扇形片拼装成整圆，叠装时将各层的接缝错开，如图14-2所示。

定子铁心沿轴向叠装时，每隔一定长度留有10mm左右的通风道，以增大铁心的散热面积。铁心两端用齿压板压住齿部，再用非磁性材料制成的压圈，通过拉紧螺杆沿轴向压紧铁心，并固定在机座上。定子铁心轴向剖面示意图如图14-3所示。

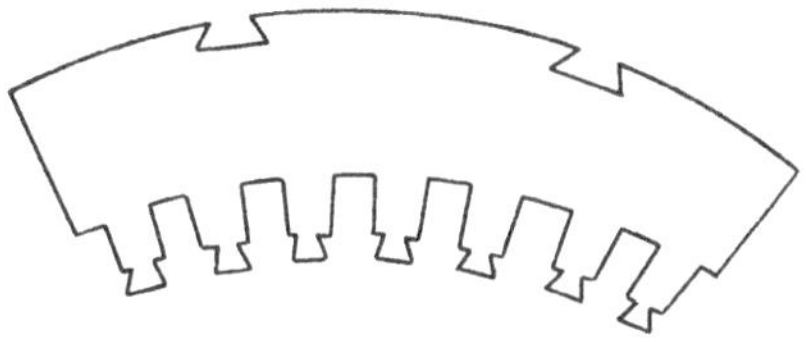

图14-2 定子铁心扇形片

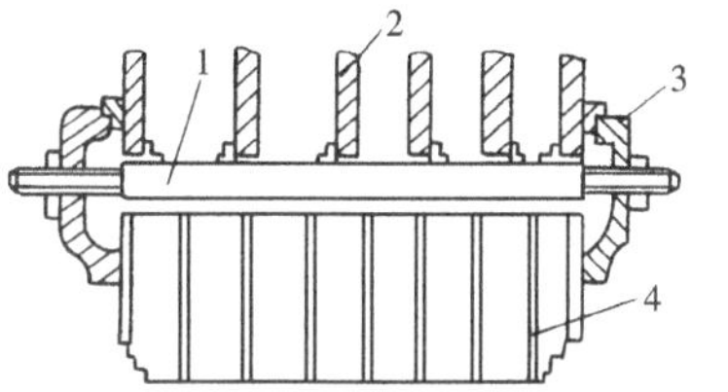

图14-3 定子铁心轴向剖面

1—拉紧螺杆；2—机座隔板；3—端压板；4—铁心

由于大型电机的电压高，电流大，电枢绕组元件先采用扁铜线或空心导线绕制成型，再用云母带连续包扎，构成对地绝缘。绕组的直线部分放入铁心槽内，端部绑扎固定，如图14-4所示。

定子机座由钢板拼焊而成，用来固定铁心等部件，同时利用铁心和机座之间的隔板，可形成通风道。氢冷电机的气体冷却器置于机座内。

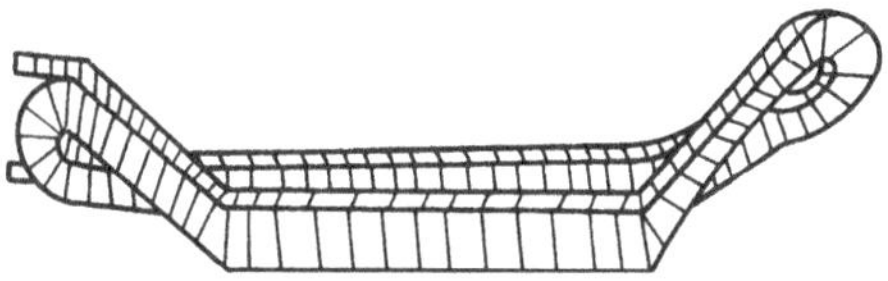

图14-4 电枢成型绕组

二、转子

同步电机的转子分为凸极式和隐极式两种结构型式，如图14-5所示。

（一）凸极式转子

凸极式转子由磁轭、磁极、励磁绕组、转子支架、转轴等构成，沿转子圆周安装有显露的磁极。由于励磁绕组中流过直流电流，产生的主磁通不随时间变化，所以磁极铁心可采用实心锻钢或铸钢制成，也可用普通薄钢板叠制，再铆成一体。磁极分为极身和极靴两部分，极身上套有集中式励磁绕组，由扁铜线绕制而成，极靴上均匀开孔，孔中插入裸铜条，构成类似鼠笼式转子的闭合绕组，在发电机中称为阻尼绕组，在电动机中称为起动绕组。整个磁极利用T形尾部固定在转子磁轭上，如图14-6所示。

凸极式转子的特点是制造工艺方便，但机械强度较差，适用于$P \geqslant 2$的转速较低、离心力较小的电机，例如，中小型同步电动机、中大容量的水轮发电机。

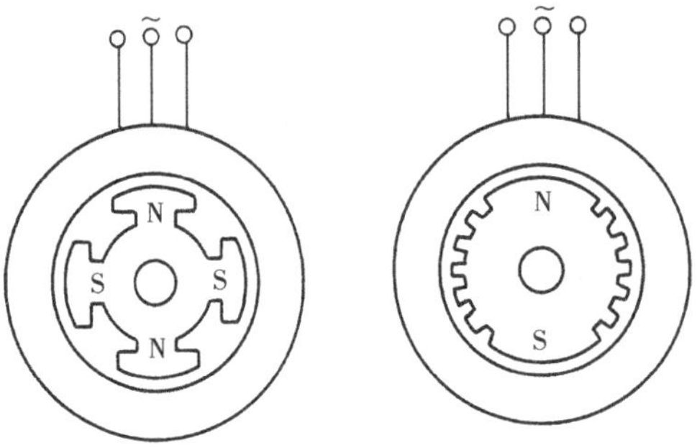

（a）　（b）

图 14-5　同步电机的转子结构
（a）凸极式；（b）隐极式

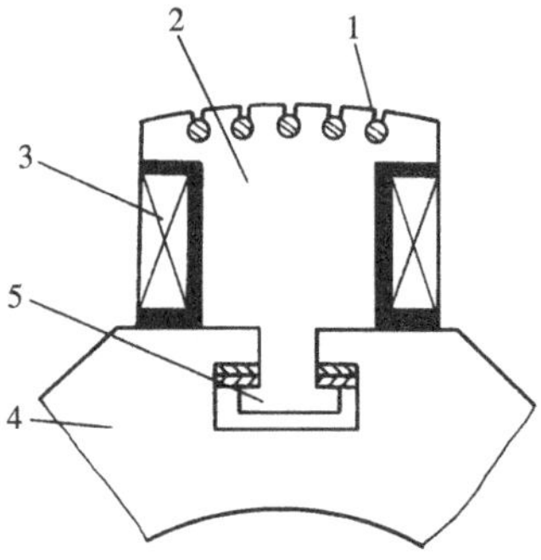

图 14-6　凸极式磁极固定方式
1—阻尼绕组；2—磁极铁心；3—励磁绕组；4—磁轭；5—T 形尾固定部分

（二）隐极式转子

隐极式转子呈圆柱形，没有显露的磁极。转子铁心和转轴做成一体，采用导磁性能好、机械强度高的合金钢锻压制造，并在 2/3 圆周范围内沿轴向铣出转子槽。沿转子圆周无槽的部分称为大齿，是主磁极的中心区域，如图 14-7 所示。

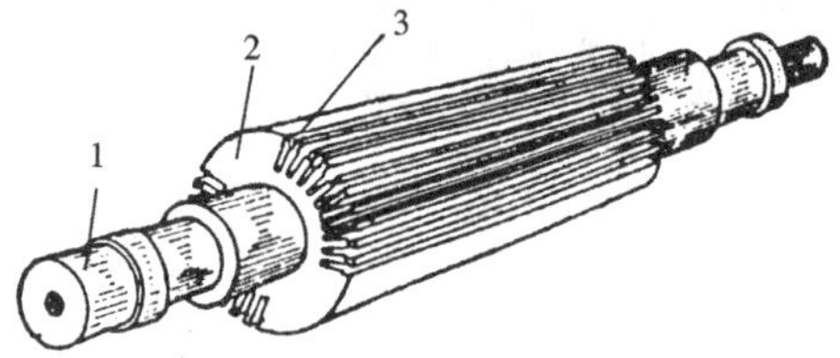

图 14-7　隐极式转子铁心
1—转轴；2—大齿；3—转子槽

励磁绕组采用扁铜线绕制成同心式绕组，绕组的直线部分放置于转子槽内，并用非磁性槽楔封闭槽口。

隐极式转子的特点是沿电枢圆周气隙均匀，机械强度好，但制造工艺复杂，适用转速高、离心力大的汽轮发电机。为了防止离心力损坏励磁绕组的端部，在转子绕组的两端采用中心环和护环固定。

第三节　同 步 发 电 机

一、空载运行

同步发电机的空载运行是指转子由原动机拖动到额定转速 n_N，在转子的励磁绕组中通入直流电流 i_f，而定子电枢绕组开路的状态。电枢绕组的电流 $\dot{I}=0$，没有电功率输出；发电机的空载电压 $\dot{U}_0$ 等于电枢绕组感应电动势 $\dot{E}_0$。

空载运行时，电机的气隙磁场为由转子电流单独激励、磁极旋转而形成的机械旋转磁场，又称转子磁场。该磁场与转子同速旋转，沿气隙圆周的空间分布接近于正弦波。电枢绕组以同步速切割转子磁场，感应出三相对称的正弦电动势 $\dot{E}_{0U}$、$\dot{E}_{0V}$、$\dot{E}_{0W}$，又称为励磁电动势。由式(14-1)可知，励磁电动势的大小 $E_0=4.44fW_1k_{W1}\phi_0\propto\phi_0$，因此，只要调节改变励磁电流 i_f，即改变了励磁磁动势 F_f 的大小，从而可使气隙磁通 ϕ_0 和励磁电动势 E_0 的大小发生相应变化。

在 $n=n_N$、$I=0$ 的条件下，作出的曲线 $E_0=f(i_f)$ 称为发电机的空载特性。由于 $E_0 \propto \phi_0$，$i_f \propto F_f$，选用不同的比例尺，空载特性 $E_0=f(i_f)$ 即为电机的磁化曲线 $\phi_0=f(F_f)$，如图 14-8 所示。

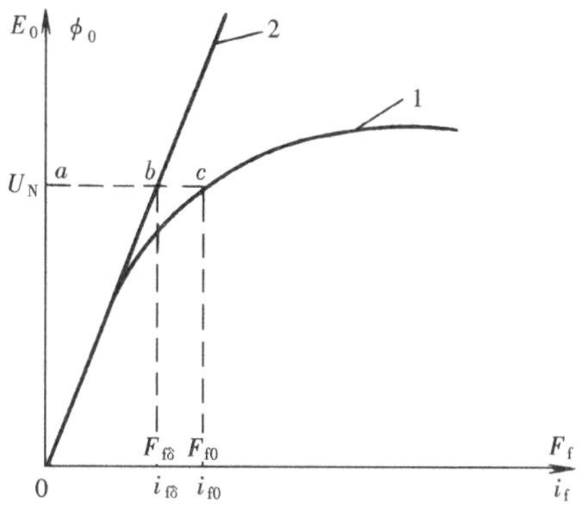

图 14-8　同步发电机的空载特性
1—空载特性；2—气隙线

作出空载特性直线部分的延长线为曲线 2，称为气隙线。当 ϕ_0 较低时，$\phi_0=f(F_f)$ 沿气隙线变化，随着 ϕ_0 增大，铁心逐渐饱和，空载特性曲线偏离直线向下弯曲。对应于 $E_0=U_N$，分别交曲线于 b、c 两点，c 点对应的 F_{f0} 为总励磁安匝数；b 点对应的 $F_{f\delta}$ 为磁通经过气隙时消耗的励磁安匝数，则 bc 段对应的励磁安匝数为铁心饱和而消耗的安匝数。工程上引入饱和系数 k_μ 来反映饱和影响

$$k_\mu=\frac{F_{f0}}{F_{f\delta}}=\frac{i_{f0}}{i_{f\delta}} \tag{14-7}$$

铁心的饱和程度增加时，其磁导率减小，因而产生同样的励磁电动势所需的励磁电流增大，饱和系数 k_μ 增大。通常选择电机的饱和系数 $k_\mu=1.1\sim1.25$ 左右。

利用空载特性曲线，可以测取同步发电机的参数，还可以检查、判断三相电枢绕组的对称性。

二、电枢反应

发电机的定子电枢绕组与外电路连通时，流过三相对称的电枢电流 $\dot{I}$，并联合产生以同步速旋转的电枢磁动势 $\overline{F}_a$；此时，气隙磁动势由转子磁动势和电枢磁动势共同建立。其基波分量 $\overline{F}_\delta$ 满足以下关系式，即

$$\overline{F}_\delta=\overline{F}_{f1}+\overline{F}_a \tag{14-8}$$

由于电枢磁动势的影响，使气隙合成磁动势的大小、相位均发生了改变，这种现象称为电枢反应。电枢反应与电枢电流的大小及负载的性质有关。

分析电枢反应时，将同频率的空间相量 $\overline{F}$、$\overline{B}$ 与时间相量 $\dot{\phi}$、$\dot{E}$、$\dot{I}$ 按电磁感应关系绘制成时空相量图。作图规则为：

（1）将时轴 t 与 U 相绕组的相轴 A 重合，取为纵轴位置，又称为 q 轴（或交轴）；

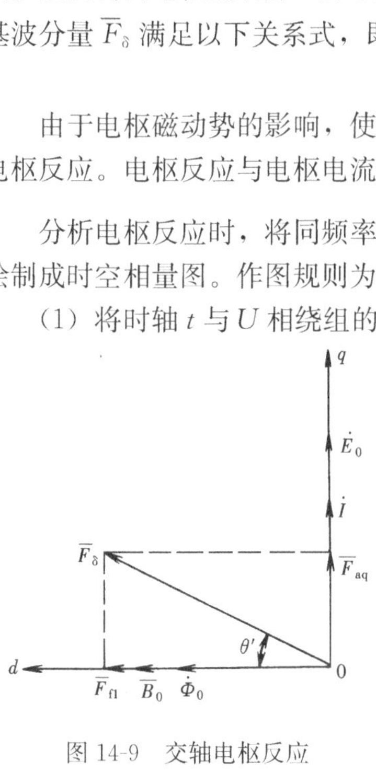

图 14-9　交轴电枢反应

（2）转子磁动势基波 $\overline{F}_{f1}$、磁通密度 $\overline{B}_0$、励磁磁通 ϕ_0 三者同相位，恒指转子 N 极轴线，又称为 d 轴（或直轴），d 轴超前 q 轴为 90°电角度；

（3）对称负载时，根据三相基波合成磁动势的性质，电枢电流 $\dot{I}$ 与电枢磁动势 $\overline{F}_a$ 同相位。

（一）交轴电枢反应

电枢反应的性质与 $\dot{I}$ 滞后 $\dot{E}_0$ 的时间相位角 ψ 相关。$\psi=0$ 时的电枢反应称为交轴电枢反应。记作 $\overline{F}_{aq}$，如图 14-9 所示。

图中，转子磁极轴线（d 轴）位于 U 相导体所在的位置，磁力线的方向平行于 U 相绕组平面，使 U 相绕组交链的磁通为零，而感应电动势 $\dot{E}_0$ 最大。$\dot{E}_0$ 滞后 $\dot{\phi}_0$ 为 90°，$\dot{I}$ 与 $\dot{E}_0$ 同相位。由于 U 相电流最大，电枢磁动势 $\overline{F}_a$ 位于 U 相绕组轴线（q 轴）位置。此时气隙合成磁动势 $\overline{F}_\delta$ 偏离转子磁极轴线（d 轴）为 θ' 角，其幅值有所增加。气隙合成磁动势为

$$\overline{F}_\delta = \overline{F}_{f1} + \overline{F}_{aq}$$

（二）直轴电枢反应

$\psi = \pm 90°$ 时，电枢反应磁动势作用在 d 轴方向，称为直轴电枢反应，记作 $\overline{F}_{ad}$，如图 14-10 所示，（a）图所示为 $\psi = 90°$，电枢电流 $\dot{I}$ 滞后 $\dot{E}_0$ 为 90°，电枢反应磁动势 $\overline{F}_{ad}$ 与 $\dot{I}$ 同相

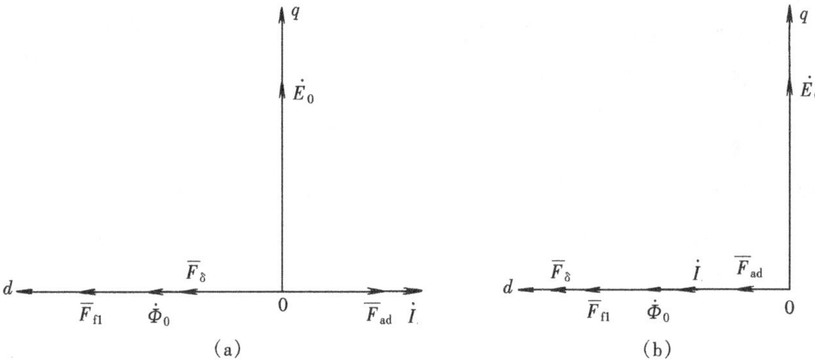

图 14-10　直轴电枢反应

（a）$\psi = 90°$；（b）$\psi = -90°$

位，位于 d 轴的反方向，即与转子磁动势反方向，称为直轴去磁电枢反应。此时，气隙合成磁动势 $\overline{F}_\delta$ 的位置不变，但幅值减小，$F_\delta = F_{f1} - F_{ad}$。（b）图所示为 $\psi = -90°$，电枢电流 $\dot{I}$ 超前 $\dot{E}_0$ 为 90°，电枢反应磁动势 $\overline{F}_{ad}$ 与 $\dot{I}$ 同相位，即与转子磁动势同方向，称为直轴助磁电枢反应。气隙合成磁动势 $\overline{F}_\delta$ 的幅值增大，$F_\delta = F_{f1} + F_{ad}$。

（三）一般情况的电枢反应

如果 $0 < \psi < 90°$，电枢反应磁动势 $\overline{F}_a$ 滞后转子磁动势 $\overline{F}_{f1}$ 为（$90° + \psi$）电角度，电枢磁动势可分解为直轴与交轴两个分量，即同时存在着交轴电枢反应和直轴去磁电枢反应。如图 14-11 所示。ψ 角为任意角度的电枢反应磁动势的性质，也可用分解电流相量来确定。电流相量的关系式是

$$\left.\begin{aligned} \dot{I} &= \dot{I}_d + \dot{I}_q \\ \dot{I}_d &= \dot{I}\sin\psi \\ \dot{I}_q &= \dot{I}\cos\psi \end{aligned}\right\} \tag{14-9}$$

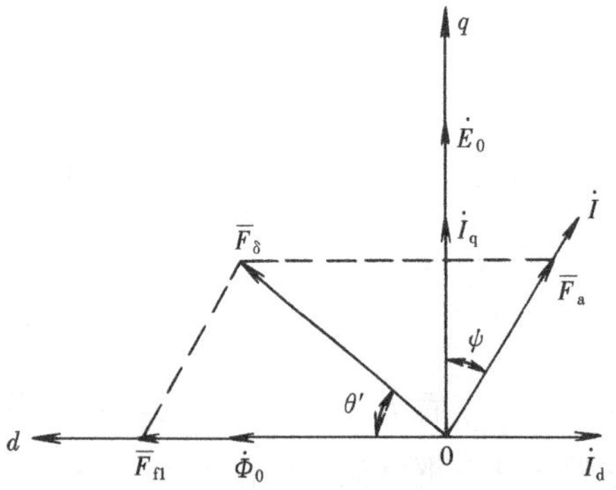

图 14-11　$0 < \psi < 90°$ 时的电枢反应

图 14-11 中，交轴电枢反应电流 $\dot{I}_q$ 与 $\dot{E}_0$ 同相位，$E_0 \cdot I_q > 0$，表明发电机发出有功功率，同时

$\dot{I}_q$产生交轴电枢反应，使气隙合成磁动势$\overline{F}_\delta$滞后转子磁动势θ'电角度，使转子受到制动力矩，会影响电机的转矩平衡；直轴电枢反应电流$\dot{I}_d$滞后$\dot{E}_0$为$90°$，表明发电机送出感性无功功率，同时$\dot{I}_d$产生直轴去磁电枢反应，削弱了气隙磁场，会导致端电压降低。

三、发电机的电动势方程式和相量图

隐极发电机和凸极发电机因磁路结构上的差异，其电路中的电抗参数不同，应分别讨论。为简化分析，假设电机的铁心不饱和。

（一）隐极发电机

隐极发电机的特点是沿电枢圆周各点气隙均匀，因而磁导相同。根据叠加原理，分别列出转子磁动势和电枢磁动势单独作用时产生的磁通、以及在电枢绕组中感应的电动势，再求和，即

$$i_f \rightarrow \overline{F}_{f1} \rightarrow \dot{\phi}_0 \rightarrow \dot{E}_0\text{（励磁电动势）}$$

$$\dot{I} \rightarrow \overline{F}_a \rightarrow \dot{\phi}_a \rightarrow \dot{E}_a\text{（电枢反应电动势）}$$

$$\dot{\phi}_\sigma \rightarrow \dot{E}_\sigma\text{（漏磁电动势）}$$

设电枢每相绕组的端电压为$\dot{U}$，电流为$\dot{I}$，电枢内阻为r_a，按照发电机惯例，根据电路原理，列出隐极发电机的电动势方程式为

$$\dot{E}_0+\dot{E}_a+\dot{E}_\sigma=\dot{U}+\dot{I}r_a \tag{14-10}$$

其中，$E_a=4.44fW_1k_{W1}\phi_a\propto\phi_a$；$F_a=\dfrac{1.35}{p}IW_1k_{W1}\propto I$。因不计饱和，$\phi_a\propto F_a$，于是$E_a\propto\phi_a\propto F_a\propto I\Rightarrow E_a\propto I$。比例系数记作$x_a$，$x_a=\dfrac{E_a}{I}$；$\dot{E}_a$的相位滞后$\dot{\phi}_a$为$90°$电角度，且认为$\dot{\phi}_a$与$\dot{I}$同相位，则$\dot{E}_a$滞后$\dot{I}$为$90°$电角度。用复数形式可表示为

$$\dot{E}_a=-\mathrm{j}\dot{I}x_a \tag{14-11}$$

其中，x_a为电枢反应电抗，对应于电枢反应磁通$\dot{\phi}_a$，它表示三相对称稳态运行时，每相1A电枢电流所产生的每相电枢反应电动势。即三相对称负载电流联合产生的电枢反应磁场在一相中感应的电动势与该相电流之比。可以证明，$X_\sigma\propto f\ (W_1k_{W1})^2\lambda_m$，不计饱和时，磁导$\lambda_m$为常数，$x_a$=常数，考虑磁路饱和时，$x_a$将减小。

同理，漏磁电动势也可以写成类似的形式

$$\dot{E}_\sigma=-\mathrm{j}\dot{I}x_\sigma \tag{14-12}$$

式中　x_σ——每相电枢绕组的漏电抗，对应于漏磁通$\dot{\phi}_\sigma$，ϕ_σ很小，且可认为是常数。因此，$x_\sigma<x_a$且不受饱和影响。

将式（14-11）、式（14-12）代入式（14-10），则隐极发电机的方程式为

$$\dot{E}_0=\dot{U}+\dot{I}r_a+\mathrm{j}\dot{I}(x_a+x_\sigma)=\dot{U}+\dot{I}r_a+\mathrm{j}\dot{I}x_t \tag{14-13}$$

式中　x_t——隐极发电机的同步电抗，$x_t=x_a+x_\sigma$，对应于电枢反应总磁通（包括主磁通和漏磁通），是同步电机的一个重要参数。磁路不饱和时，x_t较大，对端电压的

影响较大；磁路饱和时，磁导率减小，x_t 减小，对端电压的影响较小。

由式（14-13）可作出隐极发电机的电动势相量图，作图步骤为：①以相电压 $\dot{U}$ 为参考，选为纵轴；②根据已知条件，若 $\varphi>0$，作出相电流 $\dot{I}$ 滞后 $\dot{U}$；③根据已知参数 r_a、x_t，求出励磁电动势 $\dot{E}_0$，如图 14-12 所示。φ—功率因数角，为 $\dot{I}$ 滞后 $\dot{U}$ 的电角度，由负载阻抗决定，可用来判断负荷功率的性质；θ—功率角，为 $\dot{E}_0$ 超前 $\dot{U}$ 的电角度，可用来计算同步电机的有功功率、判断运行状态；ψ—内功率因数角，为 $\dot{I}$ 滞后 $\dot{E}_0$的电角度，可用来分析电枢反应的性质，由整个电路阻抗所决定，即 $\psi=\theta+\varphi$。

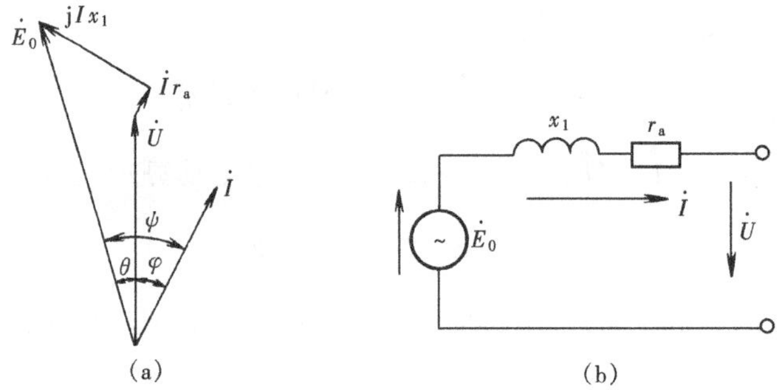

图 14-12 隐极发电机的电动势相量图和电路图

（a）相量图；（b）等效电路图

（二）凸极发电机

凸极发电机的特点是沿电枢圆周各点气隙不均匀，直轴磁路的气隙小、磁导大；交轴磁路的气隙大、磁导小，因而交、直轴的同步电抗不等，不能只用 x_a 表示。由式（14-9）可将电流 $\dot{I}$ 分解为 $\dot{I}_d$ 和 $\dot{I}_q$ 两个分量，应用叠加原理，仿照和隐极机相同的方法，列出电磁感应关系如下，即

$$\dot{I}_d \to \overline{F}_{ad} \to \dot{\phi}_{ad} \to \dot{E}_{ad}\text{（直轴电枢反应电动势）}$$

$$\dot{I}_q \to \overline{F}_{aq} \to \dot{\phi}_{aq} \to \dot{E}_{aq}\text{（交轴电枢反应电动势）}$$

可见，凸极发电机的电枢反应电动势 $\dot{E}_a$ 由两个分量组成，即：$\dot{E}_a=\dot{E}_{ad}+\dot{E}_{aq}$，代入式（14-10），即为凸极发电机的电动势方程式

$$\dot{E}_0+\dot{E}_{ad}+\dot{E}_{aq}+\dot{E}_\sigma=\dot{U}+\dot{I}r_a \tag{14-14}$$

其中

$$E_{ad}\propto\phi_{ad}\propto F_{ad}\propto I_d\Rightarrow x_{ad}=\frac{E_{ad}}{I_d};$$

$$E_{aq}\propto\phi_{aq}\propto F_{aq}\propto I_q\Rightarrow x_{aq}=\frac{E_{aq}}{I_q}$$

写成复数形式为

$$\left.\begin{aligned}\dot{E}_{ad} &= -j\dot{I}_{d}x_{ad}\\ \dot{E}_{aq} &= -j\dot{I}_{q}x_{aq}\end{aligned}\right\} \tag{14-15}$$

式中 x_{ad}——直轴电枢反应电抗；

x_{aq}——交轴电枢反应电抗，$x_{ad}>x_{aq}$。

将式（14-15）、式（14-12）代入式（14-14），得

$$\begin{aligned}\dot{E}_{0} &= \dot{U}+\dot{I}r_{a}+j\dot{I}_{d}x_{ad}+j\dot{I}_{q}x_{aq}+j\dot{I}x_{\sigma}\\ &= \dot{U}+\dot{I}r_{a}+j\dot{I}_{d}(x_{ad}+x_{\sigma})+j\dot{I}_{q}(x_{aq}+x_{\sigma})\\ &= \dot{U}+\dot{I}r_{a}+jI_{d}x_{d}+j\dot{I}_{q}x_{q}\end{aligned} \tag{14-16}$$

式中 x_d——凸极发电机的直轴同步电抗，$x_d=x_{ad}+x_\sigma$，磁路饱和时，x_d 减小；

x_q——凸极发电机的交轴同步电抗，$x_q=x_{aq}+x_\sigma$，不受磁路饱和的影响。因为凸极发电机 $x_{aq}<x_{ad}$，所以 $x_q<x_d$。对于隐极发电机，$x_{ad}=x_{aq}=x_a$，$x_d=x_q=x_t$。所以隐极发电机可看成是凸极发电机当 $x_d=x_q=x_t$ 时的特例。

根据式（14-16）可以作出凸极发电机的电动势相量图，如图 14-13 所示。作图步骤如下：

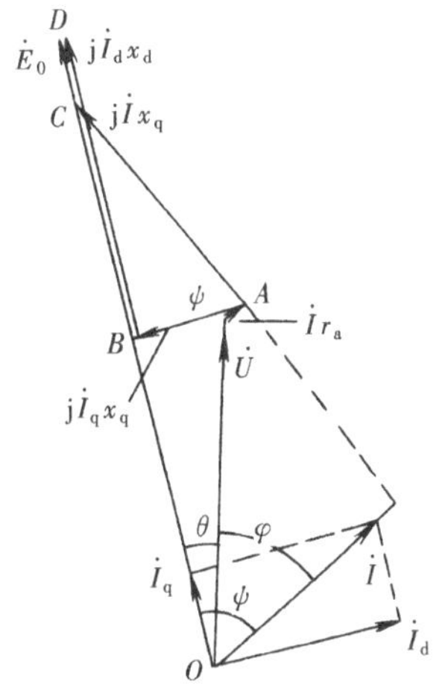

图 14-13 凸极发电机的电动势相量图

（1）以相电压 $\dot{U}$ 为参考，选为纵轴；

（2）根据已知条件，若 $\varphi>0$，作出电流相量 $\dot{I}$ 滞后 $\dot{U}$；

（3）由已知参数 r_a、x_q 作辅助相量，即

$$\dot{E}_q=\dot{U}+\dot{I}r_a+j\dot{I}x_q \tag{14-17}$$

$I_{xq}=\overline{AC}$；$E_q=\overline{OC}$；$\dot{E}_q /\!/ \dot{E}_0$，即 $\dot{E}_q$ 超前 $\dot{U}$ 为 θ 角。

（4）分解 $\dot{I}$ 得 $\dot{I}_d=\dot{I}\sin\psi$（滞后 $\dot{E}_0$ 为 90°）；$\dot{I}_q=\dot{I}\cos\psi$（与 $\dot{E}_0$ 同方向）。

（5）根据式（14-16）由 A 点继续作 $I_qx_q=\overline{AB}$；$I_dx_d=\overline{BD}$；得 $E_0=\overline{OD}$。

以上分析的电动势和相量图适用于磁路不饱和的情况，考虑饱和时须加以修正。

第四节 同步发电机有功功率的调节

为了提高供电质量、提高发电厂的运行效率，发电机均采用并联运行。即若干台发电机分别通过变压器、输电线接在电力系统公共母线上，形成无穷大容量的电力系统，共同向用户供电。无穷大电力系统可以等效为一个内阻抗为零的恒频、恒压电源。

单台发电机的并网投入又称为并列，并列时必须按并联运行的条件调节发电机端电压的大小、相位、频率、相序，为了避免并列瞬间对电网的冲击电流，同步发电机并网投入通常

采用准同步法和自同步法。

并列后的发电机，其电压、频率不能自行改变，功率因数与负载的参数无关，而与励磁电流、有功功率有关。本节讨论已并列运行的发电机有功功率特性。

一、功率平衡和转矩平衡

同步发电机在对称稳态运行时，从转子侧吸取的机械功率为 P_1，扣除掉各项损耗后，转换为电功率 P_2 从定子侧输出。功率流程图如图 14-14 所示。

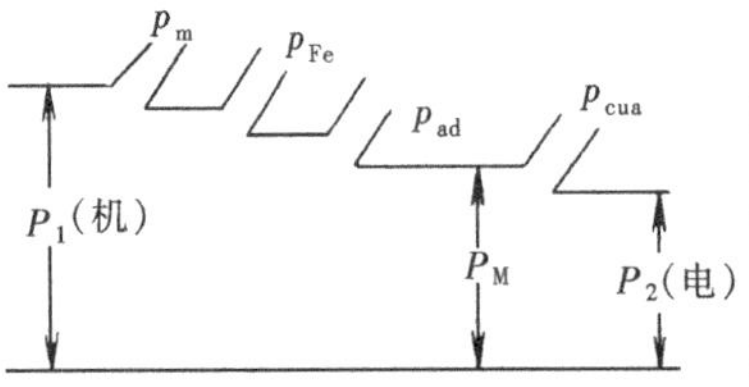

图 14-14　同步发电机的功率流程图

图中，p_m 为机械损耗；p_{Fe} 为铁心损耗；p_{ad} 为附加损耗；p_{Cua} 为定子电阻铜损耗，励磁损耗未计入，由其它直流电源提供。发电机的总损耗一般不超过 10%。

P_M 称为电磁功率，它表示能够转换为电能的机械功率，即由气隙磁场传递到定子侧的电功率。可表示为

$$P_M = P_1 - (p_m + p_{Fe} + p_{ad}) \tag{14-18}$$

或

$$P_M = P_2 + p_{Cua} \tag{14-19}$$

由式（14-18），忽略附加损耗，两边同除以同步角速度 Ω，$\Omega=\frac{2\pi n}{60}$，得出同步发电机的转矩平衡方程式为

$$T_M = T_1 - T_0 \tag{14-20}$$

式中　T_1——原动机的驱动转矩；

T_0——空载制动转矩；

T_M——发电机的电磁制动转矩。

二、功角特性

功角特性是指并列运行的同步发电机，其电磁功率 P_M 与功率角 θ 之间的函数关系。由于定子电阻铜损耗只占 1%左右，分析功角特性时可忽略定子电阻。以隐极发电机为例，作出相量图如图 14-15 所示。

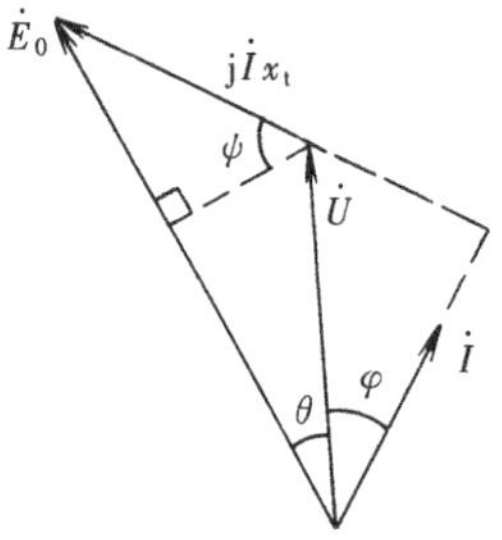

图 14-15　不计 r_a 时隐极发电机的电动势相量图

图中 $\varphi=\psi-\theta$，将 φ 代入式（14-19），根据电路理论，得出电磁功率近似为定子输出的电功率：

$$\begin{aligned}P_M &\approx P_2 = mUI\cos\varphi \\ &= mUI\cos(\psi-\theta) \\ &= mUI[\cos\psi\cos\theta+\sin\psi\sin\theta]\end{aligned} \tag{14-21}$$

由图 14-15 还可见，$Ix_t\cos\psi=U\sin\theta$；$Ix_t\sin\psi=E_0-U\cos\theta$。代入式（14-21），得出功角特性的表达式为

$$\begin{aligned}P_M &= mUI\frac{U\sin\theta}{Ix_t}\cos\theta+mUI\frac{(E_0-U\cos\theta)}{Ix_t}\sin\theta \\ &= \frac{mE_0U}{x_t}\sin\theta\end{aligned} \tag{14-22}$$

式（14-22）表明，对于并列运行的发电机，U=常数；不计饱和，x_t=常数；若维持励磁电流不变，E_0=常数，电磁功率只取决于功率角 θ，功角特性曲线 $P_M=f(\theta)$ 按正弦函数规律变化，如图 14-16（a）图所示。

当 $\theta=90°$时，电磁功率达到最大值，称为功率极限。用 P_{Mmax} 表示

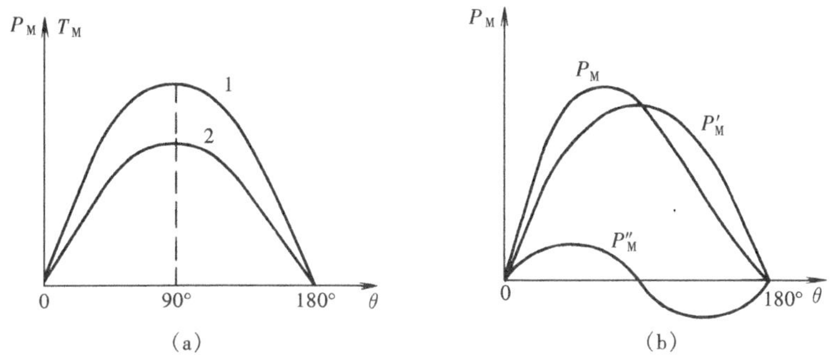

图 14-16 同步发电机的功角特性

(a) 隐极发电机；(b) 凸极发电机

1—额定励磁电流 i_{fN}时的功角特性；2—励磁电流 $i_f<i_{fN}$时的功角特性

$$P_{Mmax}=\frac{mE_0U}{x_t} \tag{14-23}$$

对于凸极发电机，参考其电动势相量图（见图 14-13），忽略定子电阻，可得出以下几何关系：$I_qx_q=U\sin\theta$；$I_dx_d=E_0-U\cos\theta$；代入式（14-21），并化简整理，得出功角特性的表达式为

$$\begin{aligned}P_M&=\frac{mE_0U}{x_d}\sin\theta+\frac{mU^2}{2}\left(\frac{1}{x_q}-\frac{1}{x_d}\right)\sin2\theta\\&=P'_M+P''_M\end{aligned} \tag{14-24}$$

式中 P'_M ——基本电磁功率；

P''_M ——附加电磁功率，与 E_0 无关，由交轴、直轴磁阻不等引起，又称为磁阻功率。

凸极电机的电磁功率由两部分组成，在同等情况下，其最大电磁功率较隐极机略微增大，并且对应的功角 $\theta<90°$。如图 14-16（b）图所示。

需要指出，同步电机的功角 θ 有双重含义，对发电机而言：

（1）θ 表示励磁电动势超前于定子端电压的时间相位差角。

（2）$\dot{E}_0$ 由转子磁场产生，$\dot{E}_0$ 滞后 $\dot{\phi}_0$ 为 90°；$\dot{U}$ 由定子假想的等效磁场产生，$\dot{U}$ 滞后 $\dot{\phi}_u$ 为 90°；因此，θ 又表示转子磁场超前于定子等效磁场的空间相位差角，如图 14-17 所示。

图中$\dot{\phi}'_a$ 为电枢电流产生的总磁通；$\dot{\phi}_u$为定子等效磁场对应的磁通，$\dot{\phi}_u=\dot{\phi}_0+\dot{\phi}'_a$。电网频率一定时，定子等效磁极以恒定的同步速旋转，功率角的大小取决于转子的速度。而根据电枢反应理论，只有交轴电枢反应才会引起定转子磁极轴线发生偏移，即 $\theta\neq0$。$\theta\neq0$ 时，磁力线被扭歪，其切向分量对转子产生制动性转矩 T_M。对于隐极电机

$$T_M=\frac{P_M}{\Omega}=\frac{mUE_0}{\Omega x_t}\sin\theta \tag{14-25}$$

θ 角越大，产生的电磁功率越大，制动性转矩也越大。为了使转子保持同步转速，必须增大原动机的输入转矩。此时，转子侧多输入的机械功率，通过交轴电枢反应转换成定子侧输出的电功率。如果 $\psi=90°$，交轴分量电流 $I_q=I\cos\psi=0$，电磁功率 $P_M=mE_0I\cos\psi=0$，定子上不输出电功率。因此，交轴电枢反应是实现机、电能量转换的必要条件。

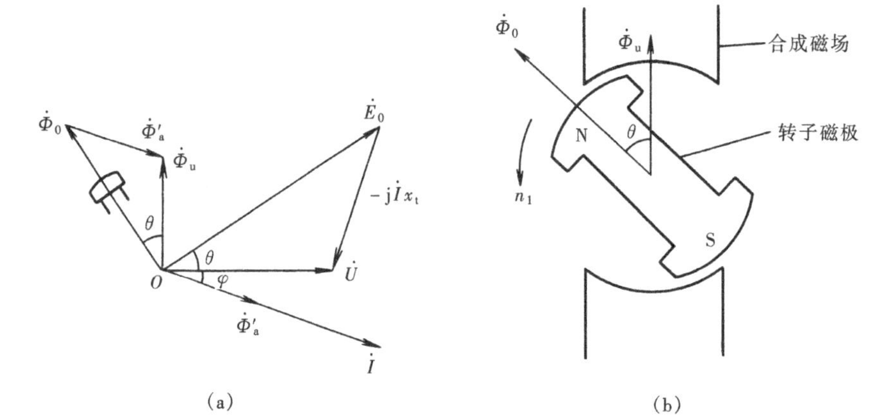

图 14-17 功率角 θ 的双重意义

(a) 时空相量图；(b) 定转子磁极示意图

三、有功功率的调节

由式（14-18）可知，如果原动机的输入功率很小，当 $P_1=p_{Fe}+p_m+p_{ad}$ 时，电磁功率 $P_M=0$，发电机处于空载状态。根据功角特性，$\theta=0$，如图 14-18（a）所示，$\dot{E}_0$ 与 $\dot{U}$ 同相位，$\varphi=90°$。

对于已并网的发电机，调节有功功率的办法是增加原动机的机械功率。对于汽轮发电机，应增加汽轮机的进汽量；对于水轮发电机，应增大进水门开启度。在增大输入转矩的瞬间，转子加速，使 $\dot{E}_0$ 超前 $\dot{U}$，$\theta>0$，$P_M>0$，同时转子受到的制动转矩 T_M 也增加，起到限制转子加速的作用，直到转子又回到同步转速，发电机稳定在 $\theta=\theta_a$ 状态下。如图 14-18（c）所示。A 点对应的有功功率为 $P_M=\dfrac{mE_0U}{x_t}\sin\theta_a$。

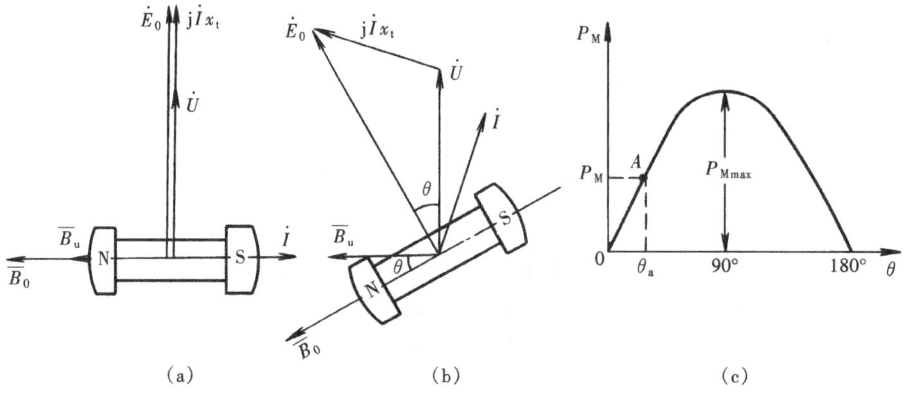

图 14-18 已并网的同步发电机有功功率的调节

(a) 空载 $\theta=0$；(b) 增大 T_M，$\theta>0$；(c) 稳定，$\theta=\theta_a$

调节有功功率要受到稳定极限的制约，即必须满足 $\theta<90°$。若 $\theta>90°$，制动性电磁转矩随 θ 的增大反而减小，致使加速中的转子继续加速而造成故障。为使电机稳定运行，并保持一定的过载能力，通常功角 θ_N 设定在 30°左右。

【例 14-1】 已知 QFS-300-2 汽轮发电机已并网额定运行，额定容量 $S_N=353$MVA，定子电流 $I_N=11320$A、电压 $U_N=18$kV，双 Y 接线，功率因数 $\cos\varphi_N=0.85$（滞后），同步电抗的标幺值 $X_t^*=2.26$，忽略定子绕组电阻。求：

（1）励磁电动势 $\dot{E}_0$ 及功角 θ；

（2）发电机的额定输出功率 P_N；

（3）过载能力 k_m。

解 （1）同步电抗 $x_t=x_t^*\dfrac{U_N}{\sqrt{3}I_N}=2.26\times\dfrac{18000}{\sqrt{3}\times 11320}=2.0748(\Omega)$

$$\dot{I}_N=I_N(\cos\varphi_N-\mathrm{j}\sin\varphi_N)$$

$$\dot{E}_0=\dot{U}_N+\mathrm{j}\,\dot{I}_Nx_t=\frac{18000}{\sqrt{3}}+\mathrm{j}11320\times(0.85-\mathrm{j}0.527)\times 2.7048$$

$$=22770.1+\mathrm{j}19963.7=30282\angle 41.2^\circ$$

$$E_0=30282(\mathrm{V})(\text{每相值}),\theta=41.2^\circ$$

（2）$P_N=\sqrt{3}U_NI_N\cos\varphi_N=S_N\cos\varphi_N=353\times 0.85=300(\mathrm{MW})$

（3）$k_m=\dfrac{P_{M\max}}{P_N}=\dfrac{\sin 90^\circ}{\sin\theta}=\dfrac{1}{\sin 42.1^\circ}=1.52(\text{倍})$

第五节 同 步 电 动 机

同步电动机可看作是同步发电机的逆运行状态，本节分析电动机的电动势方程式、功率关系、功角特性。

一、由同步发电机过渡到同步电动机

以隐极电机为例，已并网运行不计电枢电阻，由图 14-19 说明同步电机的可逆性。

图 14-19（a）所示为发电机运行状态。定子绕组接电网，向电网发送有功功率，即 $\theta>0$，$P_M>0$；转子磁极超前于定子等效磁极，同时电机转子受到电磁制动转矩 T_M 作用，原动机的驱动转矩 T_1 主要用来平衡 T_M，在同步转速下将机械功率转换为电功率。

图 14-19（b）所示为过渡状态。发电状态运行的同步电机，减小原动机的驱动转矩 T_1，瞬间转子将减速，功角 θ 减小，直到 $\theta=0$，$P_M=0$；电机处于发电机空载状态。原动机的驱动转矩 T_1 很小，仅能平衡空载制动转矩 T_0。

图 14-19（c）所示为电动机运行状态。撤去原动机，即 $T_1=0$，转子将继续减速，则 $\theta<0$，致使转子磁极滞后于定子等效磁极。如果在转轴上加上机械负载 T_2，功角 θ 将反向增大，$P_M<0$，即从电网吸取电功率，转换成拖动性电磁转矩 T_M，以平衡负载阻转矩 T_2 和空载制动转矩 T_0。

由此可见，从发电机过渡到电动机状态时，功角 θ、电磁功率 P_M、电磁转矩 T_M 均由原来的正值变为负值。

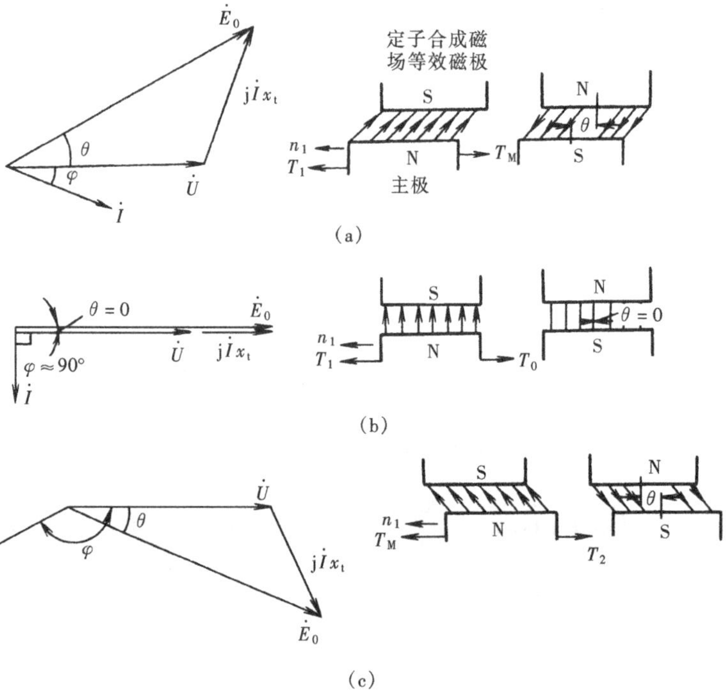

图 14-19　同步电机的可逆原理

(a) 发电状态；(b) 过渡状态；(c) 电动状态

二、同步电动机的电动势方程和相量图

若按发电机惯例，规定电机向电网输出的电流 $\dot{I}$ 为正，则发电机的方程式同样适用于电动机，参见式（14-13）和式（14-16）。只是其中电流的相位关系与发电机时有所不同。由图 14-19（c）可知，电动机中，功率因数角 $\varphi>90^{\circ}$，$\cos\varphi$ 为负值，说明电机向电网输出的有功电流为负值，即从电网吸取有功电流。

为分析方便，通常采用电动机惯例，规定电机从电网输入的电流 $\dot{I}_{D}$ 为正，即 $\dot{I}_{D}=-\dot{I}$，如图 14-20（a）所示。$\dot{U}$ 为外施电压，$\dot{E}_{0}$ 为反电动势。将 $\dot{I}_{D}=-\dot{I}$ 分别代入式（14-13）和式（14-16），可得出同步电动机的电动势方程式为

隐极电动机
$$\dot{E}_{0}=\dot{U}-\dot{I}_{D}r_{a}-j\dot{I}_{D}x_{t} \tag{14-26}$$

凸极电动机
$$\dot{E}_{0}=\dot{U}-\dot{I}_{D}r_{a}-j\dot{I}_{d}x_{d}-j\dot{I}_{q}x_{q} \tag{14-27}$$

以上两式中，忽略了定子电阻 r_{a}。仿照发电机的方法，可作出不计定子电阻时同步电动机的电动势相量图如图 14-20（b）、（c）所示。

图中，$\dot{I}_{D}$ 超前 $\dot{U}$ 为 φ 角，且 $\varphi<90^{\circ}$，说明同步电动机可以从电网吸取超前的电流，$I_{D}\cos\varphi$ 与输入的有功功率相对应。功角 $\theta<0$，$\dot{U}$ 超前 $\dot{E}_{0}$。

顺便指出，在分析发电机电枢反应时，已知 $\dot{I}$ 与 $\overline{F}_{a}$ 同相位。采用电动机惯例时，$\dot{I}_{D}$

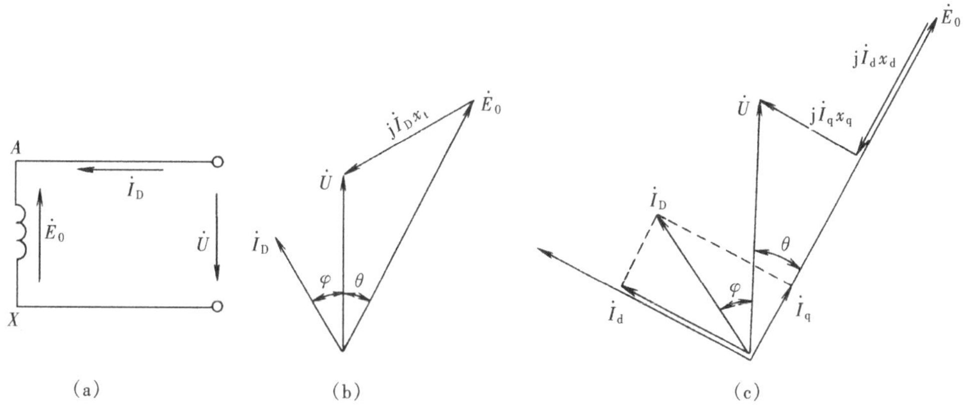

图 14-20　同步电动机的电动势相量图

(a) 电动机的规定正方向；(b) 隐极电动机；(c) 凸极电动机

$=-\dot{I}$，因此 $\dot{I}_D$ 与 $\overline{F}_a$ 反相位，即在同步电动机中，当电流 $\dot{I}_D$ 超前 $\dot{E}_0$ 时，直轴电枢反应为去磁作用。

三、电动机的功率、转矩、功角特性

电动机正常运行时，从电网输入的电功率为 P_1，扣除定子绕组的铜损耗 P_{Cua} 之后，其余绝大部分通过气隙磁场转换为电磁功率 P_M，再从电磁功率中扣除定子铁心损耗 p_{Fe}、机械损耗 p_m 和附加损耗 p_{ad}，即为转子输出的机械功率 P_2，如图 14-21 所示。

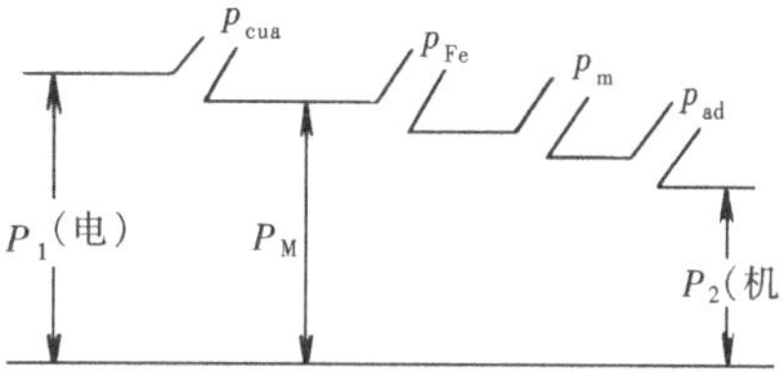

图 14-21　同步电动机功率流程图

电动机的效率为输出的机械功率与输入的电功率之比的百分数，即

$$\eta=\frac{P_2}{P_1}\times 100\% \tag{14-28}$$

电动机的电磁功率可用以下两个公式表示

$$P_M=P_1-p_{Cua} \tag{14-29}$$

$$P_M=P_2+(p_{Fe}+p_m+p_{ad}) \tag{14-30}$$

将式 (14-31) 两边同除以同步角速度 Ω，并忽略附加损耗 p_{ad}，可得出电动机的转矩平衡方程式

$$\frac{P_M}{\Omega}=\frac{P_2}{\Omega}+\frac{p_{Fe}+p_m}{\Omega} \tag{14-31}$$

$$T_M=T_2+T_0 \tag{14-32}$$

式中　T_M——电动机的电磁转矩，为拖动性转矩；

T_2——输出转矩，即负载阻转矩；

T_0——空载制动转矩。

同步电动机一般采用凸极式结构，按照和发电机同样的分析方法，发电机的功角特性同样适用于电动机

$$P_M=\frac{mE_0U}{x_d}\sin\theta+\frac{mU^2}{2}\left(\frac{1}{x_q}-\frac{1}{x_d}\right)\sin 2\theta$$

如果是隐极电动机，上式中 $x_t=x_d=x_q$。

需要指出的是，电动机的功率方向与发电机相反，P_M 表示从电网吸取的电磁功率；功角 θ 表示 $\dot{E}_0$ 滞后 $\dot{U}$ 的电角度。

四、电动机的工作特性

同步电动机的工作特性是指：在保持电压 U=常数、励磁电流 I_f=常数的情况下，电动机的电磁转矩 T_M、电枢电流 I_D、功率因数 $\cos\varphi$、效率 η 与输出功率 P_2 的函数关系，可采用实际测量或通过分析计算得出函数曲线。

根据式（14-32），空载时，由于 $P_2=0$、$T_2=0$，电机所需的电磁拖动转矩很小，只用来平衡空载制动转矩 T_0，因此对应的电枢电流很小。随着输出功率 P_2 的增加，阻转矩 T_2 增大；根据电枢反应原理，电磁转矩 T_M 将成正比增大，对应的电流 I_D 也相应增大。图 14-22（a）中转矩特性 $T_M=f(P_2)$ 为一条由 T_0 开始上升的直线；电流特性 $I_D=f(P_2)$ 近似为一条由 I_{D0} 上升的直线；同步电动机的效率曲线形状与其他电动机相同，额定效率在 90%左右。

在图 14-22（b）中，作出了同步电动机在不同励磁电流情况下的功率因数曲线 $\cos\varphi=f(P_2)$。曲线 1—励磁电流 i_{f1} 较小，空载时 $\cos\varphi=1$，随着输出功率增大，$\cos\varphi$ 变为滞后；曲线 2—励磁电流 $i_{f2}>i_{f1}$，空载时 $\cos\varphi=0.8$（超前），半载时 $\cos\varphi=1$，负载再增大，$\cos\varphi$ 变为滞后；曲线 3—励磁电流 $i_{f3}>i_{f2}$，在整个运行范围内，$\cos\varphi$ 均为超前。

同步电动机由于采用直流励磁，因此调节励磁电流，可以改善功率因数，使某一负载下电动机的功率因数由滞后变为超前，这是同步电动机的主要优点。

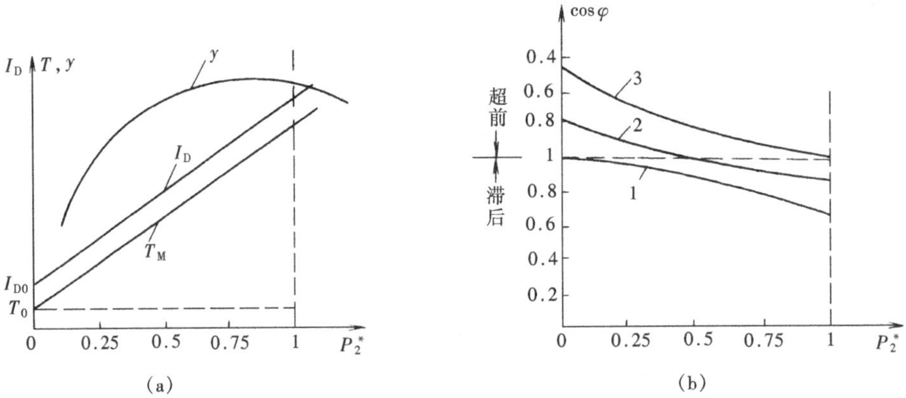

图 14-22　同步电动机的工作特性

（a）T_M，I_D，$\eta=f(P_2)$；（b）$\cos\varphi=f(P_2)$

第六节　同步电机无功功率的调节及 V 形曲线

同步电机不仅能进行机电能量转换，还与电网之间进行无功功率的交换。若保持有功功率不变，调节励磁电流的大小即可改变无功功率的大小和性质。调节过程中，定子电流随励磁电流变化的函数关系 $I_D=f(i_f)$ 称为 V 形曲线。本节以隐极电机为例，分别讨论电动机、发电机两种情况。

一、同步电动机的 V 形曲线

电动机连接在恒定电压的电网上运行，保持其负载转矩不变，不计空载转矩的影响，则

有 $T_M \approx T_2$ = 常数，即

$$T_M = \frac{mE_0U}{\Omega x_t}\sin\theta = 常数$$

或
$$E_0\sin\theta = 常数 \tag{14-33}$$

由于负载不变，则有：P_2 = 常数，不计空载损耗的影响，可认为 P_1 = 常数，即

$$P_1 = mUI_D\cos\varphi = 常数$$

或
$$I_D\cos\varphi = 常数 \tag{14-34}$$

根据以上两式和电动机的相量图，当调节励磁电流 i_f 引起励磁电势 E_0 变化时，$\dot{E}_0$ 的端点将落在垂线 $\overline{AB}$ 上移动；定子电流 $\dot{I}_D$ 的端电将落在水平线 $\overline{CD}$ 上移动，如图 14-23 所示。图中：

(1) 正常励磁时，励磁电流为 i_f，$\dot{I}_D$ 与 $\dot{U}$ 同相位，$\varphi=0$，$\cos\varphi=1$，定子电流的数值最小，为纯有功电流；电动势相量图构成直角三角形，$\dot{E}_0=\dot{U}-j\dot{I}_Dx_t$，功角为 θ。

(2) 过励状态。增加励磁电流，使 $i_{f1}>i_f$，对应的励磁电动势 $E_{01}>E_0$。按式 (14-33) 和式 (14-34) 关系，由方程式 $\dot{E}_{01}=\dot{U}-j\dot{I}_{D1}x_t$ 可以求出定子电流 $\dot{I}_{D1}$ 超前 $\dot{U}$ 为 φ_1 电角度，$\cos\varphi_1<1$（超前），表示电动机从电网吸取电容性无功功率；此时功角减小，即 $\theta_1<\theta$，电机的稳定性提高。

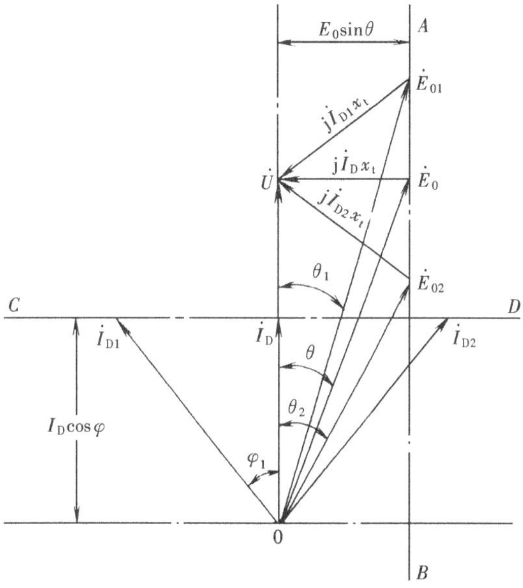

图 14-23 同步电动机调励磁时的电动势相量图

(3) 欠励状态。减小励磁电流，使 $i_{f2}<i_f$，对应的励磁电动势 $E_{02}<E_0$。按式 (14-33) 和式 (14-34) 关系，由方程式 $\dot{E}_{02}=\dot{U}-j\dot{I}_{D2}x_t$，可以求出定子电流 $\dot{I}_{D2}$ 滞后 $\dot{U}$ 为 φ_2 电角度，$\cos\varphi_2<1$（滞后），表示电动机从电网吸取电感性无功功率；此时功角增大，即 $\theta_2>\theta$，电机的稳定性变差。

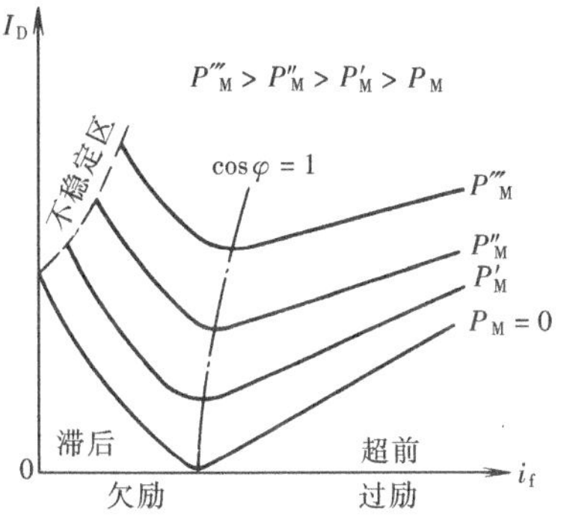

图 14-24 同步电动机的 V 形曲线

总之，对应某一恒定负载，调节励磁电流可作出一条 $I_D=f(i_f)$ 曲线，形如字母 V，称为 V 形曲线，正常励磁时定子电流最小，无论过励或欠励，定子电流都将增大。当输出的有功功率增加时，电流的有功分量增大，曲线上移，如图 14-24 所示。图中示出 4 条不同大小功率时的 V 形曲线。

以曲线最低点的连线为界，其右侧为过励状态；左侧为欠励状态。左侧虚线所示为不稳定区。因为欠励时 E_0

降低，θ增大，$\theta=90°$为稳定极限。通常取$\theta_N=20°\sim30°$，使电动机的过载能力为2～3倍。

由于电网的主要负载是异步电机和变压器，它们必须从电网吸取滞后的无功电流建立磁场，容易造成电网的感性无功不足，因此同步电动机的额定功率因数均设计为1～0.8（超前），除了带机械负载外，还从电网吸取超前的无功电流，即向电网倒送感性无功功率，使供电系统的功率因数得到改善，这是同步电动机的主要优点。

二、同步调相机

从同步机原理已知，空载运行的电动机即为调相机。由于不带机械负载，调相机对电机的参数、材料无特殊要求，其转速较高、结构较简单、价格较低；调相机运行时，从电网吸取的有功电流很小，仅用来提供本身的损耗，若不计损耗，其有功功率接近于零。图14-24所示曲线中，$P_M=0$时的曲线可以认为是调相机的V形曲线。

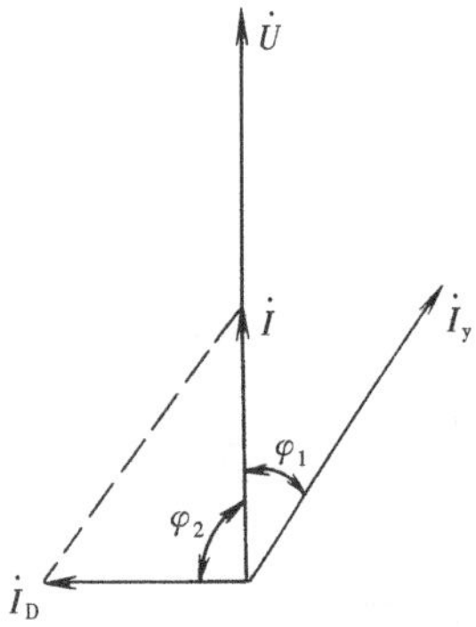

图14-25 同步补偿机的作用

调相机应安装在受电端，通常运行于过励状态，同步调相机的额定容量是指它在过励运行时的视在功率，它可以起到就地补偿无功的作用，又称为同步补偿机。图14-25所示，相量图中$\dot{I}_Y$为异步电动机的总电流，滞后于$\dot{U}$为φ_1电角度，补偿机的定子电流$\dot{I}_D$超前$\dot{U}$为90°，线路的总电流$\dot{I}$为$\dot{I}_Y$与$\dot{I}_D$的相量和，即

$$\dot{I}=\dot{I}_Y+\dot{I}_D \tag{14-35}$$

由于补偿机的电流恰好与异步机电流的感性分量相抵消，不须再从电网吸取无功电流，因此，电网功率因数$\cos\varphi=1$，线路的电流最小，线路损耗减小。

对于长输电线路，由于其对地电容的影响，可能使受电端的电压升高，应在长输电线路中间加装调相机，称为中间补偿。此时调相机运行在欠励状态，相当于一个大电感负载。

三、同步发电机无功功率的调节

并网运行的同步发电机，通常须同时兼顾输出的有功和无功功率。为简便分析，假设只调节励磁电流，而保持输出的有功功率不变，即不调节原动机的输入，于是

$$P_2=mUI\cos\varphi=\text{常数或}\ I\cos\varphi=\text{常数} \tag{14-36}$$

$$P_M=\frac{mE_0U}{x_t}\sin\theta=\text{常数或}\ E_0\sin\theta=\text{常数} \tag{14-37}$$

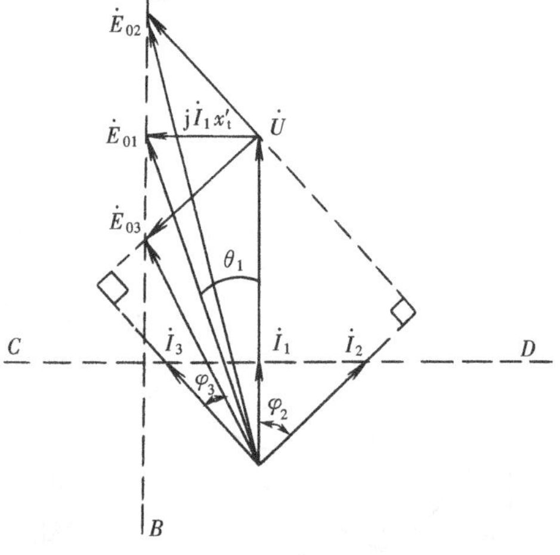

图14-26 同步发电机调励磁时的电动势相量图

根据发电机的电动势方程，仿照和同步电动机同样的方法，可以作出同步发电机调节励磁电流时的电动势相量图，如图14-26所示。图中：

（1）正常励磁时，$\dot{E}_{01}=\dot{U}+\mathrm{j}\dot{I}_1x_t$，定子电流$\dot{I}_1$与电压同相位，发电机的无功功率为零。

（2）过励状态。$E_{02}>E_{01}$，此时转子磁动势

增大，为了维持气隙磁场不变，发电机输出滞后的电流，产生去磁电枢反应。根据式（14-6）和式（14-7）关系，由方程式 $\dot{E}_{02}=\dot{U}+\mathrm{j}\dot{I}_2x_t$ 得出定子电流 $\dot{I}_2$ 落后电压 $\dot{U}$ 为 φ_2 电角度，$\cos\varphi_2<1$（滞后），发电机向电网输送感性无功功率。

（3）欠励状态。$E_{03}<E_{01}$，此时转子磁动势减弱，为了维持气隙磁场不变，发电机输出超前的电流，产生助磁电枢反应。根据式（14-6）和式（14-7）关系由方程式 $\dot{E}_{03}=\dot{U}+\mathrm{j}\dot{I}_3x_t$ 得出定子电流 $\dot{I}_3$ 超前电压 $\dot{U}$ 为 φ_3 电角度，$\cos\varphi_3<1$（超前），发电机向电网输送容性无功功率。

综上所述，同步电机无论作发电机还是作电动机运行，通过调节转子励磁电流，均可以改变无功功率的性质。励磁状态和无功功率的关系见表 14-1。

表 14-1　同步电机的励磁状态与无功功率关系

	过励状态	欠励状态
同步发电机	发出感性无功 cosφ（滞后）	发出容性无功 cosφ（超前）
同步电动机	吸取容性无功 cosφ（超前）	吸取感性无功 cosφ（滞后）

在调节励磁的过程中，欠励时虽然转子励磁电流减小，但要受到定子额定电流和稳定极限的限制；过励时电机的稳定性提高，但要受到定子额定电流和转子额定电流的限制。根据电网的需求，同步电机一般运行于过励状态。

【例 14-2】 已知一台凸极式同步电动机，同步电抗的标幺值 $x_d^*=0.8$，$x_q^*=0.5$，不计定子绕组电阻，该机接在电网上运行。求：

（1）额定电流、$\cos\varphi=0.9$（超前）时的励磁电动势 $\dot{E}_0^*$ 及功角 θ；

（2）保持有功功率不变，将功角调为 30°时，励磁电动势 $\dot{E}_{01}^*$ 及功率因数 $\cos\varphi_1$。

解　（1）依题意，$\cos\varphi=0.9$，则 $\sin\varphi=0.436$，$\varphi=25.8°$。

作出凸极电动机的相量图如图 14-27 所示，根据几何关系，可得

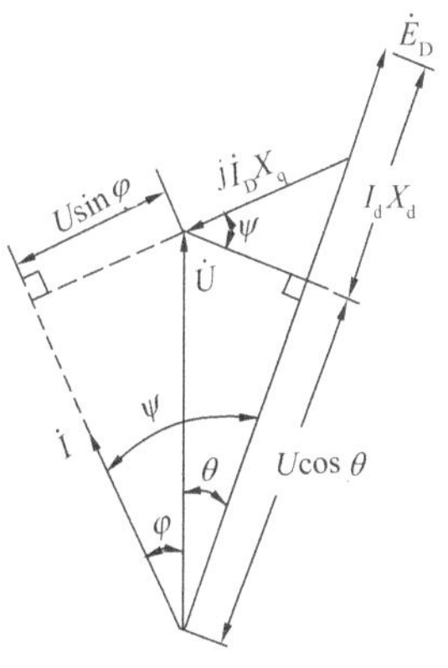

图 14-27　例 14-2 的相量图

$$\Psi=\mathrm{tg}^{-1}\frac{I_D^*x_q^*+\dot{U}\sin\varphi}{U^*\cos\varphi}=\mathrm{tg}^{-1}\frac{1\times0.5+1\times0.436}{1\times0.9}=46.1°$$

$$\theta=\Psi-\varphi=46.1°-25.8=20.3°$$

$$E_0^*=U^*\cos\theta+I_d^*x_d^*$$

$$=1\times\cos20.3°+1\times\sin46.1°\times0.8=1.51$$

（2）保持有功功率不变，即 $P_M^*=0.9$。

$$P_M^*=\frac{E_{01}^*U^*}{x_d^*}\sin\theta_1+\frac{U^{*2}}{2}\times\left(\frac{1}{x_q^*}-\frac{1}{x_d^*}\right)\sin2\theta_1=0.9$$

代入具体数字，得

$$E_{01}^*=\left[0.9-\frac{1}{2}\left(\frac{1}{0.5}-\frac{1}{0.8}\right)\sin60°\right]\times\frac{0.8}{1\times\sin30°}=0.92$$

$$I_d^* = \frac{E_{01}^* - U^* \cos\theta_1}{x_d^*} = \frac{0.92 - 1 \times \cos 30^\circ}{0.8} = 0.068$$

$$I_q^* = \frac{U^* \sin\theta_1}{x_q^*} = \frac{1 \times 0.5}{0.5} = 1$$

$$\Psi_1 = \mathrm{tg}^{-1} \frac{I_d^*}{I_q^*} = \mathrm{tg}^{-1} \frac{0.068}{1} = 3.9^\circ$$

$$\cos\varphi_1 = \cos(\Psi_1 - \theta_1) = \cos(-26^\circ) = 0.898(\text{滞后})$$

【例 14-3】 某工厂电源电压为 6000V，该厂异步电动机的总输出功率为 P_Y=1500kW，平均效率 η=70%，平均功率因数 $\cos\varphi_1$=0.7（滞后）。现增设了一台同步电动机，并且当同步机的功率因数 $\cos\varphi_2$=0.8（超前）时，可使得全厂的功率因数 $\cos\varphi$=1。求同步电动机的有功功率及视在功率。

解 依题意，异步机的感性无功功率由同步电动机进行完全补偿，因此，同步电动机的无功功率为

$$Q_T = Q_Y = S_Y \sin\varphi_1 = \frac{P_Y \sin\varphi_1}{\eta \cos\varphi_1} = \frac{P_Y}{\eta} \mathrm{tg}\varphi_1 = \frac{1500}{70\%} \times \mathrm{tg} 45.57^\circ = 2186(\mathrm{kvar})$$

同步电动机的视在功率为

$$S_T = \frac{Q_T}{\sin\varphi_2} = \frac{2186}{0.6} = 3643(\mathrm{kVA})$$

同步电动机的有功功率为 $P_N = S_T \cos\varphi_2 = 3643 \times 0.8 = 2915$（kW）

第七节　同步电动机的起动

一、概述

同步电动机起动的瞬间，转子由于惯性而静止不动，转子绕组通入励磁电流后，只能产生静止的磁场；而定子接电网产生了以同步速旋转的磁场，两个磁场之间存在着很大的转速差，因此不能产生平均的同步电磁转矩，电机不能自起动，其原理如图 14-28 所示。

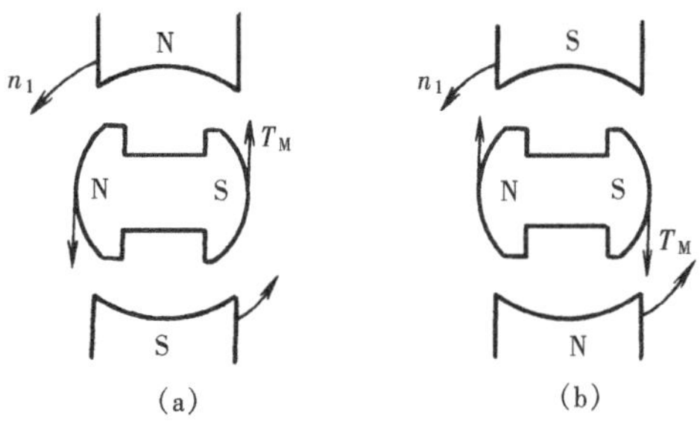

图 14-28　同步电动机不能自起动原理

(a) ωt=0；(b) ωt=180°

(a) 图所示 ωt=0 瞬间，定转子磁场相互作用，使转子产生逆时针方向的电磁转矩，转子受到加速作用；(b) 图所示 ωt=180°瞬间，转子由于机械惯性尚未旋转，但定子磁场已经转过 180°，定、转子磁场相互作用，使转子产生顺时针方向的电磁转矩，转子受到制动作用。总之，转子上的平均转矩为零。

二、同步电动机的起动方法

常用的起动方法有辅助电动机起动、调频起动和异步起动。

1. 辅助电动机起动

选用和同步电动机具有相同极数的异步电动机作为辅助电动机。先将辅助电动机投入电

网，拖动同步电动机旋转，直到接近同步转速，再将同步电动机投入电网，并立即给同步电动机加励磁，利用自整步作用使同步电动机牵入同步。

为了减少设备投资，所选用的辅助电动机容量较小，仅为同步电动机的15%左右，因此无法带负载起动。辅助电动机起动常用于大型同步调相机的起动。

2. 调频起动

调频起动是一种连续牵入过程，需要专门的变频电源，例如在电网和同步电动机定子之间接入“交—直—交变频器”。开始起动时，假设励磁机已由其它电动机带动至额定转速，以提供转子所需的励磁电压。调节变频器，使定子电流的频率从零开始逐渐上升至额定值，于是旋转磁场的转速亦从零开始逐渐上升，并带动转子同步升速，直到额定转速。

调频起动操作简单，变频器兼有变频调速的功能。随着晶闸管变频技术的推广使用，同步电动机调频起动日趋广泛。

3. 异步起动

异动起动是指根据鼠笼异步机的原理，起动时产生异步转矩，使转速上升至接近同步速再加励磁牵入同步的起动方法。为此，同步电动机多采用凸极结构，其转子上装有类似鼠笼条的短路绕组，称为起动绕组，结构与发电机的阻尼绕组相同（参见图14-6）。

异步启动过程分为两个阶段：①在转速从零上升到 $0.95n_N$ 时，主要依靠起动绕组的异步转矩起作用；②转子加励磁后牵入同步的实现，是由异步转矩和脉动的同步转矩共同作用，使转子经过振荡后达到同步转速。至此，输出恒定的同步转矩，而异步转矩为零。

异步起动是目前使用最广泛的一种起动方法。顺便指出，在异步起动的第一阶段，励磁绕组不能开路。否则，起动开始时转差率很大，在励磁绕组内感应出很高的电动势，会破坏绕组的绝缘或造成人身安全事故。因此起动时应先将励磁绕组短路，为避免短路电流过大等不利影响，应在励磁回路串入附加电阻，电阻值一般为励磁绕组本身电阻的5～10倍。

小　　结

本章介绍了同步电机的基本结构，分析了同步电机对称稳定运行时的电动势、端电压、相电流、励磁电流之间的关系。

电枢反应是分析同步发电机的重要理论基础，电枢反应的性质取决于负载电流与励磁电势之间的相位差。学习本章内容，应注意掌握以下五个要点。

（1）同步发电机和同步电动机的电动势方程式及同步电抗参数的意义。

（2）并网的发电机，调节有功功率的办法是增大原动机的机械输入。

（3）同步电动机是同步发电机的逆运行状态，外界条件不同，有功功率的方向不同，由功角 θ 可以区别运行状态。

发电机状态，$\theta>0$；电动机状态，$\theta<0$；调相机状态，$\theta=0$。

（4）当同步电机接在电网上时，调节励磁电流，可以改变无功功率的大小和性质，在过励状态下，不论是发电机还是电动机，均向电网输送感性无功功率。

（5）同步电动机与异步电动机的主要区别是：①转子以同步速旋转，转速恒定；②功率因数特性不同；③不能自起动。

习 题

1. 同步电机转子的基本结构部分有何特点？

2. 求同步转速和极数：①汽轮发电机，$f=50$Hz，$p=1$，$n=$？②水轮发电机，$f=60$Hz，$p=16$，$n=$？③同步电动机，$f=50$Hz，$n=750$r/min，$p=$？［答案：①3000r/m；②225r/m；③4］

3. 为什么同步电机不能有任意的转速？

4. 同步发电机，$P_N=800$kW，$U_N=6900$V，Y 接法，$\cos\varphi_n=0.8$（滞后），求：①额定容量；②额定电流。［答案：①1000kVA；②83.68A］

5. 测定发电机空载特性时，如果转速降为 $0.95n_N$，对实验结果有何影响？

6. 同步发电机电枢反应的性质由什么条件决定？

7. 试述功率角 θ 的物理意义。

8. 为什么当 $\cos\varphi$ 滞后时，电枢反应在发电机运行中显示去磁作用，而在电动机运行中起助磁作用？

9. 说明同步电抗 x_d、x_q、x_t 的物理意义。

10. 并网的发电机如何进行有功功率的调节？

11. 并网的汽轮发电机组，如果开大气门，气轮机的转速能否升高？输出功率有何变化？为什么？

12. 并网运行的同步发电机，定子电流、功率因数由什么决定？是否与负载的性质有关？

13. 从发电机过渡为电动机时，功角、电枢电流、电磁转矩的大小、方向有何变化？

14. 同步电动机有哪几种起动方法？

15. 同步电动机接于电网额定运行，$\cos\varphi_N=0.8$（超前），电抗参数标么值 $x_d^*=1.0$，$x_q^*=0.6$，不计电阻。试求：①空载电动势和功角；②作相量图；③是欠励运行还是过励运行？［答案：①1.775；19.44°；③过励状态］

16. 发电厂经输电线给负载供电，已知 $P_N=100000$kW，$\cos\varphi_N=0.8$（滞后），今欲把线路的功率因数提高到 0.9（滞后），求：①调相机的容量；②调相机装在何处；③是过励运行还是欠励运行？［答案：①26568kVAR；③过励］

17. 汽轮发电机，$S_N=8750$kVA，$U_N=11000$V，Y 接法，$I_N=460$A，$\cos\varphi_N=0.8$（滞后）$x_t=5.5\Omega$，不计电阻。该机已并网运行。求：①额定运行时的输出功率、励磁电动势和功率角？②保持有功不变，而励磁电动势为额定时的 1.25 倍，此时的功率角、电枢电流、功率因数？［答案：①7000kW；8125V；14.4°；②11.5°；750A；0.489］

第十五章　控　制　电　机

控制电机是在普通旋转电机基础上发展起来的小功率电机，在自动控制系统中作为执行元件或检测元件，用来转换或传递控制信号。对控制电机的要求是：可靠性高，准确度高，快速响应。本章介绍常用的几种控制电机；测速发电机、伺服电动机、自整角机、步进电动机和小功率同步电动机。

*第一节　测速发电机

测速发电机在电力拖动系统中用来测量转速，它可以把机械转速信号变换成对应的电压信号，反馈到控制系统，实现对转速的调节和控制。可分为直流测速发电机和交流测速发电机两大类。

一、直流测速发电机

（一）基本结构及原理

直流测速发电机的定、转子结构与普通小型直流发电机相同。按励磁方式可分为永磁式和他励式两种。永磁式测速发电机的定子用矫顽力较高的磁钢制成，不需要励磁绕组。其结构简单，应用广泛。但永磁材料价格昂贵，并且在受到机械振动影响时，可能会引起退磁。他励式测速发电机的定子上装有励磁绕组，并由独立的直流电源供电。但励磁绕组的电阻受电机工作温度的影响要发生变化，会引起测量误差。

直流测速发电机的工作原理与一般直流发电机相同，图 15-1 所示为他励式测速发电机的原理图。励磁绕组中流过直流电流时，产生沿空间分布的恒定磁场，电枢由被测机械拖动旋转，以恒定速度切割磁场，在电枢绕组中感生电动势，从电刷两端引出的直流电动势为

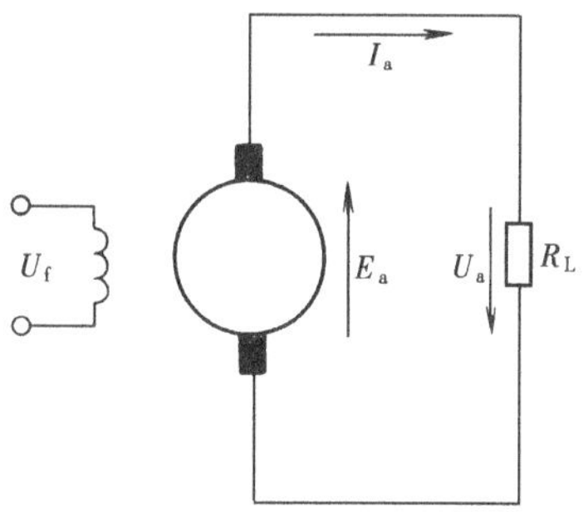

图 15-1　直流测速发电机原理图

$$E_a = C_e\phi n = K_e n \tag{15-1}$$

$$K_e = C_e\phi$$

式中　K_e——直流测速发电机的电动势系数，对于已制成的电机，当保持磁通不变时，K_e 为常数，即电枢感应电动势的大小与转子的转速成正比。

（二）输出特性

输出特性表征电枢电压与转子转速的函数关系，即 $U_a=f(n)$。是测速发电机的主要特性之一。

测速发电机空载时，电枢电流 $I_a=0$，输出电压 $U_0=E_a$；测速发电机电枢两端接入负载电阻 R_L，R_L 中流过电枢电流，并在电枢回路产生电阻压降，使输出电压减小，即

$$I_a = \frac{U_a}{R_L} \tag{15-2}$$

$$U_a = E_a - I_a R_a \tag{15-3}$$

式中　R_a——电枢回路总电阻，包括电枢绕组内阻 r_a 和电刷接触电阻。将式（15-1）、式（15-2）代入式（15-3）并化简整理，得出测速发电机的输出特性为

$$U_a = \frac{E_a}{1+\frac{R_a}{R_L}} = \frac{C_e\phi}{1+\frac{R_a}{R_L}}n \tag{15-4}$$

理想情况下，R_a、R_L、ϕ 均为常数，输出电压与转速成正比变化。取不同的 R_L 值，可得一组直线输出特性，如图 15-2（a）所示。当 $R_L=\infty$时，为空载时的输出特性；R_L 减小，输出特性曲线的斜率减小，输出电压降低。

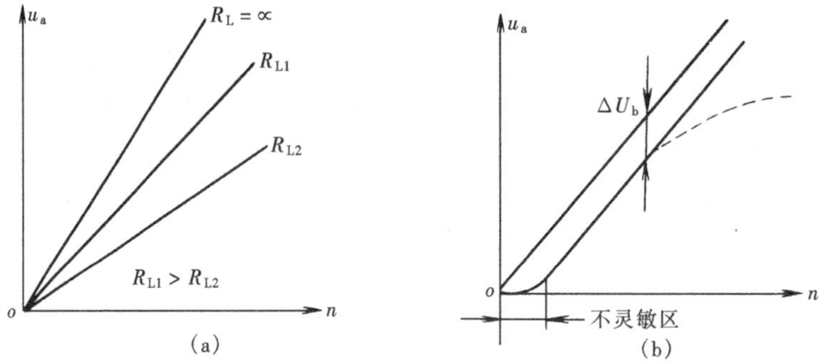

图 15-2　直流测速发电机的输出特性

（a）理想特性；（b）实际特性

（三）误差及其减小的方法

由于测速发电机在实际运行中很难保证 ϕ 为常数，因此实际的输出特性与理想特性之间存在误差。影响主磁通 ϕ 的因素主要有：①电流的影响，当负载电流较大时，电枢反应去磁作用使磁通略有减小；②转速的影响，转速过高时，出现延迟换向使磁通减小；③温度的影响，温度升高时，励磁绕组电阻值增大，使励磁电流减小，磁通减小。由于磁通减小使输出特性偏离直线微微向下弯曲，由此带来的误差称为线性误差，如图 15-2（b）所示。

为了减小线性误差，直流测速发电机技术条件中给出最大工作转速 n_{max}（额定转速）和最小负载电阻值 R_{Lmin}；使用中应注意限制转速和电枢电流均不超过允许值。为了减小温度变化对励磁电流的影响，可在励磁回路中串联附加电阻，以便起到稳定电流的作用。附加电阻选用温度系数较低的材料如锰镍铜合金制成，其阻值比励磁回路本身的电阻大几倍。

影响输出特性的另一个因素是电枢回路总电阻 R_a，电枢回路电阻压降可看成由两部分组成：$I_aR_a=I_ar_a+\Delta U_b$。其中，r_a 为电枢绕组本身的内阻，ΔU_b 为正负电刷接触电阻压降，将其代入式（15-4），输出特性还可表示为

$$U_a = \frac{C_e\phi n - \Delta U_b}{1+\frac{r_a}{R_L}} \tag{15-5}$$

由于 ΔU_b 的影响，当转速很低（$n<\Delta n$）时，直流测速发电机几乎没有输出电压，此区域称

为失灵区。ΔU_b 与所选用的电刷和换向器的材料、换向器表面温度、接触电流密度等诸多因素有关，当电流密度较高时 ΔU_b 近似为常数。选用接触压降较小的铜-石墨电刷，可以缩小失灵区。

二、交流测速发电机

交流测速发电机分为同步式和异步式两类，本节介绍异步测速发电机。

（一）基本结构

异步测速发电机的基本结构与普通异步电动机相似。定子上安装有两相对称绕组，转子分为鼠笼形或杯形两种结构。相比之下，鼠笼形转子的惯性大、特性较差，因此，在对精度要求较高的控制系统中多采用杯形转子，其基本结构包括内定子、外定子和转子薄杯，如图15-3所示。在外定子铁心槽中安装有励磁绕组，其匝数为 W_1，在内定子铁心槽中安装有输出绕组，其匝数为 W_2，两个绕组在空间彼此互差 90°电角度。金属空心转子采用电阻率较高的硅锰青铜等非磁性材料，制成杯形，其杯壁很薄。仅为 0.3mm 左右。转子的一端由金属环固定在轴上，使薄杯能在内、外定子之间的气隙中转动。

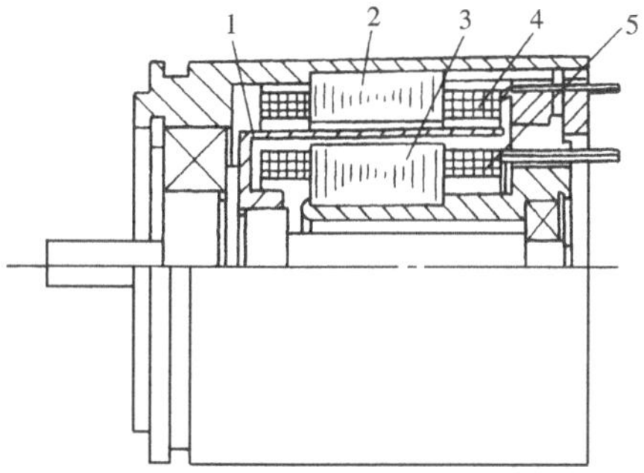

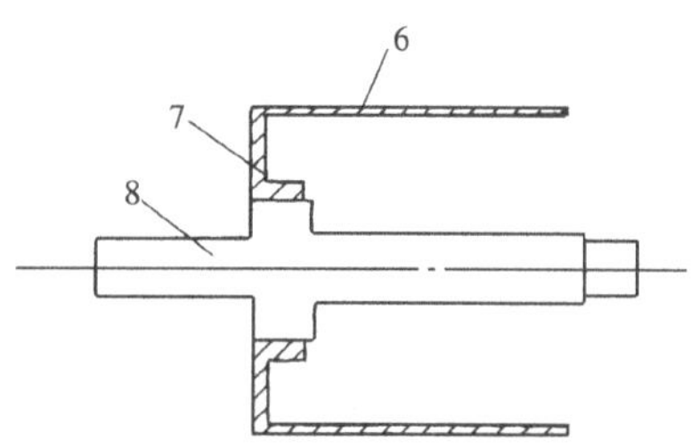

图 15-3　空心杯转子异步测速发电机

（a）电机结构；（b）杯形转子

1—杯形转子；2—外定子；3—内定子；4—励磁绕组；5—输出绕组；6—导筒；7—端环；8—轴

从原理上看，杯形转子可以看成是由无数根细导条并联而成的鼠笼绕组，为短路绕组。杯形转子的主要特点是转动惯量小、快速反应、精度高。

（二）基本工作原理

当异步测速发电机转子静止（$n=0$）时，在励磁绕组两端接交流电源 $\dot{U}_1$，产生脉振磁通 $\dot{\phi}_1$，$\dot{\phi}_1$ 作用在励磁绕组的轴线（d 轴）方向，于是在励磁绕组中感应反电动势 $\dot{E}_1$，其有效值为 $E_1=4.44fW_1k_{W1}\phi_1$，若忽略漏抗的影响，则有

$$U_1 = 4.44fW_1k_{W1}\phi_1 \propto \phi_1 \tag{15-6}$$

式中　f——电源频率；

W_1k_{W1}——励磁绕组有效匝数。

脉振磁通 $\dot{\phi}_1$ 还在短路的转子绕组中感应变压器电动势 $\dot{E}_{rd}$，产生电流 $\dot{I}_{rd}$ 和磁通 $\dot{\phi}_{rd}$，$\dot{\phi}_{rd}$ 与 $\dot{\phi}_1$ 相去磁，如图 15-4（a）所示。

由于 $\dot{\phi}_1$ 和 $\dot{\phi}_{rd}$ 均与输出绕组的绕组轴线（q 轴）相垂直，因此，输出绕组中并不感应电

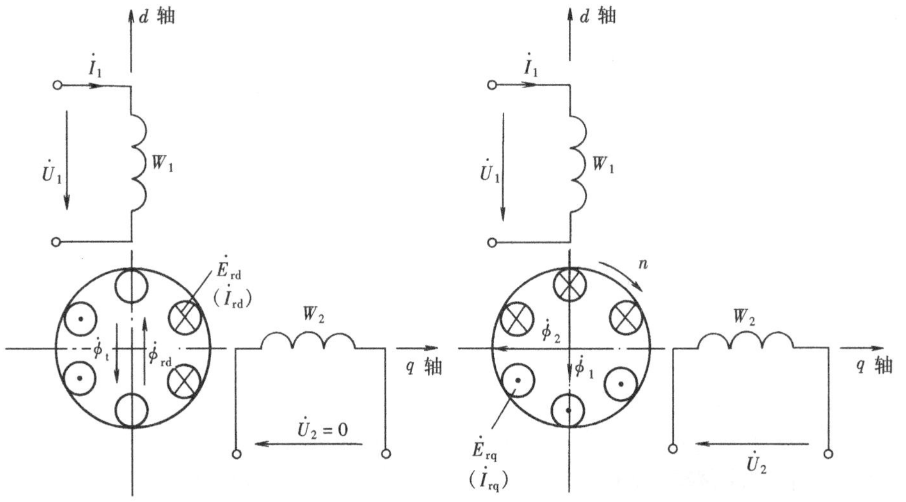

(a)　　　　(b)

图 15-4　异步测速发电机工作原理

(a) 转子静止；(b) 转子旋转

动势，输出电压 $U_2=0$。

当转子旋转时，转子绕组中除产生如上所述的变压器电动势 $\dot{E}_{rd}$外，还因切割励磁磁通 $\dot{\phi}_1$ 而感生速率电动势 $\dot{E}_{rq}$和短路电流 $\dot{I}_{rq}$。若忽略转子漏抗的影响，$\dot{E}_{rq}$与 $\dot{I}_{rq}$同方向，如图 15-4（b）所示。$\dot{E}_{rq}$为交变电动势，其交变频率与励磁磁通的脉振频率 f 相同，电动势的大小为

$$E_{rq}=C_e\phi_1 n\propto\phi_1 n \tag{15-7}$$

式中　C_e——与电机结构有关的常数；

　　n——电机的转速。

设转子导条电阻为 R_r，转子电流的大小为

$$I_{rq}=\frac{E_{rq}}{I_{rq}}\propto E_{rq} \tag{15-8}$$

转子电流 I_{rq}又产生交变的电枢磁通 $\dot{\phi}_2$，其大小与转子电流成正比，即

$$\phi_2\propto I_{rq} \tag{15-9}$$

磁通 $\dot{\phi}_2$ 的方向与输出绕组的轴线（q 轴）相一致。因此，在输出绕组中感应出频率为 f 的变压器电动势 $E_2=4.44fW_2k_{W2}\phi_2$，若忽略输出绕组的漏抗，输出绕组的电压为

$$U_2=4.44fW_2k_{W2}\phi_2\propto\phi_2 \tag{15-10}$$

式中　W_2k_{W2}——输出绕组的有效匝数。

根据以上分析，由式（15-6）～式（15-10）可以得出

$$U_2\propto\phi_2\propto I_{rq}\propto E_{rq}\propto\phi_1 n\propto U_1 n$$

即

$$U_2\propto\phi_1 n\propto U_1 n \tag{15-11}$$

由此可见，如果保持励磁绕组的电压不变，异步测速发电机定子输出绕组的电压与转速

成正比，即输出电压的数值可以表示电机转速的快慢。同时，输出电压的相位与电机的转向有关；输出电压的频率由电源频率决定。

（三）输出特性及其误差

在保持励磁电压 U_1=常数，电源频率 f=常数条件下，异步测速发电机的输出电压与转速的函数关系 $U_2=f(n)$ 称为输出特性。理想情况下，励磁磁通 ϕ_1 为常数，输出特性为直线关系，即

$$U_2 = k_n n \tag{15-12}$$

式中　k_n——比例常数。

实际运行中，很难保证励磁磁通 ϕ_1 为常数，因此，输出特性存在线性误差。影响励磁磁通的因素主要有：(1) 转子绕组存在漏抗，电流 $\dot{I}_{rq}$ 滞后于电动势 $\dot{E}_{rq}$ 一定的电角度，使转子磁通 $\dot{\phi}_2$ 中出现了直轴去磁分量；(2) 转子旋转切割 $\dot{\phi}_2$ 也要产生直轴电动势和电流（图中未画出），并产生去磁磁通，可以证明，其数值与转速的平方成正比。

为了减小线性误差，①杯形转子采用电阻率高的材料，使转子漏抗相对较小；②使用中，限制电机转速不超过规定的最大转速 n_{max}。工程上选取 $0.866n_{max}$ 时的输出电压 U_{2N} 作为补偿点电压，如图 15-5 所示。以 $\overline{oc}$ 直线（补偿线）作为理想输出特性（曲线 2），实际输出特性（曲线 1）与补偿线之间的电压差 ΔU 为线性误差。

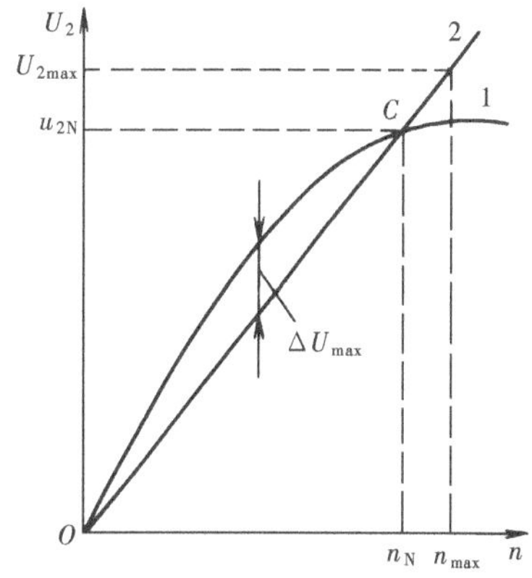

图 15-5　异步测速发电机的输出特性
1—实际特性；2—理想特性

（四）相位误差和残余电压

相位误差指在规定的转速范围内，输出电压 $\dot{U}_2$ 与励磁电压 $\dot{U}_1$ 之间的相位移，它将影响异步测速发电机的工作性能。产生相位误差的主要原因是转子阻抗角和励磁绕组漏抗压降的影响，相位误差也随转速而变化。

为了减小相位误差。①可以使用电机时选用较大的负载阻抗值（100kΩ 以上），使输出电压的数值相对较大，即使负载阻抗稍有变动，对 $\dot{U}_2$ 的大小及相位影响不大；②限制电机的转速使其运行在 n_{max} 的 30%左右。

残余电压是指当转速 $n=0$ 时输出绕组的残存电压。残余电压将使测量结果产生误差，如果经放大器放大，会成为假信号，造成误动作。产生残余电压的原因主要是电机所用的材料以及制造工艺等方面的因素。

*第二节　伺服电动机

伺服电动机是自动控制系统中的执行元件，其作用是把电压控制信号转换成相应的机械转速。可分为直流伺服电动机和交流伺服电动机两种类型。

一、直流伺服电动机

（一）结构特点及工作原理

普通直流伺服电动机的定、转子结构与直流测速发电机相同，分为永磁式和他励式两

种。在普通直流伺服电动机基础上又发展了低惯量伺服电动机，包括杯形电枢转子电机；盘形电枢转子电机；无槽电枢转子电机。

杯形电枢转子电机的外定子装有永久磁钢，内定子起磁轭作用。空心杯转子可由事先成型的单个线圈沿圆柱面排列成杯形，再用环氧树脂固化成型，安装在转轴上，在内外定子之间的气隙中旋转。其主要特点是转子无铁心，且杯壁很薄，转动惯量极低，适用于高精度的自控系统或设备中，如电视摄像机、机床控制系统等方面。

盘形电枢转子电机的电枢直径远大于其轴向长度，整体呈圆盘状。电枢导体沿径向排列，功率很小的电机可以制成印刷线路，功率稍大时采用绕线式绕组，即全部线圈先排列成圆盘形，再用环氧树脂固化。定子上装有若干对永久磁钢，主磁通沿轴向穿过定转子之间的平面气隙。其主要特点是制造工艺简单、转动惯量小、起动转矩大。适用于低速、频繁起动、反转的场合，如数控机床、工业机器人等。

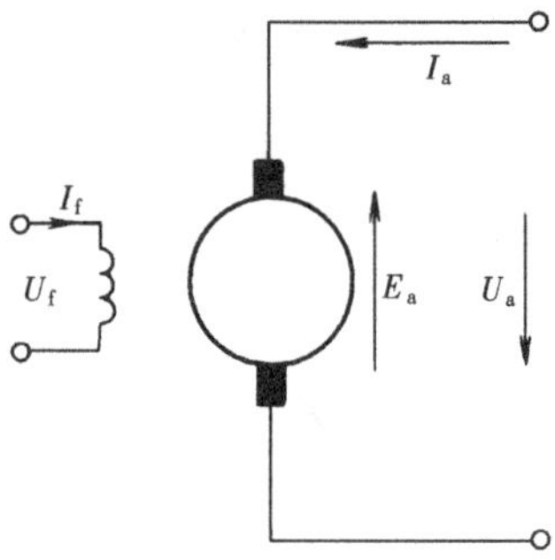

图 15-6　直流伺服电动机的工作原理

无槽电枢转子电机整体呈细长型。其定子与普通直流伺服电动机相同，电枢铁心为光滑无槽的圆柱体，用环氧树脂将绕组固化在铁心表面。无槽电机不存在齿磁密饱和问题，因而可以选取较高的磁密并减小电枢外径。具有转动惯量较低、起动灵敏度高的优点，适用于功率较大的自动控制系统。

直流伺服电动机的工作原理与普通直流电动机相同，如图 15-6 所示。

励磁绕组接他励电源 U_f，流过励磁电流 I_f，产生恒定的主磁通 ϕ。电枢两端输入电压 U_a，流过电枢电流 I_a。电枢电流与主磁通相互作用产生恒定的电磁转矩 $T=C_M\phi I_a$。当电磁转矩与负载转矩相平衡时，电动机匀速旋转，同时在转子电枢中感生反电动势 $E_a=C_e\phi n$。若电枢输入电压为零，则 $T=0$；$n=0$。

（二）机械特性和调节特性

1. 机械特性 $n=f(T)$

保持电枢电压 U_a 为常数，转速 n 与电磁转矩 T 的函数关系称为机械特性，即

$$n=\frac{U_a}{C_e\phi}-\frac{TR_a}{C_eC_M\phi^2}=n_0-kT \tag{15-13}$$

$$k=\frac{R_a}{C_eC_M\phi^2}$$

式中　　k——机械特性曲线的斜率，如果保持磁通不变，k 为常数；

$n_0=\dfrac{U_a}{C_e\phi}\propto U_a$——转矩为零时的转速，称为理想空载转速。

$n=0$ 时

$$T_d=C_M\phi\frac{U_a}{R_a}\propto U_a$$

称为堵转转矩。

由此可见，机械特性为一条下降的直线，改变电枢电压，可得到一组平行的直线，如图 15-7所示。

2. 调节特性 $n=f(U_a)$

在自动控制系统中，控制直流伺服电动机转速的方法是调节电枢电压 U_a，称为电枢控制，U_a 称为控制电压。保持负载转矩 T_s 恒定，转速 n 随电压 U_a 变化的函数关系称为调节特性。

令 $T=T_s=$常数，对式（15-13）求导，得

$$\frac{dn}{dU_a}=\frac{1}{C_e\phi}=k \tag{15-14}$$

如何保持磁通不变，转速随电压按直线规律变化，直线的斜率 $k>0$，由电机本身的参数决定。另由式（15-13）可见，当转速 n 为零时，始动电压 $U_a=U_{a0}$，即

$$U_{a0}=\frac{T_sR_a}{C_M\phi}=I_aR_a \tag{15-15}$$

始动电压是控制电压的临界值，即 $U_a>U_{a0}$ 时，电机才能转动。当电枢回路总电阻一定时，始动电压与负载转矩成正比。因此，对应不同的负载转矩，可得到一组平行的调节特性曲线，如图 15-8 所示。

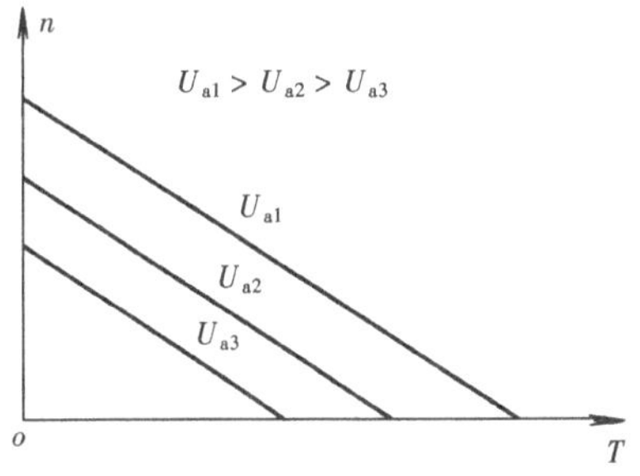

图 15-7 直流伺服电动机的机械特性

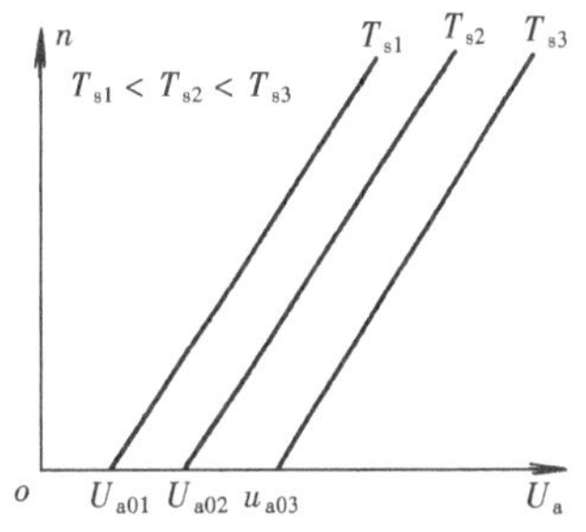

图 15-8 直流伺服电动机的调节特性

直流伺服电动机具有线性的机械特性和调节特性，这是直流伺服电动机的主要优点，交流伺服电动机无法与之相比。

（三）直流力矩电动机

普通直流伺服电动机在实际运行中存在着低速运转不稳定的现象，这将使控制系统产生误差。采用直流力矩电动机可以避免上述现象。

直流力矩电动机能够在长期堵转或在低转速下稳定运行，并产生足够大的转矩。空载转速可以降低到每分钟 10 转左右，可不必采用齿轮变速而直接带动低转速负载。由于理想空载转速与电枢铁心直径近似成反比；电磁转矩与电枢铁心直径成正比，因此，直流力矩电动机为了增大转矩和降低空载转速，其外形尺寸制成扁平状结构。电枢轴向长度和直径之比仅为 0.2 左右，如图 15-9 所示。定子采用软磁材料，做成带槽的环，槽内嵌放永久磁铁；转子铁心、绕组的结构与普通直流电机相同。

直流力矩电动机的工作原理和普通直流伺服电动机相同。与普通直流伺服电动机相比，其主要特点是转速低、转矩大，机械特性和调节特性的线性度好。适用于在位置伺服系统和低速伺服系统中作执行元件。

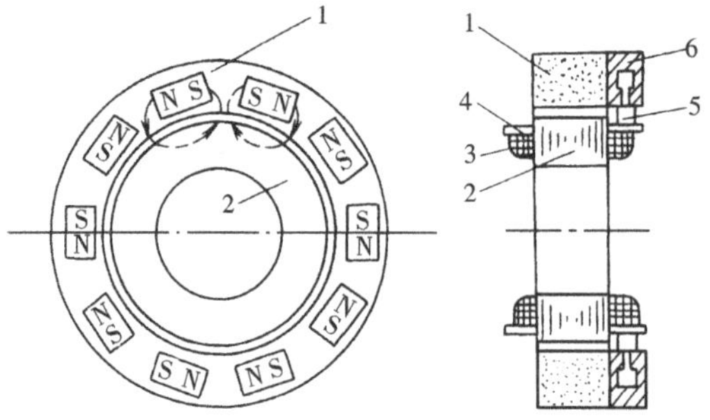

图 15-9　直流力矩电动机结构示意图

1—定子磁环；2—转子铁心；3—槽楔；
4—换向片；5—电刷；6—刷架

二、交流伺服电动机

（一）结构及工作原理

交流伺服电动机为两相异步电动机，其结构与交流测速发电机相同。定子上的两相对称绕组在空间彼此互差 90°电角度，一相为励磁绕组 f，两端的电压 $\dot{U}_{\mathrm{f}}$；另一相为控制绕组 k，两端的电压 $\dot{U}_{\mathrm{k}}$，$\dot{U}_{\mathrm{f}}$ 与 $\dot{U}_{\mathrm{k}}$ 频率相同，但相位不同。转子分为鼠笼转子和非磁性杯转子两种，目前广泛应用鼠笼转子伺服电动机，其工作原理如图 15-10 所示。

控制绕组经电位器接恒定的交流电源 $\dot{U}$，控制电压 $\dot{U}_{\mathrm{k}}$ 与 $\dot{U}$ 可以是同相位或反相位，调节电位器可以改变控制电压的大小。励磁绕组与电容器串联后接交流电源 $\dot{U}$，电容器起分相的作用，适当选择电容 C 的数值，可以使励磁电流 $\dot{I}_{\mathrm{f}}$ 超前于电源电压 $\dot{U}$。根据电路原理，电容器两端的电压 $\dot{U}_{\mathrm{c}}=-\mathrm{j}\dot{I}_{\mathrm{c}}x_{\mathrm{c}}=-\mathrm{j}\dot{I}_{\mathrm{f}}x_{\mathrm{c}}$；励磁绕组两端的电压 $\dot{U}_{\mathrm{f}}=\dot{U}-\dot{U}_{\mathrm{c}}$；以 $\dot{U}$ 为参考，作相量图如图 15-10（b）所示。可见，励磁电压 $\dot{U}_{\mathrm{f}}$ 与控制电压 $\dot{U}_{\mathrm{k}}$ 之间的相位差角为 β。和单相异步电动机电容分相起动相类似，只要 $\beta\neq 0$，就能产生起动转矩。如果 β 调节至 90°，可以获得较大的起动转矩。

（二）机械特性与“自转”现象

1. 零信号时的机械特性

若保持励磁电压 $\dot{U}_{\mathrm{f}}$ 与控制电压 $\dot{U}_{\mathrm{k}}$ 之间的相位差角 β 恒为 90°，只改变控制电压的大小，使其在 $0\sim U_{\mathrm{kN}}$ 之间变化，这种方法称为幅值控制。

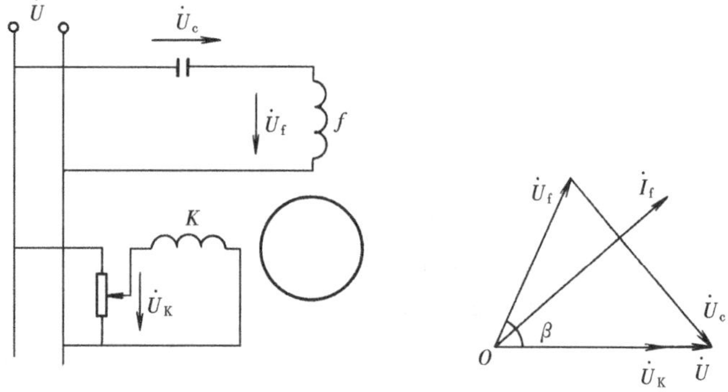

(a)　　(b)

图 15-10　交流伺服电动机的工作原理

（a）接线原理图；（b）相量图

控制电压 $U_{\mathrm{k}}=0$ 时，称为零信号。电机处于单相运行，由单相异步电机理论可知，单相电流所产生的脉振磁场可以分解成幅值相等的正反两个圆形旋转磁场，它们分别产生正向转矩 T_{+} 和反向转矩 T_{-}，如图 15-11（a）虚线所示。电机的电磁转矩 T 为 T_{+} 和 T_{-} 的代数和，在图中用实线表示。电磁转矩曲线对称于 $s=1$ 的点，位于第一、第三象限。当电机正向旋转（$s<1$）时，由于 $T_{+}>T_{-}$，因此 $T=T_{+}-T_{-}>0$，只要负载转矩小于最大转矩，转子仍将继续旋转（$n>0$），这种零信号时电机不停转的现象称为“自转”现象，是一种失控现象。普通单相电机用做伺服电机时会出现“自转”现象。

增大转子回路电阻，是消除交流伺服电动机“自转”现象的一项有效措施。若转子回路电阻增大，使相应的临界转差率增大，即 $s_{m+}>1$，正向转矩 T_+ 与反向转矩 T_- 如图 15-11（b）虚线所示。电机的电磁转矩 T 在图中用实线表示，电磁转矩曲线仍对称于 $s=1$ 的点，但位于第二、第四象限，为制动性转矩。即当电机正向旋转（$s<1$）时，由于 $T_+<T_-$；因此，$T=T_+-T_-<0$。一旦取消控制电压（$U_k=0$），电机处于单相运行时，转子上受到制动转矩，会使转子立即停转（$n=0$）。

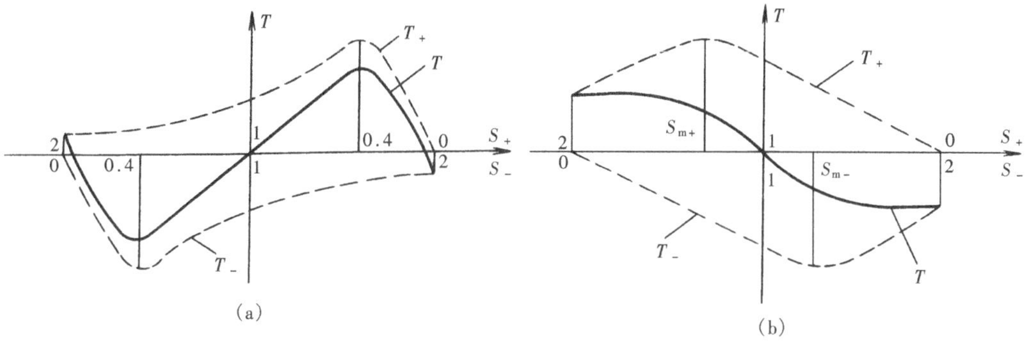

图 15-11　零信号时的机械特性

（a）普通单相电机；（b）两相伺服电机

2. 不同控制信号时的机械特性

对于幅值控制的电动机，当控制电压 $U_{kN}>U_k>0$ 时，电机处于两相不对称运行。在气隙形成生椭圆形旋转磁场，可以分解成幅值不等的正反两个圆形旋转磁场，它们分别产生正向转矩 T_+ 和反向转矩 T_-，电机的电磁转矩 T 为 T_+ 和 T_- 的代数和。假设 $T_+>T_-$，对应不同的控制电压 U_k 值，仿照和零信号机械特性同样的分析方法，可得出一组机械特性曲线，如图 15-12（a）所示。

随着控制电压 U_k 值增大，磁场的椭圆度发生变化，使反向转矩 T_- 减小，因而合成的电磁转矩 T 增大，曲线向上移动。由机械特性还可以看出，改变控制电压 U_k 的大小，可以调节电机转速；例如，对应于恒转矩负载，控制电压 U_k 增大，电机转速升高。

除了上述的幅值控制之外，自动控制系统中广泛采用电容电动机。即在交流伺服电动机的励磁回路中串联（或串、并联）一定的电容 C，可以省去复杂的移相装置。其接线原理见图 15-10，简称为电容电动机。C 称为移相电容，电动机频率为 400Hz 时，所串电容量为零点几个微法到几个微法；电动机频率为 50Hz 时，所串电容量为几个微法到几十个微法。若同时满足以下两个条件：①励磁电压 $\dot{U}_f$ 与控制电压 $\dot{U}_k$ 之间的相位差角 β 为 90°。②电源电压与励磁电压相等且为额定值，即 $U=U_f=U_{fN}$，就必须在励磁绕组两端再并联电容。

对于电容电动机，可以证明，当调节控制电压 U_k 改变转速时，由于励磁绕组的耦合作用，励磁电流也将改变，致使励磁电压 $\dot{U}_f$ 和控制电压 $\dot{U}_k$ 的大小及相位均发生变化。因此，与幅值控制相比，其机械特性的线性度较差；在低速段转矩下降得很慢；而在高速段转矩下降得很快。如图 15-12（b）所示。

3. 交流伺服电动机与直流伺服电动机性能比较

（1）在不同的控制电压下，直流伺服电动机的机械特性为一组相互平行的直线；而交流

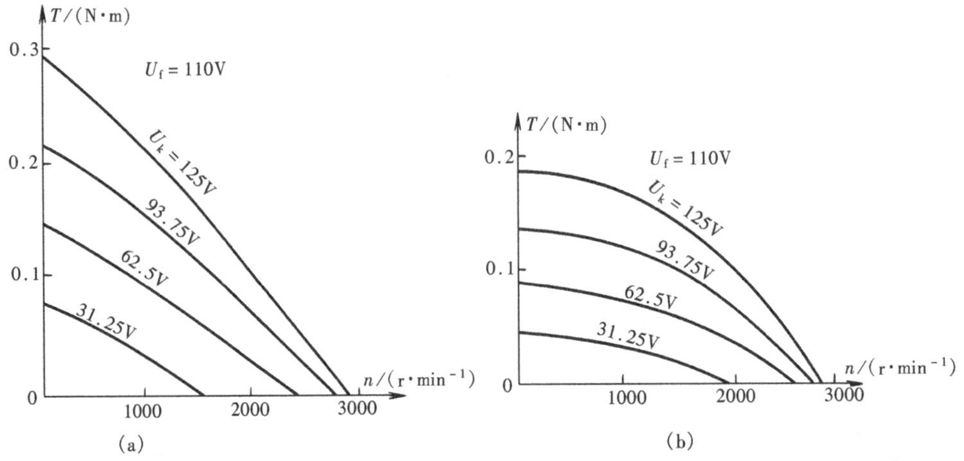

图 15-12 不同控制信号时的机械特性

(a) 幅值控制；(b) 电容控制

伺服电动机的机械特性并非严格的直线关系，且各条特性曲线的斜率不相等，影响系统的稳定性。

(2) 直流伺服电动机不存在“自转”现象，而交流伺服电动机如果参数选择不当，或制造工艺有缺陷，会出现“自转”现象，影响系统的可靠性。

(3) 交流伺服电动机转子电阻大、损耗大；且由于负序磁场的影响，使电磁转矩减小。因此，对于同容量的电机，直流伺服电动机的体积小、效率高。

(4) 直流伺服电动机成本高，电刷换及向器结构复杂，不易维护；而交流伺服电动机结构简单，便于维护，成本低。

(5) 直流放大器的体积大。

*第三节 自 整 角 机

自整角机是传递角度信号的控制电机，用来测量并指示远距离设备装置的角度位移，将检测信号传递到主控室，或在随动系统中使机械上互不相联的两轴同步偏转。广泛用于工业自动控制和国防工业。根据用途不同，分为控制式自整角机和力矩式自整角机两类。

一、控制式自整角机

(一) 基本结构

控制式自整角机常成对组合使用，一台作为发送机，记作 ZKF；另一台作为接收机，记作 ZKB；两机的结构完全一样。定子与三相交流电机结构相同，铁心槽内装有三个对称绕组，在空间彼此互差 120°电角度，称为整步绕组。运行时，两机的定子绕组连接成星形接法，其引出端 D_1、D_2、D_3 和 D_1' 、D_2' 、D_3' 分别用三根导线对应连接。转子分为隐极式或凸极式结构，其上设置有单相交流绕组。发送机 ZKF 的转子绕组为励磁绕组，接恒定电压的交流电源 $\dot{U}_1$；接收机 ZKB 的转子绕组作为输出绕组，感应变压器电动势 $\dot{E}_0$，输出的交流电压为$\dot{U}_2$，因此又称为自整角变压器。控制式自整交机的接线原理如图 15-13 所示。

设发送机定子 D_1 相绕组轴线与接收机定子 D_1' 相绕组轴线相平行，均指向 d 轴方向。调整发送机 ZKF 的转子位置，以 d 轴为参考，使转子励磁绕组轴线滞后 d 轴为 θ_1 电角度；调整接收机 ZKB 转子位置，以 q 轴为参考，使输出绕组轴线滞后 q 轴为 θ_2 电角度，规定两机转子绕组轴线相互垂直的位置为平衡位置（或称协调位置）。

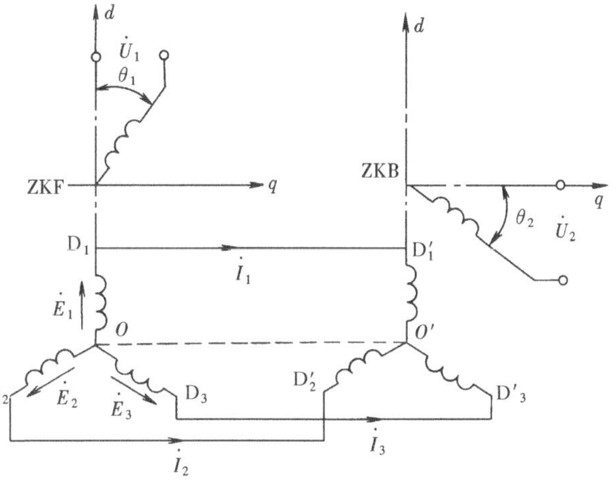

图 15-13 控制式自整角机的接线原理图

（二）自整角变压器的输出电压

根据电磁感应关系，图 15-13 所示的自整角机可以看成是两台变压器串联运行。发送机 ZKF 相当于第一台变压器；接收机 ZKB 相当于第二台变压器。当 ZKF 的励磁绕组接单相交流电源 $\dot{U}_1$ 时，流通励磁电流 $\dot{I}_f$，产生脉振磁通 $\dot{\phi}_m$，$\dot{\phi}_m$ 穿过气隙进入定子，分别在定子三个整步绕组中感应时间相位相同的变压器电动势，而各绕组中感应电动势的大小与转子的偏转角 θ_1 有关。由于定子三个绕组在空间彼此互差 120°电角度，因此，垂直穿过各绕组平面的脉振磁通幅值分别为

$$\left.\begin{aligned}\phi_1 &= \phi_m\cos\theta_1\\ \phi_2 &= \phi_m\cos(\theta_1-120^\circ)\\ \phi_3 &= \phi_m\cos(\theta_1+120^\circ)\end{aligned}\right\}\tag{15-16}$$

定子三个整步绕组感应电动势的有效值分别为

$$\left.\begin{aligned}E_1 &= 4.44fW_s\phi_1 = 4.44fW_s\phi_m\cos\theta_1 = E\cos\theta_1\\ E_2 &= 4.44fW_s\phi_2 = 4.44fW_s\phi_m\cos(\theta_1-120^\circ) = E\cos(\theta_1-120^\circ)\\ E_3 &= 4.44fW_s\phi_3 = 4.44fW_s\phi_m\cos(\theta_1+120^\circ) = E\cos(\theta_1+120^\circ)\end{aligned}\right\}\tag{15-17}$$

$$E = 4.44fW_s\phi_m$$

式中 E——发送机定子绕组每相电动势的幅值；

W_s——发送机定子绕组每相的有效串联匝数；

f——电源频率。

由于发送机 ZKF 与接收机 ZKB 定子绕组采取对应连接，在电动势的作用下，两机定子绕组中有电流 $\dot{I}$ 流通，三个绕组中电流的时间相位相同，但有效值不相等。

假设两机中点之间的联线用虚线$\overline{oo'}$表示（见图 15-13），各相的总阻抗（包括 ZKF 和 ZKB 定子绕组的阻抗以及联接线的阻抗）用 Z 表示，各相电流的有效值分别为

$$\left.\begin{aligned}I_1 &= \frac{E_1}{Z} = \frac{E\cos\theta_1}{Z} = I\cos\theta_1 \\ I_2 &= \frac{E_2}{Z} = \frac{E}{Z}\cos(\theta_1 - 120^\circ) = I\cos(\theta_1 - 120^\circ) \\ I_3 &= \frac{E_3}{Z} = \frac{E}{Z}\cos(\theta_1 + 120^\circ) = I\cos(\theta_1 + 120^\circ)\end{aligned}\right\} \tag{15-18}$$

$$I = \frac{E}{Z}$$

式中 I——两机定子各相电流的最大值。

中线电流 $I_{o'o} = I_1 + I_2 + I_3 = 0$，因此，使用中不必接中线。

两机定子绕组中的电流各自建立脉振磁动势，并产生相应的磁通。对于接收机而言，这些磁通穿过气隙，分别在 ZKB 转子输出绕组中感应同相位的电动势 $\dot{E}_{01}$、$\dot{E}_{02}$、$\dot{E}_{03}$；

以 D_1'相绕组为例，不计饱和的影响，则有：$I_1 \propto F_1 \propto \phi_1 \propto E_{01} \Rightarrow I_1 \propto E_{01}$；同理，$I_2 \propto E_{02}$；$I_3 \propto E_{03}$，可见，输出绕组中各感应电动势的大小与相应的定子电流成正比。同时，感应电动势与垂直穿过输出绕组平面的磁通量有关，即与各电流对应的定转子绕组轴线之间的相位差角有关。例如，定子 D_1'相绕组轴线与输出绕组轴线之间的相位差角为 $90^\circ + \theta_2$（参见图15-13）。

引入比例系数 k，并根据式（15-18），可以写出输出绕组各感应电动式分量为

$$\left.\begin{aligned}E_{01} &= kI_1\cos(90^\circ + \theta_2) = kI\cos\theta_1\cos(90^\circ + \theta_2) \\ E_{02} &= kI_2\cos(90^\circ + \theta_2 - 120^\circ) \\ &= kI\cos(\theta_1 - 120^\circ)\cos(\theta_2 - 30^\circ) \\ E_{03} &= kI_3\cos(90^\circ + \theta_2 + 120^\circ) \\ &= kI\cos(\theta_1 + 120^\circ)\cos(\theta_2 + 210^\circ)\end{aligned}\right\} \tag{15-19}$$

自整角变压器输出绕组的电动势为以上各电动势之和，若忽略输出绕组的内阻抗压降，其输出电压为 U_2，即

$$\begin{aligned}U_2 &= E_{01} + E_{02} + E_{03} \\ &= kI[\cos\theta_1\cos(90^\circ + \theta_2) + \cos(\theta_1 - 120^\circ)\cos(\theta_2 - 30^\circ) \\ &\quad + \cos(\theta_1 + 120^\circ)\cos(\theta_2 + 210^\circ)] \\ &= \frac{3}{2}kI\cos(\theta_1 - \theta_2 - 90^\circ) \\ &= \frac{3}{2}kI\sin(\theta_1 - \theta_2) \\ &= U_{2m}\sin\delta \end{aligned} \tag{15-20}$$

$$U_{2m} = \frac{3}{2}kI$$

$$\delta = \theta_1 - \theta_2$$

式中 U_{2m}——自整角变压器的最大输出电压；

δ——失调角，即接收机转子绕组轴线偏离协调位置的空间电角度。

由此可见，自整角变压器的输出电压 U_2 是失调角 δ 的正弦函数，U_2 的大小和正负与两机转子绕组的相对位置有关。当两机转子绕组的轴线处于相互垂直的位置时，$\theta_1=\theta_2$；$\delta=0$；$U_2=0$，所以规定 $U_2=0$ 时的输出绕组轴线所在位置为控制式自整角机的协调位置。如图 15-14 所示。

（三）控制式自整角机的应用举例

由图 15-15 可以说明自整角机在雷达天线自动控制系统中的应用。图中，自整角发送机的转子励磁绕组接交流电压 $\dot{U}_1$，转子轴为主动轴，其上装有手轮。自整角变压器的转轴为从动轴，与被控对象雷达天线相连接。

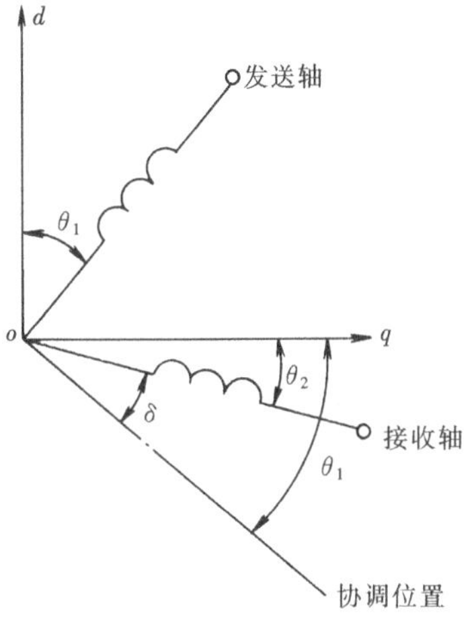

图 15-14 控制式自整角机的协调位置

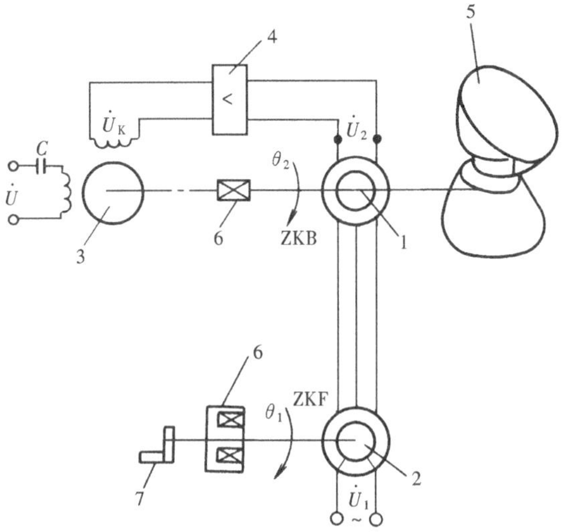

图 15-15 控制式自整角机在随动系统中的应用

1—自整角发送机；2—自整角变压器；3—交流伺服电动机；4—放大器；5—雷达天线；6—变速器；7—手轮

当搜索飞机时，雷达天线需在空中旋转，而人无法直接摇动笨重的天线。于是雷达操纵手转动手轮，使发送机 ZKF 的转轴不断偏转（其转角为 θ_1），只要 $\delta\neq0$，即接收机 ZKB 转子的偏转角 $\theta_2\neq\theta_1$，自整角变压器就输出电压 $\dot{U}_2$。经过交流放大器放大后，作为交流伺服电动机的控制信号 $\dot{U}_k$，使伺服电动机起动。伺服电动机经过减速后，带动接收机 ZKB 的转子以及雷达天线旋转（转角为 θ_2），从而实现了雷达天线自动随手轮偏转的要求。直到 $\theta_2=\theta_1$，$\delta=0$，$\dot{U}_2=0$ 时为止。

二、力矩式自整角机

由以上分析可知，控制式自整角机转子上只能输出电压，因而必须用伺服电动机将电压信号转换成机械转矩，才能带动被控负载，实现转角的随动。而力矩式自整角机转轴上可以输出机械转矩（称为整步转矩），直接带动指针类轻负载。

（一）整步转矩的产生

力矩式自整角机的基本结构和控制式自整角机相同。其接线原理图如图 15-16 所示。所

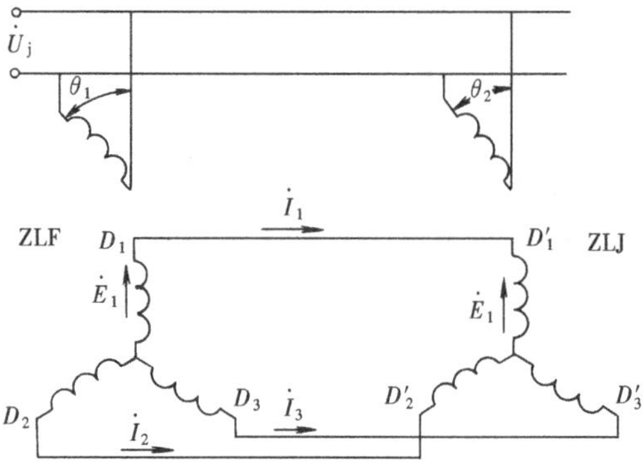

图 15-16　力矩式自整角机接线原理图

不同的是，发送机 ZLF 与接收机 ZLJ 的转子绕组均作为励磁绕组，接在同一交流电源上。发送机产生转角信号，接收机产生转矩，并能带动仪表指针作出显示。

设发送机定子 D_1 相绕组轴线与接收机定子 D'_1 相绕组轴线相平行，均指向 d 轴方向。以 d 轴为参考，调整两机的转子位置，使发送机 ZLF 的转子绕组轴线超前 d 轴为 θ_1 电角度；接收机 ZLJ 的转子绕组轴线超前 d 轴为 θ_2 电角度，使之处于协调位置。

以发送机 ZLF 为例，交流励磁电流产生的脉振磁通穿过定转子间的气隙，与定子的三个整步绕组相交链，在绕组中感应时间相位相同的电动势，电动势的有效值 E_1、E_2、E_3 与发送轴的偏转角 θ_1 有关，见公式（15-17）。同理，接收机的转子加励磁电压后，也在接收机定子绕组中感应时间相位相同的电动势，其有效值 E'_1、E'_2、E'_3 与接收轴的偏转角 θ_2 有关。当 $\theta_2=\theta_1$，或失调角 $\delta=0$ 时，以由 D_1 和 D'_1 构成的定子绕组回路为例，两边的电动势有效值 $E_1=E'_1$，总电动势 $\Delta E_1=E_1-E'_1=0$，因此，定子电流 $I_1=0$，其它两相也是如此。若 $\theta_2\neq\theta_1$，两机定子绕组所构成的各相回路中便存在着电动势差 ΔE_1、ΔE_2、ΔE_3，于是定子电流 I_1、I_2、I_3 不等于零，定子电流与接收机的励磁磁通相互作用，产生电磁转矩 T，称为整步转矩。可以证明，整步转矩 T 是失调角 δ 的正弦函数，即

$$T\propto\sin\delta \tag{15-21}$$

整步转矩可以带动轴上的机械负载，使接收机转子沿着失调角减小的方向转动，直到 $\theta_2=\theta_1$，$\delta=0$ 时为止。所以规定 $T=0$ 时自整角发送机与接收机处于协调位置。同样，发送机转子也受到与整步转矩方向相反的电磁转矩作用，但由于其转轴已与主令轴固定连接，因而不能转动。

（二）力矩式自整角机的应用

力矩式自整角机通常用于自动测量、指示系统。例如，测量并传送泵的阀门开启度；测量雷达天线的俯仰角、船舶舵角；显示高炉探尺的位置、液面的高度等。图 15-17 所示为力矩式自整角机在测位系统中的应用。

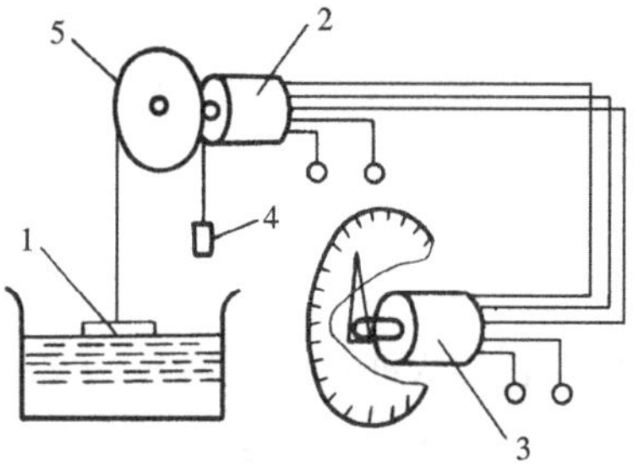

图 15-17　力矩式自整角机应用举例
1—浮子；2—自整角发送机；3—自整角接收机；4—平衡锤；5—滑轮

图中，发送机 ZLF 的转轴上固定着套有绳索、平衡锤和浮子的滑轮，而接收机 ZLJ 的转轴上固定着仪表指针。每当浮子随液面升降做上下移动时，引起发送机 ZLF 的转轴发生偏转，从而产生转角信号 θ_1；只要 $\theta_2\neq\theta_1$，就会使接收机 ZLJ 的转子受到整步转矩 T 的作用，带动转轴上的仪表指针沿失调角减小的方向旋转。直到 $\theta_2=\theta_1$，$\delta=0$ 时，整步转矩 $T=0$，于是指针在仪表刻度盘上做出相应的显示，实现了远距离测量的目的。

*第四节 步 进 电 动 机

步进电动机又称为脉冲电动机，它可以把电脉冲信号转换成相应的角位移或线位移。步进电动机的种类很多，本节介绍的是最常用的反应式步进电动机。

一、步进电动机的基本工作原理

反应式步进电动机的工作原理如图 15-18 所示。定、转子均为叠片式结构，定子上有六个磁极均匀分布，每个极上都套有控制绕组，由两个相对的磁极组成一相，同一相的控制绕组可以串联或并联。为简单计，假设转子上只有四个齿，齿上不装绕组，只构成主磁路。

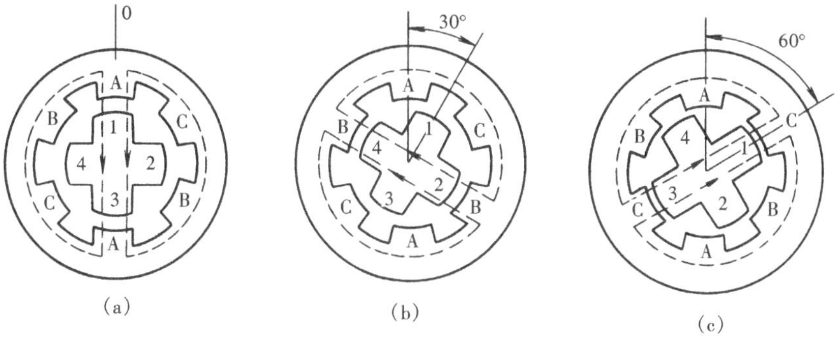

图 15-18 单三拍步进电机示意图
(a) A 相通电；(b) B 相通电；(c) C 相通电

由图可见，由于结构的原因，沿转子圆周表面各处气隙不同，因而磁阻不相等，齿部磁阻小，两齿之间磁阻大。当控制绕组中流过脉冲电流时，产生的主磁通总是沿磁阻最小的路径闭合，即经转子齿、铁心形成闭合回路。因此，转子齿会受到切向磁拉力而转过一定的机械角度，称步距角 θ_b。如果控制绕组按一定的脉冲分配方式连续通电，电机就按一定的角频率运行。改变控制绕组的通电顺序，电机就可反转。

二、步进电动机的三种工作方式

对于定子有 6 个极的三相步进电动机，可分为单三拍、双三拍、六拍三种工作方式。

（一）单三拍运行方式

设控制绕组的通电方式每变换一次称为一拍，如果每次只允许一相单独通电，三拍构成一个循环，称为单三拍运行方式。

A 相单独通电时，磁力线从定子磁极 A 出发，经过气隙进入转子齿 1、齿 3，又穿出转子，经过齿 3 所对应的气隙，沿定子磁极形成闭合回路。此时，齿 1 的中心线与磁极 A 的中心线重合，见图 15-18（a）。同理，B 相单独通电时，磁力线沿磁极 B 和齿 2、齿 4 形成闭合回路，使齿 2、齿 4 与磁极 B 对准；而齿 1 的中心线在空间顺时针转过 30°机械角度，见图 15-18（b）。C 相单独通电时，磁力线沿磁极 C 和齿 1、齿 3 形成闭合回路，使齿 1、齿 3 与磁极 C 对准，其中心线在空间又顺时针转过 30°机械角度，见图 15-18（c）。

依此类推，控制绕组的电流按 A—B—C—A 的顺序切换，转子将顺时针一步一步转动，步距角 $\theta_b=30°$；若控制绕组的电流按 A—C—B—A 的顺序切换，转子则逆时针转动。

（二）双三拍运行方式

实际使用中，由于单三拍运行的可靠性和稳定性较差，通常可以将其改为双三拍运行，即每拍允许两相同时通电，三拍为一个循环，如图 15-19 所示。

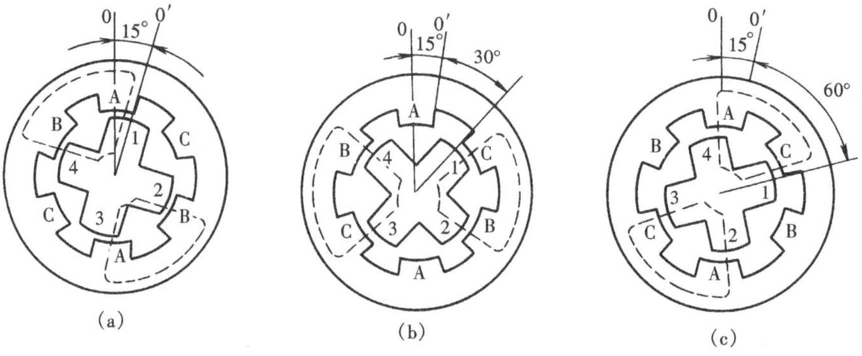

图 15-19 三相双三拍步进电动机

(a) AB 相通电；(b) BC 相通电；(c) CA 相通电

第一拍：A 相、B 相同时通电，磁力线分成两路，一路沿磁极 A、齿 1、齿 4、磁极 B 形成闭合回路；另一路沿磁极 B、齿 2、齿 3、磁极 A 形成闭合回路。由于电磁吸引力的作用，把转子的齿锁定在 A、B 两极之间的对称位置。以磁极 A 为参考，齿 1 的中心线顺时针偏移了 15°机械角度，见图 15-19（a）。第二拍：B 相、C 相同时通电，磁力线一路沿磁极 B、齿 4、齿 3、磁极 C 形成闭合回路；另一路沿磁极 C、齿 1、齿 2、磁极 B 形成闭合回路，仍以磁极 A 为参考，齿 1 的中心线在原来的基础上顺时针转过了 30°机械角度，总计为 45°。转子被锁定在 B、C 两极之间的对称位置，见图 15-19（b）。同理，第三拍：C 相、A 相同时通电，见图 15-19（c）；转子又顺时针转过了 30°机械角度，总计为 75°。

依此类推，控制绕组的电流按 AB—BC—CA—AB 的顺序切换，转子顺时针转动；若控制绕组的电流按 AC—CB—BA—AC 的顺序切换，转子则逆时针转动。步距角与单三拍运行时相同，即 $\theta_b=30°$。

（三）六拍运行方式

不论单三拍或双三拍运行，步距角均为 30°机械角度。只有改变控制绕组电流的切换频率，才能改变步距角的大小。如果将通电方式改为单相通电、两相通电交替进行，每六拍为一个循环，称为六拍运行方式。

例如，控制绕组的通电顺序为 A—AB—B—BC—C—CA—A，第一拍：A 相单独通电，磁场的分布及转子的位置见图 15-18（a），转子齿 1 的中心线恰好与定子磁极 A 的中心线重合，即偏移角度为 0°；第二拍：A 相、B 相同时通电，磁场的分布及转子的位置见图 15-19（a），转子齿 1 的中心线顺时针偏转了 15°；其它几种情况均可参见图 15-18 及图15-19。为了便于比较，将有关数据列于表 15-1。

由此可见，三相六拍运行时，每拍的步距角为 15°；如果控制绕组的通电顺序改为 A－AC－C－CB－B－BA－A，转子则逆时针转动。

三、步距角及转子齿数

（一）步距角 θ_b

由以上分析可知，每输入一个电脉冲信号时转子所转过的机械角度即为步距角 θ_b，θ_b

的大小与控制绕组电流的切换次数以及转子的齿数有关。

表 15-1 **步进电动机六拍运行时的数据**

	通电顺序	偏转角度	参考图号
第一拍	A 相	0°	图 15-18 (a)
第二拍	A 相、B 相	15°	图 15-19 (a)
第三拍	B 相	30°	图 15-18 (b)
第四拍	B 相、C 相	45°	图 15-19 (b)
第五拍	C 相	60°	图 15-18 (c)
第六拍	C 相、A 相	75°	图 15-19 (c)

由于转子只有 4 个齿，齿距为 90°。三拍运行时的步距角 $\theta_b=30°$，电动机每转过一个齿距需要运行 3 步，每旋转一周需要四个循环，共 12 步；六拍运行时的步距角 $\theta_b=15°$，电动机每转过一个齿距需要运行 6 步，每旋转一周需要四个循环，共 24 步。因此，拍数增多时步距角减小，步数增多。如果增加转子齿数，会使齿距减小、总步数增加、步距角减小。步距角的一般公式为

$$\theta_b = \frac{360°}{Z_R km} \tag{15-22}$$

式中 Z_R——转子齿数；

km——运行拍数（$k=1$，2；$m=2$，3，4，5，6 为电机相数）；

由于 k 值有两种选择（$k=1$ 单拍；$k=2$ 双拍），因此，步距角可以有两个成倍的角度。

如果电源的脉冲频率很高，步进电动机就会连续转动，其转速正比于脉冲频率 f。每输入一个电脉冲，转子转过步距角 θ_b，由式（15-22）可知，每个电脉冲对应于$\frac{\theta_b}{360°}=\frac{1}{Z_R km}$转，每分钟输入 $60f$ 个电脉冲，电动机每分钟的转速为

$$n = \frac{60f}{Z_R km} \tag{15-23}$$

通过改变脉冲频率可以在很宽的范围内实现调速。

（二）转子总齿数 Z_R

反应式步进电机的转子齿数主要由步距角决定。为了提高精度，应当使步距角 θ_b 尽量减小，由式（15-22）可知，当运行拍数确定后，步距角 θ_b 与转子总齿数 Z_R 成反比。例如，常用的步距角是 $\theta_b=3°$；$\theta_b=1.5°$。如果取 $km=3$（即三拍运行），转子总齿数 $Z_R=40$，齿距角为$\frac{360°}{Z_R}=9°$，每拍转过 3°；如果取 $km=6$（即六拍运行），转子总齿数不变，每拍转过 1.5°。

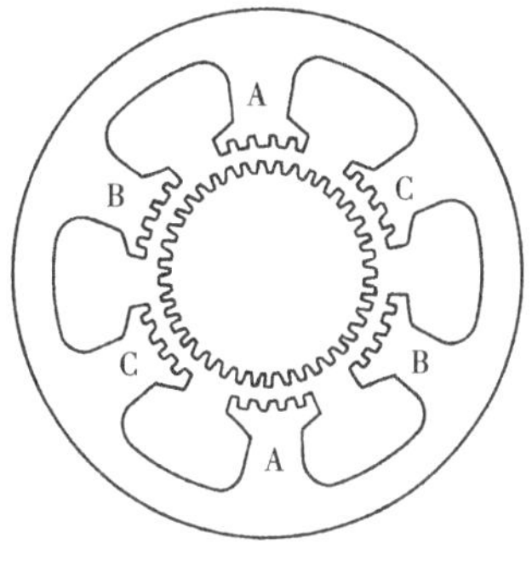

图 15-20 三相步进电动机定转子冲片

实用中，通常把定子极靴表面加工成齿形结构，为了保证在受到反应转矩时定转子的齿能对齐，要求定转子的齿宽、齿距分别相同。如图 15-20 所示。

图中，定子上有 6 个磁极，每个极距对应的转子齿数为：$\frac{Z_R}{2p}=\frac{40}{6}=6\frac{2}{3}$，不为整数；当 A 相的定转子齿对齐时，相邻 B 相的定转子齿无法对齐，彼此错开$\frac{1}{3}$齿距（即 3°）。其它各相依此类推。对于任意 m 相电机，应依次错开$\frac{1}{m}$齿距。利用这种“自动错位”，为下一相通电时转子齿能被吸引直至对齐作准备，从而使步进电动机能连续工作。因此，转子的齿数应能满足“错位”的要求，见表 15-2。

表 15-2　　步进电动机几种常用的转子齿数

θ_b	9°	6°	3°*	1.5°*	1.2°
m \ Z_R	4.5°	3°	1.5°	0.75°	0.6°
三相		20	40	80	100
四相	10		30		
五相	8	12	24	48	
六相		10			50

*　为常用步距角。

四、步进电动机应用举例

步进电动机主要用做数控机床中的执行元件，数控机床又分为铣床、钻床、车床、线切割机多种。此外在绘图机、自动记录仪表、轧钢机自动控制等方面也得到广泛应用。图 15-21所示为应用步进电动机的数控机床工作示意图。

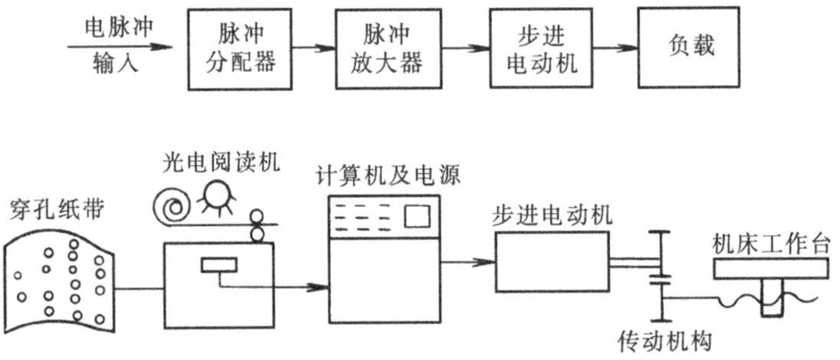

图 15-21　数控机床工作示意图

加工复杂零件时，先根据工件的图形尺寸、工艺要求和加工工序编制程序，并记录在穿孔机上；再由光电阅读机将程序输入计算机进行运算；计算机发出一定频率的电脉冲信号。用环形分配器将电脉冲信号按工作方式进行分配，再经过脉冲放大器放大后驱动步进电动机。步进电动机按计算机的指令实现迅速起动、调速、正反转等功能，通过传动机构带动机床工作台。

*第五节　小功率同步电动机

一、概述

小功率同步电动机的功率从零点几瓦到几千瓦。其主要特点是转速与电源频率成正比，而不随负载变化。可作为恒速驱动电动机，用于自动控制装置、无线电通信设备以及仪器仪表，电声设备、钟表工业等。

小功率同步电动机的定子主要用来流通交流电流，产生旋转磁场；其基本结构与异步电动机相同。具体分三种情况：①容量较大时采用三相交流绕组，通入三相交流电；②为了使用方便，多采用两相对称绕组，将单相电源经电容移相后加在两相绕组上；③容量很小时，为了便于制造，采用罩极式结构（参见第十三章第七节单相异步电动机），励磁绕组通入单相交流，靠短路铜环的作用使电机产生起动力矩。

小功率同步电动机的转子主要用来产生电磁转矩，其结构可分为永磁式、反应式和磁滞式三种类型。

二、永磁式同步电动机

永磁式同电动机具有结构简单、体积相对较小、效率相对较高等优点，是小功率同步电动机中使用较多的一种。

永磁式同步电动机的转子可以是一对极或多对极，用永久磁刚制成，代替了普通同步电动机的直流励磁，因此结构简单。当定子交流磁场以同步速旋转时，定子磁场吸引着转子磁钢旋转，对于转速很低或转子转动惯量很小的电机，转子可以直接被牵入同步。一般情况下，转子上装有用来起动的鼠笼绕组，如图 15-22 所示。(a) 图中两端为永久磁钢，中部为鼠笼绕组，(b) 图和 (c) 图中在磁钢外圆周安装鼠笼绕组。

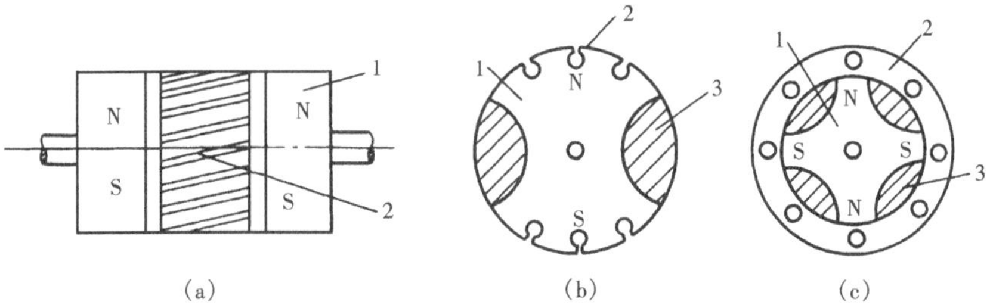

图 15-22 永磁同步电动机的转子结构

1—永久磁钢；2—鼠笼绕组；3—填料

起动时，旋转磁场在鼠笼绕组中感生电流并产生异步转矩，带动转子旋转。当转速上升到接近同步转速时，定子磁场将转子牵入同步。于是异步转矩消失，转轴上输出恒定的同步转矩，即

$$T = T_m \sin\theta \qquad (15\text{-}24)$$

式中 T_m——最大电磁转矩，即 $\theta=90°$时的转矩；

θ——定子磁场超前转子磁场的空间电角度。

只要负载转矩小于最大电磁转矩 T_m，转子就以恒定的速度旋转，每分钟的转速为

$$n = \frac{60f}{p}$$

三、反应式同步电动机

反应式同步电动机的转子做成凸极式形状，铁心采用软磁性材料硅钢片叠成，铁心上不装设励磁绕组，只是利用交轴和直轴磁阻不等引起不同的磁场反应而产生电磁转矩。如图

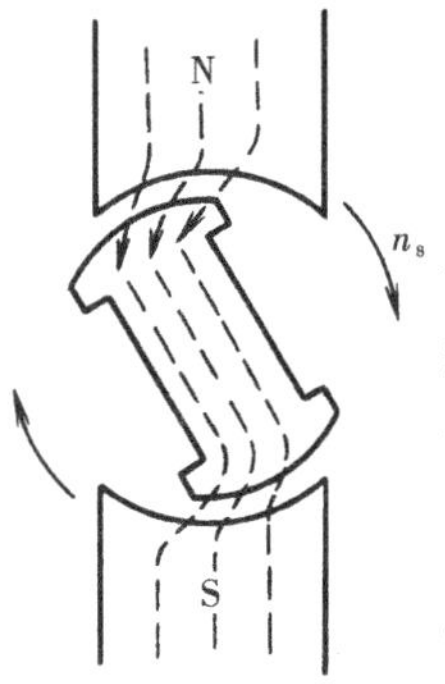

图 15-23 反应转矩的产生

15-23 所示。

转子位于两极旋转磁场中，磁力线从定子 N 极穿出时，沿磁阻较小的 d 轴方向进入转子。被扭歪的磁力线可以分解为 d 轴分量和 q 轴分量，d 轴分量产生径向力，不能使转子旋转；q 轴分量产生切向力，使转子受到拖动电磁转矩（又称为反应转矩），因此转子顺着旋转磁场的方向旋转。反应转矩的大小与磁力线被扭歪的程度即 θ 角大小有关，即

$$T = T_m \sin 2\theta \tag{15-25}$$

式中 T_m——最大电磁转矩，即 $\theta=45°$时的转矩；

θ——定子磁场超前转子 d 轴的空间电角度。

负载转矩增大时 θ 角也增大，若 $\theta<45°$，对应的反应转矩增大。和永磁式同步电动机一样，如果负载转矩超过最大转矩，转子就会失步甚至停转。反应式同步电动机的起动方法和永磁式电动机一样，采用异步起动。通常在转子凸极表面开槽设置鼠笼绕组，图 15-24 所示为三种常用的转子冲片形状。鼠笼绕组除了能帮助起动外，还可以在转速偏离同步速时产生阻尼转矩，使转子尽快恢复恒定的转速。

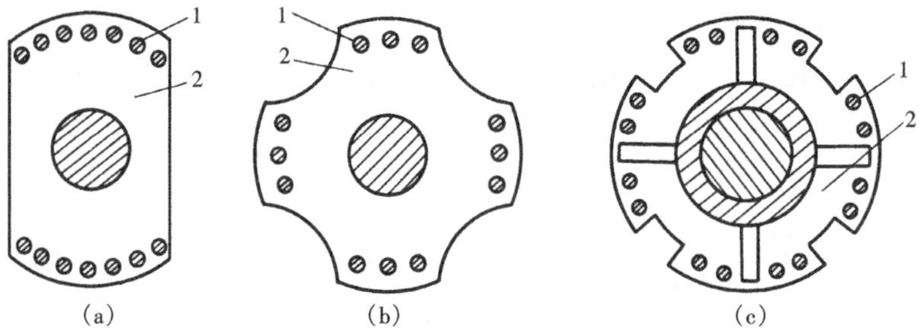

图 15-24 反应式同步电动机转子冲片

1—鼠笼绕组；2—铁心

反应式同步电动机比永磁式同步电动机成本低，结构简单，广泛用于遥控装置，同步联络装置，音像设备和钟表工业。

四、磁滞式同步电动机

磁滞式同步电动机的转子用硬磁材料做成圆柱形，不装设励磁绕组。硬磁材料具有较宽的磁滞回线，其剩磁 B_r 和矫顽力 H_c 均较大。当转子受到定子磁场的交变磁化时，其磁极的极性也随着旋转磁场的极性而变化。由于磁滞的原因，旋转磁场每转过一个角度时，转子硬磁材料磁分子的取向并不能立即转过同样的角度，相当于转子磁极滞后定子磁极 θ 电角度，θ 称为磁滞角，如图 15-25 所示。

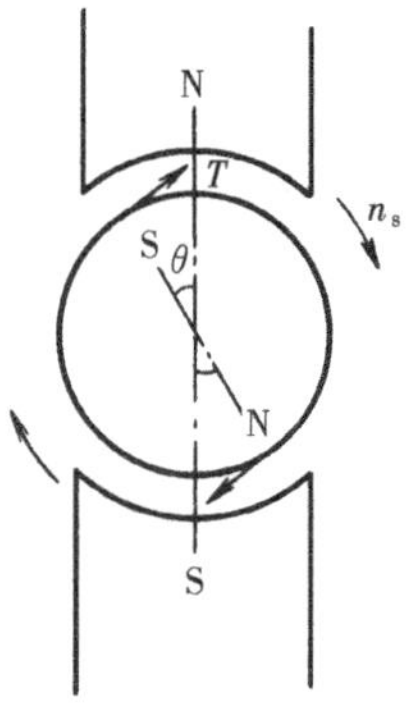

图 15-25 磁滞转矩的产生

由于磁滞角的存在，因而产生磁滞转矩 T_Z，使转子顺着旋转磁场的方向旋转。可以证明，磁滞转矩 T_Z 与磁滞角 θ 成正比，即

$$T_Z \propto \sin\theta \tag{15-26}$$

对应一定的负载，①当转速低于同步速时，磁滞角 θ 为常数，其值只与硬磁材料本身的性质有关，因此，磁滞转矩 T_Z=常数；②转子在磁滞转矩 T_Z 的作用下加速，当转速接近同步速时，转子类似永磁电机，被定子磁场牵入同步；③当转速等于同步速时，转子受到恒定

磁化，于是磁滞角 θ 为零，磁滞转矩 $T_Z=0$，此时相当于一台永磁电动机。

为了节约稀有金属，磁滞式电动机的转子采用复合式结构。内圈为套筒，用非磁性材料或电工钢制成。外圈为硬磁材料有效层，用铁钴镍和铁钴钒等合金制成。可以由冲片叠制，或用整块材料制成钢环，如图 15-26 所示。当转速低于同步速时，在钢环中产生涡流和异步转矩，有利于起动。

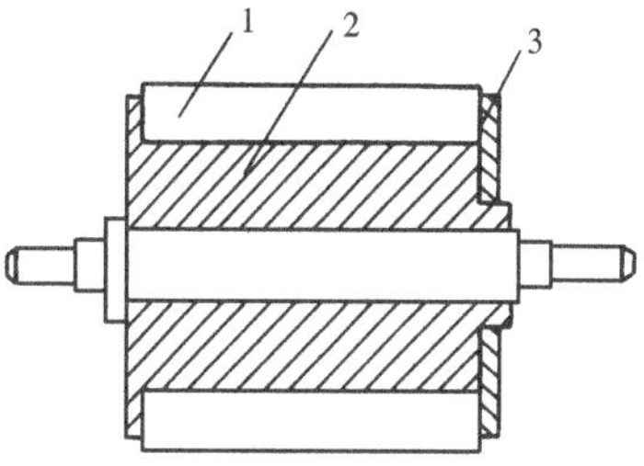

图 15-26　磁滞电机的转子结构
1—硬磁材料；2—套筒；3—挡环

与前两种小功率同步电动机相比，磁滞电动机的主要优点是具有很大的起动转矩，不必附设起动绕组。缺点是成本较高、功率因数较低。主要用来驱动惯量较大的负载，功率由零点几瓦到 200 瓦，其中 50 瓦以下的应用较为广泛。

小　　结

本章介绍了七种控制电机的结构特点及用途；在普通电机的基础上，分析了这些电机的基本工作原理及性能特点。学习本章内容应注意掌握以下几个要点：

（1）直流测速发电机把转速信号变为直流电压信号。输出特性是测速发电机主要特性。为了减小线性误差，使用中必须注意转速不得超过最高转速、负载电阻不得低于给定值。

（2）交流测速发电机把转速信号变为交流电压信号。当励磁绕组磁通不变时，输出电压与转速成正比，频率为电源频率。由于磁通的大小和相位都随转速而变，因而产生线性误差和相位误差。使用中必须注意转速不得超过允许值。

（3）直流伺服电动机把直流电压信号变换成机械转速。直流伺服电动机的机械特性和调节特性线性度好，控制方法主要采用电枢控制。

（4）交流伺服电动机把交流电压信号变换成机械转速。它的机械特性和调节特性线性度不如直流伺服电动机，控制方法主要采用幅值控制和电容电动机。为了消除单相运行的自转现象，零信号时的机械特性运行范围必须是位于第二和第四象限。

（5）自整角机是随动系统的关键元件之一。需两台以上组合使用，并且定子绕组对应连接。接收机轴偏离协调位置的角度为失调角。控制式自整角机只给发送机励磁，规定两机转子绕组轴线相互垂直为协调位置，当失调角较小时输出电压与失调角成正比。力矩式自整角机的发送机和接收机均加励磁，规定两机转子绕组轴线相互平行为协调位置，当失调角较小时输出转矩与失调角成正比。

（6）反应式步进电动机是数控系统中的执行元件。每相绕组是脉冲式通电，每输入一个电脉冲信号转子转过的角度为步距角，它由转子齿数和运行拍数所决定。每台电机可以采用单拍或双拍运行，因此有两个步距角。采用多相通电的双拍制运行方式性能较好。

（7）小功率同步电动机的转速恒定不变。根据转子结构不同，小功率同步电动机分为永磁式、反应式、磁滞式三种。前两种靠异步启动，而磁滞电机靠本身的磁滞转矩启动。使用中负载转矩不得超过最大同步转矩，否则电机就会失步甚至停转。

习 题

1. 为什么直流测速发电机的转速不得超过规定的最高转速？负载电阻不宜小于给定的最小电阻值？

2. 直流测速发电机中影响主磁通的因素有哪些？

3. 交流测速发电机的励磁绕组与输出绕组相互垂直，没有磁耦合作用，为什么励磁绕组接交流电源电机旋转时，输出绕组会有电压？

4. 交流测速发电机存在线性误差的主要原因有哪些？

5. 直流伺服电动机电枢控制时始动电压是什么？与负载转矩大小有什么关系？

6. 低惯量直流伺服电动机有哪几种类型？其主要特点是什么？

7. 为什么直流力矩电动机的转矩大、转速低？

8. 交流伺服电动机和直流伺服电动机是怎样通过改变控制信号来实现反转的？

9. 交流伺服电动机的自转现象是什么？怎样消除自转现象？

10. 为什么实际使用中常采用电容电动机？

11. 一对控制式自整角机（如图 15-13），如果 $\theta_1=35°$；$\theta_2=20°$，作图表示失调角的大小。

12. 力矩式自整角机的接收机励磁绕组如果不接电源，当出现失调角后能否产生整步转矩使失调角自动消失？为什么？

13. 解释各种自整角机代号的含意。

14. 自整角变压器的输出电压与哪些因素有关？

15. 怎样改变步进电动机的转向？

16. 单拍与双拍通电是什么意思？说明五相双五拍运行方式的通电顺序和五相十拍运行方式的通电顺序。

17. 反应式三相六极步进电动机，转子齿数 $Z_R=80$；①步距角是多少？②当 $f=1000Hz$ 时，转速是多少？[答案：①1.5°；0.75°；②250r/m；125r/m]

18. 小功率同步电动机的转速由哪些因素决定？与负载转矩有关吗？

19. 为什么永磁式和反应式小功率同步电动机的转子上装有鼠笼绕组？

20. 反应转矩与磁滞转矩有什么不同？

21. 磁滞电动机最突出的优点是什么？

第五篇　电动机的选择及经济运行

第十六章　电机的发热及冷却

电机在能量转换过程中不可避免地会产生各种损耗，这些损耗最终变为热能，导致电机各部件的温度升高，为此必须对电机进行冷却。发热和冷却是所有电机的共性问题。本章简要介绍温升的概念、发热过程和冷却方式。

第一节　电机的温升及温升限度

电机中的铜损耗、铁损耗、机械损耗是引起电机温度升高的根本原因。电机内部所产生的热量可分为两部分：一部分储存于电机内部，引起电机本身温度升高；当电机的温度高于环境温度时，另一部分热就会向周围介质散发。

一、温升

当电机内部所产生的热量等于其散热量时，电机的储热量为常数，因此电机的温度不会再升高，即进入了热稳定状态。在热稳定状态下，电机某部分的温度 θ 与周围介质的温度 θ_0 之差称为该部分的温升，用 τ 表示，即

$$\tau=\theta-\theta_0 \tag{16-1}$$

电机的温升可以通过温升实验测得。温升的数值与电机的发热及散热情况均有关。例如，一台电机的工作温度 $\theta=100℃$，冷却介质温度 $\theta_0=80℃$，则温升 $\tau=20℃$，电机本身的发热并不严重，工作温度高是由于介质温度高引起的；若冷却介质温度 $\theta_0=10℃$，温升 $\tau=90℃$，则电机本身的发热情况严重。因此，温升是用来评价电机内部的损耗及其散热性能的重要技术指标。要降低电机的温升，一方面是设法减少电机的损耗，另一方面是提高电机的散热能力。

二、温升限度

一般电机的冷却介质是空气，而空气的温度因地区、季节不同而有很大差异。为了制造在全国各地基本上均适用的电机，国家标准规定，冷却空气和气体的最高允许温度 $\theta_{0max}=40℃$。为此，电机各部分实际可测得的最高允许温度 θ_{max} 与冷却介质的最高允许温度 θ_{0max} 之差为该部件的温升限度。

温升限度与各部件的最高允许温度 θ_{max} 有关，而对于不同的结构材料，最高允许温度不同。电机中耐热能力最薄弱的材料是绝缘材料，如果选用不同的绝缘材料，其温升限度不同。

三、绝缘材料的分类

我国电机制造中常用的绝缘材料按耐热能力可分为 A、E、B、F、H 五个等级，如表16-1所示。

表 16-1 绝缘材料的用途及分类

绝缘等级	最高允许温度（℃）	材料名称	用途	温升限度（℃）
A	105	浸渍处理过的纸棉纱，普通漆包线的绝缘漆	变压器	65
E	120	环氧树脂，聚脂薄膜，三醋酸纤维薄膜，高强度漆包线的绝缘漆	中小型电机	80
B	130	云母带，玻璃纤维，石棉	大中型同步机，中小型直流机	90
F	155	材料同 B 级，但用合成树脂粘合或浸渍	大中型同步机，中小型直流机	115
H	180	材料同 B 级，但用硅有机树脂粘合或浸渍	航空电机，牵引电机	140

通常，电机铭牌上标注的绝缘等级是依据所采用的主要绝缘材料中耐热等级最低的材料确定的。为了保证运行可靠，有时还降低等级使用，例如采用 E 级绝缘，电机的温升限度定为 75℃。

工作温度的高低对绝缘材料的寿命有很大影响。温度过高会导致绝缘材料迅速老化，使其绝缘性能降低，严重时甚至烧毁。例如，正常情况下电机的寿命为 20 年左右，如果电机在工作温度过高的情况下连续运行，以 A 级绝缘为例，工作温度若超过 95℃时，温度每升高 8℃，绝缘材料的寿命将减少一半。

第二节 变压器的发热及冷却

一、热量的传导

变压器在运行过程中产生的损耗一方面使效率降低，同时转变为热能使铁心和绕组的温度升高。变压器中热量传导的方式主要靠扩散、对流、辐射，对于油浸式变压器，热量传导的途径如图 16-1 所示。

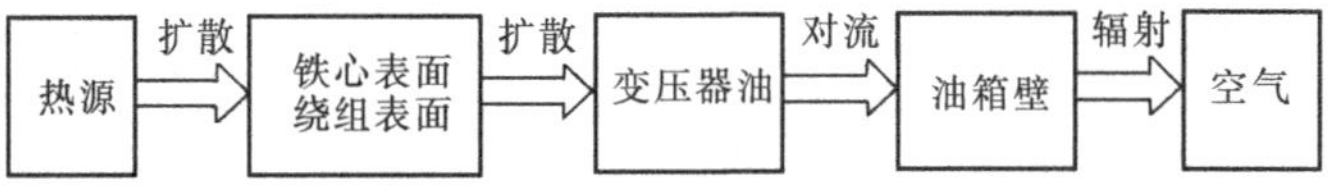

图 16-1 变压器的散热途径

分析变压器的发热情况时，假定铁心和各绕组都是独立的发热单位，铁心的发热来源于铁心损耗；各绕组的发热来源于各自的铜耗，相互间没有热量交换。热量在传导的过程中，从铁心和绕组内部先扩散至其表面，再经过变压器油以及油箱表面散发到空气中。因各部件的散热系数不同，使每一部件各处的温度不同。例如由于油的对流作用，被加热了的油升至油箱上部，通过箱壁和油管散热，而被冷却了的油又从箱壁和油管向下流回铁心绕组部分，因此，沿油箱高度温度不等，上部的温度较高。

二、发热及冷却过程

为了分析简便，假设变压器是均质等温固体，认为其各部分的散热系数相同，每一部件各点的温度相同。

（一）发热过程

变压器在运行中，其各部件的温度逐渐升高，使温升由初始值变化到稳定温升的这一过程，称为变压器的发热过程。根据热平衡关系，变压器在 $\mathrm{d}t$ 时间内产生的总热量应等于其本身吸热升温所需的热量与散发到周围介质中的热量之和，即

$$Q\mathrm{d}t = cG\mathrm{d}\tau + \alpha A\tau\mathrm{d}t \tag{16-2}$$

式中 Q——热流量（物体每秒产生的总热量），单位为 W；

c——比热，即单位质量的物体温度每升高 1℃所需的热量，单位为 J/(kg·℃)；

G——物体的质量，单位为 kg；

α——散热系数，即温差为 1℃时，单位面积每秒散发的热量，单位为 W/(m²·℃)；

A——散热面积，单位为 m²；

τ——温升，单位为℃。

物体在 $\mathrm{d}t$ 时间内产生的总热量为 $Q\mathrm{d}t$，其中 $cG\mathrm{d}\tau$ 为储存在物体中使物体温度升高所需的热量；$\alpha A\tau\mathrm{d}t$ 为散发的热量。

假设发热过程由周围介质温度开始，即物体的起始温升为零，即 $t=0$ 时，$\tau=0$，对式（16-2）两边进行积分并整理，得

$$\int_0^{\tau}\frac{\mathrm{d}\tau}{Q-\alpha A\tau} = \int_0^{t}\frac{\mathrm{d}t}{cG} \tag{16-3}$$

当 Q 恒定不变，α 为常数时，式（16-3）求解得

$$\tau = \frac{Q}{\alpha A}\left(1-\mathrm{e}^{-\frac{\alpha A}{cG}t}\right) = \tau_m\left(1-\mathrm{e}^{-\frac{t}{T}}\right) \tag{16-4}$$

式中 τ_m——稳定温升；

T——发热时间常数。

可见，温升由零开始按指数曲线规律上升，如图16-2所示。发热过程中，最初储热所占的比例较大，因而温升增长较快，随着物体温度升高，散热量增长，储热量减小，温升曲线趋于平缓，直到所发出的热全部散出，温升达到稳定值。稳定温升为

$$\tau_m = \frac{Q}{\alpha A} \tag{16-5}$$

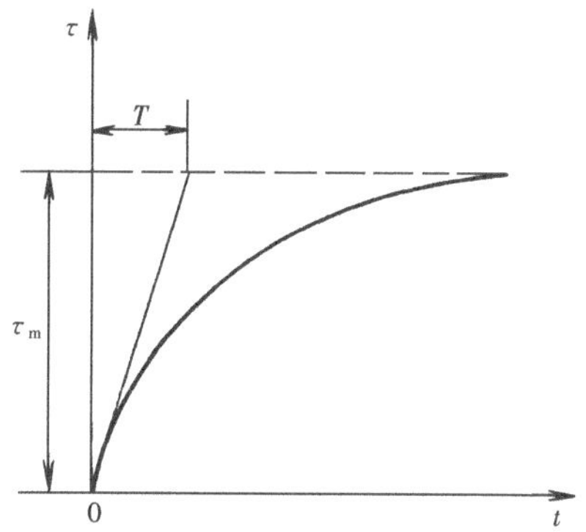

图 16-2　均质固体的发热曲线

稳定温升与热流量成正比，与散热系数和散热面积成反比。如果散热情况一定，变压器的负载率增大，热流量将增大，稳定温升将提高。

温升变化的快慢程度与变压器的构造、尺寸、散热情况有关，用发热时间常数 T 表示，单位为 s，即

$$T = \frac{cG}{\alpha A} \tag{16-6}$$

发热时间常数也可以认为是温升沿直线规律上升至稳定温升所需的时间，它的大小与质量和比热成正比，与散热系数和散热面积成反比。对于小功率的变压器（或电机），其发热时间常数 T 为十几分钟，大功率设备 T 值可达数小时。理论上当 $t\to\infty$ 时，$\tau=\tau_m$；实际上可认

为 $t=4T$ 时即可达到稳定状态。

（二）冷却过程

变压器的冷却过程分为两种情况，一种是待温升达到稳定值后减小负载，从而使热流量减小，温升降低的过程；另一种是待温升达到稳定值后切断电源，从而使变压器内部停止产生热量（即 $Q=0$），各部件储存的热量逐渐发散，直到温升下降为零的过程。以第二种情况为例，将 $Q=0$ 代入式（16-2），得出冷却过程的方程式为

$$\alpha A\tau \mathrm{d}t + cG\mathrm{d}\tau = 0 \tag{16-7}$$

代入初始条件，$t=0$，$\tau=\tau_m$。对式（16-7）两边进行积分，得

$$\int_{\tau_m}^{\tau} \frac{\mathrm{d}\tau}{\tau} = \int_0^t \frac{-\alpha A}{cG}\mathrm{d}t \tag{16-8}$$

$$\tau = \frac{Q}{\alpha A}\mathrm{e}^{-\frac{\alpha A}{cG}t} = \tau_m \mathrm{e}^{-\frac{t}{T}} \tag{16-9}$$

可见，变压器的温升由稳定温升 τ_m 开始按指数曲线规律下降，冷却时间常数仍为 T，冷却过程曲线如图 16-3 所示。

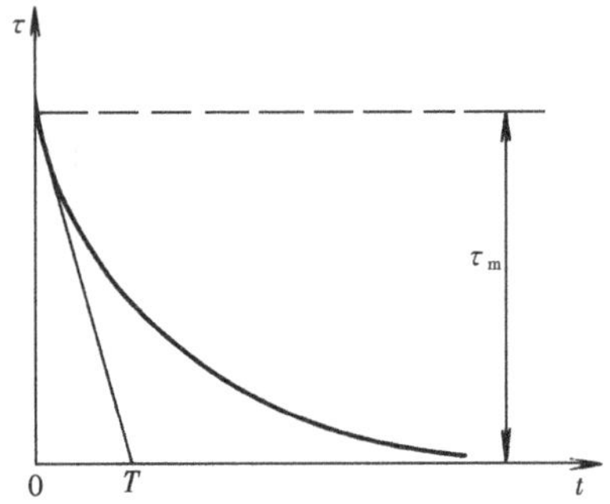

图 16-3　均质固体的冷却曲线

以上分析的均质等温固体的发热及冷却方程，不仅适用于变压器，同样适用于旋转电机。需要指出的是，实际的变压器和旋转电机并不是均质等温固体，但它们的发热及冷却曲线都可以近似用图 16-2、图 16-3 表示。

三、变压器的冷却方式

变压器是静止的设备，它的内部没有旋转运动带动气流，使得变压器的冷却要比旋转电机更为困难。容量越大，内部的损耗和热流量越大，散热问题越严重。因此，需要对不同容量的变压器采取相应的冷却措施。按常用的冷却方式分类，变压器可分为干式变压器和油浸式变压器。

1. 干式变压器

干式变压器没有油箱，主要靠空气自然冷却，因此散热情况较差，温升较高。主要用于容量较小的变压器，或用于对防火有特殊要求的场合。

2. 油浸式变压器

油浸式变压器又分为油浸自冷式、油浸风冷式、强迫油循环冷却方式。

油浸自冷式变压器没有特殊的冷却设备，主要靠油箱壁的辐射和变压器周围的空气自然对流来传热。为了满足不同的散热要求，①50kVA 以下的小型变压器采用最简单的平滑式油箱。②容量较大的变压器采用管型油箱，以增大散热面积。即在油箱周围环绕排列着很多圆形或扁形油管，当油受热上升至箱顶后又沿着油管下降至箱底时，热量通过管壁发散到空气中。③容量大于 3200kVA 的变压器，采用散热器式油箱，即在油箱四周装置有散热器，以改善散热条件。

油浸风冷式变压器是在油箱的各散热器旁加装风扇，以产生强制对流作用，可使散热系数 α 增大好几倍。当负载较小时可将风扇停止，运行在自冷方式下。油浸风冷式结构用于 10000kVA 以上的大型变压器。

强迫油循环冷却式变压器冷却效果好，但结构复杂。它专门配置有外接冷却器，并通过油泵加压来加快油的循环。即高温的油从油箱中抽出后，先经过管式冷却器迅速降温，再压入变压器的油箱中。它的特点是冷却效果与油的循环速度有关，目前仅用于巨型变压器。

第三节　旋转电机的发热及冷却

一、热量的传导

旋转电机的发热及冷却过程与变压器相类似。电机内部产生的热量主要来源于绕组的铜损耗以及铁心损耗。旋转电机的散热作用以对流方式为主，其次是辐射方式。

为了加强散热，电机的定转子铁心在叠装时留有径向通风道，有的电机还在铁心磁轭上钻孔，形成轴向风道。电机旋转时带动轴上的风扇转动，通过风道和气隙构成风路，起到强制对流的作用，加快了电机内部热量的散发。由于结构不同，电机内部热量传导的途径与变压器有所区别，如图 16-4 所示。

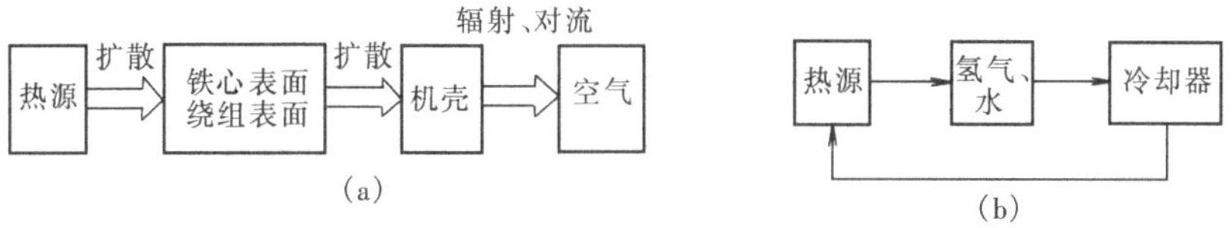

图 16-4　旋转电机的散热途径

(a) 以空气为冷却介质；(b) 以氢气或水、油为冷却介质

大部分电机的冷却介质为空气，大容量的汽轮发电机采用热容量大、导热性好的冷却介质（例如氢气、水或油）。

二、旋转电机的冷却方式

按电机的制造工艺，旋转电机分为外部冷却和内部冷却两大类。

（一）外部冷却

采用外部冷却时，冷却介质只与电机的外表面、绕组端部以及机壳表面相接触，具体又分为自然冷却、自扇冷却、他扇冷却三种情况。

自然冷却的电机转轴上不带风扇，仅靠表面辐射和空气自然对流进行冷却。适用于几百瓦以下的微型电机。

自扇冷式的电机转轴上装有风扇，电机带动风扇一起旋转，利用风扇对气体加压强迫空气流动，加快表面散热的速度，适用于中小型电动机。在电机断电时，风扇即停转，使得散热系数 α 减小、散热时间常数 T 增大，因而电机降温较慢。

他扇冷式电机由独立驱动的风扇或鼓风机通过管道将冷却气体输送到电机内部。如果冷却空气在吸收了电机内部的热量后便被直接排放掉，称为开启式系统，适用于中小型电机。如果冷却空气在吸收了电机内部的热量后不被排放，而是在封闭系统中经过冷却器散热后，再导入电机内部继续循环使用，称为封闭式系统。如图 16-4 所示，封闭式系统的冷却介质除了采用空气之外，也可以采用氢气。它适用于大中型电机。他扇冷式电机的特点是可以根据负载的大小调节风量，以减小通风损耗；另外，电机断电后风扇仍可以根据需要继续运行。

（二）内部冷却

采用内部冷却时，由于冷却介质与导体直接接触，散热效果好。适用于巨型发电机。因为巨型发电机的电压高、绝缘层厚，而绝缘材料的导热性很差。为此，巨型发电机的绕组采用空心导体，其外层为导电层，内部可以通入凝结水或氢气。冷却介质可以直接吸收导体产生的热量并将其带走。

内部冷却与外部冷却相比较，外部冷却的冷却介质主要是空气，其价格低廉，通风系统结构简单。内部冷却的冷却介质主要是水和氢气。对于氢内冷，氢气具有重量轻、导热性好的优点，但制氢系统设备配置复杂；并且如果氢气一旦泄漏，容易引起爆炸。对于水内冷，虽然水的导热性好，不会燃烧，但水路系统设备复杂、转子水接头的工艺难度大。因此，巨型汽轮发电机常采用内冷与外冷组合使用的方法。例如，水—氢—氢冷，即定子绕组水内冷，转子绕组氢内冷，铁心氢冷；水—水—空冷，即定子绕组水内冷，转子绕组水内冷，铁心空冷，又称为双水内冷。

小　　结

学习本章应了解以下问题：

（1）电机（或变压器）运行时，各种损耗都变为热量，使电机的温度升高，并向周围介质散热。热稳定时电机的工作温度与介质温度之差称为温升。散热系数和散热面积对电机的温升有很大影响。

（2）电机的温升限度与绝缘材料的耐热等级有关。因为绝缘材料的耐热等级不同，最高允许工作温度不同。

（3）电机的发热和冷却过程曲线按指数规律变化，变化的快慢取决于时间常数 T。

（4）电机和变压器有各自不同的冷却方式。

习　　题

1. 电机的温升和工作温度有什么不同？是否电机的工作温度越高，其温升就越高？为什么？
2. 散热条件不变时，如果电机超载运行，对温升有什么影响？为什么？
3. 绝缘材料是如何按耐热能力分类的？绝缘材料的使用寿命与哪些因素有关？
4. 变压器的散热主要靠什么作用？旋转电机的散热主要靠什么作用？
5. 为什么说变压器的冷却要比旋转电机更为困难？
6. 变压器有哪几种冷却方式？
7. 旋转电机有哪几种冷却方式？
8. 电机的发热时间常数 T 与哪些因素有关？
9. 在电机的发热过程中，为什么最初温升增长较快，后来增长得慢？

第十七章 电动机的选择

第一节 电动机的定额

电动机的选择主要包括确定电动机的额定功率，确定电动机的类型。

一、选择电动机时应注意的问题

正确合理地选择电动机直接关系到电力拖动系统运行的可靠性、稳定性、经济性、操作维护方便以及初投资费用等诸多方面。因此，在选择电动机时，必须考虑以下几方面的问题：

(1) 电动机的机械特性应能满足生产机械对稳定转速、起动、制动、调速的要求。

(2) 电动机的功率应能得到充分利用，即带负载运行时，电动机的温升能达到标准所规定的数值。

(3) 电动机应具有足够大的过载能力；当拖动以最大出力工作的生产机械时，电动机不致过热。

(4) 电动机的结构型式和冷却方式应能适合周围环境条件。

(5) 设备的初投资费用少，日常操作、维护方便。

二、确定电动机的额定功率

(一) 选择电动机额定功率时应满足的条件

电动机的额定功率是指按照发热允许条件电动机所能输出的最大功率。限制电动机额定功率的主要因素是电动机绕组绝缘材料的耐热等级。

如果所选择的电动机额定功率偏大，一方面设备的投资费用高，另外从发热的观点看，由于电机轻载运行，其热流量 Q 较小、稳定温升 τ_m 较低，说明电机的材料并未得到充分利用。因而选择的额定功率偏大时，电动机的运行效率较低，异步电机的功率因数较低，但电动机的起动及过载能力较强。如果所选择的电动机额定功率偏小，将使电动机的起动及过载能力偏低，电机可能超载运行，其热流量 Q 很大，稳定温升 τ_m 可能超过温升限度，引起绝缘材料老化，从而影响电动机的使用寿命。对于冲击性负载，仅管在短时间内电动机温升不高，但也应考虑到电动机的短时过载能力。因此在选择电动机的额定功率时，必须同时考虑发热和过载这两个方面，应满足以下条件。

1. 满足发热条件的要求

为了既能使电机的材料得到充分利用，又达到合理的使用寿命，电动机额定运行时的温升应等于或略低于绝缘材料的温升限度（见表 16-1）。

2. 满足过载能力的要求

电动机的过载能力取决于本身的电磁特性。对于直流电动机，限制其过载的因素是换向，因此，直流电动机的短时过载电流不能超过换向条件所允许的最大电流。对于交流电动机，限制其过载的因素是电磁转矩，因此，交流电动机的短时过载转矩不能超过考虑电压波动影响时的最大电磁转矩。

3. 满足起动转矩的要求

对于带负载起动的异步电动机，在满足以上两个条件的情况下，还必须考虑起动转矩倍数的要求，必要时选择额定功率较大的电动机。

（二）选择电动机额定功率的方法

选择电动机额定功率的方法有：①统计法；②类比法；③发热理论分析法。

统计法是收集国内外同类生产机械电动机功率选择的数据并进行分析，从中找出符合我国实际情况的实用公式，确定电动机的额定功率。类比法是借鉴目前在用的电动机与生产机械的匹配情况，确定电动机的额定功率。发热理论分析法是按照由发热理论推导出的实用公式，根据电动机的定额预选电动机的额定功率，并进行发热校验。

三、电动机的定额

电动机的发热和冷却过程除了受负载大小和散热条件的影响之外，还与电动机的工作方式（即电动机的定额）有很大关系。例如，对于同一台电动机，在热流量相同的情况下，如果短时运行则温升较低。因为温升尚未达到额定值就已断电停机，所以在发热允许的条件下，电动机可以短时超过额定电流运行，即电动机的定额可以定得高一些。根据电动机的基本工作方式，电动机的定额可以分为以下三类。

（一）连续定额

连续定额是指电动机按铭牌规定的额定数据长期连续运行，各部分的温升达到稳定值，而不会超过温升限度。属于此种类型的生产机械有水泵、鼓风机、造纸机、机床主轴等。如果负载为常数，连续定额电机的温升曲线参见图 16-2。

（二）短时定额

短时定额是指电动机按铭牌规定的额定数据短时运行。工作时间 t_g 较短，温升未达到额定值就停机，而停机时间 t_0 较长，可以使温升降至零。属于此种类型的生产机械有机床的辅助运动、水闸的开启或关闭等机构。

短时定额电机的简化负载图及其温升曲线如图 17-1 所示。图中，τ'_m 为假如电动机连续工作时的稳定温升；P 为电动机在运行时间内的负载功率，为常数。

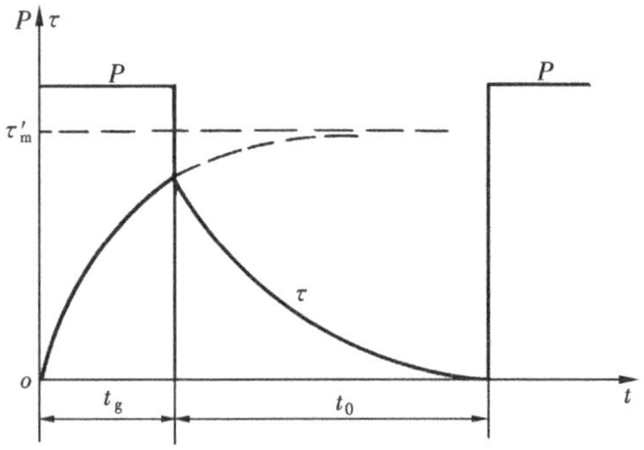

图 17-1　短时定额的负载图与温升曲线

标准的短时定额有 15、30、60、90min 四种。由于受温升的限制，对于同一台电机，短时定额工作时间越长，额定功率越小。例如，一台电动机按 30min 短时定额运行时，允许的最大输出功率是 17kW，若按 60min 短时定额运行，允许的最大输出功率将大为减小。

（三）断续周期定额

断续周期定额是指电动机依据铭牌规定的额定数据按完全相同的工作周期运行。每个周期的工作时间 t_g 与停机或空载时间 t_0 相互交替，工作时间占工作周期的比例称为负载持续率，即

$$FS\% = \frac{t_g}{t_g + t_0}100\% \tag{17-1}$$

断续周期定额通常用负载持续率表示，标准的负载持续率有 15%、25%、40%、60%

四种，每个工作周期一般不超过10min。断续周期运行的生产机械有起重机、电梯、轧钢辅助机械、自动磅称等。

断续周期运行的电动机在一个周期的工作时间 t_g 内温升达不到稳定值，而在停机或空载时间 t_0 内温升降不到零，如图17-2所示。图中，τ'_m 为假如电动机连续工作时的稳定温升；τ_m 为电动机按断续周期定额运行，达到稳态时的稳定温升。

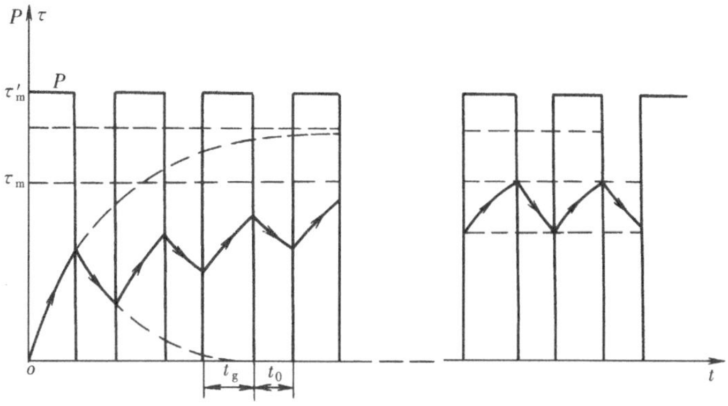

图17-2　断续周期定额的负载图与温升曲线

在选择电动机额定功率时，通常应根据生产机械的要求选择不同定额的电机。特殊情况下，连续定额的电机可以用作短时运行或断续周期运行；但是短时定额以及断续周期定额的电机不能用来连续运行，否则会使电机因过热而损坏。

前述的统计法和类比法简单适用，但有一定的局限性。下面以发热理论分析法说明电动机额定功率的选择。

第二节　连续定额电动机额定功率的选择

连续定额的电动机，又分为带恒定负载和带变化性负载两种情况。

一、带恒定负载时电动机额定功率的选择

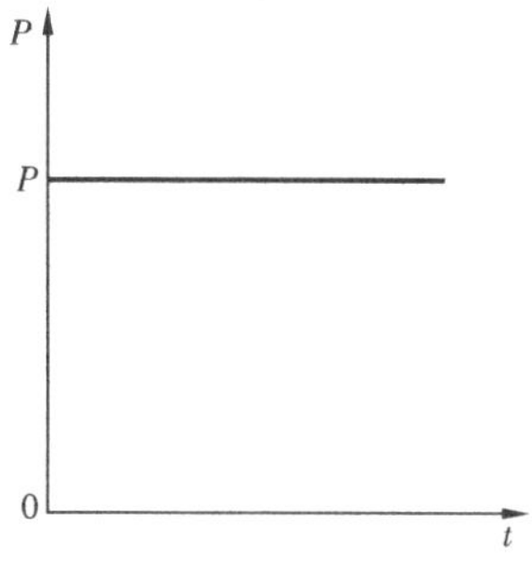

图17-3　连续定额的恒定负载曲线

对于水泵、风机、磨机等机械负载，运行期间负载功率恒定不变，如图17-3所示。在选择电动机时，先计算出生产机械的静负载功率 P；再查阅产品目录，从中选择额定功率 P_N 等于或略大于 P 的电动机，即

$$P_N \geqslant P \tag{17-2}$$

由于一般电机制造时均按恒定负载下连续工作的情况设计，因此在满足上式的条件下不必再进行发热和过载校验。但是在选择鼠笼电机时，如果起动条件困难，须进行起动能力的校验。

如果电动机周围环境温度高于40℃时，电动机应当降低功率使用，反之可以提高功率使用。电动机修正以后的功率 P'_N 计算式为

$$\left.\begin{aligned} P'_N &= P_N\sqrt{1+\frac{(40-\theta_0)(k+1)}{\tau}} \\ k &= \frac{p_0}{p_{Cu}} \end{aligned}\right\} \tag{17-3}$$

式中　τ——电机的稳定温升；

θ_0——周围环境的实际温度；

P_N——电动机的额定功率；

k——电机的不变损耗与可变损耗之比，称为损耗比。

损耗比的数值取决于电机的结构及转速，一般 $k=0.4\sim1.5$。表 17-1 为国产的中型异步电动机（B 级绝缘）功率的修正数据。当环境温度上升到 55℃时，电动机的功率降低到 $75\%P_N$。

表 17-1　　　　环境温度 $\theta_0\neq40$℃时电动机的功率修正

环境温度（℃）	30	35	40	45	50	55
功率增减百分数（%）	8	5	0	−5	−12.5	−25

二、带变化负载时电动机额定功率的选择

由于电动机一般是为恒定负载而设计的，因此，电动机用于变化负载时，必须对发热情况进行校验。即校验电动机在整个运行过程中所达到的最高温升是否接近并且不超过其温升限度。

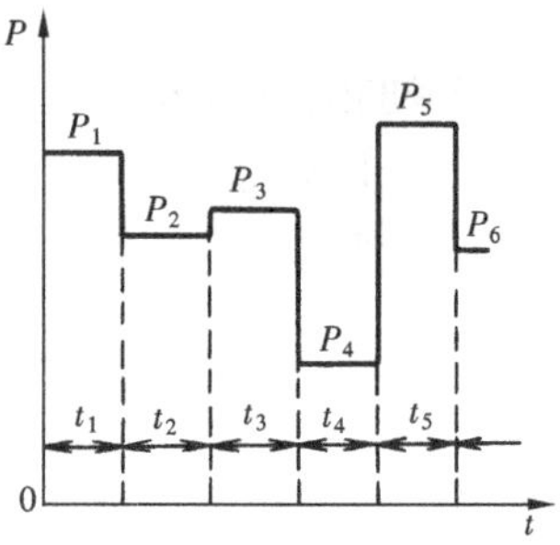

图 17-4　连续定额变动负载曲线的处理

当电机拖动周期性变化的负载连续工作时，可将负载曲线分成若干直线段，各段的幅值不一定相等，如图 17-4 所示。

因为输出功率周期性变化，电动机的温升也会出现周期性波动，其最大值将低于最大负载时的稳定温升。因此若按最大负载功率选择电动机，电动机功率不能得到充分利用，很不经济；若按最小负载功率选择电动机，电动机将超载，其温升超过温升限度，损坏电动机。由此可见，电动机的额定功率应当在最大负载功率与最小负载功率之间适当选择。具体方法是，先计算出平均负载功率，并根据平均负载功率预选电动机；再对已预选的电动机进行发热和过载校验，如果校验不通过，或功率选择过大，需重新选择电动机。电动机的额定功率 P_N 或额定转矩 T_N 按下式预选，即

$$\left.\begin{aligned} &\left.\begin{aligned} T_N &\geqslant (1.1\sim1.6)T_{pj} \\ P_N &\geqslant (1.1\sim1.6)P_{pj} \end{aligned}\right\} \\ &T_{pj}=\frac{T_1t_1+T_2t_2+\cdots+T_nt_n}{t_1+t_2+\cdots+t_n} \\ &P_{pj}=\frac{P_1t_1+P_2t_2+\cdots+P_nt_n}{t_1+t_2+\cdots+t_n} \end{aligned}\right\} \tag{17-4}$$

式中　T_{pj}——负载的平均转矩；

P_{pj}——负载的平均功率。

系数 1.1～1.6 是考虑到过渡过程中发热情况的不利影响而引入的，如果在整个工作过程中过渡过程占较大比例，则系数取 1.1～1.6 范围内偏大的值。

对已预选的电动机进行发热校验的方法，有平均损耗法和等效法两种。其中平均损耗法准确性高，但计算很复杂，应用于特殊场合（例如深槽、双笼电机）；等效法虽有一定的近似性，但简便适用，是工程上普遍采用的一种方法。

等效法又分为等效电流法、等效功率法、等效转矩法。

（一）等效电流法

等效电流法是按照损耗相等(即发热相同)的原则,用恒定的等效电流 I_{dx} 代替实际上变化的负载电流。发热校验能够允许的条件是:等效电流 I_{dx} 不得超过预选电动机的额定电流 I_N,即

$$I_{dx} \leqslant I_N \tag{17-5}$$

$$I_{dx} = \sqrt{\frac{I_1^2 t_1 + I_2^2 t_2 + \cdots + I_n^2 t_n}{t_1 + t_2 + \cdots + t_n}} \tag{17-6}$$

式中　t_n——不同的负载功率对应的工作时间；

I_n——不同的负载功率对应的电流。

式（17-6）是在假定电动机的不变损耗以及电动机主回路的电阻为常数的情况下推导出的，不适合深槽及双笼转子异步电动机。

对于自扇冷式电动机，在整个工作周期内的变化负载包括起动过程和制动过程，考虑到其散热条件变坏，应当将等效电流 I_{dx} 的数值提高。为此，在式（17-6）的分母中引入修正系数 α，对相应的起动时间 t_q 和制动时间 t_Z 均乘以小于 1 的系数 α。对于直流电动机 $\alpha=0.75$；对于交流电动机，$\alpha=0.5$；即

$$I_{dx} = \sqrt{\frac{I_q^2 t_q + I_1^2 t_1 + I_2^2 t_2 + \cdots + I_n^2 t_n + I_Z^2 t_Z}{\alpha t_q + t_1 + t_2 + \cdots + t_n + \alpha t_Z}} \tag{17-7}$$

式中　I_q——起动电流；

I_Z——制动电流。

（二）等效转矩法

如果电动机的磁通量保持恒定不变，异步电动机的功率因数不变，则电磁转矩与电流成正比。因此，可以用等效转矩 T_{dx} 代替式（17-7）中的等效电流 I_{dx}。发热校验能够允许的条件是等效转矩 T_{dx} 不得超过预选电动机的额定转矩 T_N，即

$$T_{dx} \leqslant T_N \tag{17-8}$$

$$T_{dx} = \sqrt{\frac{T_q^2 t_q + T_1^2 t_1 + T_2^2 t_2 + \cdots + T_n^2 t_n + T_Z^2 t_Z}{\alpha t_q + t_1 + t_2 + \cdots + t_n + \alpha t_Z}} \tag{17-9}$$

式中　T_q——起动转矩；

T_Z——制动转矩。

电动机的额定转矩 T_N 可以由预选电动机的额定功率 P_N 及额定转速 n_N 计算，即

$$T_N = 9550\frac{P_N}{n_N} \tag{17-10}$$

如果电动机的磁通量不为常数，或者异步电动机的功率因数不为常数，则需要对式（17-9）另外作出修正（参见例题 17-1）。

（三）等效功率法

如果不仅满足电动机的磁通量不变、异步电动机的功率因数不变，而且电动机的转速也基本不变，由式（17-10）可见，电动机的功率与转矩成正比。因此又可以用等效功率 P_{dx} 代替等效转矩 T_{dx}。若视电动机的起动、制动、调速情况为例外，计算公式中不包含有关起动、制动的数据，则当转速不变时，用 P 代替式（17-9）中的 T，有

$$P_{dx} = \sqrt{\frac{P_1^2 t_1 + P_2^2 t_2 + \cdots + P_n^2 t_n}{t_1 + t_2 + \cdots + t_n}} \tag{17-11}$$

发热校验能够允许的条件是：等效功率 P_{dx} 不得超过预选电动机的额定功率 P_N，即

$$P_{dx} \leqslant P_N \tag{17-12}$$

以上三种方法中，等效电流法比较准确；等效功率法最简单；等效转矩法应用的比较普遍。按以上等效法选出的电动机，还得进行过载能力的校验。当环境温度高于 40℃时，仍可根据式（17-3）对功率进行修正。

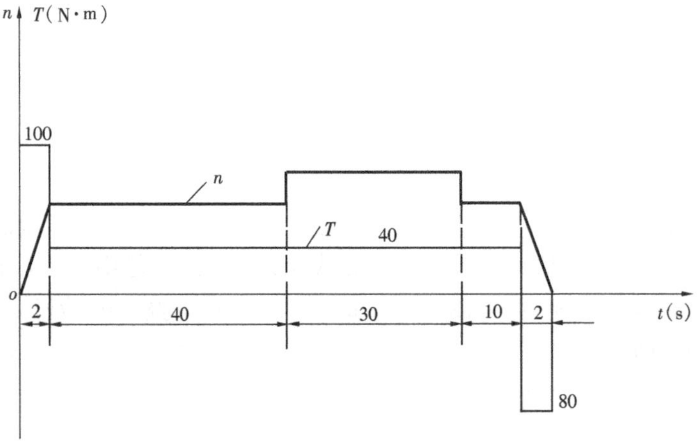

图 17-5 例 17-1 的负载转矩图

【例 17-1】 一台他励直流电动机，$P_N=5.6$kW，$U_N=220$V，$r_a=0.6\Omega$，$I_N=30$A，$n_N=1000$r/min，过载倍数 $T_m/T_N=2$，电机采用自扇冷，B 级绝缘。其负载图在一个周期内由五段构成，如图 17-5 所示。起动、制动时间各为 2s，第三段为弱磁运行，$\phi'=0.75\phi$；（1）校验发热及过载能力；（2）若在环境温度为 55℃情况下运行，校验功率能否够用。

解 （1）额定转矩为 $T_N=9550\dfrac{P_N}{n_N}=9550\dfrac{5.6}{1000}=53.5$Nm；

等效转矩为

$$T_{dx}=\sqrt{\frac{T_q^2t_q+T_1^2t_1+T_2'^2t_2+T_3^2t_3+T_Z^2t_Z}{\alpha t_q+t_1+t_2+t_3+\alpha t_Z}}$$

$$=\sqrt{\frac{100^2\times 2+40^2\times 40+(40/0.75)^2\times 30+40^2\times 10+80^2\times 2}{0.75\times 2+40+30+10+0.75\times 2}}$$

$$=48.9\text{Nm}$$

上式中，$T_2'=T_2\dfrac{\phi}{\phi'}$——考虑弱磁运行时转矩的修正值。由计算结果可见，$T_{dx}\leqslant T_N$，发热校验通过；$\dfrac{T_m}{T_N}=\dfrac{T_q}{T_N}=\dfrac{100}{53.5}=1.87$，过载校验通过。

（2）总损耗为 $\Sigma p=U_NI_N-P_N=220\times 30-5600=1000$W

可变损耗 $P_{Cu}=I_N^2r_a=30^2\times 0.6=540$W

损耗比 $k=\dfrac{p_0}{p_{Cu}}=\dfrac{\Sigma p-p_{Cu}}{p_{Cu}}=\dfrac{1000-540}{540}=0.852$

转矩修正值

$$T_N'=T_N\sqrt{1+\left(\frac{40℃-\theta_0}{\tau}\right)(k+1)}$$

$$=53.5\sqrt{1+\frac{(40-55)\times(1+0.852)}{90}}=44.4\text{mm}$$

由计算结果可见，$T_{dx}>T'_N$，发热校验未能通过，即在环境温度为55℃时，功率不够用。

第三节　短时定额、断续周期定额电动机额定功率的选择

本节只讨论短时运行的电动机以及断续周期运行的电动机带额定负载的情况。

一、短时定额电动机额定功率的选择

对于要求短时工作制的负载，应尽量选用专门设计的短时定额电动机，也可以选用连续定额的电动机。

（一）选用短时定额的电动机

我国短时定额电动机的额定功率是按标准短时定额设计的。如前所述，其标准工作时间 t_N 分为15、30、60、90min四种。

选择这种电动机，如果实际工作时间 t_g 接近标准工作时间 t_N 时，可按对应的工作时间与功率，直接从产品目录中选用电动机，不必进行校验。如果是变化的负载，则根据等效功率选择电动机，并进行发热及过载校验。

如果实际工作时间 t_g 不符合标准工作时间 t_N，应当先查产品目录预选电动机，再把已预选的电动机的额定电流（或额定功率、额定转矩）折算到按实际工作时间运行时的数值，并进行校验。折算的原则是：两种情况下电机的稳定温升不变，即按实际工作时间运行时的最高温升应当等于额定温升。也可近似认为电动机的热流量不变，由此得出额定电流的折算公式为

$$I=I_N\sqrt{\frac{t_N}{t_g}+k\left(\frac{t_N}{t_g}-1\right)} \tag{17-13}$$

式中　I——按实际工作时间 t_g 运行时的额定电流；

I_N——按标准工作时间 t_N 运行时的额定电流；

k——损耗比，见式（17-3）。

假设按实际工作时间 t_g 运行时的工作电流为 I_g，则发热校验能够允许的条件是：电流 I_g 不得超过其额定电流 I，即

$$I_g\leqslant I \tag{17-14}$$

对于式（17-13），如果实际工作时间 t_g 与标准工作时间 t_N 数值相差不大，则可以认为 $\frac{t_N}{t_g}\approx 1$，于是额定电流折算公式可简化为

$$I\approx I_N\sqrt{\frac{t_N}{t_g}} \tag{17-15}$$

如果电动机的磁通量保持恒定不变，异步电动机的功率因数不变，则电磁转矩与电流成正比。由于（17-15）可以得出额定转矩的折算公式为

$$T\approx T_N\sqrt{\frac{t_N}{t_g}} \tag{17-16}$$

如果不仅满足电动机的磁通量不变、异步电动机的功率因数不变，而且电动机的转速也

基本不变，则电动机的功率与转矩成正比。由式（17-16）还可以得出额定功率的折算公式为

$$P \approx P_N \sqrt{\frac{t_N}{t_g}} \tag{17-17}$$

由以上分析可见，对于短时定额的电动机，若实际工作时间 t_g 小于标准工作时间 t_N，电动机的出力可以增大；若实际工作时间 t_g 大于标准工作时间 t_N，电动机的出力将减小。例如一台 6.4kW 短时定额电动机，t_N 为 30min。若 $t_g=25$min，$P=7$kW；若 $t_g=35$min，$P=5.9$kW。

（二）选用连续定额的电动机

选用连续定额的电动机作短时运行时，电动机的温升达不到额定温升。从发热的观点看，电动机没有得到充分利用。为此，允许电动机短时间过载运行，即 $P_g>P_N$，P_g 为短时定额电动机的功率；P_N 为连续定额电动机的功率。温升的限制条件是：短时运行时的最高温升 τ_g 不得超过额定温升 τ_m，即

$$\tau_g \leqslant \tau_m \tag{17-18}$$

根据温升的计算公式，式（17-18）又可以写成

$$\frac{Q_g}{\alpha A}(1-e^{-\frac{t_g}{T}}) \leqslant \frac{Q_N}{\alpha A} \tag{17-19}$$

式中 Q_g——电动机短时运行时的发热量，对应于短时运行的总损耗 Σp_g；

Q_N——电动机连续运行时的发热量；对应于连续运行的总损耗 Σp_N。

对比等式两边，可以得出两种情况下电动机的总损耗有如下关系，即

$$\Sigma p_g(1-e^{-\frac{t_g}{T}}) \leqslant \Sigma p_N \tag{17-20}$$

式（17-20）是连续定额的电动机用于短时运行时，按损耗进行发热校验能够允许的条件。式中，电动机的总损耗又可以分为不变损耗及可变损耗，当电阻不变时，可变损耗正比于电流的平方，即

$$\left.\begin{aligned} \Sigma p_g &= p_0 + p_{Cug} \\ \Sigma p_N &= p_0 + p_{CuN} \\ k &= \frac{p_0}{p_{CuN}} \\ \frac{p_{Cug}}{p_{CuN}} &= \frac{I_g^2}{I_N^2} \end{aligned}\right\} \tag{17-21}$$

将式（17-21）代入式（17-20），并进行化简整理，可以得出连续定额的电动机用于短时运行时，按电流进行发热校验能够允许的条件为

$$\frac{I_g}{I_N} \leqslant \sqrt{\frac{1+ke^{-\frac{t_g}{T}}}{1-e^{-\frac{t_g}{T}}}} = \lambda_p \tag{17-22}$$

式中 I_g——电动机短时过载运行时的电流；

I_N——连续定额电动机的额定电流；

T——发热时间常数；

λ_p——发热条件允许的短时过载系数。

λ_p 与工作时间 t_g 有关：工作时间 t_g 越小，过载系数 λ_p 越大；例如，当$\frac{t_g}{T}\leqslant 0.3$ 时，$\lambda_p>2.5$。反之，工作时间 t_g 增大，过载系数 λ_p 将减小；当 $t_g\to\infty$（电动机连续运转）时，$\lambda_p=1$。

如果电动机能够满足磁通量不变、异步电动机的功率因数不变，而且电动机的转速也基本不变，则电动机的功率与转矩成正比；转矩与电流成正比。因此，式（17-22）又可以表示为

$$\frac{I_g}{I_N}=\frac{T_g}{T_N}=\frac{P_g}{P_N}=\lambda_p \tag{17-23}$$

式中 T_g——电动机短时过载运行时的转矩；

T_N——连续定额电动机的额定转矩；

P_g——电动机短时过载运行时的功率；

P_N——连续定额电动机的额定功率。

选择电动机时，先按式（17-22）计算出短时过载系数 λ_p；再由式（17-23）确定电动机的额定功率 P_N；最后进行过载能力校验。如果负载是变化的，则应当用等效功率代替式中的短时过载功率 P_g。

二、断续周期定额电动机额定功率的选择

对于要求断续周期定额工作制的负载，应当选用专门设计的断续周期定额电动机。断续周期定额电动机的标准负载持续率用 $FS_N\%$表示，规定有四种标准值：15%、25%、40%、60%；对应每一种标准值，制造了各种不同功率的电动机。

选择电动机时，设电动机的实际负载持续率用 $FS_x\%$表示，若实际负载持续率 $FS_x\%$与标准负载持续率 $FS_N\%$相同，可以直接查阅产品目录确定电动机的额定功率。若实际负载持续率 $FS_x\%$与标准负载持续率 $FS_N\%$不相同，需要把实际负载持续率 $FS_x\%$所对应的功率 P_x 折算成标准负载持续率 $FS_N\%$所对应的功率 P_N。折算的条件是：两种情况下电动机的发热量相同，或总损耗不变，即

$$FS_x\%\Sigma p_x=FS_N\%\Sigma p_N \tag{17-24}$$

式中 Σp_x——实际负载持续率 $FS_x\%$时的损耗；

Σp_N——标准负载持续率 $FS_N\%$时的损耗。

假设电阻为常数，仿照和式（17-21）同样的方法，将式（17-24）中的损耗表示为

$$\left.\begin{aligned}\Sigma p_x&=p_0+p_{Cux}\\ \Sigma p_N&=p_0+p_{CuN}\\ k&=\frac{p_0}{p_{CuN}}\\ \frac{p_{Cux}}{p_{CuN}}&=\frac{I_x^2}{I_N^2}\end{aligned}\right\} \tag{17-25}$$

将式（17-25）代入式（17-24），并进行化简整理，可以得出电流的折算公式为

$$\frac{I_x}{I_N}=\sqrt{\frac{FS_N\%}{FS_x\%}+k\left(\frac{FS_N\%}{FS_x\%}-1\right)} \tag{17-26}$$

式中 I_x——实际负载持续率 $FS_x\%$时的电流；

I_N——标准负载持续率 $FS_N\%$时的额定电流。

当 $FS_x\%$与 $FS_N\%$相差不大时，可认为$\frac{FS_N\%}{FS_x\%}-1\approx 0$，于是式（17-26）可简化为工程上常用的形式

$$\frac{I_x}{I_N}=\sqrt{\frac{FS_N\%}{FS_x\%}} \tag{17-27}$$

在满足一定的条件时，还可认为电流与转矩成正比、转矩与功率成正比，即 $I\propto T\propto P$，因此，由式（17-27）可以得出转矩及功率的折算公式为

$$\frac{T_x}{T_N}=\frac{P_x}{P_N}=\sqrt{\frac{FS_N\%}{FS_x\%}} \tag{17-28}$$

为了使用方便，功率折算关系也可以写成

$$P_N=P_x\sqrt{\frac{FS_x\%}{FS_N\%}} \tag{17-29}$$

实际应用中，由式（17-29）将实际负载持续率对应的功率 P_x 折算为标准负载持续率对应的功率 P_N，根据 P_N 查产品目录选择电动机。另外需要指出的是：①如果 $FS_x\%<10\%$，可选用短时定额电动机；②如果 $FS_x\%>70\%$，应当选用连续定额电动机；③如果工作周期 $t_g+t_0>10\text{min}$，应当选用连续定额电动机；④如果负载功率是变化的，用等效功率代替式（17-29）中的 P_x 值。

【例 17-2】 他励直流电动机，断续周期运行，$P_N=16\text{kW}$，$FS_N\%=40\%$，采用机械制动。已知起动时间 $t_1=2\text{s}$，起动过程中转矩恒定，功率与转速成正比变化，起动结束时的功率 $p=30\text{kW}$；运行时间 $t_2=26\text{s}$，功率 $P_2=15\text{kW}$；停机时间 $t_3=52\text{s}$；校验电动机的发热。

解 等效功率为 $P_{dx}=\sqrt{\frac{P_1^2t_1+P_2^2t_2}{t_1+t_2}}=\sqrt{\frac{30^2\times 2+15^2\times 26}{2+26}}=16.53\text{kW}$

实际负载持续率 $FS_x\%=\frac{t_1+t_2}{t_1+t_2+t_0}100\%=\frac{2+26}{2+26+52}100\%=35\%$

折算至标准负载持续率 $FS_N\%$时的功率为

$$P_N=P_{dx}\sqrt{\frac{FS_x\%}{FS_N\%}}=16.53\sqrt{\frac{35\%}{40\%}}=15.46\text{kW}$$

已知该机的功率为 16kW，大于计算值 15.46kW，因此满足发热条件。

*第四节 用统计法估算机床电动机的功率

统计法是一种简单适用的方法。它不必进行负载计算和发热校验，而是根据大量经验统

计数据，找出电动机功率和机械负载主要参数之间的函数关系，得出相应的经验公式。工程上采用统计法估算机床电机的功率。部分经验统计公式见表 17-2。

表 17-2 选择机床拖动用电动机的经验公式

序号	机床类别	电动机功率（kW）	备注
1	摇臂钻床	$P=0.0646D^{1.19}$	D—最大的钻孔直径，单位：mm
2	车床	$P=36.5D^{1.54}$	D—工件最大直径，单位：m
3	立式车床	$P=20D^{0.88}$	D—工件最大直径，单位，m
4	外圆磨床	$P=0.1KB$	B—砂轮宽度，单位：mm K—采用不同轴承时的系数。滚动轴承取 0.8～1.1；滑动轴承取 1.0～1.3
5	卧式镗床	$P=0.004D^{1.7}$	D—镗杆直径，单位：mm
6	龙门铣床	$P=\frac{B^{1.15}}{166}$	B—工作台宽度，单位：mm

例如，某车床实际使用的电动机功率为 60kW，工件最大直径为 1250mm，按表中的经验公式计算，电动机的功率为：$P=36.5\times1.25^{1.54}=52$kW，计算值与实际值接近。

第五节 电动机类型的选择

在预选电动机时除了确定额定功率外，还需要确定电动机的类型，包括电流种类，电压等级，结构型式，额定转速。

一、电流种类的选择

拖动用的电动机有异步电动机，同步电动机，直流电动机三大类。

（1）异步电动机具有结构简单、价格低廉、维护方便等优点，应当优先选用。例如，机床、泵、风机，选用普通异步电动机；电梯及某些机床可选用单绕组多速电动机，实现有级调速；起重机、矿井提升机选用绕线式异步电动机。随着近代交流调速技术的推广应用，异步电动机的使用范围逐渐扩大。

（2）同步电动机的主要优点是能改善电网的功率因数。对于大功率并且要求转速恒定的场合，应选用同步电动机。

（3）直流电动机的主要特点是起动、调速、制动性能好，但结构复杂，价格高，不如异步电动机好维护。在交流电动机不能满足要求的大功率拖动系统，才选用直流电动机。

二、电压等级的选择

确定电压等级主要考虑电动机的功率、电网电压和运行的经济性。

（1）交流电动机的电压等级应当与电网电压一致。国产交流电动机的额定电压为 380V、3kV、6kV、10kV。一般中小型异步电动机选 220/380V 及 380/660V 两种。功率较大时可选用高压电动机，电压等级在 6kV 及以上时，可直接接交流电网。

（2）直流电动机的电压等级应当与电源电压一致。直流电源可以由直流发电机单独提供，或由交流整流装置获得。国产直流电动机的额定电压从 110～865V 分为若干个等级。

一般 125kW 及以下的中小型直流电动机额定电压采用 110V 或 220V，中大型直流电动机额定电压采用 660V 或 800V 等。

三、电动机结构型式的选择

电动机的结构型式包括安装结构型式和防护结构型式。

（一）安装结构型式

电动机的安装结构型式分为卧式和立式两种。两者的轴承不同，不得混用。卧式电动机的价格低，应当优先选用。立式电动机的轴与地面相垂直，只在某些情况下为了减化传动装置才选用立式电动机，例如钻床、潜水泵、压缩机等。

电动机的安装结构型式用五位代码“A×××□”表示，其中，A 为安装结构型式标志字母；×××为三位阿拉伯数字，左起第一位为基本安装结构分类符号（含意见表 17-37），第二位为同一基本安装结构型式中局部不同的分组，第三位为区分得更详细的安装结构；□为附加代号，表示轴伸型式（见表 17-4），无轴伸的附加代号为 W。

例 A101Z——有两个端盖式轴承，带底脚卧式安装，带有一个圆锥形轴伸的电机。

相关的新规定可参见 GB 997—1981《电机结构及安装型式代号》。

表 17-3 电动机的基本结构型式分类表

序号	基本安装结构型式	分类代号
1	有两个（或一个）端盖式轴承，带底脚或具有附加减速装置的电机	A1
2	带底脚，端盖上带凸缘的电机	A2
3	无底脚，端盖上带凸缘的电机	A3
4	无底脚，机座上带凸缘的电机	A4
5	装入式或附装式电机	A5
6	端盖式轴承和座式轴承的电机	A6
7	座式轴承的电机	A7

表 17-4 附加代号表

轴伸数量	轴伸型式	附加代号	轴伸数量	轴伸型式	附加代号
1	圆柱形轴伸	（省略）	2	带凸缘轴伸	TT
1	圆锥形轴伸	Z	2	一个带凸缘轴伸和一个圆锥形轴伸	TZ
1	带凸缘轴伸	T	2	一个圆柱形轴伸和一个带凸缘轴伸	YT
2	圆柱形轴伸	YY	2	一个圆柱形轴伸和一个圆锥形轴伸	YZ
2	圆锥形轴伸	ZZ			

（二）防护结构型式

电动机的防护结构是指机壳应能防止固体异物和水进入电动机内部。电动机的防护等级用“IP××”表示，其中，IP——机壳防护标志字母；××——两位阿拉伯数字，左起第一位为固体异物大小，分七级；第二位表示防水能力，如水量、水与电接触方式等，分九级，详见表 17-5 和表 17-6。

表 17-5 异步电动机常用的防护型式

防护型式	防护范围	防护等级
开启式	无防护	00
开启式	①直径大于 50mm 的固体；②防滴（防止垂直下落的液体）	11
防护式	①直径大于 12mm 的固体；②15°防滴（防止沿垂线 15°内滴入的液体）	22
防护式	①直径大于 12mm 的固体；②防淋水（防止沿垂线 60°内滴入的液体）	23
封闭式	①直径大于 1mm 的固体；②防溅水（防止沿任何方向的溅水）	44
密封式	①直径大于 2.5mm 的固体；②潜水（长时间浸入水中）	38

表 17-6 直流电动机常用的防护型式

防护型式	防护范围	防护等级
开启式	无防护	00
防滴式	垂直下落的固体和液体	01
	①直径大于 12mm 的固体；②防滴（防止垂直下落的液体）	21
	①直径大于 12mm 的固体；②15°防滴（防止沿垂线 15°内滴入的液体）	22
全封闭式	①防止灰尘进入；②防溅水（防止沿任何方向的溅水）	54
封闭防水式	①防止灰尘进入；②防止海浪和强力喷水	56

开启式电动机价格低、散热条件好，一般用于干燥、清洁的环境。防护式及防滴式电动机使用最为普遍，适用于干燥、灰尘不多、无腐蚀性气体、无爆炸性气体的场合。封闭式、密封式、防爆式等电动机限用于特殊场合。

四、电动机额定转速的选择

选择电动额定转速时，应当综合考虑拖动系统对转速的要求和电动机的价格。

（1）同容量的电动机，其转速越高，电动机的体积越小，因此，电动机的成本低、设备投资较小。

（2）拖动系统的转速一定时，电动机转速越高，传动机构的转速比增大，使传动机构结构复杂。

（3）对于要求经常起动、反转的电动机，在确定电动机转速时，应保证过渡过程时间尽量短，以满足拖动系统的要求。

小　　结

电动机的选择包括电动机额定功率的选择和电动机类型的选择。通过本章的学习，应了解以下问题。

（1）正确选择电动机的额定功率必须考虑发热允许条件、过载能力、起动性能三个方面的要求。

（2）电动机的发热冷却过程不仅与其负载大小、散热条件有关，还与电动机的工作方式有关。按不同的工作方式，电动机的定额分为连续定额、短时定额、断续周期定额三大类。选择电动机的额定功率时，如果电动机的实际运行方式不符合标准定额，应当进行额定电流或额定转矩、额定功率的折算。

(3) 按发热理论分析选择电动机的额定功率时，常用的方法有：等效电流法、等效转矩法、等效功率法。每种方法都有一定的限制条件，各种方法之间存在一定的内在联系。

(4) 选择电动机的类型时，应当根据生产机械的要求、电动机的使用环境以及配电系统的设置等条件，确定电动机的结构型式、电流种类、电压等级、额定转速。

习　　题

1. 正确选择电动机应当考虑哪些问题？

2. 选择电动机时应当满足哪些条件？

3. 选择电动机额定功率的方法有哪几种？各有什么特点？

4. 电动机的定额有哪几种？选择电动机的额定功率时是否考虑电动机的定额？为什么？

5. 等效电流法、等效转矩法、等效功率法依据的原理是什么？这几种方法各自的特点是什么？有哪些内在联系？

6. 当电动机的环境温度高于40℃时，电动机的额定功率应当如何修正？

7. 说明电动机损耗比 k 的意义。

8. 怎样确定电动机的电流种类、电压等级和额定转速？

9. 电动机的结构型式包括哪几方面？

10. 绕线式异步电动机，$P_N=22kW$，$n_N=1455r/min$，$\lambda_m=2.75$，连续定额，自扇冷，校验额定功率。已知负载运行于断续周期工作方式，负载图的数据见下表。

[答案：$T_{dx}=128.8N\cdot m<T_N$；$T_{max}=362N\cdot m>300N\cdot m$]

表 17-7　　负载图的数据

转矩 (N·m)	$T_1=300$	$T_2=170$	0	$T_2=300$	$T_3=80$	0
时间 (s)	$t_1=5$	$t_2=190$	$t_{01}=30$	$t_3=3$	$t_4=190$	$t_{02}=30$

11. 已知电动机的额定功率 P_N，绝缘材料的允许温升为75℃，不变损耗占总损耗的比例为40%；可变损耗占总损耗的比例为60%；问：

(1) 介质温度为20℃时，电动机的功率应如何修正？[答案：$1.2P_N$]

(2) 介质温度为45℃时，电动机的功率应如何修正？[答案：$0.94P_N$]

12. 一台30min短时定额异步电动机，35kW，因发生故障停用。现有一台极数相同的90min短时定额异步电动机，20kW，损耗比 $k=0.7$，过载能力 $\lambda_m=2.0$，校验其能否代用。[答案：发热校验及过载校验均通过。$P=41.9kW>35kW$，可代用]

第十八章　变压器和电动机的经济运行与维护

电力的传输、分配、应用必须通过变压器和电动机来完成。因此，电动机是电源的主要负载，其用电量所占的比例很大。电力网中变压器容量可达电网容量的4.5倍，其损耗也不容忽视。本章介绍有关提高电能利用率方面的实际问题，包括变压器和电动机的经济运行以及电动机的维护、检修、试验。

*第一节　变压器的经济运行

一、变压器的功率损失特性

(一) 变压器的损失率 $\varepsilon=f(\beta)$

由第七章的分析可知，变压器在运行过程中存在着铜损耗（可变损耗）、铁损耗（不变损耗），其运行效率总是小于1。据统计，变压器的总损失率可达总发电量的10%左右。合理调整变压器的负载，使其在损耗最低的工况下运行，称为变压器的经济运行。

假设单台变压器的输入功率为 P_1，总损耗功率为 Δp，变压器的总损耗功率所占输入功率的百分比称为损失率，用 ε 表示，即

$$\varepsilon=\frac{\Delta p}{P_1}100\%=\frac{p_0+\beta^2 p_k}{\beta S_N\cos\varphi_N+p_0+\beta^2 p_k}100\% \tag{18-1}$$

式中　p_0——变压器的铁损耗，单位为kW，可由空载试验测知；

p_k——变压器额定电流时的铜损耗，单位为kW，可由短路试验测知；

β——负载率；

$\cos\varphi_N$——负载的功率因数；

S_N——变压器的额定容量，单位为kVA。

由式（18-1）描点作图，可得损失率特性曲线 $\varepsilon=f(\beta)$，如图18-1曲线①所示。

由图18-1可见，变压器空载时总损耗最小，仅为铁损耗 p_0，但输出功率为零，输入的电功率主要用来提供铁心发热损耗，因此损失率最大；随着负载率率 β 增加，虽然铜损耗增大引起总损耗 Δp 的数值增加，但输出功率增加较快，因此总损耗占的比例有所减小，直到铜损耗和铁损耗相等时，总损耗为 $2p_0$，变压器的损失率减到最小。

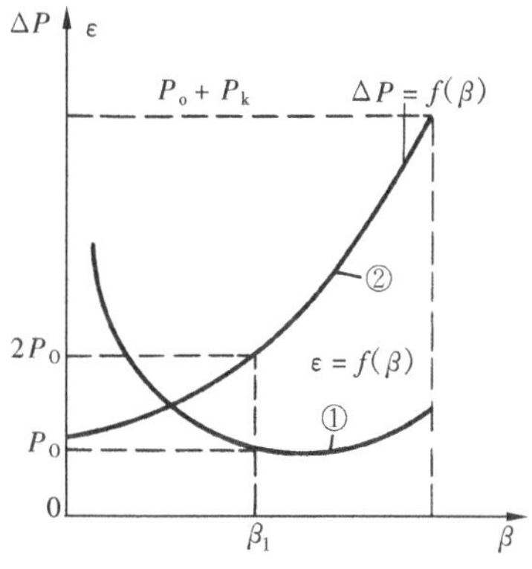

图18-1　变压器的功率损耗特性

变压器的损失率 ε 是负载率 β 的二次函数。对式（18-1）求导，并令 $\frac{d\varepsilon}{d\beta}=0$，可以求出变压器的最小损失率为 ε_{min}，与此对应的负载率 β_j 称为最佳负载率，或称经济负载系数，即

$$\beta_j=\sqrt{\frac{p_0}{p_k}} \tag{18-2}$$

当$\beta<\beta_j$时，随着负载率β增加，损失率ε减小；当$\beta=\beta_j$时，损失率为ε_{min}；当$\beta>\beta_j$时，随着负载率β增加，损失率ε又有所增加。

（二）变压器的功率损失特性$\Delta p=f(S)$

实际应用中，变压器的损失也可用$\Delta p=f(\beta)$或$\Delta p=f(S)$表示，称为功率损失特性。由式(18-1)可见，单台变压器的总损耗功率为

$$\Delta p = p_0 + \beta^2 p_k = p_0 + \left(\frac{S}{S_N}\right)^2 p_k \tag{18-3}$$

变压器的功率损失特性为一条不过原点的抛物线，见图18-1曲线②。当$\beta<\beta_j$时，随着负载率β增加，铜损耗从零开始增加，但铜损耗所占的比例较小；当$\beta=\beta_j$时，铜耗和铁耗相等，即$p_0=\beta^2 p_k$，$\Delta p=2p_0$，变压器的效率最高；当$\beta>\beta_j$时，随着负载率β增加，铜损耗所占的比例较大。

不同参数的变压器，其功率损失特性曲线的斜率不同。对于一般的配电变压器，最佳负载率β_j值的范围在0.4～0.7之间。

由以上分析可见，只要合理选择或调整变压器的最佳负载率β_j值，就可以使变压器运行时的功率损失最小，从而实现变压器的经济运行。

对于负载率较高、并且负载平稳的情况（例如棉纺织厂、化肥厂等），变压器的经济容量S_j等于最佳负载率β_j乘以额定容量S_N，即

$$S_j = \beta_j S_N \tag{18-4}$$

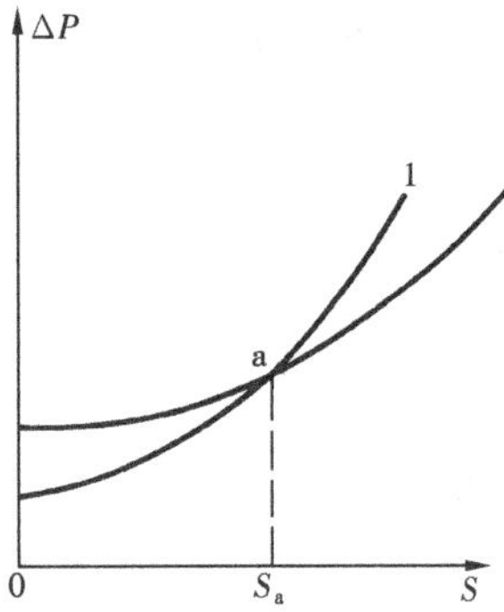

图18-2　单独运行变压器的经济分界点
1—第一台单独运行；
2—第二台单独运行

二、变压器的经济运行方式

（一）两台单独运行的变压器经济运行

用户变电站有两台额定容量不相等的变压器单独运行，根据功率损失特性可以确定这两台变压器经济运行的条件。假设已知各台变压器的铁损耗和短路损耗，由式（18-3），任给不同的负载容量S，将两台变压器的p_0和p_k值分别代入，便可以得出两条功率损失特性曲线$\Delta p_1=f(S)$及$\Delta p_2=f(S)$，如图18-2所示。两条曲线相交于a点，在交点处两台变压器的负载容量相等，均为S_a；功率损耗相等，$\Delta p_{1a}=\Delta p_{2a}$。将$S_a$代入式（18-3），可写出两台变压器的功率损耗关系式为

$$\Delta p_{1a} = p_{01} + \left(\frac{S_a}{S_{N1}}\right)^2 p_{k1} \text{ 及 } \Delta p_{2a} = p_{02} + \left(\frac{S_a}{S_{N2}}\right)^2 p_{k2}$$

联立以上两式并化简整理，可得S_a的值。S_a称为变压器的经济运行分界点，即

$$S_a = \sqrt{\frac{p_{02}-p_{01}}{\dfrac{p_{k1}}{S_{N1}^2}-\dfrac{p_{k2}}{S_{N2}^2}}} \tag{18-5}$$

式中　p_{01}——第一台变压器的铁心损耗；

p_{02}——第二台变压器的铁心损耗；

p_{k1}——第一台变压器的短路损耗；

p_{k2}——第二台变压器的短路损耗；

S_{N1}——第一台变压器的额定容量；

S_{N2}——第二台变压器的额定容量。

由图 18-2 可见，两台变压器的功率损失特性曲线斜率不相等，以经济运行点 S_a 为界，当 $S<S_a$ 时，$\Delta p_1<\Delta p_2$，第一台变压器的功率损失小，此时让第一台变压器投入运行比较经济；当 $S>S_a$ 时，$\Delta p_2<\Delta p_1$，第二台变压器的功率损失小，此时让第二台变压器投入运行比较经济。

（二）性能和容量相同的变压器并联经济运行

假设有 n 台变压器并联运行（$n=2, 3, 4, \cdots$），各台变压器的参数相同，容量相等；各台变压器的铁心损耗均为 p_0，短路损耗均为 p_k。并联运行时，不变损耗为 n 台变压器的铁心损耗 p_0 相加；而由于负载电流与单台运行时不同，可变损耗由 n 台变压器平均分担。应用功率损失特性，n 台变压器并联运行时的总损耗为

$$\Delta p_n = np_0 + \frac{1}{n}\beta^2 p_k \tag{18-6}$$

$n-1$ 台变压器并联运行时的总损耗为

$$\Delta p_{n-1} = (n-1)p_0 + \frac{1}{n-1}\beta^2 p_k \tag{18-7}$$

将已知条件代入以上两式，可作出两条对应的功率损失特性曲线 $\Delta p_n=f(\beta)$ 及 $\Delta p_{n-1}=f(\beta)$。如果两条曲线相交于 a 点，在交点处必然满足关系式 $\Delta p_n=\Delta p_{n-1}$。仿照和前面同样的分析方法，可得出当投入第 n 台变压器时应满足的经济运行条件为

$$\beta_n = \sqrt{\frac{n(n-1)p_0}{p_k}} \tag{18-8}$$

根据式（18-4），将 $S_a=\beta_n S_N$ 代入式（18-8），可得

$$S_a = \sqrt{\frac{n(n-1)p_0}{\dfrac{p_k}{S_N^2}}} \tag{18-9}$$

以上两式表明，当负载率大于 β_j（或负载容量大于 S_a）时，应当投入第 n 台变压器。

【例 18-1】　有三台 SJ-3200/10 型变压器并联运行，已知一次侧额定电流 $I_{1N}=185A$，$p_0=11kW$，$p_k=37kW$，求投入第二台及第三台变压器时的负载率、一次侧负载电流及负载容量。

解　根据式（18-8）、式（18-9），投入第二台变压器时

负载率
$$\beta_2=\sqrt{\frac{2\times(2-1)p_0}{p_k}}=\sqrt{\frac{2\times 11}{37}}=0.77$$

负载电流
$$I_1=\beta_2 I_{1N}=0.77\times 185=142.5A$$

负载容量
$$S_a=\beta_2 S_N=0.77\times 3200=2465kVA$$

用同样的方法可求出投入第三台变压器时，负载率 $\beta_3=1.335$；负载电流 $I_1=247A$，负载容量 $S_a=4274kVA$。

（三）两台容量不相等、性能不同的变压器并联经济运行

假设有两台变压器符合并联运行条件，但容量不相等，参数有所不同，其铁心损耗 $p_{01} \neq p_{02}$，短路损耗 $p_{k1} \neq p_{k2}$，这两台变压器并联运行时的损耗特性为

$$\Delta p_{\Sigma} = p_{01} + p_{02} + \left(\frac{S}{S_{N1} + S_{N2}}\right)^2 (p_{k1} + p_{k2})$$

$$= \Sigma p_0 + \left(\frac{S}{\Sigma S_N}\right)^2 \Sigma p_k \tag{18-10}$$

式中 S——实际承担的总负载功率；

Σp_0——总铁心损耗；

Σp_k——总短路损耗；

为了简化计算，可用图解法求经济运行条件。其步骤为：

（1）由式（18-3）作出各台变压器的损耗特性曲线：$\Delta p_1 = f(S), \Delta p_2 = f(S)$；

（2）由式（18-10）作出两台变压器并联运行时的损耗特性曲线：$\Delta p_{\Sigma} = f(S)$；

（3）根据曲线的交点求出经济运行条件。

【例 18-2】 有两台变压器并联运行，已知数据见表 18-1，求经济运行条件。

表 18-1　两台变压器并联运行数据

	S_{N1}（kVA）	p_0（kW）	p_k（kW）
第一台	3200	11	37
第二台	5600	18	56

解 第一台变压器的损耗特性为 $\Delta p_1 = 11 + \left(\frac{S}{3200}\right)^2 \times 37$

第二台变压器的损耗特性为 $\Delta p_2 = 18 + \left(\frac{S}{5600}\right)^2 \times 56$

两台变压器并联运行时的损耗特性曲线：$\Delta p_{\Sigma} = 29 + \left(\frac{S}{8800}\right)^2 \times 93$

任给一个 S 值，代入以上三个公式中，计算出相应的损耗，数据汇总见表 18-2。

表 18-2　数据汇总表

S（kVA）	0	1000	2000	3000	3200	4000	5600
Δp_1（kW）	11	14.6	25.5	32.5	48		
Δp_2（kW）	18	19.8	25.1	34	36.9	46.6	74

S（kVA）	0	1000	2000	3000	4000	5000	6000	7000	8800
Δp_{Σ}（kW）	29	30.2	33.8	39.8	48.2	59	72.2	87.7	122

根据计算出的数据，可以绘制出损耗特性曲线如图 18-3 所示。

由以上计算可见，这两台变压器经济运行的条件是：当负载容量 $S<2000$kVA 时，只投入第一台变压器；当负载容量 2000kVA$<S<$4100kVA 时，只投入第二台变压器；当负载容量 $S>$4100kVA 时，采取两台变压器并联运行。

三、无功经济当量

变压器运行过程中须从电网吸取滞后的无功功率，因此还存在着无功功率损耗 ΔQ，单位为 kvar。变压器的无功功率总损耗也和负载有关，即

$$\Delta Q = Q_0 + \beta^2 Q_k \tag{18-11}$$

式中　Q_0——空载励磁无功消耗，与励磁电流有关，$Q_0 = I_0\% S_N$；

Q_k——负载后由漏磁引起的无功损耗，与短路电压有关，$Q_k = u_k\% S_N$。

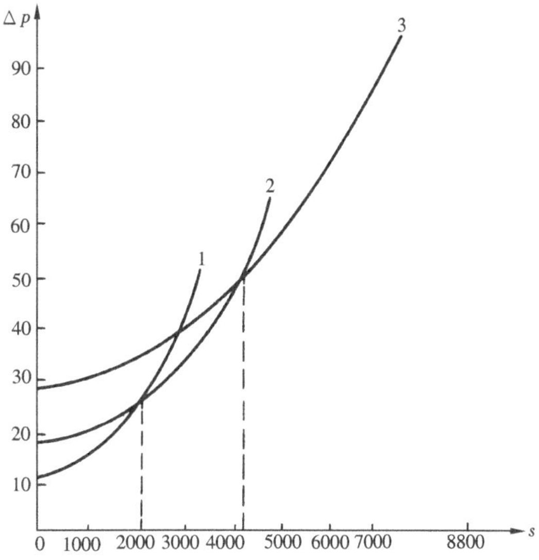

图 18-3　不同容量变压器并联运行时的损耗曲线

1—第一台单独运行；2—第二台单独运行；3—两台并联运行

当变压器从电网吸取的无功功率变化时，也会引起一定的有功损耗变化。为此，引入折算系数 k_Q，又称为无功经济当量，它表示变压器每减少 1kvar 无功功率消耗时，引起连接系统有功损失下降的千瓦值，即

$$k_Q = \frac{\Delta p'}{\Delta Q'} \tag{18-12}$$

式中　$\Delta Q'$——变压器无功功率消耗减少值，单位为 kvar；

$\Delta p'$——变压器连接系统有功功率损耗下降值，单位为 kW。

无功经济当量 k_Q 数值大小和变压器在系统中的位置有关，即与电源至计算点之间的电阻成正比；与电源电压的平方成反比。k_Q 的参考数据见表 18-3。

表 18-3　无功经济当量 k_Q 值

序　号	k_Q	适　用　范　围
1	0.02	直接由发电厂母线以及发电机电压供电的变压器
2	0.04～0.07	由发电厂配电线路供电的线路变压器
3	0.06～0.1	由区域线路供电的 110～35kV 降压变压器
4	0.1～0.15	由区域线路供电的 6～10kV 降压变压器

由于引入了无功经济当量 k_Q，在确定变压器经济运行的条件时，应当按综合功率进行计算。因此，应对前述的式（18-2）、式（18-3）、式（18-6）、式（18-8）、式（18-10）进行修正。修正后的公式在原有编号上加“′”以示区别。

经济负载系数

$$\beta_j = \sqrt{\frac{p_0 + k_Q Q_0}{p_k + k_Q Q_k}} \tag{18-2′}$$

单台变压器的综合功率损耗

$$\Delta p = (p_0 + k_Q Q_0) + \beta^2 (p_k + k_Q Q_k) \tag{18-3′}$$

n 台变压器并联运行时的综合功率损耗为

$$\Delta p_n = n(p_0 + k_Q Q_0) + \frac{\beta^2}{n}(p_k + k_Q Q_k) \tag{18-6′}$$

投入第 n 台变压器时应满足的经济运行条件

$$\beta_n = \sqrt{\frac{n(n-1)(p_0 + k_Q Q_0)}{p_k + k_Q Q_k}} \tag{18-8'}$$

两台容量不相等、性能不同的变压器并联运行时的综合损耗特性

$$\Delta p_\Sigma = \Sigma(p_0 + k_Q Q_0) + \left(\frac{S}{\Sigma S_N}\right)^2 \Sigma(p_k + k_Q Q_k) \tag{18-10'}$$

第二节　变压器经济运行的措施

一、变压器经济运行的意义

变压器是传输电能的主要设备。电能从发电机传送到用户，一般需要由变压器进行三到四次变压过程。这使得变压器的总台数和总容量均远远超过发电机。对于后两级变压器，即二次变电所和配电变压器，由于其单台容量小，负载波动大，损失率很大。据统计，二次变电所变压器的损失率约为 $\varepsilon=1.5\%\sim3\%$；配电变压器（包括照明变压器及农用变压器）的损失率约为 $\varepsilon=3\%\sim20\%$。因此，合理选择变压器的经济运行方式，降低变压器的用电单耗，在节约电能方面潜力很大，直接关系到供用电系统的运行效率和成本。变压器经济运行有以下主要效果：

（1）由于经济运行减少了变压器的有功功率损失，因而使变压器的发热量减少，温升降低，有利于设备的安全运行。

（2）变压器经济运行一般不增加变压器的容量和台数，不增加开关操作次数。

（3）变压器经济运行能够节约有功电量和无功电量，可以减少电量电费支出金额。

（4）可以充分利用现有设备条件，达到节电和提高功率因数的目的。

二、变压器经济运行的措施

变压器的经济运行应当从设备的选用、维护及调整负荷率方面加以考虑，其主要措施如下：

（1）不论是变电所或各车间，应尽量选用多台变压器并联运行。并根据负载变化的规律，对若干种运行方式的技术参数进行综合分析比较，确定变压器的最佳组合台数和运行方式。

（2）减少变压器的空载运行和轻载运行，根据变压器经济运行的条件判定是否存在“大马拉小车”现象，必要时更换成经济容量变压器。

（3）对于负载波动很大或季节性用电常年运行的变压器，应设置一台小容量变压器在小负载时运行，以减少无功浪费。

（4）季节性用电的农用变压器也可以通过改接绕组调整变压器的容量。即把一般变压器的一、二次绕组各分为两段，每段都保持原来的匝数，但导线截面减少一半。在农业用电高峰季节，两段绕组并联；其余时间两段绕组串联，可使电流减小一半，由此减小了变压器的损耗。

（5）对于 D，d 接线的三相变压器组，可根据负载变化规律，选取 D，d 或 V，v 接线方式运行。

（6）调整负载率实现变压器经济运行。包括按变压器的技术参数合理分配负载；调整负载曲线，使之平稳；调整不对称负载，使三相平衡；调整用电量大的间歇负载，使之避开变压器高峰负载运行。

（7）提高负载的功率因数，必要时采用电容补偿。当功率因数等于1时变压器的损失率最低。

（8）加强对变压器的冷却措施，提高变压器的带负载能力，使容量充分利用，相当于减少了有功功率和无功功率损耗。

（9）电压等级相差较大时，为了减少变压器的降压次数，应尽量采用变比大的变压器；电压等级相差不大的场合，尽量采用运行效率高的自耦变压器。

（10）选用节能型变压器，其铁心采用冷轧硅钢片叠制，铁心损失小，又称为低损耗变压器。

*第三节　电动机的经济运行

电动机（主要包括异步电动机和直流电动机）是电力拖动系统的动力源，无论其数量还是用电量均居各类用电设备之首位。从能源科学的角度看，电动机的经济运行值得重视。

电动机的经济运行是指根据拖动系统的要求，正确地选择电动机、合理地匹配电动机的负载，使用中尽量减小电动机的各项损耗，使电动机在效率较高的区域内运行。

一、直流电动机的损耗分析及测定

（一）损耗分析

直流电动机在能量转换过程中，除了产生铜损耗和铁损耗之外，还有一部分机械损耗。与变压器相比，直流电动机的电能利用率（即效率）略低。由第三章的分析可知，直流电动机的效率为轴上输出的机械功率 P_2 与电机输入的电功率 P_1 之比，二者之差为总损耗。直流电动机的总损耗可分为六项，即

$$\Sigma p = p_m + p_{Fe} + p_{Cuf} + p_{Cua} + p_{Cub} + p_{ad} \tag{18-13}$$

式中　p_{Fe}——铁心损耗，与电压有关；

p_m——机械损耗，包括机械摩擦损耗和通风损耗，与转速有关；正常运行时直流电动机的电压和转速不变，因此，这两项损耗不随负载变化，称为不变损耗。

励磁损耗 p_{Cuf} 和附加损耗 p_{ad} 可以近似认为是不变损耗。电枢回路电阻损耗 p_{Cua} 和电刷接触损耗 p_{Cub} 均与负载电流有关，称为可变损耗。当不变损耗与可变损耗相等时，直流电动机的运行效率最高。

（二）用直接负载法测定直流电动机的损耗

如果在电动机的电枢两端加额定电压，并且电动机轴上带机械负载以额定转速运行。此时，测量电动机的输入功率 P_1 和输出功率 P_2，即可得电动机的总损耗为 $\Sigma p = P_1 - P_2$，这种方法称为直接负载法。

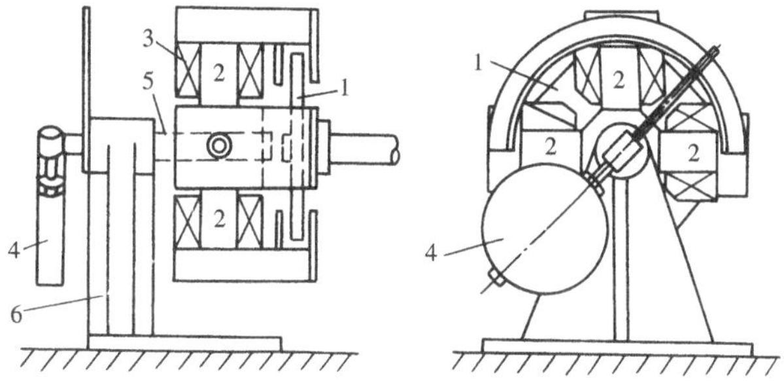

图 18-4　涡流测功机结构示意图
1—实心钢盘；2—磁极；3—励磁绕组；
4—平衡锤；5—轴；6—静止支架

电动机的负载可以选择校正过的直流发电机或选择测功机。现以涡流测功机为例，说明直接负载法的测试原理。涡流测功机的基本结构如图

18-4 所示。

涡流测功机可分为定子、转子两部分。转子为一个实心钢盘，由电动机带动旋转。定子的磁极上套有励磁绕组，磁极和平衡锤均固定在另外的轴上，此轴不旋转，只能在支架的轴承中移动一定的角度。测量负载转矩时，在励磁绕组中通入直流电流后，产生的磁通从定子磁极经转子圆盘回到相邻磁极构成闭合回路。旋转的钢盘切割磁力线，在钢盘内感生涡流，载流钢盘与磁场相互作用产生电磁力和制动转矩，钢盘对磁极的作用力将使磁极顺电机转向转过一定的角度，当与平衡锤相平衡时，刻度盘指针即显示制动转矩 T_2 的数值。调节励磁电流即可调节电动机负载转矩的大小。

在测量转矩的同时，测量电动机的转速 n，则可将转矩 T_2 换算成输出功率 P_2，即

$$P_2 = T_2 \frac{2\pi n}{60} = 0.105 T_2 n \qquad (18\text{-}14)$$

其中，T_2 的单位为 Nm；P_2 的单位为 W。

涡流测功机具有调节方便、测量准确的优点，但圆盘的涡流损耗将全部转换成热，有可能导致电机轴承温度过高。因此，功率较大时通风冷却系统结构复杂。

（三）间接法计算电动机的损耗

间接法又称为损耗分析法，即不必作负载试验，只是根据电机原理和空载试验的数据分析计算电动机负载运行时的损耗。此法简单易行。分析过程分为以下两步。

1. 由空载法测量不变损耗

在电动机作空载试验之前，须先将联轴器拆开，让电动机作为他励机空转一定的时间，以使轴承摩擦损耗和电刷接触损耗达到稳定值。调节电动机的转速，并保持转速为额定值。调节电动机电枢两端的电压，从 1.1 倍的额定电压开始，逐渐减小电压，并记录各点的空载电压 U_0 及空载电流 I_0 的数值取 7～9 组数据。根据测量数据可计算出各点的不变损耗。

直流电动机的空载损耗为 $p_0 = U_0 I_0$；从中减去空载时的电枢铜损耗之后，其余的是机械损耗 p_m 和铁心损耗 p_{Fe}之和，记作 p'_0，即

$$p'_0 = p_m + p_{Fe} = U_0 I_0 - I_0^2 R_a - 2\Delta U I_0 \qquad (18\text{-}15)$$

式中　R_a——电枢回路的总电阻，应折算至工作温度；

$2\Delta U$——电刷接触压降。

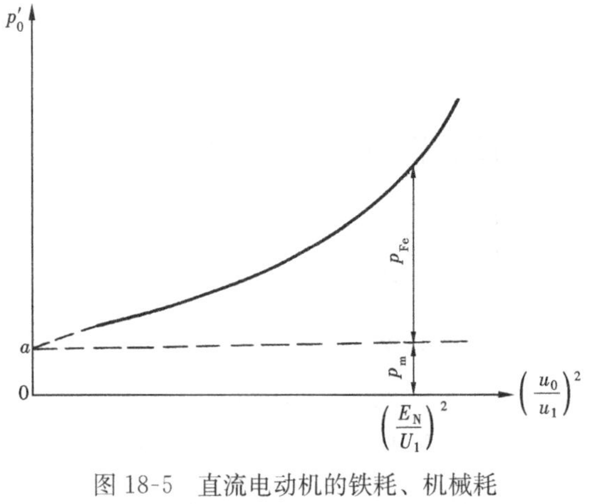

图 18-5　直流电动机的铁耗、机械耗

根据测量数据及式（18-15），先描点绘制出曲线 $p'_0 = f\left(\frac{U_0}{U_N}\right)^2$，再从中分离机械损耗 p_m 和铁心损耗 p_{Fe}。具体方法是：作延长线交纵轴于 a 点，线段$\overline{oa}$即代表机械损耗 p_m。因为转速一定时 p_m 为常数，如图 18-5 所示。

被试电动机在额定电压时的铁心损耗 p_{Fe} 应按相应的感应电动势 E_N 在图 18-5中求得，$E_N = U_N - I_a R_a - 2\Delta U$。

2. 间接计算电动机的总损耗

由电动机的原理可知，各铜损耗可

分别按以下公式计算：励磁损耗等于励磁电压乘以励磁电流为 $p_{Cuf}=U_fI_f=I_{fN}^2R_f$；电刷损耗等于电刷接触压降乘以电枢电流，即 $p_{Cub}=2\Delta UI_a$；电枢损耗等于电枢电流的平方乘以电枢电阻，即 $p_{Cua}=I_a^2R_a$。

电动机的附加损耗一般按经验公式计算：

额定负载：

$$\left.\begin{aligned}p_{adN}&=1\%P_N\text{（无补偿绕组）}\\p_{adN}&=0.5\%P_N\text{（有补偿绕组）}\end{aligned}\right\}\tag{18-16}$$

非额定负载

$$p_{ad}=\left(\frac{I}{I_N}\right)^2p_{adN}\tag{18-17}$$

将以上各式损耗的数值代入式（18-13），即可得出电动机的总损耗。

3. 实例分析

已知一台并励电动机：$P_N=55$kW，$U_N=220$V，$I_N=287$A，$I_{fN}=10$A，折算至75℃时的电阻 $R_a=0.043\Omega$，$R_f=22\Omega$，$\Delta U=1$V，实测得 $p_{Fe}=0.66$kW。$p_m=0.82$kW，试计算额定负载时的损耗、效率；电动机负载电流 $I=156$A 时的损耗及效率。

解 根据已知条件，电动机额定负载运行时：

输入功率 $P_1=U_NI_N=220\times287\times10^{-3}=63.1\text{（kW）}$

总损耗

$$\begin{aligned}\Sigma p&=p_{Fe}+p_m+p_{ad}+p_{Cuf}+p_{Cua}+p_{Cub}\\&=0.66+0.82+1\%P_N+(220\times10+277^2\times0.043+2\times277)\times10^{-3}\\&=8.08(\text{kW})\end{aligned}$$

电动机的效率

$$\eta_N=\frac{P_N}{P_N+\Sigma p}100\%=87.2\%$$

当电动机负载电流为156A时，按同样的方法计算，得

输入功率 $P_1=U_NI=220\times156\times10^{-3}=34.2\text{（kW）}$

附加损耗

$$p_{ad}=\left(\frac{I}{I_N}\right)^2p_{adN}=\left(\frac{156}{287}\right)^2\times0.55=0.162\text{（kW）}$$

电枢损耗 $p_{Cua}=I_a^2R_a=146^2\times0.043\times10^{-3}=0.917\text{（kW）}$

电刷损耗 $p_{Cub}=2\Delta UI_a=2\times146\times10^{-3}=0.292\text{（kW）}$

总损耗

$$\begin{aligned}\Sigma p&=p_{Fe}+p_m+p_{ad}+p_{Cuf}+p_{Cua}+p_{Cub}\\&=0.66+0.82+0.162+2.2+0.917+0.292\\&=5.05\text{（kW）}\end{aligned}$$

电动机的效率

$$\eta=\frac{P_2}{P_1}100\%=\frac{34.2-5.05}{34.2}100\%=85.2\%$$

二、异步电动机的损耗分析及测定

异步电动机的损耗同样也可用间接法或直接法确定。

（一）间接法确定异步电动机的损耗

异步电动机的总损耗分为以下五项，即

$$\Sigma p=p_{Fe}+p_m+p_{Cu1}+p_{Cu2}+p_{ad}\tag{18-18}$$

其中，铁心损耗和机械损耗为不变损耗，可由空载试验数据求取。

如果由空载试验已测得异步电动机的空载损耗为 $p_0=\sqrt{3}U_0I_0\cos\varphi_0$，定子每相空载电流为 I_0（线电流），定子绕组每相电阻为 r_1。从 p_0 中减去空载时的定子电阻铜损耗之后，其余的是机械损耗 p_m 和铁心损耗 p_{Fe}之和，记作 p'_0，则

$$p'_0=p_0-3I_0^2r_1=p_m+p_{Fe} \tag{18-19}$$

空载试验的方法与直流电动机类似。电动机先在额定电压下空载数分钟，待机械损耗达到稳定值后，保持额定转速。调节定子电压由 1.2 倍的额定电压开始，逐渐降低，直到转差率显著增大，定子电流开始回升为止。逐点测量空载电压 U_0、空载电流 I_0、空载功率 p_0，记录 7～9 组数据。

根据测量数据及式（18-19），先描点绘制出曲线 $p'_0=f(U_0^2)$，再从中分离机械损耗 p_m 和铁心损耗 p_{Fe}。具体作法是：作直线部分的延长线交纵轴于 k 点，线段 $o\overline{k}$即代表异步电动机的 p_m 机械损耗，过 k 点画直线平行于横轴，即得出不同电压时的铁心损耗 p_{Fe}，如图 18-6所示。

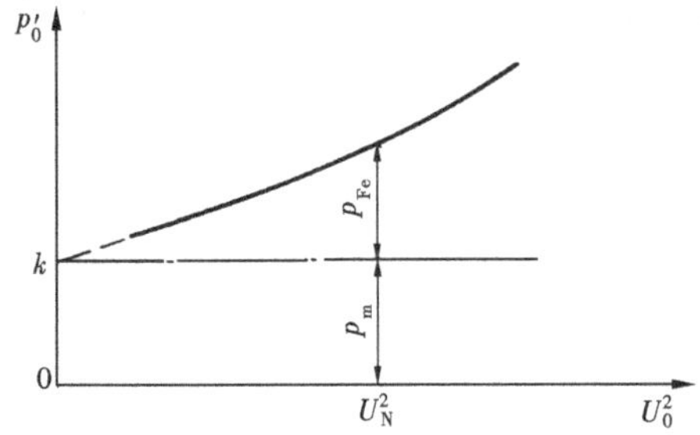

图 18-6 异步电动机的铁心损耗、机械损耗

异步电动机的定、转子铜损耗与负载电流有关，是可变损耗。由异步电动机原理可知，如果定子相电流为 I_1，则定子铜损耗 $p_{Cu1}=3I_1^2r_1$；电动机输入功率为 P_1，异步电动机的转差率为 s，则转子铜损耗 $p_{Cu2}=(P_1-p_{Cu1}-p_{Fe})s$。

异步电动机的附加损耗可以由反转法测定，或按经验公式计算，额定负载时，

$$p_{adN}=(1\%\sim3\%)P_N \tag{18-20}$$

对于极数少的电机取较大的值；非额定负载时，按式（18-17）进行折算。

（二）直接测量法确定异步电动机的损耗

对于小型异步电动机，可以直接作异步电动机的负载试验，分别测量输入功率 P_1 和输出功率 P_2，计算出总损耗为 $\Sigma p=P_1-P_2$。

如果用测功机作负载，可按式（18-14）确定输出功率 P_2 的值；如果是其它负载，因无法直接读取转矩 T_2 的值，可先通过实测异步电动机的电压、转速，再按以下方法计算出电动机负载率 β，最后确定输出功率 P_2。

由电动机原理，$P_2=T_2\Omega$，$T\propto U_1^2$；在额定运行范围内，$T\propto s$，$s=\dfrac{n_0-n}{n_0}$；因此，异步电动机的负载率为

$$\beta=\frac{P_2}{P_N}=\frac{T_2\Omega}{T_N\Omega_N}=\frac{U_J^2S_n}{U_N^2s_Nn_N}=\left(\frac{U_J}{U_N}\right)^2\frac{(n_0-n)n}{(n_0-n_N)n_N} \tag{18-21}$$

式中 n_0——同步转速；

n——转子的实际转速；

n_N——额定转速；

U_1——定子实测电压值；

U_N——定子额定电压值。

由式（18-21）可得出异步电动机输出功率为

$$P_2 = P_N\beta \tag{18-22}$$

三、电动机经济运行的措施

采取如下措施，可以实现电动机经济运行。

(1) 合理选择电动机的功率和类型（详见第十七章），及时更换为高效节能型电动机。

(2) 负载率较低的高转速电动机，其温升达不到额定值，此时电动机的可变损耗较小，使得总损耗较小，发热量较小，所需的通风量也较小。对于此种情况下的电动机，可以减小风扇的外形尺寸，从而降低电动机的机械通风损耗。

(3) 改进传动方式，提高传动效率，可以降低机械摩擦损耗。几种传动方式的传动效率见表 18-4。

表 18-4　几种不同的传动方式的传动效率

传动方式	直接传动	齿轮传动	链条传动	皮带传动
传动效率（%）	100	97～97.5	95～98	95

不同的传动方式其传动效率不同；同一种传动方式中，不同的设计方案其传动效率也不同。例如一级齿轮传动与两级齿轮传动不同；三根皮带传动和六根皮带传动不同。

(4) 对于泵、风机类机械负载，当流量需要减小时，如果采用阀门或挡板调节将造成电能浪费。高效的调节方法是降低电动机转速，从而降低电动机的损耗。

(5) 改善异步电动机的功率因数，以降低因无功引起的损耗。

异步电动机必须从电网吸取滞后的无功功率建立磁场，输入的有功功率占视在功率的比例称为功率因数 $\cos\varphi=\dfrac{P_1}{\sqrt{3}U_1I_1}$，$U_1$ 为定子线电压，I_1 为定子线电流，φ 为每相电流滞后电压的相位差角。异步电动机从电网吸取的无功功率也与 φ 角有关，即

$$Q = \sqrt{3}U_1I_1\sin\varphi = P_1\text{tg}\varphi \tag{18-23}$$

如果功率因数为 $\cos\varphi=0.7\sim0.9$，则无功功率所占比例达 $\sin\varphi=0.43\sim0.7$，不仅直接影响了电源容量的利用率，也将引起功率损耗。

改善电动机功率因数的方法如下：①避免电动机空载运行，因为空载时电动机的功率因数很低，仅为 0.2 左右。②在电动机负载电路并联电容器，抵消滞后无功电流。③对于 D 接法的电动机，轻负载时将定子绕组改接成 Y 形，使得相电压减小到原来的$\dfrac{1}{\sqrt{3}}$，因此铁心损耗按平方倍减小，励磁电流减小，功率因数提高。

(6) 绕线式异步电机同步化运行。当绕线式异步电机负载较稳定、转速稳定、负载率较低时，可以采取同步化运行的方式。此时定子绕组仍接三相交流电源，转子三相绕组首尾连接后接直流电源励磁，按同步电动机的原理运行。调节直流励磁电流，可使电动机的功率因数由滞后变为超前。例如，一台 130kW 绕线式异步电机，空载运行时消耗有功功率 16.8kW、无功功率 87.5kvar；改为同步化运行后，消耗的有功功率降为 15kW，向电网输送的滞后无功功率为 28.2kvar。相比之下节约有功功率 1.8kW，节约无功功率 115.7kvar。

第四节　电动机的维护

做好电动机的日常检查与维护，有利于电动机的经济运行。

一、直流电动机的维护

直流电动机的首次起动应当是空载起动，先使电动机逐步升速至额定值，然后空转1～2h，检查有无振动、发热、漏油等问题。同时在额定电压情况下观察电刷、换向器表面的火花情况。停机后再全面检查定转子机械部分有无缺陷，以及电枢绕组有无发热等情况。

直流电动机应当重点维护换向器、电刷装置、轴承、通风系统、绕组绝缘等部位。

(1) 换向器表面应当保持光滑。若表面有碳粉、油污、灰尘等杂物，须用干净柔软的抹布沾酒精擦揩；若表面出现粗糙、不圆、灼烧点，须用细砂布裹在木质支架上研磨；换向器外圆的允许不圆度、云母的下刻深度、换向片倒角均应符合相关要求。

(2) 电刷位置应保持在几何中性线上，使用过程中保持电刷的压力均匀适宜、接触表面光滑。电刷磨损到规定限度时应及时更换。用细砂布粗磨新电刷工作表面时，应当使砂布顺电机工作转向转动。

(3) 定期检查出风口温度，并监视绕组、铁心以及换向器部分的温升不得超过允许值。

(4) 经常检查电机的轴承是否有发热、漏油等情况，定期更换润滑油。

二、直流电动机的常见故障

直流电动机在运行过程中可能会出现机械或电气方面的各种故障，现将部分情况列于表18-5，以便查阅。

表18-5 直流电动机常见故障分析

序号	故障现象	故障原因
1	绝缘电阻偏低	①电动机绕组有灰尘、金属屑、油污；②绝缘材料受潮；③绝缘材料老化
2	电动机通电后不能起动	①电源开关损坏或接触不良；②电源线断线或接头松动；③电枢绕组断路；④电刷与换向器接触不良；⑤轴被卡死
3	空载时熔断器熔体烧断	①电枢绕组严重短路；②电枢绕组严重接地；③励磁绕组严重短路；④轴承太紧
4	转速不正常	①励磁绕组短路、断路、接线错误；②电刷不在几何中性线位置；③起动器电阻值不适当
5	电刷火花过大	①电刷不在几何中性线位置；②换向片间有短路现象；③换向器表面凸凹不平；④刷握接地；⑤电枢绕组接地
6	换向器环火	①电动机电压过高；②电动机转速过高；③电动机负载过大；④片间电压过高；⑤换向器表面严重凸凹不平
7	电动机过热	①电动机负载过大；②电枢绕组短路；③励磁绕组短路；④电动机铁心损坏；⑤冷却气体不足、环境温度高
8	机械振动	①电动机固定不牢或基础不紧固；②电枢不平衡；③轴颈与轴瓦间隙太大或太小；④机组、电动机轴线定心不正确
9	轴承过热	①轴承损坏；②滚动轴承润滑脂过多或过少；③滚动轴承润滑脂内有杂质；④滑动轴承漏油或油内有杂质；⑤滑动轴承油环卡死

三、异步电动机的维护

异步电动机在使用前应首先检查电动机的额定电压、频率是否与铭牌规定值相符。对与绕线转子电动机，还应当检查滑环、电刷是否处于正常。通电后如果发现电动机不能起动或升速很慢，应停电检查。

正常运行中异步电动机的维护比直流电动机简单，主要应注意以下事项。

（1）保持电动机定子电流不能超过铭牌规定的额定电流；电动机各部分的温升不能超过温升限度。

（2）注意监视电动机定子电压、频率的变化以及电压的不平衡度，因为如果电压和频率过高或过低，或三相电压不对称，会造成定子电流不平衡，引起电机过热。

（3）检查绕线式转子电机电刷与滑环的接触面、电刷磨损程度以及火花情况，及时清理滑环表面，调整电刷弹簧压力。

（4）经常检查电动机的轴承发热、漏油等情况，定期更换润滑油。

（5）当发现有不正常的振动或碰擦声时，应立即停电检查。

四、异步电动机的常见故障

异步电动机在运行过程中可能出现的部分常见故障及其分析，见表 18-6。

表 18-6　　异步电动机常见故障分析

序号	故障现象	故障原因
1	电动机通电后不能起动	①控制设备接线错误；②熔丝熔断或电源线断线；③定子电压太低；④定子绕组相间短路；⑤定子或转子绕组断路；⑥负载阻转矩太大；⑦转轴被异物卡死
2	电动机过热或冒烟	①电动机过载运行或缺相运行；②定子绕组接地、或匝间、相间短路；③电源电压过低，或电动机接线错误；④鼠笼转子断条，或绕线转子绕组接头松脱；⑤冷却气体不足、环境温度高
3	绕线转子滑环火花大	①电刷牌号不对，或电刷尺寸不符合要求；②滑环表面有油污、杂物；③电刷与滑环表面接触不良
4	电流表指针摆动	①绕线转子一相的滑环、电刷接触不良；②滑环的短路装置接触不良；③鼠笼转子断条；④绕线转子一相断路
5	电动机外壳带电	①电动机接地不良；②绕组受潮、绝缘损坏；③接线板有油污；④电动机引出线绝缘磨损
6	电动机有异常噪声或强烈振动	①定、转子相擦；②定子某相断线，形成单相运行；③绕线电动机转子绕组断线；④滚动轴承缺油或损坏；⑤电动机安装基础不平；⑥联轴器螺丝松动；⑦转子动平衡不好
7	轴承过热	①轴承损坏；②滚动轴承润滑脂过多或过少；③滚动轴承润滑脂内有杂质；④滑动轴承漏油或油内有杂质；⑤滑动轴承油环卡死

小　　结

本章从分析变压器和电动机的损耗着手，介绍了变压器和电动机经济运行的概念、方法和具体措施。学习本章内容，应了解以下问题：

（1）变压器和电动机的经济运行就是使其在损耗最低的高效区域内运行，这对于提高电能的利用率有着极为重要的意义。实现经济运行，须根据实际情况采取相应的措施。

（2）变压器的各种经济运行方式均与功率损耗特性有关。对于不同的变压器，其功率损耗特性不同、经济负载系数不同。

(3) 电动机的效率不如变压器高，因为电动机内部除了产生铜损耗、铁损耗之外，还存在机械损耗。电动机的损耗可以通过直接负载法或间接负载法求取。

(4) 电动机的经济运行包括正确选择电动机以及合理使用、维护电动机两个方面。学会分析并处理电动机常见故障，有利于电动机的经济运行。

习　　题

1. 说明变压器的功率损耗特性、损失率特性的定义；它们与变压器经济运行有什么关系？

2. 一台 1250kVA 的变压器，已知 $p_0=18.75$kW，$p_k=68.7$kW。求经济负载系数 β_j 和经济负载容量 S_j。[答案：0.522；653kVA]

3. 如果 n 台性能相同、容量相等的变压器并联经济运行，应如何计算不变损耗和可变损耗？为什么？

4. 说明无功当量 k_Q 的物理意义和取值范围。

5. 为什么调整负载率能实现变压器经济运行？应如何进行调整？

6. 直流电动机有哪几项损耗？异步电动机有哪几项损耗？

7. 简要说明用涡流测功机作负载直接测定损耗的方法和原理。

8. 改善异步电动机功率因数的方法主要有哪些？

9. 做好电动机的日常维护应注意哪些问题？

参 考 文 献

1 杨宗豹. 电机拖动基础. 北京：冶金工业出版社，1999.

2 应崇实. 电机及拖动基础. 北京：机械工业出版社，1997.

3 彭鸿才. 电机原理及拖动. 北京：机械工业出版社，1997.

4 吴浩烈. 电机及电力拖动基础. 重庆：重庆大学出版社，1996.

5 吴大榕. 电机学. 北京：水电出版社，1984.

6 叶东. 电机学. 天津：天津科技出版社，1994.

7 董永铭. 电动机及变压器维修. 北京：高教出版社，1996.

8 胡景生. 变压器经济运行. 天津：天津科技出版社，1984.

9 李益民. 电机学. 北京：水电出版社，1991.

10 许实章. 电机学. 北京：机械工业出版社，1990.

11 电机工程手册编委会. 电机工程手册. 北京：机械工业出版社，1996.

12 周鄂. 电机学. 北京：水电出版社，1994.

13 陈隆昌，等. 控制电机. 西安：西安电子科技大学出版社，2000.

14 董建西. 控制电机. 北京：水电出版社，1988.